Handbuch für die Programmierung mit LabVIEW

Handbuch für die Programmierung mit LabVIEW

Bernward Mütterlein

Handbuch für die Programmierung mit LabVIEW

Autor

Prof. Dr. Bernward Mütterlein
Fachhochschule Südwestfalen
Frauenstuhlweg 31
58644 Iserlohn
E-Mail: LabVIEW-Handbuch@fh-swf.de

Bibliografische Information der Deutschen Nationalbibliothek
Die Deutsche Nationalbibliothek verzeichnet diese Publikation in der Deutschen Nationalbibliografie; detaillierte bibliografische Daten sind im Internet über http://dnb.d-nb.de abrufbar.

Springer ist ein Unternehmen von Springer Science+Business Media
springer.de

© Spektrum Akademischer Verlag Heidelberg 2009 corrected publication May 2018
Spektrum Akademischer Verlag ist ein Imprint von Springer

09 10 11 12 13   5 4 3 2 1

Planung und Lektorat: Dr. Andreas Rüdinger
Redaktion: Dr. Friedrich Müller, Max-Planck-Institut für Astronomie, Heidelberg
Satz: Autorensatz
Umschlaggestaltung: SpieszDesign, Neu–Ulm

ISBN 978-3-8274-2337-5

Geleitwort

Es ist zwar schwer vorstellbar, doch LabVIEW von National Instruments war ursprünglich die Idee einer einzigen Person. Im Jahr 1986 beschrieb Jeff Kodosky – der Vater von LabVIEW – im ersten firmeninternen Newsletter die Anfänge von LabVIEW. Was er jedoch damals als „Ende einer Ära in der Entwicklung von LabVIEW" bezeichnete, war in Wahrheit erst der Anfang. Manches von dem, was bei der ersten LabVIEW-Version noch als unvorstellbar schien, ist heute schon Realität. So etwa die Abbildung des grafischen LabVIEW-Blockdiagrammes auf FPGAs, die die inhärente Parallelität von LabVIEW auf Hardware-Ebene sicherstellt. Mehr noch: Das Entwerfen unterschiedlichster Anwendungen, das transparente Verteilen dieser auf die verschiedensten „Computing-Plattformen" – FPGA-, DSP- oder RTOS-basiert – und das anschließende Synchronisieren der jeweiligen Hardwareknoten über das Standardnetzwerk wäre noch vor einigen Jahren undenkbar gewesen.

Lassen Sie uns zusammen die Geschichte von LabVIEW Revue passieren. Richtig ernsthaft begonnen hatte alles im Jahr 1984. Dr. James (Jim) Truchard, CEO und wie Jeff einer der Firmengründer von National Instruments, bat seinen Kollegen Jeff, sich ein PC-gestütztes Softwareprodukt einfallen zu lassen, das ca. 300 $ kosten und die GPIB-Programmierung erleichtern sollte. Jeff fragte erst einmal nicht nach den Kleinigkeiten, überlegte sich sofort ein paar menübasierte Methoden und engagierte ein paar Studenten, die mit verschiedenen Messgeräten experimentieren sollten. Als Jim merkte, dass dabei nichts Brauchbares herauskam, steckte er die Aufgabe neu ab und bat Jeff, er solle „das ganze Problem mit Tests und Messungen ein für alle Mal lösen".

Mitte des Jahres 1984, unterwegs im Flugzeug zu einer IEEE-P981-Arbeitsgruppenversammlung, die sich mit der Standardisierung für Software zur Messgerätesteuerung beschäftigte, hatte Jeff die Idee, alle Prüf- und Messprogramme als „virtuelle Instrumente" zu betrachten. Er beschrieb die Komponenten eines virtuellen Instruments als Frontpanel und interne Struktur, die wiederum virtuelle Instrumente einer niedrigeren Ebene nutzen. Dabei hatte er immer noch Text vor Augen – Frontpanels waren Menüs und die interne Struktur bestand aus Programmcode. Im Herbst des gleichen Jahres bat er einen Kommilitonen um Hilfe. Zusammen besuchten sie ein paar Kunden und sprachen mit ihnen über ein mögliches PC-Produkt mit Textmenüs und Formeln. Die Kunden zeigten sich zwar interessiert, konnten aber auch keine neuen Ideen liefern.

Ein wichtiger Durchbruch kam, als Jeff die Gelegenheit hatte, den Macintosh seines Schwagers zu benutzen. Er war total beeindruckt, kaufte sich selbst einen und erkannte schnell, dass Grafik im geplanten System eine große Rolle spielen müsste. Auf einmal wurde klar, dass Frontpanels grafische Abbildungen sein mussten. Aber konnte auch die interne Struktur Grafik verwenden? Welche Art Diagramme konnten anstelle von Programmcode genutzt werden? Jeff zog Zustandsdiagramme in Betracht – aber diese passten nicht zum Stil von Prüf- und Messprogrammen. Datenflussdiagramme waren zunächst viel versprechend, brachten dann aber Probleme mit sich, besonders im Hinblick auf Schleifen. Flussdiagramme erwiesen sich als völlig ungeeignet. In jedem Fall stand fest, dass für einen grafischen Ansatz nur ein Macintosh für die Entwicklung in Frage kam. Von diesem Zeitpunkt an arbeitete er öfter im Büro auf dem Campus der University of Texas, wo er nicht abgelenkt wurde und besser nachdenken konnte.

Nachdem sich Jeff monatelang den Kopf über das Problem zerbrochen hatte, kam ihm endlich ein Gedankenblitz, so dass er im April 1985 eine Reihe von Strukturen erfand, die Datenflussdiagramme praktikabel machten. Das Konzept der virtuellen Instrumente war damit im Wesentlichen geboren. In aller Eile zeichnete er ein paar Beispiele auf und präsentierte seine Ideen. Die Skizzen waren sehr einfach und unausgereift und riefen bei den R&D-Mitarbeitern nicht gerade überschwängliche Begeisterung hervor. Die Sales- und die Marketingabteilung hatten schon vorher jegliches Interesse verloren, da Jeff mit einem Macintosh arbeitete. Doch Jim glaubte an dessen Ideen und gab grünes Licht für die Aufstockung von Projektmitarbeitern und den Start der Entwicklung. Erst einige Monate später schafften es sorgfältig gezeichnete Beispiele, das Interesse der R&D-Leute zu wecken. Es sollte noch ein ganzes Jahr dauern, bis sich auch Sales und Marketing anschlossen. Bis zum Sommer 1985 war Jeff ganz ins Büro auf dem Campus umgezogen.

Das erste Prototypsystem wurde Halloween-Demo genannt. Natürlich fand sich am Abend vor der Demo ein verheerender Fehler im Linker, und der Programmcode musste drastisch umgeschrieben werden. Jeffs Team arbeitete bis zur letzten Minute, um rechtzeitig fertig zu werden. Sogar während Jeff die Demo präsentierte, hörte er die leisen Pieptöne von neu startenden Macs, als das Team dem System immer noch neue Teile hinzufügte und Fehler behob. So entstand auch das Motto des Teams: „Nur noch einmal kompilieren."

Alles lief wunderbar – die Halloween-Demo wurde bei Infoveranstaltungen präsentiert, erschien damit auch auf dem Titelblatt des Magazins *Electronic Design* und konnte sogar Apple Computer auf sich aufmerksam machen. Zwar war es für das Team etwas frustrierend, als es von der bewährten Strategie, „bis auf den letzten Drücker" an etwas zu arbeiten, bei der Alpha-Demo im Stich gelassen wurde, aber nach ein paar Wochen war auch dieser Rückschlag bereits wieder vergessen. Die hohe Entwicklungsgeschwindigkeit hielt an, die Ausführungsleistung konnte um das 30fache gesteigert werden und der Programmcode knackte die 350-KB-Marke. Gerade noch rechtzeitig erfand Jeff den Namen LabVIEW (Laboratory Virtual Instrument Engineering Workbench) und reichte die Patentanmeldung knapp 12 Stunden vor Erscheinen der *Electronic Design* ein. Der Rest ist Geschichte.

LabVIEW feiert dieses Jahr seinen zwanzigsten Geburtstag, und obwohl das Entwicklungsteam größer ist als jemals zuvor, ist die Arbeit genauso herausfordernd, aufregend und facettenreich wie seit ihren Anfängen. Noch stößt die Weiterentwicklung von LabVIEW an keine Grenzen. Vor 20 Jahren war es das Ziel von National Instruments, ein Werkzeug zu erstellen, das Ingenieuren und Wissenschaftlern zu mehr Produktivität bei der Automatisierung von Messungen verhilft – und an dieser Grundausrichtung hat sich nichts geändert. Nur, dass die grafische Systementwicklungsmethodik, die LabVIEW zugrunde liegt, mittlerweile nicht mehr nur den Bereich der automatisierten Mess- und Prüfsysteme umfasst, sondern den kompletten Einsatzbereich vom Design, der Steuer- und Regelungstechnik bis hin zum Test. Die grafische, auf strukturiertem Datenfluss basierende Programmiersprache LabVIEW mit ihrem inhärenten Parallelismus und nahezu grenzenlosen Anbindungsmöglichkeiten an die reale Welt avanciert immer mehr zu einer Integrationsplattform. Ja, so wie die Tabellenkalkulation die Arbeit der Finanz-Fachleute produktiver machte, ist LabVIEW mittlerweile zum Engineering-Werkzeug der Ingenieure und Wissenschaftler geworden.

Das vorliegende Buch stellt einen weiteren Meilenstein in der Evolution von LabVIEW dar: Erstmalig wird ein ganzheitlicher Versuch unternommen, LabVIEW losgelöst von der Messtechnik als eine grafische Programmiersprache darzustellen. Prof. Dr. Mütterlein gelingt es, die wichtigsten Methoden und Verfahren der Software-Entwicklung bzw. des Software-Engineerings anhand von vielen anschaulichen Beispielen einzuführen und zu vertiefen und gibt damit eine gute Hilfestellung für die systematische Software-Entwicklung. Es spricht somit nicht nur die Studierende der Ingenieurswissenschaften aus den unterschiedlichsten Disziplinen an, sondern auch die Informatiker, die bisher LabVIEW eher als ein domänenspezifisches Anwendungswerkzeug wahrgenommen haben. Somit trifft dieses Buch exakt den heutigen Zeitgeist: Mehr denn je ist heute das interdisziplinäre Zusammenspiel bzw. der Dialog zwischen den Ingenieurswissenschaften und Gebieten der Naturwissenschaften (wie bspw. Biologie, Chemie, Physik und Medizin) sowie der Informatik in der Praxis gefragt. Man denke nur an bereichsübergreifende Disziplinen wie die Mechatronik, Neuroinformatik, Grafisches System- und Embedded-Design etc. LabVIEW als eine grafische Programmiersprache und eine Querschnittsplattform ermöglicht den Brückenschlag zwischen den unterschiedlichen technischen Disziplinen.

Zudem möchte ich Herrn Professor Dr. Mütterlein für seinen unermüdlichen Einsatz bei der hervorragenden Umsetzung dieses Buchprojekt meine vollste Anerkennung aussprechen. Insbesondere freut mich, dass er mir mit dieser völlig von der Messtechnik losgelösten Art der Darstellung LabVIEWs als eine reine grafische Programmiersprache der nächsten Generation aus dem Herzen spricht. Dafür ein herzliches Dankeschön!

Ich wünsche diesem Buch eine begeisterte Aufnahme und eine kritische Reflexion.

Dipl.-Ing. Rahman Jamal
Technical Director, Central Europe,
National Instruments Germany GmbH

Vorwort

LabVIEW hat sich in den Ingenieur- und Naturwissenschaften längst als Standard etabliert, insbesondere in den Bereichen Mess-, Steuer- und Regelungstechnik, der Simulation sowie der Datenerfassung, Datenanalyse und Datenvisualisierung. Dementsprechend vielfältig sind die Einsatzbereiche in der Fertigung, Forschung und Entwicklung sowie in der Lehre und dies weitgehend unabhängig vom jeweiligen Fachgebiet, wie z. B. Physik, Chemie, Medizin oder den Ingenieurwissenschaften.

Der fundamentale Unterschied zu textbasierten Programmiersprachen wie z. B. C++ besteht darin, dass LabVIEW eine visuelle Programmiersprache ist, bei der der Quellcode mit Hilfe graphischer Elemente erzeugt wird. Dieser Ansatz basiert auf der Erkenntnis, dass Menschen Bilder schneller verarbeiten können als Texte. Bilder werden im menschlichen Gehirn in der rechten Hälfte parallel verarbeitet werden, während textbasierte Informationen in der linken Hälfte sequenziell und damit deutlich langsamer verarbeitet werden. Aus diesem Grund erfolgt ja auch in vielen Bereichen des täglichen Lebens die Kommunikation auf der Grundlage von Graphiken, seien es Verkehrsschilder, Wetterkarten, Stadtpläne, Musiknoten oder der *Desktop* eines PC.

▶ **Anmerkung**

In der Informatik wird für die Software-Entwicklung mit Hilfe graphischer Elemente der Begriff „visuelle Programmierung" verwendet. Mit „graphischer Programmierung" wird dagegen die Darstellung und Manipulation (geometrische Darstellung, Rasterung) von graphischen Objekten auf einer Ausgabeeinheit (z. B. Monitor, Drucker) bezeichnet. In den Ingenieurwissenschaften hat sich jedoch der Begriff „graphische Programmierung" für das Erstellen von Programmen mittels graphischer Elemente eingebürgert. Da sich diese beiden Bezeichnungen im allgemeinen Sprachgebrauch vermischen, werden sie hier synonym verwendet. Um Missverständnisse zu vermeiden, ist aber der Begriff „visuelle Programmierung" vorzuziehen. ◀

In den letzten Jahren hat sich die Informatik immer stärker zu einer Querschnittsdisziplin mit großem Einfluss auf alle ingenieur- und naturwissenschaftlichen Bereiche entwickelt. Damit werden Naturwissenschaftler und Ingenieure, aber auch Techniker in ihrer beruflichen Praxis mit Aufgaben konfrontiert, deren Komplexität stetig zunimmt und die einen ausgeprägten Bezug zur Software-Technik aufweisen. Traditionell erhalten diese Berufsgruppen jedoch keine angemessene Ausbildung und sind bei der softwaretechnischen Umsetzung ihrer Aufgaben häufig auf sich allein gestellt. Weiterhin soll qualitativ hochwertige Software in immer kürzerer Zeit produziert werden. Diese beiden Anforderungen, hohe Software-Qualität einerseits und kurze Entwicklungszeiten andererseits, können aber prinzipiell nicht gleichzeitig erfüllt werden.

Nur weil die Produktzyklen und dementsprechend die Entwicklungszeiten immer kürzer werden, können die am Projekt beteiligten Menschen nicht automatisch schneller denken. Daher ist in der Informatik eine Vielzahl von Methoden und Hilfsmitteln entwickelt worden, um zumindest die Umsetzung der Aufgabenstellung in Software zu vereinfachen und zu beschleunigen. Praktisch alle Methoden und Konzepte für die Systemanalyse verwenden Graphiken für die Darstellung komplexer Sachverhalte.

Die einzige Ausnahme stellt die Programmierung selbst dar, bei der ein graphischer Entwurf anschließend mit Hilfe einer textbasierten Programmiersprache umgesetzt wird. Hilfreich wäre es, wenn der graphische Entwurf gleichzeitig das ausführbare Programm darstellen würde. Dann würde bei der Software-Entwicklung ein wesentlicher Entwicklungsschritt, die zeitraubende und fehlerträchtige Übersetzung des Enwurfs in eine textbasierte Programmiersprache, vollständig entfallen (beispielsweise wird dafür zurzeit *MDA (Model Driven Architecture)* mit *executable UML (Unified Modeling Language)* entwickelt).

Mit dem Konzept der strukturierten Datenflussprogrammierung, welches LabVIEW zugrunde liegt, wird diese Anforderung bereits in idealer Weise erfüllt. Vermutlich besteht der größte Nachteil der Programmiersprache LabVIEW darin, dass sie leicht zu erlernen ist und auch die Vermarktung als Messtechnik-Tool (die u. a. dazu führt, dass LabVIEW als „Laborsoftware" wahrgenommen wird) verspricht schnelle Erfolge. Dabei wird häufig außer Acht gelassen, dass LabVIEW, genau wie C++ oder Java, eine *general purpose language* ist und dass für das Erlernen die entsprechende Zeit benötigt wird.

Erfahrungsgemäß lassen sich mit LabVIEW innerhalb weniger Stunden erste Resultate bei der Programmentwicklung und Gerätesteuerung erzielen. Anschließend ist aber häufig zu beobachten, dass bei den in aller Regel folgenden Erweiterungen und zunehmender Komplexität der Aufgabenstellungen die zugrunde liegenden Konzepte der Software-Lösungen den gestiegenen Anforderungen nicht mehr standhalten können.

Deshalb soll hier versucht werden, einen Beitrag zur systematischen Software-Entwicklung mit LabVIEW zu leisten, der nicht die messtechnische Aufgabe oder eine Anwendung in den Vordergrund stellt, sondern die Software-Entwicklung vor allem aus der Sicht der Informatik berücksichtigt. Unter anderem werden Datentypen und Datenstrukturen sowie die Kontrollstrukturen der strukturierten Programmierung und endliche Automaten ausführlich behandelt, da diese für eine effiziente Implementierung von Algorithmen von grundlegender Bedeutung sind.

Dementsprechend richtet sich das Buch nicht nur an Studierende der Informatik, sondern vor allem an Studierende der Ingenieur- und Naturwissenschaften, aber auch an Wissenschaftler sowie Ingenieure und Techniker in der Praxis. Gemäß dem alten LabVIEW-Motto

It's OK to have fun!

habe ich die Hoffnung, mit diesem Buch etwas zum Vergnügen bei der Arbeit mit LabVIEW beizutragen, weil sich die Freude bei der Arbeit auch immer in der Qualität der Arbeit niederschlägt.

Dank

Die Erstellung des Manuskriptes war etwas aufwendiger als erwartet und wäre ohne vielfache Unterstützung sicher nicht möglich gewesen. Bedanken möchte ich mich daher bei allen, die zum Entstehen des Buches beigetragen haben. Insbesondere bei allen Freunden, die ich lange vernachlässigt habe, von denen ich aber trotz alledem viel Aufmunterung und Zuspruch erhalten habe.

Zu großem Dank bin ich dem Team der deutschen Niederlassung von National Instruments in München verpflichtet für die kontinuierliche Hilfe und Unterstützung über viele Jahre, beispielsweise durch Marc Backmeyer, Dipl.-Ing. Markus Solbach und besonders durch Dipl.-Ing. Philipp Krauss, der die gute Ausstattung des Buches mit der deutschen und englischen LabVIEW-Studentenversion besorgt hat und darüber hinaus die gesamte Entstehung des Buches sehr eng begleitet und tatkräftig unterstützt hat, was entscheidend zur Entstehung beigetragen hat.

Für die Unterstützung bei mathematischen Fragestellungen danke ich Prof. Dr. rer. nat. Hardy Moock (FH SWF, Iserlohn) und Prof. Dr. phil. nat. Peter Dörre (FH SWF) für ein innovatives Gleichheitszeichen. Die engagierte Betreuung von Lehrveranstaltungen durch Dipl.-Ing. Udo Reitz hat zu vielen Ideen geführt, die sich auch in einigen Beispielprogrammen im Buch niederschlagen. Weiterhin möchte ich mich bedanken bei Dipl.-Ing. Oliver Drölle, Dipl.-Ing. Matthias Faulstich und Dipl.-Ing. Georg Overmann vom Labor für Angewandte Informatik (FH SWF) für die stete Hilfsbereitschaft bei Fragen aller Art.

Für die Prüfung des Manuskriptes auf inhaltliche Korrektheit bin ich Thomas Sandrisser (National Instruments) und Prof. Dr.-Ing. Erhard Stein (FH Lausitz, Senftenberg) und für die mühsame Rechtschreibkorrektur des Manuskriptes Dipl.-Bibl. Sabine Schust (Staatsbibliothek zu Berlin) zu großem Dank verpflichtet. Besonders zu erwähnen ist an dieser Stelle Dr.-Ing. Friedrich Müller (Max-Planck-Institut für Astronomie, Heidelberg), der das gesamte Manuskript gleichfalls mit großer Sorgfalt auf formale und inhaltliche Fehler überprüft und darüber hinaus die Strapaze auf sich genommen hat, einen großen Teil der Korrekturen in das Manuskript einzuarbeiten.

Ebenfalls danke ich Frau Dipl.-Biol. Barbara Lühker und Dr. rer. nat. Andreas Rüdinger von Elsevier – Spektrum Akademischer Verlag für die außerordentliche Unterstützung und die gute Ausstattung des Buches sowie für die Geduld bei der Manuskripterstellung.

Letztendlich war der Motor für die Erstellung des Buches die Zusammenarbeit mit engagierten Studierenden, die mir nach wie vor viel Freude bereitet. Stellvertretend für viele möchte ich an dieser Stelle Dr.-Ing. Martin Skambraks (Bundesamt für Wehrtechnik und Beschaffung, Koblenz), Dipl.-Ing. Stefan Tauche (Infineon, München) und Christoph Keßler (FH SWF) erwähnen, die auch nach ihrem Studium bzw. außerhalb von Lehrveranstaltungen jederzeit bereit waren, mir mit Rat und Tat zur Seite zu stehen.

Software-Version

Die dem Buch beiliegende DVD enthält die „LabVIEW Studentenversion" in deutscher und englischer Sprache für Windows-PCs, die sich vom *LabVIEW Full Development System* lediglich durch die Einblendung eines Wasserzeichens unterscheidet; der Funktionsumfang ist vollständig identisch. Da PCs mit einem Windows-Betriebssystem zurzeit in der Praxis deutlich überwiegen, orientiert sich der Text im Wesentlichen an der Windows-Version von LabVIEW. Soweit erforderlich, werden aber auch die entsprechenden Hinweise für Mac- und Linux-Versionen gegeben.

Verwendet wird hier die Version 8.0 von LabVIEW, mit der auch alle Beispiele im Buch realisiert worden sind. Dabei wurde darauf geachtet, dass die Beispiele auch für Nutzer der Versionen 6 und 7 weitestgehend lesbar bleiben. Ausgehend von der Version 7.1 werden neue Funktionen in der Marginalienspalte durch „LV 8.0" gekennzeichnet.

Mittlerweile ist LabVIEW lokalisiert worden, d. h. die Entwicklungsumgebung steht auch in deutscher, französischer, japanischer, koreanischer und chinesischer Sprache zur Verfügung. Der vorliegende Text – obwohl in deutscher Sprache – bezieht sich auf die englische Version von LabVIEW. Auf den ersten Blick mag dieser Ansatz ungewöhnlich und unter Umständen auch ein wenig abschreckend wirken und soll daher im Folgenden begründet werden.

- Jede Übersetzung – so gut sie auch sein mag – muss an einer präzisen Übertragung scheitern, da nicht für alle Wörter einer Sprache exakte Entsprechungen in einer anderen Sprache zur Verfügung stehen, so dass sich allein durch die Übersetzung Verständnisprobleme ergeben können. Beispielhaft soll dies der erste Satz aus „La Divina Comedia" (Die Göttliche Komödie) von Dante Alighieri veranschaulichen:

Auf halbem Weg des Menschenlebens fand   *Dem Höhepunkt des Lebens war ich nahe,*
ich mich in einen finstern Wald verschlagen.   *da mich ein dunkler Wald umfing und ich,*
Weil ich vom rechten Weg mich abgewandt.   *verirrt, den rechten Weg nicht wieder fand.*
Übersetzung: Karl Streckfuß   *Übersetzung: Karl Vossler*

„Auf halbem Weg" und „Auf dem Höhepunkt" sind sicher nicht bedeutungsgleich. In der Literatur wird eine Fehlinterpretation allenfalls den ästhetischen Genuss mindern, während in der Technik Fehlinterpretationen zu Fehlfunktionen und den damit verbundenen wirtschaftlichen Folgen führen können.

- In aller Regel stehen Updates für lokalisierte Software-Versionen erst einige Monate später zur Verfügung. Daher können Fehler durch die Verwendung der Originalversion frühzeitig vermieden werden.

- Die effektive Nutzung von LabVIEW basiert auch auf dem umfangreichen Hilfesystem, in dem unter anderem anhand einer Vielzahl von Beispielen das Verständnis für nahezu alle Funktionen gefördert wird. Diese Programmbeispiele stehen ausschließlich in englischer Sprache zur Verfügung, so dass eine Einführung in LabVIEW in deutscher Sprache letztendlich erfordern würde, sich das Verständnis für die Entwicklungsumgebung sowohl in deutscher als auch in englischer Sprache zu erarbeiten.

- In gleicher Weise gilt dies für Geräte-Treiber, *Application Notes* und besonders für Beispielprogramme, die auf der Homepage von National Instruments (www.ni.com/downloads) in großem Umfang zur Verfügung stehen, da sich LabVIEW-Entwickler in hohem Maße als Teil einer Gemeinschaft (*Community*) verstehen, bei der der Austausch von Informationen und Lösungen zum Nutzen aller zu einem selbstverständlichen Teil der täglichen Arbeit gehört.

- Die umfangreichen Erweiterungen der Entwicklungsumgebung LabVIEW durch Module und *Toolkits* stehen ausschließlich in englischer Sprache zur Verfügung;

für diese ist keine Lokalisierung vorgesehen. Eine Erweiterung der Entwicklungsumgebung hat dann automatisch zur Folge, dass die Grundfunktionen in deutscher und die neuen Funktionen in englischer Sprache verwendet werden müssen.

Durch den Einsatz der englischen Version können all diese Nachteile vermieden werden. Im Text wird aber zu allen englischen Fachbegriffen in unmittelbarem Zusammenhang auch die deutsche Übersetzung angegeben. Einfachere Begriffe wie *Help* = Hilfe oder *File* = Datei werden dabei jedoch als bekannt vorausgesetzt. In Zweifelsfällen orientiert sich die Übersetzung an den Begriffen der deutschen LabVIEW-Version und nicht an einem Fachwörterbuch, damit der Text auch bei einer Installation der deutschen LabVIEW-Version lesbar und nutzbar bleibt. Im Stichwortverzeichnis werden alle Begriffe sowohl in englischer als auch in deutscher Sprache aufgeführt.

Schreibung

Einige wenige Abweichungen der Standard-Schriftart und Schreibung werden zur Hervorhebung von Fachbegriffen, Programmnamen etc. verwendet.

- Englische Fachbegriffe sind grundsätzlich *kursiv* gesetzt.
- Programmnamen sind in `Schreibmaschinenschrift (Courier)` gesetzt.
- Hinweise und ergänzende Tipps werden durch ▶ ... ◀ geklammert.
- Die Verzweigung in Unterpaletten oder Untermenüs wird durch einen Doppelpfeil ≫ gekennzeichnet.
- Beschreibungen zur Bedienung einer Computer-Maus sind durch den Wunsch nach einer kurzen und prägnanten Schreibung geprägt, die zu sprachlichen Ungetümen wie dem „rechten Mausklick" führt, womit das Betätigen der rechten Taste einer Computer-Maus gemeint ist. Dafür wird hier – in Anlehnung an das Betriebssystem MAC OS – der Begriff Kommandoklick verwendet.

Dezimaltrennzeichen

Eine wichtige Anmerkung zur Schreibung betrifft das Dezimaltrennzeichen. Dem englischen Sprachgebrauch folgend, wird hier durchgehend ein Punkt und nicht ein Komma als Dezimaltrennzeichen benutzt. Spätestens bei der Kommunikation zwischen einzelnen Geräten können so von vornherein schwer aufzufindende Fehler in Programmen vermieden werden, da nahezu alle Kommunikationsprotokolle mit dem Punkt als Dezimaltrennzeichen arbeiten.

Gliederung des Buches

Nach der Einleitung werden in einem ersten Teil zunächst in einer kurzen Zusammenfassung wesentliche Grundlagen der Informatik behandelt, in Kapitel 2 die Darstellung von Zahlen und weiterer Datentypen in einem Rechner, in Kapitel 3 die boolesche Algebra und Schaltnetze. Kapitel 4 gibt einen Überblick über einige Konzepte der Software-Technik, soweit diese im Zusammenhang mit der Entwicklungsumgebung LabVIEW stehen, insbesondere Datenflussdiagramme, Kontrollstrukturen und endlichen Automaten.

Bei vorhandenen Vorkenntnissen oder dem in der Praxis häufig zu beobachteten Zeitdruck bei der Projektarbeit ist es ohne Einschränkungen möglich, direkt mit den Kapiteln 5 und 6 zu beginnen, in denen die Entwicklungsumgebung LabVIEW eingeführt und die Programmentwicklung an einem ersten, einfachen Beispiel erläutert wird. Fehlende Informationen können gegebenenfalls jederzeit in den Kapiteln 2 bis 4 nachgelesen werden.

Danach werden in Kapitel 7 Kontrollstrukturen, in Kapitel 8 Datentypen und in Kapitel 9 Datenstrukturen im Zusammenhang mit der strukturierten Datenflussprogrammierung in LabVIEW behandelt. Anschließend werden in Kapitel 10 Funktionen zur Dateieingabe und -ausgabe eingeführt. Unabhängig von der algorithmischen Sicht bei der Software-Entwicklung werden dann in Kapitel 11 die umfangreichen Möglichkeiten zur Gestaltung der Bedienoberfläche vorgestellt.

Mit dem Ziel, ein tragfähiges Konzept für komplexere Aufgabenstellungen zur Verfügung zu stellen, wird abschließend in Kapitel 12 anhand von drei Beispielen ausführlich gezeigt, wie endliche Automaten in in LabVIEW realisiert werden können.

Bernward Mütterlein
Iserlohn, im Dezember 2006

The original version of this book was revised.
An erratum to this book can be found at
DOI 10.1007/978-3-8274-2338-2_13.

Inhaltsverzeichnis

1 Einleitung

Die Programmiersprache G und die zugehörige Entwicklungsumgebung LabVIEW
wurden von Jeff Kodosky et al. in Zusammenarbeit mit der University of Texas
entwickelt [1], um eine leistungsfähige Programmiersprache für die Kommunikation
mit Geräten, zur Datenanalyse und zur Visualisierung der Ergebnisse zur Verfügung
zu stellen. Dies deutet auch der Name LabVIEW (*Laboratory Virtual Instrument
Engineering Workbench*) der Entwicklungsumgebung an.

Abbildung 1.1 zeigt beispielhaft die Bedienoberfläche und den vollständigen Quellcode eines LabVIEW-Programms. Zu der Variablen *„Numeric"* wird der Zahlenwert
„2" addiert. Das Zwischenergebnis wird mit dem Zahlenwert *„10"* multipliziert und
das Ergebnis wird schließlich in der Anzeige *„Result"* dargestellt. Weiterhin zeigt der
Indikator *„x > y?"* an, ob das Ergebnis der Berechnung größer als *„50"* ist.

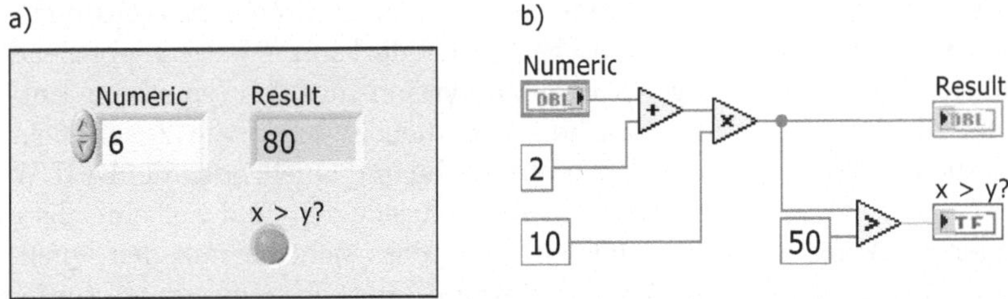

Abb. 1.1: a) Bedienoberfläche und b) Quellcode eines LabVIEW-Programms

Der Programmentwicklung mit graphischen Elementen in LabVIEW liegt das
Datenflusskonzept zugrunde. Dieses Programmiersprachenparadigma unterscheidet
sich wesentlich von den prozeduralen oder objektorientierten Konzepten textbasierter Programmiersprachen wie z. B. C++ oder Java. Anhand von Abb. 1.1.b ist das
Prinzip bereits erkennbar. Im Programm werden Daten über Verbindungsleitungen
(*Wires*) zwischen Ein- und Ausgabeelementen sowie Funktionen (auch Funktionsknoten oder Knoten) transportiert. So kann die Funktion „+" erst dann arbeiten, wenn
der Zahlenwert „2" und der Wert der Variablen *„Numeric"* am Eingang der Funktion anliegen. Die Funktion „×" wird dementsprechend erst dann ausgeführt, wenn
das Ergebnis der Addition und der Zahlenwert „10" an ihrem Eingang anliegen und
schließlich kann der Vergleich mit der Zahl „50" erst dann durchgeführt werden, wenn
das Ergebnis der Berechnung vorliegt.

Die elegante Umsetzung des Datenflusskonzeptes mit der Programmiersprache G
und der Entwicklungsumgebung LabVIEW führt dazu, dass sich Programme auf gra-

phische Weise sehr schnell entwickeln lassen. Im Idealfall stellt der Programmentwurf gleichzeitig das ausführbare Programm selbst dar, welches ähnlich wie ein Signalflussplan in der Regelungstechnik oder ein Schaltplan (anstelle einer Netzliste) in der Elektronik sehr gut lesbar ist und damit automatisch die Anforderungen an eine hohe Software-Qualität mit Merkmalen wie Wartbarkeit, Erweiterbarkeit und Skalierbarkeit erfüllt.

In vielen Entwicklungsprojekten kommt es häufig zu Änderungen der Spezifikation während der Projektlaufzeit. Dadurch können die üblichen Phasenmodelle (z. B. Spiralmodell nach Böhm) der Software-Technik nicht mehr ohne Weiteres verwendet werden, weil die Entwicklungsphasen, Definition, Entwurf, Implementierung und Test nicht mehr separat voneinander betrachtet werden können, sondern simultan ausgeführt werden müssen (was letztendlich zum Konzept des *eXtreme Programming* nach Kent Beck führt).

Diese Vorgehensweise erfordert innerhalb des Entwicklerteams ein hohes Maß an Kommunikation, für welche in Abhängigkeit von der jeweiligen Entwicklungsphase oft unterschiedliche und in aller Regel graphische Hilfsmittel benutzt werden. Nachteilig wirkt sich dabei ein Kontextwechsel zwischen den jeweiligen Entwicklungsphasen aus, weil dieser häufig auch einen Werkzeugwechsel zur Folge hat, spätestens beim Übergang von der Entwurfs- zur Implementierungsphase, in der das Software-Modell in eine textbasierte Programmiersprache umgesetzt wird.

An dieser Stelle bietet die visuelle Programmiersprache LabVIEW den Vorteil, dass sie phasenübergreifend und ohne Kontextwechsel in mehreren Entwicklungsphasen eingesetzt werden kann. Der graphische Quellcode kann – bei entsprechend sorgfältiger Realisierung – gleichzeitig als Kommunikationsmittel in einzelnen Entwicklungsphasen und als Programmiersprache selbst dienen. In diesem Zusammenhang erweist sich die lose Kopplung von Bedienoberfläche und Quellcode in LabVIEW als weiterer Pluspunkt. Die Bedienoberfläche lässt sich jederzeit und auf einfachste Weise den geänderten Anforderungen anpassen, ohne dass sich dies auf den Quellcode auswirkt. Darüber hinaus ist es möglich, externe Bibliotheken aufzurufen (unter Windows: *DLL*, Mac OS: *Framework*, Linux: *Shared Library*), um so beispielsweise vorhandene Softwaremodule textbasierter Programmiersprachen in LabVIEW weiter nutzen zu können.

Schließlich gibt es noch eine Reihe weiterer Aspekte, die zur großen Akzeptanz und Verbreitung der Entwicklungsumgebung LabVIEW beigetragen haben. Solange keine betriebssystemspezifischen Eigenschaften bei der Software-Entwicklung verwendet werden, ist LabVIEW eine plattformunabhängige Entwicklungsumgebung für Windows, Mac OS und Linux und hinsichtlich der Funktionalität ergeben sich praktisch nur wenige Einschränkungen. In ähnlicher Weise gilt dies auch für unterschiedliche Hardware-Plattformen, wie PDAs *(Personal Digital Assistant)* mit den Betriebssystemen PalmOS und Windows CE) sowie für FPGAs *(Field Programmable Gate Arrays)*, DSPs *(Digital Signal Processor)* und Mikroprozessoren für Echtzeitanwendungen und Parallelverarbeitung.

Zudem wird die Software-Entwicklung mit LabVIEW erheblich erleichtert, da es für nahezu alle Aufgabenstellungen vorgefertigte Beispiele gibt und da für praktisch alle (Mess-)Geräte Software-Treiber erhältlich sind. Weiterhin stehen umfangreiche Bibliotheken zur Verfügung, unter anderem für mathematische Funktionen, für die

Kommunikation mit Geräten (z. B. über die serielle Schnittstelle oder IEEE488.2 etc.), für die Datenerfassung über Multifunktionskarten (DAQ = $\underline{D}$ata $\underline{A}$quistion), für die Unterstützung von Netzwerkfunktionen mittels TCP/IP sowie für die PC-spezifischen Schnittstellen ActiveX und .NET.

Außerdem ist es möglich, die Entwicklungsumgebung LabVIEW mit einigen Dutzend Modulen und *Toolkits* zu erweitern, um sie der jeweiligen Aufgabenstellung anzupassen. Die folgende Aufzählung mit einigen wenigen Beispielen soll die Vielfalt andeuten:

- industrielle Bildverarbeitung *(MachineVision/Image Processing)*,
- Web-basierte Automatisierung *(Enterprise Connectivity Toolkit)* und *(Internet Toolkit)*,
- Mathematik und Statistik *(Math/Statistics)*,
- Regelungstechnik *(PID Control Toolkit)* und *(Fuzzy Logic/Neuronal Networks)*,
- Echtzeitanwendungen *(Real-Time/Embedded)* und
- Dokumentation *(Report Generation Toolkit for Microsoft Office)*.

Um die hohe Komplexität von Hard- und Software-Systemen handhaben zu können, sind mächtige Entwicklungswerkzeuge geschaffen worden. Während – hier stark vereinfacht dargestellt – auf der Anwendungsseite häufig ein objektorientierter Ansatz verwendet wird, basiert die Hardware-Entwicklung vor allem auf Modellierung von Signalen oder Ereignissen. Als Bindeglied zwischen diesen beiden Bereichen wurde von E. A. Lee und S. Neuendorffer ein *Actor-Oriented Model* auf der Basis des Datenflusskonzeptes entwickelt, welches auch die inhärenten Nachteile der objektorientierten Analyse und Programmierung wie Parallelverarbeitung und Echtzeitanwendungen umgeht [2]. Die Anforderungen dieses Modells erfüllt auch die Entwicklungsumgebung LabVIEW weitestgehend, zumal seit der Version LabVIEW 8.0 auch die Funktionalität von MATLAB und Simulink in die Entwicklungsumgebung integriert worden ist. Abbildung 1.2 illustriert diese zentrale Schnittstellenfunktion von LabVIEW zwischen anwendungsorientierter und Hardware-naher Programmierung (Abbildung mit freundlicher Genehmigung durch Nationals Instruments).

Bei technischen Anwendungen stehen vor allem Aufgaben wie testen bzw. messen, entwerfen (z. B. das Entwickeln von *Embedded Systems* (eingebettete Systeme)), die Verarbeitung von Signalen sowie steuern und regeln im Vordergrund, was durch den Begriff *User Applications* im oberen Teil von Abbildung 1.2 angedeutet wird. Beim Entwurf und der Modellbildung ist es dabei oft hilfreich, auf die jeweils ideale Beschreibungsform, z. B. Datenflussdiagramme, Zustandsdiagramme oder mathematische Schreibweisen zurückzugreifen. Durch das zugrunde liegende Datenflusskonzept eignet sich LabVIEW unmittelbar sowohl für die Modellierung als auch für die Programmierung. Weiterhin bestehen unter anderem die Möglichkeiten, mathematische Darstellungen in einem MathScript-Knoten einzubinden und Zustandsdiagramme zu verwenden, wobei der entsprechende Quellcode automatisch generiert wird und .

Für die Realisierung werden unterschiedliche Hardware-Plattformen genutzt (Beispiele im unteren Teil von Abbildung 1.2), Standard-PCs, PXI-Systeme *(PCI eXtension for Instrumentation)*, d. h. modulare Hardware-Plattformen mit Industrie-PCs oder typische Produkte von National Instruments wie cFP *(compact FieldPoint)* als Beispiel für Feldbus-Systeme und cRIO *(compact Reconfigurable Input Output)* als

Abb. 1.2: LabVIEW als Schnittstelle zwischen Anwendung und Hardware

Beispiel für *Embedded Systems* wie DSPs, FPGAs oder Mikrocontroller. Die verschiedenen Hardware-Plattformen, je nach Aufgabenstellung in unterschiedlichen Kombinationen, werden von LabVIEW unterstützt. Die Software-Entwicklung findet dabei zunächst auf einem PC statt. Anschließend kann diese auf die gewünschte Hardware-Plattform herunter geladen werden, so dass oft eine Entwicklungsumgebung für unterschiedliche Anwendungsfälle ausreichend ist.

Das Buch behandelt schwerpunktmäßig drei Themenbereiche. Im Ersten (Kap. 2 bis 4) werden die für die Software-Entwicklung wesentlichen Grundlagen zu Themen wie Datentypen, Datenstrukturen, strukturierte Programmierung, strukturierte Analyse (SA) und endlichen Automaten aus Sicht der Informatik kurz zusammengefasst.

Im Zweiten erfolgt eine ausführliche Einführung in die Entwicklungsumgebung LabVIEW und die Programmerstellung (Kap. 5 und 6). Danach werden Strukturen, Datentpyen und Datenstrukturen als Basis für die Algorithmen-Entwicklung behandelt (Kap. 7 bis 9) und schließlich wird auch auf die Dateineingabe und -ausgabe sowie die Gestaltungsmöglichkeiten der Bedienoberfläche eingegangen (Kap. 10 und 11).

Im Dritten wird gezeigt, wie das Konzept endlicher Automaten in LabVIEW genutzt werden kann, um komplexere Aufgabenstellungen realisieren zu können (Kap. 12). Dies erfolgt an drei Beispielen, die ausführlich erläutert werden.

Für den in der Praxis häufig erforderlichen Schnelleinstieg kann direkt mit Kapitel 5 begonnen werden, in dem die Entwicklungsumgebung LabVIEW vorgestellt wird. Fehlende Informationen können dann jederzeit nachgelesen werden.

2 Elementare Begriffe der Informatik

Einige für die Informatik zentrale Begriffe wie Nachricht und Information sowie Datentypen und Datenstrukturen werden in diesem Kapitel in kurzer und knapper Form eingeführt. Naturgemäß ist die Verarbeitung von (binär codierten) Zahlen eine der wichtigsten Aufgaben eines Rechners. Durch die Konvertierung von Dezimalzahlen und die endliche Menge der in einem Rechner darstellbaren Zahlen ergeben sich unter Umständen große Fehler. Deshalb wird in diesem Kapitel auch auf Zahlensysteme und die Darstellung von Zahlen in einem Rechner eingegangen.

2.1 Nachricht und Information

Bedingt durch die enormen Leistungssteigerungen in der Halbleitertechnologie erfolgt heute praktisch die gesamte Nachrichtenübertragung und Informationsverarbeitung in digitaler Form, ganz gleich ob es sich um Musik, Bilder, Messwerte, Personendaten o. Ä. handelt. Die digitale Nachrichtenübertragung erfolgt im Wesentlichen durch die kontinuierliche Übertragung von zwei diskreten Spannungswerten. Diesen werden z. B. die Werte 1 und 0 bzw. wahr und falsch zugeordnet.

Die kleinste mögliche Einheit der Information wird als Bit (Kurzwort aus *binary digit*) bezeichnet, da nur eine binäre Entscheidung zwischen zwei Möglichkeiten vorgenommen werden kann (hohe Spannung/niedrige Spannung, 1/0, ja/nein...). Aus praktischen Gründen wird eine Gruppe von zumeist 8 Bit zu einem Byte zusammengefasst (früher wurden auch Gruppen von 5, 6, und 7 Bit als Byte bezeichnet). Mit zwei Bits können vier und mit acht Bits, also einem Byte, bereits $2^8 = 256$ Entscheidungsmöglichkeiten codiert werden. Allgemein gilt, dass mit n Bits 2^n verschiedene Möglichkeiten codiert werden können.

Abbildung 2.1 zeigt schematisch einen Spannungsverlauf über der Zeit, welcher letztendlich die physikalische Grundlage einer Nachrichtenübertragung darstellt. Um die in der Nachricht enthaltene Information zu gewinnen, muss bekannt sein, wie diese Bitfolge zu interpretieren ist. Der dargestellte Signalverlauf soll exemplarisch dafür

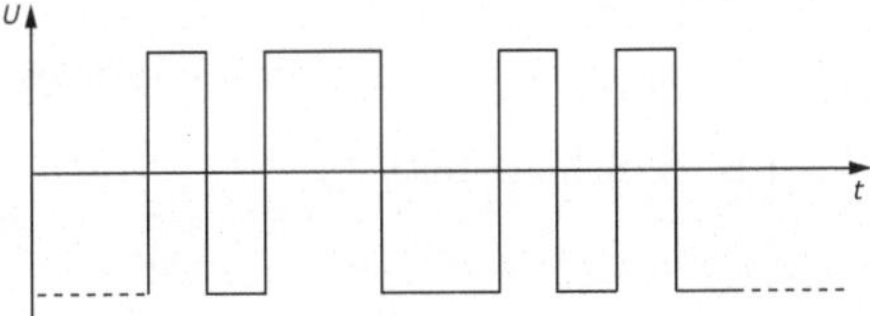

Abb. 2.1: Spannungsverlauf über der Zeit

verwendet werden, um diesen Zusammenhang zu veranschaulichen. Die vollständige Interpretation der Nachricht, nämlich die Übertragung des Buchstabens „Y" über eine serielle RS232-Schnittstelle, zeigt Abbildung 2.2.

Zunächst muss bekannt sein, wie hoch der Spannungspegel ist, z. B. $\pm12\,$V. Den beiden Spannungspegeln wird eine 1 bzw. 0 zugeordnet. Bei der Interpretation wird zwischen positiver und negativer Logik unterschieden. Die positive Logik, die mit Ausnahme dieses Beispiels in diesem Buch verwendet wird, interpretiert eine 1 als logisch wahr und eine 0 als logisch unwahr. In der negativen Logik, die bei der Kommunikation zwischen Geräten aus schaltungstechnischen Gründen häufig bevorzugt wird, repräsentiert die 0 logisch wahr und die 1 logisch unwahr.

Darüber hinaus muss bekannt sein, mit welcher Frequenz das Signal gesendet wird, d. h. welche Zeitdauer ein Bit der Bitfolge aufweist. Im Beispiel ergibt sich bei einer Dauer von 104 μs eine Übertragungsrate von 9600 Bit/s. Schließlich muss auch bekannt sein, was übertragen wird, Zahlen, Zeichen, Musikdaten etc., wie diese gegebenenfalls in ein Übertragungsprotokoll eingebunden worden sind und wann die Übertragung beginnt und endet, wofür hier ein Start- und ein Stopp-Bit verwendet werden.

Eine Auswertung des Signalverlaufs kann vorgenommen werden, indem die Werte der acht Datenbits gewichtet werden (s. Abschn. 2.2) und dem resultierenden Zahlenwert das entsprechende Zeichen einer Code-Tabelle zugeordnet wird (s. Abschn. 2.3.3). In diesem Beispiel wird mit der Zahl 89 der Buchstabe „Y" codiert.

Erst die Kenntnis darüber, wie eine Nachricht zu interpretieren ist, führt zur Information. Die in Programmiersprachen verwendeten Datentypen und Datenstrukturen stellen somit vor allem eine Interpretationsvorschrift für Bits bzw. Bytes dar. Eine weiter gehende Einführung in die beiden fundamentalen Begriffe Nachricht und Information der Informationstheorie gibt beispielsweise H. Ernst [3].

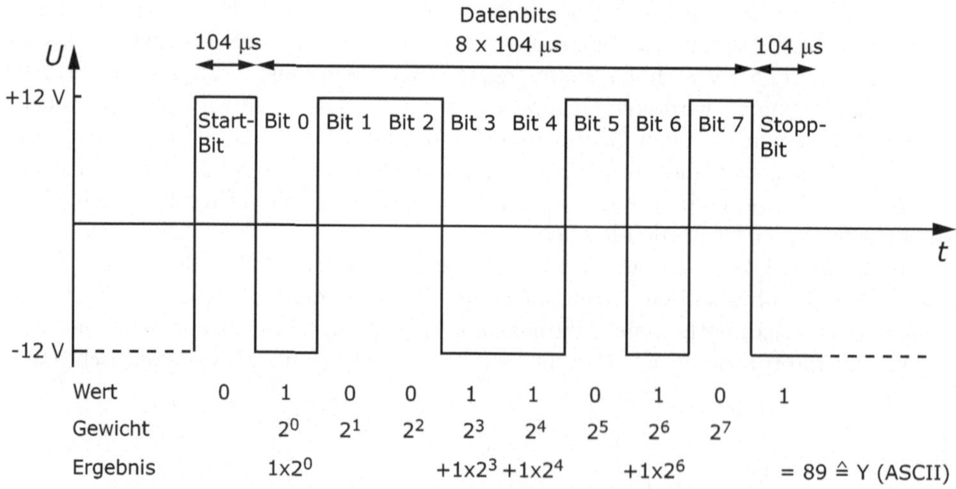

Abb. 2.2: Übertragung des ASCII-Zeichens Y über eine RS232-Schnittstelle

2.2 Zahlen und Zahlensysteme

Die Menge der natürlichen Zahlen $\mathbb{N} = \{1, 2, 3, \dots\}$ ist die elementarste Zahlenmenge, da Zahlen zunächst nur zum Zählen verwendet wurden, um beispielsweise Besitz zu ermitteln oder den Ablauf der Zeit zu bestimmen. Den meisten Zahlensystemen liegen die Basiszahlen 5, 10 und 20 zugrunde. Dies hat vor allem biologische Ursachen, da es zum Abzählen naheliegend ist, Gliedmaßen wie Finger und Zehen zur Hilfe zu nehmen. Zum Abzählen war die Null nicht erforderlich und die Zahl Null wurde erst im 13. Jahrhundert – gegen erbitterte Widerstände – in Europa eingeführt [4].

Mittlerweile wird die Zahl Null den natürlichen Zahlen $\mathbb{N}_0 = \{0, 1, 2, 3, \dots\}$ zugeordnet. Diese Zuordnung wird u. a. in DIN 5473 (DIN = Deutsche Industrie-Norm) festgelegt. Sie ist die Ursache für einen häufig zu beobachtenden Fehler bei der Software-Entwicklung, da der Wert und die Position einer natürlichen Zahl nicht mehr übereinstimmen. So ist nun das erste Element der natürlichen Zahlen die Null, das zweite Element die Eins etc.

▶ **Mathematische Symbole**

Im Folgenden werden einige wenige, in der Mathematik übliche Symbole verwendet:

$\{a, b, c, \dots\}$	Menge mit den Elementen $a, b, c, \dots$
$\{a \mid \text{mit} \dots\}$	Menge der Elemente a mit der Eigenschaft $\dots$
$A \subset B$	A ist eine echte Teilmenge von B
$a \in X$	a ist Element der Menge X
$\sum_{i=1}^{n} a_i =$	$a_1 + a_2 + a_3 + \dots + a_n$

◀

Stellenwertsystem

Die Darstellung von Zahlen ist auf vielerlei Weisen möglich, üblich ist die Verwendung eines Stellenwertsystems (Gl. 2.1). Beim täglichen Umgang mit Zahlen wird stillschweigend vorausgesetzt, dass eine Zahl in einem Stellenwertsystem zur Basis 10, also als Dezimalzahl, dargestellt wird. Die Schreibweise 5394 ist dabei eine Abkürzung für

$$5394 = 5 \cdot 10^3 + 3 \cdot 10^2 + 9 \cdot 10^1 + 4 \cdot 10^0.$$

In allgemeiner Form kann eine Zahl in einem Stellenwertsystem wie folgt dargestellt werden:

$$N = a_m \cdot B^m + a_{m-1} \cdot B^{m_1} + \dots + a_1 \cdot B^1 + a_0 \cdot B^0 \tag{2.1}$$

$$= \sum_{i=0}^{m} a_i \cdot B^i \quad \text{mit: } 0 \le a_i \le B - 1. \tag{2.2}$$

Dabei ist B die Basis oder Grundzahl des Stellenwertsystems und die Koeffizienten a_i werden mit dem Wert der jeweiligen Stelle gewichtet, wobei die einzelnen Koeffizienten die Werte aus der Menge der Ziffern annehmen können. Im Dezimalsystem ist die Basis $B = 10$ und die Menge der Ziffern $\{0, \dots, 9\}$.

Rechenregeln für Dualzahlen

Da in einem Rechner zwei Zustände sehr einfach codiert werden können, ist es sinnvoll anstelle der Zahlendarstellung im Dezimalsystem eine binäre Zahlendarstellung zu verwenden. Im den meisten Fällen erfolgt die Codierung als Dualzahl im Stellenwertsystem mit der Basis $B = 2$ und der Menge der Ziffern $\{0, 1\}$. Dabei ist es vorteilhaft, dass nur wenige Rechenregeln bekannt sein müssen, weil Rechenschaltungen dann einfach in Hardware realisiert werden können (vgl. Kap. 3). Diese Rechenregeln unterscheiden sich natürlich nicht von den bekannten Regeln für Dezimalzahlen (Tab. 2.1).

Addition	Multiplikation
$0 + 0 = 0$	$0 \cdot 0 = 0$
$0 + 1 = 1$	$0 \cdot 1 = 0$
$1 + 1 = 10$	$1 \cdot 1 = 1$

Tab. 2.1: Rechenregeln für Dualzahlen

In einem Beispiel soll die Addition von zwei Dualzahlen veranschaulicht werden:

```
    1 0 1 1 0 0 1 0   Summand a
+   0 1 0 1 1 0 1 0   Summand b
    1 1 1 1     1     Übertrag
    1 0 0 0 0 1 1 0 0   Summe
```

In Abschnitt 2.3.1 wird gezeigt, wie die Subtraktion von zwei Dualzahlen mit Hilfe des Zweierkomplements auf eine Addition zurückgeführt werden kann. Auch die Multiplikation von Dualzahlen erfolgt nach den gleichen Regeln wie die Multiplikation von Dezimalzahlen:

```
1 1 0 1 · 1 1 1 0   Multiplikand · Multiplikator
1 1 0 1 0 0 0
  1 1 0 1 0 0
    1 1 0 1 0
      0 0 0 0
1 0 1 1 0 1 1 0   Produkt
```

Das Beispiel verdeutlicht unter anderem, dass bei einer Multiplikation der Multiplikator 10 das Bitmuster des Multiplikanden im Stellenwertsystem um eine Stelle nach links verschiebt (analog dazu verschiebt bei der Division der Divisor 10 das Bitmuster des Dividenden im Stellenwertsystem um eine Stelle nach rechts). Die Multiplikation von Dualzahlen lässt sich damit in einem Rechenwerk durch Verschiebungen und fortgesetzte Additionen realisieren.

Somit ist es prinzipiell möglich, Subtraktion, Multiplikation und Division (die im weiteren Verlauf nicht näher betrachtet werden soll) auf eine Addition zurückzuführen, wodurch der Entwurf eines Rechenwerks für Dualzahlen erheblich vereinfacht werden kann.

Konvertierung von Zahlen

Ein Nachteil der Zahlendarstellung im Dualsystem ist die relativ schlechte Lesbarkeit, da die Anzahl der Stellen im Vergleich zum Dezimalsystem wegen $10^3 \approx 2^{10}$ ca. 3 bis 4 mal so groß wird. Deshalb werden auch Zahlensysteme mit der Grundzahl 16 (Hexadezimal) und – eher selten – mit der Grundzahl 8 (Oktal) verwendet, weil die Konvertierung zwischen diesen Zahlensystemen sehr einfach vorgenommen werden kann. Tabelle 2.2 zeigt die ersten 16 natürlichen Zahlen für diese Zahlensysteme. Im Hexadezimalsystem werden dabei für die fehlenden Ziffern die Buchstaben A bis F verwendet.

dezimal	hexa-dezimal	oktal	dual
0	0	0	0 0 0 0
1	1	1	0 0 0 1
2	2	2	0 0 1 0
3	3	3	0 0 1 1
4	4	4	0 1 0 0
5	5	5	0 1 0 1
6	6	6	0 1 1 0
7	7	7	0 1 1 1
8	8	10	1 0 0 0
9	9	11	1 0 0 1
10	A	12	1 0 1 0
11	B	13	1 0 1 1
12	C	14	1 1 0 0
13	D	15	1 1 0 1
14	E	16	1 1 1 0
15	F	17	1 1 1 1

Tab. 2.2: Darstellung von Zahlen in unterschiedlichen Zahlensystemen

Die Konvertierung einer Zahl mit einer beliebigen Basis in eine Dezimalzahl kann mit Gleichung 2.1 vorgenommen werden. Beispielsweise ergibt sich für die Konvertierung einer Dualzahl:

$$11001101_2 = 1 \cdot 2^7 + 1 \cdot 2^6 + 0 \cdot 2^5 + 0 \cdot 2^4 + 1 \cdot 2^3 + 1 \cdot 2^2 + 0 \cdot 2^1 + 1 \cdot 2^0 = 205_{10}$$

und für die Konvertierung einer Hexadezimalzahl:

$$11111111_2 = FF_{16} = 15 \cdot 16^1 + 15 \cdot 16^0 = 255_{10}.$$

Anhand der Darstellung einer Zahl ist die zugrunde liegende Basis nicht unbedingt ersichtlich. Deshalb ist es unter Umständen sinnvoll, diese als Index bei der Zahlendarstellung zu verwenden. Besonders einfach ist die Umwandlung von Dualzahlen in Zahlen zur Basis 8 und 16 möglich (wegen $2^3 = 8$ und $2^4 = 16$), da jeweils Gruppen von 3 bzw. 4 Ziffern einer Dualzahl unabhängig voneinander konvertiert werden können.

Beispielsweise kann die Dualzahl 101010111100_2 ausführlich im Stellenwertsystem dargestellt werden (s. Gl. 2.1). Anschließend wird aus jeder Gruppe die größtmögliche Potenz von 2 ausgeklammert, die in eine Potenz von 8 umgewandelt werden kann. Für jede Ziffergruppe ergibt sich damit der Stellenwert zur Basis 8. Innerhalb eines Klammerausdrucks können nur die Zahlen 0 bis $111_2 = 7$ auftreten, also die Ziffern des Oktalsystems.

$$2748_{10} =$$
$$101010111100_2 =$$
$$1{\cdot}2^{11}+0{\cdot}2^{10}+1{\cdot}2^9+0{\cdot}2^8+1{\cdot}2^7+0{\cdot}2^6+1{\cdot}2^5+1{\cdot}2^4+1{\cdot}2^3+1{\cdot}2^2+0{\cdot}2^1+0{\cdot}2^0 =$$
$$(1{\cdot}2^2+0{\cdot}2^1+1{\cdot}2^0)2^9+(0{\cdot}2^2+1{\cdot}2^1+0{\cdot}2^0)2^6+(1{\cdot}2^2+1{\cdot}2^1+1{\cdot}2^0)2^3+(1{\cdot}2^2+0{\cdot}2^1+0{\cdot}2^0)2^0 =$$
$$(1{\cdot}2^2+0{\cdot}2^1+1{\cdot}2^0)8^3+(0{\cdot}2^2+1{\cdot}2^1+0{\cdot}2^0)8^2+(1{\cdot}2^2+1{\cdot}2^1+1{\cdot}2^0)8^1+(1{\cdot}2^2+0{\cdot}2^1+0{\cdot}2^0)8^0$$

Anhand dieser Darstellung wird deutlich, dass jeweils 3 Bit einer Dualzahl unabhängig voneinander betrachtet werden können:

$$\underbrace{1\,0\,1}_{5}\ \underbrace{0\,1\,0}_{2}\ \underbrace{1\,1\,1}_{7}\ \underbrace{1\,0\,0}_{4} = 5274_8 = 5 \cdot 8^3 + 2 \cdot 8^2 + 7 \cdot 8^1 + 4 \cdot 8^0 = 2748_{10}.$$

In analoger Weise kann eine Dualzahl in das Hexadezimalsystem umgewandelt werden, wobei nun jeweils 4 Bit zu einer Gruppe zusammengefasst werden:

$$\underbrace{1\,0\,1\,0}_{A}\ \underbrace{1\,0\,1\,1}_{B}\ \underbrace{1\,1\,0\,0}_{C} = ABC_{16} = 10 \cdot 16^2 + 11 \cdot 16^1 + 12 \cdot 16^0 = 2748_{10}.$$

Die Umwandlung einer Dezimalzahl in eine Dualzahl kann u. a. durch eine fortgesetzte Division erfolgen. Dabei wird die Dezimalzahl durch die Grundzahl 2 dividiert. Es ergibt sich entweder ein Rest von 1 oder ein Rest von 0. Dieser Rest wird notiert. Anschließend wird das Ergebnis wieder durch 2 dividiert und wieder der Rest notiert. Dieses Verfahren wird fortgesetzt, bis eine 1 verbleibt, die ein letztes Mal dividiert wird, so dass eine 0 mit Rest 1 bleibt. Dieser Rest ist das erste, höchstwertige Bit der Dualzahl, welches auch als MSB *(most significant bit)* bezeichnet wird. Der zuerst ermittelte Rest ergibt das letzte, niedrigstwertige Bit der Dualzahl, welches auch als LSB *(least significant bit)* bezeichnet wird. Im folgenden Beispiel wird die Zahl 205_{10} in eine Dualzahl umgewandelt:

Damit ergibt sich $205_{10} = 11001101_2$. Im Prinzip eignet sich dieses Verfahren zur Konvertierung von Zahlen beliebiger Zahlensysteme, was durch die Gewöhnung an das Dezimalsystem aber möglicherweise erschwert wird, z. B.: $12_8 : 2_8 = 5_8$.

$$205 : 2 = 102 \text{ Rest } 1 \quad \text{LSB}$$
$$102 : 2 = 51 \text{ Rest } 0$$
$$51 : 2 = 25 \text{ Rest } 1$$
$$25 : 2 = 12 \text{ Rest } 1$$
$$12 : 2 = 6 \text{ Rest } 0$$
$$6 : 2 = 3 \text{ Rest } 0$$
$$3 : 2 = 1 \text{ Rest } 1$$
$$1 : 2 = 0 \text{ Rest } 1 \quad \text{MSB}$$

Zahlenmengen

Die Menge der natürlichen Zahlen $\mathbb{N}_0 = \{0, 1, 2, 3, \dots\}$ ist für die Lösung vieler Gleichungen nicht ausreichend. In der Mathematik werden die Zahlenbereiche schrittweise erweitert, um jeweils mehr Gleichungen lösen zu können. Mit natürlichen Zahlen ist nur die Addition und Multiplikation immer ausführbar. Gleichungen wie $x + 2 = 1$ erfordern den Übergang zu den ganzen Zahlen

$$\mathbb{Z} = \{0, \pm 1, \pm 2, \pm 3, \dots\}. \tag{2.3}$$

Der Quotient von zwei ganzen Zahlen ist aber nicht in jedem Fall wieder eine ganze Zahl, wie das Beispiel $2x = 3$ zeigt. Erst die Erweiterung des Zahlenbereichs durch die rationalen Zahlen

$$\mathbb{Q} = \left\{ \frac{m}{n} \mid m, n \in \mathbb{Z},\ n \neq 0 \right\} \tag{2.4}$$

ermöglicht immer die Division. Rationale Zahlen sind dadurch gekennzeichnet, dass sie entweder eine endliche Anzahl von Nachpunktstellen aufweisen, wie $1/2$ oder $3/5$, oder – gegebenenfalls nach einer Vorperiode – eine periodische Ziffernfolge, wie $5/6$ oder $1/17$.

Um Gleichungen der Art $x^2 = 2$ lösen zu können, ist die Erweiterung des Zahlenbereichs der rationalen Zahlen durch die irrationalen Zahlen erforderlich, wie z. B. $\sqrt{2}$, π. Die Menge der rationalen und irrationalen Zahlen ergibt die Menge der reellen Zahlen $\mathbb{R}$.

Eine letzte Erweiterung des Zahlenbereichs ist bedingt durch Gleichungen der Art $x^2 + 1 = 0$, die in der Menge der reellen Zahlen nicht gelöst werden können. Dafür ist der Übergang zu komplexen Zahlen notwendig

$$\mathbb{C} = \{a + \mathrm{i}\, b \mid a, b \in \mathbb{R}\}, \tag{2.5}$$

die aus einem Real- und Imaginärteil zusammengesetzt werden, wobei „i" die imaginäre Einheit ist.

Aus der schrittweisen Erweiterung des Zahlenbereichs resultiert die Enthaltenseinsbeziehung

$$\mathbb{N} \subset \mathbb{Z} \subset \mathbb{Q} \subset \mathbb{R} \subset \mathbb{C}, \tag{2.6}$$

die besagt, dass der jeweils umfassendere Zahlenbereich alle Elemente des weniger umfassenden Zahlenbereichs enthält. Die Darstellung von Zahlen mit Hilfe der Riemannschen Zahlenkugel ermöglicht es, zahlreiche mathematische Operationen anschaulich vorzunehmen [4].

Die Abbildung von Zahlenmengen in einem Rechner ist mit großen Einschränkungen verbunden. Wenn für die Darstellung der natürlichen Zahlen 1 Byte verwendet wird, können aus der unendlich großen Menge der natürlichen Zahlen $\mathbb{N}$ nur 256 Zahlen dargestellt werden. Für die Darstellung von reellen Zahlen steht nur eine im mathematischen Sinne vernachlässigbar kleine Teilmenge der rationalen Zahlen zur Verfügung. Dies führt zum einen zu Bereichsüberschreitungen und zum anderen zu Rundungsfehlern, da die Menge der in einem Rechner darstellbaren Zahlen auf der Zahlengeraden viel mehr Lücken als Zahlen aufweist. Tatsächlich ergeben sich in der Praxis kaum Beschränkungen, wenn die Besonderheiten der numerischen Mathematik beachtet werden. Diese werden an einigen Beispielen im folgenden Abschnitt veranschaulicht.

2.3 Einfache und zusammengesetzte Datentypen

In allen Programmiersprachen werden unterschiedliche Datentypen verwendet. Dabei ist zwischen elementaren bzw. primitiven Datentypen und zusammengesetzten Datentypen, die auch als Datenstruktur bezeichnet werden, zu unterscheiden. Durch die Definition eines Datentyps wird festgelegt, wie ein Bitmuster zu interpretieren ist. Praktisch alle Programmiersprachen stellen zumindest vier Datentypen zur Verfügung:

- Logische Daten *(Boolean)* (1 Byte),
  1 Bit wäre für die Codierung ausreichend, in der Regel ist 1 Byte aber die kleinste adressierbare Speichereinheit
- Zeichen *(Character)* (1 Byte)
- Ganzzahlen *(Integer)* (1, 2, 4 und 8 Byte),
  für die Darstellung der natürlichen und ganzen Zahlen
- Gleitpunktzahlen *(Floating Point Numbers)* (4 und 8 Byte, zum Teil auch 10 Byte),
  für die Darstellung der reellen Zahlen.

Dabei variieren die Bezeichnungen für die Datentypen und die Ausführungsformen unterscheiden sich geringfügig voneinander. Beispielsweise werden für die Darstellung von Zeichen in Java 16 Bit verwendet, in LabVIEW ist ein elementarer Datentyp für Zeichen gar nicht implementiert, da Zeichen bzw. Zeichenketten in der Datenstruktur *String* verwaltet werden und in C gibt es keinen Typ für logische Daten, dort werden logische Funktionen mit dem Datentyp für Zeichen realisiert. Die zugrunde liegenden Datenformate sind aber in der Regel vergleichbar.

Neben diesen vier Datentypen werden in Abhängigkeit von der jeweiligen Programmiersprache viele weitere Datentypen verwendet. Tabelle B.2 im Anhang gibt eine Übersicht über die Datentypen der Entwicklungsumgebung LabVIEW. Ihre Verwendungsmöglichkeiten werden in den folgenden Kapiteln aufgezeigt. Bei der Einführung von Datentypen ist es häufig üblich, auch die auf die Daten zulässigen Operationen einzuführen. Im Zusammenhang mit LabVIEW ist diese Form der Darstellung sicher nicht sinnvoll, da das Konzept darin besteht, dem Entwickler in Form von Bibliotheken möglichst viele Operationen bzw. Funktionen zur Verfügung zu stellen, so dass für einen Datentyp häufig einige hundert Funktionen zur Auswahl stehen.

In den folgenden Abschnitten werden zunächst die Datentypen für Ganzzahlen und Gleitpunktzahlen eingeführt und an Beispielen wird ihre Beschränkung bei der Darstellung und Verarbeitung aufgezeigt.

2.3.1 Ganze Zahlen

Vorzeichenlose Ganzzahlen

Für die Darstellung der natürlichen Zahlen werden üblicherweise 1, 2, 4 oder 8 Byte verwendet. Dabei ist die Bezeichnung nicht einheitlich. Die Datentypen werden als Byte, Wort, Doppelwort und Quad-Wort aber auch als Byte, Halbwort, Wort und Doppelwort bezeichnet. Unabhängig von der Bezeichnung ist das Datenformat aber immer gleich. Wie in Abbildung 2.3a dargestellt, beträgt die Wortbreite 8, 16, 32 und 64 Bit. Für die Darstellung dieser vorzeichenlosen Datentypen werden in der visuellen Programmiersprache LabVIEW graphische Symbole verwendet (Abb. 2.3b), die zudem farblich codiert sind. Für Ganzzahlen wird die Farbe Blau verwendet. Tabelle 2.3 gibt eine Übersicht über den Wertebereich von vorzeichenlosen Ganzzahlen (*Unsigned Integer*) in Abhängigkeit von der jeweiligen Wortbreite.

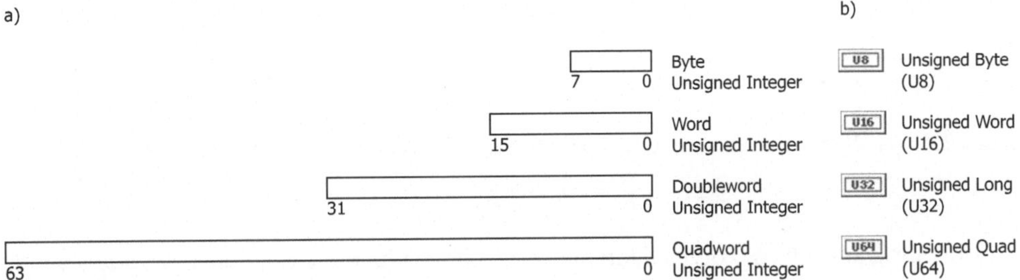

Abb. 2.3: a) Wortbreite von vorzeichenlosen Ganzzahlen, b) Darstellung in LabVIEW

Üblich ist die Darstellung von vorzeichenlosen Ganzzahlen im bereits vorgestellten Stellenwertsystem (s. Gl. 2.1, Tab. 2.2). Für eine 3-Bit-Zahl ergibt sich damit die Zuordnung von Dezimal- zu Dualzahlen zu:

dezimal	dual
0	0 0 0
1	0 0 1
2	0 1 0
3	0 1 1
4	1 0 0
5	1 0 1
6	1 1 0
7	1 1 1

Mit 3 Bit können also $2^3 = 8$ Dezimalzahlen codiert werden, verallgemeinert bedeutet dies, dass mit n Bit 2^n Zahlen codiert werden können. Prinzipiell kann die Zuordnung von Dezimalzahlen zu einem Bitmuster willkürlich vorgenommen werden. Je nach Anwendungsfall können die Dezimalzahlen in ihrer Reihenfolge vertauscht werden und es ist auch möglich, den Bitmustern andere Zahlenwerte zuzuordnen.

Vorzeichenbehaftete Ganzzahlen

Negative Ganzzahlen können in der bisher eingeführten Form nicht dargestellt werden. Um negative und positive Zahlen zu codieren, ist es erforderlich, ein Bit für die Codierung des Vorzeichens vorzusehen. Abbildung 2.4a gibt eine Übersicht über das Format vorzeichenbehafteter Ganzzahlen *(Signed Integer)* und Abbildung 2.4b zeigt die entsprechenden graphischen Symbole in LabVIEW. Die Wertebereiche für vorzeichenbehaftete Ganzzahlen sind in Tabelle 2.3 aufgeführt.

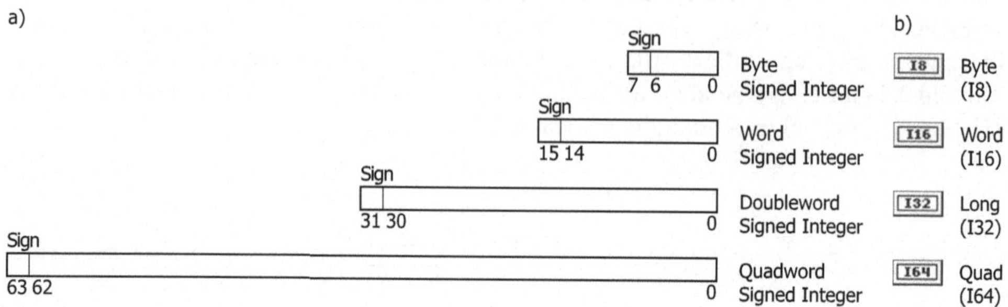

Abb. 2.4: a) Wortbreite von vorzeichenbehafteten Ganzzahlen, b) Darstellung in LabVIEW

Für die Darstellung vorzeichenbehafteter Ganzzahlen ist es zunächst naheliegend, die so genannte Vorzeichendarstellung zu verwenden, bei der im MSB die Information über das Vorzeichen abgelegt wird:

dezimal	binär
+0	0 0 0
+1	0 0 1
+2	0 1 0
+3	0 1 1
-0	1 0 0
-1	1 0 1
-2	1 1 0
-3	1 1 1

Bei dieser Codierung ergeben sich jedoch zwei Nachteile. Die Zahl Null ist zweimal vorhanden und es ist nicht möglich, positive und negative Zahlen ohne weitere Maßnahmen zu addieren. Diese Nachteile können vermieden werden, wenn für die Darstellung vorzeichenbehafteter Ganzzahlen das so genannte Zweierkomplement verwendet wird. Auch dabei wird das höchstwertige Bit für die Codierung des Vorzeichens verwendet; mit 1 wird eine negative und mit 0 eine positive Zahl gekennzeichnet. Das Ziel bei der Bildung des Zweierkomplements ist es, die Subtraktion zweier Zahlen $A - B$ auf eine Addition $A + (-B)$ zurückzuführen, da dann keine unterschiedlichen Schaltungen für die Addition und Subtraktion konstruiert werden müssen und sich der Schaltungsaufwand für die Realisierung eines Rechenwerks reduzieren lässt (s. Abschn. 3.2).

Um von einer positiven Zahl das Zweierkomplement zu bilden, wird zunächst das Einerkomplement gebildet, das heißt, alle Bits werden invertiert und anschließend wird eine 1 addiert. Dieses Vorgehen wird im folgenden Beispiel veranschaulicht, indem von der Zahl 104_{10} das Zweierkomplement gebildet wird:

$$
\begin{array}{lll}
104_{10} = & 0\ 1101000 & \\
\text{Einerkomplement} & 1\ 0010111 & \\
& +\qquad\quad 1 & \\
\hline
\text{Zweierkomplement} & 1\ 0011000 & = -104_{10}
\end{array}
$$

Auf umgekehrtem Weg lässt sich auf analoge Weise der Betrag einer negativen Zahl ermitteln:

$$
\begin{array}{lll}
\text{Zahl im} & & \\
\text{Zweierkomplement} \quad -104_{10} = & 1\ 0011000 & \\
\text{Einerkomplement} & 0\ 1100111 & \\
& +\qquad\quad 1 & \\
\hline
\text{Betrag} & 0\ 1101000 & = 104_{10}
\end{array}
$$

Nach der Bildung des Zweierkomplements können auch vorzeichenbehaftete Ganzzahlen ohne weitere Maßnahmen addiert werden. In einem Beispiel soll $104_{10} - 99_{10} = 104_{10} + (-99_{10})$ berechnet werden. Für die Zahl $99_{10} = 01100011$ ergibt sich dabei das Zweierkomplement zu $-99_{10} = 10011101$ und die Addition liefert:

$$
\begin{array}{l}
\ 0\ 1101000 \\
+\ 1\ 0011101 \\
\hline
\ 0\ 0000101 \quad = 5_{10}.
\end{array}
$$

Dabei ist zu beachten, dass bei der Addition von Zahlen im Zweierkomplement immer eine feste Wortbreite, hier von 8 Bit, vorausgesetzt werden muss, was dazu führt, dass entstehende Überträge nicht berücksichtigt werden sondern, wie auch in diesem Beispiel, wegfallen. In einem weiteren Beispiel liefert die Addition von $99_{10} + (-104_{10})$

$$
\begin{array}{l}
\ 0\ 1100011 \\
+\ 1\ 0011000 \\
\hline
\ 1\ 1111011 \quad = -5_{10}.
\end{array}
$$

Die Überprüfung des Ergebnisses kann zum Beispiel dadurch erfolgen, dass von der negativen Zahl durch die Bildung des Zweierkomplements der Betrag ermittelt wird (s. o.).

Wertebereiche von Ganzzahlen

Bei einer Wortbreite n ergibt sich für vorzeichenlose Ganzzahlen ein Wertebereich von $0 \ldots 2^{n-1}$ und für vorzeichenbehaftete Ganzzahlen von $-2^{n-1} \ldots -2^{n-1} - 1$. Eine Übersicht über die Wertebereiche von Ganzzahlen mit den üblicherweise verwendeten Wortbreiten von 1, 2, 3 und 4 Byte gibt Tabelle 2.3.

Bereichsüberschreitungen bei der Verarbeitung von Ganzzahlen

Die begrenzte Wortbreite von Ganzzahlen kann bei der Addition oder Subtraktion zu einem Über- bzw. Unterlauf führen, der im Rechner aber wegen der begrenzten

Tab. 2.3: Wertebereiche von vorzeichenlosen und vorzeichenbehafteten Ganzzahlen

Wort-breite/Bit	Dualzahl	Zahl im Zweierkomplement
8	$2^0 \ldots 2^8 - 1 = 0 \ldots\ 255$	$-2^7 \ldots 2^7 - 1 =\ -128 \ldots\ 127$
16	$2^0 \ldots 2^{16} - 1 = 0 \ldots 65535$	$-2^{15} \ldots 2^{15} - 1 = -32768 \ldots 32767$
32	$2^0 \ldots 2^{32} - 1$	$-2^{31} \ldots 2^{31} - 1$
64	$2^0 \ldots 2^{64} - 1$	$-2^{63} \ldots 2^{63} - 1$

Wortbreite nicht berücksichtigt werden kann. Beispielsweise ergibt sich für eine 4-Bit-Dualzahl:

Überlauf:

$$
\begin{array}{r}
\boxed{1}\,\boxed{1}\,\boxed{1}\,\boxed{1} \\
+ \qquad\qquad 1 \\
\hline
1\ \boxed{0}\,\boxed{0}\,\boxed{0}\,\boxed{0} \;\rightsquigarrow\; \boxed{0}\,\boxed{0}\,\boxed{0}\,\boxed{0}
\end{array}
$$

Unterlauf:

$$
\begin{array}{r}
\boxed{0}\,\boxed{0}\,\boxed{0}\,\boxed{0} \\
- \qquad\qquad 1 \\
\hline
\ldots 1\ \boxed{1}\,\boxed{1}\,\boxed{1}\,\boxed{1} \;\rightsquigarrow\; \boxed{1}\,\boxed{1}\,\boxed{1}\,\boxed{1}
\end{array}
$$

Nach der Verarbeitung von Ganzzahlen werden diese im Allgemeinen als Dezimalzahl angezeigt. Als Resultat ergibt sich dann:

	4-Bit-Dualzahl	4-Bit-Zahl im Zweierkomplement
Überlauf	$15 + 1 \overset{\boxminus}{=}\ 0$	$7 + 1 \overset{\boxminus}{=} -8$
Unterlauf	$0 - 1 \overset{\boxminus}{=} 15$	$-8 - 1 \overset{\boxminus}{=}\ 7$

▶ **Anmerkung**

Bereichsüberschreitungen oder Rundungsfehler führen zu (Un-)Gleichungen wie

$$
127 + 1 \overset{\boxminus}{=} -128 \quad \text{oder} \quad 0.2 \cdot 10 \overset{\boxminus}{\neq} 2.
$$

Das kleine Symbol eines Taschenrechners soll darauf hinweisen, dass diese (Un-)Gleichungen nicht im mathematischen Sinne gültig sind, sondern ausschließlich durch die Verwendung eines Rechners bedingt sind.   ◀

Veranschaulichen lässt sich ein Über- bzw. Unterlauf, indem die zur Verfügung stehenden ganzen Zahlen auf einem Zahlenkreis angeordnet werden. Abbildung 2.5a zeigt eine 4-Bit-Dualzahl und Abbildung 2.5b eine Zahl in Zweierkomplementdarstellung. Wird der Zahlenkreis im Uhrzeigersinn durchlaufen, indem die Zahlen inkrementiert werden, ergibt sich ein Überlauf beim Übergang von 15 auf 0 bzw. beim Übergang von 7 auf −8. Wird der Zahlenkreis gegen den Uhrzeigersinn durchlaufen, indem die Zahlen dekrementiert werden, ergibt sich ein Unterlauf beim Übergang von 0 auf 15 bzw.

beim Übergang von -8 auf 7. Bei Rechenschaltungen werden Über- und Unterlauf in der Regel ausgewertet. Bei Programmiersprachen ist dagegen keine Auswertung vorgesehen und es ist die Aufgabe des Software-Entwicklers, einen Über- oder Unterlauf zu vermeiden.

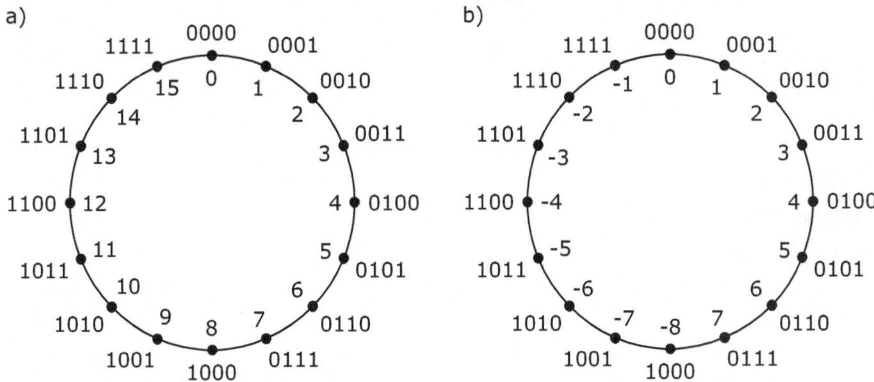

Abb. 2.5: Zahlenkreis, a) für eine Dualzahl und b) für eine Zahl im Zweierkomplement

In verallgemeinerter Form zeigt Tabelle 2.4 das Ergebnis für einen Über- bzw. Unterlauf, wobei n die Wortbreite der Ganzzahl angibt.

Tab. 2.4: Über- und Unterlauf bei vorzeichenlosen und vorzeichenbehafteten Ganzzahlen

	Dualzahl	Zahl im Zweierkomplement
Überlauf	$(2^n - 1) + 1 = 0$	$(2^{n-1} - 1) + 1 = -2^{n-1}$
Unterlauf	$0 - 1 = (2^n - 1)$	$-2^{n-1} - 1 = (2^{n-1} - 1)$

2.3.2 Gleitpunktzahlen

Um auch sehr große und sehr kleine reelle Zahlen mit hoher Genauigkeit darstellen zu können, wird im Allgemeinen eine Gleitpunktdarstellung bzw. halblogarithmische Darstellung verwendet. Diese ist direkt vergleichbar mit der wissenschaftlichen Notation eines Taschenrechners, bei der eine Gleitpunktzahl *(Floating Point Number)* F in der Form

$$F = \pm M \cdot B^{\pm E} \tag{2.7}$$

dargestellt wird. Dabei ist M die vorzeichenbehaftete Mantisse (*Mantissa* oder *Significand* für die Beschreibung der signifikanten Stellen der Gleitpunktzahl), E der vorzeichenbehaftete Exponent und B die Basis bzw. Grundzahl. Dabei bestimmt die Mantisse die Genauigkeit und der Exponent den Wertebereich der Zahl. Die Darstellung einer Zahl ist damit nicht mehr eindeutig. Die Dezimalzahl 72.4375 kann beispielsweise in den Formen

$$72.4375 \times 10^0 = 72437.5 \times 10^{-3} = 7.24375 \times 10^1$$

dargestellt werden und die Darstellung dieser Zahl als Gleitpunktzahl mit der Basis 2 kann in der Form

$$
\begin{aligned}
1001000.0111 \cdot 2^0 &= (1 \cdot 2^6 \ \ + 1 \cdot 2^3 \ \ + 1 \cdot 2^{-2} + 1 \cdot 2^{-3} \ \ + 1 \cdot 2^{-4} \ \ ) 2^0 = \\
1.0010000111 \cdot 2^6 &= (1 \cdot 2^0 \ \ + 1 \cdot 2^{-3} + 1 \cdot 2^{-8} + 1 \cdot 2^{-9} \ \ + 1 \cdot 2^{-10}) 2^6 = \\
0.10010000111 \cdot 2^7 &= (1 \cdot 2^{-1} + 1 \cdot 2^{-4} + 1 \cdot 2^{-9} + 1 \cdot 2^{-10} + 1 \cdot 2^{-11}) 2^7
\end{aligned}
$$

erfolgen. Die Erhöhung des Exponenten um 1 hat dabei eine Verschiebung des Dezimaltrennzeichens um eine Stelle nach links zur Folge und bei einer Erniedrigung des Exponenten um 1 verschiebt sich das Dezimaltrennzeichen dementsprechend um eine Stelle nach rechts. Bei einer Dualzahl kann die Verschiebung des Dezimaltrennzeichens so vorgenommen werden, dass vor dem Dezimaltrennzeichen eine 0 steht. Diese Form wird als normalisierte Darstellung bezeichnet. Eine Verschiebung, die dazu führt, dass vor dem Dezimaltrennzeichen eine 1 steht, wird dagegen als normierte Darstellung bezeichnet. Letztere wird im Allgemeinen bei der Darstellung von Gleitpunktzahlen im Rechner verwendet.

Darstellung von Gleitpunktzahlen im Rechner

Sowohl bei der Hardware-Entwicklung [5] als auch bei Programmiersprachen wird im Allgemeinen der Standard 754 des IEEE (*Institute of Electrical and Electronic Engineers*) verwendet, der das Datenformat für Gleitpunktzahlen mit einfacher (32 Bit), doppelter (64 Bit) und erweiterter Genauigkeit ($\geq$80 Bit) spezifiziert (Abb. 2.6a). Die Darstellung von Gleitpunktzahlen in LabVIEW (mit der Farbe Orange) zeigt Abbildung 2.6b. Im Folgenden werden für die rechnerinternen Variablen Kleinbuchstaben verwendet, s für das Vorzeichen der Mantisse, f für die Nachpunktstellen der Mantisse und e für den Exponenten.

Auch bei Gleitpunktzahlen ist die Menge der darstellbaren Zahlen durch die endliche Wortbreite im Rechner begrenzt. Bei einer Wortbreite von beispielsweise 32 Bit können $\approx 4 \cdot 10^9$ Zahlen dargestellt werden, wobei ein Teil der Bitmuster für „besondere" Zahlen wie 0, ∞ und so genannte Nichtzahlen reserviert wird (s. u.).

Die binäre Gleitpunktdarstellung ermöglicht zudem nur die Darstellung einer kleinen Teilmenge der reellen Zahlen, da sich der Wert der Nachpunktstellen der Mantisse nur durch das Aufsummieren von Kombinationen der Zahlen

$$\frac{1}{2},\ \frac{1}{4},\ \frac{1}{8},\ \frac{1}{16}\ \cdots\ =\ 2^{-1},\ 2^{-2},\ 2^{-3},\ 2^{-4}\ldots$$

zusammensetzen lässt. Somit können reelle Zahlen (beispielsweise die Dezimalzahlen 0.1, 0.2, 0.3, 0.4) nur näherungsweise dargestellt werden und die Zahlengerade weist erhebliche Lücken auf. Der Abschnitt der Zahlengeraden zwischen zwei benachbarten Gleitpunktzahlen enthält eine unendlich große Menge reeller Zahlen. Dies hat zur Folge, dass das Ergebnis einer mathematischen Operation im Allgemeinen keine Gleitpunktzahl ist und daher auf die nächste Gleitpunktzahl gerundet werden muss.

Im Prinzip ist die Approximation von reellen Zahlen durch Gleitpunktzahlen für praktische Anwendungen ausreichend, da sich durch die verwendeten Datenformate ≈ 7 bzw. ≈ 16 signifikante Dezimalstellen ergeben. Erst durch die Anwendung mathematischer Operationen, wie zum Beispiel fortgesetzte Additionen oder trigonometrischer Funktionen, wie zum Beispiel $\sin x$, bei denen das Argument x weit außerhalb des Grundintervalls liegt, d. h. $x \gg 2\pi$, können Rundungsfehler zu unbrauchbaren Ergebnissen führen.

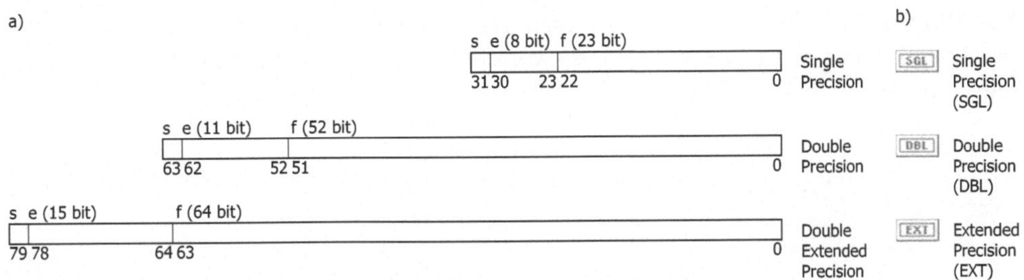

Abb. 2.6: a) Wortbreite von vorzeichenlosen Ganzzahlen, b) Darstellung in LabVIEW

Vorzeichen

Für die Codierung des Vorzeichens *(Sign)* s wird ein Bit benötigt. Mit $(-1)^s$ ergibt sich für eine 0 ein positives und für eine 1 ein negatives Vorzeichen.

Exponent

Um auch Zahlen < 1 darstellen zu können, ist ein vorzeichenbehafteter Exponent erforderlich, der durch eine Darstellung des Exponenten im Zweierkomplement realisiert werden könnte. Aus praktischen Gründen (s. u.) wird der Exponent E dagegen mit einem Versatz *(Bias)* b versehen, um die Null in die Mitte des zur Verfügung stehenden Zahlenbereichs zu verschieben. Der *Bias* b ergibt sich in Abhängigkeit von der Wortbreite p des Exponenten zu

$$b = 2^{p-1} - 1, \tag{2.8}$$

Beispielsweise wird $b = 127$ für einen Exponenten mit 8 Bit und $b = 1023$ für einen Exponenten mit 11 Bit Breite. Die rechnerinterne Darstellung des Exponenten e wird über

$$e = E + b \tag{2.9}$$

festgelegt. Für einen Exponenten mit einer Wortbreite von 8 Bit ergibt sich dann ein Wertebereich von $E_{min} = -127$ bis $E_{max} = 128$ und für einen Exponenten mit einer Wortbreite von 11 Bit von $E_{min} = -1023$ bis $E_{max} = 1024$. Der größte und kleinste Wert des Exponenten wird dabei jeweils für „besondere" Zahlen reserviert (s. Tab. 2.6).

Da bei der Darstellung einer Gleitpunktzahl im Rechner erst der Exponent und anschließend die Mantisse abgelegt wird (vgl. Abb. 2.6) und bei beiden das MSB jeweils links und das LSB rechts angeordnet ist, können für Gleitpunktzahlen die gleichen Vergleichsoperationen wie für Ganzzahlen genutzt werden, wenn der Exponent mit einem *Bias* versehen wird.

Mantisse

Die Mantisse M wird immer in normalisierter Form dargestellt. Das heißt, der Punkt als Trennzeichen wird in der Mantisse verschoben, bis vor dem Punkt eine 1 steht. Die Mantisse M lässt sich damit in der Form

$$M = m_0 \cdot 2^0 + m_1 \cdot 2^{-1} + m_2 \cdot 2^{-2} + \ldots \tag{2.10}$$

$$= 1 + m_1 \cdot 2^{-1} + m_2 \cdot 2^{-2} + \ldots \tag{2.11}$$

$$= 1 + \sum_{i=1}^{q} m_i \cdot 2^{-i} \tag{2.12}$$

$$= 1.f \tag{2.13}$$

darstellen, wobei q die Wortbreite des *Fractional Part* f ist und für $m_i \in \{0,1\}$ gilt. Durch die Normalisierung ist $m_0 = 1$. f steht für die Nachpunktstellen der Mantisse, für die $0 \leq f < 1$ gilt.

Da durch die Normalisierung immer eine 1 vor dem Dezimaltrennzeichen steht, wird sie nicht gespeichert (Ausnahme: erweiterte Genauigkeit), aber intern berücksichtigt, so dass die Genauigkeit der Mantisse immer um 1 Bit größer ist als f. Diese 1 wird auch als *Hidden Bit* (verstecktes Bit) bezeichnet.

▶ Anmerkung: Mantisse

Der Begriff Mantisse wird in der Mathematik für die Bezeichnung der Nachpunktstellen der Werte einer Logarithmentafel verwendet. In der Informatik hat es sich eingebürgert, den Begriff Mantisse auch im Zusammenhang mit Gleitpunktzahlen zu verwenden. Daher wird er auch hier verwendet. Dabei sollte beachtet werden, dass die Definition der Mantisse in der Literatur nicht einheitlich vorgenommen wird – so wie auch viele andere Begriffe in der Informatik nicht eindeutig und präzise verwendet werden. Die Darstellung der Mantisse erfolgt hier in der Form $M = 1.f$, das heißt, die 1 vor dem Dezimaltrennzeichen ist Bestandteil der Mantisse.   ◀

Wert einer Gleitpunktzahl

Der Wert w einer Gleitpunktzahl kann über

$$w = (-1)^s \cdot (1.f) \cdot 2^{e-b} \tag{2.14}$$

ermittelt werden. Beispielsweise ergibt sich damit für die Dezimalzahl 1.5_{10} bei einer Darstellung im Rechner als Gleitpunktzahl mit einfacher Genauigkeit das Bitmuster:

$$\begin{array}{lll} s & e & f \end{array}$$
$$1.5_{10} = 0 \ 01111111 \ 10000000000000000000000$$

und die Auswertung des Musters mit Gleichung 2.14 ergibt:

$$1.5_{10} = (-1)^0 \cdot (1 + 2^{-1}) \cdot 2^{127-127}.$$

Ein weiteres Beispiel zeigt das Bitmuster für die Dezimalzahl -2308.140625_{10}:

$$\begin{array}{lll} s & e & f \end{array}$$
$$-2308.140625_{10} = 1 \ 10001010 \ 00100000100001001000000,$$

welches analog zum vorigen Beispiel ausgewertet werden kann:

$$-2308.140625_{10} = (-1)^1 \cdot (1 + 2^{-3} + 2^{-9} + 2^{-14} + 2^{-17}) \cdot 2^{138-127}.$$

Für Gleitpunktzahlen einfacher, doppelter und erweiterter Genauigkeit gibt Tabelle 2.5 eine Übersicht über die Wertebereiche und die Anzahl der signifikanten Stellen. In Tabelle 2.6 werden die Zahlenbereiche aufgeführt, die für „besondere" Zahlen reserviert sind.

Tab. 2.5: Wertebereiche und signifikante Stellen von Gleitpunktzahlen

Datenformat	Wertebereich		Signifikante Stellen	
	binär	dezimal	binär	dezimal
einfach (32 Bit)	$2^{-126} \ldots 2^{127}$	$\approx 10^{\pm 38}$	$23 + 1$	≈ 7
doppelt (64 Bit)	$2^{-1022} \ldots 2^{1023}$	$\approx 10^{\pm 308}$	$52 + 1$	≈ 16
erweitert (80 Bit)	$2^{-16382} \ldots 2^{16383}$	$\approx 10^{\pm 4932}$	64	≈ 19

Tab. 2.6: Besondere Zahlenbereiche von Gleitpunktzahlen

Biased Exponent	Fractional Part	Interpretation
$e = 0$	$f = 0$	± 0
$e = 2^p - 1$	$f = 0$	$\pm \infty$
$e = 2^p - 1$	$f \neq 0$	NaN (*Not a Number* (Nichtzahl))
$e = 0$	$f \neq 0$	nicht normalisierte Zahlen

Bei der normalisierten Darstellung ist es nicht möglich, die Zahl 0 darzustellen, da immer das *Hidden Bit* berücksichtigt werden muss. Die Codierung der Zahl 0 wird dadurch realisiert, dass sowohl der Wert des *Biased Exponent* als auch der Wert des *Fractional Part* Null sind (s. Tab. 2.6). In Abhängigkeit vom Wert des Vorzeichenbits wird diese als $+0$ bzw. -0 interpretiert. Ein Bereichsüberlauf ist dadurch gekennzeichnet, dass der Wert des *Fractional Part* Null ist und der *Biased Exponent* den maximal möglichen Wert aufweist. In Abhängigkeit vom Wert des Vorzeichenbits wird eine Bitkombination dieser Art als $+\infty$ bzw. als $-\infty$ interpretiert. Bereichsüberschreitungen werden beispielsweise durch Operationen wie $1/0$ oder $\log 0$ verursacht.

Unzulässige Operationen wie $\log(-1)$ oder $\sqrt{-1}$ führen zu so genannten Nichtzahlen *(Not a Number, NaN)*, für die die Bitkombinationen reserviert sind, bei denen der *Biased Exponent* den Maximalwert aufweist und der *Fractional Part* $f \neq 0$ ist. Ein Unterlauf ergibt sich, wenn nach einer Berechnung keine Normalisierung durchgeführt werden kann, weil der Wertebereich des Exponenten überschritten wird. Dann steht vor dem Trennzeichen eine 0. Das Bitmuster einer nicht normalisierten Zahl ist dementsprechend dadurch gekennzeichnet, dass $e = 0$ und $f \neq 0$ ist. Nach dem Auftreten eines Unterlaufs wird im Allgemeinen mit 0 weiter gerechnet.

Beispiele für die Addition von Gleitpunktzahlen mit vereinfachtem Datenformat

Um die Grenzen bei der Verarbeitung von Gleitpunktzahlen zu verdeutlichen, soll in den beiden folgenden Beispielen ein vereinfachtes Datenformat mit einem Bit für das Vorzeichen, 3 Bit für den Exponenten und 4 Bit für den *Fractional Part* der Mantisse verwendet werden (Abb. 2.7). Um das Verständnis zu erleichtern, wird der Exponent in den Beispielen *nicht* mit einem *Bias* versehen.

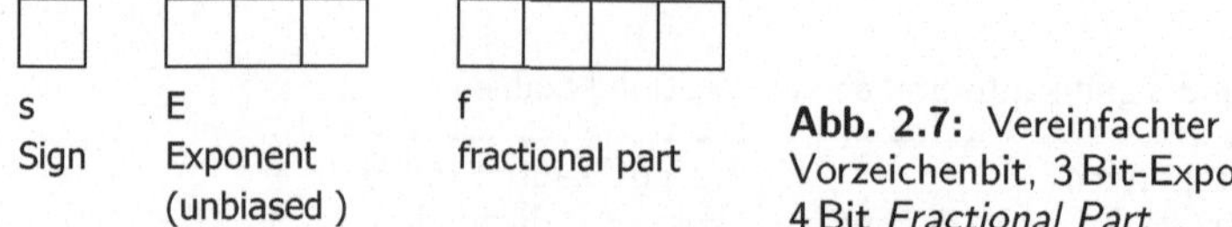

Abb. 2.7: Vereinfachter Datentyp mit Vorzeichenbit, 3 Bit-Exponent und 4 Bit *Fractional Part*

Im Beispiel nach Abbildung 2.8 sollen die beiden Zahlen 78_{10} und 34_{10} addiert werden. Abbildung 2.8a zeigt die mathematisch korrekte Lösung und Abbildung 2.8b die Addition der beiden Zahlen im vereinfachten Datenformat.

Um die beiden Dezimalzahlen addieren zu können (Abb. 2.8a), müssen sie zunächst in Dualzahlen umgewandelt werden. Anschließend werden sie in die normierte Darstellung gebracht, so dass vor dem Dezimalpunkt nur noch eine 1 steht. Um die beiden Zahlen (d. h. die Mantissen) addieren zu können, ist der Angleich der Exponenten erforderlich. Dies erfolgt, indem der Exponent der kleineren Zahl an den Exponenten der größeren Zahl angeglichen wird. In diesem Beispiel muss also der Exponent der Zahl 34 um 1 erhöht werden, was zur Folge hat, dass der Dezimalpunkt der Mantisse um eine Stelle nach links verschoben wird. Danach können die beiden Mantissen addiert werden.

Die Addition der beiden Zahlen im vereinfachten Datenformat hat zwei Rundungsfehler zur Folge (Abb. 2.8b), die durch die begrenzte Wortbreite des *Fractional Part* verursacht werden. Für den *Fractional Part* der Zahl 78_{10} ergibt sich nach der Normierung 0011100 ein Rundungsfehler. Weil die Wortbreite des *Fractional Part* 4 Bit

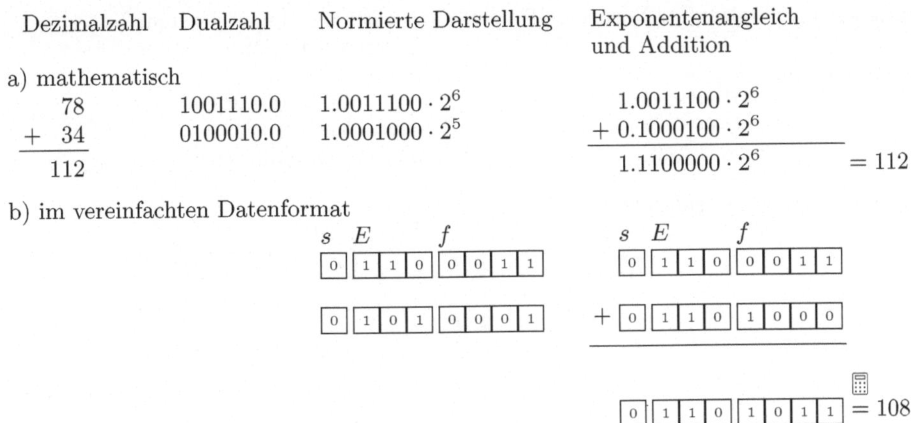

Abb. 2.8: Beispiel für die Addition von zwei Gleitpunktzahlen

beträgt, werden bei der Normierung auch nur die vier höchstwertigen Bits berücksichtigt:

$$0011100 \rightsquigarrow \boxed{0\,0\,1\,1}100 \rightsquigarrow \boxed{0\,0\,1\,1}.$$

Im vereinfachten Datenformat wird die Zahl 34_{10} zunächst korrekt dargestellt. Ein Rundungsfehler ergibt sich durch den Exponentenangleich vor der Addition. Der Exponent muss dafür um 1 erhöht werden und dementsprechend wird der *Fractional Part* um eine Stelle nach rechts verschoben. Dadurch entfällt das LSB und auf der linken Seite des *Fractional Part* erscheint das *Hidden Bit* der Mantisse:

$$(1).\boxed{0\,0\,0\,1} \cdot 2^1 \rightsquigarrow \boxed{1\,0\,0\,0}1 \rightsquigarrow \boxed{1\,0\,0\,0}.$$

Diese beiden Fehler führen dazu, dass sich nach der Umwandlung in eine Dezimalzahl des Ergebnis 108_{10} ergibt.

Prinzipiell können sich durch den Exponentenangleich Fehler ergeben und zu Gleichungen der Art

$$a + b = a \quad \text{für:} \quad a \neq 0, \ b \neq 0, \tag{2.15}$$

führen. Im Beispiel nach Abbildung 2.9 soll dies verdeutlicht werden, indem zur Zahl 34_{10} eine 1_{10} addiert wird.

Abbildung 2.9a zeigt wieder die mathematisch korrekte Lösung und Abbildung 2.9b die Addition im vereinfachten Datenformat. Das Vorgehen zur mathematisch korrekten Addition entspricht dem vorigen Beispiel, ebenso wie die normierte Darstellung der beiden Zahlen. Analog zum vorigen Beispiel wird die Zahl 1_{10} im vereinfachten Datenformat zunächst korrekt dargestellt. Es entsteht aber wieder ein Rundungsfehler beim Exponentenangleich. Der Exponent muss um 5 erhöht werden. Dementsprechend

Dezimalzahl	Dualzahl	Normierte Darstellung	Exponentenangleichung und Addition
a) mathematisch			
34	100010.0	$1.000100 \cdot 2^5$	$1.000100 \cdot 2^5$
$+\ 1$	1.000000	$1.000000 \cdot 2^0$	$+\ 0.000010 \cdot 2^5$
35			$1.000110 \cdot 2^5 \qquad = 35$

b) im vereinfachten Datenformat

$$s\quad E\qquad f$$
$$[0]\ [1\,|\,0\,|\,1]\ [0\,|\,0\,|\,0\,|\,1] \qquad [0]\ [1\,|\,0\,|\,1]\ [0\,|\,0\,|\,0\,|\,1]$$

$$[0]\ [0\,|\,0\,|\,1]\ [0\,|\,0\,|\,0\,|\,0] \qquad +\ [0]\ [1\,|\,0\,|\,1]\ [0\,|\,0\,|\,0\,|\,0]$$

$$[0]\ [1\,|\,0\,|\,1]\ [0\,|\,0\,|\,0\,|\,1] = 34$$

Abb. 2.9: Beispiel für die Addition von zwei Gleitpunktzahlen unterschiedlicher Größenordnung

wird der *Fractional Part* um fünf Stellen nach rechts verschoben. Dadurch entfällt das LSB und und auch das *Hidden Bit* der Mantisse wird nach rechts aus dem *Fractional Part* heraus geschoben:

$$(1).[0\,|\,0\,|\,0\,|\,1] \cdot 2^5 \ \rightsquigarrow\ [0\,|\,0\,|\,0\,|\,0]1 \ \rightsquigarrow\ [0\,|\,0\,|\,0\,|\,0].$$

Als Folge der Verarbeitung von Gleitpunktzahlen ist das Distributivgesetz und das Assoziativgesetz der Algebra nicht mehr gültig, da sich die Reihenfolge, in der Zahlen addiert oder multipliziert werden, auf das Ergebnis der Berechnung auswirkt:

$$a \cdot (b + c) \neq (a \cdot b) + (a \cdot c) \tag{2.16}$$

und

$$a + (b + c) \neq (a + b) + c. \tag{2.17}$$

In Analogie zum vorigen Beispiel wird die Addition von drei Zahlen die Ergebnisse

$$1 + (1 + 34) = 34 \tag{2.18}$$

$$(1 + 1) + 34 = 36 \tag{2.19}$$

zur Folge haben, je nachdem, in welcher Reihenfolge sie addiert werden.

Beispiel: Harmonische Reihe

Dass die Reihenfolge der Addition mehrerer Zahlen das Ergebnis einer Berechnung beeinflussen kann, soll schließlich am Beispiel der Harmonischen Reihe gezeigt werden:

$$H = \sum_{i=1}^{\infty} \frac{1}{i} = \frac{1}{1} + \frac{1}{2} + \frac{1}{3} + \frac{1}{4} \cdots = \infty. \qquad (2.20)$$

Da das Assoziativgesetz bei der numerischen Berechnung nicht mehr gültig ist, gilt:

$$\sum_{i=1}^{n} \frac{1}{i} \neq \sum_{i=n}^{1} \frac{1}{i}. \qquad (2.21)$$

Zudem ist es bei der Berechnung natürlich nicht möglich, eine unendliche Anzahl von Iterationen durchzuführen. Mit $n = 2^{31} - 1$, der maximal möglichen Anzahl von Iterationen in LabVIEW, ergibt sich bei einfacher Genauigkeit (*Single Precision*, SGL):

$$H_{SGL} = \sum_{i=1}^{n} \frac{1}{i} = 15.4036\ldots \quad \text{und} \quad H_{SGL} = \sum_{i=n}^{1} \frac{1}{i} = 18.8079\ldots \qquad (2.22)$$

Die große Diskrepanz der beiden Ergebnisse wird durch den Datentyp SGL mit einfacher Genauigkeit verursacht. Bereits nach $2^{21} - 1$ Iterationen ändert sich das Resultat bei aufsteigender Summierung nicht mehr. Das heißt, von $2^{31} - 1$ Iterationen tragen nur ca. 0.1% zum Ergebnis bei. Die Berechnung der harmonischen Reihe mit doppelter Genauigkeit (*Double Precision*, DBL) ergibt:

$$H_{DBL} = \sum_{i=1}^{n} \frac{1}{i} = 22.0647782623180788 \qquad (2.23)$$

und

$$H_{DBL} = \sum_{i=0}^{n-1} \frac{1}{n-i} = 22.0647782620208481. \qquad (2.24)$$

Die Berechnung führt praktisch nicht zu einer Verbesserung, denn obwohl sich die beiden Ergebnisse ähnlicher geworden sind und Rundungsfehler nun erst in der zehnten Nachpunktstelle auftreten, weichen die Ergebnisse durch die endliche Zahl der Iterationen trotzdem erheblich von der mathematisch korrekten Lösung ab.

Auslöschung

Ohne die Tatsache zu berücksichtigen, dass die Ergebnisse nach Gleichung 2.23 und 2.24 mathematisch nicht korrekt sind, lässt sich an ihnen ein weiteres Problem der numerischen Mathematik veranschaulichen. Wenn zwei annähernd gleich große Zahlen subtrahiert werden, verbleiben unter Umständen nur die mit Rundungsfehlern behafteten Stellen, ein Effekt, der auch als Auslöschung bezeichnet wird. Die Subtraktion der Ergebnisse nach den Gleichungen 2.23 und 2.24 ergibt:

$$\begin{array}{r} 22.0647782623180788 \\ -\,22.0647782620208481 \\ \hline 0.0000000002972307 \end{array}$$

Das Resultat enthält keine relevanten Stellen mehr und ist damit unbrauchbar. In ähnlicher Weise kann die Auslöschung von relevanten Stellen in der Messtechnik zu Fehlinterpretationen führen. In der Messtechnik wird praktisch jede physikalische Größe in eine analoge Spannung umgewandelt und anschließend digitalisiert. Das heißt, ein Messbereich von beispielsweise 0 V bis 10 V wird auf eine Menge diskreter Werte abgebildet, typischerweise auf 8 Bit, 12 Bit oder 16 Bit. Bedingt durch Rauschen und andere Störungen, die das Messsignal überlagern, sind die niedrigstwertigen Bits nicht nutzbar. Bei einem – weniger guten – 16 Bit-ADC (Analog-Digital-Konverter) können davon die vier (oder mehr) niedrigstwertigen Bits betroffen sein, so dass sich nach einer Subtraktion von zwei Messwerten beispielsweise

$$
\begin{array}{r}
1010\,1010\,1010\,1100 \\
-\,1010\,1010\,1010\,0011 \\
\hline
0000\,0000\,0000\,1001
\end{array}
$$

ergeben kann. Das Resultat ist eine durch Rauschen generierte Zufallszahl.

Vergleiche von Gleitpunktzahlen

Abschließend soll darauf hingewiesen werden, dass bei der Software-Entwicklung auch der Vergleich von zwei Gleitpunktzahlen zu unerwünschten Ergebnissen führen kann, da sich nur wenige reelle Zahlen als Gleitpunktzahl darstellen lassen, beispielsweise gilt:

$$
0.2 \cdot 10 \neq 2. \tag{2.25}
$$

Vergleiche von Gleitpunktzahlen sollten daher niemals in der Form

$$
a = b
$$

sondern immer in der Form

$$
a \leq b \quad \text{oder} \quad a \geq b
$$

erfolgen. An einigen wenigen Beispielen sollten in diesem Abschnitt die Besonderheiten von Gleitpunktzahlen aufgezeigt werden. Eine tiefer gehende Analyse und weiter führende Literaturhinweise finden sich beispielsweise bei Donald E. Knuth [6].

2.3.3 Zeichen

Neben der Verarbeitung von Zahlen ist die Verarbeitung von Zeichen *(Character)* wie Buchstaben, Ziffern und Satzzeichen eine Standardaufgabe. Die Probleme, die sich dabei durch sprachspezifische Zeichen wie Umlaute ergeben, können noch auf die Zeit zurückgeführt werden, als Rechenleistung und Speicherplatz begrenzt waren. Um Speicherplatz optimal zu nutzen, wurden zunächst nur wenige Bits für die Codierung von Zeichen (und einigen Steuerzeichen) verwendet, d. h. einer Dualzahl wird ein

Zeichen zugeordnet und diese Zuordnung in einer Code-Tabelle abgelegt. In Abhängigkeit vom Wert der Dualzahl wird dann z. B. auf dem Bildschirm oder Drucker das zugehörige Zeichen ausgegeben, beispielsweise $01011001_2 = 59_{16} = $ Y.

Mit 7 Bits können 128 Zeichen codiert werden, was in etwa dem Umfang der Zeichenmenge einer Tastatur entspricht. Diese Codierung wird auch als ASCII-Code (*American standard code for information interchange*) bezeichnet. Eine Erweiterung des ASCII-Codes auf 8 Bit mit 256 Zeichen ist in ISO/IEC 8859 (ISO: *International Organization for Standardization*, IEC: *International Electrotechnical Commission*) genormt. Da auch 8 Bit nicht für die vollständige Codierung von sprachspezifischen Zeichen ausreichen, enthält ISO/IEC 8859 insgesamt 16 Erweiterungen, z. B. ISO/IEC 8859-1 mit der Erweiterung *Latin-1* für westeuropäische Sprachen. Bei diesen Erweiterungen sind die ersten 128 Zeichen (0 ... 127) immer gleich, während die Zeichen 128 ... 255 für sprachspezifische Zeichen verwendet werden. Da bekannt sein muss, welche Erweiterung des Zeichensatzes verwendet worden ist, ergeben sich bei der Zeichendarstellung häufig Kompatibilitätsprobleme.

Zudem werden nicht bei allen Implementierungen die Normen vollständig berücksichtigt. So wird beispielsweise unter Windows ein Teil der Steuerzeichen durch andere Zeichen, wie z. B. €, ersetzt. Diese als PC-ANSI (ANSI: *American National Standards Institute*) bezeichnete Code-Tabelle zeigt Abbildung 9.18 im Zusammenhang mit einem Programmbeispiel.

Um die Kompatibilitätsprobleme zwischen unterschiedlichen Zeichensätzen zu vermeiden, werden in Unicode 16 Bit und in UCS 32 Bit *(universal character set)* für die Codierung von Zeichen verwendet. Insbesondere Letzterer bietet die Möglichkeit, alle bekannten Schriftzeichen eindeutig zu codieren. Beiden Erweiterungen ist gemeinsam, dass die ersten 128 Zeichen (0 ... 127) den ASCII-Code und die Zeichen 128 ... 255 die ASCII-Erweiterung *Latin-1* nach ISO/IEC 8859-1 enthalten, um die Abwärtskompatibilität sicher zu stellen. Eine Übersicht über die Codierung von Schriftzeichensätzen geben u. a. Rechenberg und Pomberger [7].

2.3.4 Boolesche Daten

Den einfachsten Datentyp stellen die booleschen Daten *(Boolean)* dar. Sie enthalten nur zwei Wahrheitswerte bzw. logische Werte {wahr, falsch} deren Darstellung unter Verwendung der positiven Logik im Allgemeinen mit den Symbolen

wahr: TRUE, T, 1, high, H,
falsch: FALSE, F, 0, low, L

vorgenommen wird. Die Verknüpfung der booleschen Werte mit logischen Funktionen (UND, ODER, NICHT) führt zur Booleschen Algebra (s. Kap. 3).

In LabVIEW wird die Darstellung boolescher Daten durch ein graphisches Element (in der Farbe Grün) mit der Beschriftung „TF" (für *True/False*) vorgenommen (Abb. 2.10).

Abb. 2.10: Darstellung von booleschen Daten in LabVIEW

Boolesche Daten und ihre Verarbeitung sind von fundamentaler Bedeutung, da die Informationsverarbeitung unabhängig von den verwendeten Datentypen und -strukturen in einem Rechner immer auf der booleschen Algebra beruht, die die Basis für die schaltungstechnische Realisierung von Schaltnetzen und Schaltwerken ist. Deshalb werden diese Aspekte ausführlich in Kapitel 3 behandelt.

2.3.5 Datenstrukturen

Die bisher eingeführten elementaren Datentypen sind bei der Programmentwicklung im Allgemeinen nicht ausreichend. Häufig ist es erforderlich, aus den elementaren Datentypen komplexere Datenstrukturen zusammenzusetzen. Vor allem bestimmt die Wahl einer geeigneten Datenstruktur die Effizienz des Algorithmus. Den meisten Programmiersprachen gemeinsam sind die Datenstrukturen Zeichenkette, Datenfeld und Verbund.

Zeichenketten (Strings)

Um Texte verarbeiten und darstellen zu können, wird eine Reihung von Zeichen *(Character)* benötigt, die als Zeichenkette *(String)* bezeichnet wird. Diese ist im Prinzip nichts anderes als ein eindimensionales Datenfeld (s. u.), bei dem im Allgemeinen spezifiziert werden muss, wie viele Zeichen die Zeichenkette maximal enthalten kann.

In LabVIEW steht der elementare Datentyp *(Character)* nicht zur Verfügung, sondern nur die Datenstruktur *String*, weil die Größe einer Zeichenkette dynamisch verwaltet wird, so dass eine komfortable Programmierung ermöglicht wird. In LabVIEW erfolgt die Darstellung von *Strings* durch ein graphisches Element (in der Farbe Rosa) mit der Beschriftung „abc" (Abb. 2.11). *Strings* werden im Zusammenhang mit der Entwicklungsumgebung LabVIEW in Abschnitt 8.3 ausführlich behandelt.

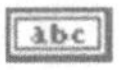

Abb. 2.11: Darstellung einer Zeichenkette (*String*) in LabVIEW

Datenfelder (Arrays)

Genauso wie in der Mathematik werden auch in der Informatik zusammengesetzte Datenstrukturen benötigt, um zum Beispiel Folgen, Vektoren oder Matrizen bearbeiten zu können. Diese Datenstruktur wird auch als Datenfeld *Array* bezeichnet. *Arrays* enthalten Daten eines Typs und können eine oder mehrere Dimensionen aufweisen.

Die übliche Schreibweise in der Mathematik kennzeichnet einzelne Elemente durch einen Index, zum Beispiel $N = n_1, n_2, n_3 \ldots$. In der Informatik wird der Index eines Elementes meistens in ein Klammerpaar [...] eingefügt. Dabei ist zu beachten, dass die Indizierung bei Null beginnt. Für die Indices eines *Array* mit sechs Elementen ergibt sich also: $n[0] \ldots n[5]$.

Grundsätzlich ist es notwendig, *Arrays* zunächst zu deklarieren. Um ein Element bearbeiten zu können, muss es möglich sein, dieses zu indizieren und ihm einen Wert zuweisen zu können:

- n: array [0...5] of boolean
  deklariert ein leeres *Array* n mit sechs Elementen vom Datentyp Boolesch
- n[2]
  indiziert das dritte Element des *Arrays* mit dem Index 2
- n[3] ← TRUE
  weist dem vierten Element des *Arrays* mit dem Index 3 den Wert TRUE
  zu

Die Schreibweisen für diese Aufgaben werden so oder in ähnlicher Form in den meisten Programmiersprachen verwendet. Vergleichbar zur dynamischen Verwaltung von *Strings* können in LabVIEW auch *Arrays* dynamisch verwaltet werden. Bei der Deklaration ist es dann nicht zwingend erforderlich, die Größe des *Arrays* zu spezifizieren, wodurch die Programmentwicklung erheblich vereinfacht werden kann.

Abbildung 2.12 zeigt einige Beispiele für die graphischen Symbole eines *Arrays* in LabVIEW. Das Klammerpaar [...] innerhalb der Symbole deutet dabei in Anlehnung an textbasierte Programmiersprachen die Datenstruktur eines *Array* an. Im Zusammenhang mit der Entwicklungsumgebung LabVIEW wird die Deklaration und die Bearbeitung von *Arrays* in Abschnitt 9.1 eingehend behandelt.

a) [ ]

b) [TF]

c) [DBL]

Abb. 2.12: Darstellung eines *Array* in LabVIEW, a) leeres *Array*, b) *Array* mit booleschen Daten und c) *Array* mit numerischen Daten doppelter Genauigkeit

Verbund (Cluster)

Während in *Arrays* nur Daten eines Typs abgelegt werden können, bietet ein *Cluster* die Möglichkeit, Daten unterschiedlichen Typs zu verwalten. Ein Verbund wird in LabVIEW als *Cluster*, in C als *Struct* und in Pascal als *Record* bezeichnet. Diese Datenstruktur wird zum Beispiel erforderlich, wenn Kundendaten, mit Angaben wie z. B. Name, Adresse, Geburtsdatum und Kundennummer oder Messergebnisse, mit Angaben wie z. B. Messwerten und Messbedingungen, gespeichert werden müssen.

Das graphische Symbol für ein *Cluster* in LabVIEW ist in Abbildung 2.13 dargestellt. Bei der strukturierten Datenflussprogrammierung in LabVIEW ermöglicht diese Datenstruktur zudem, mehrere Datenflüsse in einer Verbindungsleitung zusammenzufassen, d. h. gewissermaßen zu bündeln, um die Lesbarkeit des Quellcodes zu gewährleisten. *Cluster* werden im Zusammenhang mit der Entwicklungsumgebung LabVIEW in Abschnitt 9.2 ausführlich behandelt.

Abb. 2.13: Darstellung eines *Cluster* in LabVIEW

Weitere Datenstrukturen

Je nach Programmiersprache steht eine Vielzahl weiterer Datenstrukturen zur Verfügung. Einige der wichtigsten sind:

- Warteschlange *(Queue)*
- Stapel *(Stack)*
- Liste *(List)*
- verkettete Liste *(Linked List)*
- Graph *(Graph)*
- Baum *(Tree)*

Im Zusammenhang mit der Entwicklungsumgebung LabVIEW werden diese Datenstrukturen nicht näher betrachtet; eine Einführung ist aber u. a. bei H. Ernst zu finden [3]. Abschließend soll angemerkt werden, dass diese Datenstrukturen grundsätzlich immer mit Hilfe der Datenstruktur *Array* realisiert werden können. In erster Näherung ist dies darauf zurückzuführen, dass letztendlich alle Datenstrukturen im Hauptspeicher eine Rechners abgelegt werden müssen, dessen lineare Struktur mit einem *Array* vergleichbar ist. Eine differenziertere Betrachtung findet sich bei P. Pepper [8].

Im folgenden Kapitel werden zunächst die allen Datentypen und -strukturen zugrunde liegenden booleschen Daten und ihre logische Verknüpfung sowie Schaltnetze eingeführt.

3 Boolesche Algebra und Schaltnetze

In diesem Kapitel sollen zunächst die logischen Grundfunktionen sowie die wichtigsten Gesetze der booleschen Algebra eingeführt und einige weitere Funktionen aus den Grundfunktionen abgeleitet werden. Es wird auch gezeigt, wie mit Hilfe einer Wahrheitstabelle eine logische Gleichung ermittelt und wie diese in eine Digitalschaltung umgesetzt werden kann. Dies wird am Beispiel einer Schaltung für die Addition und Subtraktion von zwei 4-Bit-Zahlen vorgenommen. Den Schaltungsbeispielen wird dabei immer eine Realisierung in LabVIEW gegenübergestellt, um die Analogie zwischen Hardware- und Software-Entwurf zu veranschaulichen. LabVIEW-Kenntnisse sind für das Verständnis der Beispiele nicht erforderlich.

In Grundzügen sollen die Beispiele verdeutlichen, wie die Informationsverarbeitung auf Bit-Ebene erfolgt, denn letztendlich basiert die digitale Informationsverarbeitung auf der Verknüpfung einzelner Bits bzw. Bytes. Dabei ist es ohne Belang, ob es sich um ein Textverarbeitungsprogramm, eine aufwendige Wettersimulation oder die Steuerung einer Waschmaschine durch einen Mikrocontroller handelt. Die Beispiele können und sollen keine Einführung in die Grundlagen der Digitaltechnik geben. Dafür eignen sich u. a. die Werke von Tietze und Schenk [9] oder Holdsworth und Woods [10].

3.1 Boolesche Algebra

Die boolesche Algebra stellt die Grundlage für die digitale Schaltungstechnik und damit für die Informationsverarbeitung in einem Rechner dar. Sie basiert auf drei einfachen Operatoren UND, ODER, NICHT und einigen wenigen abgeleiteten Operatoren. Die schaltungstechnische Realisierung dieser Operatoren wird als Gatter oder Logikgatter bezeichnet. Die Schreibweisen und Bezeichnungen der drei Basis-Operatoren der booleschen Algebra lauten:

- Konjunktion (Und-Verknüpfung (AND))
  Schreibweisen: $A \wedge B = A \cdot B = A B$ und
- Disjunktion (Oder-Verknüpfung (OR))
  Schreibweisen: $A \vee B = A + B$,
- Negation (Nicht (NOT))
  Schreibweisen: $\overline{A} = /A = \neg A = {!}A$.

Für die Darstellung der Operatoren werden u. a. die oben angegebenen Schreibweisen bzw. Rechenzeichen verwendet. In diesem Kapitel werden die Rechenzeichen „+" und „·" verwendet. Diese Zeichen sind nicht funktionsgleich mit denen der elementaren

Algebra, so dass sie mit diesen verwechselt werden können. Sie bieten aber den Vorteil, dass Gleichungen gut lesbar sind. Dabei ist es häufig üblich, das Rechenzeichen „$\cdot$" der Und-Verknüpfung wegzulassen.

Gesetze der booleschen Algebra

Zunächst sollen die wichtigsten Gesetze der booleschen Algebra in einer Übersicht aufgeführt werden:

	Konjunktion		Disjunktion	
Kommutativgesetze	$A\,B = B\,A$	(3.1)	$A + B = B + A$	(3.2)
Assoziativgesetze	$A(BC) = (AB)C$	(3.3)	$A + (B + C) = (A + B) + C$	(3.4)
Distributivgesetze	$A(B + C) = AB + AC$	(3.5)	$A + BC = (A + B)(A + C)$	(3.6)
Absorptionsgesetze	$A(A + B) = A$	(3.7)	$A + AB = A$	(3.8)
Gesetze von De Morgan	$\overline{A \cdot B} = \overline{A} + \overline{B}$	(3.9)	$\overline{A + B} = \overline{A} \cdot \overline{B}$	(3.10)

Kommutativ-, Assoziativ- und Distributivgesetze stimmen, mit Ausnahme des Distributivgesetzes für eine Disjunktion (Gl. 3.6), mit denen der elementaren Algebra überein. Die beiden De Morganschen Theoreme (Gl. 3.9, Gl. 3.10) können in anschaulicher Weise so interpretiert werden, dass die Negation für jedes Element einer Gleichung separat durchgeführt wird: $\overline{A \cdot B} = \overline{A} + \overline{B}$ und $\overline{A + B} = \overline{A} \cdot \overline{B}$.
Das heißt, die Negation einer Konjunktion ergibt eine Disjunktion und die Negation einer Disjunktion ergibt eine Konjunktion. Die Verifikation der Absorptionsgesetze und der De Morganschen Theoreme kann auf relativ einfache Weise erfolgen, indem für diese eine Wahrheitstabelle aufgestellt wird (s. u.).
Schließlich ist in der booleschen Algebra auch die Gleichung

$$\overline{\overline{A}} = A \tag{3.11}$$

von Bedeutung. Sie besagt, dass bei doppelter Negation einer Variablen sich wieder die Variable selbst ergibt. In Tabelle 3.1 werden weiterhin mögliche Verknüpfungen von Variablen und Konstanten sowie von Variablen mit sich selbst in einer Übersicht aufgeführt.

Konjunktion	Disjunktion
$A \cdot 0 = 0$	$A + 0 = A$
$A \cdot 1 = A$	$A + 1 = 1$
$A \cdot A = A$	$A + A = A$
$A \cdot \overline{A} = 0$	$A + \overline{A} = 1$

Tab. 3.1: Verknüpfungen von Variablen und Konstanten und von Variablen mit sich selbst

Mit Hilfe der vorgestellten Gesetze und Verknüpfungen ist es häufig möglich, boolesche Gleichungen zu vereinfachen. Beispielsweise ergibt sich für

$A(\overline{A} + B) = A\overline{A} + AB = AB$ und für
$A + (\overline{A}\,B) = (A + \overline{A}) \cdot (A + B) = A + B$.

Wahrheitstabellen

Der funktionale Zusammenhang zwischen Ein- und Ausgangsvariablen kann auch in einer Wahrheits- oder Funktionstabelle dargestellt werden (Tab. 3.2). In einer Wahrheitstabelle werden zeilenweise alle möglichen Kombinationen der Eingangsvariablen und der Wert der Ausgangsvariablen eingetragen, das heißt, eine Kombination von Eingangssignalen entspricht einer Zeile der Wahrheitstabelle. Aus der Wahrheitstabelle lässt sich dann eine logische Gleichung ermitteln, die die Grundlage für die Umsetzung in eine Digitalschaltung liefert.

So können beispielsweise technische Systeme wie ein Getränkeautomat modelliert werden. Ein Getränk kann z. B. nur ausgeliefert werden, wenn die beiden Eingangsvariablen „Geld vorhanden" und „Getränk vorhanden" logisch wahr sind. Mit Hilfe der logischen Gleichungen können Abläufe beschrieben und anschließend mit einer Digitalschaltung realisiert werden.

Ermitteln einer logischen Funktion aus einer Wahrheitstabelle

Das Vorgehen zur Ermittlung einer logischen Funktion soll zunächst anhand der Wahrheitstabellen für eine Konjunktion und Disjunktion erläutert werden (Tab. 3.2). Bei einer Konjunktion (Und-Verknüpfung) wird der Ausgang nur dann logisch wahr, wenn beide Eingangssignale logisch wahr, d. h. 1 sind, während der Ausgang bei einer Disjunktion (Oder-Verknüpfung) logisch wahr wird, wenn mindestens ein Eingang logisch wahr ist.

a) AND

A B	Y
0 0	0
0 1	0
1 0	0
1 1	1

b) OR

A B	Y
0 0	0
0 1	1
1 0	1
1 1	1

Tab. 3.2: Wahrheitstabelle für eine a) Konjunktion und b) Disjunktion

Aus der Wahrheitstabelle kann die logische Gleichung ermittelt werden, indem alle Zeilen der Wahrheitstabelle, in denen die Ausgangsvariable 1 wird, über eine Disjunktion verknüpft werden. Das Ergebnis wird auch als disjunktive Normalform (DNF) bezeichnet. Die disjunktive Normalform für die Und-Verknüpfung ergibt

$$Y = A \cdot B, \tag{3.12}$$

da die Ausgangsvariable Y nur in einer Zeile der Wahrheitstabelle eine 1 aufweist. Die disjunktive Normalform für die OR-Verknüpfung ergibt

$$Y = \overline{A}\,B + A\,\overline{B} + A\,B, \tag{3.13}$$

da die Ausgangsvariable Y in drei Zeilen der Wahrheitstabelle eine 1 aufweist. Dieses Beispiel zeigt, dass eine logische Funktion, die anhand einer Wahrheitstabelle erstellt wird, eine hohe Redundanz aufweisen kann. Diese ist in der Regel unerwünscht, da sie zu einem hohen Aufwand bei der schaltungstechnischen Realisierung führen kann. Um diese Redundanz zu vermeiden, kann die minimierte DNF ermittelt werden. Dafür steht u. a. das graphische Verfahren mittels Karnaugh-Diagrammen zur Verfügung und für die automatische Minimierung eignet sich das Verfahren nach Quine-McClusky [10]. Dieses basiert im Prinzip darauf, jeden Term einer Gleichung mit jedem anderen Term zu vergleichen.

Beim Vergleich zweier Terme zeigt sich oft, dass eine Eingangsvariable in einem Term negiert und im anderen nicht negiert auftritt, beispielsweise $z = x\,y + \overline{x}\,y$. Das heißt, die Ausgangsvariable wird unabhängig vom Wert dieser Eingangsvariablen wahr und letztere kann daher entfallen. Dies lässt sich auch mit Hilfe des Distributivgesetzes (s. Gl. 3.5) und Tabelle 3.1 zeigen: $z = x\,y + \overline{x}\,y = y\,(x + \overline{x}) = y$.

Für die Ermittlung der minimierten DNF einer Oder-Verknüpfung ist dieser Ansatz ausreichend. Wenn die ersten beiden Terme von Gleichung 3.13 jeweils mit dem dritten Term verglichen werden, können diese vereinfacht werden zu

$$\overline{A}\,B + A\,B = B(\overline{A} + A) = B \tag{3.14}$$

und

$$A\,\overline{B} + A\,B = A(\overline{B} + B) = A, \tag{3.15}$$

so dass sich für die minimierte DNF

$$Y = A + B \tag{3.16}$$

ergibt. Einfacher kann die logische Gleichung für eine Oder-Verknüpfung ermittelt werden, indem die Zeilen der Wahrheitstabelle zusammengefasst werden, bei denen die Ausgangsvariable 0 ist, das heißt, es wird die disjunktive Normalform für $\overline{Y}$ ermittelt. Bei einer Oder-Verknüpfung ist dafür nur eine Zeile der Wahrheitstabelle zu betrachten:

$$\overline{Y} = \overline{A} \cdot \overline{B}. \tag{3.17}$$

Y lässt sich anschließend ermitteln, indem beide Seiten der Gleichung negiert werden:

$$\overline{\overline{Y}} = \overline{\overline{A} \cdot \overline{B}} \tag{3.18}$$

$$Y = \overline{\overline{A}} \cdot \overline{\overline{B}} = A + B. \tag{3.19}$$

Abgeleitete Logik-Funktionen

Neben den drei bisher vorgestellten Grundfunktionen sind in der Praxis auch einige abgeleitete Funktionen von Bedeutung. Die NAND-Funktion ergibt sich durch eine Negierung der AND-Funktion und die NOR-Funktion ergibt sich durch eine Negierung der OR-Funktion. In der Schaltungstechnik werden diese beiden Funktionen bevorzugt, da sie im Gegensatz zur AND- und OR-Funktion weniger Transistoren (vier statt sechs) benötigen und ihre Schaltzeit, die praktisch den Prozessortakt bestimmt, nur halb so lang ist (diese schaltungstechnische Optimierung wird im Folgenden nicht weiter berücksichtigt).

Durch die Verwendung einer Exklusiv-Oder-Funktion wird die Darstellung von booleschen Gleichungen häufig einfacher. Diese Funktion wird auch als Antivalenz oder XOR bezeichnet. Der Ausgang der Funktion wird nur dann wahr, wenn entweder die eine oder die andere Eingangsvariable wahr ist. Dementsprechend lautet die boolesche Gleichung für ein XOR:

$$Y = \overline{A} \cdot B + A \cdot \overline{B} = A \oplus B. \tag{3.20}$$

Schließlich wird auch die Äquivalenz, die Negierung eines XOR, verwendet:

$$Y = \overline{A} \cdot \overline{B} + A \cdot B = \overline{A \oplus B}. \tag{3.21}$$

Funktion	Boolesche Gleichung	Wahrheitstabelle	neue / alte Symbole		LabVIEW-Symbole
NOT (Negation)	$Y = \overline{A}$	A|Y 0|1 1|0			
AND (Konjunktion)	$Y = A \cdot B$	A B|Y 0 0|0 0 1|0 1 0|0 1 1|1			
OR (Disjunktion)	$Y = A + B$	A B|Y 0 0|0 0 1|1 1 0|1 1 1|1			
NAND	$Y = \overline{A \cdot B}$	A B|Y 0 0|1 0 1|1 1 0|1 1 1|0			
NOR	$Y = \overline{A + B}$	A B|Y 0 0|1 0 1|0 1 0|0 1 1|0			
XOR (Antivalenz)	$Y = A \oplus B$	A B|Y 0 0|0 0 1|1 1 0|1 1 1|0			
XNOR (Äquivalenz)	$Y = \overline{A \oplus B}$	A B|Y 0 0|1 0 1|0 1 0|0 1 1|1			

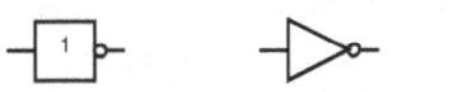

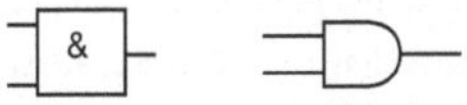

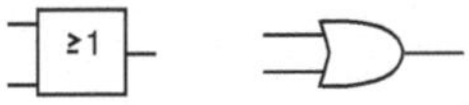

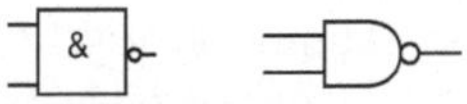

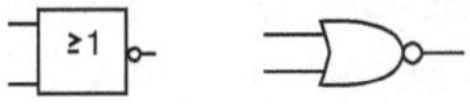

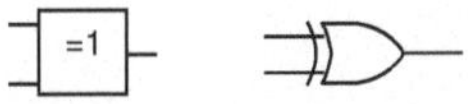

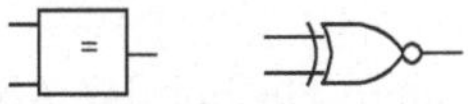

Abb. 3.1: Übersicht über logische Funktionen und die zugehörigen Schaltzeichen

Diese booleschen Funktionen können einfach als Digitalschaltung realisiert werden. Die entsprechenden Symbole werden als Logikgatter bezeichnet. Für deren Darstellung werden unterschiedliche graphische Symbole verwendet, die in ANSI/IEEE 91-1984 genormt sind.

Abbildung 3.1 zeigt in einer Übersicht die bisher eingeführten Logik-Funktionen, die boolesche Gleichung und die Wahrheitstabelle. Zudem sind die Symbole für Logikgatter dargestellt. Ein kleiner Kreis am Ausgang eines Symbols kennzeichnet die Negierung. Gelegentlich werden die Kreise in Schaltplänen auch am Eingang einer Funktion verwendet. Die mit „alt" bezeichneten Symbole sind vor allem im amerikanischen Sprachraum üblich und eignen sich für die Darstellung einfacher Funktionen, während die mit „neu" bezeichneten Symbole den Vorteil aufweisen, auch komplexe Funktionen in dieser Notation darstellen zu können. In der letzten Spalte von Abbildung 3.1 werden diesen Symbolen die Symbole gegenübergestellt, die in der Programmiersprache LabVIEW für die Verarbeitung boolescher Daten verwendet werden.

Nahezu die gesamte digitale Schaltungstechnik basiert auf der Verwendung dieser einfachen Logikgatter, die dafür aber entsprechend häufig verwendet werden. Im Prozessor eines PCs erreicht die Anzahl der Logikgatter $\approx 10^6$ bis 10^7. Mit Logikgattern können komplexere Funktionen realisiert werden, wie zum Beispiel Flip-Flops zum Speichern von Informationen. Diese können dann wiederum kombiniert werden, um Funktionen wie Zähler, Teiler, Register etc. zu erzeugen. Für dieses Vorgehen wird ein Beispiel im nächsten Abschnitt vorgestellt.

3.2 Schaltnetze

Die Kombination von logischen Grundfunktionen zur Erzeugung komplexerer Funktionen wird als Schaltnetz (kombinatorische Logik) bezeichnet, wenn die Ausgangsgrößen nur vom Zustand der Eingangsgrößen bestimmt werden, d. h. für jede Kombination von Eingangsgrößen gibt es genau eine Kombination von Ausgangsgrößen. Beispiele für Schaltungen dieser Art sind u. a. Multiplexer und Demultiplexer, Codierer und Decodierer sowie Komparatoren. In der Praxis werden zudem häufig Schaltungen benötigt, die Rechenoperationen ausführen können. In diesem Abschnitt wird gezeigt, wie eine Schaltung für die Addition und Subtraktion von Dualzahlen entwickelt werden kann. Anhand des Beispiels wird auch deutlich, welchen Vorteil die Darstellung von vorzeichenbehafteten Binärzahlen im Zweierkomplement bietet (vgl. Abschn. 2.3.1).

Halbaddierer

Um die beiden niedrigstwertigen Bits einer Dualzahl zu addieren, ist die Schaltung eines Halbaddierers ausreichend. Dieser weist zwei Eingänge für die beiden Bits auf, die addiert werden sollen. Da bei der Addition auch ein Übertrag *(Carry)* entstehen kann, sind zwei Ausgänge vonnöten, für die Summe „s" und den Übertrag „c". Damit kann die Wahrheitstabelle für einen Halbaddierer aufgestellt werden (Tab. 3.3).

$a\ b$	$s\ c$
0 0	0 0
0 1	1 0
1 0	1 0
1 1	0 1

Tab. 3.3: Wahrheitstabelle für einen Halbaddierer

Die Ausgangsvariable „s" wird 1 wenn eine der beiden Eingangsvariablen 1 ist. Ein Übertrag „c" ergibt sich nur dann, wenn beide Eingangsvariablen 1 sind. Aus diesen beiden Bedingungen ergeben sich unmittelbar die logischen Gleichungen für die Summe

$$s = \overline{a} \cdot b + a \cdot \overline{b} = a \oplus b \tag{3.22}$$

und den Übertrag

$$c = a \cdot b. \tag{3.23}$$

Für die Schaltung eines Halbaddierers werden nur zwei Logikgatter benötigt. Den Schaltplan für einen Halbaddierer zeigt Abbildung 3.2a. In Abbildung 3.2b wird dem Schaltplan die Darstellung in LabVIEW gegenübergestellt. Die beiden Darstellungen unterscheiden sich zunächst nur dadurch, dass in LabVIEW an den Ein- und Ausgängen der Schaltung auch Eingabe- und Ausgabeelemente, kleine Rechtecke mit der Beschriftung **TF**, für die booleschen Werte angeschlossen werden müssen.

Der fundamentale Unterschied besteht darin, dass in Abbildung 3.2a die Funktionsweise für einen Halbaddierer in Form eines Schaltplans dokumentiert wird, während die Darstellung in LabVIEW gleichzeitig das ausführbare Programm selbst ist. Damit wird auch deutlich, dass Hardware und Software keine unabhängigen Bereiche der Informatik sind, sondern dass ihrer Entwicklung durchaus die gleichen Methoden zugrunde liegen. Daher wird auch in den weiteren Beispielen den Schaltplänen die Realisierung in LabVIEW gegenüber gestellt.

a)   b)

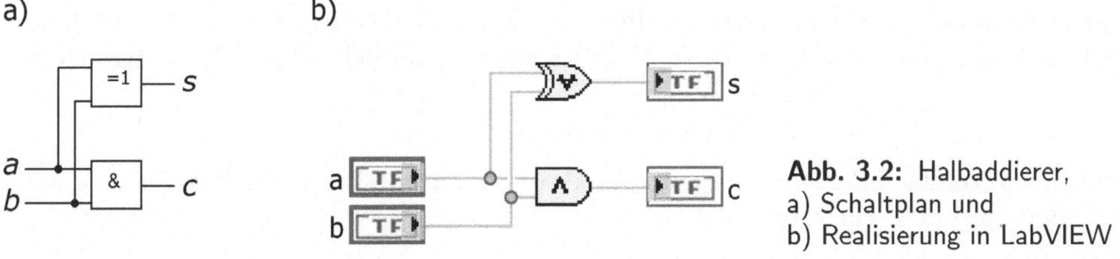

Abb. 3.2: Halbaddierer,
a) Schaltplan und
b) Realisierung in LabVIEW

Volladdierer

Eine Erweiterung des Halbaddierers wird erforderlich, wenn höherwertige Bits einer Dualzahl addiert werden sollen, da dann auch ein Übertrag aus der vorhergehenden Stufe auftreten kann und verarbeitet werden muss. Daher wird ein Volladdierer einen dritten Eingang für den Übertrag „c_i" einer vorhergehenden Stufe aufweisen. Die

Wahrheitstabelle für einen Volladdierer zeigt Tabelle 3.4. In den ersten vier Zeilen unterscheidet sich diese nicht von der eines Halbaddierers, da der Übertrag der vorhergehenden Stufe 0 ist. Die Ausgänge „s" und „c_o" werden nur dann gleichzeitig 1, wenn alle drei Eingangsvariablen 1 sind.

$c_i\ a\ b$	$s\ c_o$
0 0 0	0 0
0 0 1	1 0
0 1 0	1 0
0 1 1	0 1
1 0 0	1 0
1 0 1	0 1
1 1 0	0 1
1 1 1	1 1

Tab. 3.4: Wahrheitstabelle für einen Volladdierer

Die disjunktive Normalform für die Summe ergibt sich zu

$$s = \overline{c_i}\,\overline{a}\,b + \overline{c_i}\,a\,\overline{b} + c_i\,\overline{a}\,\overline{b} + a\,b\,c_i. \tag{3.24}$$

Der Vergleich des ersten Terms mit dem dritten Term ergibt

$$\overline{c_i}\,\overline{a}\,b + c_i\,\overline{a}\,\overline{b} = \overline{a}\,(b\,\overline{c_i} + \overline{b}\,c_i)$$

und der Vergleich des zweiten Terms mit dem vierten Term ergibt

$$\overline{c_i}\,a\,\overline{b} + a\,b\,c_i = a(\overline{b}\,\overline{c_i} + b\,c_i),$$

so dass sich die Summe auch darstellen lässt in der Form

$$s = \overline{a}\,(b\,\overline{c_i} + \overline{b}\,c_i) + a(\overline{b}\,\overline{c_i} + b\,c_i) \tag{3.25}$$

$$= \overline{a}\,(b \oplus c_i) + a\,\overline{(b \oplus c_i)} \tag{3.26}$$

$$= a \oplus b \oplus c_i, \tag{3.27}$$

was letztendlich zu einem Ausdruck mit zwei XOR-Funktionen führt. Für den Übertrag lässt sich die disjunktive Normalform wieder in vergleichbarer Weise ermitteln:

$$c_o = a\,b\,\overline{c_i} + \overline{a}\,b\,c_i + a\,\overline{b}\,c + a\,b\,c_i \tag{3.28}$$

und eine Vereinfachung kann vorgenommen werden, wenn die ersten drei Terme jeweils mit dem vierten Term verglichen werden

$$a\,b\,\overline{c_i} + a\,b\,c_i = a\,b\,(\overline{c_i} + c_i) = a\,b \tag{3.29}$$

$$\overline{a}\,b\,c_i + a\,b\,c_i = b\,c_i\,(\overline{a} + a) = b\,c_i \tag{3.30}$$

$$a\,\overline{b}\,c_i + a\,b\,c_i = a\,c_i\,(\overline{b} + b) = a\,c_i, \tag{3.31}$$

dann wird

$$c_o = a\,b + b\,c_i + a\,c_i. \tag{3.32}$$

Die beiden logischen Funktionen „s" und „c_o" können wiederum mit den entsprechenden Logikgattern in eine Digitalschaltung umgesetzt werden (Abb. 3.3a). Da hier keine OR-Funktion mit drei Eingängen eingeführt worden ist, wird die Umsetzung für den Übertrag „c_o" vorgenommen, indem zwei OR-Funktionen hintereinander geschaltet werden. Abbildung 3.3b zeigt die Realisierung in LabVIEW zum Vergleich.

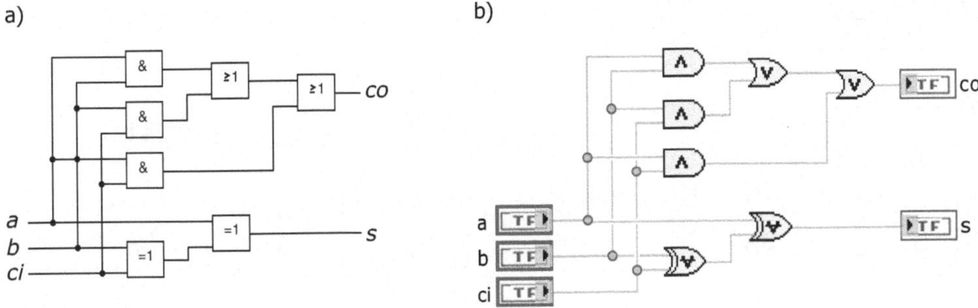

Abb. 3.3: Volladdierer, a) Schaltplan und b) Realisierung in LabVIEW

Naheliegend ist es nun, die Schaltung für einen Volladdierer wieder als eigenständige Funktion zu betrachten und wie in Abbildung 3.4 mit einem eigenen Symbol zu versehen, welches dann bei der Schaltungsentwicklung genauso wie die Symbole für Logikgatter verwendet werden kann.

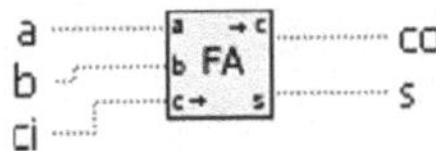

Abb. 3.4: Symbol für einen Volladdierer

4-Bit-Addierer

Durch die Aneinanderreihung von vier Volladdierern ist es auf einfache Weise möglich, eine Schaltung für einen 4-Bit-Addierer zu entwerfen. Dabei muss nur der Übertrag „c_o" des vorigen Volladdierers mit dem Eingang „c_i" des folgenden Volladdierers verbunden werden (Abb. 3.5). Für die Addition der beiden niedrigstwertigen Bits ist im Prinzip ein Halbaddierer ausreichend. Da die Schaltung im nächsten Schritt erweitert werden soll, ist aber auch für die Addition der niedrigstwertigen Bits ein Volladdierer verwendet worden und an den Eingang „c_i" die boolesche Konstante 0 angeschlossen worden.

Addition und Subtraktion von Dualzahlen

Besonders einfach kann die Subtraktion von Dualzahlen durchgeführt werden, wenn für negative Zahlen die Darstellung im Zweierkomplement verwendet wird (vgl. Abschn. 2.3.1), da die Rechenoperation dann auf eine Addition zurückgeführt werden

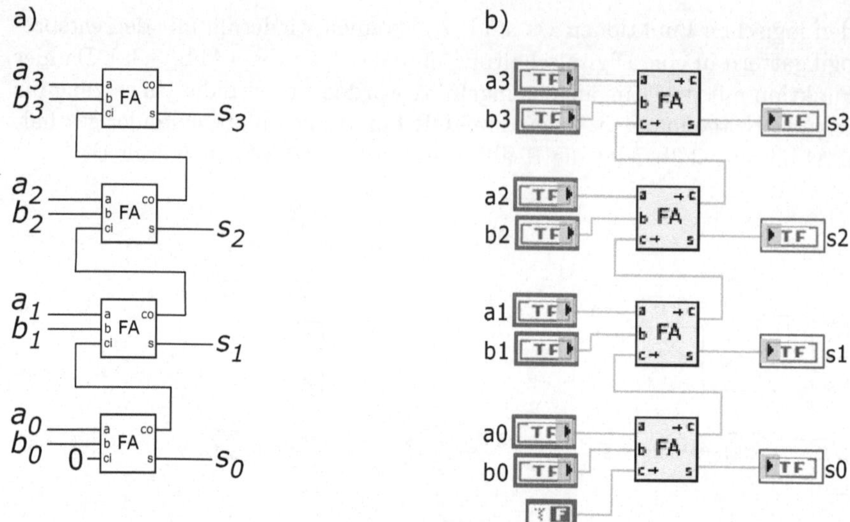

Abb. 3.5: 4-Bit-Addierer, a) Schaltplan und b) Realisierung in LabVIEW

kann. Dies hat den Vorteil, dass bei der Schaltungsentwicklung keine unterschiedlichen Schaltungen für die Addition und Subtraktion entworfen werden müssen.

Um das Zweierkomplement zu bilden, werden alle Bits des Subtrahenden negiert und anschließend wird eine 1 addiert. Damit wahlweise subtrahiert bzw. addiert werden kann, wird eine Schaltung benötigt, die in Abhängigkeit vom gewählten Modus eine der beiden Dualzahlen negiert bzw. nicht negiert. Dafür ist es ausreichend ein XOR-Gatter als gesteuerten Inverter zu verwenden. Die in Abbildung 3.6 dargestellte Wahrheitstabelle kann so interpretiert werden, dass die Eingangsgröße „E" in Abhängigkeit vom Wert „M" negiert bzw. nicht negiert wird.

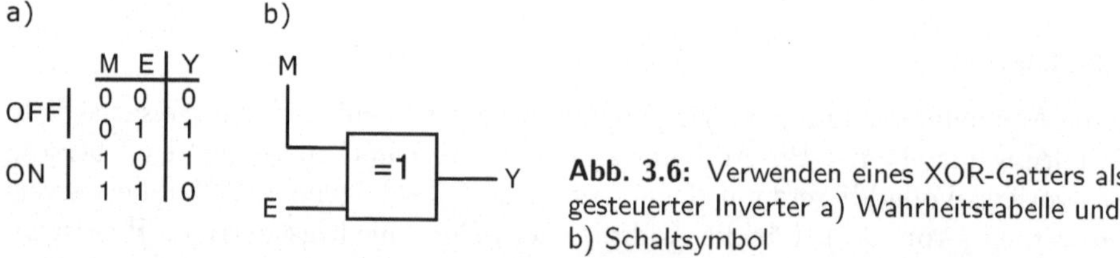

Abb. 3.6: Verwenden eines XOR-Gatters als gesteuerter Inverter a) Wahrheitstabelle und b) Schaltsymbol

Die Schaltung aus Abbildung 3.5 kann nun so erweitert werden, dass jede Stelle einer der beiden Dualzahlen über einen gesteuerten Inverter geführt wird (Abb. 3.7). In Abhängigkeit vom ausgewählten Modus „M" werden die Zahlen „a" und „b" nun entweder addiert oder subtrahiert. Um bei einer Subtraktion das korrekte Zweierkomplement (vgl. S. 14) zu bilden, wird der Wert der Variablen „M" zudem mit dem Eingang „c_i" des Volladdierers für die Verarbeitung der beiden niedrigstwertigen Bits verbunden.

Das höchstwertige Bit der beiden Zahlen wird jetzt für die Darstellung des Vorzeichens *(Sign)* benötigt, so dass es nur noch möglich ist, zwei 3-Bit-Zahlen zu verarbeiten. Um das Beispiel einfach zu halten, wurde darauf verzichtet, einen Über- bzw. Unterlauf bei den Rechenoperationen zu erfassen.

Dem Schaltplan in Abbildung 3.7a ist in Abbildung 3.7b wiederum die Realisierung in LabVIEW gegenüber gestellt worden und Abbildung 3.8 zeigt schließlich die Bedienoberfläche für die softwaretechnische Umsetzung einer Schaltung für die Addition und Subtraktion von zwei vorzeichenbehafteten 3-Bit-Zahlen. Ein logisches Wahr wird in Abbildung 3.8 Hellgrau und ein logisches Falsch Dunkelgrau dargestellt.

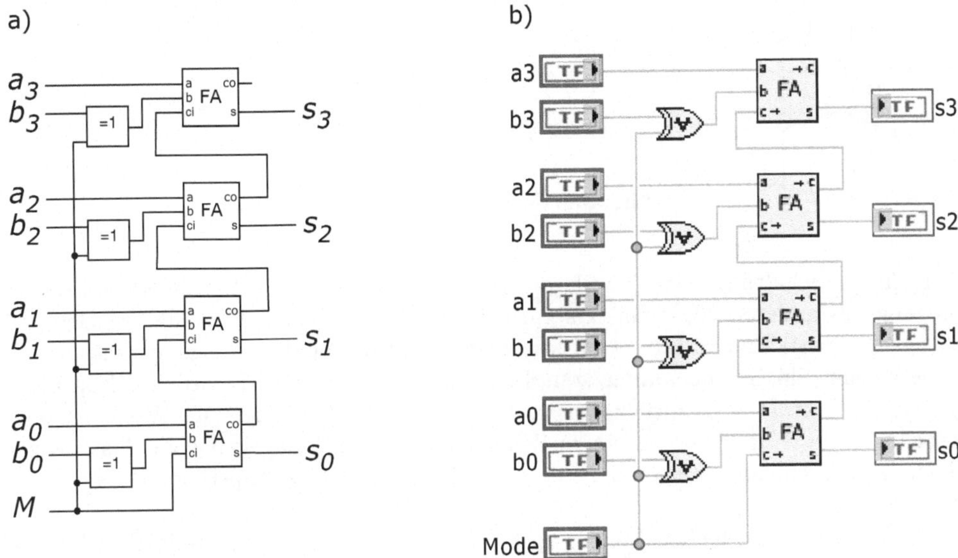

Abb. 3.7: Addition und Subtraktion von Dualzahlen, a) Schaltplan und b) Realisierung in LabVIEW

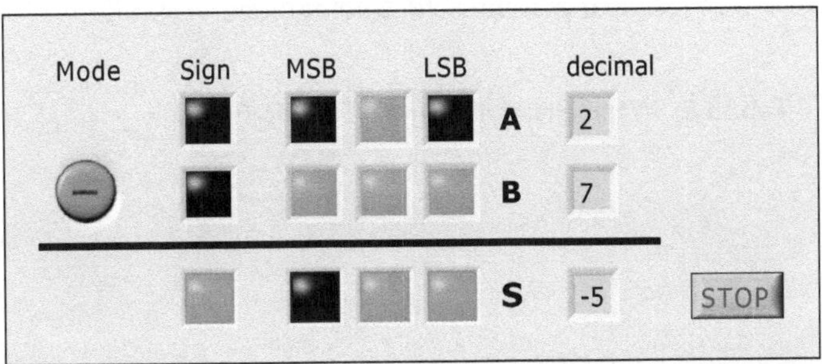

Abb. 3.8: Bedienoberfläche für eine Software-Lösung zur Addition und Subtraktion von Dualzahlen

▶ **Ausblick: Schaltwerke**

Die Kombination von logischen Grundfunktionen wird als Schaltwerk (sequenzielle Logik) bezeichnet, wenn die Ausgangsgrößen nicht nur vom Zustand der Eingangsgrößen bestimmt werden, sondern auch von der Vorgeschichte, d. h. ein Schaltwerk hat ein „Gedächtnis". In einem Schaltwerk können Daten gespeichert werden. Das Grundelement eines Schaltwerks ist ein Flip-Flop. Mit Hilfe von Flip-Flops können zum Beispiel Speicher, Register, Zähler und Teiler realisiert werden. Die einfachste Möglichkeit, Daten zu speichern, besteht in der Verwendung von zwei kreuzgekoppelten NOR-Gattern, die ein RS-Flip-Flop bilden (Abb. 3.9).

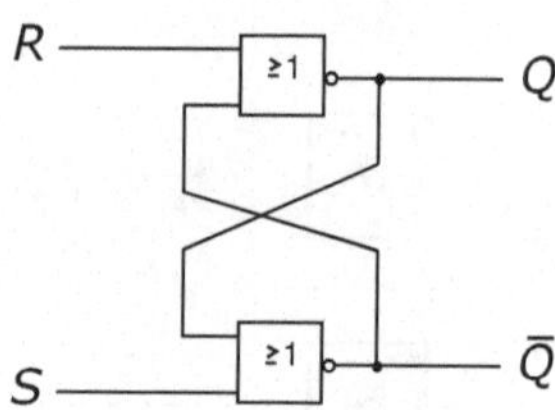

Abb. 3.9: Schaltplan für ein RS-Flip-Flop

In dieser Schaltung wird jeweils der Ausgang des einen NOR-Gatters auf einen Eingang des anderen NOR-Gatters zurückgeführt. Die beiden Eingänge werden als S (*Set* (Setzen)) und R (*Reset* (Rücksetzen)) und die beiden Ausgänge als Q und $\overline{Q}$ bezeichnet, da sie zueinander komplementär sind. Für $S = 1$ wird das Flip-Flop gesetzt und für $R = 1$ zurückgesetzt. Für $S = R = 0$ werden die Werte an den Ausgängen des Flip-Flops zu einem Zeitpunkt $t = n + 1$ dagegen vom Zustand zu einem vorhergehenden Zeitpunkt $t = n$ bestimmt, d. h. das Flip-Flop speichert die Information.

Die Wahrheitstabelle für ein RS-Flip-Flop ist in Tabelle 3.5 dargestellt. Eine Besonderheit stellt die vierte Zeile der Tabelle dar. Für $S = R = 1$ wird $Q = \overline{Q} = 0$. Diese Kombination ist im Allgemeinen unerwünscht, da bei einem Übergang von $S = R = 1$ auf $S = R = 0$ nicht vorhergesagt werden kann, welchen Wert die Ausgänge annehmen werden. Denn bedingt durch fertigungstechnische Toleranzen werden die Schaltzeiten der beiden Gatter nicht exakt gleich sein, so dass der Übergang entweder über $S = 1$, $R = 0$ oder $S = 0$, $R = 1$ erfolgen wird. Das Auftreten des Zustandes $S = R = 1$ wird deshalb in der Regel durch weitere schaltungstechnische Maßnahmen verhindert.

R	S	$Q_{t=n+1}$	$\overline{Q}_{t=n+1}$
0	0	$Q_{t=n}$	$\overline{Q}_{t=n}$
0	1	1	0
1	0	0	1
{ 1	1	0	0 }

Tab. 3.5: Wahrheitstabelle für ein RS-Flip-Flop

Bedingt durch das Datenflusskonzept, welches LabVIEW zugrunde liegt, kann ein Flip-Flop nicht ohne weiteres realisiert werden, da ein Funktionsknoten, in diesem Fall ein NOR-Gatter, nur dann ausgeführt werden kann, wenn alle Daten am Eingang zur

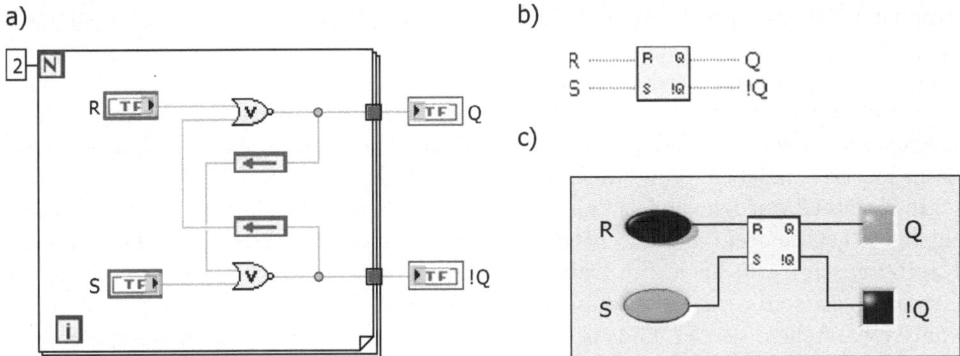

Abb. 3.10: Realisierung eines RS-Flip-Flops in LabVIEW, a) Quellcode, b) Schaltsymbol und c) Bedienoberfläche eines Software-RS-Flip-Flops

Verfügung stehen. Durch die Rückkopplung wird aber für die Ausführung das Ergebnis am Ausgang des Funktionsknotens benötigt. Mit Hilfe eines so genannten Rückkopplungsknotens *(Feedback Node)* und einer For-Schleife (s. Abschn. 7.1), die die beiden NOR-Gatter enthält, ist die Realisierung einer Rückkopplung auf einfache Weise möglich. In Abbildung 3.10a ist das LabVIEW-Programm dargestellt. Abgesehen vom Rahmen der For-Schleife ist auch dieses direkt vergleichbar mit dem Schaltplan nach Abbildung 3.9. Die zugehörige Bedienoberfläche eines Software-RS-Flip-Flops zeigt Abbildung 3.10c. Wie beim Beispiel des Volladdierers kann auch der Funktionalität des RS-Flip-Flops ein Schaltsymbol zugeordnet werden (Abb. 3.10b) und komplexere Schaltungen wie Zähler oder Teiler können durch eine geeignete Verschaltung von RS-Flip-Flops erzeugt werden. Einzelne LabVIEW-Funktionsblöcke können also gewissermaßen als Software-ICs *(Integrated Circuit)* verwendet werden.   ◀

Abbildung 3.11a zeigt das Foto eines ICs vom Typ 4001, welches vier NOR-Gatter enthält. Die Pinbelegung ist in Abbildung 3.11b dargestellt. Durch die elektrische Verschaltung der NOR-Gatter gemäß Schaltplan nach Abbildung 3.9 können mit diesem IC zwei RS-Flip-Flops realisiert werden.

Der Vergleich von Hardware und Software verdeutlicht noch einmal, dass die Entwurfsmethodik in beiden Fällen sehr ähnlich ist. In Anbetracht der Tatsache, dass es mit einer geeigneten Erweiterung von LabVIEW praktisch auf „Knopfdruck" möglich ist, ein LabVIEW-Programm auf ein programmierbares IC herunterzuladen, wird die

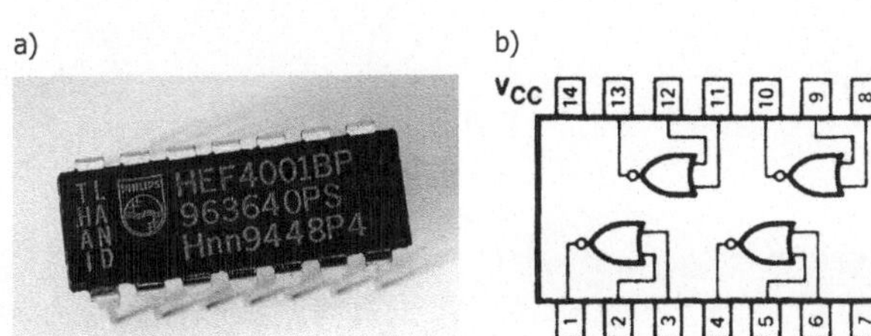

Abb. 3.11: a) IC vom Typ 4001 mit vier NOR-Gattern, b) Pin-Belegung des ICs

Trennung zwischen Hardware und Software verwischt. Ein Entwickler kann jederzeit entscheiden, ob das Programm auf einem Rechner ausgeführt oder ob die Funktionalität in ein IC verlagert werden soll. Beispielsweise ist es möglich, einen Mikrocontroller zunächst in Software zu modellieren und das Modell anschließend auf ein programmierbares IC herunterzuladen [11]. Nachträgliche Änderungen und Anpassungen sind dann jederzeit möglich, ohne die Hardware selbst verändern zu müssen.

In Kapitel 2 wurden zunächst einige grundlegende Begriffe eingeführt und die wichtigsten Eigenschaften von Datentypen behandelt und anschließend wurde in diesem Kapitel gezeigt, wie boolesche Daten verarbeitet werden. Neben dem erforderlichen Grundlagenwissen wird ein wesentlicher Aspekt der Software-Entwicklung die Systemanalyse darstellen, bei der ein typisches Vorgehen darin besteht, ein Gesamtsystem in einem Top-Down-Entwurf in einzelne Module zu zerlegen. Dafür bietet die Software-Technik eine Vielzahl von Methoden und Werkzeugen an. Auf diese wird in Kapitel 4 „Software-Entwicklung" eingegangen, soweit sie im Zusammenhang mit der Entwicklungsumgebung LabVIEW hilfreich sein können.

4 Software-Entwicklung

Um die hohe Komplexität großer Software-Systeme zu bewältigen, hat sich die Software-Technik innerhalb der Informatik als ein wichtiges Gebiet etabliert und es ist eine Vielzahl von Konzepten und Methoden entwickelt worden, um die Software-Entwicklung zu strukturieren und zu beschleunigen. Dabei wird zumeist von einem Top-Down-Entwurf und dem Prinzip der schrittweisen Verfeinerung (*Stepwise Refinement*) ausgegangen, indem ein Problem bzw. eine Aufgabenstellung zunächst in einzelne Module zerlegt wird, die dann weiter untergliedert werden. Die Software-Technik ist dabei für die Entwicklung großer Software-Systeme mit einem Umfang von einigen zehn bis hundert Personenjahren ausgelegt, um den Anforderungen steigender Komplexität, kürzerer Entwicklungszyklen und hoher Qualität gerecht zu werden.

Gleichwohl weist eine große Anzahl von Software-Projekten nach wie vor eine Entwicklungszeit von einigen Personenjahren und weniger auf. Dabei ist zu beobachten, dass gerade bei Software-Projekten mit geringer bis mittlerer Komplexität die Methoden der strukturierten Programmierung nicht mehr ausreichend sind, während die etablierten Methoden der Software-Technik unter Umständen für die Umsetzung der Aufgabenstellung überdimensioniert sind.

Dabei ist es kennzeichnend für die Software-Technik, dass nahezu alle Konzepte und Methoden der Systemanalyse auf graphischen Modellen basieren. Die einzige, wesentliche Ausnahme stellt die Programmierung selbst dar. Das heißt, in der Regel erfolgt nach der Systemanalyse mit graphischen Hilfsmitteln die Übersetzung der graphischen Modelle in eine textbasierte Programmiersprache.

Bedingt durch die enorme Steigerung der Rechnerleistung gewinnen visuelle bzw. graphische Programmiersprachen als Alternative zu textbasierten Programmiersprachen zunehmend an Bedeutung. Bei diesen wird auch der Quellcode mit graphischen Elementen erzeugt und in vielen Bereichen der Software-Entwicklung besteht der Trend, die hardwarenahe Programmierung durch eine problemorientierte Software-Entwicklung zu ersetzen (wobei die hardwarenahe Programmierung natürlich nach wie vor unverzichtbar bleibt). Ebenso wie die Verwendung von graphischen Hilfsmitteln in der Software-Technik basiert dies auf der Erkenntnis, das Menschen, physiologisch bedingt, bildhafte Informationen im Gehirn schneller verarbeiten können als Texte.

Im Idealfall wird diese Entwicklung dazu führen, dass die graphische Darstellung der Software-Architektur gleichzeitig das ausführbare Programm selbst darstellt. Dann würde in der Software-Technik ein wesentlicher Entwicklungsschritt, die zeitraubende und fehlerträchtige Übersetzung des Entwurfs in eine textbasierte Programmiersprache vollständig entfallen.

In Ansätzen soll in diesem Kapitel aufgezeigt werden, wie sich diese Anforderung mit Hilfe der Programmiersprache G bzw. der Entwicklungsumgebung LabVIEW realisieren lässt. Dazu wird dargestellt, in welchem Zusammenhang die Methoden und Konzepte der strukturierten Datenflussprogrammierung in LabVIEW und in der Software-Technik stehen, um eine Einordnung zu ermöglichen und um zu zeigen, wie diese Methoden und Konzepte in LabVIEW unmittelbar für einen systematischen Software-Entwurf genutzt werden können.

Phasen der Software-Entwicklung

Die Software-Entwicklung umfasst weit mehr als die Erstellung des Quellcodes, sie besteht vielmehr aus mehreren Phasen, deren typische Aufteilung Abbildung 4.1 zeigt. Die Bezeichnung der einzelnen Phasen und ihre Abgrenzung in der Gliederung unterscheiden sich in der Literatur geringfügig, aber die Grundstruktur ist bei allen Modellen vergleichbar.

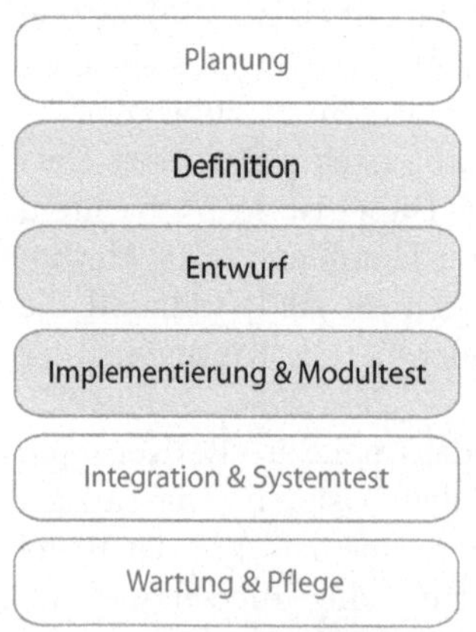

Abb. 4.1: Typische Phasen der Software-Entwicklung

In der Planungsphase wird im Wesentlichen vom Auftraggeber der Funktionsumfang des Systems aus Benutzersicht festgelegt. Ihr Ziel ist die Erstellung eines Lastenhefts, in dem festgelegt wird, was das System leisten soll. Diese Phase ist oftmals durch die Erkenntnis geprägt, dass ein Problem gelöst werden soll, aber nicht genau spezifiziert werden kann welches. Dies führt in der Folge zu vagen, sich rasch ändernden Anforderungen, die sich auf alle weiteren Phasen der Software-Entwicklung negativ auswirken, da übliche Verfahren zur Software-Entwicklung, wie z. B. das Wasserfallmodell, nicht wie vorgesehen angewendet werden können.

In der Definitionsphase wird anhand des Lastenhefts ein Produktmodell erstellt, welches u. a. die Bedienoberfläche, das Hilfesystem und ein Benutzerhandbuch umfasst und aus dem schließlich das Pflichtenheft hervor geht. In diesem wird festgelegt, wie die Aufgabenstellung umgesetzt werden soll. Anschließend werden in der Entwurfsphase die Software-Architektur, die Systemkomponenten und die Schnittstellen zwischen einzelnen Modulen festgelegt. Diese Aktivitäten werden auch als „Programmierung im Großen" bezeichnet und sind in aller Regel durch einen Top-Down-Entwurf gekennzeichnet, bei dem die Software-Architektur zunächst vollständig, unabhängig von der Programmiersprache, festgelegt wird.

Unter Programmierung „im Kleinen" werden dagegen alle Aktivitäten der Implementierungsphase zusammengefasst, wie zum Beispiel die Konzeption von Datenstrukturen und Algorithmen, die konkrete Umsetzung der Software-Architektur in die verwendete Programmiersprache, Dokumentation und Test der einzelnen Module. Den wesentlichen Aspekt bei der Programmierung „im Kleinen" stellt die „Übersetzung" der Software-Architektur in eine (textbasierte) Programmiersprache dar.

Die Integration aller Module und der Test des Gesamtsystems werden in der Integrationsphase vorgenommen, die die Abnahme des Produktes zum Ziel hat. Die letzte Phase der Software-Entwicklung stellt die Wartungs- und Pflegephase dar, in der die Fehlerbeseitigung und Weiterentwicklung des Produktes vorgenommen wird.

Die vollständige Behandlung aller Phasen ist das Thema der Software-Technik. Bei der Nutzung von LabVIEW wird naturgemäß das Augenmerk auf die Implementierungsphase gerichtet sein. Da die Methoden und Konzepte der strukturierten Datenflussprogrammierung jedoch häufig mit denen der Software-Technik vergleichbar sind, soll auch gezeigt werden, wie die visuelle Programmierung mit LabVIEW während der Entwurfs- und Definitionsphase genutzt werden kann. Dementsprechend sind diese drei Phasen in Abbildung 4.1 grau hinterlegt worden.

Die sequenzielle Anordnung der Phasen in Abbildung 4.1 sagt zunächst nichts über die Reihenfolge der Abarbeitung einzelner Phasen im Entwicklungsprozess aus, für die viele verschiedene Vorgehensmodelle *(Life Cycle Models)* entwickelt worden sind. Ihre Vielzahl ist sicher ein Indiz für den Versuch, die hohe Komplexität der Software-Entwicklung zu bewältigen. Die einzelnen Modelle unterscheiden sich im Wesentlichen durch die Organisation des Phasenablaufs. Die Phasen können sequenziell (Wasserfallmodell), iterativ (Spiralmodell) [12] oder parallel *(Extreme Programming)* [13] durchlaufen werden.

Bisher hat sich kein Vorgehensmodell durchgesetzt, da in der Praxis zumeist keine scharfe Trennung der einzelnen Phasen vorgenommen werden kann, da sie in aller Regel eng ineinander verwoben sind und sich gegenseitig beeinflussen. Daher ist die Kommunikation innerhalb eines Entwicklerteams und mit dem Auftraggeber von zentraler Bedeutung. Dabei kann sorgfältig entwickelter Quellcode als Kommunikationsmittel dienen und gleichzeitig für die Dokumentation verwendet werden. Dementsprechend wichtig ist die Verwendung einer gemeinsamen, vorzugsweise visuellen Programmierumgebung, die ohne Kontextwechsel sowohl als Spezifikations- wie auch als Programmiersprache eingesetzt werden kann. Mit der visuellen Programmiersprache LabVIEW kann dieser Ansatz besonders effizient realisiert werden, da so die grundsätzlich problematischen Übergänge zwischen einzelnen Phasen keinen Werkzeug-Wechsel zur Folge haben und somit das Auftreten von Übersetzungsfehlern vermieden wird.

Konzepte für die Systemanalyse

Für die Analyse und Modellierung eines Systems stellt die Software-Technik eine Vielzahl von Hilfsmitteln zur Verfügung, bei denen die Betrachtung des Systems aus verschiedenen Sichtweisen erfolgt. Eine vereinfachte Übersicht nach Balzert gibt Abbildung 4.2. Zunächst kann eine Unterscheidung getroffen werden, indem zwischen der

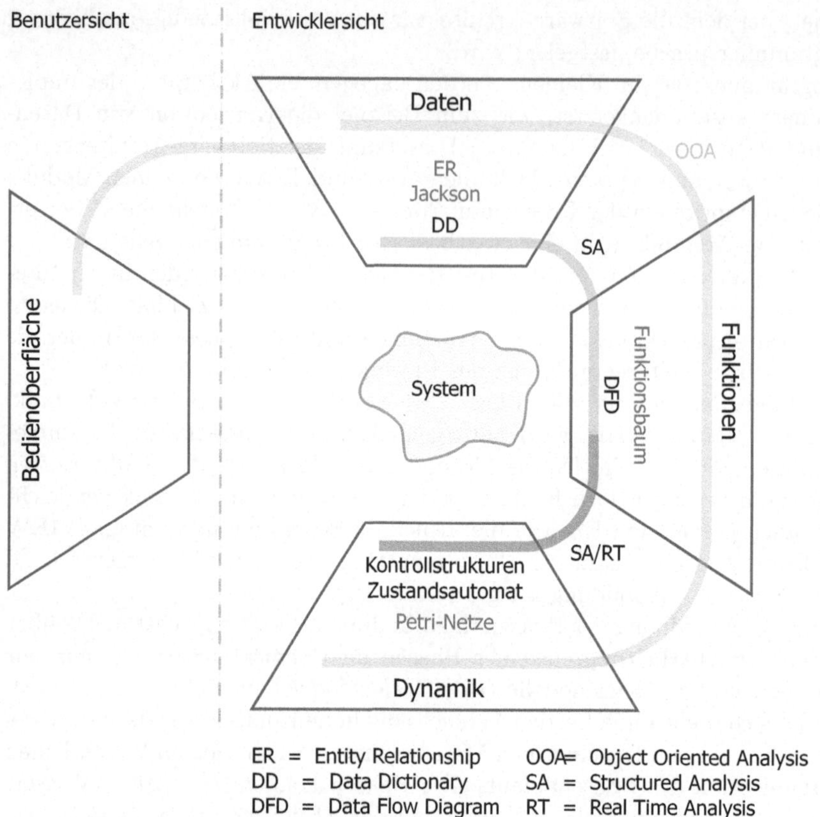

Abb. 4.2: Systembeschreibungen aus unterschiedlichen Perspektiven in Anlehnung an Balzert [14]

Sicht eines Benutzers und Entwicklers differenziert wird. Aus Sicht eines Benutzers ist es vor allem von Bedeutung, was das System macht. Die Bedienoberfläche wird dabei im Vordergrund stehen und diese Sichtweise entspricht in etwa der Planungsphase, aus der das Lastenheft hervor geht.

Aus Sicht eines Entwicklers ist die Systembeschreibung anhand der Daten, Funktionen und des dynamischen Verhaltens erforderlich, um festzulegen, wie das System funktioniert. Diese Sichtweise entspricht damit in etwa dem in der Definitionsphase erstellten Pflichtenheft. Für eine vollständige Systemanalyse ist die Betrachtung aller Sichtweisen erforderlich. Grundsätzlich bestehen dafür nur zwei Möglichkeiten, die objektorientierte Analyse *(OOA)* und die Kombination der strukturierten Analyse *(SA)* mit der Echtzeitanalyse *(Real Time, RT)* zu *(SA/RT)*, wobei aber das Echtzeitverhalten nicht im Vordergrund steht, sondern vor allem das dynamische Verhalten des Systems modelliert wird.

Bei der objektorientierten Analyse, werden – wie der Name schon sagt – alle Sichtweisen in einer Komponente zu einem Objekt zusammengefasst. Da OOA in engem Zusammenhang mit der objektorientierten Programmierung steht, wird diese hier nicht näher betrachtet, da bei der Software-Entwicklung mit LabVIEW die strukturierte Datenflussprogrammierung im Vordergrund steht. Prinzipiell ist die objektorientierte Programmierung mit LabVIEW seit der Version 8.2 möglich, wird aber in diesem Buch nicht behandelt, weil für viele technische Anwendungen das Konzept nach SA/RT als geeigneter erscheint.

Die Systembeschreibung aus Sicht der Daten kann u. a. mit Jackson-Diagrammen, einem Entity-Relationship-Modell oder einem Datenkatalog *(Data Dictionary)* vorgenommen werden. Aus Sicht der Funktionen bzw. Prozesse können für die Systembeschreibung Funktionsbäume oder Datenflussdiagramme verwendet werden. Für die Beschreibung des dynamischen Verhaltens eignet sich in einem ersten Schritt vor allem das Modell eines endlichen, deterministischen Automaten (Zustandsautomat). Für parallele und asynchron ablaufende Prozesse können in einem weiteren Schritt Petri-Netze verwendet werden. Die praktische Umsetzung kann mit Hilfe der Kontrollstrukturen der strukturierten Programmierung vorgenommen werden.

Nahezu alle Hilfsmittel basieren auf einer graphischen Darstellung, ein Wechsel der Sichtweise kann einen Methodenbruch zur Folge haben kann. Etwas vereinfacht formuliert, bildet die Kombination eines Datenkatalogs mit Datenflussdiagrammen und Zustandsautomaten die Basis für SA/RT. Da diese Konzepte weitgehend Bestandteil der Entwicklungsumgebung LabVIEW sind, soll im Folgenden aufgezeigt werden, dass LabVIEW nicht nur in der Implementierungsphase sondern auch während der Definitions- und Entwurfsphase verwendet werden kann.

In Abschnitt 4.1 werden dafür zunächst die Datenflussdiagramme der strukturierten Analyse eingeführt, die die statische Modellierung eines Systems aus Sicht der Daten und Funktionen ermöglichen. Die Erweiterung der strukturierten Analyse um Kontrollflüsse in Abschnitt 4.2 ermöglicht darüber hinaus die Modellierung des dynamischen Verhaltens, welches mit Hilfe von Zustandsautomaten spezifiziert werden kann (Abschn. 4.3).

Mit Hilfe der Kontrollstrukturen der strukturierten Programmierung ist schließlich die von der Programmiersprache unabhängige Formulierung der Algorithmen möglich (Abschn. 4.4). Die praktische Umsetzung in LabVIEW wird dann in Kapitel 12 behandelt.

4.1 Strukturierte Analyse

Von Tom DeMarco wurde 1978 das Konzept der strukturierten Analyse *(Structured Analysis and System Specification* (SA)) für die Systemanalyse eingeführt [15], welches auch heute noch Stand der Technik ist [14]. Die strukturierte Analyse besteht im Wesentlichen aus drei Komponenten:

- Datenflussdiagramm   *(Data Flow Diagram, DFD)*
- Datenverzeichnis   *(Data Dictionary, DD)*
- Mini-Spezifikation   *(MiniSpec)*

Diese Komponenten sollen in den folgenden Abschnitten behandelt und ihre Anwendung anhand eines Beispiels veranschaulicht werden. Abschließend soll dann aufgezeigt werden, wie die strukturierte Analyse mit Hilfe der visuellen Programmiersprache LabVIEW umgesetzt werden kann.

Die Aufgabe von Datenflussdiagrammen ist die Zerlegung eines Systems in funktionale Komponenten (Prozesse). Im Datenverzeichnis werden alle Daten und Datenspeicher eines Prozesses dokumentiert. Und in der Mini-Spezifikation wird schließlich beschrieben, welche Funktion innerhalb eines Prozesses ausgeführt werden soll. Die strukturierte Analyse sagt dabei nichts über das dynamische Verhalten des Systems aus. Für die Modellierung des dynamischen Verhaltens, das beschreibt, welcher Prozess wie oft und in welcher Reihenfolge aufgerufen wird, erfordert die Erweiterung um Kontrollflüsse (s. Abschn. 4.2).

4.1.1 Datenflussdiagramme

Als Beispiel für die Anwendung eines Datenflussdiagramms hat Tom DeMarco die in Abbildung 4.3 dargestellte Montage eines Faltbootes gewählt, um zu veranschaulichen, dass ein Datenflussdiagramm sofort die Übersicht über das Gesamtsystem ermöglicht. Das heißt, SA geht von einem Top-Down-Entwurf des Systems aus,

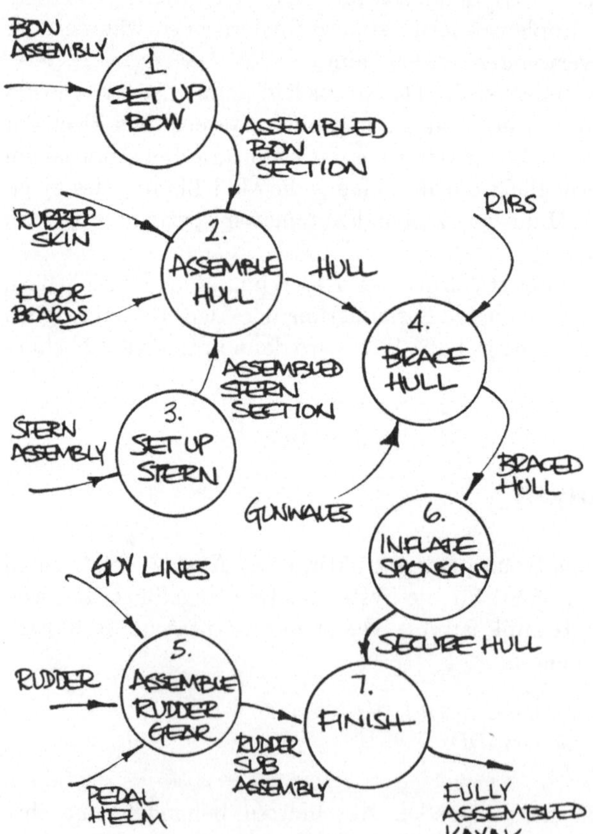

Abb. 4.3: Datenflussdiagramm nach Tom DeMarco [15]

ganz im Gegensatz zu einer textbasierten Bedienungsanleitung, bei der der Benutzer zunächst in Einzelschritten Teile des Systems vervollständigt. Dieses Vorgehen entspricht einem Bottom-Up-Entwurf und hat den Nachteil, dass im ersten Schritt kein Verständnis für das Gesamtsystem entstehen kann.

Das Datenflussdiagramm nach Abbildung 4.3 besteht insgesamt aus sieben Prozessen, denen Daten zugeführt werden. Die Flussrichtung ist jeweils durch einen Pfeil gekennzeichnet. Dem ersten Prozess, *Set Up Bow*, werden als „Daten" die Teile des Schiffsbugs zugeführt *(Bow Assembly)* und dort montiert. Der montierte Bug *(Assembled Bow Section)* wird, genauso wie die Bootsbespannung *(Rubber Skin)* und die Bodenbretter *(Floor Boards)* dem zweiten Prozess, *Assemble Hull*, übergeben. Im dritten Prozess, *Set Up Stern*, werden die Teile des Hecks montiert und gleichfalls dem zweiten Prozess zugeführt. In diesem wird dann die Bootsbespannung über die Teile des Bootsrumpfes gezogen. Nachdem alle Prozesse des Datenflussdiagramms durchlaufen worden sind, steht am Ausgang des siebten Prozesses, *Finish*, das vollständig montierte Faltboot als Datenfluss zur Verfügung.

Anhand dieses Beispiels sind bereits auch die ersten zwei Elemente eines Datenflussdiagramms eingeführt worden, der Prozess oder Funktionsknoten, in dem Daten transformiert werden und die Daten, deren Flussrichtung durch einen Pfeil gekennzeichnet wird. Für die strukturierte Analyse werden zwei weitere Symbole benötigt: Speicher und Schnittstellen (Abb. 4.4). In einem Speicher können Daten abgelegt werden und das Element Schnittstelle wird benötigt, um die Schnittstellen des Systems mit der Umwelt zu spezifizieren. Genormt sind Datenflussdiagramme mit insgesamt 19 Elementen u. a. nach DIN 66001. Die vier in Abbildung 4.4 dargestellten Elemente sind für die Erstellung eines Datenflussdiagramms in der Regel aber ausreichend.

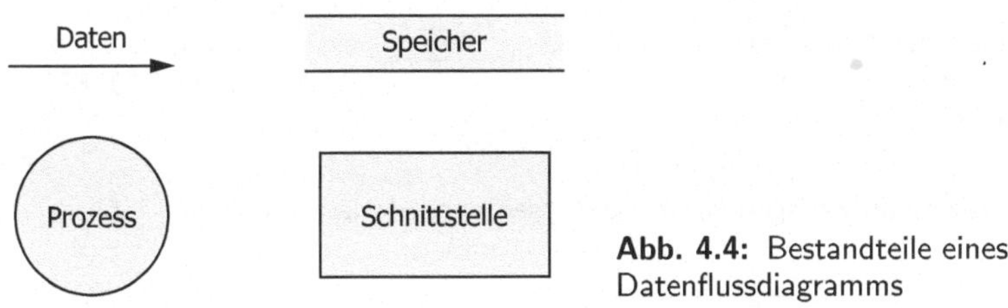

Abb. 4.4: Bestandteile eines Datenflussdiagramms

▶ **Hinweis**

In Datenflussdiagrammen werden Prozesse durch einen Kreis dargestellt. In Abschnitt 4.3, in dem Automaten behandelt werden, werden die Zustände eines Systems gleichfalls durch einen Kreis dargestellt. Dadurch ergibt sich eine große Verwechslungsgefahr, denn mit Prozessen und Zuständen werden vollständig unterschiedliche Systemeigenschaften modelliert. Aus diesem Grund werden hier die Prozesse eines Datenflussdiagramms grau hinterlegt, um die Unterscheidung zwischen Prozessen und Zuständen zu ermöglichen.   ◀

Bei der praktischen Realisierung ergibt sich häufig das Problem, dass die Vielzahl der Datenflüsse bei der Modellierung zu einem unübersichtlichen Datenflussdiagramm führen kann. Dies lässt sich umgehen, indem einzelne Datenflüsse geeignet zusammengefasst und an der erforderlichen Stelle wieder zerlegt werden. In Abbildung 4.5 wird die dafür übliche Darstellungsweise skizziert. Wie bereits erwähnt, wird ein Datenfluss durch einen Pfeil gekennzeichnet, entlang dessen die Daten fließen. Werden alle Daten in mehreren Prozessen benötigt, kann der Datenfluss aufgespalten und allen Prozessen zugeführt werden. Werden für die Verarbeitung in einem Prozess nur Teile der gesamten Daten benötigt, können dem Datenfluss auch einzelne Komponenten entnommen werden. Dies könnte beispielsweise der Fall sein, wenn die Daten einer Adresse – bestehend aus Name, Straße und Ort – in unterschiedlichen Prozessen verarbeitet werden müssen. Analog dazu können die Teilkomponenten einer Adresse – Name, Straße und Ort – wieder zu einem Datenfluss Adresse zusammengesetzt werde, um die Lesbarkeit eines Datenflussdiagramms zu gewährleisten. Letztendlich kann es im Sinne der Lesbarkeit auch sinnvoll sein, Daten zu logischen Gruppen zusammenzufassen und den Datenfluss nur durch einen Pfeil darzustellen.

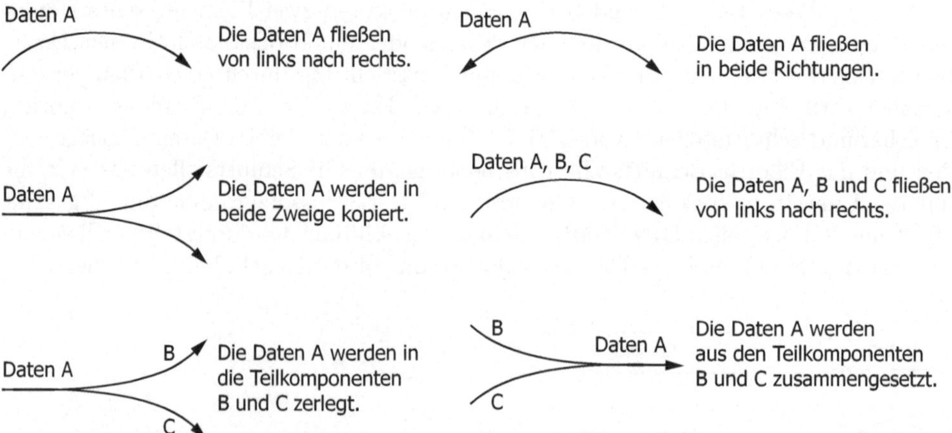

Abb. 4.5: Zusammenfassen und Zerlegen von Datenflüssen nach Hatley und Pirbhai [16]

Im Sinne eines Top-Down-Entwurfs beginnt die Systemanalyse immer auf der obersten Ebene, die das zu analysierende System im Zusammenhang mit seiner Umwelt darstellt. Dieses Diagramm wird als Kontextdiagramm bezeichnet. Das Kontextdiagramm enthält nur einen Prozess mit der Nummer 0 sowie die Schnittstellen zur Umwelt. Ein abstraktes Beispiel zeigt Abbildung 4.6. Das Kontextdiagramm enthält keine Speicher, aber mindestens eine Schnittstelle. Sind mehrere Schnittstellen vorhanden, fließen zwischen diesen keine Daten. Im Allgemeinen wird jede Schnittstelle nur einmal gezeichnet. Um unter Umständen die Lesbarkeit des Kontextdiagramms zu verbessern, können Schnittstellen aber auch mehrfach eingezeichnet werden.

Nach der Erstellung des Kontextdiagramms erfolgt im nächsten Schritt eine erste Verfeinerung. Der Prozess 0 wird in Teilprozesse zerlegt. Das resultierende Datenflussdiagramm wird als DFD 0 bezeichnet (vgl. Abb. 4.7). Die Teilprozesse im DFD 0 werden fortlaufend nummeriert: 1, 2, 3 ... Dabei ist das Zeichnen des Datenflussdia-

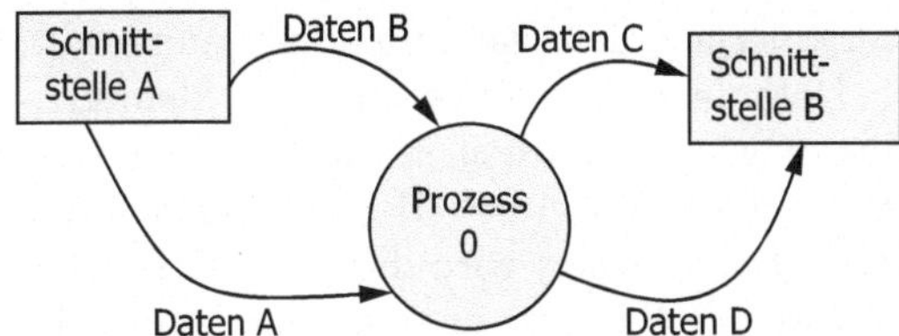

Abb. 4.6: Kontextdiagramm eines Systems

gramms einfach. Wesentlich schwieriger sind die Fragen zu beantworten, in welche Teilprozesse und in wie viele Teilprozesse das System untergliedert werden sollte. Für die Frage, in welche Teilprozesse ein System untergliedert werden sollte, gibt es keine konkrete Handlungsvorschrift. Damit stellt die Untergliederung den schwierigsten Teil der Systemanalyse dar. Es sollte jedoch darauf geachtet werden, dass alle Teilprozesse annähernd die gleiche Komplexität aufweisen, denn dies lässt im Allgemeinen darauf schließen, dass eine sinnvolle Zerlegung stattgefunden hat. Ein wesentlicher Aspekt bei der Gliederung des Systems in Teilprozesse ist die Voraussetzung, dass diese nach logischen und nicht nach technischen Kriterien stattfindet, denn ein Datenflussdiagramm soll das System aus Sicht der Daten beschreiben, vollständig unabhängig von der technischen Realisierung des Systems. Die Anzahl der Prozesse sollte in einem Datenflussdiagramm ca. 7 ± 2 betragen, um die Lesbarkeit zu gewährleisten [16]. Als Faustregel kann auch gelten, dass ein Datenflussdiagramm nicht größer als eine DIN-A4-Seite sein sollte. Denn der Versuch, ein System mit vielen Prozessen in einer Ebene beschreiben zu wollen, führt praktisch zu einem unlesbaren Datenflussdiagramm.

Daher wird in aller Regel eine weitere Untergliederung erfolgen, indem die Prozesse im DFD 0 wiederum in Teilprozesse zerlegt werden. Ein Beispiel für die so entstehende Hierarchie zeigt Abbildung 4.7. Wenn beispielsweise Prozess 1 weiter verfeinert wird, führt dies zum DFD 1 mit den Teilprozessen 1.1, 1.2, 1.3..., die Verfeinerung von Prozess 2 führt zum DFD 2 mit den Teilprozessen 2.1, 2.2 usw. Als wesent-

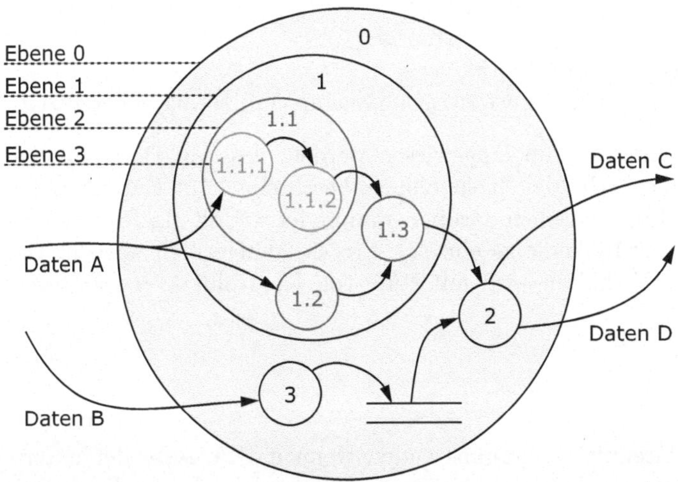

Abb. 4.7: Schematische Darstellung der Verfeinerung eines DFDs in Anlehnung an Balzert [14]

liche Voraussetzung für eine korrekte Verfeinerung der Datenflussdiagramme gilt, dass *alle* Datenflüsse des übergeordneten Datenflussdiagramms auch mit dem gleichen Namen im untergeordneten Datenflussdiagramm erscheinen müssen. Dies wird mit dem Begriff Datenintegrität *(Data Balancing)* bezeichnet. Bei der Verwendung von CASE-Tools *(Computer Aided Software Engineering)* wird diese Voraussetzung automatisch überprüft. Die Begrenzung auf wenige Prozesse in einem Datenflussdiagramm scheint auf den ersten Blick eine große Einschränkung darzustellen. Mit der Annahme, dass in jeder Hierarchieebene sechs Prozesse für die Verfeinerung verwendet werden und dass die Systemanalyse sechs Hierarchieebenen umfasst, stehen aber auf der untersten Hierarchieebene nahezu 50 000 Prozesse zur Verfügung, die bei einer Systemanalyse in vielen Fällen ausreichend sein sollten.

Die Erstellung eines Datenflussdiagramms wird im Allgemeinen mehrere Iterationen erfordern, bis eine fehlerfreie Systembeschreibung vorliegt. Bei der Erstellung und Überprüfung von Datenflussdiagrammen sollten einige Regeln berücksichtigt werden, die hier in Form einer kurzen Zusammenfassung in Anlehnung an DeMarco [15], Yourdon [17] und Balzert [14] aufgeführt werden. Bei der Konstruktion eines Datenflussdiagramms sollte beachtet werden, dass

- das Kontext-Diagramm mindestens eine Schnittstelle enthält, die aus Gründen der Übersichtlichkeit mehrfach gezeichnet werden kann,
- untergeordnete Datenflussdiagramme keine Schnittstellen enthalten,
- es zwischen Schnittstellen keine Datenflüsse gibt,
- es zwischen Speichern keine Datenflüsse gibt und
- es zwischen Schnittstellen und Speichern keine Datenflüsse gibt.

Die Vergabe von Bezeichnern für Datenflüsse und Prozesse sollte besonders sorgfältig vorgenommen werden. Aussagekräftige Bezeichnungen erleichtern das Verständnis für das Gesamtsystem, während nichtssagende Bezeichner wie „Daten" und „Daten verarbeiten" eher darauf hindeuten, dass die Analyse des Systems nicht ausreichend durchdacht worden ist. Sinnvoll erscheint die Nomenklatur:

- Datenflussnamen bestehen aus einem Substantiv
  oder aus einem Adjektiv und Substantiv.
- Prozessnamen werden aus einem Substantiv und einem Verb zusammengesetzt.

Schließlich soll noch einmal darauf hingewiesen werden, dass ein Datenflussdiagramm den Datenfluss und nicht den Kontrollfluss beschreibt. Ein Datenflussdiagramm enthält also keine Informationen darüber, wann oder wie oft ein Prozess ausgeführt wird und in welcher Reihenfolge einzelne Prozesse aufgerufen werden. Das dynamische bzw. zeitliche Verhalten wird mit Hilfe von Kontrollflüssen spezifiziert (s. Abschn. 4.2).

4.1.2 Mini-Spezifikation

Die Verfeinerung eines Datenflussdiagramms endet, wenn die Prozesse der untersten Hierarchieebene nicht mehr sinnvoll weiter verfeinert werden können. Diese Prozesse werden auch als primitive Prozesse bezeichnet. Die Funktionsbeschreibung eines primitiven Prozesses erfolgt mit Hilfe der Mini-Spezifikation *(MiniSpec)*, die auch als Prozess-Spezifikation *(Process Specification (PSpec))* bezeichnet wird [16]. Die Beschreibung kann auf verschiedene Weise erfolgen, zum Beispiel textuell. Aussagekräftiger wird die Spezifikation jedoch durch eine strukturierte Beschreibung, wie durch das von Tom DeMarco vorgeschlagene *Structured English* [15] oder die Elemente der strukturierten Programmierung. Die Verwendung von Pseudocode oder Struktogrammen bietet den Vorteil, dass die Mini-Spezifikation dann direkt als Vorschrift für die Implementierung genutzt werden kann, da der Algorithmus bereits unabhängig von der Programmiersprache formuliert worden ist (s. Abschn. 4.4). Dies bedeutet praktisch auch, dass ein primitiver Prozess nach der Implementierung direkt durch ein Unterprogramm repräsentiert wird.

4.1.3 Datenverzeichnis

Im Datenverzeichnis *(Data Dictionary, DD)* werden alle Datenflüsse und alle Speicher eines Prozesses dokumentiert. In der Regel wird dafür die von John Backus und Peter Naur entwickelte Backus-Naur-Form (BNF) in der von Niklaus Wirth modifizierten erweiterten Backus-Naur-Form (EBNF) verwendet. Genormt ist die EBNF in ISO/IEC 14977. Die Syntaxnotation, die in dieser oder ähnlicher Form auch in vielen textbasierten Programmiersprachen verwendet wird, umfasst nur wenige Elemente. In der Software-Technik wird aber auch eine modifizierte Syntax nach DeMarco verwendet, bei der sich die Bedeutung der Symbole im Vergleich zu ISO/IEC 14977 teilweise erheblich unterscheidet. Für die wichtigsten Symbole werden daher beide Notationen in Tabelle 4.1 gegenübergestellt.

Zur Veranschaulichung soll das in Tabelle 4.2 dargestellte Beispiel einer Adress-Datenbank dienen. Die Adress-Datenbank kann beliebig viele Adress-Einträge enthalten. Dabei besteht ein Adress-Eintrag aus der Zusammensetzung von Namen, Adresse und dem optionalen Geburtsdatum. Die Daten für den Namen und die Adresse werden weiter verfeinert und auf eine vergleichbare Weise wie der Adress-Eintrag zusammengesetzt. Dabei ist zu beachten, dass bei der Adresse wahlweise das Postfach oder Straße und Hausnummer angegeben werden können.

Tab. 4.1: Ausgewählte Symbole der EBNF-Syntaxnotation

nach ISO/IEC 14977		nach DeMarco	
=	definiert als	=	ist äquivalent zu
,	Aneinanderreihung	+	Sequenz
|	Trennung/Auswahl		
[ ]	Option	[|]	Auswahl
{ }	Wiederholung	{ }	Wiederholung
( )	Gruppierung	( )	Option

Tab. 4.2: Beispiel für die Anwendung der Backus-Naur-Notation

a) nach nach ISO/IEC 14 977

Adress-Datei	=	{Adress-Eintrag};
Adress-Eintrag	=	Name, Adresse, [Geburtsdatum];
Name	=	Anrede, [Titel], Vorname, Nachname;
Adresse	=	(Straße, Haus-Nr. | Postfach), PLZ, Ort, [Telefon];

b) nach DeMarco

Adress-Datei	=	{Adress-Eintrag}
Adress-Eintrag	=	Name + Adresse + (Geburtsdatum)
Name	=	Anrede + (Titel) + Vorname + Nachname
Adresse	=	[Straße + Haus-Nr.	Postfach] + PLZ + Ort + (Telefon)

4.1.4 Beispiel: Getränkeautomat

Als Beispiel für die strukturierte Analyse (SA) soll hier die Analyse eines Getränkeautomaten dienen. Dieses klassische Beispiel der Software-Technik hat den Vorteil,
dass die Funktionsweise leicht verständlich ist und eine überschaubare Komplexität
aufweist, die jedoch hoch genug ist, um das Prinzip der Systemanalyse zu veranschaulichen. Auf die Erstellung eines Datenverzeichnisses und der Prozess-Spezifikation
(MiniSpec) wird hier bewusst verzichtet, es soll nur die Zerlegung des Systems in
Teilprozesse aufgezeigt werden. Grundlage für das Beispiel ist die Modellierung eines
Getränkeautomaten nach Hatley und Pirbhai [16], welche insoweit modifiziert wurde,
um in Abschnitt 12.4 auf möglichst einfache Weise die Implementierung mit der Entwicklungsumgebung LabVIEW vornehmen zu können.

Die Erstellung des Kontextdiagramms nach Abbildung 4.8 ist relativ einfach
möglich, da die einzige Schnittstelle zum Prozess 0, „Produkt anbieten", der Kunde ist
(wenn der Service des Automaten vernachlässigt wird). Aus Gründen der Übersichtlichkeit ist die Schnittstelle „Kunde" zweimal in das Kontextdiagramm eingezeichnet
worden. Um ein Getränk zu erhalten, wird der Kunde Objekte in den Münzeinwurf
des Automaten einführen. Nach der Eingabe von Münzen wird der Kunde eine Auswahl treffen und als Ergebnis dieser beiden Aktionen das gewünschte Getränk und
gegebenenfalls Wechselgeld vom Automaten erhalten.

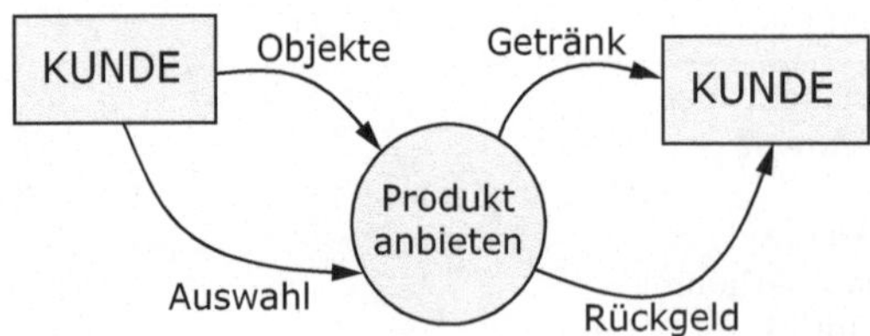

Abb. 4.8: Kontextdiagramm für einen Getränkeautomaten

Eine – von vielen – Möglichkeiten zur Verfeinerung des Prozesses 0 im Kontextdiagramm zeigt Abbildung 4.9. Der Prozess 0 wird in in diesem Beispiel in die sechs

Teilprozesse des DFD 0 zerlegt. Im Prozess „Münzen annehmen" werden die eingeworfenen Objekte zunächst überprüft, da dies nicht notwendigerweise gültige Münzen sein müssen und der Automat wird ungültige Objekte („Falschgeld") über den Prozess „Geld ausgeben" direkt an den Kunden zurückgeben. Die gültigen Münzen werden zunächst in einem Zwischenspeicher abgelegt, ihr Wert wird aufsummiert und als Datenfluss „Bezahlung" an den Prozess „Bezahlung prüfen" übergeben. Als zweiten Datenfluss benötigt der Prozess „Bezahlung prüfen" zudem den Preis des vom Kunden ausgewählten Getränks. Damit wird es möglich, den erforderlichen Wechselgeldbetrag zu ermitteln. Mit den Datenflüssen „Wechselgeldbetrag" und Münzen aus dem Münzspeicher kann der Prozess „Wechselgeld ausgeben" dem Kunden den erforderlichen Wechselgeldbetrag „Rückgeld" zurückgeben. Die zunächst im Zwischenspeicher abgelegten Münzen werden über den Prozess „Geld ausgeben" dem Münzspeicher zugeführt.

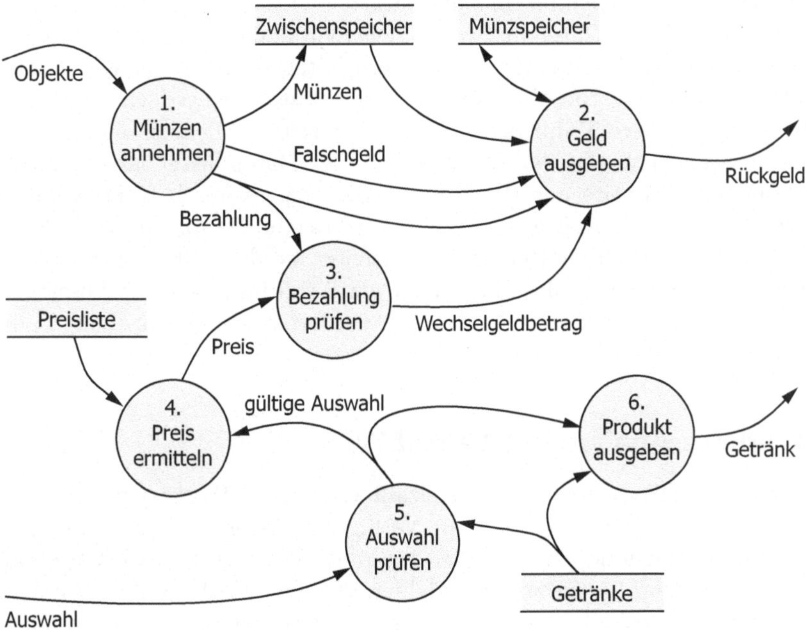

Abb. 4.9: DFD 0 des Getränkeautomaten

Vollständig unabhängig zu den beschriebenen Datenflüssen werden dem Prozess „Auswahl prüfen" die Datenflüsse „Auswahl" und „Getränke" zugeführt. In diesem Prozess wird überprüft, ob das ausgewählte Getränk im Speicher „Getränke" vorhanden ist und über den Datenfluss „gültige Auswahl" dem Prozess „Preis ermitteln" die Information übermittelt, welches Getränk ausgewählt worden ist. Im Prozess „Preis ermitteln" wird der Preis für das Getränk mit Hilfe der „Preisliste" ermittelt und als Datenfluss „Preis" an den Prozess „Bezahlung prüfen" weitergeleitet.

Schließlich enthält das DFD0 den Prozess „Produkt ausgeben", der als Eingangsdaten die im Prozess „Auswahl ermitteln" getroffene Auswahl und ein Getränk aus

dem Speicher „Getränke" benötigt. An dieser Stelle wird u. a. offensichtlich, dass
die Modellierung des Systems durch Datenflüsse mit Hilfe der strukturierten Analyse
nicht ausreichend ist, denn die Datenflüsse „gültige Auswahl" und „Getränk" scheinen
bereits zur Ausgabe eines Getränks zu führen, ohne dabei die erforderliche Bezahlung
zu berücksichtigen. Eine vollständige Systemanalyse wird daher als weitere Komponente Kontrollflüsse erfordern, mit denen spezifiziert werden kann, welche Prozesse
wann und wie oft aktiviert werden. Diese Erweiterung der strukturierten Analyse
wird in Abschnitt 4.2 vorgenommen. Für die programmtechnische Auswertung von
Kontrollflüssen eignen sich die Elemente der strukturierten Programmierung, die in
Abschnitt 4.4 behandelt werden.

Die nächsten beiden Schritte bei der Systemanalyse werden darin bestehen, das
Datenverzeichnis zu erstellen und die im DFD 0 beschriebenen Prozesse ggf. soweit zu
verfeinern, bis alle Prozesse des DFD 0 durch einen primitiven Prozess mit Hilfe einer
Prozess-Spezifikation beschrieben werden können. An dieser Stelle sollen zunächst
zwei Schlussfolgerungen ausreichend sein. Datenflussdiagramme beschreiben ein System ausschließlich mit Hilfe der Daten im System. Die Syntax der strukturierten Analyse wird dabei in aller Regel keine größeren Schwierigkeiten verursachen. Wesentlich
schwieriger und ohne konkrete Handlungsanweisung gestaltet sich jedoch die Zerlegung des Systems in geeignete Teilprozesse. Zudem ist festzustellen, dass eine Systemanalyse, die ausschließlich auf der Modellierung der Datenflüsse basiert, nicht
ausreichend ist und eine Erweiterung des Datenflusskonzeptes durch Kontrollflüsse
vorgenommen werden muss. Denn erst durch diese wird es zum Beispiel möglich, festzulegen, welche Prozesse in welcher Reihenfolge aktiviert werden sollen. Bevor diese
Erweiterung der strukturierten Analyse behandelt wird, soll im folgenden Abschnitt
aufgezeigt werden, wie die strukturierte Analyse mit der Entwicklungsumgebung Lab-
VIEW vorgenommen werden kann.

4.1.5 Strukturierte Analyse mit LabVIEW

Für die strukturierte Analyse stehen eine Vielzahl von CASE-Werkzeugen (CASE
= *Computer Aided Software Engineering*) zur Verfügung, denen in aller Regel eine
graphische Darstellung zugrunde liegt und bei denen ein Wechsel der Sichtweise auf
das zu analysierende System häufig zu einem fehleranfälligen Methodenbruch führt.
Wünschenswert kann es deshalb sein, die Systemanalyse mit Hilfe einer visuellen Programmiersprache vorzunehmen, die das Datenflusskonzept unterstützt. Denn
dann stellt im Idealfall die graphische Beschreibung des Systems unmittelbar das
ausführbare Programm selbst dar. Dies soll beispielhaft anhand der visuellen Programmiersprache G und der zugehörigen Entwicklungsumgebung LabVIEW aufgezeigt werden. Eine Kenntnis der Entwicklungsumgebung ist dafür nicht erforderlich.

Zwei Hauptbestandteile der Entwicklungsumgebung LabVIEW sind das so ge-
nannte *Front Panel*, die Bedienoberfläche und das *Block Diagram*, in dem der eigent-
liche Quellcode erstellt wird. Für jedes Element des *Front Panels* steht im *Block
Diagram* ein korrespondierendes Element zur Verfügung. Zwischen *Front Panel* und
Block Diagram besteht nur eine lose Kopplung. Die Anordnung und Gestaltung der
Elemente der Bedienoberfläche kann jederzeit schnell und einfach verändert werden,

ohne den Algorithmus im *Block Diagram* zu beeinflussen. Im *Block Diagram* werden Ein- und Ausgabeelemente sowie Funktionen oder Unterprogramme über (Datenfluss-)leitungen miteinander verbunden.

Abbildung 4.10 zeigt eine mögliche Oberfläche eines (virtuellen) Getränkeautomaten (*Front Panel*) in LabVIEW, die bereits implizit alle Datenflüsse zwischen dem Kunden und dem Automaten enthält. Ein Benutzer kann Münzen einwerfen, ein Getränk auswählen und erhält in Abhängigkeit von der Auswahl ein Getränk und Wechselgeld. Das entsprechende Kontextdiagramm (*Block Diagram*) in LabVIEW zeigt Abbildung 4.11. Dieses enthält den Prozess 0 als Unterprogramm und die Schnittstelle zum Kunden mit den Datenflüssen „Objekte" und „Auswahl" als Eingabeelemente sowie „Rückgeld" und „Getränk" als Ausgabeelemente. Die Ein- und Ausgabeelemente der Bedienoberfläche korrespondieren unmittelbar mit den Elementen des *Block Diagrams*.

Die Verfeinerung des Prozesses 0, der in LabVIEW als Programm realisiert worden ist, führt zu dem in Abbildung 4.12 dargestellten DFD 0, in dem die Teilprozesse als Unterprogramme eingefügt worden sind. Die graphische Darstellung unterscheidet sich nur marginal von der in Abbildung 4.9 skizzierten. Prozesse bzw. Unterprogramme werden nun nicht mehr als Kreis sondern als Quadrat dargestellt und die Richtung eines Datenflusses wird nun nicht mehr durch einen Pfeil gekennzeichnet, was nicht unbedingt erforderlich ist, wenn stillschweigend vorausgesetzt wird, dass bei geeigneter Programmgestaltung der Datenfluss in LabVIEW immer von links nach rechts erfolgt.

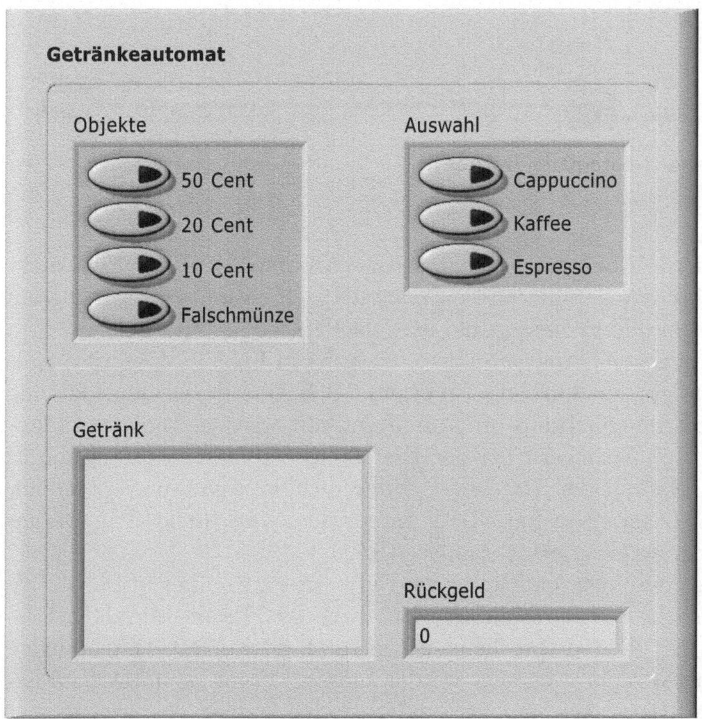

Abb. 4.10: Virtuelle Bedienoberfläche des Getränkeautomaten in LabVIEW

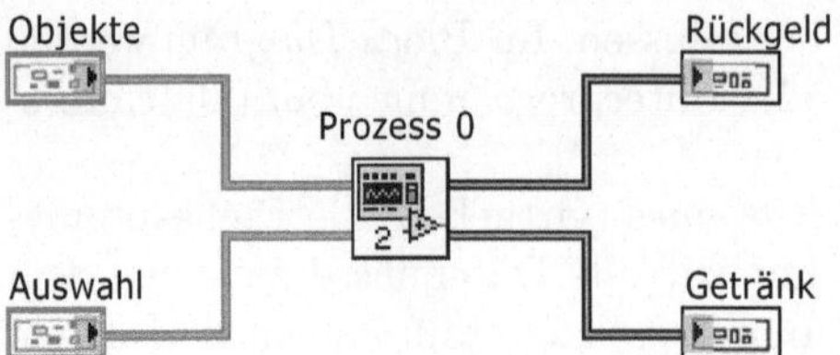

Abb. 4.11: Kontextdiagramm des Getränkeautomaten in LabVIEW

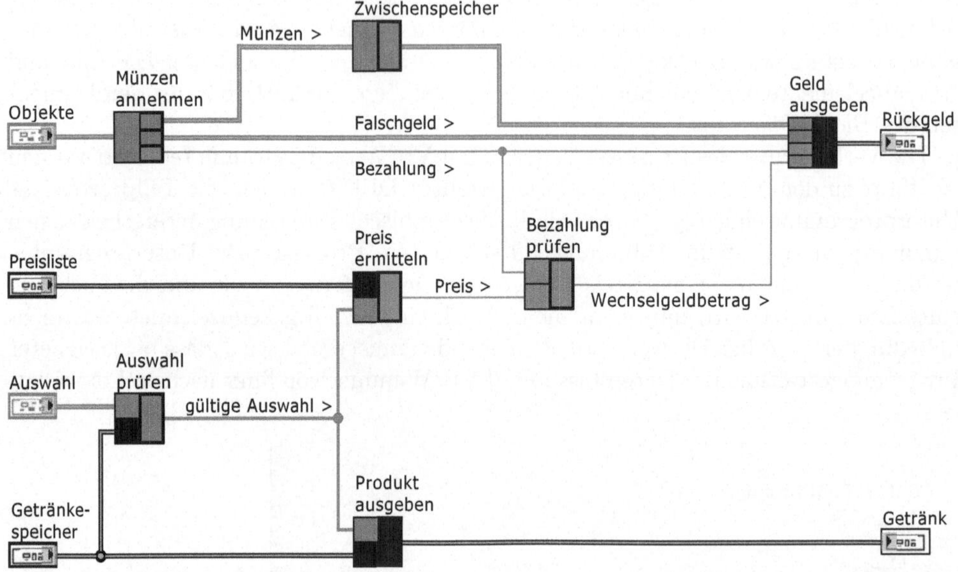

Abb. 4.12: DFD 0 des Getränkeautomaten in LabVIEW

In LabVIEW wird nur der in Abbildung 4.9 dargestellte Münzspeicher im DFD 0 nicht sichtbar, da diesem Münzen zugeführt und entnommen werden müssen. Aus diesem Grund ist Münzspeicher in den Prozess „Geld ausgeben" integriert worden.

Im Gegensatz zu den meisten Programmiersprachen ist in LabVIEW jedes Unterprogramm ein eigenständiges, ausführbares Programm, d. h. Unterprogramme können unabhängig vom übergeordneten Hauptprogramm getestet werden. Die programmtechnische Realisierung von Speichern bei der Erstellung des Datenflussdiagramms kann durch Konstanten, Datenfelder, Dateien oder durch Unterprogramme vorgenommen werden. Das *Block Diagram* in LabVIEW entspricht damit direkt dem Datenflussdiagramm (DFD) der strukturierten Analyse (SA).

Die Umsetzung eines konsequenten Top-Down-Entwurfs ist zur Zeit in LabVIEW leider noch nicht so einfach, wie es Abbildung 4.12 nahe legt, da die einzelnen Prozesse/Unterprogramme mit den entsprechenden Ein- und Ausgängen (Datenquellen und Datensenken) zunächst separat erzeugt werden müssen, bevor sie im Datenflussdiagramm einer höheren Hierarchieebene verwendet werden können. Wünschenswert wäre es, wie beim Zeichnen eines Datenflussdiagramms, einem „leeren" Unterprogramm Datenflüsse zuführen zu können, die dann in der tieferen Hierarchieebene automatisch mit dem korrekten Datentyp zur Verfügung stehen.

Die Entwicklungsumgebung LabVIEW stellt eine leistungsfähige, kontextsensitive Hilfe zur Verfügung, die in einem separaten Fenster eingeblendet wird, sobald der Mauszeiger über das Symbol eines Unterprogramms (Prozess) oder eine Verbindungsleitung (Datenfluss) geführt wird. Da die Möglichkeit besteht, jedes Unterprogramm bzw. jeden Prozess mit einer Dokumentation zu versehen, entspricht diese direkt der Mini-Spezifikation *(MiniSpec)* der strukturierten Analyse. Abbildung 4.13 zeigt dies beispielhaft für den Prozess „Münzen annehmen".

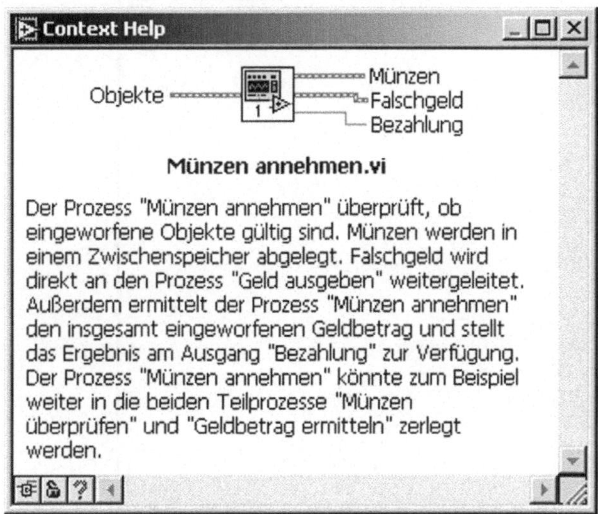

Abb. 4.13: Mini-Spezifikation des Teilprozesses „Münzen annehmen"

Dieses Beispiel weist eine überschaubare Anzahl von Datenflüssen auf. Bei komplexeren Systemen mit einer Vielzahl von Datenflüssen bietet es sich an, die Daten zu bündeln und dem System gewissermaßen als Datenbus zuzuführen. Beispielhaft zeigt dies Abbildung 4.14. Diesem Datenfluss, der alle Prozessdaten enthalten kann, können bei Bedarf die jeweiligen Datenflüsse, die für einzelne Teilprozesse benötigt werden, gezielt entnommen werden.

Wird der Mauszeiger bei aktivierter Kontexthilfe über den entsprechenden Datenfluss geführt, erscheint ein Hilfefenster, in dem die gesamte Datenstruktur angezeigt wird (Abb. 4.15). In Analogie zur strukturierten Analyse entspricht diese Kontexthilfe weitgehend dem Datenverzeichnis *(Data Dictionary)*. Einzig die Angabe, wie oft Daten vorhanden sind und welche Daten optional sind, fehlt an dieser Stelle. Dafür ergibt sich der Vorteil, dass das Datenverzeichnis genau wie die Mini-Spezifikation ein integraler Bestandteil der Entwicklungsumgebung LabVIEW ist und nicht als separates Dokument verwaltet werden muss.

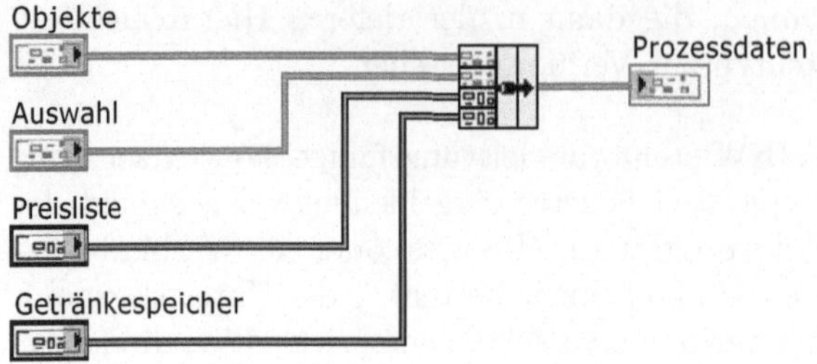

Abb. 4.14: Bündeln von Datenflüssen

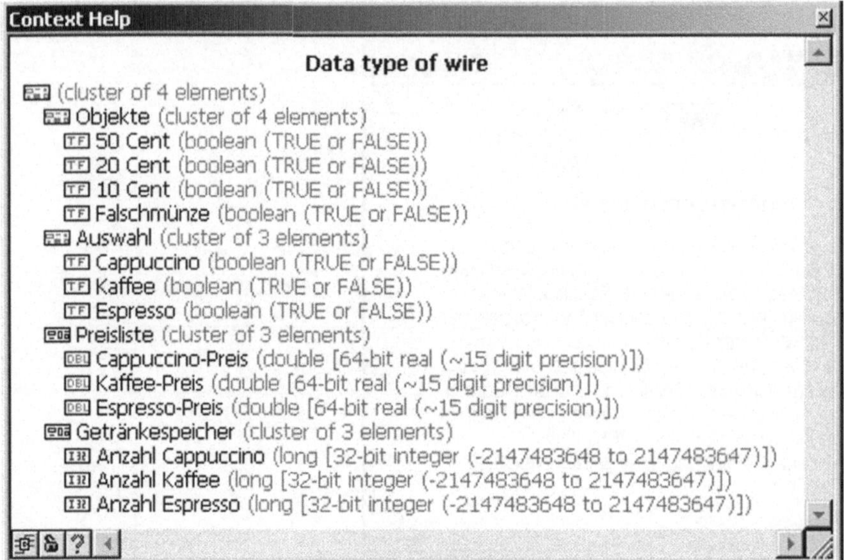

Abb. 4.15: *Data Dictionary* des Getränkeautomaten

Zusammenfassung

Die strukturierte Analyse kann auch mit Hilfe der Entwicklungsumgebung Lab-
VIEW vorgenommen werden. Ein Unterprogramm entspricht dabei einem Prozess
und eine Verbindungsleitung einem Datenfluss. Das Datenverzeichnis und die Mini-
Spezifikation sind zudem weitgehend in die Entwicklungsumgebung integriert. Damit
kann LabVIEW bereits in der Definitionsphase, z. B. für die Gestaltung der Bedienoberfläche und in der Entwurfsphase für die Spezifikation der Systemkomponenten
verwendet werden und der Übergang zur Implementierungsphase ist anschließend
ohne Methodenbruch möglich.

Der wesentliche Unterschied zur strukturierten Analyse besteht darin, dass in
einem Datenflussdiagramm die Daten, die einem Prozess zugeführt werden, keine
auslösende Wirkung aufweisen, während ein Prozess/Unterprogramm in LabVIEW
ausgeführt wird, sobald alle Daten am Eingang anliegen. Ein Prozess in LabVIEW
stellt damit gleichzeitig das ausführbare Programm dar.

Wie bereits erwähnt wurde, ist die strukturierte Analyse ein statisches Verfahren. Ein Datenflussdiagramm enthält keine Informationen darüber, welcher Prozess wie oft ausgeführt wird. Für die Modellierung der Ablaufstruktur ist daher die Erweiterung der strukturierten Analyse erforderlich, die im nächsten Abschnitt vorgenommen werden soll.

4.2 Erweiterung der strukturierten Analyse

Eine Erweiterung der strukturierten Analyse wurde u. a. von Hatley und Pirbhai in *„Strategies for Real-Time System Specification"* vorgenommen [16]. Mit der als SA/RT bezeichneten Methode ist dann eine vollständige Systemanalyse möglich (vgl. Abb. 4.2), wobei der Zusatz *RT (Real-Time)* suggeriert, dass auch das Echtzeitverhalten des Systems modelliert werden kann. Vor allem aber ermöglicht SA/RT die Beschreibung des Ablaufverhaltens eines Systems anhand von Kontrollflüssen (s. Abschn. 4.3).

Während Datenflüsse Informationen transportieren, z. B. den Temperaturwert eines Messfühlers, haben Kontrollflüsse einen ereignishaften Charakter und transportieren binäre Informationen (ja/nein, wahr/falsch), wie z. B. die Auswertung einer Schaltfläche. Zur Unterscheidung werden Datenflüsse als durchgezogene Linie (Abb. 4.16a) und Kontrollflüsse als gestrichelte Linie (Abb. 4.16b) gezeichnet. Die auf den ersten Blick einfache Unterscheidung ist bei der Systemanalyse nicht immer so eindeutig zu formulieren, da auch Datenflüsse einen ereignishaften Charakter haben können. Wird zum Beispiel in einen Getränkeautomaten eine Münze eingeworfen, kann dies als Ereignis interpretiert werden. Darüber hinaus kann es aber auch erforderlich sein, den Wert der eingeworfenen Münze als Datenfluss zu modellieren.

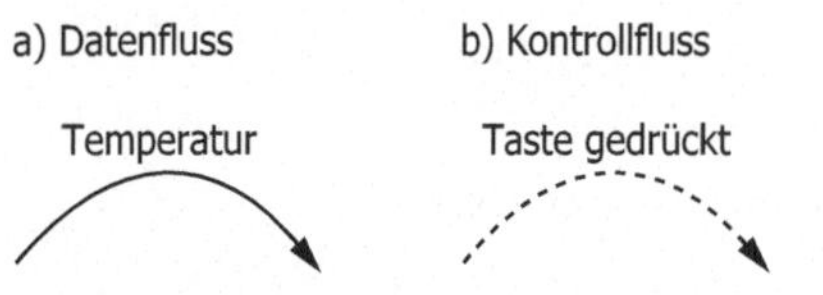

Abb. 4.16: a) Daten- und b) Kontrollfluss

Es kann auch sinnvoll sein, bei umfangreichen Tastenfeldern, wie zum Beispiel an einem Automaten (vgl. Abb. 4.17a), die einzelnen Kontrollflüsse des Tastenfeldes nach Abbildung 4.17b zusammenzufassen, um die Anzahl der Kontrollflüsse zu reduzieren. Dann ergibt sich ein einziger Kontrollfluss, der die Information transportiert, dass eine Taste gedrückt worden ist. Zusätzlich sollte dann ein Datenfluss vorgesehen werden, der die Information transportiert, welche Taste gedrückt worden ist (Abb. 4.17c). Alle Kontrollflüsse des Modells müssen genau wie die Daten des Systems im Datenverzeichnis *(Data Dictionary)* aufgeführt werden. Das Verzeichnis aller Daten und Kontrollflüsse wird dann als Anforderungskatalog *(Requirements Dictionary, RD)* bezeichnet.

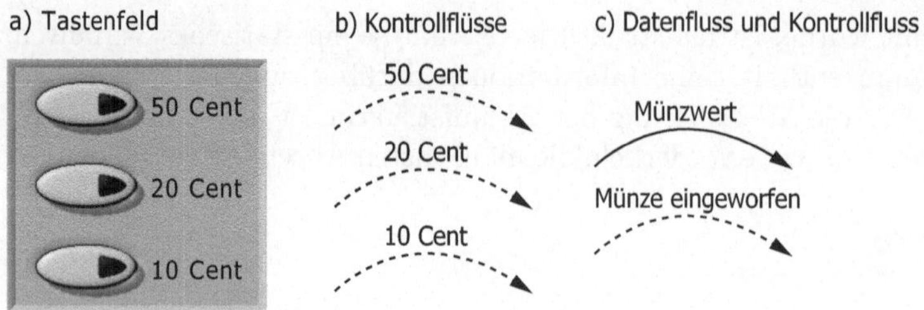

Abb. 4.17: Tastenfeld

Grundlage für die Erweiterung der strukturierten Analyse sind die Datenflussdiagramme mit Schnittstellen, Prozessen und Speichern. Anstelle der Datenflüsse werden nun aber die Kontrollflüsse eingetragen. Dieses Diagramm wird dann als Kontrollflussdiagramm *(Control Flow Diagram, CFD)* bezeichnet. Dementsprechend gibt es zu jedem Datenflussdiagramm ein Kontrollflussdiagramm.

Um das Prinzip von SA/RT aufzuzeigen, soll das Beispiel des Getränkeautomaten aus Abschnitt 4.1.4 verwendet werden. Das Kontextdiagramm mit Datenflüssen nach Abbildung 4.8 wird nun in in Abbildung 4.18 mit Kontrollflüssen dargestellt. In der Abbildung ergeben sich zusätzlich zu den bereits modellierten Datenflüssen zwei Kontrollflüsse, „Geldrückgabe" und „Produkt ausverkauft", da ein Getränkeautomat dem Kunden im Allgemeinen ermöglicht, die eingeworfenen Münzen zurückzufordern und weiterhin signalisiert, wenn ein Getränk ausverkauft ist.

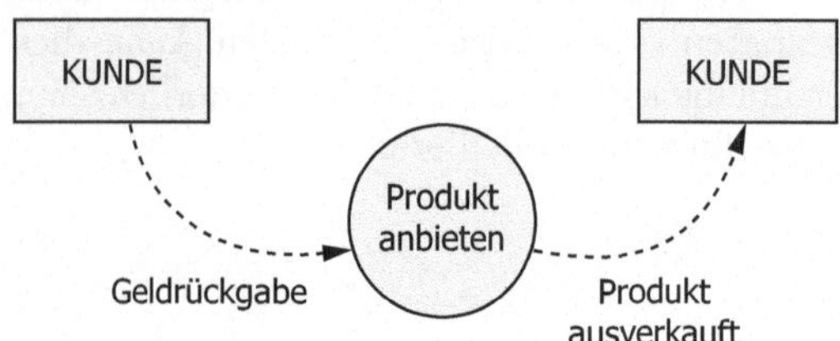

Abb. 4.18: Kontextdiagramm eines Getränkeautomaten mit Kontrollflüssen

Analog zu Abbildung 4.17 ist die in Abbildung 4.19 dargestellte Erweiterung des Kontextdiagramms sinnvoll, um beim Münzeinwurf nicht nur den Münzwert zu modellieren, sondern auch das Ereignis, dass eine Münze eingeworfen worden ist. Zudem sollte ein Kontrollfluss vorgesehen werden, der die Information enthält, dass der Kunde eine Auswahl getroffen hat. Welche Auswahl getroffen wurde, wird dem Prozess 0 bereits über einen Datenfluss zugeführt.

Die Verfeinerung des Kontextdiagramms mit Kontrollflüssen ergibt das Kontrollflussdiagramm CFD 1 nach Abbildung 4.20. Kontrollflüsse können von Prozessen ausgehen oder auf Prozessen enden (was in diesem Beispiel nicht der Fall ist). Natürlich muss auch im Kontrollflussdiagramm die Datenintegrität sichergestellt werden, so dass im CFD 0 die vier Kontrollflüsse aus dem Prozess 0 vorhanden sind. Zusätzlich generiert der Prozess 1 die Kontrollflüsse „Münze erkannt" und „Falschgeld erkannt" und wenn ein Produkt ausverkauft ist, wird vom Prozess 6 der Kontrollfluss „Pro-

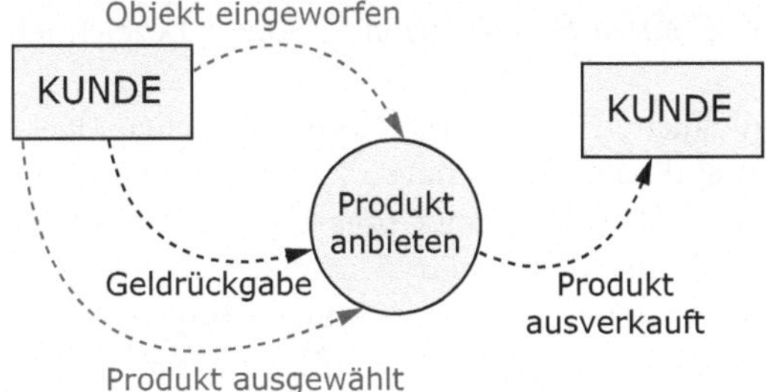

Abb. 4.19: Erweitertes Kontextdiagramm eines Getränkeautomaten mit Kontrollflüssen

dukt ausverkauft" erzeugt. Die beiden übrigen Kontrollflüsse „Produkt vorhanden" und „Bezahlung ausreichend" sind geeignet, um den Prozess „Produkt ausgeben" zu aktivieren, da eine Produktausgabe nur erfolgen kann, wenn diese beiden Bedingungen erfüllt sind.

Grundsätzlich endet jeder Kontrollfluss auf *einem* Balken im Kontrollflussdiagramm. Wie eine Schnittstelle im Kontextdiagramm, kann der Balken aus Gründen der Übersichtlichkeit mehrfach eingezeichnet werden, im System ist er aber nur genau einmal vorhanden. „Innerhalb" dieses Balkens oder Kontrollknotens, der im Englischen einfach als *Bar* bezeichnet wird, wird die Ablaufspezifikation des Systems fest-

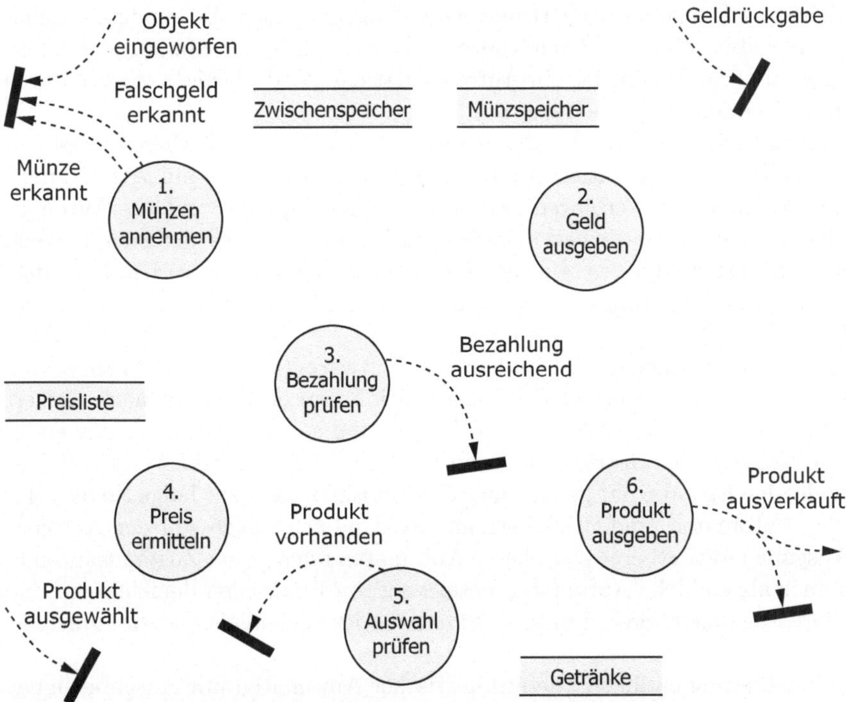

Abb. 4.20: Kontrollflussdiagramm CFD 1 des Getränkeautomaten

gelegt, die auch als Kontrollspezifikation *(Control Specification, CSpec)* bezeichnet wird.

Für die Spezifikation besteht die Möglichkeit, Prozess-Aktivierungstabellen (Entscheidungstabellen) oder das Modell eines endlichen Automaten zu verwenden, gegebenenfalls auch in Kombination miteinander [16]. Das heißt, der Kontrollknoten in einem Kontrollflussdiagramm repräsentiert einen endlichen Automaten (oder eine Prozess-Aktivierungstabelle). Im Hinblick auf eine möglichst einfache Implementierung einer Aufgabenstellung, bietet es sich an, für die Ablaufspezifikation das Modell eines endlichen Automaten zu verwenden.

4.3 Endliche Automaten

Die Automatentheorie wurde 1936 von Alan Turing begründet [18] und mit den Beiträgen aus den 1950er Jahren von Edward Moore [19] und George Mealy [20], zwei seiner Mitarbeiter, im Hinblick auf den Entwurf von Schaltwerken erheblich konkretisiert. Die Automatentheorie hat sich als so leistungsfähig erwiesen, dass sie nicht nur für den Entwurf von Schaltwerken verwendet wird [21], sondern auch im Bereich der Theoretischen Informatik im Zusammenhang mit formalen Sprachen [7] und in der Software-Technik bei der Systemanalyse eingesetzt wird [16, 17].

Ein Automat ist ein mathematisches Modell für ein informationsverarbeitendes System, welches auf Eingaben reagiert und Ausgaben produziert. Bei einem Automaten sind die Ausgaben aber nicht nur von der aktuellen Eingabe abhängig, sondern auch von ihrer Historie. Das heißt, ein Automat hat ein „Gedächtnis", welches durch innere Zustände modelliert werden kann.

Das von Alan Turing formulierte Modell einer Maschine führt Rechenprozesse auf eine einfache Folge von Instruktionen zurück. Das bedeutet, dass ein Algorithmus, ein endliches, schrittweises Verfahren zur Lösung einer Aufgabe und ein Automat, der nach einem Algorithmus arbeitet, Synonyme sind. Wenn es dementsprechend gelingt, bei der Systemanalyse ein gültiges Automatenmodell zu entwerfen, kann daraus unmittelbar ein Algorithmus (Programm) zur Realisierung dieses Systems abgeleitet werden.

Für die beim Schaltungsentwurf und in der Software-Technik wünschenswerten Eigenschaften eines Automaten ist die Klassifikation von Automaten nach Balzert hilfreich (Abb. 4.21). Aus praktischen Gesichtspunkten soll ein Automat eine endliche Anzahl von Zuständen aufweisen und sein Verhalten soll deterministisch sein. Das heißt, jede zulässige Eingabe hat genau einen Zustandsübergang zur Folge, so dass das Verhalten des Automaten eindeutig bestimmt ist. Und schließlich soll der Automat auch eine Ausgabe (Aktion) erzeugen. Diese Automaten oder besser Zustandsautomaten werden auch als endliche Automaten bezeichnet, im Englischen dementsprechend als *Finite State Machine (FSM)*, *Finite Automaton* oder auch als *Sequential Machine*.

Für die Modellierung endlicher, deterministischer Automaten mit Ausgabe eignen sich die Modelle nach Moore und Mealy, die gelegentlich auch als Moore- und Mealy-Maschine bezeichnet werden. Der wesentliche Unterschied beider Modelle besteht

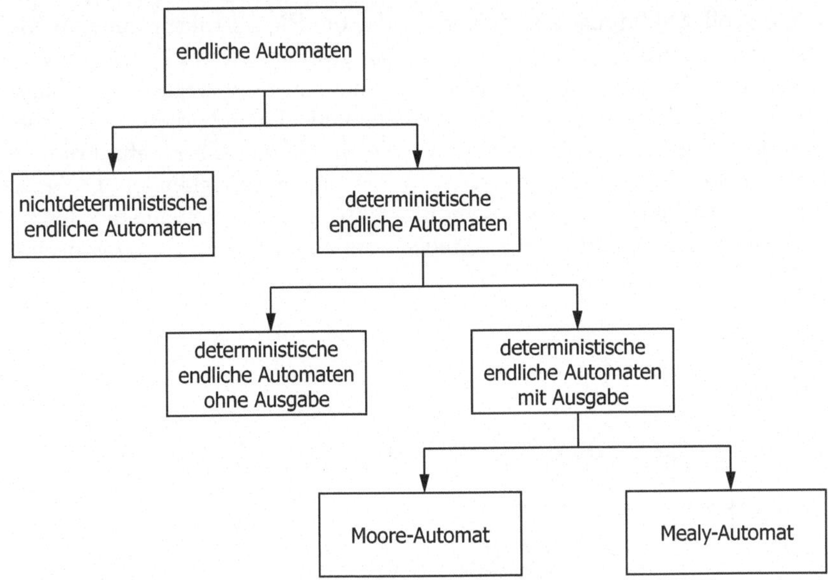

Abb. 4.21: Klassifikation von Automaten nach Balzert [14]

darin, dass bei einem Mealy-Automaten die Aktionen an die Zustandsübergänge und beim Moore-Automaten an die Zustände gekoppelt sind (s. u.). Die im Hinblick auf den Entwurf sequenzieller Schaltungen entwickelten Modelle von Moore und Mealy sind für die Belange der Software-Technik erweitert worden. Harel-Automaten kombinieren die Eigenschaften von Moore- und Mealy-Automaten [14] und Petri-Netze ermöglichen die Modellierung von nebenläufigen Automaten [7]. Hier ist die Betrachtung von Moore- und Mealy-Automaten ausreichend, es soll aufgezeigt werden, wie diese programmtechnisch umgesetzt werden können.

Die Definition eines endlichen Automaten *FSM* kann durch ein 5-Tupel vorgenommen werden (in der Software-Technik wird darüber hinaus häufig als weiteres Element auch ein Anfangszustand eingeführt):

$$FSM = [E, A, Z, \delta, \lambda], \quad \text{mit} \tag{4.1}$$

E, der Menge der Eingabewerte oder Ereignisse *(Events)*,
A, der Menge der Ausgabewerte oder Aktionen *(Actions)*,
Z, der Menge der Zustände *(States)*,
δ, der Zustandsüberführungsfunktion

$$\delta : E \times Z \to Z \quad \text{und} \tag{4.2}$$

λ, der Ausgabefunktion

$$\lambda : E \times Z \to A \quad \text{(Mealy-Automat)} \tag{4.3}$$
$$\lambda : Z \qquad \to A \quad \text{(Moore-Automat)}. \tag{4.4}$$

Zur Erläuterung soll Abbildung 4.22 dienen, in der die Blockstruktur eines Automaten zunächst aus schaltungstechnischer Sicht dargestellt wird [21]. Bei einem Moore-Automaten kann ein eintreffendes Ereignis einen Zustandswechsel zur Folge haben, welcher vom Ereignis und dem aktuellen Zustand abhängt; dieser wird von der Zustandsüberführungsfunktion δ bestimmt. Die durch die Ausgabefunktion λ bestimmte Reaktion des Moore-Automaten wird bei einem eintreffenden Ereignis ausschließlich vom aktuellen Zustand bestimmt (Abb. 4.22.a). Bei einem Mealy-Automaten wird die Ausgabefunktion λ zusätzlich vom eintreffenden Ereignis beeinflusst (Abb. 4.22.b).

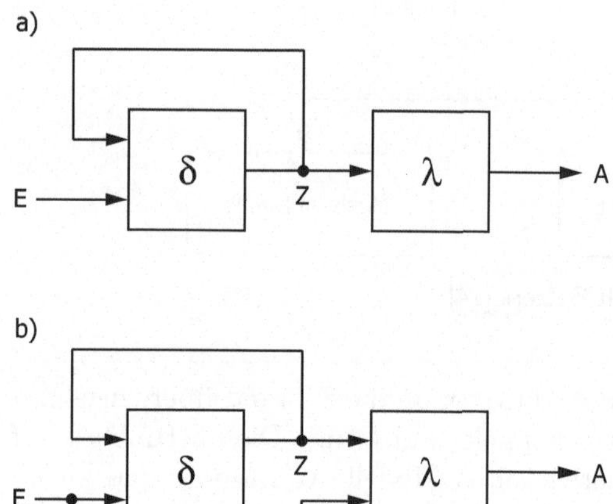

Abb. 4.22: Blockstruktur eines a) Moore- und b) Mealy-Automaten

Im Wesentlichen ist die Beschreibung eines Automaten damit durch drei Bestandteile möglich:

- Ereignisse *(Events)* $e_i \in E$
- Aktionen *(Actions)* $a_i \in A$
- Zustände *(States)* $z_i \in Z$

Die Eingabewerte (Ereignisse) und Ausgabewerte (Aktionen) beschreiben das von außen beobachtbare Verhalten des Automaten, während die Zustände ein Modell für das innere Verhalten des Automaten darstellen. Bei der Systemanalyse stellt dementsprechend die Ermittlung der Zustandsmenge den schwierigsten Teil dar, zumal es immer wünschenswert ist, ein System mit einer möglichst geringen Anzahl von Zuständen zu modellieren.

Darstellung von Automaten

Die Darstellung von endlichen Automaten ist auf unterschiedliche Weise möglich. Neben der Darstellung in einer Tabelle sind besonders die beiden Darstellungsformen als Zustandsübergangsdiagramm oder kurz Zustandsdiagramm *(State Transition Diagram, State Diagram)* und als Zustands-Ereignis-Matrix *(State Event Matrix)* bei der Systemanalyse hilfreich. Beide Darstellungsformen sollen im Folgenden sowohl für eine Mealy- als auch für eine Moore-Maschine erläutert werden.

In Abhängigkeit von der Entwicklungsumgebung werden für die Darstellung eines Zustandes häufig Kreise aber auch Rechtecke oder Rechtecke mit abgerundeten Ecken verwendet. Zustandsübergänge oder Transitionen *(State Transitions)* werden durch einen Pfeil dargestellt. Dieser wird in Anlehnung an die Graphen-Theorie auch als gerichtete Kante bezeichnet. Bei Graphen werden zwei Knoten durch eine Kante (Linie) miteinander verbunden. Bei der Darstellung eines Automaten wird zusätzlich zwischen Ursprungs- und Zielknoten unterschieden, wobei die Pfeilspitze der gerichteten Kante auf den Zielknoten zeigt.

▶ **Hinweis**

Die unterschiedliche Darstellung von Zuständen im Vergleich zur Darstellung von Prozessen in einem Datenflussdiagramm hat vor allem den Zweck, die Unterscheidung von Zuständen eines endlichen Automaten von den Prozessen der strukturierten Analyse zu gewährleisten, da die Prozesse eines Datenflussdiagramms und die Zustände eines endlichen Automaten zwei völlig verschiedene Systemeigenschaften beschreiben. Letztendlich wird immer die Kenntnis erforderlich sein, welche Systemeigenschaft in der vorliegenden Graphik behandelt wird.

Dies gilt ebenso für die Darstellung von Datenflüssen und Zustandsübergängen (Ereignissen), die beide durch einen Pfeil gekennzeichnet werden. Auch hier ergibt sich auf den ersten Blick die Gefahr der Verwechselung.   ◀

Der Aufbau eines Zustandsdiagramms für einen Mealy-Automaten ist schematisch in Abbildung 4.23 dargestellt. In der Software-Technik ist es dabei üblich, den Anfangszustand durch einen kleinen Pfeil oder ein kleines Dreieck und den Endzustand durch einen Doppelkreis zu kennzeichnen. Ein Ereignis kann eine Aktion und einen Zustandswechsel verursachen. In Abhängigkeit vom Zustand, in dem sich der Automat befindet, kann dasselbe Ereignis unterschiedliche Aktionen auslösen.

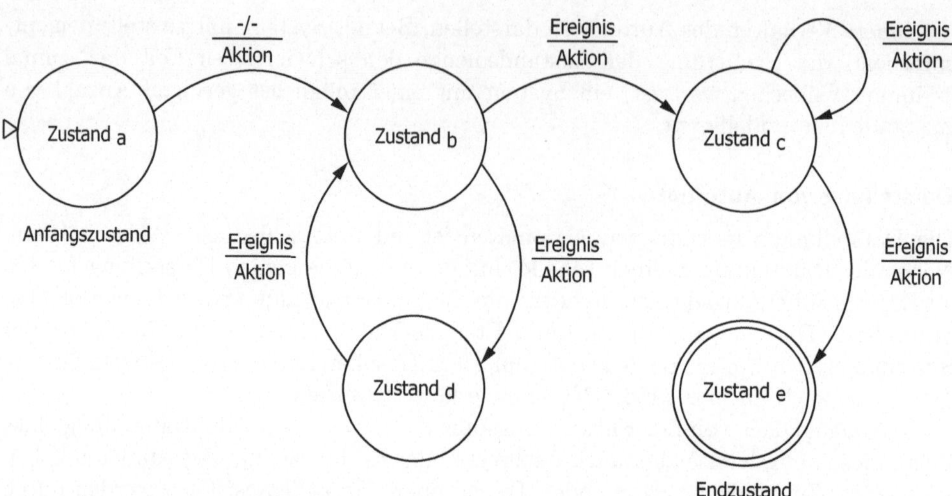

Abb. 4.23: Prinzipielle Struktur eines Zustandsdiagramms für einen Mealy-Automaten

Dieselbe Information lässt sich auch in einer Zustands-Ereignis-Matrix darstellen (Abb. 4.24). Bei dieser ist für jedes Ereignis eine Spalte und für jeden Zustand eine Zeile vorzusehen. In die einzelnen Felder der Matrix wird dann in Abhängigkeit vom Ereignis und dem aktuellen Zustand die auszuführende Aktion und der Folgezustand eingetragen. Bei der Systemanalyse ist es sinnvoll, beide Darstellungsformen zu verwenden. Denn einerseits ist das Zustandsdiagramm für die Darstellung der Funktionsweise des Automaten gut geeignet und andererseits bietet die Zustands-Ereignis-Matrix die Möglichkeit, das Modell auf Vollständigkeit zu überprüfen.

Ereignisse → **Zustände** ↓	Ereignis 1	Ereignis 2	...	Ereignis m
Zustand 1	Aktion ――――― Folgezustand			
Zustand 2				
...				
Zustand n				

Abb. 4.24: Prinzipielle Struktur der Zustands-Ereignis-Matrix für einen Mealy-Automaten

In analoger Weise kann die Darstellung eines Moore-Automaten mit Hilfe eines Zustandsdiagramms und einer Zustands-Ereignis-Matrix vorgenommen werden. Bei dem in Abbildung 4.26 gezeigten Zustandsdiagramm eines Moore-Automaten ergibt sich als wesentlicher Unterschied, dass nun die Aktionen nicht mehr den Ereignissen sondern den Zuständen zugeordnet werden (Abb. 4.25). Dementsprechend ist auch die in Abbildung 4.26 dargestellte Zustands-Ereignis-Matrix geringfügig zu modifizieren. Für jedes Ereignis ist wieder eine Spalte der Matrix vorzusehen. Die Zeilen der Matrix ergeben sich jedoch aus dem aktuellen Zustand und der zugehörigen Aktion. In die einzelnen Felder der Matrix muss nun in Abhängigkeit vom aktuellen Zustand und dem eintreffenden Ereignis lediglich der Folgezustand eingetragen werden.

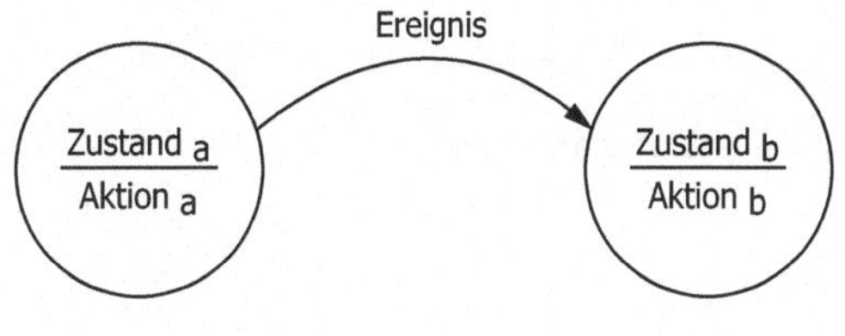

Abb. 4.25: Prinzipielle Struktur eines Zustandsdiagramms für einen Moore-Automaten

	Ereignis 1	Ereignis 2	...	Ereignis m
Zustand 1 / Aktion 1	Folgezustand			
Zustand 2 / Aktion 2				
...				
Zustand n / Aktion n				

Abb. 4.26: Prinzipielle Struktur der Zustands-Ereignis-Matrix für einen Moore-Automaten

Grundsätzlich ist es möglich, die Automatenmodelle nach Mealy und Moore ineinander umzuwandeln. Um einen Mealy-Automaten (Abb. 4.27a) in einen Moore-Automaten (Abb. 4.27b) umzuwandeln, kann die dem Ereignis zugeordnete Aktion in den Folgezustand „geschoben" werden. Schwieriger gestaltet sich die Umwandlung eines Moore- in einen Mealy-Automaten, da es dann nicht möglich ist, die dem Anfangszustand zugeordnete Aktion einem Ereignis zuzuordnen. Daher wird diese Transformation in der Literatur zumeist ausgeklammert und es wurde u. a. von Wendt aufgezeigt, dass Moore- und Mealy-Automaten nicht vollständig äquivalent sind [22].

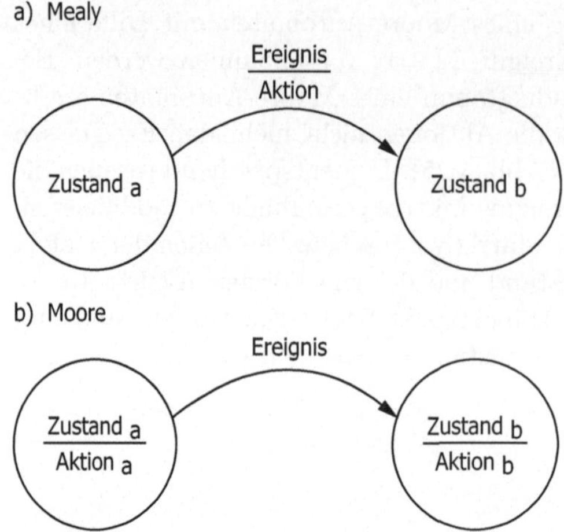

Abb. 4.27: Vergleich von Mealy- und Moore-Automaten anhand ihrer Zustandsdiagramme

Bezeichnungen

Ein Vergleich der Elemente eines endlichen Automaten mit denen der strukturierten Analyse zeigt:

- Kontrollfluss = Ereignis
- Prozess   = Aktion

Die Bezeichnung von Ereignissen, Aktionen und Zuständen sollte mit der gleichen Sorgfalt vorgenommen werden, wie die Bezeichnung der Elemente der strukturierten Analyse. Insbesondere sollte darauf geachtet werden, dass Prozesse und Zustände sowie Datenflüsse und Ereignisse anhand ihrer Bezeichnung ohne weiteres voneinander unterschieden werden können (Tab. 4.3). Die Bezeichnung eines Zustandes sollte daher keine Verben enthalten. Im Deutschen bietet es sich an, ein zusammengesetztes Substantiv zu verwenden. Da dies im Englischen nicht möglich ist, sollte dort die Kombination aus Gerundium und Substantiv verwendet werden. Im Gegensatz zu Datenflüssen, die Informationen transportieren, sollte die Bezeichnung eines Ereignisses unmittelbar den binären Charakter implizieren. Es kann aber auch sinnvoll sein, für ein Ereignis den Bezeichner einer Schaltfläche auf der Bedienoberfläche zu wählen,

Tab. 4.3: Bezeichnungen für Elemente der strukturierten Analyse

Element	Bezeichnung	Beispiel
Prozess	Substantiv & Verb	Getränk ausgeben
Zustand	zusammengesetztes Substantiv	Getränkeausgabe
	im Englischen: Gerundium & Substantiv	*Vending Product*
Datenfluss	Substantiv oder	Auswahl
	Adjektiv und Substantiv	gültige Auswahl
Ereignis	Substantiv & Adjektiv oder	Auswahl gültig
	Substantiv & Partizip Perfekt	Produkt ausgewählt

da so direkt der Bezug zwischen dem Bezeichner und dem Bedienelement hergestellt wird.

Sowohl die Analyse als auch die Modellierung eines Systems mit Hilfe endlicher Automaten bietet die Möglichkeit, bereits in den frühen Phasen eines Projektes das Ergebnis auf Fehlerfreiheit und Plausibilität zu überprüfen. Denn es kann bereits vor der Implementierung überprüft werden, ob die Zustandsmenge und die Verknüpfung der Zustände untereinander fehlerfrei ist. Insbesondere ist zu überprüfen, ob vorhandene Zustände nie erreicht werden; ein Weg zu einem Zustand führt, jedoch kein Weg zu einem Folgezustand vorhanden ist; der Prozessablauf sich nicht in einer Schleife von Zuständen verfangen hat.

Bei der Verwendung einer Zustands-Ereignis-Matrix ergibt sich zudem der Vorteil, dass das System auf Vollständigkeit überprüft werden kann. Offene Felder in der Zustands-Ereignis-Matrix weisen darauf hin, dass das System noch nicht vollständig modelliert worden ist. Wie in Kapitel 12 gezeigt wird, bietet LabVIEW eine effiziente Möglichkeit, eine Zustands-Ereignis-Matrix bei der Programmentwicklung einzusetzen. Eine Änderung des Programms kann dann durch eine Änderung der Zustands-Ereignis-Matrix erfolgen. Im Folgenden soll aber zunächst an zwei Beispielen aufgezeigt werden, wie endliche Automaten bei der Systemanalyse eingesetzt werden können.

4.3.1 Beispiele

Digitaluhr

Ein einfaches, oft zitiertes Beispiel, welches auch hier verwendet werden soll, ist eine Digitaluhr nach Balzert [14]. Die Bedienoberfläche zeigt Abbildung 4.28. Das Beispiel ist geringfügig modifiziert worden, um in Kapitel 12.2 auf möglichst einfache Weise zeigen zu können, wie das der Uhr zugrunde liegende Automatenmodell in LabVIEW umgesetzt werden kann. Im normalen Betriebsmodus wird die Uhr die Zeit anzeigen und mit Hilfe der beiden Schaltflächen *Mode* und *Set* wird die Einstellung der Zeit

Abb. 4.28: Bedienoberfläche einer einfachen Digitaluhr

Tab. 4.4: Elemente der einfachen Digitaluhr

Ereignisse *Events*	Zustände *States*	Aktionen *Actions*
Tick	*Running*	*Count Tick*
Mode	*Setting Hours*	*Increment Hours*
Set	*Setting Minutes*	*Increment Minutes*
	Setting Seconds	*Increment Seconds*
		Hours Blinking
		Minutes Blinking
		Seconds Blinking
		Nothing To Do (-/-)

(Stunden, Minuten, Sekunden) möglich sein. Der Schalter *Stop* ist bei einer realen Uhr natürlich nicht notwendig, wird aber benötigt, um bei einer softwaretechnischen Realisierung der Uhr das Programm beenden zu können.

Eine Übersicht über die erforderlichen Ereignisse *(Events)*, Zustände *(States)* und Aktionen *(Actions)* gibt Tabelle 4.4. Die Erläuterung der Ablaufstruktur soll zunächst anhand eines Zustandsdiagramms vorgenommen werden. Diesem wird dann die Zustands-Ereignis-Matrix gegenübergestellt, um zu zeigen, dass die Ablaufstruktur

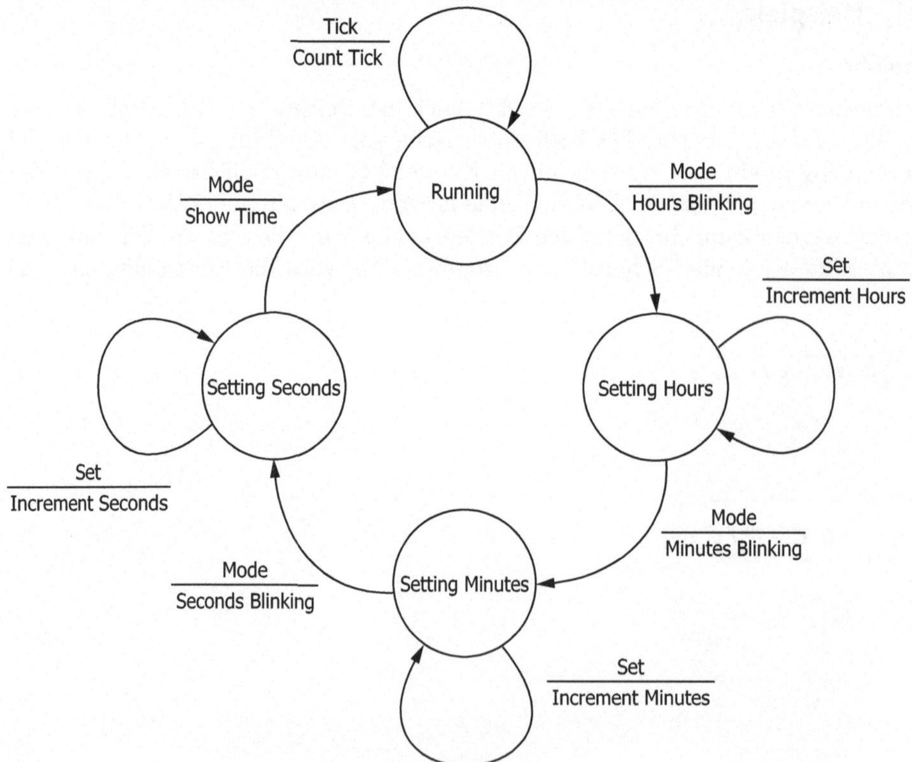

Abb. 4.29: Zustandsdiagramm einer einfachen Digitaluhr

anschaulich mit Hilfe des Zustandsdiagramms vorgenommen werden kann, während die Zustands-Ereignis-Matrix gut geeignet ist, um die Vollständigkeit des Modells zu überprüfen. In beiden Fällen wird das Modell eines Mealy-Automaten zugrunde gelegt. Auf die Modellierung eines Start- und Endzustands wird hier einfachheitshalber verzichtet und auch der Schalter *Stop* wird in diesem Modell nicht berücksichtigt.

Das Zustandsdiagramm der Digitaluhr zeigt Abbildung 4.29. Im Grundzustand *Running* wird das Ereignis *Tick* (z. B. der Impuls des Quarzoszillators) die Aktion *Count Tick* zur Folge haben, so dass die Zeit um eine Sekunde inkrementiert wird. Nur die Betätigung des Knopfes *Mode* führt zum Verlassen dieses Zustandes. In diesem Beispiel wird die Zeitanzeige angehalten und die Anzeige für die Stunden soll blinken *(Hours Blinking)*. Im Zustand zur Stundeneinstellung *(Setting Hours)* führt das Drücken des Knopfes *Set* zur Erhöhung der Stunden ohne den Zustand zu verlassen oder das Drücken des Knopfes *Mode* führt zum Verlassen des Zustandes und zum Wechsel in den Zustand zur Minuteneinstellung *(Setting Minutes)*, wobei die Aktion *Minutes Blinking* nun dazu führt, dass die Ziffern für die Minuten blinken. In analoger Weise kann hier eine Einstellung der Minuten erfolgen oder zum Zustand zur Sekundeneinstellung gewechselt werden. Von dort führt das Ereignis *Mode* wieder in den Grundzustand *Running* zur Zeitanzeige. Anhand des Zustandsdiagramms wird deutlich, dass die Ereignisse *Mode* und *Set* in Abhängigkeit vom jeweiligen Zustand in dem sich die Uhr befindet, unterschiedliche Aktionen zur Folge haben. Die auszuführende Aktion hängt also vom Ereignis und vom aktuellen Zustand ab.

Im Prinzip sollte in jedem Zustand die Wirkung aller Ereignisse betrachtet werden. Dafür ist besonders eine Zustands-Ereignis-Matrix geeignet (Abb. 4.30), da diese für jede Kombination von Ereignis und Zustand ein Feld in der Matrix aufweist. Dort wird deutlich, dass das Ereignis *Tick* nur im Grundzustand *Running* eine Aktion *(Count Tick)* zur Folge hat ohne dass danach der Zustand verlassen wird. In allen anderen Zuständen hat das Ereignis *Tick* keine Aktion (-/-) und keinen Zustandswechsel zur Folge. Ebenso bleibt im Zustand *Running* das Ereignis *Set* wirkungslos.

Das Beispiel verdeutlicht, dass bei der Modellierung eines Systems die Kombination von Zustandsdiagramm und Zustands-Ereignis-Matrix gut geeignet ist, um zum einen den Funktionsablauf zu visualisieren und zum anderen das Modell auf Vollständigkeit zu überprüfen.

Events → States ↓	Tick	Mode	Set
Running	Count Tick Running	Hours Blinking Setting Hours	-/- Running
Setting Hours	-/- Setting Hours	Minutes Blinking Setting Minutes	Increment Hours Setting Hours
Setting Minutes	-/- Setting Minutes	Seconds Blinking Setting Seconds	Increment Minutes Setting Minutes
Setting Seconds	-/- Setting Seconds	Show Time Running	Increment Seconds Setting Seconds

Abb. 4.30: Zustands-Ereignis-Matrix einer einfachen Digitaluhr

Getränkeautomat

In einem zweiten Beispiel soll der bereits im Zusammenhang mit der strukturierten Analyse eingeführte Getränkeautomat dienen, für den in Abbildung 4.9 das Datenfluss- und in Abbildung 4.20 das Kontrollflussdiagramm erstellt wurde. Auch hier eignet sich das Modell eines endlichen Automaten für die Kontrollspezifikation *(PSpec)*, die im Kontrollflussdiagramm durch den Kontrollknoten *(Bar)* symbolisiert wird.

Tabelle 4.5 gibt zunächst einen Überblick über die Ereignisse, Zustände und Aktionen des endlichen Automaten. Einzelne Ereignisse können dabei aus mehreren Bedingungen zusammengesetzt werden. Zum Beispiel ergibt sich das Ereignis „Auswahl gültig" aus der Bedingung, dass die Bezahlung ausreichend ist und dass das Produkt vorhanden ist. In vergleichbarer Weise können auch Aktionen aus einer Abfolge einzelner Aktionen bestehen. Die Aktion „Auswahl bestätigen" ergibt sich beispielsweise aus der Zusammensetzung der Aktionen „Auswahl ermitteln", „Preis ermitteln" und „Bezahlung prüfen".

Tab. 4.5: Komponenten des Getränkeautomaten

Ereignisse	Zustände	Aktionen
Geldrückgabe	Leerlauf	Münzen annehmen
Produkt ausgewählt	Geldannahme	Geld ausgeben
Münze erkannt	Produktausgabe	Auswahl bestätigen:
Falschgeld erkannt		Auswahl prüfen,
Auswahl gültig:		Preis ermitteln,
Bezahlung ausreichend		Bezahlung prüfen
∧ Produkt vorhanden		Kunden bedienen:
Auswahl ungültig:		Produkt ausgeben,
Bezahlung nicht ausreichend		Geld ausgeben
∨ Produkt nicht vorhanden		Nothing To Do (-/-)

Ein mögliches Zustandsdiagramm des Getränkeautomaten ist in Abbildung 4.31 dargestellt. Der Getränkeautomat befindet sich zunächst im Leerlauf. Das Auswählen eines Produktes oder das Betätigen des Tasters Geldrückgabe hat keine Aktion zur Folge und der Automat verbleibt im Leerlauf-Zustand. Der Einwurf ungültiger Münzen führt unmittelbar zur Rückgabe des Falschgeldes. Der Automat verlässt den Leerlauf-Zustand nur, wenn eine gültige Münze eingeworfen wird (Münze erkannt) und wechselt in den Zustand Geldannahme. Dort werden gegebenenfalls weitere Münzen angenommen, während Falschgeld unmittelbar ausgegeben wird. Dieser Zustand wird verlassen, wenn der Kunde die Taste Geldrückgabe betätigt; dann werden die bisher eingeworfenen Münzen wieder an den Kunden zurückgegeben oder wenn der Kunde ein Produkt auswählt; dies hat die Aktion „Auswahl bestätigen" zur Folge, in der überprüft wird, ob das gewünschte Produkt vorhanden ist, wie hoch dessen Preis ist und ob die Bezahlung für das Produkt ausreichend ist. In Abhängigkeit vom Ergebnis führen die beiden Ereignisse „Auswahl ungültig" und „Auswahl gültig" unmittelbar zum Verlassen des Zustandes „Produktausgabe". Bei einer ungültigen Auswahl, fällt

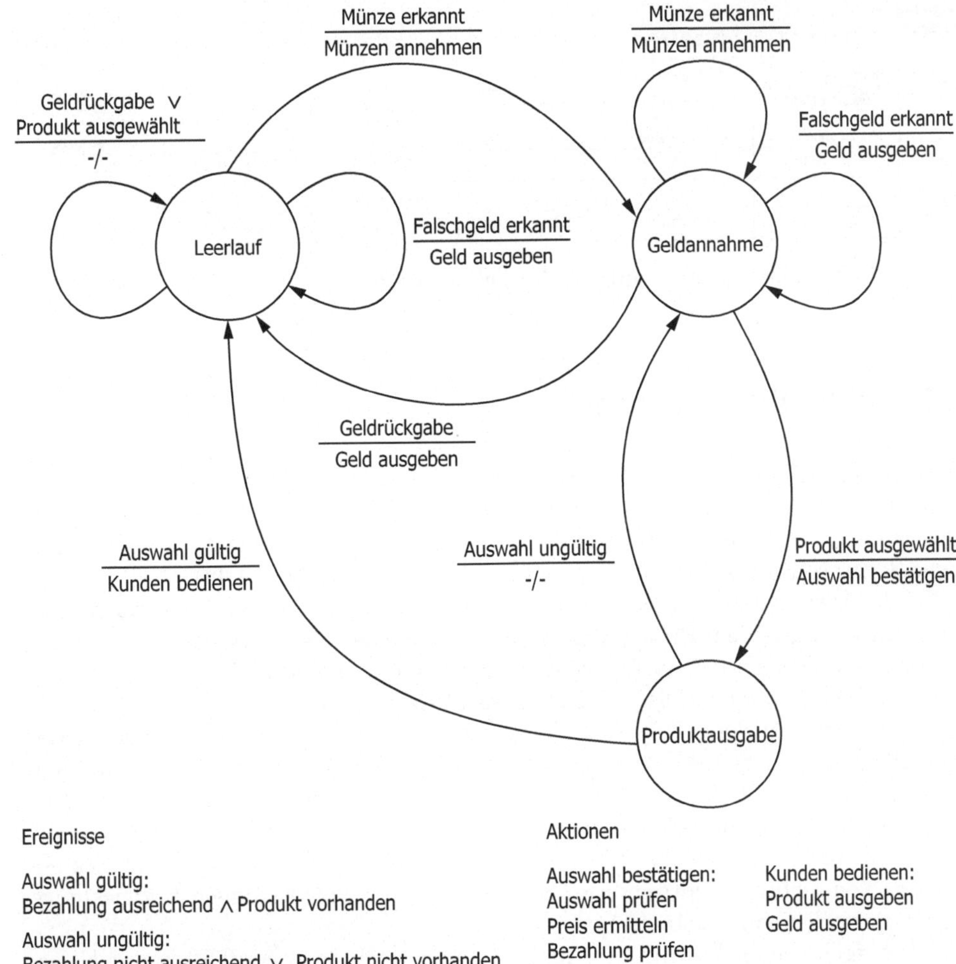

Abb. 4.31: Zustandsdiagramm des Getränkeautomaten

der Automat ohne weitere Aktion in den Zustand „Geldannahme" zurück und wartet auf eine neue Auswahl oder auf den Einwurf weiterer Münzen. Bei einer gültigen Auswahl wird die Aktion „Kunden bedienen" ausgeführt, bei dem der Kunde das gewünschte Produkt und gegebenenfalls das entsprechende Wechselgeld erhält. Danach kehrt der Automat wieder in den Leerlauf-Zustand zurück.

Die entsprechende Zustands-Ereignis-Matrix in Abbildung 4.32 kann wieder für den Test auf Vollständigkeit verwendet werden. Dabei zeigt sich u. a., dass die Matrix schwach besetzt ist. In zehn von insgesamt 18 Feldern hat die Kombination aus Ereignis und Zustand keine Aktion zur Folge und es findet auch kein Zustandswechsel statt. Die Implementierung des Beispiels in LabVIEW mit Hilfe der Zustands-Ereignis-Matrix wird in Abschnitt 12.4 vorgenommen.

Ereignisse → Zustände ↓	Münze erkannt	Falschgeld erkannt	Produkt ausgewählt	Auswahl gültig	Auswahl ungültig	Geldrückgabe
Leerlauf	Münzen annehmen Geldannahme	Geld ausgeben Leerlauf	-/- Leerlauf	-/- Leerlauf	-/- Leerlauf	-/- Leerlauf
Geld- annahme	Münze annehmen Geldannahme	Geld ausgeben Geldannahme	Auswahl bestätigen Produktausgabe	-/- Geldannahme	-/- Geldannahme	Geld ausgeben Leerlauf
Produkt- ausgabe	-/- Produktausgabe	-/- Produktausgbe	-/- Produktausgabe	Kunden bedienen Leerlauf	-/- Geldannahme	-/- Produktausgbe

Abb. 4.32: Zustands-Ereignis-Matrix des Getränkeautomaten

4.4 Kontrollstrukturen

Die exponentiell zunehmende Rechnerleistung führte Ende der 1960er Jahre zur so genannten Software-Krise, da damit auch eine stetige Zunahme der Komplexität von Programmen verbunden war, für die die vorhandenen Konzepte für eine systematische Software-Entwicklung nicht ausreichend waren (vgl. Abb. 4.48).

Bei der Systemanalyse wird in der Software-Technik in der Regel von einem Top-Down-Entwurf und dem Prinzip des *Stepwise Refinement* (schrittweise Verfeinerung) ausgegangen. Dabei wird ein Problem zunächst in einzelne Module zerlegt, die dann weiter gegliedert werden. Dies wird auch als „Programmierung im Großen" bezeichnet. Das Verfahren der schrittweisen Verfeinerung wird fortgesetzt, bis eine weitere Untergliederung nicht mehr sinnvoll ist und die verbleibende Problembeschreibung direkt in einen Algorithmus umgesetzt werden kann. Letzteres wird auch als „Programmierung im Kleinen" bezeichnet. Eine Wertung sollte mit den Begriffen „groß" und „klein" nicht verbunden werden, da beide Konzepte bei der Software-Entwicklung nur zwei von mehreren notwendigen Schritten in einem mehrstufigen Entwicklungsprozess darstellen (vgl. Abb. 4.1).

Die Aufgabe eines Algorithmus, für den häufig auch der Begriff Prozedur als Synonym verwendet wird, besteht darin, für die Problembeschreibung ein genaues, eindeutiges, vollständiges und endliches Verfahren für die schrittweise Problemlösung anzugeben.

Die Implementierung eines geeigneten Algorithmus ist letztendlich entscheidend für die Geschwindigkeit und Effizienz eines Programms und wird wesentlich durch die Wahl einer geeigneten Datenstruktur bestimmt. Auch in diesem letzten Schritt der Systemanalyse werden vorwiegend graphische Darstellungen verwendet, hier zur Visualisierung der Ablaufstruktur mit Hilfe von Kontrollstrukturen (s. u.). Denn vor der eigentlichen Codierung eines Algorithmus in einer textbasierten Programmiersprache ist es sinnvoll, den Algorithmus ohne die spezifischen Besonderheiten einer Programmiersprache deutlich sichtbar zu machen. Ausgehend von der graphischen Darstellung besteht die letzte Aufgabe zur Realisierung eines Programms darin, diese Graphik in eine weitgehend beliebige Programmiersprache zu übersetzen bzw. zu codieren.

Prinzipiell kann jeder Algorithmus mit den beiden elementaren Konstruktionen der Wertzuweisung und der binären Verzweigung (GOTO) realisiert werden [7], so wie es auch heute noch bei der hardwarenahen Programmierung in Assembler der Fall ist.

Insbesondere durch die Verwendung von binären Verzweigungen können sich erhebliche Schwierigkeiten bei der Verifikation eines Programms ergeben, da die Zielstelle von vielen Absprungstellen im Programm erreicht werden kann, ein Rückschluss auf die tatsächliche Absprungstelle bei der Fehlersuche aber im Allgemeinen nicht möglich ist.

Einen fundamentalen Beitrag zur Verbesserung dieser Situation stellten 1972 Dahl et al. in „*Structured Programming*" vor [23], dessen Bestandteile auch heute noch die Grundlage der meisten prozeduralen Programmiersprachen sind. Für die „Programmierung im Kleinen" bzw. die Implementierungsphase stellt diese Methode nach wie vor den Stand der Technik dar (vgl. Abschn. 4). Ein wesentlicher Bestandteil der strukturierten Programmierung sind abstrakte Anweisungen bzw. Kontrollstrukturen, mit denen die Ablaufstruktur eines Algorithmus beschrieben werden kann. Bei der Gestaltung von Ablaufstrukturen mit Hilfe von Kontrollstrukturen wird es als guter Programmierstil angesehen, die Gestaltung auf die vier im Folgenden aufgeführten Muster, die teilweise geringfügig variiert werden können, zu beschränken:

- Sequenz
- Fallunterscheidung (Verzweigung)
  - einseitige Fallunterscheidung
  - zweiseitige Fallunterscheidung
  - mehrseitige Fallunterscheidung
- Schleife
  - Zählschleife (For-Schleife)
  - Wiederholschleife (While-Schleife) mit Ausgangstest (auch annehmende oder fußgesteuerte Wiederholschleife; der Strukturblock wird mindestens einmal ausgeführt)
  - Wiederholschleife (While-Schleife) mit Eingangstest (auch abweisende oder kopfgesteuerte Wiederholschleife; der Strukturblock wird nicht ausgeführt, wenn zu Beginn die Bedingung nicht erfüllt ist)
- Prozeduraufruf

Kennzeichnend ist dabei zum einen der explizite Verzicht auf die binäre Verzweigung (GOTO), der u. a. von Dijkstra in „*Go To Statement Considered Harmful*" ausführlich begründet wird [24] und zum anderen die Auslegung der Kontrollstrukturen als lineare Zweipole, was bedeutet, dass die Strukturen jeweils nur einen Eingang und einen Ausgang aufweisen (Abb. 4.33). Dadurch ergibt sich als grundsätzlicher Vorteil eine verbesserte Lesbarkeit von Programmen. Für die Realisierung beliebig komplexer Algorithmen können die Kontrollstrukturen ineinander verschachtelt werden (vgl. Abschn. 4.4.4).

Für die Visualisierung von Kontrollstrukturen sind verschiedene Algorithmen-Beschreibungssprachen entwickelt worden. An dieser Stelle ist es nicht das Ziel, alle Verfahren vollständig vorzustellen, sondern exemplarisch die Anwendung von Kontrollstrukturen zu erläutern und diese schließlich der visuellen Programmiersprache LabVIEW vergleichend gegenüber zu stellen. Damit erscheint es als ausreichend, die textuelle Darstellung von Kontrollstrukturen mittels Pseudocode sowie die graphische Darstellung mit Hilfe von Struktogrammen nach Nassi-Shneiderman zu behandeln, da Jackson-Diagramme und Warnier-Orr-Diagramme in der Praxis wenig verbreitet sind.

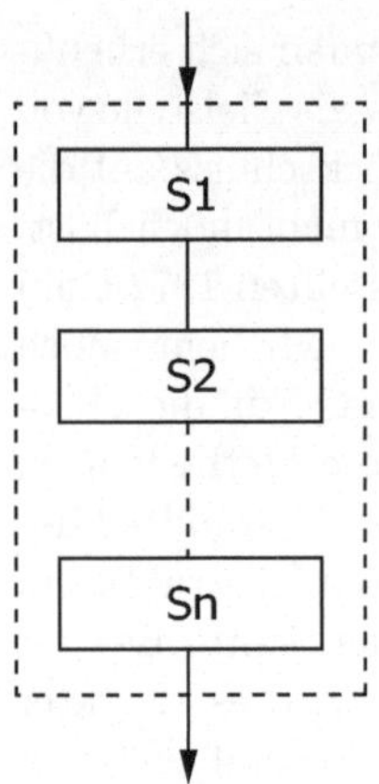

Abb. 4.33: Aneinanderreihung von linearen Zweipolen nach Dahl et al. [23]

Eine zusammenfassende Vorstellung aller Methoden wird u. a. von H. Balzert gegeben [14].

Nach wie vor sind Programmablaufpläne (PAP) bzw. Flussdiagramme, im englischen *Flow Chart*, in der Praxis sehr beliebt, da sie leicht zu erstellen und zu lesen sind. Gleichwohl weisen Flussdiagramme einige grundsätzliche Nachteile auf. Zum einen können Wiederholschleifen und mehrseitige Fallunterscheidungen nicht sinnvoll dargestellt werden und zum anderen ist es nicht möglich, den notwendigen Spezifikationsblock mit Hilfe der vorhandenen Symbole zu integrieren. Der entscheidende Nachteil eines Flussdiagramms besteht aber vor allem darin, dass die Beschränkung auf lineare Kontrollstrukturen nicht gewährleistet ist. Deshalb sollte für die Darstellung der Ablaufstruktur eines Algorithmus Struktogrammen der Vorzug gegeben werden.

In den folgenden Abschnitten wird eine Übersicht über die Darstellung von Kontrollstrukturen in Pseudocode und Struktogrammen sowie ihrer Entsprechung in LabVIEW gegeben. Im letzten Abschnitt des Kapitels werden schließlich die drei Verfahren, Pseudocode, Struktogramme und LabVIEW, anhand des Anwendungsbeispiels `CharacterCount` einander gegenüber gestellt.

4.4.1 Pseudocode

In Pseudocode werden Kontrollstrukturen in textbasierter Form dargestellt. Die Syntax ist an die der üblichen Programmiersprachen angelehnt, wobei die spezifischen Eigenschaften von Programmiersprachen nicht berücksichtigt werden, um die Lesbarkeit zu erhöhen. Die Syntax von Pseudocode ist nicht genormt, aber in aller Regel unmittelbar nachvollziehbar. Nach dem Entwurf einer Software-Komponente in Pseudocode ist dann die Codierung in der vom Entwickler verwendeten Programmiersprache direkt möglich. Zusätzlich zu den Kontrollstrukturen werden häufig Kommentare zum besseren Verständnis des Entwurfs benötigt. Im Allgemeinen beginnen Kommentare in Pseudocode mit /* und werden mit */ beendet.

Sequenz

Das einfachste Strukturelement in Pseudocode ist der Strukturblock, der auch als
Anweisung oder Prozess bezeichnet wird. Die sequenzielle Abarbeitung von mehreren Strukturblöcken wird durch eine zeilenweise Anordnung erzielt. Im Allgemeinen
erfolgt eine Klammerung mit BEGIN und END. Eine Schreibung könnte aber auch in
der Form BEGIN SEQUENCE und END SEQUENCE erfolgen. Ein allgemeines Beispiel für
eine Sequenz lautet damit:

```
BEGIN
    Strukturblock 1
    Strukturblock 2
    ...
    Strukturblock n
END.
```

Fallunterscheidung

Die Beschreibung von Fallunterscheidungen (*Case*) folgt dem Muster: IF ... THEN
... ELSE. Dabei können drei Möglichkeiten unterschieden werden. Für eine Fallunter-
scheidung bei der in Abhängigkeit einer Variablen, z. B. TRUE/FALSE, entweder der
Strukturblock 1 oder der Strukturblock 2 ausgeführt wird, lautet die Formulierung in
Pseudocode:

```
IF Bedingung erfüllt
    THEN  Strukturblock 1
    ELSE  Strukturblock 2
END IF.
```

Von einer einseitigen Fallunterscheidung wird gesprochen, wenn in einem der beiden möglichen Fälle keine Anweisung ausgeführt wird:

```
IF Bedingung erfüllt
    THEN  Strukturblock 1
END IF.
```

Falls mehr als zwei Fälle möglich sind, wird von einer mehrseitigen Fallunterscheidung gesprochen. In der Zeile „CASE Auswahl OF" erfolgt die Auswahl über eine Ziffer
und von den folgenden Zeilen wird nur der ausgewählte Strukturblock ausgeführt.
Bei mehrseitigen Fallunterscheidungen ist es grundsätzlich sinnvoll, neben den durch
die Aufgabenstellung vorgegebenen Fällen einen weiteren Fall über OTHERWISE z. B.
mit der Anweisung „Fehler" vorzusehen, der abgearbeitet wird, wenn die getroffene
Auswahl keine funktionale Entsprechung findet

```
CASE Auswahl OF
    1: Strukturblock 1
    2: Strukturblock 2
    ...
    n: Strukturblock n
    OTHERWISE Strukturblock Fehler
END CASE.
```

Schleifen

Für die Realisierung von Schleifen stehen grundsätzlich zwei Varianten zur Verfügung, die Zählschleife (For-Schleife), bei der die Anzahl der Wiederholungen bekannt ist und die Wiederholschleife (While-Schleife), welche in Abhängigkeit von einer logischen Bedingung abgebrochen werden kann.

For-Schleife

In Abhängigkeit vom Iterationszähler i wird die For-Schleife beginnend mit einem Startwert unter Berücksichtigung der spezifizierten Schrittweite bis zum Erreichen des Endwertes wiederholt ausgeführt:

```
FOR i = Startwert STEP Schrittweite UNTIL Endwert
    DO Strukturblock
END FOR.
```

While-Schleife mit Eingangstest

Die Implementierung einer While-Schleife kann auf zweierlei Weisen erfolgen. Zum einen ist es möglich, die Schleifenbedingung vor der Ausführung des Strukturblocks zu überprüfen. In diesem Fall wird auch von einer kopfgesteuerten oder abweisenden Schleife bzw. von einer Wiederholschleife mit Eingangstest gesprochen:

```
WHILE Bedingung erfüllt DO
    Strukturblock
END WHILE.
```

While-Schleife mit Ausgangstest

Zum anderen kann eine Wiederholschleife so konstruiert werden, dass die Schleifenbedingung erst nach der Ausführung des Strukturblocks überprüft wird. In diesem Fall wird auch von einer fußgesteuerten oder annehmenden Schleife bzw. einer Wiederholschleife mit Ausgangstest gesprochen. Der Strukturblock innerhalb der Wiederholschleife wird dabei mindestens einmal ausgeführt:

```
REPEAT
    Strukturblock
UNTIL Bedingung erfüllt.
```

Eine alternative Notation für eine Wiederholschleife mit Ausgangstest könnte in Pseudocode auch lauten:

```
DO
    Strukturblock
WHILE Bedingung erfüllt.
```

Prozeduraufruf

Der Aufruf von Prozeduren erfolgt in Pseudocode durch die Angabe CALL mit der Nennung des Prozedurnamens sowie der Eingabeparameter (e) und der Ausgabeparameter (a). Für eine bessere Lesbarkeit kann es sinnvoll sein, Eingabeparameter mit einem Pfeil nach unten und Ausgabeparameter mit einem Pfeil nach oben zu kennzeichnen:

```
CALL Prozedurname (IN e↓, OUT a↑).
```

4.4.2 Struktogramme

Die Beschreibung von Kontrollstrukturen mit Hilfe von Struktogrammen (Nassi-Shneiderman-Diagrammen) erfolgt im Gegensatz zu Pseudocode auf graphische Weise. Dieses Beschreibungsmodell wurde 1973 von I. Nassi und B. Shneiderman [25] vorgestellt und ist nach DIN 66261 und ISO/IEC 8631:1989 genormt. Das Grundelement für alle Kontrollstrukturen ist auch hier ein Strukturblock, der graphisch durch ein Rechteck repräsentiert wird. Dieses bildet eine in sich geschlossene funktionale Einheit mit genau einem Eingang, der Oberkante des Rechtecks und einem Ausgang, der Unterkante des Rechtecks. Durch dieses Konstruktionsprinzip wird die Anforderung zur Verwendung von linearen Zweipolen sichergestellt, da in einem Struktogramm ein Strukturblock immer von oben nach unten durchlaufen wird (vgl. Abb. 4.33).

Bei der Konstruktion eines Struktogramms müssen die einzelnen Strukturblöcke so aneinander gefügt werden, dass die Unterkante des vorhergehenden Strukturblocks vollständig mit der Oberkante des Nachfolgenden zusammenfällt. Weiterhin muss sich ein Strukturblock entweder völlig innerhalb oder außerhalb eines anderen Strukturblocks befinden, um zu gewährleisten, dass ein Strukturblock nur Daten von seinem oberen Nachbarn erhält und nur an seinen unteren Nachbarn weiter gibt. Innerhalb eines Strukturblocks können Anweisungen oder weitere Kontrollstrukturen eingefügt werden. Ein Beispiel für die Erstellung eines Struktogramms wird in Abschnitt 4.4.4 gegeben.

Bedingt durch diese Konstruktionsregeln werden Sprünge von einem Strukturblock zu einem beliebigen anderen unterbunden, da die Darstellung einer GOTO-Anweisung in einem Struktogramm nicht mehr möglich ist. Aus Gründen der Übersichtlichkeit bzw. Lesbarkeit sollte ein Struktogramm zudem die Größe einer DIN-A4-Seite nicht überschreiten und gegebenenfalls in kleinere Module aufgeteilt werden.

Sequenz

Die sequenzielle Abarbeitung einzelner Strukturblöcke in einem Struktogramm wird bereits dadurch erreicht, dass diese – vergleichbar mit der zeilenweisen Anordnung in Pseudocode – übereinander angeordnet werden (Abb. 4.34). Innerhalb eines einzelnen Strukturblocks werden die jeweiligen Anweisungen eingetragen.

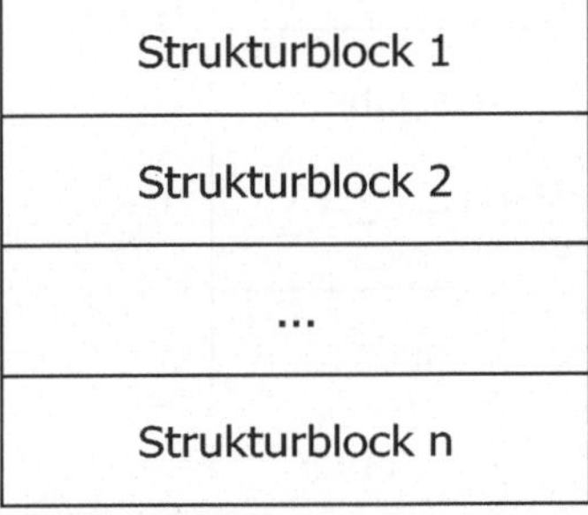

Abb. 4.34: Darstellung einer Sequenz in einem Struktogramm

Fallunterscheidungen

Für die Realisierung von Fallunterscheidungen wird an der Oberkante der Kontrollstruktur eine Bedingung abgefragt und in Abhängigkeit vom Ergebnis wird entweder
der linke oder rechte Strukturblock ausgeführt (Abb. 4.35). Im Fall einer einseitigen
Fallunterscheidung enthält der rechte Strukturblock keine Anweisungen (Abb. 4.36)
und bei mehrseitigen Fallunterscheidungen wird entsprechend der Auswahlbedingung
der Strukturblock des jeweiligen Falles durchlaufen (Abb. 4.37). Genau wie bei einer
Darstellung in Pseudocode sollte ein zusätzlicher Fall vorgesehen werden, der beispielsweise eine Fehlerbehandlung ermöglicht.

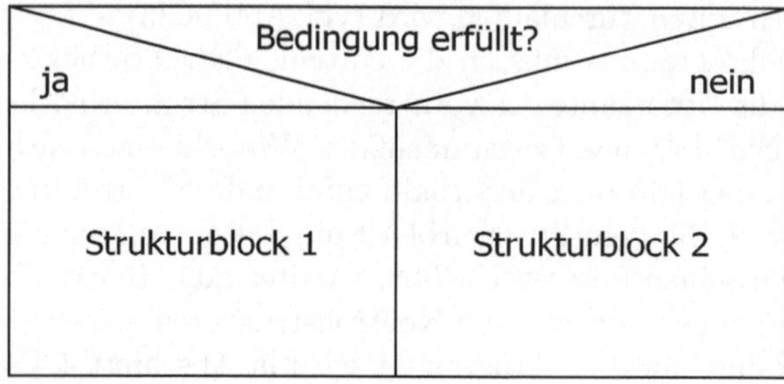

Abb. 4.35: Darstellung einer zweiseitigen Fallunterscheidung in einem Struktogramm

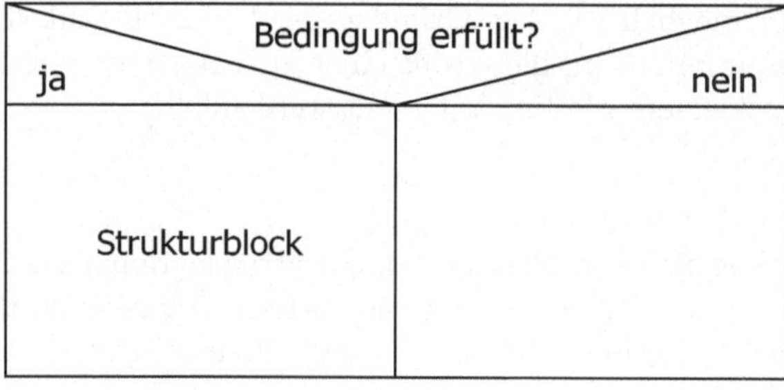

Abb. 4.36: Darstellung einer einseitigen Fallunterscheidung in einem Struktogramm

Abb. 4.37: Darstellung einer mehrseitigen Fallunterscheidung in einem Struktogramm

Schleifen

Bei der Darstellung einer Zählschleife in einem Struktogramm wird der wiederholt auszuführende Strukturblock innerhalb eines größeren Rahmens angeordnet (Abb. 4.38).
Dieser kann wiederum ein Struktogramm beliebiger Komplexität enthalten. Im Kopf
des äußeren Rahmens ist es empfehlenswert, die Schleifenkonditionen in Pseudocode
anzugeben:

```
FOR i = Startwert STEP Schrittweite UNTIL Endwert,
```

um den Unterschied zwischen einer For- und While-Schleife deutlich zu machen.

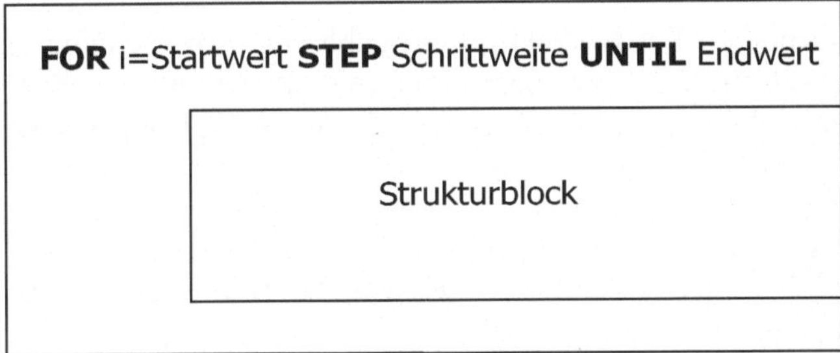

Abb. 4.38: Darstellung einer For-Schleife in einem Struktogramm

Diese Differenzierung war von I. Nassi und B. Shneiderman ursprünglich nicht
vorgesehen [25], da sich eine For-Schleife in Pseudocode-Notation auch in der Form

```
DO i = 1 TO n
```

darstellen lässt. Die Einsatzbereiche von For- und While-Schleifen unterscheiden sich
aber grundsätzlich voneinander. Eine For-Schleife wird immer dann verwendet, wenn
die Anzahl der Wiederholungen bekannt ist, während eine While-Schleife in Abhängigkeit von einer logischen Bedingung beendet wird.

Der Unterschied zwischen einer kopf- und fußgesteuerten Wiederholschleife wird
anhand eines Struktogramms besonders anschaulich. Bei einer kopfgesteuerten Wiederholschleife wird die Schleifenbedingung oberhalb, d. h. vor der Ausführung des
Strukturblocks, vorgenommen (Abb. 4.39) und bei einer fußgesteuerten Wiederholschleife unterhalb, d. h. erst nachdem der Strukturblock im Inneren mindestens einmal
ausgeführt worden ist (Abb. 4.40).

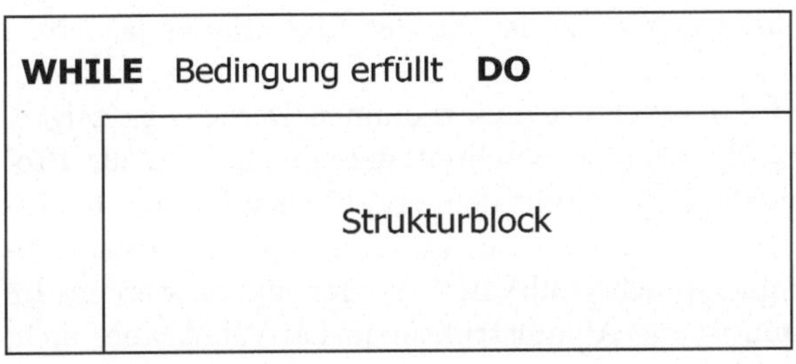

Abb. 4.39: Darstellung einer While-Schleife mit Eingangstest in einem Struktogramm

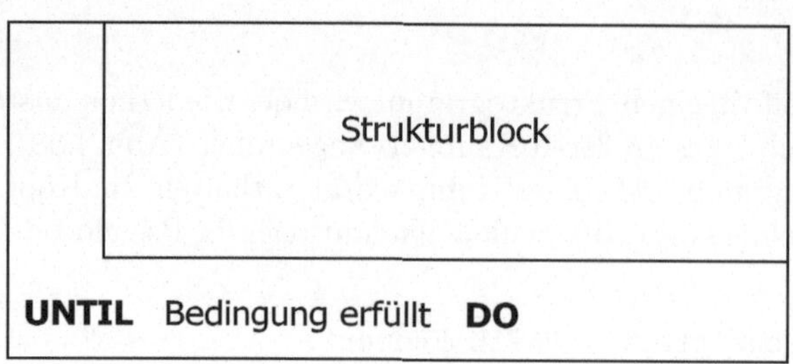

Abb. 4.40: Darstellung einer While-Schleife mit Ausgangstest in einem Struktogramm

Prozeduraufruf

Der Prozeduraufruf erfolgt analog zu Pseudocode mit Angabe des Prozedurnamens sowie der Eingabeparameter (e↓) und Ausgabeparameter (a↑). Zur Kennzeichnung wird der Strukturblock auf der rechten und linken Seite jeweils mit einem Doppelstrich versehen (Abb. 4.41).

Der Entwurf eines Struktogramms auf einem Blatt Papier kann sehr mühsam werden, wenn nachträglich Änderungen erforderlich sind. Für die Erstellung von Struktogrammen steht jedoch eine Vielzahl von CASE-Werkzeugen (*Computer Aided Software Engineering*) zur Verfügung.

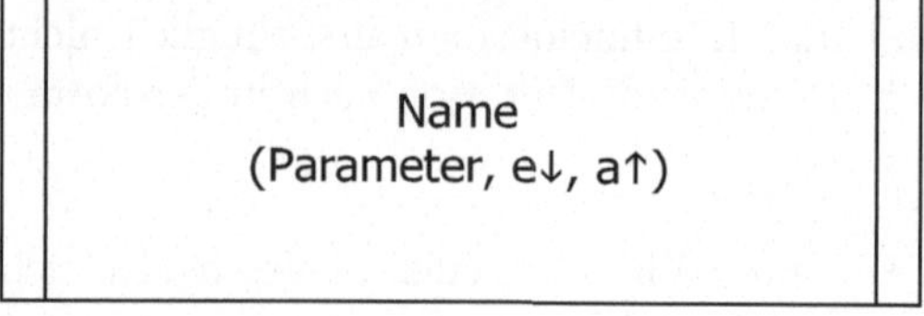

Abb. 4.41: Aufruf einer Prozedur in einem Struktogramm

4.4.3 LabVIEW

Nach dem Entwurf eines Algorithmus in Pseudocode oder seiner Darstellung in einem Struktogramm kann dieser anschließend in einer beliebigen Programmiersprache codiert werden. Dadurch wird prinzipiell der Werkzeugwechsel von Pseudocode/Struktogramm zur eigentlichen Programmiersprache erforderlich und es wird gelegentlich die Frage gestellt, warum nach dem Entwurf eines Algorithmus überhaupt noch ein weiterer Arbeitsschritt notwendig ist, da der Algorithmus ja bereits vollständig spezifiziert worden ist.

Deshalb soll in diesem Abschnitt der Versuch unternommen werden, zu zeigen, dass LabVIEW gleichermaßen als Algorithmen-Beschreibungssprache und als Programmiersprache geeignet ist. Denn vergleichbar mit dem graphischen Beschreibungsmodell des Struktogramms kann eine graphische Beschreibung der Ablaufstrukturen auch in der visuellen Programmiersprache LabVIEW vorgenommen werden. Im Unterschied zu einem Struktogramm ist die Ablaufstruktur in LabVIEW aber nicht nur eine Visualisierung, sondern sie ist gleichzeitig das vollständige ausführbare Programm. Der Übersetzungsschritt von der graphischen Darstellung in eine textbasierte Programmiersprache entfällt damit vollständig.

In LabVIEW stehen alle behandelten Kontrollstrukturen zur Verfügung. Die einzige Ausnahme stellt eine kopfgesteuerte Wiederholschleife dar, die jedoch auf einfache Weise programmtechnisch realisiert werden kann (vgl. Abschn. 7.1.2), so dass damit keine Einschränkungen der programmiertechnischen Möglichkeiten verbunden sind. An dieser Stelle ist es zunächst nur das Ziel, die graphische Erscheinungsform der Kontrollstrukturen in LabVIEW vorzustellen. Eine ausführliche Einführung, wie diese Strukturelemente bei der Programmentwicklung genutzt werden können, wird in Kapitel 7 gegeben. Alle Kontrollstrukturen in LabVIEW können in ihrer Größe verändert und damit der jeweiligen Aufgabenstellung angepasst werden. In Analogie zu einem Struktogramm können innerhalb einer Kontrollstruktur Anweisungen ausgeführt oder weitere Kontrollstrukturen verwendet werden und aus Gründen der Lesbarkeit gilt auch für den Entwurf eines Algorithmus in LabVIEW, dass dieser nicht größer als eine „Bildschirmseite" sein sollte.

Sequenz

Da der Programmiersprache LabVIEW das strukturierte Datenflusskonzept zugrunde liegt, ist die gewünschte Abarbeitungsreihenfolge von Teilen eines Programms nicht automatisch sichergestellt. Insofern stellt die Sequenz-Struktur in LabVIEW ein zentrales Element dar, denn sie ermöglicht die exakte Festlegung der Abarbeitungsreihenfolge von unterschiedlichen Teilen eines Programms. Eine Sequenz besteht aus einem oder mehreren Rahmen, deren graphische Erscheinungsform an die eines Filmstreifens angelehnt ist (Abb. 4.42).

In Abhängigkeit von der gewählten Ausführungsform werden die einzelnen *Frames* (Rahmen) sequenziell entweder von links nach rechts (Abb. 4.42a) oder beginnend mit Null, entsprechend ihrer Nummerierung (Abb. 4.42b) ausgeführt. Die Struktur nach Abbildung 4.42a wird als *Flat Sequence* (Flache Sequenzstruktur) und die Struktur nach Abbildung 4.42b als *Stacked Sequence* (Gestapelte Sequenzstruktur) bezeichnet. Letztere wird benötigt, um auch umfangreiche Sequenzen kompakt und übersichtlich darstellen zu können. Bei ihr sind die einzelnen *Frames* (Rahmen) durchnummeriert und liegen wie bei einem Kartenstapel übereinander. Die Sequenz-Struktur führt zuerst den Rahmen 0 aus, gefolgt von den Rahmen 1, 2... bis hin zum letzten Rahmen. Erst wenn der Inhalt des letzten Rahmens ausgeführt worden ist, stehen die aus der Sequenz-Struktur bereitgestellten Datenflüsse zur Verfügung. Beide Strukturen sind funktionsgleich und können jederzeit ineinander überführt werden.

Die Sequenz-Struktur wird also verwendet, um die Ausführungsreihenfolge von Teilen eines Programms eindeutig festzulegen. Die Abarbeitungsreihenfolge von Teilen eines Programms innerhalb eines Rahmens wird dabei nach wie vor durch die jeweiligen Datenflüsse bestimmt. Die Verwendung einer Sequenz in LabVIEW wird in Abschnitt 7.3 ausführlich erläutert.

a)

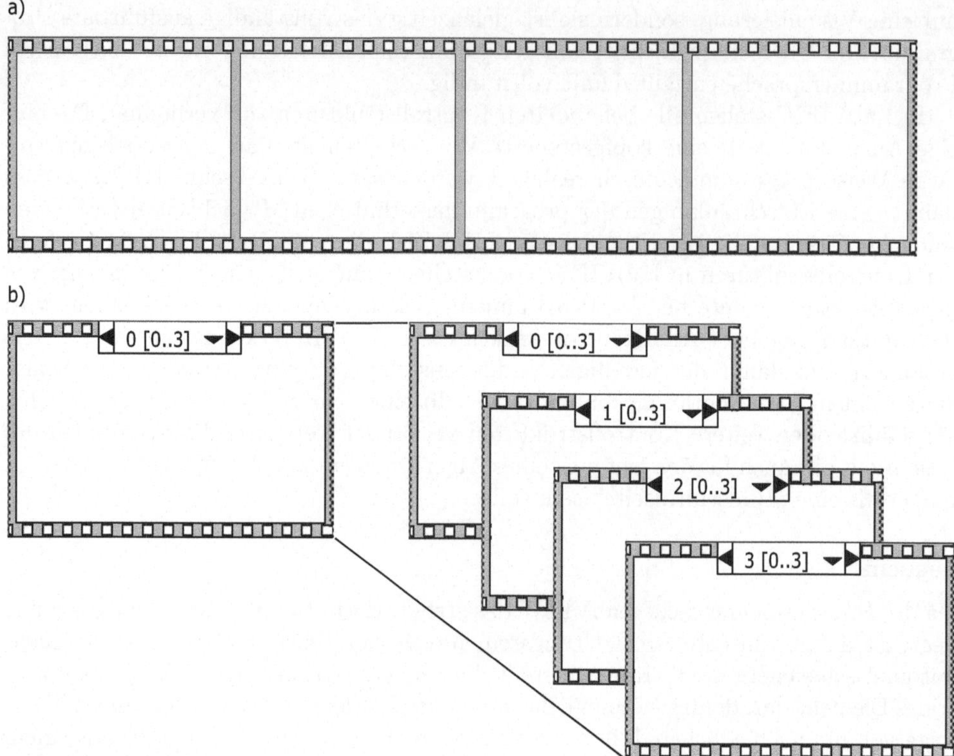

b)

Abb. 4.42: Darstellung einer Sequenz in LabVIEW

Fallunterscheidung

In LabVIEW wird die Konstruktion von Fallunterscheidungen ausschließlich mit
Hilfe der Case-Struktur vorgenommen. Diese ermöglicht die alternative Ausführung
von Teilen eines Programms in Abhängigkeit vom Ergebnis einer Berechnung oder
vom Zustand eines Eingangswertes. Für die Realisierung einer zweiseitigen Fallunterscheidung wird an den *Case Selector* (Auswahlterminal), der durch ein Fragezeichen

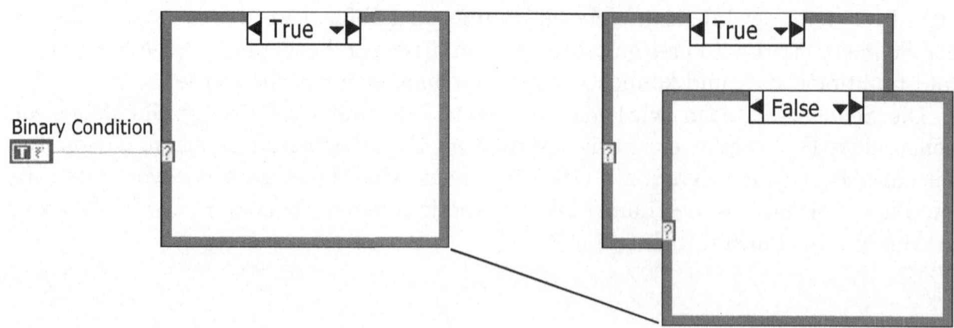

Abb. 4.43: Case-Struktur in LabVIEW

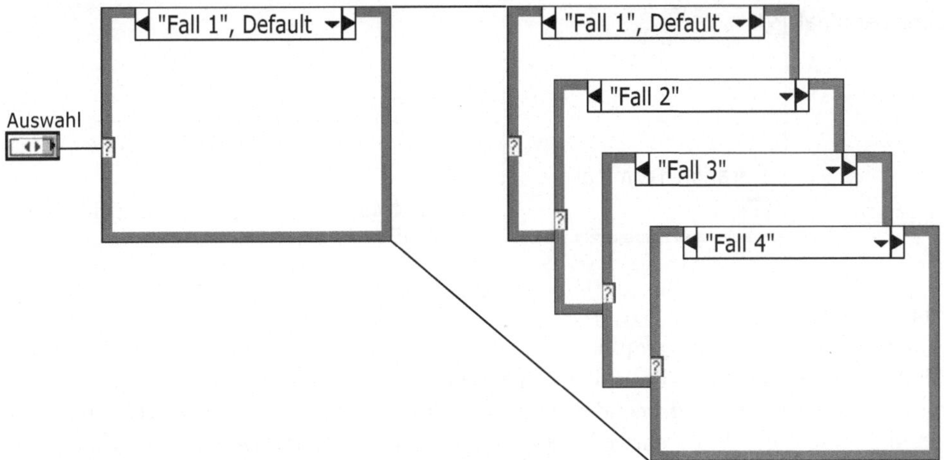

Abb. 4.44: Darstellung einer Fallunterscheidung in LabVIEW

gekennzeichnet ist, ein boolescher Wert angeschlossen. In Abhängigkeit von diesem Wert wird entweder der TRUE- oder FALSE-Fall ausgeführt (Abb. 4.43). Eine einseitige Fallunterscheidung ergibt sich einfach dadurch, dass einer der beiden möglichen Fälle keine Programmelemente enthält.

Um eine mehrseitige Fallunterscheidung zu erhalten, ist es ausreichend, an den *Case Selector* eine Auswahlliste anzuschließen. Diese kann vom Datentyp *Numeric*, *String* oder *Enumerated* sein. Wie bei einer *Stacked Sequence* werden dann die einzelnen Fälle übereinander angeordnet (Abb. 4.44). Gibt es für eine anliegende Bedingung keinen eigenständigen Fall, weil der Wert am Auswahlterminal außerhalb des definierten Bereiches liegt, wird automatisch der Standardfall (*Default Case*) ausgeführt.

Auch hier sollte zunächst nur die graphische Repräsentation der Fallunterscheidung vorgestellt werden. Eine Einführung in die programmtechnischen Eigenschaften erfolgt in Abschnitt 7.2.

Schleifen

For-Schleife

Eine Zähl- oder For-Schleife in LabVIEW führt die in ihrem Inneren liegenden Programmelemente so oft aus, wie es vom *Count Terminal* (Zählterminal) N vorgegeben wird (Abb. 4.45). Der Wert für N wird der For-Schleife von außen als Eingabe zugeführt. Für $N = 0$ wird die For-Schleife nicht ausgeführt. In Pseudocode ergibt sich für eine For-Schleife in LabVIEW die Darstellung:

```
FOR i = 0 STEP 1 UNTIL i = N-1
    DO ...
END FOR.
```

Das *Iteration Terminal* (Iterationsterminal) i stellt die Anzahl der bisherigen Schleifendurchläufe bereit. Der Schleifenzähler i startet bei Null. Eine vollständige Einführung zu einer For-Schleife in LabVIEW wird in Abschnitt 7.1.1 gegeben.

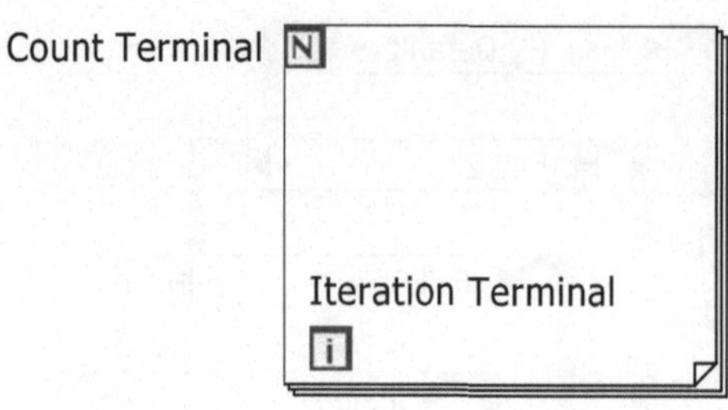

Abb. 4.45: Darstellung einer For-Schleife in LabVIEW

While-Schleife

Abbildung 4.46 zeigt die graphische Erscheinungsform einer While-Schleife in Lab-VIEW. Auch diese führt die in ihrem Inneren liegenden Programmelemente wiederholt aus. Die Schleife wird beendet, wenn der am *Conditional Terminal* (Bedingungsterminal) angelegte Wert entweder FALSE (Abb. 4.46a) oder TRUE (Abb. 4.46b) ist. Das *Conditional Terminal* wird nach jedem Schleifendurchlauf bzw. Iterationsschritt überprüft, d. h. eine While-Schleife wird in LabVIEW mindestens einmal ausgeführt.

In Pseudocode ergibt sich für eine While-Schleife in LabVIEW dementsprechend die Formulierung:

DO ...WHILE *Conditional Terminal is* TRUE

oder

REPEAT ...UNTIL *Conditional Terminal is* FALSE_

Das *Iteration Terminal* (Iterationsterminal) i stellt genau wie bei einer For-Schleife die Anzahl der bisherigen Schleifendurchläufe bereit und beginnt bei $i = 0$. Nach N Schleifendurchläufen enthält das Iterationsterminal also den Wert $N - 1$. Eine Übersicht über die programmiertechnischen Eigenschaften einer While-Schleife wird in Abschnitt 7.1.2 gegeben.

Alle vorgestellten Kontrollstrukturen in LabVIEW stellen im Sinne des Datenflusskonzeptes einen Funktionsknoten dar, der abgearbeitet wird, wenn alle Eingangsdaten am Rand einer Struktur zur Verfügung stehen. Erst nachdem ein Funktionsknoten bzw. eine Kontrollstruktur vollständig abgearbeitet worden ist, werden die resultierenden Daten ausgegeben, d. h. an die außerhalb der Schleife platzierten Programmelemente weitergegeben. Die Übergabe bzw. Entnahme von Daten erfolgt dabei über so genannte Tunnel (vgl. Abschn. 7.1).

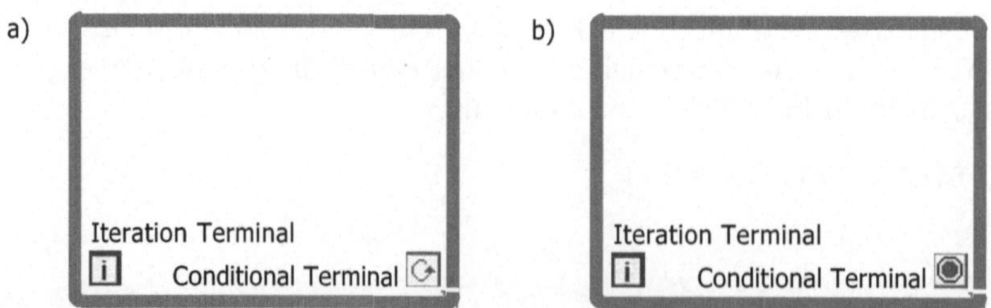

Abb. 4.46: Darstellung einer While-Schleife in LabVIEW

Prozeduraufruf

In LabVIEW erfolgt ein Prozeduraufruf durch die Platzierung eines Funktionsknotens im *Block Diagram*. Die Platzierung kann auch innerhalb einer Kontrollstruktur vorgenommen werden. In Abbildung 4.47 ist beispielhaft die Funktion zur Berechnung des Sinus in einem Rahmen einer Sequenz dargestellt.

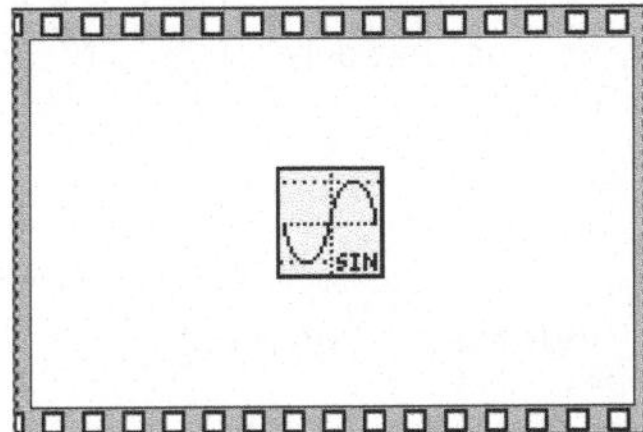

Abb. 4.47: Prozeduraufruf in LabVIEW

4.4.4 Beispiel: Analyse einer Zeichenkette

Bei der Erstellung eines Algorithmus werden die oben eingeführten Kontrollstrukturen in geeigneter Weise ineinander verschachtelt. Um dieses Vorgehen zu veranschaulichen, soll hier als klassisches Beispiel die Analyse eines *Strings* (Zeichenkette) nach Kernighan und Ritchie verwendet werden [26]. Die Lösung dieser Aufgabenstellung soll mittels Pseudocode, Struktogramm und LabVIEW erfolgen, um diese Verfahren vergleichend gegenüberstellen zu können.

Die Prozedur `CharacterCount` soll eine Zeichenkette von beliebiger Länge daraufhin untersuchen, wie viele *Digits* (Ziffern), *White Space Characters* (nicht darstellbare Zeichen) wie z. B. Leerzeichen, Tabulatoren oder Zeilenvorschübe und *Other Characters* (sonstige Zeichen) enthalten sind. Die Auftrittshäufigkeit der Ziffern soll zudem für jede Ziffer einzeln ermittelt und angegeben werden. Eine mögliche Bedienoberfläche für die gegebene Aufgabenstellung zeigt Abbildung 4.48.

Grundsätzlich wird die Lösung der Aufgabenstellung darin bestehen, zunächst die Ausgangsvariablen zu initialisieren. Um eine übersichtliche und effektive Realisierung zu ermöglichen, ist es sicher sinnvoll, nicht 12 Variablen zu verwenden, sondern die zehn Ziffern in einem *Array* (Datenfeld) zusammenzufassen. Ein weiterer Schritt wird darin bestehen, die Länge der Zeichenkette zu ermitteln und innerhalb einer For-Schleife jedes einzelne Elemente der Zeichenkette daraufhin zu untersuchen, welcher der möglichen Kategorien es zuzuordnen ist. Diese Untersuchung kann auf unterschiedliche Weise erfolgen. In der hier vorgestellten Lösung soll zunächst geprüft werden, ob das aktuelle Zeichen eine Ziffer ist und wenn ja, um welche Ziffer es sich handelt. Andernfalls soll geprüft werden, ob es sich um ein *White Space Character* (nicht darstellbares Zeichen) handelt oder nicht. Für diese Lösung ist es ausreichend, zwei Fallunterscheidungen ineinander zu verschachteln. In jedem Fall ist es sinnvoll, der Lösung auch eine textuelle Spezifikation voranzustellen.

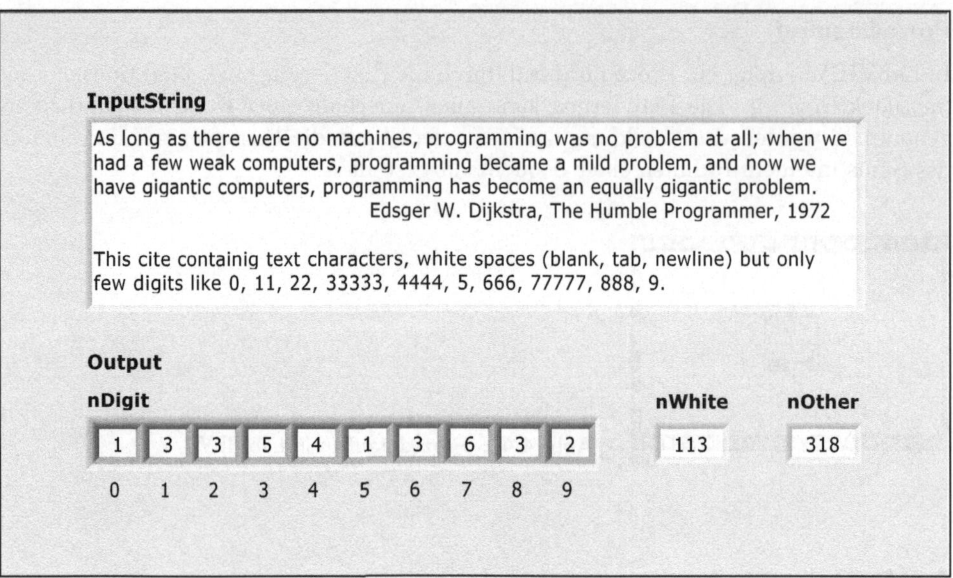

Abb. 4.48: Bedienoberfläche für das Beispiel `CharacterCount`

Darstellung mittels Pseudocode

In einem Deklarationsteil sollte zunächst der Zweck der Prozedur spezifiziert und weiterhin sollten alle verwendeten Parameter aufgeführt werden (s. u.). Nach Abschluss der Entwurfsarbeiten sollte der Deklarationsteil auch die Variablen enthalten, die nur innerhalb der Prozedur verwendet werden (Lokale Daten), so dass dann für den Algorithmus eine vollständige Dokumentation zur Verfügung steht. Um den Deklarationsteil als Kommentar zu kennzeichnen wird er mit den Symbolen /* und */ geklammert.

```
/*Prozedur: CharacterCount
  Zweck:
  CharacterCount ermittelt die Häufigkeit von einzelnen Ziffern
  (nDigit), white spaces (nWhite) wie z. B. Leerzeichen, Tabulatoren,
  Zeilenvorschübe und sonstigen Zeichen (nOther) in einer
  Zeichenkette (InputString).
  Variablen:
  Eingabe:    InputString   Eingabe-Zeichenkette (String)
  Ausgabe:    nDigit        Anzahl digits (Array of Integer)
              nWhite        Anzahl white space characters (Integer)
              nOther        Anzahl other characters (Integer)
  Lokale Variablen:
              Length        Länge der Zeichenkette (Integer)
              i, j          Indices (Integer)
              c             aktuelles Zeichen (Char bzw. String)
*/
```

```
BEGIN
    Variablen initialisieren
    nWhite ← 0
    nOther ← 0
    nDigit[j] ← 0 für j = 0, 1, ..., 9
    Länge der Zeichenkette ermitteln: Length
    FOR Zeichenindex i = 0 STEP 1 UNTIL Length - 1 DO
        Aktuelles Zeichen holen: c ← InputString[i]
        IF c eine Ziffer
            THEN  nDigit[Wert(c) - 48] ← nDigit[Wert(c) - 48] + 1 ELSE
                IF c ein white space character
                    THEN  nWhite ← nWhite + 1
                    ELSE  nOther ← nOther + 1
                END IF
        END IF
    END FOR
END
```

Eine mögliche Lösung für den Algorithmus zeigt das obige Beispiel. Zunächst werden die Ausgangsvariablen mit Null initialisiert, dem Datenfeld (*Array*) „*nDigit*" wird jedem der zehn Elemente die Null zugewiesen und es wird die Länge der Zeichenkette ermittelt. Anschließend wird in einer For-Schleife sukzessive jedes einzelne Element der Zeichenkette untersucht. Die Indizierung der Zeichenkette, einem eindimensionalen *Array* einzelner Zeichen, beginnt bei Null und endet dementsprechend bei *Length* −1.

Für den Fall, dass das Zeichen einer Ziffer gefunden wurde, wird im *Array* „*nDigit*" dasjenige Element um eins erhöht, welches mit dem numerischen Wert des ermittelten Zeichens korrespondiert. Dabei muss berücksichtigt werden, dass die Ziffern 0, ..., 9 als ASCII-Zeichen und nicht als numerische Werte codiert sind. Die Ordinalzahlen für die Zeichen 0, ..., 9 in der ASCII-Tabelle sind 48, ..., 57 (vgl. Abb. 9.18). Um den numerischen Wert des entsprechenden Zeichens zu ermitteln, kann daher von der Ordinalzahl des Zeichens 48 (die Ordinalzahl des Zeichens Null) subtrahiert werden.

Wenn keine Ziffer gefunden wurde, wird in Abhängigkeit davon, ob das untersuchte Zeichen ein nicht darstellbares Zeichen (*White Space Character*) ist oder nicht, der jeweilige Zähler „*nWhite*" oder „*nOther*" um eins erhöht.

▶ **Hinweis: Zuweisung**

Um eine Variable mit einem Wert zu belegen, wird das Zuweisungssymbol „←" verwendet. In den Beispielen $x \leftarrow 0$ und $x \leftarrow x + 1$ wird die Variable x mit dem Wert Null belegt bzw. der Wert der Variablen x um eins erhöht und das Ergebnis wird wieder abgelegt in der Variablen mit dem Namen x. Mangels Verfügbarkeit eines „←" auf einer Tastatur wird das Zuweisungssymbol in vielen textbasierten Programmiersprachen durch „:=" angenähert, so dass sich für die Beispiele die Form $x := 0$ und $x := x + 1$ ergibt. Sehr unglücklich ist in Programmiersprachen wie z. B. FORTRAN oder C, die Verwendung des Gleichheitszeichens „=" als Zuweisungssymbol gelöst worden, denn eine Zuweisung (*assignment*) stellt keine Gleichung oder Relation sondern eine Operation dar. Die Schreibweise $x = x + 1$ ist aus mathematischer Sicht unsinnig, so dass gegebenenfalls immer berücksichtigt werden sollte, dass diese Schreibweise nur die Syntax innerhalb einer Programmiersprache wiedergibt, aber keinen mathematischen Bezug aufweist.   ◄

▶ Anmerkung: Verarbeitung von Information

Jede textbasierte Programmiersprache ist auf Hilfsmittel wie Einrückungen oder Hervorhebungen angewiesen. Ohne diese visuellen Hilfsmittel wäre das Pseudocode-Beispiel praktisch kaum lesbar:

```
begin Variablen initialisieren nWhite ← 0 nOther ← 0 nDigit[j] ← 0
für j = 0, 1, ..., 9 Länge der Zeichenkette ermitteln: Length for
Zeichenindex i = 0 step 1 until Length - 1 do Aktuelles Zeichen holen:
c ← InputString[i] if c eine Ziffer then nDigit[Wert(c) - 48] ←
nDigit[Wert(c) - 48] + 1 else if c ein white space character then nWhite ←
nWhite + 1 else nOther ← nOther + 1 end if end if end for end
```

Die effiziente Verarbeitung von visuellen Informationen im menschlichen Gehirn, im Vergleich zur Verarbeitung von Informationen, die in Textform dargeboten werden, ist der wesentliche Grund, warum in der Software-Technik vor der eigentlichen Codierung in der jeweiligen Programmiersprache dem größten Teil der Entwicklungswerkzeuge graphische Konzepte zugrunde liegen. Dass die eigentliche Codierung in textueller Form erfolgt, ist vor allem darauf zurückzuführen, dass auch Programmiersprachen höherer Generationen noch einen relativ großen Bezug zur Hardware aufweisen. Für die Generierung optimierter Programme wird diese Hardwarenähe auch in Zukunft textbasierte Programmiersprachen erfordern. Aus dem Blickwinkel der problemorientierten Programmierung werden textbasierte Programmiersprachen dagegen an Bedeutung verlieren.   ◄

Darstellung mittels Struktogramm

Die Visualisierung der Ablaufstruktur für das Beispiel `CharacterCount` in einem Struktogramm erfolgt weitgehend analog zur Darstellung in Pseudocode. Der grundsätzliche Unterschied besteht darin, dass die textbasierte Darstellung in Pseudocode durch die graphische Erscheinungsform eines Struktogramms ersetzt wird. Auch bei diesem ist es zunächst sinnvoll, in einem Deklarationsteil die Aufgabenstellung zu spezifizieren und diesen nach Abschluss der Entwicklungsarbeiten wiederum mit den lokal verwendeten Variablen zu ergänzen. Dann steht auch für ein Struktogramm eine vollständige Dokumentation zur Verfügung (Abb. 4.49). In der Spezifikation könnte, wie in der Abbildung dargestellt, die Ablaufstruktur als Prozeduraufruf „Block 1 zu: CharacterCount" ausgeführt werden.

In einem ersten Entwicklungsschritt kann dann zunächst die Initialisierung der Variablen erfolgen und in einem weiteren sequenziellen Schritt die Länge der Zeichenkette ermittelt werden. Die Länge der Zeichenkette bestimmt die Anzahl der Schleifenumläufe, die die nachfolgend eingesetzte For-Schleife ausführen muss, um jedes einzelne Zeichen der Zeichenkette zu prüfen (Abb. 4.50).

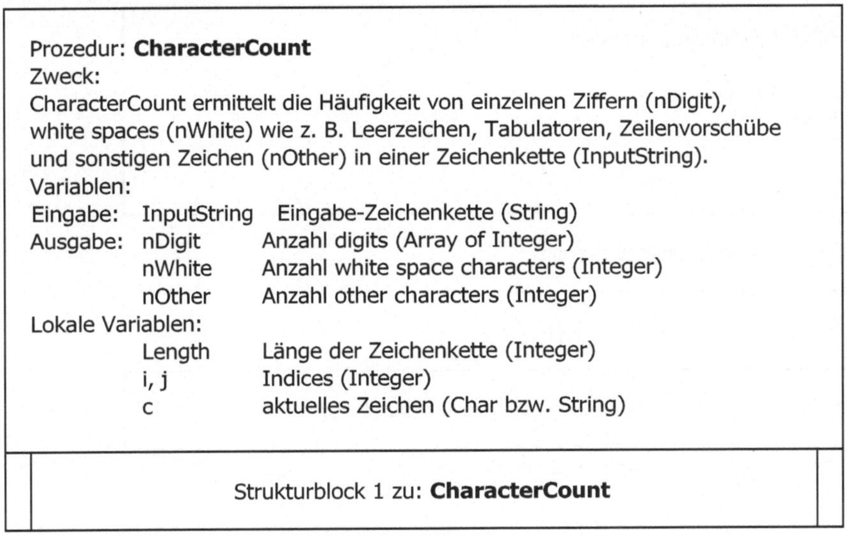

Prozedur: **CharacterCount**
Zweck:
CharacterCount ermittelt die Häufigkeit von einzelnen Ziffern (nDigit),
white spaces (nWhite) wie z. B. Leerzeichen, Tabulatoren, Zeilenvorschübe
und sonstigen Zeichen (nOther) in einer Zeichenkette (InputString).
Variablen:
Eingabe: InputString   Eingabe-Zeichenkette (String)
Ausgabe: nDigit   Anzahl digits (Array of Integer)
           nWhite   Anzahl white space characters (Integer)
           nOther   Anzahl other characters (Integer)
Lokale Variablen:
           Length   Länge der Zeichenkette (Integer)
           i, j   Indices (Integer)
           c   aktuelles Zeichen (Char bzw. String)

Strukturblock 1 zu: **CharacterCount**

Abb. 4.49: Deklaration für das Beispiel CharacterCount in einem Struktogramm

Strukturblock 1 zu: **CharacterCount**

Variablen initialisieren
nWhite ← 0
nOther ← 0
nDigit[j] ← 0 für j := 0, 1, … , 9

Länge der Zeichenkette ermitteln: Length

FOR Zeichenindex i = 0 STEP 1 UNTIL Length - 1

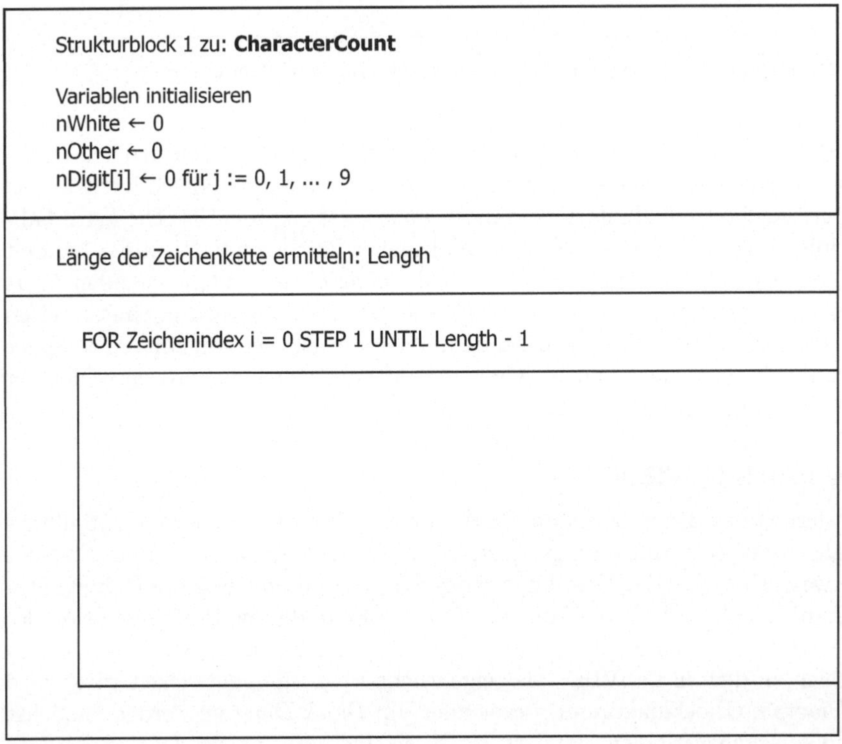

Abb. 4.50: Erster Entwurfsschritt für das Beispiel CharacterCount in einem Struktogramm

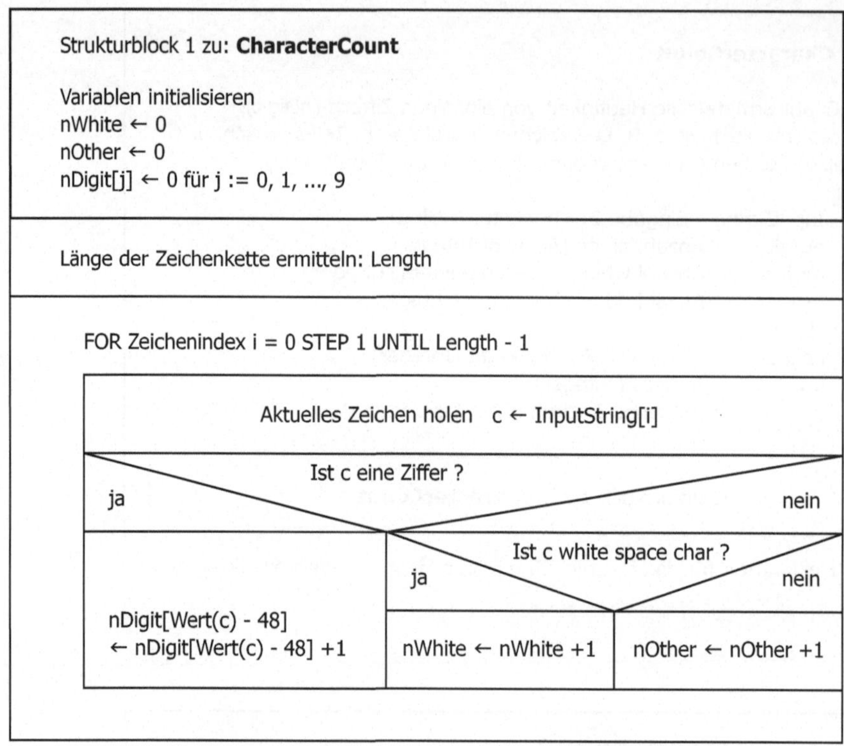

Abb. 4.51: Vollständiges Struktogramm für das Beispiel CharacterCount

In den Strukturblock der For-Schleife wird anschließend ein Strukturblock eingesetzt, um aus der Zeichenkette genau ein Zeichen zu extrahieren, danach werden zwei ineinander geschachtelte Fallunterscheidungen eingesetzt (Abb. 4.51). Die erste Fallunterscheidung überprüft, ob es sich bei dem aktuellen Zeichen um eine Ziffer handelt und inkrementiert gegebenenfalls im Datenfeld „nDigit" den entsprechenden Wert (vgl. Beispiel zur Darstellung mittels Pseudocode). Andernfalls wird in einer zweiten Fallunterscheidung geprüft, ob es sich bei dem aktuellen Zeichen um ein *White Space Character* handelt oder nicht und in Abhängigkeit vom Ergebnis wird entweder der Zähler „nWhite" oder „nOther" inkrementiert.

Darstellung mittels LabVIEW

Die Visualisierung des Beispiels in LabVIEW in Form eines strukturierten Datenflussplans, der gleichzeitig das vollständige, ausführbare Programm darstellt, unterscheidet sich nur unwesentlich von der Erstellung eines Struktogramms. Für die Dokumentation stellt LabVIEW eine Kontext-Hilfe zur Verfügung, in der die Dokumentation des Algorithmus vorgenommen werden kann (Abb. 4.52, vgl. Abschn. 5.8).

Der Bereich, in dem in LabVIEW das eigentliche Programm entwickelt wird, wird als *Block Diagram* (Blockdiagramm) bezeichnet. Im *Block Diagram* werden zunächst die Ein- und Ausgangsvariablen platziert, im Sinne eines gut lesbaren Datenflussplans

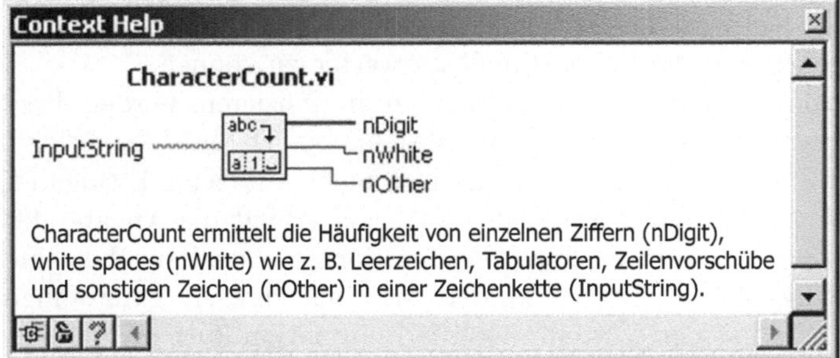

Abb. 4.52: Dokumentation für das Beispiel `CharacterCount` in LabVIEW

werden Eingangsvariablen links und Ausgangsvariablen rechts im *Block Diagram* platziert. Der Datenfluss erfolgt dann von links nach rechts von einer oder mehreren
Eingangsvariablen, die auch als *Control* (Datenquellen) bezeichnet werden, zu einer
oder mehreren Ausgangsvariablen, die auch als *Indicator* (Datensenken) bezeichnet
werden.

In diesem Beispiel wird dementsprechend die Eingangsvariable *„InputString"* links
und die Ausgangsvariablen *„nWhite"*, *„nOther"* und *„nDigit"* werden rechts im
Block Diagram platziert. Die Länge der Zeichenkette wird mit Hilfe der Funktion
„String Length" ermittelt und dem Zählterminal der For-Schleife zugeführt (Abb.
4.53), so dass die Anzahl der Wiederholungen genau der Anzahl der Zeichen in der

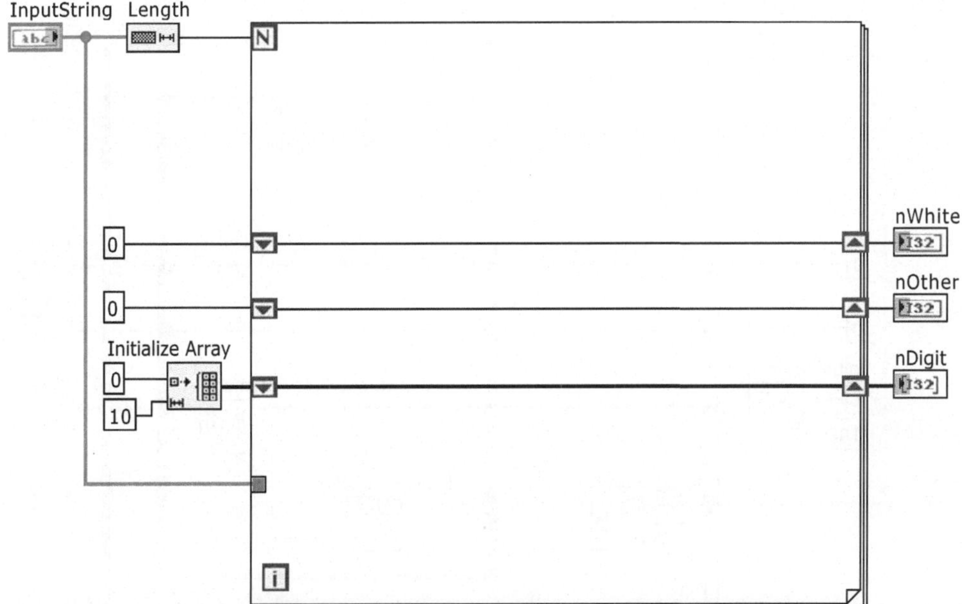

Abb. 4.53: Erster Entwurfsschritt für das Beispiel `CharacterCount` in LabVIEW

Zeichenkette entspricht. Zudem wird die Zeichenkette zur weiteren Verarbeitung auch an die For-Schleife übergeben, um dort ihren Inhalt auswerten zu können.

Um die Ausgangsvariablen „nWhite" und „nOther" zu initialisieren, werden diese jeweils mit einer Null verbunden. Die Initialisierung des *Arrays* (Datenfeldes) erfolgt mit Hilfe der Funktion „*Initialize Array*", die ein Datenfeld mit zehn Elementen erzeugt und jedem Element eine Null zuweist. In LabVIEW erfolgt die Angabe des Datentyps nicht in textbasierter Form in einem Deklarationsteil, sondern über eine farbliche Zuordnung. *String* (Zeichenketten) werden rosa und *Integer* (ganzzahlige Daten) blau dargestellt. Dies hat den Vorteil, dass die Information über den Datentyp einer Variablen jederzeit anhand seiner farblichen Codierung zur Verfügung steht.

Die Funktionsweise der in Abbildung 4.53 dargestellten, paarweise angeordneten Pfeile an den Rändern der For-Schleife soll hier näher erläutert werden. Diese Pfeile werden als *Shift Register* (Schieberegister) bezeichnet (vgl. Abschn. 7.1.4). *Shift Register* werden benötigt, um die Werte eines Schleifendurchlaufs dem nächsten Schleifendurchlauf zur Verfügung zu stellen. Nach einem Schleifendurchlauf stehen die Ergebnisse am rechten Schleifenrand (Pfeil nach oben) zur weiteren Bearbeitung bereit, werden gewissermaßen über den Rand der For-Schleife auf den linken Schleifenrand (Pfeil nach unten) „geschoben" und stehen dort als aktuelle Werte für den nächsten Schleifendurchlauf zur Verfügung.

Die Zuweisungen erfolgen über eine Verbindungsleitung über die Ränder der For-Schleife hinweg. Um einzelne Zeichen untersuchen zu können, wird innerhalb der For-Schleife mit Hilfe der Funktion „*String Subset*" der Zeichenkette bei jedem Schleifendurchlauf genau ein Zeichen entnommen (Abb. 4.54). Dies erfolgt in Abhängigkeit

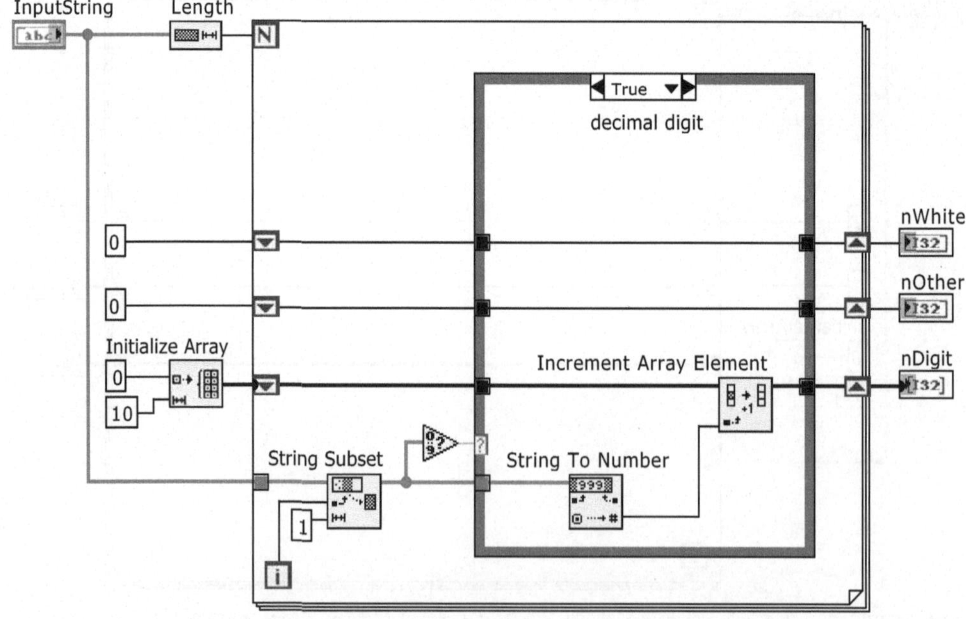

Abb. 4.54: LabVIEW-Blockdiagramm für die Auswertung von Ziffern im Beispiel `CharacterCount`

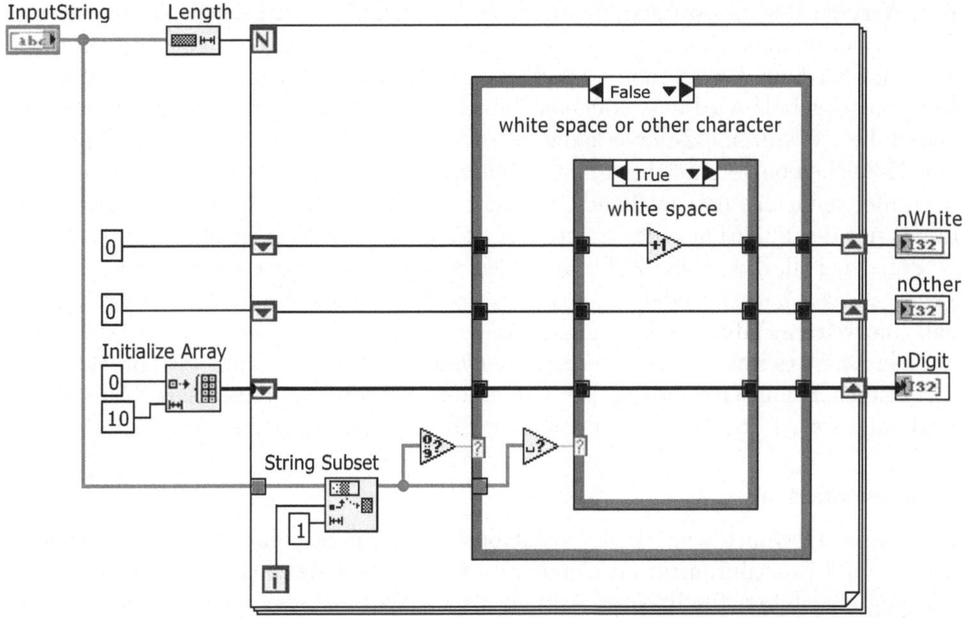

Abb. 4.55: LabVIEW-Blockdiagramm für die Auswertung von nicht darstellbaren Zeichen im Beispiel `CharacterCount`

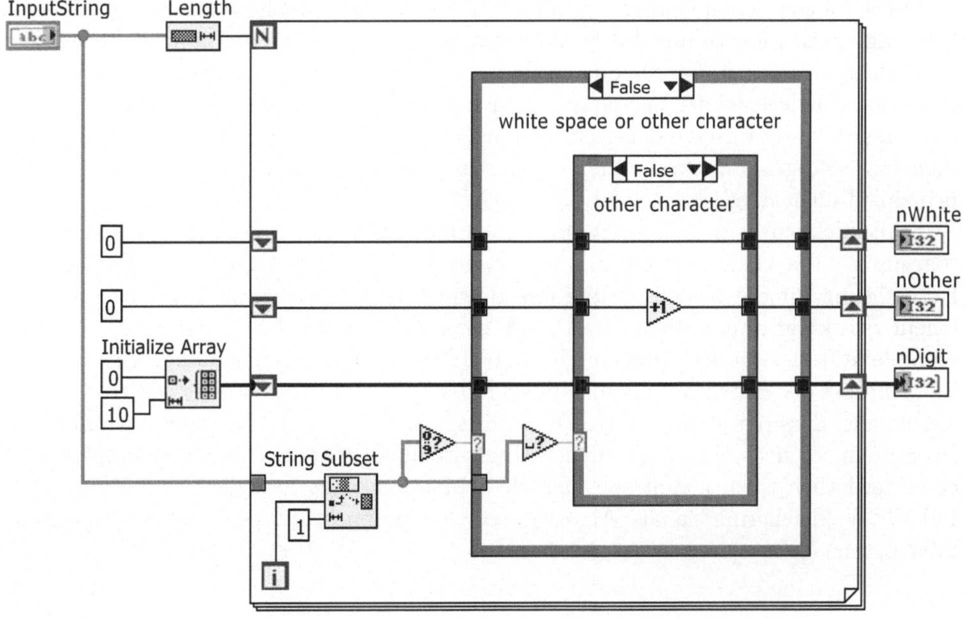

Abb. 4.56: LabVIEW-Blockdiagramm für die Auswertung von sonstigen Zeichen im Beispiel `CharacterCount`

vom Wert des Iterationszählers. Beim ersten Durchlauf wird der Zeichenkette das erste Zeichen entnommen, beim zweiten Durchlauf das zweite Zeichen usw. Das aktuelle Zeichen wird dann daraufhin überprüft, ob es sich um eine Ziffer handelt. In Abhängigkeit vom Ergebnis wird entweder der FALSE- oder TRUE-Fall der Fallunterscheidung ausgeführt. Wenn eine Ziffer erkannt worden ist, wird innerhalb des TRUE-Falls das ASCII-Zeichen $0 \ldots 9$ zunächst in eine Ganzzahl $0 \ldots 9$ konvertiert und mit dem Wert der Ziffer dann das entsprechende Element des Datenfeldes ausgewählt und dessen Inhalt mit der Funktion „*Increment Array Element*" um Eins erhöht.

Für den Fall, dass keine Ziffer gefunden worden ist, muss geprüft werden, ob ein *White Space Character* oder ein *Other Character* vorliegt. Dafür wird in den FALSE-Fall eine weitere Fallunterscheidung eingefügt und das aktuelle Zeichen wird daraufhin untersucht, ob es sich um ein *White Space Character* handelt. Dann wird im TRUE-Fall der inneren Fallunterscheidung der Zähler für „*nWhite*" inkrementiert (Abb. 4.55). Andernfalls wird im FALSE-Fall der Zähler für „*nOther*" inkrementiert (Abb. 4.56).

Zusammenfassung

In diesem Abschnitt wurden die Kontrollstrukturen: Sequenz, Fallunterscheidung, Schleife und Prozeduraufruf als elementare Bestandteile der strukturierten Programmierung eingeführt. Ihr linearer Aufbau als Zweipol mit genau einem Eingang und einem Ausgang unterbindet bei der Entwicklung eines Algorithmus Sprünge (*GOTO*) innerhalb der Ablaufstruktur des Algorithmus und trägt so entscheidend zur Lesbarkeit und damit zum Verständnis von Programmen bei.

Vor der eigentlichen Codierung in einer Programmiersprache stehen für die Visualisierung eines Algorithmus unterschiedliche Algorithmen-Beschreibungssprachen zur Verfügung, von denen Pseudocode und Struktogramme beispielhaft vorgestellt worden sind. Insbesondere bei der Verwendung von Struktogrammen erweist es sich als vorteilhaft, dass bedingt durch das Konstruktionsprinzip — im Gegensatz zu Flussdiagrammen bzw. Programmablaufplänen — die Implementierung von Sprüngen (*GOTO*) prinzipiell nicht möglich ist.

Schließlich wurde den Algorithmen-Beschreibungssprachen Pseudocode und Struktogrammen die visuelle Programmiersprache LabVIEW gegenübergestellt. Bei der Betrachtung für die Visualisierung des Beispielalgorithmus nach Abbildung 4.51 in einem Struktogramm und nach Abbildung 4.54 in LabVIEW zeigt sich, dass die Komplexität der Bildinformation in LabVIEW nur geringfügig höher ist. Bei der Verwendung der Entwicklungsumgebung LabVIEW stellt es sich aber als großer Vorteil heraus, dass der strukturierte Datenflussplan identisch ist mit dem ausführbaren Programm, so dass kein zusätzlicher Übersetzungsschritt in eine Programmiersprache erforderlich wird. Damit soll hier die Schlussfolgerung gezogen werden, dass sich LabVIEW gleichermaßen als Algorithmen-Beschreibungssprache und als Programmiersprache eignet.

4.5 Zusammenfassung

In diesem Kapitel wurde zunächst die strukturierte Analyse mittels Datenflussdiagrammen, Mini-Spezifikation und Datenkatalog erläutert und an einem Beispiel aufgezeigt, wie die strukturierte Analyse mit LabVIEW vorgenommen werden kann. Die
Erweiterung um Kontrollflüsse ermöglicht darüber hinaus die Modellierung des dynamischen Verhaltens eines Systems. Wobei sich für die Ablaufspezifikation das Modell
eines endlichen Automaten eignet.

Dabei hat sich gezeigt, dass die Prozesse eines Datenflussdiagramms und die Aktionen eines endlichen Automaten Synonyme sind, ebenso wie die Kontrollflüsse im Kontrollflussdiagramm und die Ereignisse im Automatenmodell:

- Prozess   = Aktion
- Kontrollfluss = Ereignis

Um Verwechslungen zu vermeiden, sollte bei der Systemanalyse darauf geachtet
werden, dass sowohl Prozesse und Zustände als auch Datenflüsse und Ereignisse durch
aussagekräftige Namen deutlich voneinander zu unterscheiden sind.

Für die Spezifikation eines primitiven Prozesses der strukturierten Analyse und
die programmtechnische Umsetzung eines endlichen Automaten eignen sich die Elemente der strukturierten Programmierung. In diesem Zusammenhang wurde aufgezeigt, wie die von der Programmiersprache unabhängige Algorithmen-Entwicklung
mittels Pseudocode und Struktogrammen vorgenommen werden kann. Der textbasierten Darstellung der Elemente in Pseudocode und der graphischen Darstellung in
Struktogrammen wurde zur Veranschaulichung die Realisierung von Kontrollstrukturen in LabVIEW gegenübergestellt.

In den folgenden Kapiteln soll zunächst eine Einführung in die Programmierumgebung LabVIEW gegeben werden, um dann in Kapitel 12 anhand von Beispielen zu
zeigen, wie die Ergebnisse einer Systemanalyse insbesondere unter Verwendung des
Modells eines endlichen Automaten vorgenommen werden kann.

5 Entwicklungsumgebung LabVIEW

In diesem Kapitel sollen zunächst die wichtigsten Bestandteile der Entwicklungsumgebung vorgestellt werden, um eine erste Orientierung zu ermöglichen. In Kapitel 6 wird dann der vollständige Entwurfsprozess für ein LabVIEW-Programm anhand eines einfachen Beispiels aufgezeigt.

Die dem Buch beiliegende DVD ermöglicht die Installation von LabVIEW 8.0 entweder in englischer oder deutscher Sprache. Für die in aller Regel unproblematische Installation findet sich in Anhang A.1.1 eine kurze Anleitung. Eine kurze Übersicht über sinnvolle Änderungen der Standardeinstellungen wird im Anhang A.1.3 gegeben.

Nach der Installation kann das Programm aus dem Startmenü oder durch einen Doppelklick auf das Desktop-Icon (falls eine entsprechende Verknüpfung erstellt wurde) gestartet werden. Während der Initialisierung wird zunächst der Startbildschirm dargestellt (Abb. 5.1). Danach wird das Auswahlfenster *Getting Started* (Erste Schritte) angezeigt (Abb. 5.2).

▶ **Hinweis: Entwicklungsumgebung LabVIEW 8.0**

Die Entwicklungsumgebung ist in der Version 8.0 in vielen Bereichen überarbeitet worden. Das Auswahlfenster ist geändert worden, neue Menüs sind hinzugekommen, LV 8.0 Menüeinträge wurden verschoben, ebenso wie die Anordnung von Funktionen in einzelnen Paletten. Eine Übersicht über die wichtigsten Änderungen wird im Anhang A.4 gegeben. Der Wechsel von einer älteren LabVIEW-Version zu LabVIEW 8.0 bereitet aber erfahrungsgemäß keine Schwierigkeiten, zumal sich durch die Änderungen in der Regel eine bessere Strukturierung der Entwicklungsumgebung ergibt. ◀

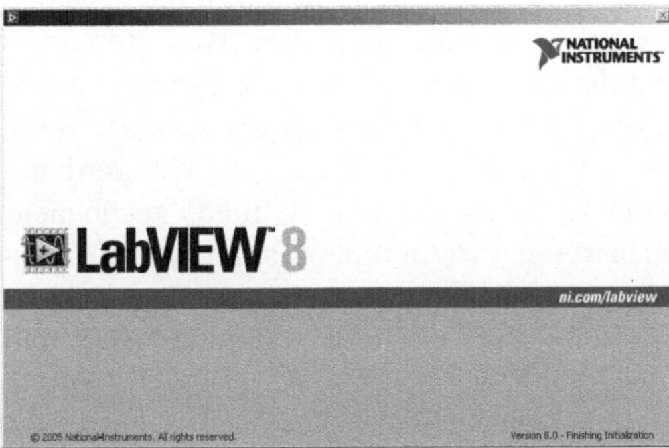

Abb. 5.1: Startbildschirm von LabVIEW 8

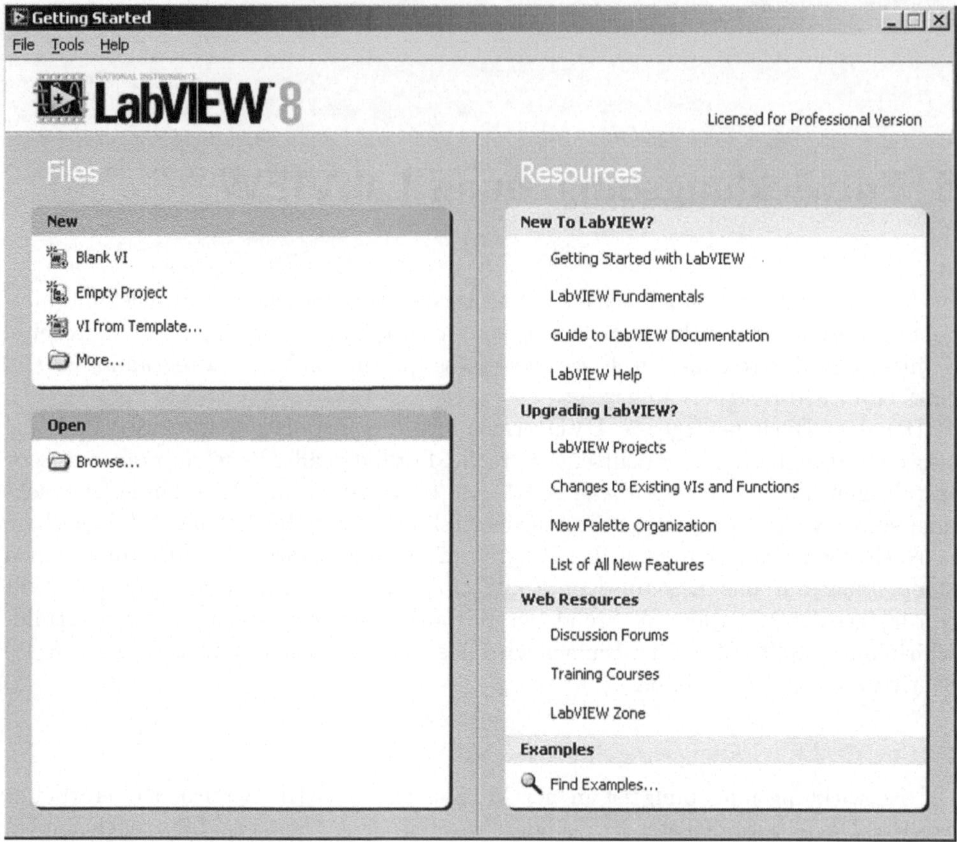

Abb. 5.2: Auswahlfenster nach dem Programmstart von LabVIEW

Der rechte Teil des Auswahlfensters zeigt alle Einträge des Hilfesystems, die in vier Gruppen zusammengefasst sind. In *New To LabVIEW* (Für Einsteiger) stehen Informationen für Anfänger zur Verfügung, aber auch die umfangreiche Online-Hilfe *LabVIEW Help*. In *Upgrading LabVIEW?* (Neue Programmfunktionen) können alle Änderungen zur vorigen Version eingesehen werden und über *Web Resources* (Informationen im WWW) stehen weitere Informationsquellen zur Verfügung. In vielen Fällen sind *Examples* (Beispiele) bei der Programmentwicklung hilfreich. Diese können nach Auswahl von *Find Examples...* (Beispiele suchen...) gesucht werden.

Im linken Teil des Auswahlfensters kann im Bereich *Open* (Öffnen) gegebenenfalls aus einer Liste der zehn zuletzt bearbeiteten Programme das gewünschte ausgewählt oder über *Browse...* (Durchsuchen...) ein Programm in der Verzeichnisstruktur gesucht werden. Im Bereich *New* (Neu) können neue Projekte angelegt und Vorlagen für die Programmentwicklung ausgewählt werden.

In den meisten Fällen ist es ausreichend, über *Blank VI* (Leeres VI) ein neues Programm zu erstellen. Auf dem Bildschirm erscheinen zwei Fenster, das *Front Panel* (Frontpanel) und das *Block Diagram* (Blockdiagramm) (Abb. 5.3). Auf dem grau

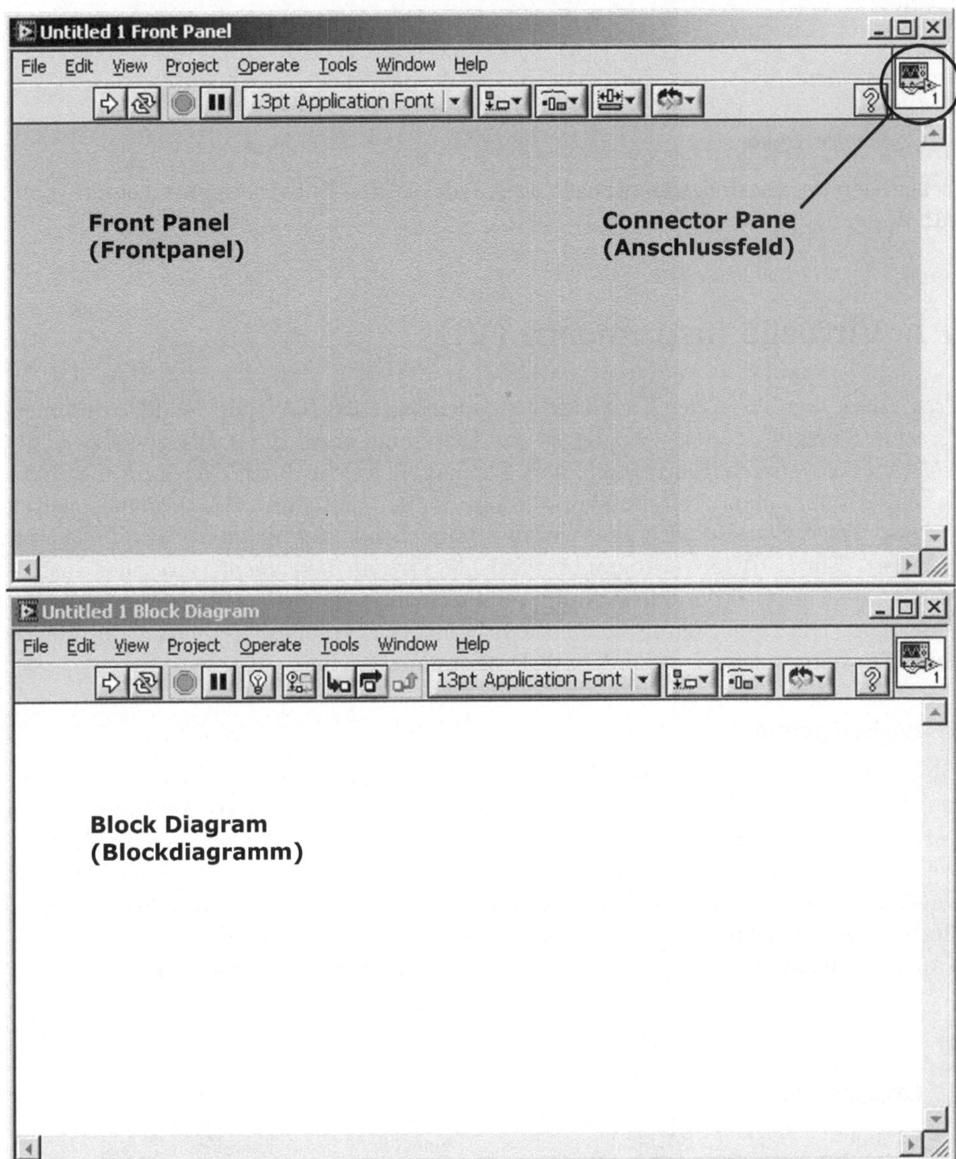

Abb. 5.3: *Front Panel* und *Block Diagram* der Entwicklungsumgebung LabVIEW

hinterlegten *Front Panel* wird die Bedienoberfläche entwickelt, im weiß hinterlegten *Block Diagram* der Quellcode. In beiden Fenstern befindet sich in der rechten oberen Ecke ein kleines *Icon* (Symbol), welches als *Connector Pane* (Anschlussfeld) bezeichnet wird. Hier können u. a. bei der Software-Entwicklung die Eigenschaften des Programms festgelegt werden und hier erfolgt die Parameterübergabe zwischen Haupt- und Unterprogrammen.

Die drei Elemente

- *Front Panel*,
- *Block Diagram* und
- *Connector Pane*

stellen bereits die drei wesentlichen Bestandteile der Entwicklungsumgebung Lab-VIEW dar.

5.1 Virtuelle Instrumente (VI)

Programme werden in der Entwicklungsumgebung LabVIEW mit der Programmiersprache G erstellt. Kennzeichnend ist die Erstellung eines *Block Diagrams* über die Auswahl von verschiedenen graphischen Elementen, welche durch „Verdrahtung" über Datenflüsse miteinander verbunden werden. Bei der Erstellung von Bedienelementen auf dem *Front Panel* werden gleichzeitig entsprechende Terminals im *Block Diagram* generiert. Ein LabVIEW-Programm wird als *Virtual Instrument* (virtuelles Instrument) bezeichnet, da Aussehen und Funktionalität an reale (Mess-)Geräte angelehnt sind. Die Bezeichnung virtuelles Instrument spiegelt sich auch in der Dateinamenserweiterung vi von LabVIEW-Programmen wieder.

Beispielprogramm

Zunächst soll das einfache Beispielprogramm CalculateSine.vi verwendet werden, um die einzelnen Bestandteile der Entwicklungsumgebung einzuführen und um die Voraussetzungen für die Entwicklung einfacher Programme zu schaffen (Abb. 5.4). Weitere Elemente der Entwicklungsumgebung werden dann sukzessive nach Bedarf eingeführt. Den Arbeitsablauf und die Handhabung der einzelnen *Tools* (Werkzeuge), die für die Entwicklung eines Programms erforderlich sind, werden anschließend in Kapitel 6 anhand des Beispielprogramms CalculateSine.vi vorgenommen.

a)   b)

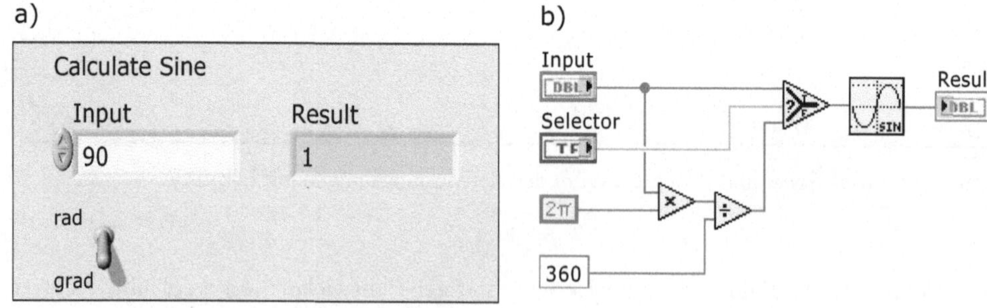

Abb. 5.4: Beispielprogramm CalculateSine.vi

Abbildung 5.4a zeigt das *Front Panel* und Abbildung 5.4b das *Block Diagram* des Beispielprogramms `CalculateSinus.vi`. Von der Eingangsvariablen „*Input*" wird der Sinus berechnet und in der Anzeige „*Result*" dargestellt. Der Auswahlschalter „*Selector*" ermöglicht es, die Berechnung entweder in Grad oder Radiant durchzuführen. Die Programmlogik im *Block Diagram* wird realisiert, indem der boolesche Wert des Auswahlschalters „*Selector*" auf eine Auswahlfunktion geführt wird. Ist der Wert logisch wahr, wird der obere Eingang der Auswahlfunktion an den Ausgang weitergegeben. Andernfalls wird der untere Eingang an den Ausgang weitergegeben. Danach wird der Sinus berechnet und der berechnete Wert in der Anzeige „*Result*" dargestellt. Die Funktion „sin" arbeitet standardmäßig im Modus Radiant. Daher ist es ausreichend, bei der Auswahl „rad" den Wert der Eingangsvariablen direkt der Funktion „sin" zuzuführen. Soll der Sinus dagegen im Modus Grad berechnet werden, ist zunächst eine Umrechnung der Eingangsvariablen erforderlich. Dabei wird der Wert der Eingangsvariablen zunächst mit 2π multipliziert und anschließend durch 360 dividiert.

Das Beispielprogramm eignet sich bereits dazu, um einige wesentliche Grundlagen des Datenflusskonzeptes zu erläutern. Die Verarbeitung von Daten erfolgt im *Block Diagram* unabhängig von der Anordnung der Elemente. Zur Verbesserung der Lesbarkeit sollte jedoch bei der Programmentwicklung durch ein geeignetes Layout darauf geachtet werden, dass der Datenfluss im *Block Diagram* nach Möglichkeit von links nach rechts erfolgt.

Controls (Eingabeelemente) wie „*Input*" und „*Selector*" wirken als Datenquellen. Dies wird im *Block Diagram* durch einen kleinen schwarzen Pfeil an der rechten Seite der Eingabeelemente gekennzeichnet. *Indicators* (Ausgabeelemente) wirken als Datensenken. Dies wird durch einen kleinen schwarzen Pfeil an der linken Seite des Anzeigeelementes im *Block Diagram* verdeutlicht. Im *Block Diagram* ist eine Unterscheidung zwischen Datenquellen und Datensenken zudem durch die Dicke ihres Rahmens möglich. Der äußere Rahmen von Datenquellen wird immer etwas dicker als der Rahmen von Datensenken dargestellt.

Wires (Drähte, Verbindungsleitungen) zwischen einzelnen Funktionen (*nodes* bzw. Knoten) unterscheiden sich je nach Datentyp und Datenstruktur in Farbgebung und Muster (Abb. 5.5). Die farbliche Kodierung von Datentypen und Datenstrukturen trägt in LabVIEW erheblich zur Lesbarkeit und zum Verständnis von Programmen bei. Eine Übersicht über die farbliche Kodierung von Datentypen und Datenstrukturen ist im Anhang in Kapitel B.5 zu finden.

Control (Eingabe)	Indicator (Anzeige)		
[I32]	[I32]	[blau]	Integer (Ganzzahl)
[DBL]	[DBL]	[orange]	Real (Fließkommazahl)
[TF]	[TF]	[grün]	Boolean (Boolesch)
[abc]	[abc]	[violett]	String (Zeichenkette)

Abb. 5.5: Darstellung von Datentypen in LabVIEW

5.2 Front Panel und Block Diagram

In einem Programm bzw. VI kann das *Front Panel* bzw. die Bedienoberfläche *Controls* (Eingabeelemente) und *Indicators* (Ausgabeelemente) wie z. B. Drehknöpfe, Schaltflächen, Graphen enthalten. Das *Front Panel* eines VIs besteht also aus den unterschiedlichsten interaktiven Eingabe- und Ausgabeelementen, von denen einige beispielhaft in Abbildung 5.6 gezeigt werden. Die Auswahl erfolgt in der Palette *Controls* (Bedienelemente), die durch einen Kommandoklick im *Front Panel* aufgerufen werden kann (s. Abschn. 5.3).

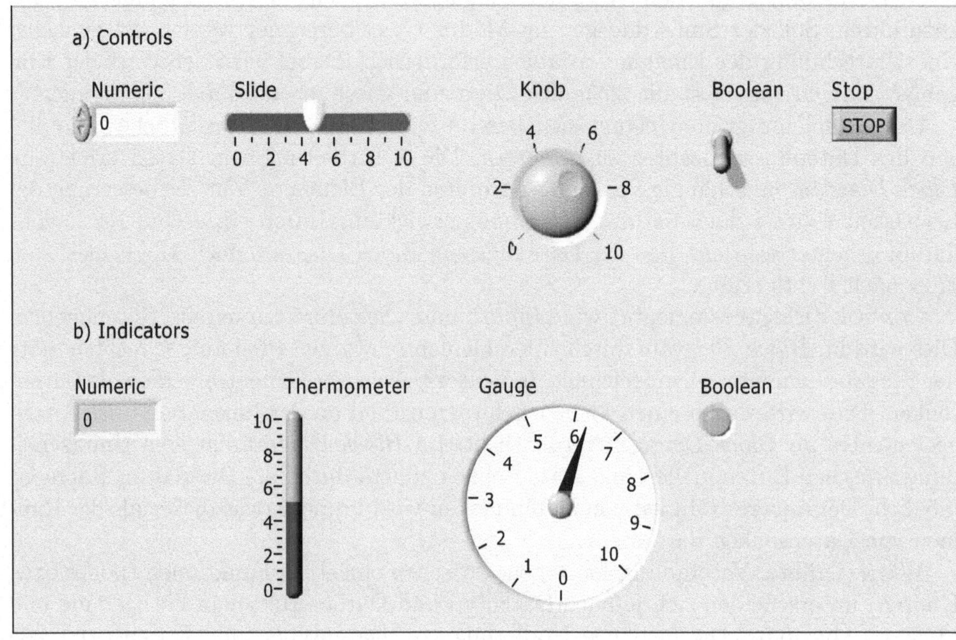

Abb. 5.6: Beispiele für *Controls* und *Indicators* (Eingabe- und Ausgabeelemente)

Die Programmlogik wird durch das *Block Diagram* repräsentiert, in dem für jedes Bedienelement ein korrespondierendes Objekt (Terminal) zur Verfügung steht. Zudem können dort u. a. vordefinierte Funktionen, Konstanten sowie Kontrollstrukturen, wie z. B. Fallunterscheidungen, Schleifen und Unterprogramme eingesetzt werden. Das vollständige *Block Diagram* wird erstellt, indem die den Elementen des *Front Panels* zugeordneten Terminals mit den für die Realisierung des Programms benötigten Funktionen und Unterprogrammen über *Wires* (Drähte) miteinander verbunden werden. Diese Verbindungsleitungen ermöglichen die Datenflüsse zwischen den einzelnen Knoten. Zur Erläuterung zeigt Abbildung 5.7 das kommentierte *Front Panel* und Abbildung 5.8 das kommentierte *Block Diagram* des Beispielprogramms.

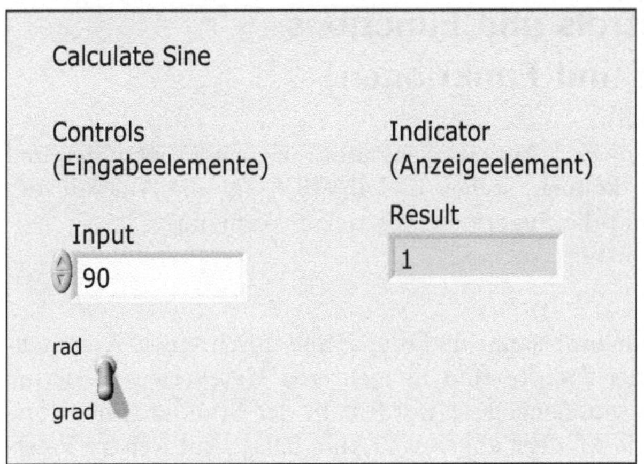

Abb. 5.7: *Front Panel* des Beispielprogramms CalculateSine.vi

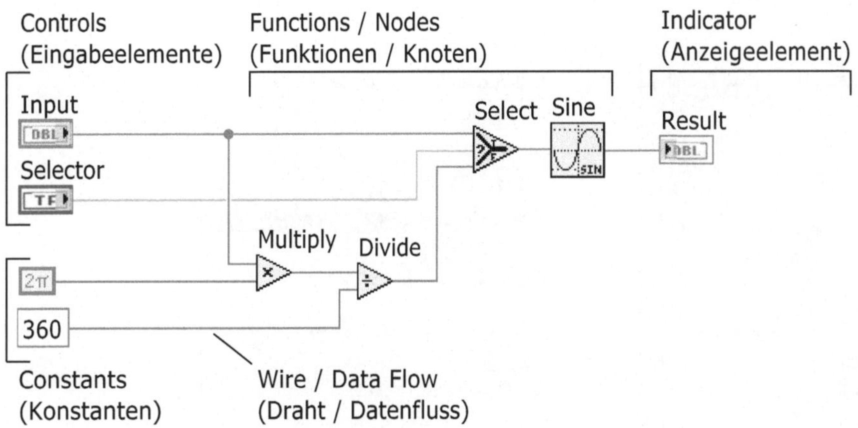

Abb. 5.8: *Block Diagram* des Beispielprogramms CalculateSine.vi

Das *Block Diagram* stellt nicht nur eine reine Illustration der gewünschten Abläufe dar, es ist vielmehr das unmittelbar ausführbare Programm selbst. Während der Programmerstellung arbeitet ein Compiler, der das VI unmittelbar nach jeder Änderung des *Block Diagrams* übersetzt. Auf Syntaxfehler wird gegebenenfalls direkt in Form von unterbrochenen Verbindungsleitungen hingewiesen. Weiterhin können Fehler auch in einer Liste angezeigt werden (vgl. Abschn. 5.6).

Jeder Knoten im *Block Diagram* ist ein ausführbares Element. Beim Datenfluss-Konzept werden die einzelnen Knoten des *Block Diagrams* nicht von links nach rechts abgearbeitet, sondern genau dann, wenn an allen eingangsseitigen Anschlüssen eines Knotens die für die Verarbeitung erforderlichen Daten anliegen. Erst nach der Ausführung werden Daten am Ausgang des Knotens bereitgestellt. Es ist also bei einer geeigneten Prozessor-Architektur durchaus möglich, dass die einzelnen Knoten im *Block Diagram* parallel bzw. nebenläufig abgearbeitet werden.

5.3 Paletten für Controls und Functions (Bedienelemente und Funktionen)

Um *Controls* und *Indicators* (Ein- und Ausgabeelemente) auf dem *Front Panel* und im *Block Diagram* platzieren zu können, stehen in LabVIEW für die Auswahl der Elemente die *Controls Palette* und die *Functions Palette* zur Verfügung.

Controls Palette

Die *Controls Palette* (Bedienelemente) kann im *Front Panel* durch einen Kommandoklick aufgerufen werden. In der Palette sind in mehreren Kategorien wiederum einzelne Paletten in Gruppen zusammengefasst worden. In der Standardeinstellung werden die Paletten der Kategorie *Modern* angezeigt (Abb. 5.9a). Auf weitere Paletten oder Elemente wird gegebenenfalls durch ein kleines schwarzes Dreieck in der rechten oberen Ecke der Schaltfläche einer Palette hingewiesen. Eine Palette kann auf dem Bildschirm fixiert werden, indem die Nadel in der linken oberen Ecke der Palette angeklickt wird wird.

LV 8.0

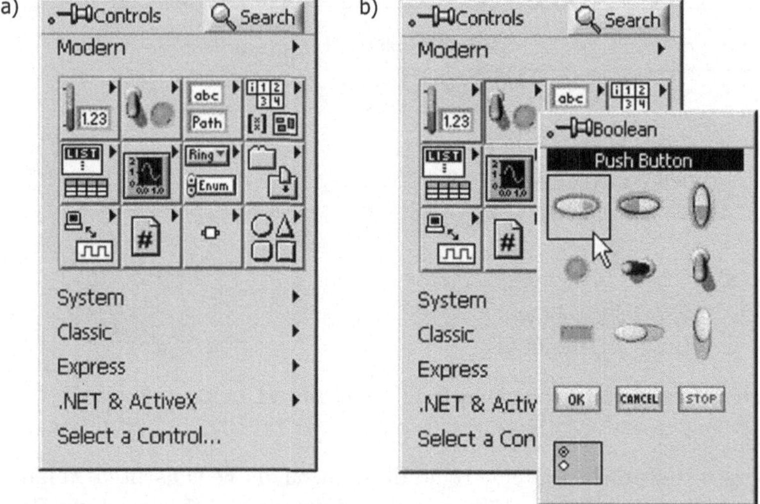

Abb. 5.9: a) *Controls Palette* und b) *Controls Palette* mit aktivierter Unterpalette *Boolean*

Eine Kategorie oder Palette wird geöffnet, indem der Cursor über ihr platziert wird. Zur Auswahl eines Elementes kann der Cursor über dem gewünschten Element positioniert werden (Abb. 5.9b). Durch Betätigen der linken Maustaste wird dieses ausgewählt und kann an die gewünschte Stelle auf dem *Front Panel* gezogen werden. Dort kann es dann hinsichtlich Größe, Form, Position, Farbe und vieler weiterer Attribute den jeweiligen Anforderungen angepasst werden.

Zunächst sind die Paletten der Kategorie *Modern* ausreichend. Die Verwendung einzelner Elemente wird in Kapitel 6 im Zusammenhang mit der Programmentwicklung erläutert. Weiter gehende Anwendungsmöglichkeiten werden in Kapitel 11 vorgestellt, in dem die Gestaltung der Bedienoberfläche behandelt wird. Dort wird zudem in Abschnitt 11.1 eine kurze Übersicht über die Elemente der übrigen Kategorien gegeben.

▶ **Tipp: Darstellung von Paletten**

Im Menü *Tools* ≫ *Options* ≫ *Control/Function Palettes* ≫ *Format* (Werkzeuge ≫ Optionen ≫ Paletten „Elemente" und „Funktionen" ≫ Format) kann die Einstellung *Category (Standard)* (Kategorie (Standard)) in *Category (Icons and Text)* (Kategorie (Symbole und Text)) umgestellt werden. Dann wird zu jedem graphischen Symbol der Palette auch der zugehörige Bezeichner dargestellt. Bei einer ersten Einarbeitung in die Entwicklungsumgebung LabVIEW kann dies unter Umständen hilfreich sein. Die entsprechende Darstellung der *Controls Palette* zeigt Abbildung 5.10.

Die Darstellungen von Paletten mit Symbolen und Text sind in diesem Buch gelegentlich mit einem Graphikprogramm verändert worden, um die vollständige Beschriftung abzubilden. Daher wird die Darstellung von Paletten nicht immer vollständig mit ihrer Erscheinungsform in LabVIEW übereinstimmen.   ◀

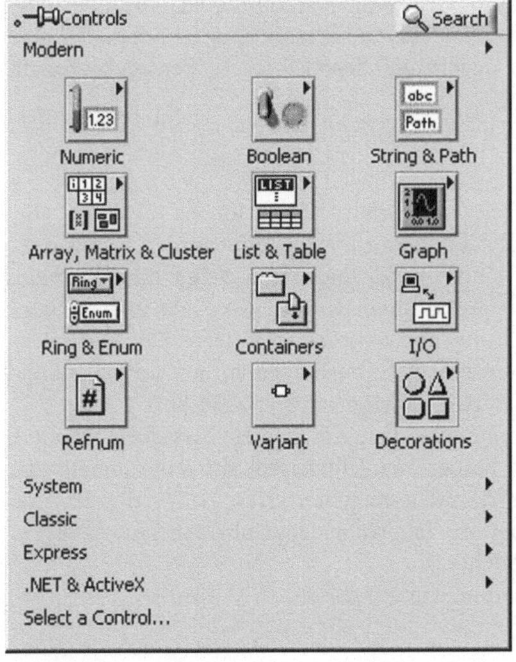

Abb. 5.10: Übersicht über die Palette *Controls* (Bedienelemente) auf dem *Front Panel* mit eingeblendeten Texten zur Erläuterung

Eine Übersicht über die Elemente der *Controls Palette* wird im Anhang in Abschnitt B.1 gegeben. Zur Veranschaulichung zeigt Abbildung 5.9a schließlich das Standard-Erscheinungsbild der *Controls Palette* nach einem Kommandoklick in das *Front Panel* und Abbildung 5.9b die *Controls Palette* mit der aktivierten Unterpalette *Boolean* (Boolesch).

- Datentypen
  In der ersten Reihe der *Controls Palette* nach Abbildung 5.10 stehen Paletten für Ein- und Ausgabeelemente verschiedener Datentypen zur Verfügung, *Numeric* (Numerisch), *Boolean* (Boolesch) und *String & Path* (String & Pfad).
- Datenstrukturen
  In der zweiten Reihe der *Controls Palette* nach Abbildung 5.10 können Elemente für die Datenstrukturen *Arrays* (Datenfelder) und *Cluster* (Datenbündel) aus der Palette *Array, Matrix & Cluster* ausgewählt werden.
- Visualisierung
  Zur Visualisierung von Daten bietet die Palette *Graph* verschiedene leistungsfähige Anzeigeelemente.
- Gestaltung der Bedienoberfläche
  Die Paletten *List & Table* (Liste & Tabelle) und *Ring & Enum* stellen Elemente für komplexere Datenein- und ausgaben zur Verfügung. Darüber hinaus können in den Paletten *Containers* und *Decorations* (Gestaltungselemente) weitere Elemente für die Gestaltung der Bedienoberfläche ausgewählt werden.
- Kommunikation
  Die Paletten I/O (*Input/Output* (Eingabe/Ausgabe)), *Refnum* und *Variant* ermöglichen die Auswahl von Elementen für die Kommunikation mit externen Geräten und Schnittstellen sowie zu ihrer Initialisierung. Diese Elemente werden hier nicht näher betrachtet.

Functions Palette

Analog zur *Controls Palette* kann die *Functions Palette* (Funktionen) im *Block Diagram* verwendet werden. Dort können alle Elemente ausgewählt werden, die für die Erstellung des Quellcodes erforderlich sind. Abbildung 5.11a zeigt die *Functions Palette* in der Standard-Darstellung, die nach einem Kommandoklick in das *Block Diagram* erscheint und Abbildung 5.11b die mit aktivierter Palette *Boolean* (Boolesch). Die einzelnen Kategorien und Paletten sollen im Folgenden wiederum anhand der *Functions Palette* mit eingeblendeten Texten erläutert werden (Abb. 5.12).

Alle Basiselemente der Programmiersprache G sind in der Kategorie *Modern* zu finden. Daher wird der Einfachheit halber bei Hinweisen auf ein Element der *Functions Palette* der Name der Kategorie nicht angeben, z. B. lautet der Hinweis auf das in Abbildung 5.11b aus der *Functions Palette* ausgewählte And-Element:
Boolean ≫ *And* (Boolesch ≫ Und) und nicht
Programming ≫ *Boolean* ≫ *And* (Programmierung ≫ Boolesch ≫ Und).

Paletten der Kategorie Programming

- Elemente der Programmiersprache G
  Im oberen Teil der *Functions Palette* stehen die Paletten zur Verfügung, die die strukturierte Datenflussprogrammierung mit Hilfe der Programmiersprache G ermöglichen. Dies sind neben Kontrollstrukturen in der Palette *Structures*

(Strukturen) Datentypen in den Paletten *Numeric* (Numerisch), *Boolean* (Boo-lesch) und *String*, Datenstrukturen in den Paletten *Array* und *Cluster & Variant*, die Palette *Comparison* (Vergleich), die Vergleichsfunktionen bereitstellt und die Palette *File I/O* (Datei-I/O) mit vielfältigen Funktionen für die Dateieingabe und -ausgabe.

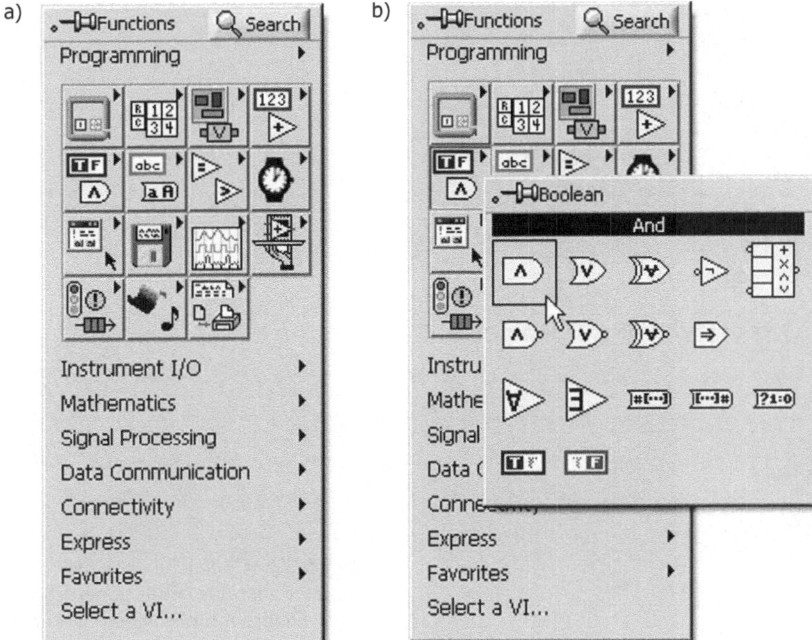

Abb. 5.11: a) *Functions Palette* und b) *Functions Palette* mit aktivierter Unterpalette *Comparison* (Vergleich)

■ Weitere Paletten
  – Die Palette *Timing* bietet u. a. Funktionen für die Erfassung der Systemzeit und die Einfügung von Wartezeiten in den Quellcode.
  – Mit den Elementen der Palette *Dialog & User Interface* (Dialog & Benutzerober-fläche) können u. a. zur Laufzeit eines Programms Dialogfenster eingeblendet und eine Fehlerbehandlung vorgenommen werden.
  – Um Signalverläufe zu generieren oder zu analysieren, können die Elemente der Palette *Waveform* (Signalverlauf) verwendet werden. Weitere Funktionen für diese Aufgabenstellungen enthalten auch die Kategorien *Mathematics* (Mathe-matik) und *Signal Processing* (Signalverarbeitung).
  – Beispielsweise können aus der Palette *Application Control* (Anwendungssteue-rung) die Elemente zum programmgesteuerten Beenden eines Programms oder der Entwicklungsumgebung ausgewählt werden.
  – Die Palette *Synchronization* (Synchronisierung) bietet mit Funktionen, z. B. für die Synchronisierung nebenläufiger Prozesse, für *Notifier*, *Queue*, *Semaphore*,

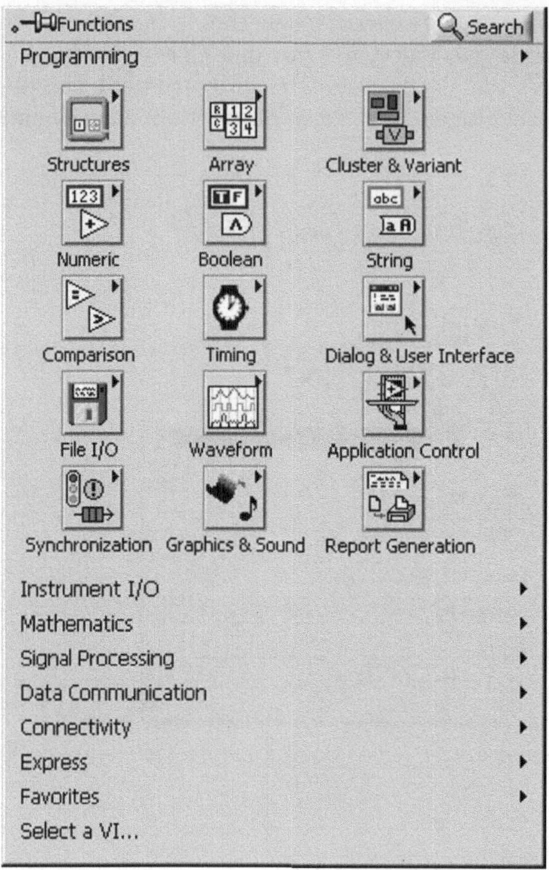

Abb. 5.12: Übersicht über die Palette *Functions* (Funktionen) im *Block Diagram* mit eingeblendeten Texten zur Erläuterung

Rendezvous und *Occurences* eine umfangreiche Auswahl, um aus der Informatik bekannte Konzepte zur Software-Entwicklung zu realisieren. Da diese Funktionen nicht auf dem Konzept der strukturierten Datenflussprogrammierung basieren, werden sie hier nicht näher betrachtet.

– In der Palette *Graphics & Sound* (Audio & Grafik) sind Funktionen für die Erstellung von Plots zu finden, die die Funktionen der Unterpalette *Graph* der *Controls Palette* bei weitem übersteigen. Zudem ist es mit Hilfe der Funktionen dieser Palette möglich, Audio-Dateien zu lesen und zu schreiben sowie Audiosignale aufzunehmen und auszugeben.

– Mit Hilfe der in der Palette *Report Generation* (Erstellen von Reports) bereitgestellten Funktionen können schließlich (Mess-)Protokolle und Programmdokumentationen erzeugt werden.

Weitere Kategorien der Functions Palette

In den übrigen Kategorien stehen mehrere hundert Funktionen zur Verfügung, die die Möglichkeiten der Entwicklungsumgebung LabVIEW z. B. für messtechnische und mathematische Anwendungen erweitern.

- Die Kategorien *Instrument I/O* (Instrumenten-I/O), *Data Communication* (Datenkommunikation) und *Connectivity* (Konnektivität) bieten vielfältige Möglichkeiten für die Kommunikation mit Messgeräten (z. B. GPIB), über verschiedenen Schnittstellen (z. B. Netzwerk, Bluetooth, E-Mail, serielle und Infrarot-Schnittstelle) und den Zugriff auf die Systemebene des Betriebssystems (z. B. Windows-Registry).

- In den Kategorien *Mathematics* (Mathematik) und *Signal Processing* (Signalverarbeitung) stehen umfangreiche Bibliotheken für praktisch alle mathematischen Anwendungen und die digitale Signalverarbeitung zur Verfügung.

- Mit der Version 7.0 von LabVIEW sind Express-VIs in die Entwicklungsumgebung integriert worden (Kategorie *Express*). Diese sollen die schnelle Programmentwicklung durch die Konfiguration verschiedener Funktionen verbessern (s. u.).

- In der Kategorie *Favorites* (Favoriten) ist es möglich, häufig verwendete Funktionen in einer benutzerdefinierten Palette zusammenzustellen.

- Über *Select a VI...* (VI auswählen...) können schließlich vorhandene Programme (VI) – genauso wie die Funktionen aus den Paletten – als Unterprogramm in das *Block Diagram* des aktuellen Programms eingesetzt werden.

▶ **Anmerkung: Neue Strukturierung der Functions Palette in LabVIEW 8.0**

In der Version 8.0 von LabVIEW sind Paletten gruppenweise in Kategorien zusammengefasst worden und teilweise weicht die Zusammenstellung erheblich von vorherigen Versionen ab. Im Anhang A.4 werden daher die wichtigsten Änderungen in einer knappen Übersicht vorgestellt.   ◀

LV 8.0

Themenspektrum

Ein Grund für den großen kommerziellen Erfolg von LabVIEW ist sicher durch die Vielfalt von vorgefertigten Funktionen für unterschiedliche Anwendungsbereiche gegeben. In der *Functions Palette* stehen bereits Bibliotheken für mathematische Analysen, Datenerfassung, Datenanalyse etc. zur Verfügung. Darüber hinaus ist es möglich, die Entwicklungsumgebung LabVIEW je nach Bedarf durch *Toolkits* zu erweitern, um beispielsweise Anwendungen aus dem Bereich der digitalen Bildverarbeitung, Datenbanken, Regelungstechnik, Protokollerstellung in Microsoft Word und Excel etc. zu realisieren.

Wie bereits in der Einleitung erläutert wurde, ist es nicht das Ziel dieses Buchs, Bedienerwissen für die umfangreichen Funktionen der Entwicklungsumgebung LabVIEW zu vermitteln. Vielmehr soll hier der Schwerpunkt auf eine Einführung in die systematische Software-Entwicklung gelegt werden. Für das Verständnis der strukturierten Datenflussprogrammierung wird es daher ausreichend sein, die in Abbildung 5.13 hervorgehobenen Unterpaletten der *Functions Palette* zu betrachten.

Auf den ersten Blick mag dieses Vorgehen als restriktiv und wenig hilfreich für ein vollständiges Verständnis der Entwicklungsumgebung LabVIEW erscheinen. Dies ist aber nicht der Fall, da diese Unterpaletten alle wesentlichen Elemente (Kontrollstrukturen, Datentypen und Datenstrukturen) der Programmiersprache G enthalten. Für eine Einführung in die systematische Software-Entwicklung sind die gedimmt dargestellten Unterpaletten nicht erforderlich. Im Allgemeinen wird das Verständnis für die

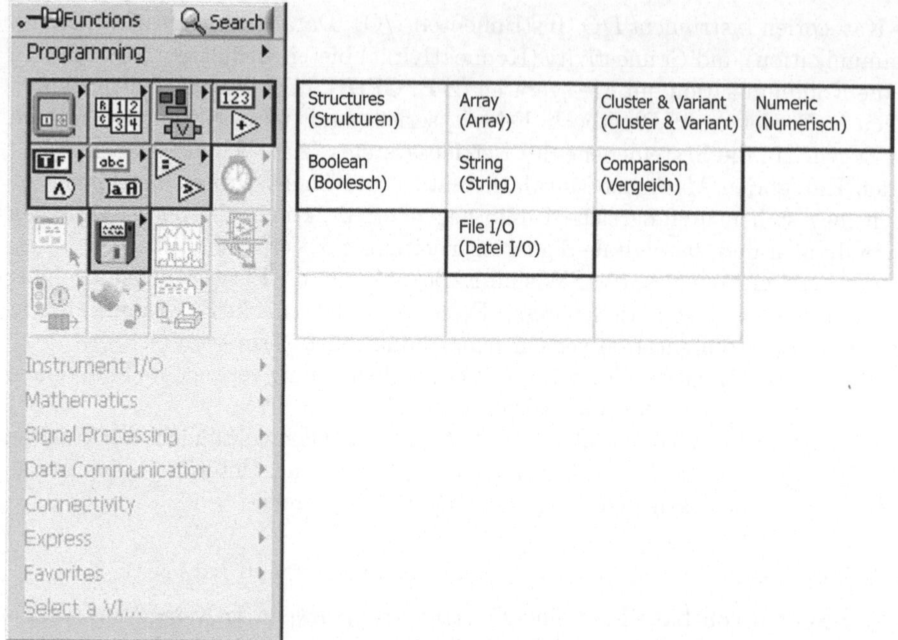

Abb. 5.13: Grundbestandteile der Programmiersprache G

der strukturierten Datenflussprogrammierung zugrunde liegenden Konzepte durch die Vielzahl der Paletten eher erschwert, da die Nutzung der zusätzlichen Funktionen in aller Regel intuitiv erfolgt, sobald das grundlegende Prinzip der strukturierten Datenflussprogrammierung verstanden worden ist. Von größerer Bedeutung wird dann in aller Regel ein spezifisches Fachwissen sein, um Problemstellungen mittels FFT, digitaler Filterung, ActiveX, .NET oder TCP/IP lösen zu können.

Soweit es im weiteren Fortgang erforderlich ist, werden aber auch Funktionen aus anderen Kategorien und Paletten eingeführt und erläutert.

Konfigurieren versus Programmieren

Express-VIs sind mit der Version 7.0 von LabVIEW eingeführt worden. Diese sollen die schnelle Programmentwicklung unterstützen. Da der Inhalt der Express-VIs im *Block Diagram* nicht direkt einsehbar ist und Express-VIs im *Block Diagram* in der Standardeinstellung erheblich mehr Platz benötigen als „klassische" LabVIEW-Funktionen, ist anzunehmen, dass die Lesbarkeit von Programmen bei der Verwendung von Express-VIs abnehmen wird. Weiterhin ist zu vermuten, dass ein Konzept „*Click and Play*" eine systematische Software-Entwicklung eher behindern als unterstützen wird. Express-VIs werden hier deshalb nicht weiter berücksichtigt. Die Entwicklung von (kommerziell erfolgreicher) Software ist nicht kompliziert, aber beliebig komplex und daher ohne einen systematischen Ansatz nicht zu bewältigen. Anwendern die Illusion zu vermitteln, einige Mausklicks könnten genügen, um ein brauchbares Software-Produkt zu erzeugen, ist sicher falsch. Da es aber jederzeit möglich ist, die Funktionalität eines Express-VIs in ein LabVIEW-Programm zu konvertieren, können diese bei der Entwicklung komplexer Anwendungen, z. B. bei der Kommunikation mit externen Geräten, durchaus als Assistent für die Software-Entwicklung verwendet werden, indem die Aufgabenstellung zunächst mit Hilfe von Express-VIs konfiguriert wird, um anschließend ein LabVIEW-Programm zu generieren und zu optimieren.

5.4 Connector Pane (Anschlussfeld)

Neben *Front Panel* und *Block Diagram* ist die *Connector Pane* (Anschlussfeld) der dritte wesentliche Bestandteil eines VIs. An dieser Stelle können die Eigenschaften des Programms konfiguriert werden und hier erfolgt die Dokumentation des Programms. Darüber hinaus wird an dieser Stelle die Parameterübergabe festgelegt, wenn ein VI als Unterprogramm (SubVI) im *Block Diagram* eines anderen VIs verwendet werden soll. Alle Konfigurationsmöglichkeiten stehen zur Verfügung, wenn über der *Connector Pane* im *Front Panel* ein Kommandoklick durchgeführt wird.

Um ein VI als SubVI verwenden zu können, muss die *Connector Pane* (Anschlussfeld) definiert werden und dem VI kann ein *Icon* (Symbol) zugeordnet werden. Das *Icon* erscheint als Objekt im *Block Diagram* eines aufrufenden VIs und dient ähnlich einem *Icon* auf dem Desktop der schnellen Identifizierung. Optional ist es aber auch möglich, das Anschlussfeld im *Block Diagram* des aufrufenden Programms darzustellen.

In der *Connector Pane* wird definiert, welche Daten an das VI übergeben werden können (*Input Terminals*) und welche Daten vom VI ausgegeben werden (*Output Terminals*), wenn es als Unterprogramm in einem anderen Programm verwendet wird. In Analogie zu den Parametern des Unterprogramms einer textbasierten Programmiersprache beschreibt also die *Connector Pane* (Anschlussfeld) mit der Anschlussbelegung die Ein- und Ausgaben des VIs. Die einzelnen *Terminals* (Anschlussbelegungen) korrespondieren dabei mit den *Controls* und *Indicators* (Eingabe- und Anzeigeelementen) des *Front Panels*. Abbildung 5.14 zeigt für das Beispielprogramm `CalculateSinus.vi` die Darstellung des *Icons* (Symbols) und der *Connector Pane* (Anschlussfeld).

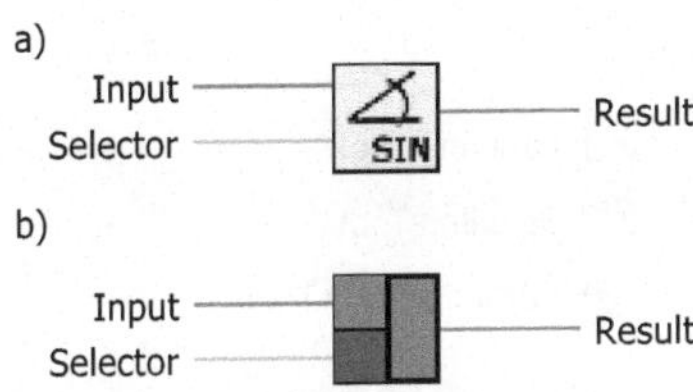

Abb. 5.14: *Connector Pane* des Beispielprogramms `CalculateSine.vi`, a) Darstellung des *Icon* (Symbol), b) Darstellung der *Connector Pane* (Anschlussfeld)

Bei der Software-Entwicklung ist es grundsätzlich sinnvoll, die Programmstruktur modular und hierarchisch aufzubauen. Dabei bietet LabVIEW den Vorteil, dass jedes VI nicht nur als Unterprogramm (SubVI) verwendet werden kann, sondern auch jederzeit als eigenständiges Programm ausgeführt werden kann, so dass die Fehlersuche (*Debugging*) erheblich vereinfacht wird. Darüber hinaus können einmal programmierte VIs unabhängig von der speziellen Problemstellung beliebig oft in anderen VIs verwendet werden. In Analogie zum Schaltungsentwurf, in dem die Kombination einzelner ICs (*integrated circuits*) die Gesamtschaltung ergibt, können SubVIs gewissermaßen als Software-ICs verwendet werden. In diesem Sinne wird eine erfolgreiche Entwicklungsstrategie nicht darin bestehen, für eine konkrete Aufgabenstellung eine spezielle Lösung zu entwickeln, sondern beim Entwurf eines Software-Moduls (SubVIs) auch zu berücksichtigen, wie dieses Software-Modul in anderen Anwendungen eingesetzt werden kann. Selbst unter dem in aller Regel gegebenen Termindruck eines aktuell zu bearbeitenden Projektes wird diese Strategie erfolgreich sein, da sie zum Aufbau einer Bibliothek von Software-Modulen führt, die letztendlich eine effiziente Bearbeitung ähnlicher Aufgabenstellungen ermöglicht.

5.5 Tools Palette (Werkzeugpalette)

Neben den drei Bestandteilen eines VIs, *Front Panel*, *Block Diagram* und *Connector Pane*, stehen in der Entwicklungsumgebung LabVIEW die *Controls Palette* für die Auswahl von Elementen der Bedienoberfläche und die *Functions Palette* zur Auswahl von Elementen für die Realisierung des Algorithmus zur Verfügung.

Weiterhin können mit Hilfe der *Tools Palette* (Werkzeugpalette) die Elemente des *Front Panels* und des *Block Diagrams* bearbeitet werden. Für die Bearbeitung werden unterschiedliche Ausführungsmodi benötigt. Diese können aus der Werkzeugpalette ausgewählt werden. Je nach Modus ändert sich das Aussehen des Maus-Zeigers, um den aktuellen Modus anzuzeigen. Einige dieser Werkzeuge sind durchaus mit denen eines Zeichenprogramms vergleichbar. Eine Übersicht zeigt Abbildung 5.15. Allen Schaltflächen der *Tools Palette* ist ein kurzer *Tip Strip* (Hinweistext) über die Funktion hinterlegt, der aktiviert wird, wenn der Cursor ohne zu klicken über der jeweiligen Schaltfläche positioniert wird.

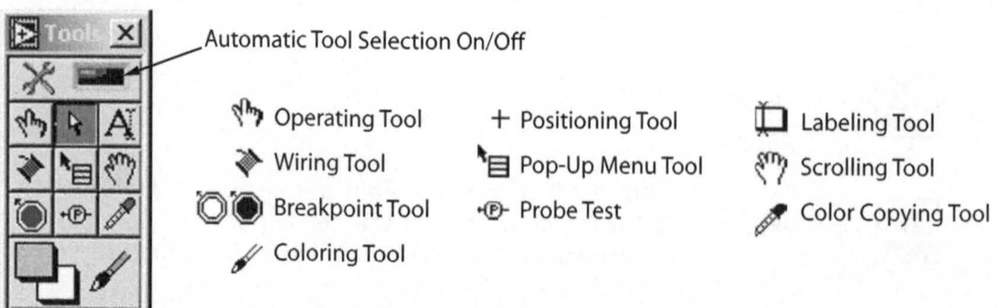

Abb. 5.15: *Tools Palette* (Werkzeugpalette) mit Bearbeitungsfunktionen

- Das *Operating Tool* (Bedienwerkzeug)
  ermöglicht neben der Bedienung interaktiver Elemente auf dem *Front Panel* (z. B. Schalter, Drehknöpfe, Schieberegler) auch die Änderung von Eingabewerten und Anzeigen. Es ist das einzige Werkzeug, das auch während der Ausführung eines Programms aktiv bleibt.
- Das *Positioning Tool* (Positionierwerkzeug)
  dient zur Platzierung, Skalierung und Auswahl von Elementen auf dem *Front Panel* und *Block Diagram*.
- Das *Labeling Tool* (Beschriftungswerkzeug)
  ermöglicht die Eingabe von Texten und Zahlen in *Controls* und *Indicators* sowie deren Beschriftung. Es können auch Texte, z. B. zur Kommentierung, im *Front Panel* und *Block Diagram* erstellt werden.
- Das *Wiring Tool* (Verbindungswerkzeug)
  dient zum Verbinden („Verdrahten") von Objekten im *Block Diagram*. Mit diesem Werkzeug werden die Datenflusswege gezeichnet. Es wird auch dazu verwendet, um die *Controls* und *Indicators* (Ein- und Ausgabeelemente) des *Front Panels* den jeweiligen Anschlüssen im *Connector Pane* (Anschlussfeld) zuzuordnen.
- Das *Object Shortcut Menu* (Objekt-Kontext-Menü)
  öffnet beim Anklicken eines Objektes das zugehörige Kontextmenü. Diese Methode ist funktionsgleich mit einem Kommandoklick auf das Objekt.
- Das *Scrolling Tool* (Scroll-Werkzeug)
  dient neben den *Scrollbars* (Bildlaufleisten) am rechten und unteren Rand des *Front Panels* bzw. des *Block Diagrams* zum beliebigen Verschieben des sichtbaren Bildbereiches.
- Das *Breakpoint Tool* (Haltepunktwerkzeug)
  dient dem Setzen oder Löschen von *Breakpoints* (Haltepunkten) in einem Programm. Die Ausführung des Programms wird beim Erreichen eines Haltepunktes an der gewünschte Stelle unterbrochen.
- *Probe Tool* (Sondenwerkzeug)
  ermöglicht es, „Sonden" in *Wires* (Verbindungsleitungen) einzubringen und so die Daten zu beobachten, die während der Ausführung des Programms durch die Verbindungsleitungen „fließen".
- Das *Color Copying Tool* (Farbe übernehmen)
  wird verwendet, um die Farbe eines Objektes aufzunehmen und mit Hilfe des Farbwerkzeugs (s. u.) auf ein anderes Objekt zu übertragen.
- Das *Coloring Tool* (Farbwerkzeug)
  dient zum Einfärben von Objekt-Vorder- und Hintergründen, indem der Cursor über dem gewünschten Objekt platziert und anschließend ein Mausklick ausgeführt wird.
  Die gewünschten Vorder- und Hintergrundfarben können vorher entweder mit dem *Color Copying Tool* ausgewählt werden oder über eine der beiden Farbflächen (Vorder- bzw. Hintergrundfarbe) des *Coloring Tools* eingestellt werden. Dann wird eine Unterpalette geöffnet (Abb. 5.16), in der u. a. mit dem Cursor eine Farbe aus den angezeigten Farbspektren ausgewählt werden kann. Alternativ dazu ist es möglich, die Schaltfläche in der rechten unteren Ecke der Palette zu betätigen. In der dann erscheinenden Unterpalette können Farben direkt im RGB- oder HSB-

Farbraum ausgewählt werden. In der rechten oberen Ecke erlaubt die Schaltfläche „T" zudem, die Vorder- bzw. Hintergrundfarbe eines Objektes transparent zu schalten.

Die in Abbildung 5.16 dargestellte Farbpalette kann auch aufgerufen werden, indem das *Coloring Tool* über ein Objekt gebracht und anschließend ein Kommandoklick durchgeführt wird.

Mit dem *Coloring Tool* ist es nicht möglich, die Farbe von Text zu verändern. Dies muss über die Schaltfläche *Text Settings* (Texteinstellungen) der *Toolbar* (Symbolleiste) erfolgen (s. u.).

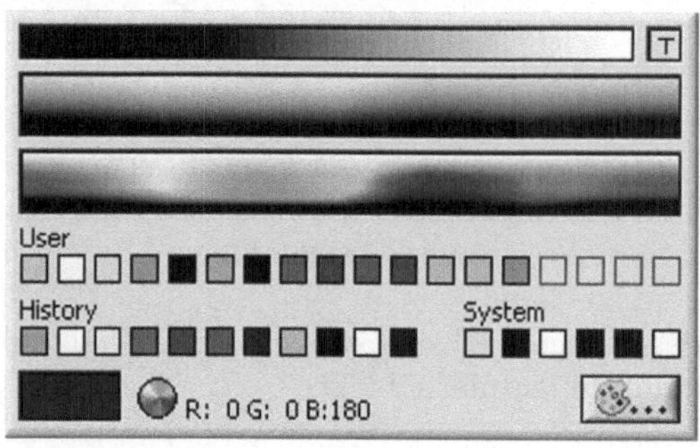

Abb. 5.16: Farbpalette mit Transparentmodus („T" oben rechts in der Palette)

Die Werkzeugpalette wird über das Pull-Down-Menü (s. u.) *View* ≫ *Tools Palette* (Anzeigen) ≫ Werkzeugpalette) aktiviert. Sie kann beliebig verschoben und auch wieder geschlossen werden.

Eine effektive Werkzeugauswahl bei der Programmentwicklung bieten zudem die Leer- und Tabulatortaste. Die Leertaste schaltet im *Front Panel* zwischen dem *Operating Tool* und *Positioning Tool* um und im *Block Diagram* zwischen dem *Positioning Tool* und *Wiring Tool*. Mit der Tabulator-Taste kann zwischen den am häufigsten verwendeten Werkzeugen gewechselt werden, im *Front Panel* zwischen *Positioning*, *Labeling*, *Coloring*, *Operating* und im *Block Diagram* zwischen *Positioning*, *Labeling*, *Wiring*, *Operating*.

Schließlich ist es möglich, in der Werkzeugpalette die Option *Automatic Tool Selection* (Automatische Werkzeugwahl) zu aktivieren. LabVIEW versucht dann, in Abhängigkeit von der Position des Cursors ein geeignetes Werkzeug anzubieten.

5.6 Toolbar (Symbolleiste)

Am oberen Rand des *Front Panels* und des *Block Diagrams* befindet sich jeweils eine *Toolbar* (Symbolleiste) (Abb. 5.17). Die Funktionen der Symbolleiste können grob in fünf Gruppen zusammengefasst werden. Eine ausführliche Erläuterung der Symbolleiste wird in Abschnitt B.3 im Anhang gegeben. Allen Schaltflächen ist ein kurzer *Tip Strip* (Hinweistext) über die Funktionalität hinterlegt, der aktiviert wird, wenn der Cursor über der jeweiligen Schaltfläche positioniert wird.

- Mit den ersten vier Schaltflächen der Symbolleiste kann die Ausführung eines VI einmal (*Run* (Ausführen)) bzw. kontinuierlich (*Run Continuously* (Wiederholt ausführen)) gestartet werden. Zudem ist es möglich, die Programmausführung abzubrechen (*Abort Execution* (Ausführung abbrechen)) oder zu unterbrechen (*Pause*).

Im Falle eines Fehlers ist ein Programm nicht kompilierbar und damit auch nicht ausführbar. Der *Run Button* erscheint in gebrochener Form (*List Errors* (Fehler anzeigen)). Das Anklicken der Schaltfläche bringt eine Fehlerliste zur Anzeige. Zur

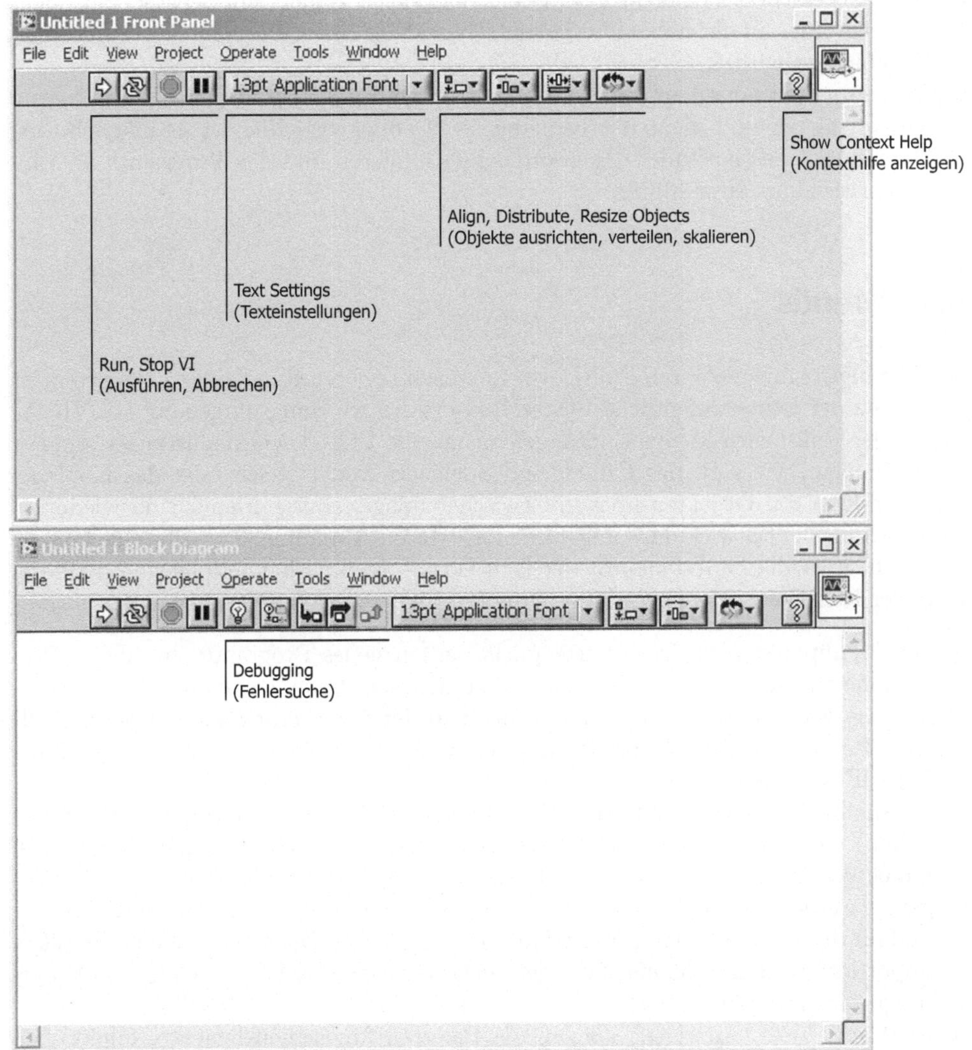

Abb. 5.17: *Toolbar* (Symbolleiste) im *Front Panel* und *Block Diagram* der Entwicklungsumgebung LabVIEW

Lokalisierung des jeweiligen Fehlers im *Block Diagram* können die Fehlermeldungen in der Fehlerliste ausgewählt werden.

- Die Schaltfläche *Text Settings* (Texteinstellungen) bietet die üblichen Möglichkeiten zur Formatierung von Texten, wie Schriftart, Schriftgröße, Ausrichtung und Farbe.

- Werkzeuge zur Ausrichtung, Verteilung, Größenanpassung und Gruppierung von Objekten stehen in einer weiteren Funktionsgruppe zur Verfügung. Um diese Funktionen nutzen zu können, werden die betreffenden Objekte mit dem Cursor markiert und der entsprechende Befehl ausgewählt.

- Die mit einem „?" gekennzeichnete Schaltfläche öffnet ein Fenster mit einer Kontext-Hilfe, in der nahezu zu jedem Element im *Block Diagram* eine kurze Hilfe eingeblendet wird.

- Die letzte Funktionsgruppe der *Toolbar* (Symbolleiste) steht nur im *Block Diagram* zur Verfügung und dient der Fehlersuche (*Debugging*). Hier ist es möglich, den Datenfluss eines laufenden Programms zu animieren und das Programm im Einzelschrittmodus auszuführen.

5.7 Menüs

Die Menüleiste mit mehreren Pull-Down-Menüs am oberen Rand eines VI-Fensters ist schließlich der letzte wesentliche Bestandteil der Entwicklungsumgebung LabVIEW. Einige der Pull-Down-Menüs sind angelehnt an die Pull-Down-Menüs vieler anderer Anwendungen, wie z. B. das Öffnen und Speichern von Dateien oder das Kopieren und Einfügen von Objekten über die Zwischenablage; andere Menüs sind wiederum spezifisch für die Entwicklungsumgebung LabVIEW. Abbildung 5.18 gibt eine knappe Übersicht über die Funktionalität der Pull-Down-Menüs. Eine detailliertere Erläuterung der Pull-Down-Menüs wird im Anhang in Abschnitt B.2 gegeben.

- Der Menüpunkt *File* (Datei) ermöglicht es, ein neues Programm zu öffnen, Programme zu speichern, zu schließen und zu drucken. Darüber hinaus können hier – genauso wie über die Auswahlmöglichkeit in der *Connector Pane* (Anschlussfeld) – die Programmeigenschaften konfiguriert werden und die Entwicklungsumgebung LabVIEW beendet werden.

- In Analogie zu vielen anderen Anwendungen bietet der Menüpunkt *Edit* (Bearbeiten) im Wesentlichen die Möglichkeiten der Windows-Zwischenablage, d. h. Objekte können ausgeschnitten, gelöscht, kopiert und an anderer Stelle wieder eingefügt werden. Weiterhin steht an dieser Stelle eine Undo-Funktion zur Verfügung und für die Verwendung im *Front Panel* oder im *Block Diagram* können Graphiken importiert werden. Schließlich ist hier auch die automatische Erstellung von Unterprogrammen implementiert.

LV 8.0 - Im Menü *View* (Anzeigen) können die Paletten für Bedienelemente, Funktionen und Werkzeuge aufgerufen werden. Weiterhin kann hier gegebenenfalls eine Fehlerliste zur Anzeige gebracht werden und dieses Menü enthält Befehle zum Navigieren in umfangreichen Programmsystemen, die aus vielen VIs aufgebaut worden

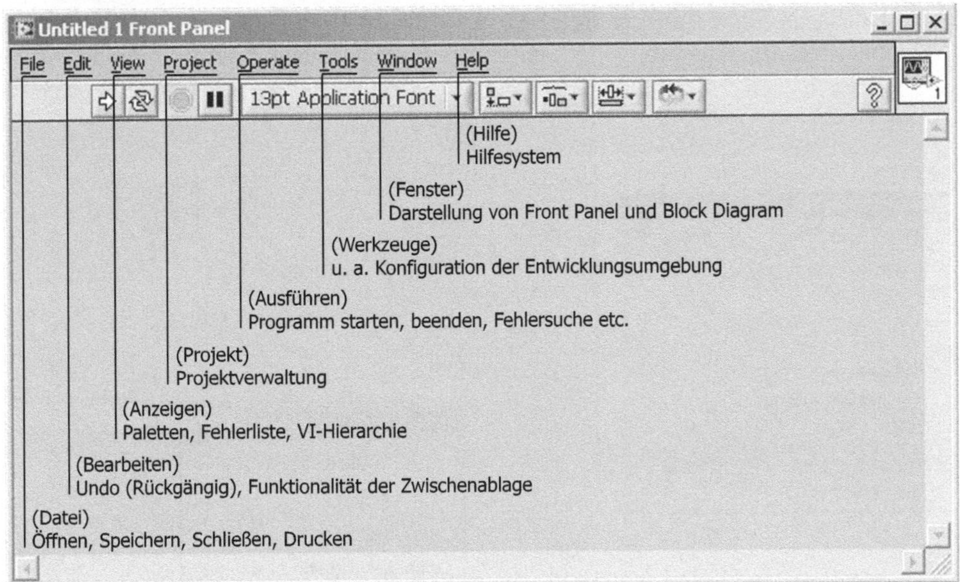

Abb. 5.18: Übersicht über die Pull-Down-Menüs der Entwicklungsumgebung LabVIEW

sind. Beispielsweise kann die Programm-Hierarchie zur Anzeige gebracht werden (*VI Hierarchy* (VI-Hierarchie)).

- Für die Verwaltung großer Software-Projekte bietet das Menü *Project* (Projekt) Befehle, um Projekte anzulegen, zu öffnen und zu verwalten.

- Die beiden wichtigsten Funktionen im Menüpunkt *Operate* (Ausführen) ermöglichen es, ein Programm zu starten und zu beenden. Diese beiden Menüpunkte weisen dieselbe Funktionalität auf wie der *Run Button* und *Abort Execution Button* in der *Toolbar*.

- Der Menüpunkt *Tools* (Werkzeuge) bietet neben vielen anderen Optionen die Möglichkeit, die Entwicklungsumgebung zu konfigurieren.

- Im Menüpunkt *Window* (Fenster) kann zwischen der Anzeige des *Front Panels* und *Block Diagrams* umgeschaltet und die Auswahl von aktuell geöffneten VIs getroffen werden.

- Über das Pull-Down-Menü *Help* können die umfangreichen Hilfestellungen der Entwicklungsumgebung LabVIEW ausgewählt werden (s. Abschn. 5.8).

LV 8.0

5.8 Hilfesystem

Die Entwicklungsumgebung LabVIEW stellt ein leistungsfähiges Hilfesystem zur Verfügung. Dieses kann in der Menüleiste mit *Help* (Hilfe) aufgerufen werden. Funktionsgleich zum Aufruf der Kontext-Hilfe über das Pull-Down-Menü ist die Aktivierung der Schaltfläche *Show Context Help Window* (Kontexthilfe anzeigen) in der *Toolbar* (Symbolleiste). Die Auswahlmöglichkeiten des Kontextmenüs zeigt Abbildung 5.19a.

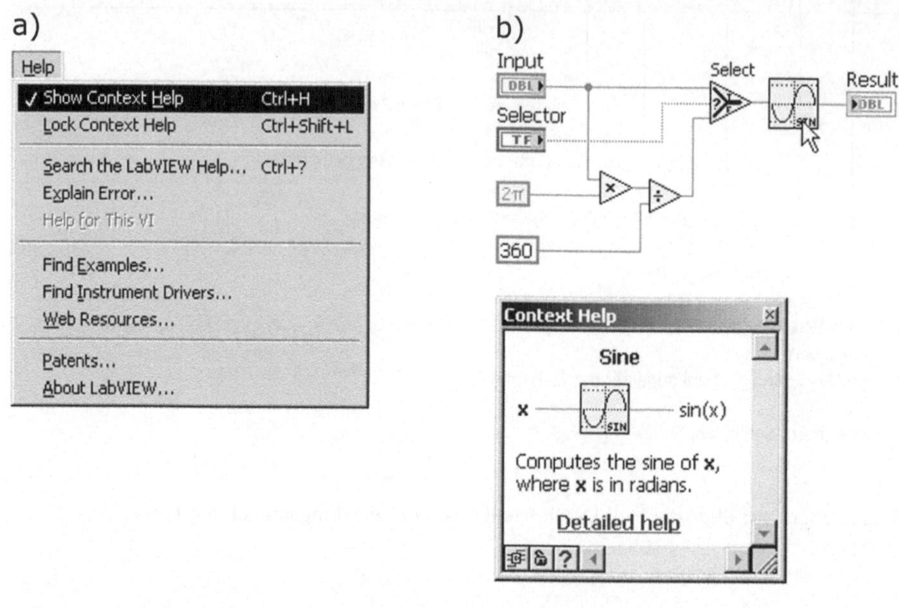

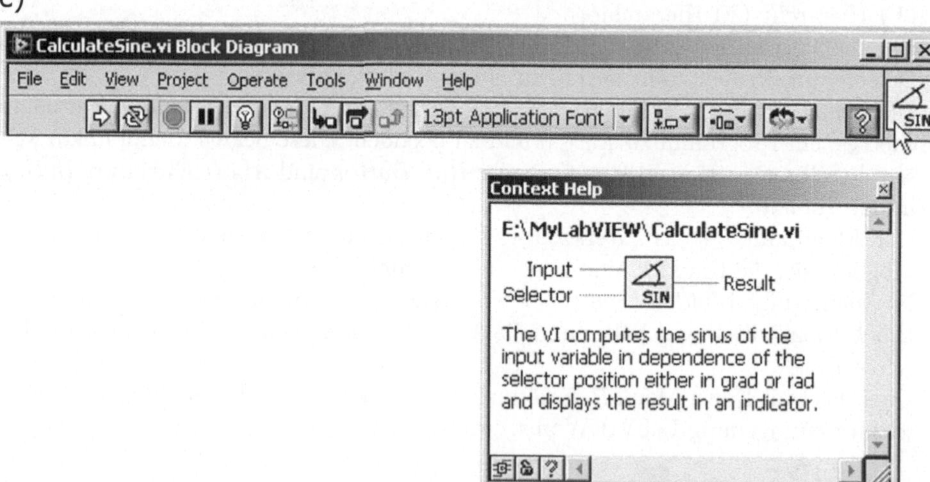

Abb. 5.19: Aktivierte Kontexthilfe für das Beispielprogramm

- Durch Aktivieren des Befehls *Show Context Help* (Kontext-Hilfe anzeigen) wird ein Fenster geöffnet, in dem zu einem Objekt unterhalb des Cursors ein Hilfetext angezeigt wird. Abbildung 5.19b zeigt beispielhaft das Hilfefenster der Funktion

„*Sine*", die im Beispielprogramm verwendet worden ist. Wird der Cursor wie in Abbildung 5.19c über die *Connector Pane* (Anschlussfeld) des Beispielprogramms geführt, zeigt das Hilfefenster die Dokumentation des Programms an.

Weitere Informationen liefert die Kontext-Hilfe, wenn im *Block Diagram* das *Wiring Tool* (Verbindungswerkzeug) ausgewählt worden ist. Wird der Cursor, der dann die Form einer kleinen Drahtspule aufweist, auf einem *Wire* (Verbindungsleitung) platziert, zeigt das Fenster der Kontext-Hilfe den Datentyp bzw. die Datenstruktur an. Wird das *Wiring Tool* dagegen über einem Knoten (einer Funktion bzw. einem Unterprogramm) platziert, wird sowohl im *Block Diagram* als auch im Hilfefenster das durch das *Wiring Tool* ausgewählte Terminal blinkend dargestellt, so dass sichergestellt werden kann, dass die Verbindungsleitung an der richtigen Stelle angeschlossen wird.

Bei der Parameterübergabe an ein Unterprogramm (SubVI) bestehen drei Möglichkeiten: ein Eingang muss verdrahtet werden (*required*, fett gedruckt), ein Eingang sollte verdrahtet werden (*recommended*, normal gedruckt) und ein Eingang kann verdrahtet werden (*optional*, grau gedruckt). Bei der Verwendung eines empfohlenen Eingangs wird bei fehlender Verdrahtung ein Standardwert verwendet.

In den meisten Fällen wird nach einer Einarbeitungsphase in LabVIEW die Kontext-Hilfe ausreichen, um schnell die erforderlichen Informationen über eine zu verwendende Funktion zu erhalten.

- Über *Search the LabVIEW Help...* (LabVIEW-Hilfe durchsuchen...) steht die vollständige LabVIEW-Hilfe zur Verfügung. Diese kann nach Thema, Schlagwort oder Suchbegriff durchsucht werden.

- In vielen Fällen ist ein Beispielprogramm hilfreicher als die abstrakte Erläuterung einer Dokumentation. Über den Menüpunkt *Find Examples...* (Beispiele suchen...) kann eine umfangreiche Sammlung von Beispielprogrammen aufgerufen werden. Weiterhin bietet der Menüpunkt *Web Ressources...* (Informationen im WWW...) gegebenenfalls die Möglichkeit, per Browser direkt die Homepage von National Instruments aufzurufen (www.ni.com), um dort nach weiterführenden Hilfen (Dokumente, Beispiele, Gerätetreiber etc.) zu suchen. Anhand dieser Möglichkeiten wird eine Recherche in nahezu allen Fällen erfolgreich verlaufen.

- Komplexere Programme werden auch ein *Error Handling* (Fehlerbehandlung) enthalten. Die Erläuterungen zu aufgetretenen Fehlern können dann gegebenenfalls über den Menüpunkt *Explain Error...* (Fehler erklären...) aufgerufen werden.

Zusammenfassung

Die Entwicklungsumgebung LabVIEW umfasst die drei Hauptbestandteile *Front Panel*, *Block Diagram* und *Connector Pane*. Das *Front Panel* stellt die Bedienoberfläche eines Programms dar, im *Block Diagram* wird der Quellcode erstellt. Über die *Connector Pane* werden die Eigenschaften des Programms für die Verwendung als SubVI (Unterprogramm) konfiguriert. Neben der Festlegung der Ein- und Ausgabeparameter wird hier auch das *Icon* (Symbol) editiert, mit dem das Programm im aufrufenden VI dargestellt wird.

Mit Hilfe von vordefinierten *Controls* und *Indicators* (Ein- und Ausgabeelementen), die in der *Controls Palette* zur Verfügung stehen, können Daten eingegeben bzw. angezeigt werden. Wird ein Objekt aus der *Controls Palette* (Bedienelemente) auf dem *Front Panel* platziert, erscheint automatisch ein entsprechendes Objekt im *Block Diagram*, durch das die Daten des *Front Panels* im Programm verfügbar werden. Die *Functions Palette* (Funktionen) enthält Konstanten, Funktionen und Kontrollstrukturen für den Entwurf des *Block Diagrams*. Die *Nodes* (Knoten) im *Block Diagram* stellen die ausführbaren Elemente (Funktionen, Strukturen und Unterprogramme) dar. *Wires* (Verbindungsleitungen) übertragen die Daten zwischen den Knoten, wobei ein Knoten nur dann ausgeführt wird, wenn alle Eingangsdaten zur Verfügung stehen. Dieses Prinzip wird Datenfluss-Programmierung (*Data Flow Programming*) genannt. Das Blockschaltbild entspricht dem ausführbaren Programm.

Durch einen Mausklick ist es jederzeit möglich, in der Menüleiste am oberen Rand der Entwicklungsumgebung LabVIEW ein entsprechendes Pull-Down-Menü aufzurufen und nahezu allen Elementen auf dem *Front Panel* und im *Block Diagram* ist ein Kontextmenü zugeordnet, welches durch einen Kommandoklick geöffnet werden kann.

In der *Tools Palette* (Werkzeugpalette) können unterschiedliche Werkzeuge ausgewählt werden, um die für die Erstellung des *Front Panels* und des *Block Diagrams* erforderlichen Bearbeitungsschritte durchführen zu können.

Das umfangreiche Hilfe-System der Entwicklungsumgebung LabVIEW kann über das Menü *Help* (Hilfe) aufgerufen werden. Die in vielen Fällen ausreichende Kontext-Hilfe kann zudem über die *Toolbar* (Symbolleiste) mit der Schaltfläche *Show Context Help Window* (Kontexthilfe anzeigen) aktiviert werden.

Abschließend sollen die in LabVIEW verwendeten programmtechnischen Begriffe ihren Äquivalenten aus herkömmlichen, textorientierten Programmiersprachen gegenübergestellt werden (Tab. 5.1).

Tab. 5.1: Programmiertechnische Begriffe in LabVIEW im Vergleich zu textbasierten Programmiersprachen

LabVIEW	Textbasierte Sprachen
VI	(Haupt-)Programm
SubVI	Unterprogramm
Function	Funktion
Front Panel	Bedienoberfläche
Block Diagram	Quellcode

Nachdem in diesem Kapitel eine kurze Übersicht über alle Bestandteile der Entwicklungsumgebung LabVIEW gegeben worden ist, sollen anschließend in Kapitel 6 anhand eines einfachen Beispielprogramms die für die vollständige Entwicklung eines Programms erforderlichen Arbeitsabläufe veranschaulicht werden.

6 Programmentwicklung

Im vorigen Kapitel wurden die wesentlichen Bestandteile der Entwicklungsumgebung LabVIEW vorgestellt und kurz das Konzept eines virtuellen Instrumentes (VI) erläutert. Nun sollen anhand eines einfachen Programmbeispiels die Arbeitsabläufe, die für die Erstellung eines Programms erforderlich sind, veranschaulicht werden. Beispielhaft wird gezeigt, wie Elemente auf dem *Front Panel* (Bedienoberfläche) platziert werden und wie im *Block Diagram* das eigentliche Programm entwickelt wird. Neben den Möglichkeiten zur Dokumentation und Datensicherung werden auch Möglichkeiten zum *Debugging* (Fehlersuche) vorgestellt.

Als Beispiel soll das bereits in Kapitel 5 verwendete Programm `CalculateSine.vi` dienen, welches in Abhängigkeit von der Stellung eines Auswahlschalters von einer Eingangsvariablen den Sinus in Grad oder Radiant berechnet. Zu Beginn der Programmentwicklung wird zunächst ein neues VI geöffnet, indem der Befehl *New VI* (Neues VI) aus dem Menü *File* (Datei) ausgewählt wird. Über das Menü *Window* (Fenster) und die Auswahl *Tile Left and Right* (Nebeneinander) bzw. *Tile Up and Down* (Untereinander) können *Front Panel* und *Block Diagram* entweder neben- oder übereinander dargestellt werden.

6.1 Dokumentation

Auch wenn es nicht in allen Fällen dem in der Praxis üblichen Vorgehen entspricht, sollte die Dokumentation eines zu entwickelnden Programms bzw. Algorithmus immer der erste Schritt einer Entwicklung sein, da in der Dokumentation bereits die Datenstruktur und somit auch die Ablaufstruktur der Programmlogik festgelegt wird. Das Dokumentationsfenster eines Programms kann durch einen Kommandoklick auf der *Connector Pane* (Anschlussfeld) und die Auswahl *VI Properties... Category: Documentation* (VI Einstellungen... Kategorie: Dokumentation) geöffnet werden, um dort die Funktionsbeschreibung einzugeben (Abb. 6.1). Alternativ kann das Dokumentationsfenster auch über das Pull-Down-Menü *File » VI Properties...* (Datei » VI-Einstellungen...) geöffnet werden. Natürlich ist es möglich, die Dokumentation jederzeit zu verändern oder zu erweitern und bei aktivierter Kontexthilfe wird die Dokumentation im Hilfefenster angezeigt (vgl. Abb. 5.19).

Weiterhin können alle Elemente des *Front Panels* und des *Block Diagrams* mit einer Dokumentation versehen werden. Ein Kommandoklick auf das Element ermöglicht die Auswahl *Description and Tip...* (Beschreibung und Tipp...) (Abb. 6.2a). In das Fenster *Description* (Beschreibung) kann dann eine Beschreibung für das

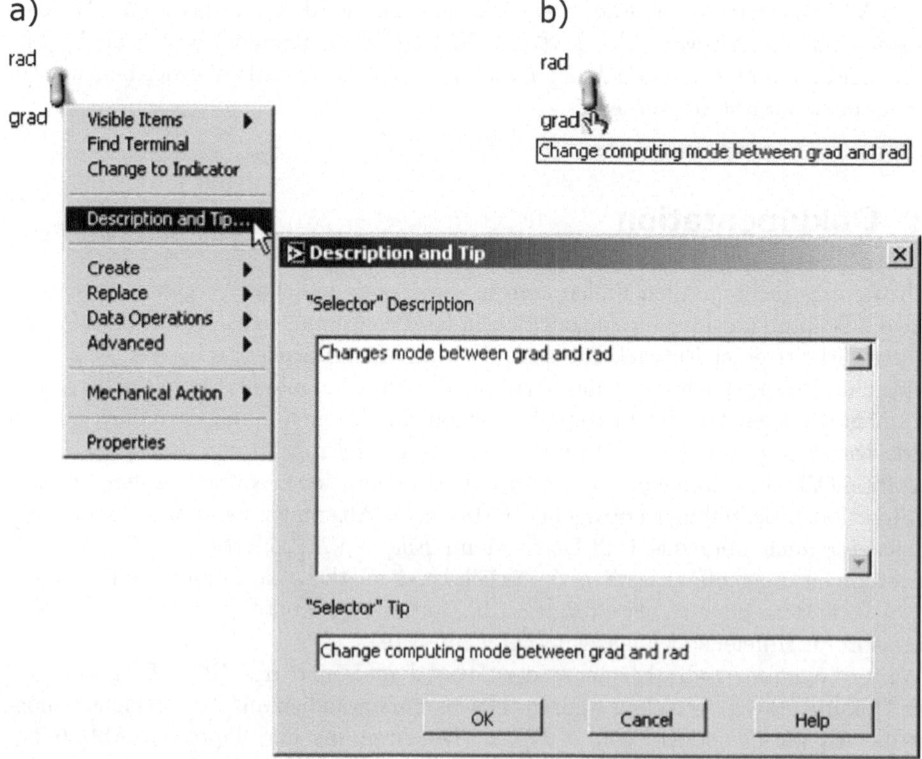

Abb. 6.1: Dokumentation eines Programms im Dokumentationsfenster

Abb. 6.2: a) Funktionsbeschreibung und b) *Tip Strip* (Hinweisstreifen) für ein Bedienelement

jeweilige Objekt eingetragen werden. Von Nachteil ist, dass diese Dokumentation im *Front Panel* bzw. *Block Diagram* nicht unmittelbar sichtbar ist und da LabVIEW-Entwickler diese Funktionalität im Allgemeinen nicht nutzen, ist die Erwartung, an dieser Stelle eine zusätzliche Information über die Programm- bzw. Objekteigenschaften zu erhalten, eher gering. Deshalb ist es empfehlenswert, zusätzliche Informationen über Bedienelemente und Objekte im *Block Diagram* ausschließlich mit dem *Labeling Tool* (Beschriftungswerkzeug) direkt auf dem *Front Panel* bzw. im *Block Diagram* vorzunehmen. Für Anwender und Entwickler ist es häufig hilfreich, Bedienelementen über die Auswahl *Description and Tip...* » *Tip* (Beschreibung und Tipp... » Tipp) eine zusätzliche Information über die Eigenschaft des Elementes zu hinterlegen. Der *Tip Strip* (Hinweisstreifen) wird zur Laufzeit des Programms angezeigt, wenn der Cursor über dem jeweiligen Objekt platziert wird (Abb. 6.2b). Hilfreich ist ein *Tip Strip* natürlich nur dann, wenn er zusätzliche Informationen bereitstellt und nicht nur die Beschriftung eines Bedienelementes wiederholt.

6.2   Front Panel

Der nächste Schritt der Programmentwicklung wird die Platzierung von *Controls* (Eingabeelementen) und *Indicators* (Anzeigeelementen) auf dem *Front Panel* sein. Dafür kann mit einem Kommandoklick im *Front Panel* die *Controls Palette* (Bedienele-

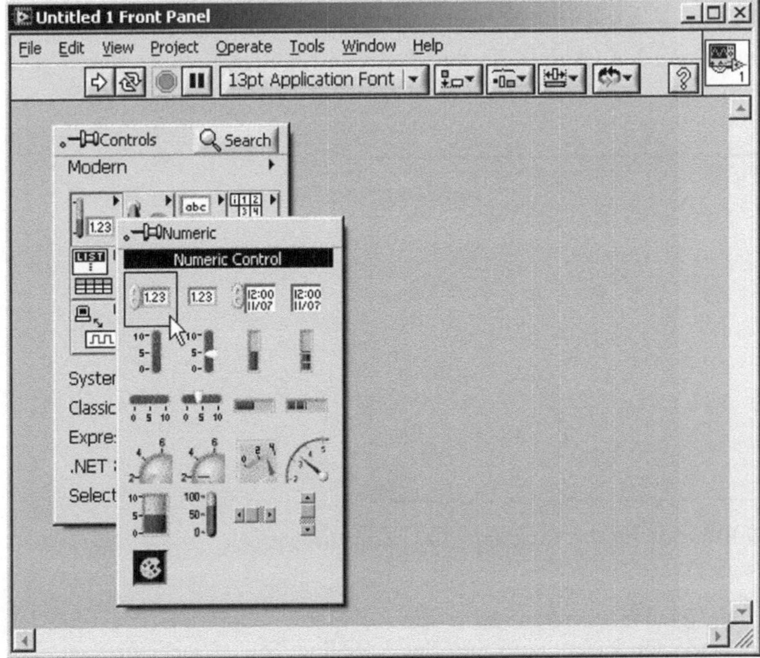

Abb. 6.3: Auswahl eines *Controls*

mente) aufgerufen werden und mit der Positionierung des Cursors auf der Palette *Numeric* können die dort enthaltenen Elemente angezeigt und ausgewählt werden (Abb. 6.3), indem das gewünschte Element angeklickt und per *Drag & Drop* auf das *Front Panel* gezogen wird (Abb. 6.4a).

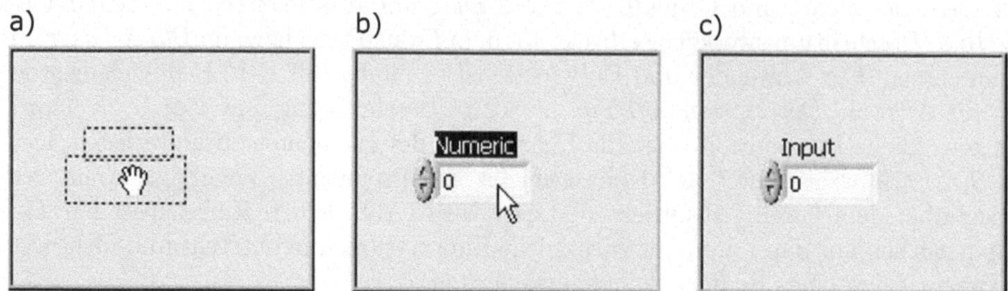

Abb. 6.4: Platzierung und Beschriftung eines *Controls*

Unmittelbar nach der Platzierung ist das *Label* (Beschriftung) des Objektes aktiviert (Abb. 6.4b) und der gewünschte Text für den Bezeichner des Objektes kann eingegeben werden (Abb. 6.4c). Analog zur Platzierung des Bedienelementes „*Input*" können die Anzeigeelemente „*Result*" aus der *Controls Palette* ≫ *Numeric* (Bedienelemente ≫ Numerisch) und der Auswahlschalter aus der *Controls Palette* ≫ *Boolean* (Bedienelemente ≫ Boolesch) ausgewählt und auf dem *Front Panel* platziert werden. Für das Anzeigeelement „*Result*" ist in diesem Beispiel das Element *Gauge* (Drehinstrument) und für den Auswahlschalter das Element *Vertical Toggle Switch* (Vertikaler Umschalter) verwendet worden (Abb. 6.5). Letzterer ist nicht mit einem Bezeichner versehen worden (s. u.).

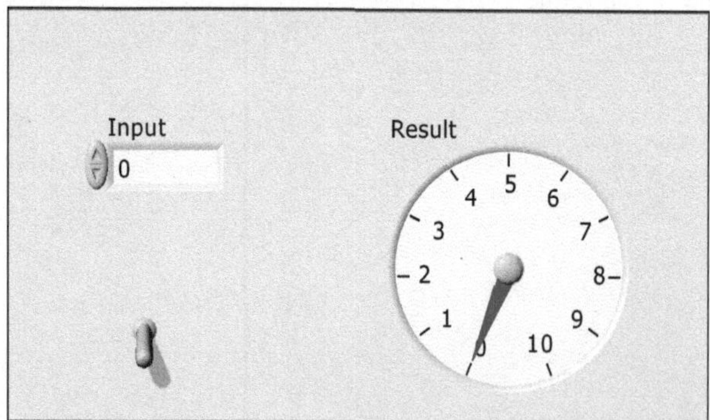

Abb. 6.5: Frontpanel-Elemente für das Programm `CalculateSine.vi`

Aus der *Tools Palette* (Werkzeugpalette), die im Menü *Windows* (Fenster) der Menüleiste aufgerufen werden kann, kann nun das *Labeling Tool* (Beschriftungswerkzeug) ausgewählt werden (Abb. 6.6a), um das *Front Panel* mit dem Text „*Calculate Sine*" und die Schalterstellungen des Auswahlschalters mit „*rad*" und „*grad*" zu

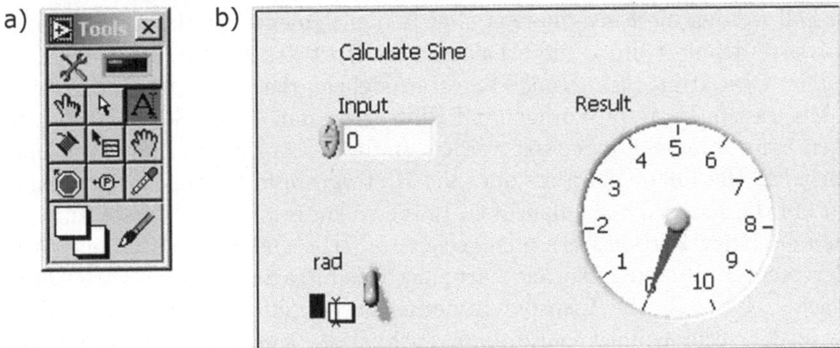

Abb. 6.6: Beschriftung des *Front Panels*

beschriften (Abb. 6.6b). Im Pull-Down-Menü *13pt System Font* (13pt Anwendungsschriftart) der *Toolbar* (Symbolleiste) stehen alle Möglichkeiten zur Änderung der Schriftattribute zur Verfügung, z. B. Größe, Schriftart und Farbe. Nach Möglichkeit sollte die voreingestellte Standard-Schriftart *System Font* (Anwendungsschriftart) beibehalten werden, da diese für eine gute Lesbarkeit auf dem Monitor ausgelegt worden ist.

Weiterhin kann das *Labeling Tool* auch verwendet werden, um die Skalierung des Zeigerinstruments zu verändern. Dafür ist es ausreichend, mit dem Beschriftungswerkzeug die „10" der Skala auszuwählen und den gewünschten Wert einzutragen (Abb. 6.7a). Die übrige Skalierung des Anzeigeelementes wird automatisch an den neuen Endwert angepasst (Abb. 6.7b). Schließlich ist es möglich, mit dem Beschriftungswerkzeug den Wert des Eingabeelements „Input" zu verändern. Dafür kann aber auch das *Operating Tool* (Bedienwerkzeug) genutzt werden.

Damit die veränderten Werte von *Controls* auch nach einem erneuten Programmstart verwendet werden können, müssen diese explizit als Standardwerte definiert werden, indem entweder im Pull-Down-Menü *Operate* (Ausführen) die Option *Make Current Values Default* (Aktuelle Werte als Standard) ausgewählt oder indem im Kontextmenü des jeweiligen *Controls* die Option *Data Operations* ≫ *Make Current Value Default* (Datenoperationen ≫ Aktuellen Werte als Standard) ausgewählt wird.

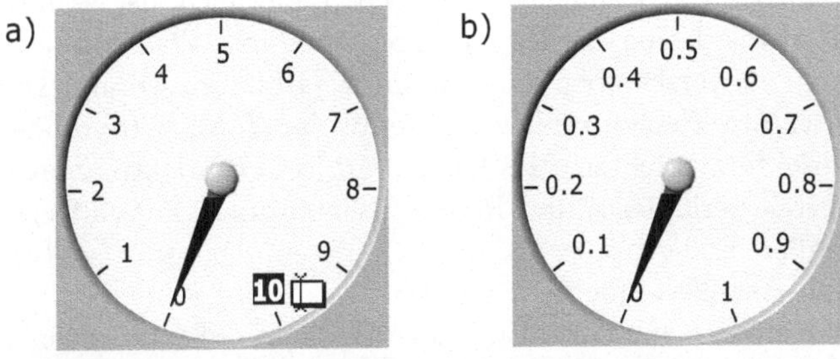

Abb. 6.7: Änderung der Skalierung eines *Indicators*

Im ersten Fall werden die Einstellungen aller Bedienelemente auf dem *Front Panel* als Standardwerte definiert, im zweiten Fall nur der Wert des jeweiligen *Controls*.

Eine weitere Gestaltung des *Front Panels* ermöglicht das *Coloring Tool* (Farbwerkzeug). Mit diesem kann die Vorder- und Hintergrundfarbe von Bedienelementen den jeweiligen Erfordernissen angepasst werden. In der *Tools Palette* kann dafür entweder die Schaltfläche für die Vorder- oder die Hintergrundfarbe angeklickt werden (Abb. 6.8a), um die Farbpalette aufzurufen. In dieser kann mit dem Cursor aus den Farbverläufen oder den Farbmustern eine geeignete Farbe ausgewählt werden (Abb. 6.8b). In der rechten oberen Ecke der Farbpalette kann anstelle einer Farbe über die Schaltfläche „T" auch ein Transparentmodus ausgewählt werden und mit der Schaltfläche in der rechten unteren Ecke der Farbpalette kann ein weiteres Fenster geöffnet werden, um der Farbpalette Farben hinzuzufügen. Die Farbauswahl erfolgt dort entweder mit Hilfe des HSB- oder des RGB-Farbmodells.

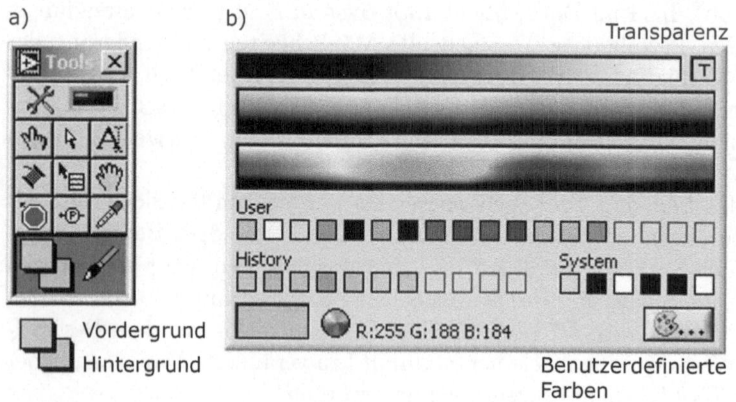

Abb. 6.8: Farbwerkzeug und Farbpalette

Nach der Auswahl einer Farbe ist die Einfärbung eines Bedienelementes mittels Farbpinsel möglich. In Anbetracht der umfangreichen farblichen Gestaltungsmöglichkeiten soll hier vor allem darauf hingewiesen werden, dass Farben beim Entwurf der Bedienoberfläche nur sehr sparsam verwendet werden sollten (vgl. Abschn. 11.2).

Neben der farblichen Gestaltung von Elementen der Bedienoberfläche ist es mit dem *Positioning Tool* (Positionierwerkzeug) zudem jederzeit möglich, Elemente auf dem *Front Panel* auszuwählen, zu verschieben und in ihrer Größe zu verändern. Darüber hinaus können ausgewählte Elemente mit den Menüs der *Toolbar* (Symbolleiste), wie *Align Objects* (Objekte ausrichten), *Distribute Objects* (Objekte anordnen), *Resize Objects* (Objektgröße verändern) und *Reorder* (Neuordnen) auf einfache Weise ausgerichtet, verteilt, skaliert und gruppiert werden. In diesem Abschnitt sollten zunächst die erforderlichen Arbeitsabläufe für die Erstellung des *Front Panels* vorgestellt werden. Weitergehende Hinweise zur Gestaltung der Bedienoberfläche enthält Kapitel 11 und eine Übersicht über die Möglichkeiten der Menüs der Symbolleiste werden im Anhang gegeben (s. Abschn. B.3).

6.3 Block Diagram

Nachdem der Entwurf der Bedienoberfläche bzw. des *Front Panels* vollständig abgeschlossen worden ist (Abb. 6.9a), soll nun im *Block Diagram* das eigentliche Programm entwickelt werden. Für jedes *Control* und für jeden *Indicator* auf dem *Front Panel* ist automatisch ein korrespondierendes Terminal im *Block Diagram* generiert worden (Abb. 6.9b). Über die Auswahlmöglichkeiten im Menü *Windows* (Fenster) bestehen die Möglichkeiten, zwischen *Front Panel* und *Block Diagram* zu wechseln, *Show Front Panel* bzw. *Show Block Diagram* (Panel anzeigen bzw. Blockdiagramm anzeigen) oder *Front Panel* und *Block Diagram* gleichzeitig nebeneinander bzw. übereinander darzustellen, *Tile Left and Right* bzw. *Tile Up and Down* (Nebeneinander bzw. Untereinander).

a)   b)

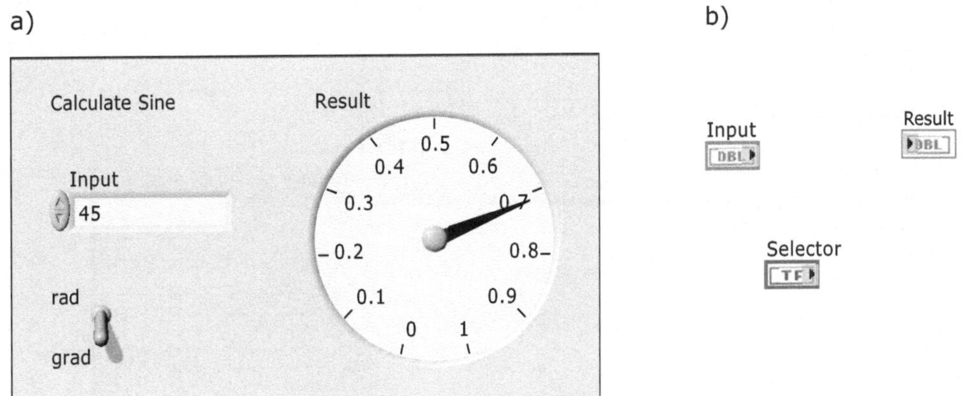

Abb. 6.9: Front-Panel- und Blockdiagramm-Elemente des Programms CalculateSine.vi

Ein Kommandoklick im *Block Diagram* öffnet die *Functions Palette*, aus der die gewünschten Funktionsknoten für die Realisierung der Programmlogik ausgewählt werden können (Abb. 6.10). Die Auswahl und Platzierung von Elementen der *Functions Palette* erfolgt analog zu der Auswahl von Elementen der *Controls Palette*. Aus der Palette *Functions » Numeric* können direkt die Funktionen *Multiply* (Multiplizieren) und *Divide* (Dividieren) ausgewählt werden.

In der linken unteren Ecke der Palette steht auch eine *Numeric Constant* (Numerische Konstante) zur Verfügung. Direkt nach der Platzierung ist diese mit dem Wert Null und dem Datentyp I32 vorbelegt. Mit dem *Labeling Tool* (Beschriftungswerkzeug) lässt sich der gewünschte Zahlenwert eingeben, für dieses Beispiel 360.

▶ **Hinweis: Automatische Konvertierung von Datentypen mittels *Coercion Dot* (Formatumwandlungspunkt)**

Eine Änderung des Datentyps ermöglicht die Option Repräsentation (Darstellung) im Kontextmenü der numerischen Konstanten. In diesem Beispiel ist der Datentyp auf *Double Precision* (Doppelte Genauigkeit, 64bit-Gleitpunktzahl) geändert worden.

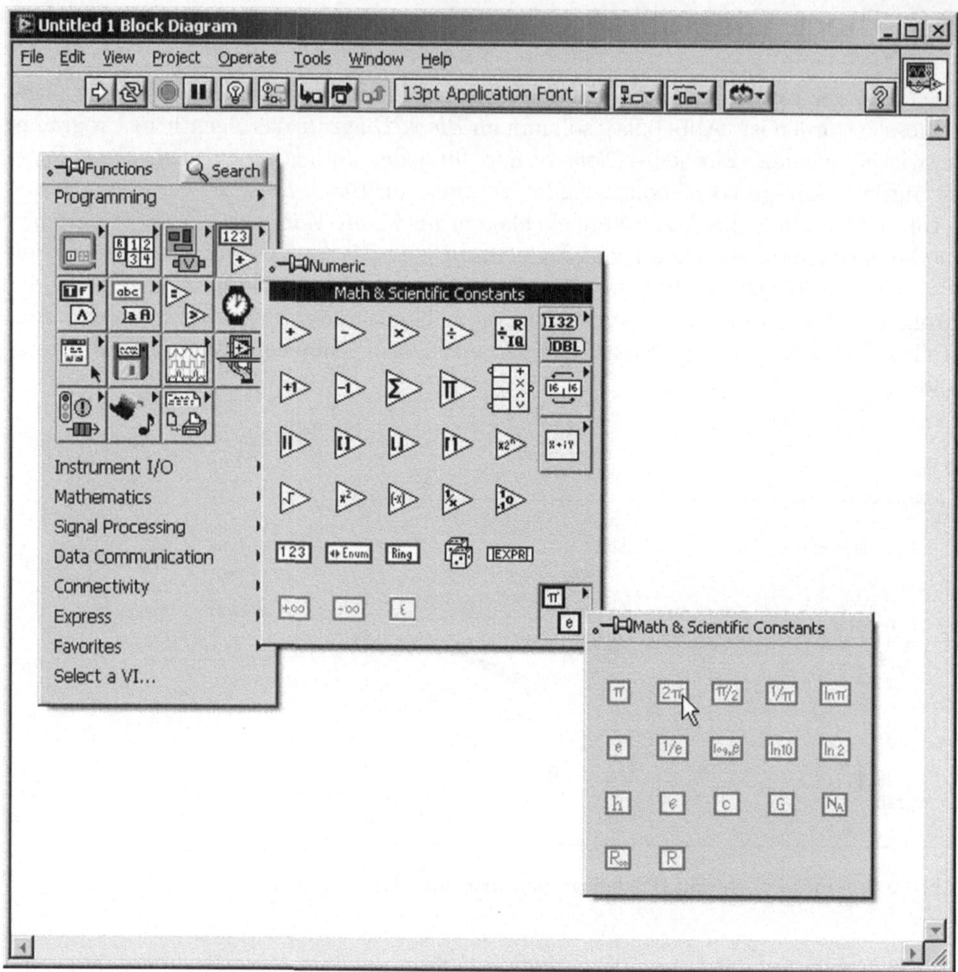

Abb. 6.10: Auswahl einer Funktion bzw. Konstanten aus der *Functions Palette*

Diese Änderung ist nicht zwingend erforderlich, da an den Eingängen einer Funktion eine Überprüfung der Datentypen erfolgt und gegebenenfalls automatisch eine Konvertierung vorgenommen wird. Die Funktionen *Divide* und *Sine* liefern als Ergebnis grundsätzlich eine Gleitpunktzahl. Dementsprechend werden Ganzzahlen bereits an den Eingängen der Funktionen in eine Gleitpunktzahl konvertiert (vgl. Abschn. 8.1.6). Angezeigt wird dies am Eingang der Funktion durch einen kleinen grauen Punkt, dem *Coercion Dot* (Formatumwandlungspunkt).

Da die Lesbarkeit des *Block Diagrams* durch die Verwendung geeigneter Datentypen mit der entsprechenden farblichen Darstellung verbessert wird, ist die Verwendung eines korrekten Datentyps in jedem Fall sinnvoll, vor allem auch deshalb, weil die automatische Konvertierung zusätzlichen Speicherplatz benötigt.

In jedem Fall bietet die Entwicklungsumgebung in der *Functions Palette* viele Funktionen zur Formatumwandlung, u. a. für numerische Datentypen (s. Kap. 8) und bei der Programmentwicklung sollten diese Konvertierungsfunktionen immer anstelle eines *Coercion Dots* verwendet werden.

In diesem Buch werden *Coercion Dots* teilweise bewusst verwendet, um bei der Einführung neuer Funktionen eine möglichst geringe Komplexität des *Block Diagrams* zu erzielen. ◀

Am rechten Rand der *Functions Palette Numeric* sind vier Unterpaletten angeordnet, u. a. *Math & Scientific Constants* (Mathematische und wissenschaftliche Konstanten), aus der die Konstante 2π ausgewählt worden ist. Die Funktion *Select* (Wählen), die für die Fallunterscheidung Grad/Rad benötigt wird, kann aus der *Functions Palette Comparison* (Vergleich) ausgewählt werden und die Sinus-Funktion kann der

Functions Palette ≫	Funktionen ≫
Category ≫	Kategorie ≫
Mathematics ≫	Mathematik ≫
Elementary & Special Functions ≫	Grund- und Spezialfunktionen ≫
Trigonometric Functions	Trigonometrische Funktionen

entnommen werden. Damit stehen alle für die Realisierung des Beispielprogramms erforderlichen Funktionen zur Verfügung (Abb. 6.11a).

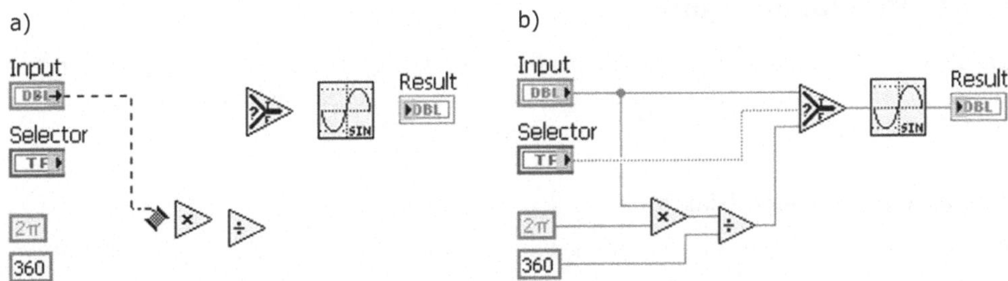

Abb. 6.11: Platzierung und Verdrahtung von Blockdiagramm-Objekten

Diese können genauso wie Frontpanel-Elemente ausgerichtet und verteilt werden. Um eine gute Lesbarkeit des Programms zu erzielen, ist es dabei in aller Regel sinnvoll, Datenquellen (*Controls*) links und Datensenken (*Indicators*) rechts im *Block Diagram* anzuordnen. Zudem können alle Elemente im *Block Diagram* über das jeweilige Kontextmenü *Visible Items* ≫ *Label* (Sichtbare Objekte ≫ Beschriftung) mit einem Bezeichner versehen werden und mit Hilfe des Beschriftungswerkzeugs ist eine weitere Dokumentation und Kommentierung des *Block Diagrams* möglich. Für eine erweiterte Dokumentation können darüber hinaus auch Formeln, Entwurfsskizzen o. Ä. in Form von Graphikelementen im *Block Diagram* integriert werden (vgl. Abschn. 11.8.3).

Um schließlich die Ein- und Ausgänge der einzelnen Funktionsknoten miteinander zu „verdrahten" bzw. zu verbinden, muss in der *Tools Palette* das *Wiring Tool* (Verbindungswerkzeug) aktiviert werden. Dann nimmt der Cursor die Form einer kleinen Drahtspule an und wenn der Cursor über einen Ein- oder Ausgang eines Knotens geführt wird, blinkt das entsprechende Terminal. Ein erster Mausklick verknüpft die Verbindungsleitung mit dem Terminal und mit weiteren Mausklicks können im *Block Diagram* Stützpunkte gesetzt werden, von denen sich die weitere Leitungsführung jeweils in beliebiger Richtung fortsetzen lässt. Solange ein *Wire* (Draht, Verbindung) nicht mindestens eine Datensenke mit einer Datenquelle verbindet, wird er als gestrichelte, schwarze Linie dargestellt (Abb. 6.11a), die immer ein Hinweis auf unvollständige oder fehlerhafte Verbindungen ist. Bei einer korrekten Verbindung nimmt die Verbindungsleitung automatisch die Farbe des entsprechenden Datentyps an (Abb. 6.11b). Der Datenfluss bzw. Datenaustausch zwischen einzelnen Objekten im *Block Diagram* erfolgt über *Wires* (Verbindungsleitungen), so dass sich das im *Block Diagram* erstellte Programm vergleichbar zu einem Datenflussdiagramm, einem Schaltplan o. Ä. erschließt.

Häufig ist es während der Entwicklung nützlich, die Kontexthilfe zu aktivieren (vgl. Abb. 5.19), da dann zu praktisch jedem Funktionsknoten die Dokumentation einschließlich der Anschlussbelegung angezeigt wird. Wird der Cursor beim ausgewähltem *Wiring Tool* (Verbindungswerkzeug) über eine Verbindungsleitung geführt, zeigt die Kontext-Hilfe auch den Datentyp und die Datenstruktur der Verbindungsleitung an.

Nachdem alle Funktionsknoten wie in Abbildung 6.11b miteinander verbunden worden sind, ist das Programm `CalculateSine.vi` vollständig und ausführbar.

6.3.1 Programmierhinweise

In diesem Abschnitt sollen abschließend einige wenige Hinweise aufgeführt werden, die zu einem effektiven Arbeitsablauf während der Programmentwicklung beitragen und die Lesbarkeit des *Block Diagrams* verbessern können.

Gestaltung des Block Diagrams

- Der Datenfluss sollte durch eine geeignete Anordnung von Ein- und Ausgabeelementen immer von links nach rechts erfolgen. Abbildung 6.12a zeigt ein Beispiel, bei dem diese Regel nicht eingehalten worden ist. Bereits in diesem einfachen Beispiel wird die Lesbarkeit des *Block Diagrams* erheblich erschwert, da es nicht unmittelbar offensichtlich ist, welcher logische Zusammenhang zwischen den drei Verbindungen besteht, die dem mittleren Addierer zugeführt werden. Komplexere Programmstrukturen können durch eine ungeeignete Führung von Verbindungsleitungen vollständig unlesbar werden. Bei einer geeigneten Verdrahtung ist der Datenfluss dagegen unmittelbar verständlich (Abb. 6.12b).
- Verbindungsleitungen werden nicht von Objekten des *Block Diagrams* verdeckt. Abbildung 6.13a zeigt einige *Controls* und *Indicators* sowie eine While-Schleife. Die Verbindungsleitung von „*Control 1*" wird dabei hinter der While-Schleife dem rechten Teil des *Block Diagrams* zugeführt, so dass auf den ersten Blick nicht ersichtlich ist, welche Anzeigeelemente mit „*Control 1*" verbunden worden sind. Ebenso wird vom Anzeigeelement „*Indicator 3*" ein Teil einer Verbindungsleitung verdeckt. Hier besteht keine Möglichkeit, anhand der graphischen Darstellung des *Block Diagrams* festzustellen, ob das Anzeigeelement „*Indicator 3*" mit der Lei-

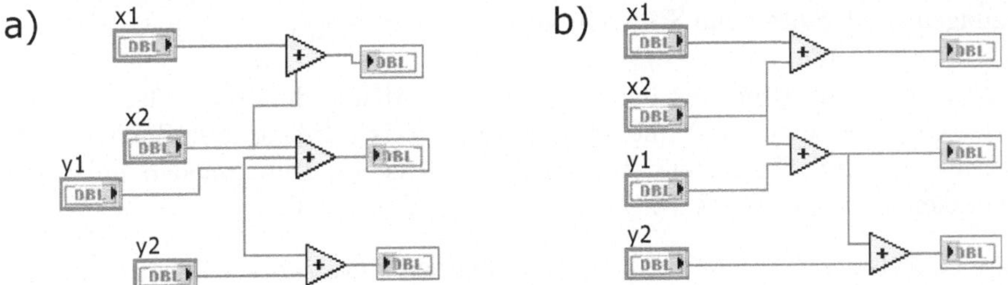

Abb. 6.12: Anordnung von Objekten und Verbindungsleitungen zwischen Objekten im *Block Diagram*

tung verbunden worden ist oder nicht. Das *Block Diagram* nach Abbildung 6.13b benötigt nur unwesentlich mehr Platz, ist aber sofort eindeutig lesbar.

- Ein *Block Diagram* sollte nicht größer als ein Bildschirm ($1024 \cdot 768$ Pixel) sein, da die Komplexität größerer Programme sonst nur schwer zu erfassen ist. Daher sollten diese mit Hilfe von Unterprogrammen besser strukturiert werden. Weiterhin ist auch eine Dokumentation eines *Block Diagrams* auf einer DIN-A4-Seite in lesbarer Form kaum noch möglich. Unter Umständen ist es denkbar, Programme in eine Richtung, horizontal oder vertikal, zu erweitern. Programme, die sowohl in vertikale als auch in horizontale Richtung die Größe eines Bildschirms überschreiten, sind nicht lesbar und eine Fehlersuche (*Debugging*) wird praktisch unmöglich.

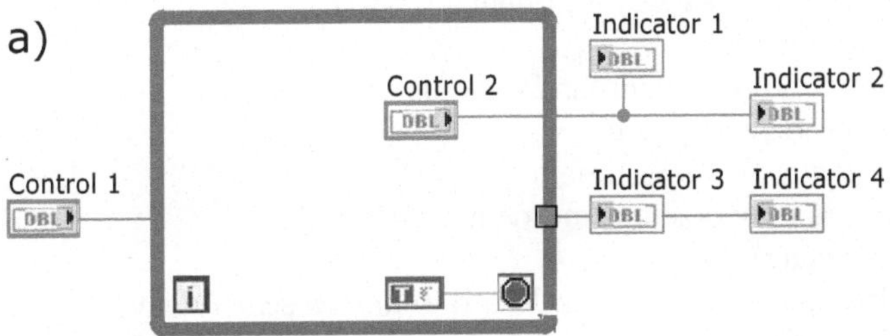

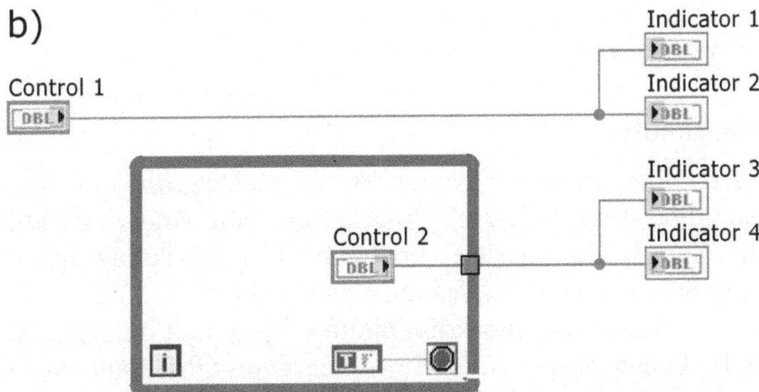

Abb. 6.13: Verdeckte Objekte im *Block Diagram*

■ Kreuzungen von Drähten und Stufen in Verbindungsleitungen sollten nach Möglichkeit vermieden werden.

■ Objekte sollten mit Hilfe der beiden Pull-Down-Menüs der Symbolleiste *Align
Objects* (Objekte ausrichten) und *Distribute Objects* (Objekte anordnen) ausge-
richtet und gleichmäßig verteilt werden. Sinnvoll ist es, Datenquellen links und
Datensenken rechts im *Block Diagram* anzuordnen (vgl. Abb. 6.12b).

Weitere Gestaltungshinweise für die gute Lesbarkeit eines *Block Diagrams* sind im
Anhang in Abschnitt A.5 zusammengefasst worden. Eine automatisierte Überprüfung
dieser Kriterien kann zudem mit Hilfe des *„VI Analyzer Tookits"* vorgenommen werden, welches eine Erweiterung der LabVIEW-Entwicklungsumgebung darstellt.

Werkzeugauswahl

Die unterschiedlichen Werkzeuge für die Programmentwicklung können aus der *Tools
Palette* ausgewählt werden. Für einen schnellen Wechsel zwischen den wichtigsten
Werkzeugen besteht zudem die Möglichkeit, die Leer- oder die Tabulatortaste zu
verwenden. Beide wirken aufgrund der verschiedenen Anforderungen im *Front Panel*
und im *Block Diagram* unterschiedlich.

■ Die Leertaste schaltet im *Front Panel* um zwischen dem
  – *Operating Tool* (Bedienwerkzeug) und dem
  – *Positioning Tool* (Positionierwerkzeug).
■ Die Leertaste schaltet im *Block Diagram* um zwischen dem
  – *Positioning Tool* (Positionierwerkzeug) und dem
  – *Wiring Tool* (Verbindungswerkzeug).
■ Die Tabulatortaste schaltet zyklisch im *Front Panel* um zwischen dem
  – *Operating Tool* (Bedienwerkzeug), dem
  – *Positioning Tool* (Positionierwerkzeug), dem
  – *Labeling Tool* (Beschriftungswerkzeug) und dem
  – *Coloring Tool* (Farbwerkzeug).
■ Die Tabulatortaste schaltet zyklisch im *Block Diagram* um zwischen dem
  – *Operating Tool* (Bedienwerkzeug), dem
  – *Positioning Tool* (Positionierwerkzeug), dem
  – *Labeling Tool* (Beschriftungswerkzeug) und dem
  – *Wiring Tool* (Verbindungswerkzeug).

Bedienelemente und Funktionsknoten

Jedem Bedienelement (*Control* oder *Indicator*) steht im *Block Diagram* ein korrespondierendes Objekt gegenüber. In komplexen Programmen mit einer Vielzahl
von Bedienelementen ist die Zuordnung zu den entsprechenden Blockdiagramm-
Objekten nicht immer offensichtlich. Ein Doppelklick auf ein Bedienelement öffnet das
Block Diagram und markiert das zugehörige Blockdiagramm-Objekt und umgekehrt,
so dass die Zuordnung von Bedienelementen und Blockdiagramm-Objekten jederzeit auf einfache Weise ermittelt werden kann. Funktionsgleich zu diesem Vorgehen
ist das Öffnen des Kontextmenüs eines Bedienelementes bzw. eines Blockdiagramm-

Objektes und die Auswahl der Option *Find Terminal* (Anschluss suchen) bzw. *Find Control/Indicator* (Bedienelement suchen/Anzeigeelement suchen).

Verschieben von Objekten

Ausgewählte Objekte auf dem *Front Panel* oder im *Block Diagram* können mit Hilfe des *Positioning Tools* (Positionierwerkzeugs) verschoben werden, indem der Cursor über der Auswahl platziert und bei gedrückter Maustaste die Auswahl an die gewünschte Stelle gezogen wird. Wenn vorher zusätzlich die Umschalttaste gedrückt worden ist, wird die Verschiebung entweder auf die horizontale oder vertikale Bewegungsrichtung beschränkt. Diese Beschränkung wirkt auch bei der Skalierung von *Controls* oder Kontrollstrukturen, z. B. Wiederholschleifen. Eine präzise Verschiebung um jeweils einen Bildpunkt *Pixel* auf dem Bildschirm ist zudem mit Hilfe der Pfeiltasten möglich.

Kopieren von Objekten

Elemente auf dem *Front Panel* oder im *Block Diagram* können mit Hilfe des *Positioning Tools* (Positionierwerkzeugs) ausgewählt und anschließend kopiert werden, wenn die Steuerungstaste bzw. Befehlstaste

Ctrl (Control) (Strg (Steuerung))   : Windows/Linux oder
⌘   : Mac OS

des jeweiligen Betriebssystems während der Verschiebung gedrückt wird. Neben dem Cursor erscheint dann ein kleines Pluszeichen, um den Kopiervorgang anzudeuten.

Einfügen und Ersetzen von Objekten

Um ein Programm durch zusätzliche Funktionsknoten zu erweitern, ist es gegebenenfalls nicht erforderlich, eine Verbindung zu entfernen, eine neue Funktion zu platzieren und die Verdrahtung erneut vorzunehmen. In vielen Fällen ist es ausreichend, einen Kommandoklick auf der Verbindungsleitung auszuführen und die Option *Insert* (Einfügen) auszuwählen, mit der die *Functions Palette* aufgerufen wird, aus der dann der gewünschte Funktionsknoten direkt in die Verbindungsleitung eingefügt werden kann.

Analog zum beschriebenen Vorgehen lässt sich der Verdrahtungsaufwand minimieren, wenn ein Funktionsknoten durch einen anderen ersetzt werden soll. Die Option *Replace* (Ersetzen) aus dem Kontextmenü der Funktion öffnet gleichfalls die *Functions Palette*, aus der die neue Funktion ausgewählt werden kann. Auch in diesem Fall ist es nicht erforderlich, den Funktionsknoten zu löschen und nach der Platzierung der gewünschten Funktion die Verdrahtung im *Block Diagram* erneut vorzunehmen.

Verbindungsleitungen

Während der Verdrahtung fügt jeder Mausklick einen neuen Stützpunkt für die Verbindungsleitung im *Block Diagram* hinzu. Das Beenden der aktuellen Verdrahtung ist jederzeit durch einen Kommandoklick, einen doppelten Mausklick oder das Betätigen der ESC-Taste möglich.

Die Leertaste schaltet während der Verdrahtung die Vorzugsrichtung (zuerst horizontal bzw. zuerst vertikal) einer Verbindungsleitung um. Nach einem ersten Entwurf des Programms ergibt sich häufig eine ungeeignete Leitungsführung, die durch einen Kommandoklick auf die jeweilige Verbindungsleitung und die Auswahl von *Clean Up Wire* (Verdrahtung bereinigen) im Kontextmenü in vielen Fällen verbessert wird. Um Verbindungsleitungen manuell zu bearbeiten, kann ein Element durch einen Mausklick ausgewählt werden. Ein Doppelklick wählt einen Strang und ein dreifacher Mausklick das gesamte Netz der Verbindungsleitung aus. Die ausgewählten Teile einer Verbindungsleitung können dann zum Beispiel mit den Cursor-Tasten verschoben werden.

Tastaturbefehle

Der Aufruf der wichtigsten Optionen der Entwicklungsumgebung LabVIEW ist auch mit Hilfe funktionsgleicher Tastaturbefehle möglich (Tab. 6.1). Eine umfangreiche Übersicht wird im Anhang in Abschnitt B.6 gegeben. Tastaturbefehle arbeiten immer in Kombination mit der Steuerungstaste *Ctrl* (Strg) des jeweiligen Betriebssystems.

Tab. 6.1: Tastaturbefehle der Entwicklungsumgebung LabVIEW

Windows Linux	Mac OS	
Strg-N	-N	öffnet ein neues Programm
Strg-S	-S	speichert das aktuelle Programm
Strg-X	-X	schneidet ein Objekt aus
Strg-C	-C	kopiert ein Objekt
Strg-P	-P	fügt ein Objekt ein
Strg-E	-E	wechselt zwischen *Front Panel* und *Block Diagram*
Strg-T	-T	stellt *Front Panel* und *Block Diagram* nebeneinander dar
Strg-H	-H	schaltet die Kontext-Hilfe ein bzw. aus
Strg-.	-.	beendet ein laufendes Programm
Strg-Z	-Z	macht die letzte Aktion rückgängig (*Undo*)
Strg-B	-B	entfernt alle fehlerhaften, unterbrochen dargestellten *Wires* (Verbindungsleitungen)

▶ **Hinweis: UNIX**

Mit der Version 8.0 von LabVIEW ist die Unterstützung für UNIX-Betriebssysteme eingestellt worden. ◀

Kontextmenüs

Praktisch allen Elementen des *Front Panels* und des *Block Diagrams* ist ein Kontextmenü bzw. Pop-Up-Menü hinterlegt, welches durch einen Kommandoklick aufgerufen werden kann. Dadurch ergibt sich eine sehr intuitive Benutzerführung, da in den jeweiligen Kontextmenüs alle Möglichkeiten zur Bearbeitung und Beeinflussung des entsprechenden Elements aufgeführt werden.

Kontext-Hilfe

Zuletzt soll noch einmal auf die über das Pull-Down-Menü *Help* (Hilfe) aktivierbare *Show Context Help* (Kontext-Hilfe anzeigen) hingewiesen werden, die ein Hilfefenster einblendet, welches eine kurze Beschreibung für die meisten Objekte des *Block Diagrams* enthält. Für viele Verständnisfragen ist diese Kurzbeschreibung bereits ausreichend.

6.4 Datensicherung und VI Libraries (VI-Bibliotheken)

Das Abspeichern eines Programms ist ein wesentlicher Schritt der Programmentwicklung. Die Datensicherung in LabVIEW unterscheidet sich nicht von der anderer Programme. Im Pull-Down-Menü *File* (Datei) können hierfür die Optionen *Save* (Speichern) und *Save As...* (Speichern unter...) ausgewählt werden. Da es in LabVIEW nicht möglich ist, eine automatische, zeitabhängige Speicherung zu aktivieren, sollte der Zwischenstand der Entwicklungsarbeiten gelegentlich manuell gespeichert werden. Eine zusätzliche Möglichkeit besteht darin, ein Programm für die vorige LabVIEW-Version abzuspeichern (*Save for Previous Version* (Für vorige Version speichern)). Das heißt, Programme die mit der Version 8.0 von LabVIEW erstellt wurden, können auch für die Version 7.1 gespeichert werden. Ein fehlerfreies Programm ergibt sich natürlich nur dann, wenn keine Funktionen verwendet wurden, die in der Version 7.1 nicht zur Verfügung stehen.

Neben der Ablage von Programmen im Dateisystem des jeweiligen Betriebssystems stellt LabVIEW außerdem *VI Libraries* (VI-Bibliotheken) mit der Dateinamenserweiterung llb zur Verfügung, in denen mehrere Programme in einer Datei zusammengefasst werden können. Wird zum Öffnen eines VIs eine Bibliothek angeklickt, kann ein VI genau wie aus dem Dateisystem des Betriebssystems ausgewählt, geöffnet und auch wieder in der Bibliothek gespeichert werden. Im Gegensatz zur Ablage von Programmen im Dateisystem des Betriebssystems ist es jedoch nicht möglich, eine hierarchische Struktur anzulegen (die Ablage erfolgt in alphabetischer Reihenfolge) oder nach einzelnen VIs zu suchen. Während der Programmentwicklung weisen Bibliotheken daher keinen Vorteil auf, sie sollten aber immer dann verwendet werden, wenn ein Programmsystem (plattformunabhängig) portiert werden soll, um Probleme mit absoluten Pfadangaben zu vermeiden.

Die Verwaltung von Bibliotheken kann mit dem *LLB Manager* vorgenommen werden, der im Menü *Tools* (Werkzeuge) aufgerufen werden kann. Die Bedienoberfläche des *LLB Managers* zeigt Abbildung 6.14 exemplarisch mit einer Mathematik-Bibliothek. Im *LLB Manager* ist es beispielsweise möglich, innerhalb einer Bibliothek ein oder mehrere Hauptprogramme zu kennzeichnen (*Edit* » *Top Level* (Bearbeiten » Höchste Ebene)). Dieses wird dann oberhalb einer horizontalen Linie in der Bibliothek aufgeführt. Zusätzlich ist es empfehlenswert, Hauptprogramme durch einen aussagekräftigen Namen zu kennzeichnen.

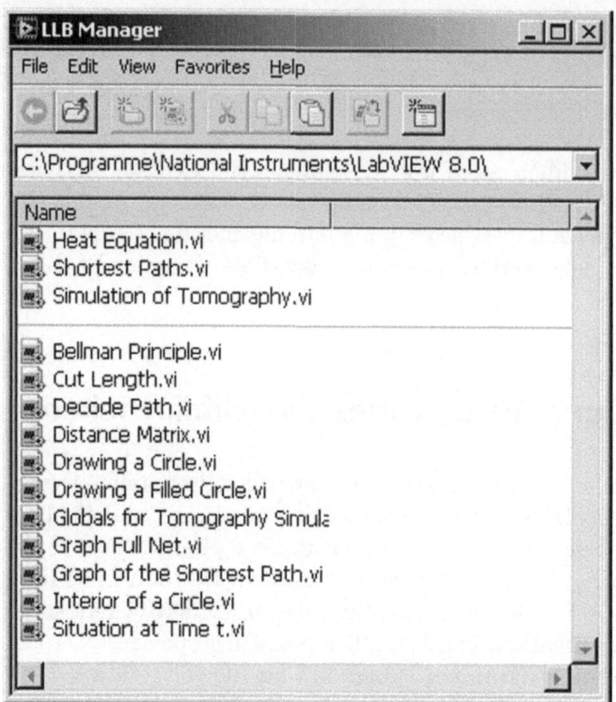

Abb. 6.14: Bedienoberfläche des LLB-Managers

Im *LLB Manager* ist es auch möglich, Verzeichnisse in eine Bibliothek umzuwandeln und *vice versa*, indem der Menüpunkt (*Edit* ≫ *Convert...* (Bearbeiten ≫ Umwandeln)) ausgewählt wird. Vor der Portierung eines Programmsystems besteht zudem die Möglichkeit, mittels *File* ≫ *Check Filenames...* (Datei ≫ Dateinamen prüfen...) die Kompatibilität der Dateinamen für unterschiedliche Betriebssysteme zu testen und im *LLB Manager* können Dateien natürlich auch umbenannt und gelöscht werden.

6.5 Debugging (Fehlersuche)

Die Entwicklungsumgebung LabVIEW bietet umfangreiche Möglichkeiten zur Fehlersuche, zum einen bekannte Mittel textbasierter Programmiersprachen wie die schrittweise Ausführung eines Programms oder das Setzen von Haltepunkten und zum anderen Mittel, die durch die strukturierte Datenflussprogrammierung bedingt sind. In diesem Abschnitt sollen die Möglichkeiten zur Fehlersuche in der Entwicklungsumgebung LabVIEW behandelt und die häufigsten Fehlerquellen bei der Programmentwicklung aufgezeigt werden.

6.5.1 Syntaxfehler

Error List (Fehlerliste)

Wenn in der Symbolleiste der Pfeil der Schaltfläche *Run* (Ausführen) in gebrochener Form dargestellt wird (*List Errors* (Fehler anzeigen)), ist das Programm bedingt durch einen Syntaxfehler nicht kompilierbar und damit nicht ausführbar. Durch das Anklicken der Schaltfläche wird eine *Error List* (Fehlerliste) aufgerufen, in der Warnungen und Fehlermeldungen zu allen geöffneten VIs aufgeführt werden (Abb. 6.15a). Durch die Auswahl einer Fehlermeldung (Abb. 6.15b) wird in einem weiteren Fenster eine Erläuterung des Fehlers gegeben (Abb. 6.15c) und ein Doppelklick auf eine Fehlermeldung markiert den entsprechenden Teil des *Block Diagrams*

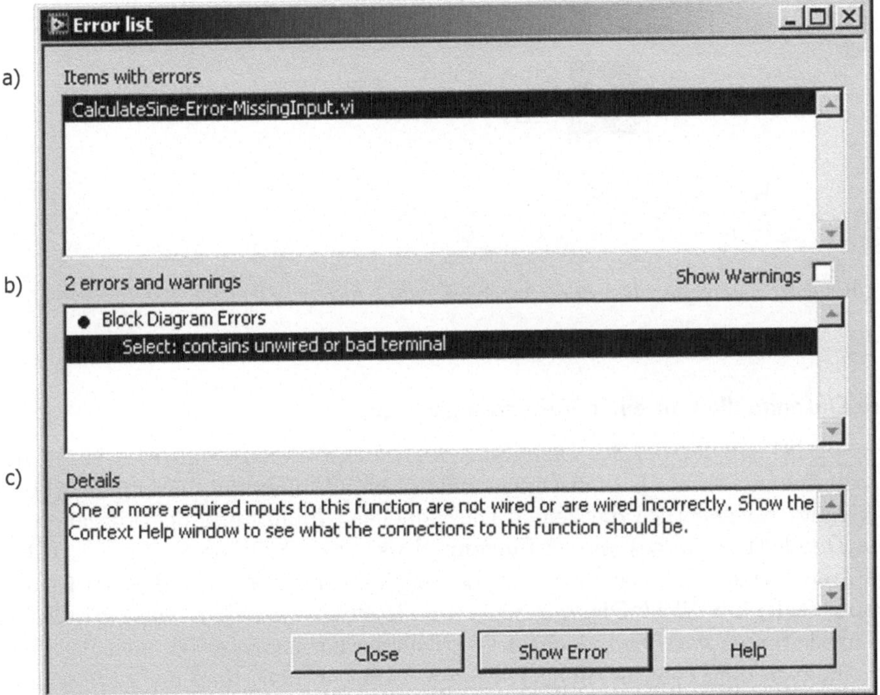

Abb. 6.15: Fenster der *Error List* (Fehlerliste)

Die häufigsten Syntaxfehler bei der Programmerstellung in LabVIEW sollen im Folgenden anhand einfacher Beispiele betrachtet werden.

Fehlende Verbindungsleitungen

Ein LabVIEW-Programm ist nicht kompilierbar und ausführbar, solange nicht alle erforderlichen Terminals eines Funktionsknotens oder eines Unterprogramms verbunden worden sind. In Abbildung 6.16a führt die fehlende Verbindung des Terminals „?" zu der Fehlermeldung: *Select: Contains unwired or bad terminal* (Wählen: Enthält unverbundene oder ungültige Anschlüsse). Durch einen Doppelklick auf diese Fehlermeldung in der Fehlerliste wird der Funktionsknoten *Select* (Wählen) markiert (Abb. 6.16b).

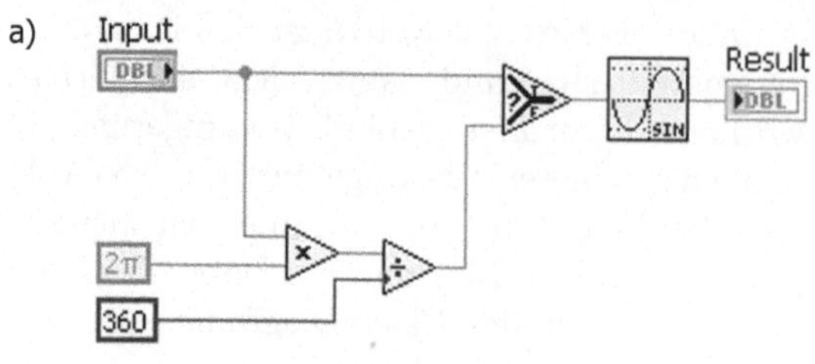

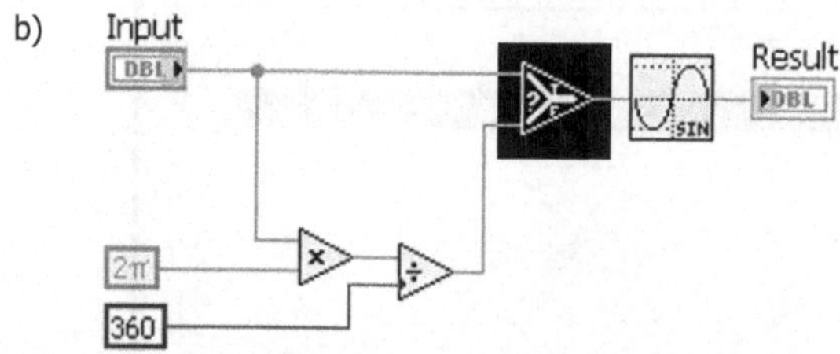

Abb. 6.16: Fehler durch einen fehlenden Anschluss

Mehrere Datenquellen an einer Verbindungsleitung

Ein weiterer Fehler, der bei der Erstellung des *Block Diagrams* auftreten kann, ist das Anschließen von mehr als einer Datenquelle an eine Verbindungsleitung. In Abbildung 6.17 sind versehentlich die beiden Datenquellen „*Input*" und der Ausgang der Funktion *Divide* (Dividieren) an den Eingang „*False*" der Funktion *Select* (Auswahl) angeschlossen worden. Bedingt durch die Leitungsführung in diesem Beispiel ist der Verbindungsfehler im *Block Diagram* nicht unmittelbar erkennbar. Die betroffenen Verbindungsleitungen werden jedoch in gestrichelter Form dargestellt und die Fehlerliste zeigt u. a. die Fehlermeldung *This wire connects more than one data source* (Dieser Draht verbindet mehr als eine Datenquelle) an.

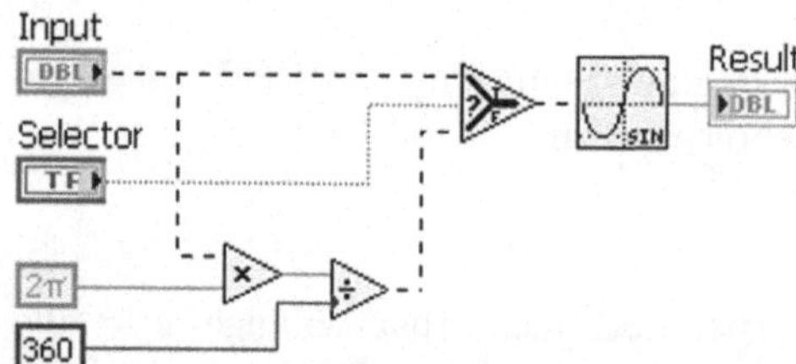

Abb. 6.17: Fehler durch zwei Datenquellen an einer Verbindungsleitung

Inkompatible Datentypen

Ein häufig auftretender Verbindungsfehler entsteht durch den Anschluss eines Bedien-
bzw. Anzeigeelementes mit einem inkompatiblen Datentyp an ein Terminal eines
Funktionsknotens. Das *Block Diagram* in Abbildung 6.18 ist fehlerhaft, da an den
Eingang „?" der Funktion *Select* (Wählen) anstelle einer Datenquelle mit dem erforderlichen Datentyp boolesch eine Datenquelle mit dem Datentyp I8 angeschlossen
worden ist. Dementsprechend lautet die Beschreibung des Fehlers in der Fehlerliste:
You have connected two terminals of different types (Sie haben zwei Anschlüsse unterschiedlichen Typs miteinander verbunden).

Fehler dieser Art können in der Regel vermieden werden, wenn im Kontextmenü des
Terminals die Option *Create* (Erstelle) mit den Auswahlmöglichkeiten *Control, Constant* oder *Indicator* aufgerufen wird. LabVIEW erstellt dann automatisch eine Datenquelle bzw. Datensenke mit einem geeigneten Datentyp bzw. einer geeigneten Datenstruktur.

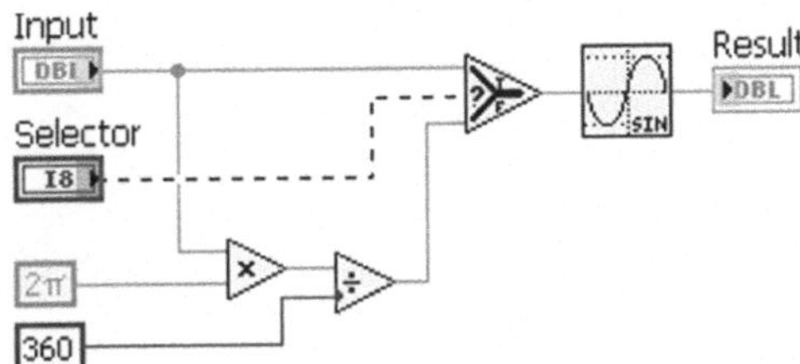

Abb. 6.18: Fehler durch Verwenden eines falschen Datentyps

Rückkopplungen

Bedingt durch das Datenflusskonzept ist es nicht direkt möglich, Rückkopplungen
für iterative Berechnungen in ein *Block Diagram* einzufügen. Abbildung 6.19 zeigt
ein Beispiel, in dem der Ausgang der Funktion *Add* (Addieren) über die Funktion
Multiply (Multiplizieren) auf einen Eingang der Funktion *Add* zurückgeführt wird.
Da die Funktion *Add* nur dann ausgeführt wird, wenn an beiden Eingängen Daten
zur Verfügung stehen, ergibt sich ein fehlerhaftes Programm, denn um das Programm
ausführen zu können, müsste bereits ein Wert des Ausgangs verwendet werden können.
Beispiele für die Realisierung von Rückkopplungen werden in Abschnitt 7.1.4 vorgestellt.

Als Fehlermeldung wird in der Fehlerliste u. a. die Meldung *Wire: is a member of
a cycle* (Verbindung: gehört zu einem Kreislauf) ausgegeben.

Ungenutzte Elemente von Verbindungsleitungen

Gelegentlich verbleiben im Laufe der Entwicklungsarbeiten Reste von Verbindungsleitungen im *Block Diagram*, die entweder nicht unmittelbar sichtbar sind, da sie von
einem Funktionsknoten verdeckt werden, z. B. bei einer in Abbildung 6.20 dargestellten For-Schleife, oder die sich in einem nicht dargestellten Fall einer Fallunterschei-

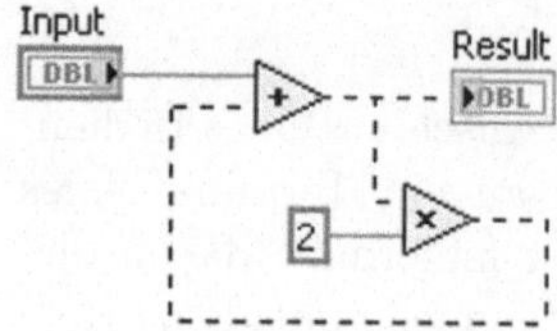

Abb. 6.19: Fehlerhafte Rückkopplung in einem Datenfluss-Diagramm

dung befinden. Die Auswahl der Fehlermeldung *This wire is not connected to anything* (Dieses Verbindungsstück ist mit keinem Objekt verbunden) bzw. die Auswahl der Fehlermeldung *Wire: has loose ends* (Verbindung: hat offene Verbindungen) markiert diese Verbindungsleitung, so dass diese anschließend direkt aus dem *Block Diagram* gelöscht werden kann.

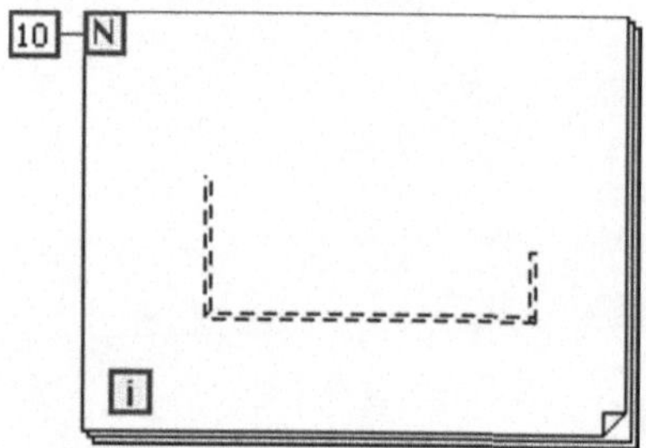

Abb. 6.20: Fehler durch ungenutzte Elemente von Verbindungsleitungen

Parameterübergabe an Unterprogramme

Syntax-Fehler können auch durch die nachträgliche Veränderung der Zuordnung der Terminals eines Unterprogramms im Anschlussfeld verursacht werden. In diesem Fall ist es erforderlich, die Verdrahtung der Terminals im aufrufenden Programm zu korrigieren. Die Beschreibung des Fehlers in der Fehlerliste lautet dann: *You have connected two terminals of different types.* (Sie haben zwei Anschlüsse unterschiedlichen Typs miteinander verbunden.).

6.5.2 Logische Fehler

Logische Programmfehler können natürlich nicht durch eine Überprüfung der Syntax erfasst werden. Dafür stehen in LabVIEW weitere Möglichkeiten zur Fehlersuche zur Verfügung.

Animation des Datenflusses

Die Aktivierung der Schaltfläche *Highlight Execution* (Highlight-Funktion) in der Symbolleiste animiert den Datenfluss nach dem Starten des Programms (Abb. 6.21), indem Datenflüsse entlang von Verbindungsleitungen durch gelbe Punkte visualisiert werden, so dass die Abarbeitung des Programms beobachtet werden kann. Nach der Ausführung eines Funktionsknotens wird das Zwischenergebnis an seinem Ausgang dargestellt. Funktionsknoten, die noch nicht ausgeführt worden sind, da an ihren Eingängen noch nicht alle erforderlichen Daten zur Verfügung standen, werden im Modus *Highlight Execution* ausgegraut dargestellt.

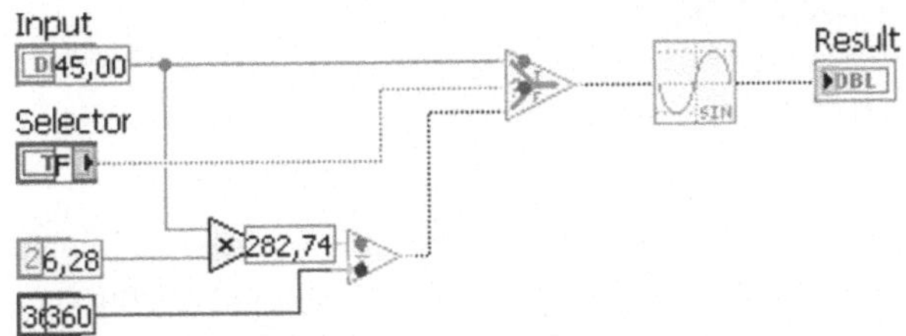

Abb. 6.21: Animation des Datenflusses durch *Highlight Execution* (Highlight-Funktion)

▶ **Hinweis: Timing-Fehler**

Bei einem Programm, welches im Modus *Highlight Execution* fehlerfrei funktioniert, nicht aber im Modus *Run* (Ausführen), deutet dieses Verhalten auf einen Timing-Fehler hin. Fehler dieser Art treten vor allem bei der Kommunikation, z. B. über einen Messgeräte-Bus auf und können im Allgemeinen behoben werden, wenn zwischen zwei Befehlen mit Hilfe einer Sequenz (s. Abschn. 7.3) eine Wartezeit eingefügt wird.   ◀

Sonden

Vergleichbar mit dem Tastkopf eines Oszilloskops, der in einer Schaltung verwendet werden kann, um einzelne Signale in einer elektronischen Schaltung zu messen, können in LabVIEW Prüfpunkte bzw. Sonden auf einzelne Verbindungsleitungen gesetzt werden (Abb. 6.22). Diese *Probe Data* (Sondenwerte) stehen in der *Tools Palette* (Werkzeugpalette) zur Verfügung und werden nach dem Anklicken einer Verbindungsleitung im *Block Diagram* durch eine fortlaufende Nummer auf der Verbindungsleitung gekennzeichnet. In einem separaten Fenster wird der entsprechende Inhalt der Verbindungsleitung angezeigt, sobald bei der Abarbeitung des Programms an dieser Stelle Daten zur Verfügung stehen.

Wenn vor dem Start des Programms in der Symbolleiste die Schaltfläche *Do* LV8.0 *Retain Wire Values* (Verbindungswerte erhalten) betätigt wird, können auch nach der Abarbeitung des Programms an beliebigen Stellen *Probes* gesetzt werden, um den Inhalt einer Verbindungsleitung nachträglich zur Anzeige zu bringen.

Während der Programmentwicklung kann es auch hilfreich sein, anstelle einer *Probe* einen *Indicator* zur Überprüfung von Zwischenergebnissen zu verwenden und für eine erweiterte Fehlersuche kann ein Kommandoklick auf einer Verbindungsleitung ausgeführt werden. Im erscheinenden Kontextmenü stehen unter der Option *Custom Probe* (Benutzerdefinierte Sonde) weitere Auswahlmöglichkeiten zur Verfügung. Zum Beispiel kann mit der Option *Conditional Probe* (Bedingte Sonde) eine Sonde erstellt

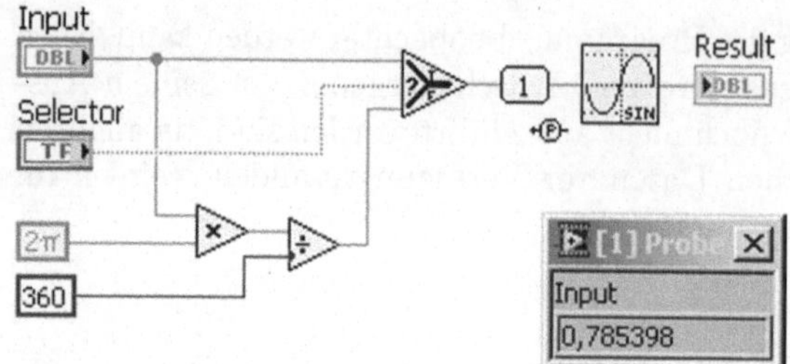

Abb. 6.22: Setzen eines Prüfpunkts mittels *Probe Data* (Sondenwerte)

werden, die die Ausführung eines Programms in Abhängigkeit von einer logischen Bedingung ($=, >, <$) anhält. Über die Auswahl *New...* (Neu...) kann eine benutzerdefinierte Sonde erstellt werden, die zusätzlich Berechnungen mit den Zwischenergebnissen oder ihre Speicherung ermöglicht.

Schrittweise Programmausführung

Die schrittweise Ausführung eines Programms wird durch Betätigen einer der beiden Schaltflächen *Start Single Stepping* (Einzelschrittausführung starten) in der Symbolleiste ausgelöst. Mit jedem Mausklick auf eine der beiden Schaltflächen wird ein weiterer Funktionsknoten (Funktion, Unterprogramm, Kontrollstruktur) abgearbeitet. Der jeweilige, zur Abarbeitung anstehende Funktionsknoten wird im *Block Diagram* blinkend dargestellt (Abb. 6.23). Durch das Drücken der linken Schaltfläche wird ein Funktionsknoten in die Einzelschrittausführung einbezogen (*Step Into* (Hineinspringen)), während das Drücken der mittleren Schaltfläche (*Step Over* (Überspringen)) den aktuellen Funktionsknoten überspringt. Mit der dritten Schaltfläche (*Step Out* (Herausspringen)) wird während der Einzelschrittausführung eines Programms die Ausführung des aktuellen Funktionsknotens abgebrochen *Finish* (Beenden).

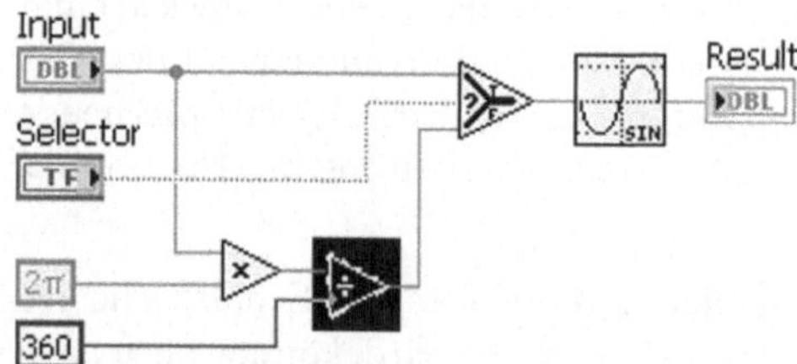

Abb. 6.23: Animation des *Block Diagrams* bei der schrittweisen Ausführung eines Programms

Haltepunkt

Mit Hilfe eines *Breakpoint* (Haltepunktes) ist es jederzeit möglich, die Ausführung des Programms anzuhalten (Abb. 6.24). Dieser kann aus der *Tools Palette* (Werkzeugpalette) ausgewählt werden und auf eine beliebige Verbindungsleitung gesetzt und dort auch wieder gelöscht werden. Im *Block Diagram* erscheint ein *Breakpoint* als kleiner roter Punkt auf einer Verbindungsleitung. Wird ein *Breakpoint* auf den Rand einer Kontrollstruktur gesetzt, wird diese rot umrandet.

Die Leistungsfähigkeit der Fehlersuchmöglichkeiten erschließt sich insbesondere dann, wenn diese miteinander kombiniert werden. Beispielsweise kann ein Programm bis zum Erreichen des Haltepunktes ausgeführt werden. Danach kann die Fehlersuche in den Betriebsmodi *Highlight Execution* und/oder *Single Stepping* fortgesetzt werden. Bei der Einzelschrittausführung kann zu einem gewünschten Zeitpunkt zusätzlich der Modus *Highlight Execution* zugeschaltet werden, um das Ergebnis am Ausgang eines Funktionsknotens anzuzeigen.

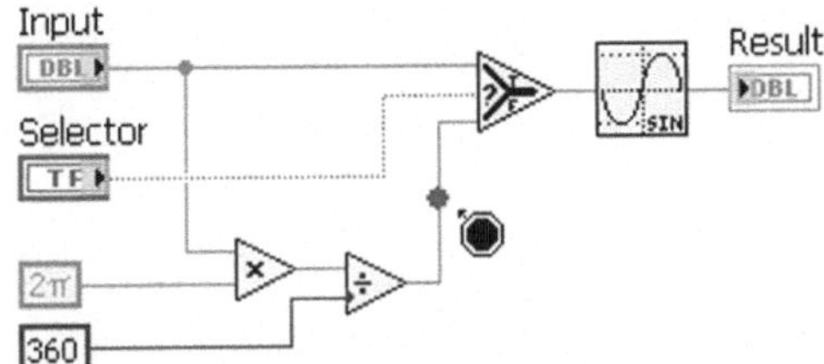

Abb. 6.24: Setzen eines Haltepunktes mittels *Set/Clear Breakpoint* (Haltepunkt setzen/löschen)

Unterbrechen und Beenden der Fehlersuche

In den Betriebsmodi *Highlight Execution*, *Single Stepping* und *Breakpoint* kann die Programmausführung jederzeit in der Symbolleiste mit den Schaltfläche Pause unterbrochen bzw. mit der Schaltfläche *Abort Execution* (Ausführung abbrechen) beendet werden.

▶ Hinweis: Aktivierte Fehlersuche

Um den Speicherplatzbedarf und die Ausführungszeit eines Programms zu minimieren, kann in der *Connector Pane* (Anschlussfeld) unter *VI Properties...* ≫ *Execution* (VI-einstellungen... ≫ Ausführung) die Option *Allow debugging* (Fehlerbehandlung aktiviert) deaktiviert werden.   ◀

Zusammenfassung

In diesem Kapitel wurden im Wesentlichen die Arbeitsabläufe für eine Programmentwicklung mit LabVIEW behandelt:

- Dokumentation,
- Erstellen der Bedienoberfläche,
- Erstellen des Blockdiagramms,
- Datensicherung und
- Fehlersuche.

Diese Schritte zur Programmerstellung werden in allen Programmiersprachen erforderlich sein und stellen eher den handwerklichen Teil der Programmentwicklung dar, da hier das Bedienerwissen über die jeweilige Entwicklungsumgebung im Vordergrund steht. Entscheidend für eine effiziente Software-Entwicklung ist dagegen ein fundiertes und programmiersprachenunabhängiges Wissen über

- Kontrollstrukturen, die den Ablauf eines Algorithmus steuern,
- den Einsatz geeigneter Datentypen und insbesondere
- die Verwendung geeigneter Datenstrukturen, da diese letztendlich die Struktur des Algorithmus bestimmen.

Diese Themen werden in den nächsten drei Kapiteln ausführlich behandelt.

7 Kontrollstrukturen und Variablen

Nach der Einführung in die Entwicklungsumgebung LabVIEW sollen nun in den nächsten drei Kapiteln die für eine effiziente Software-Entwicklung zentralen Aspekte Kontrollstrukturen, Datentypen und Datenstrukturen behandelt werden. Die bereits in Abschnitt 4.4 betrachteten Kontrollstrukturen der strukturierten Programmierung stehen in LabVIEW in der *Functions Palette* ≫ *Category* ≫ *Structures* (Funktionen ≫ Kategorie ≫ Strukturen) zur Verfügung (Abb. 7.1). Die einzige Ausnahme stellt der Prozeduraufruf (Unterprogramm) dar, der in LabVIEW nicht über diese Palette erfolgt.

In der Palette *Structures* können neben den Kontrollstrukturen

- *For Loop* (For-Schleife),
- *While Loop* (While-Schleife),
- *Case Structure* (Case-Struktur),
- *Flat Sequence* (Flache Sequenzstruktur) und
- *Stacked Sequence* (Gestapelte Sequenzstruktur)

weitere Elemente ausgewählt werden, die nicht den Elementen der strukturierten Datenfluss-Programmierung zugeordnet werden können, deren Anordnung in dieser Palette aber, bedingt durch den typischen Entwurfsprozess eines LabVIEW-Programms, an dieser Stelle sinnvoll ist:

- Die Verwendung einer *Event Structure* (Ereignisstruktur) ermöglicht es, Ereignisse programmtechnisch zu erfassen, die nicht durch den Datenfluss im *Block Diagram* verursacht werden, wie zum Beispiel ein Mausklick.
- Mit der *Diagram Disable Structure* (Diagramm-Deaktivierungsstruktur) und der *Conditional Disable Structure* (Bedingte Deaktivierungsstruktur) können während der Programmentwicklung einzelne Teile des *Block Diagram* – unter Umständen in Abhängigkeit von einer Bedingung – „auskommentiert" werden, so dass auch ein fehlerhaftes *Block Diagram* kompiliert werden kann.   LV8.0
- Die Elemente der Unterpalette *Timed Structures* (Zeitgesteuerte Strukturen) ermöglichen die Erstellung von Echtzeitprogrammen, wenn ein geeignetes Betriebssystem oder eine geeignete Hardware-Plattform verwendet wird.
- Ein *Formula Node* (Formelknoten) eignet sich für die Integration umfangreicher Berechnungen in textbasierter Form, wobei eine C-ähnliche Syntax verwendet wird. In einem *MathScript Node* (MathScript-Knoten) kann ein LabVIEW *MathScript* ausgeführt werden. Die Syntax ist praktisch vollständig kompatibel zu MATLAB und es besteht die Möglichkeit Skripte zu importieren und zu exportieren.   LV8.0
- Gelegentlich werden bei der Programmentwicklung Variablen benötigt, um beispielsweise Daten innerhalb eines Programms mit einer *Local Variable* (Lokale

Variable) zu übertragen oder um Daten zwischen parallel ablaufenden Programmen mit einer *Global Variable* (Globale Variable) zu übertragen. Eine *Shared Variable* (Umgebungsvariable) ermöglicht darüber hinaus den Datenaustausch über ein Netzwerk.

LV8.0

- Mit *Decorations* (Gestaltungselemente) wie Pfeilen oder Rahmen kann das *Block Diagram* gestaltet werden. In einem gut strukturierten Programm sind diese im Allgemeinen aber nicht erforderlich.

Da bei vielen dieser Elemente kein unmittelbarer Zusammenhang mit dem Konzept der strukturierten Datenflussprogrammierung besteht, werden in diesem Kapitel nur einzelne Elemente bei Bedarf eingeführt.

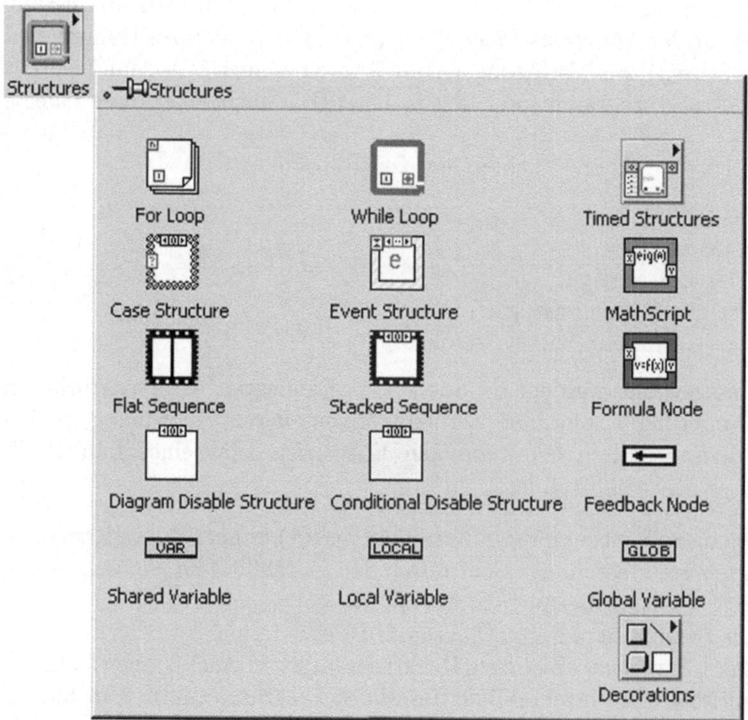

Abb. 7.1: Übersicht über die Palette *Structures* (Strukturen) im *Block Diagram*

In LabVIEW erfolgt das Erstellen, Skalieren und Entfernen für alle Kontrollstrukturen nach dem gleichen Schema, daher sollen diese Arbeitsabläufe im nächsten Abschnitt nur einmal am Beispiel einer For-Schleife ausführlich erläutert werden. Die Arbeitsschritte sind in analoger Weise dann auch für andere Kontrollstrukturen durchzuführen

7.1 Schleifen

7.1.1 For Loop (For-Schleife)

Um eine For-Schleife im *Block Diagram* zu platzieren, wird aus der *Functions Palette*
Structures (Strukturen) die For-Schleife mit einem Mausklick ausgewählt. Ein zweiter
Mausklick im *Block Diagram* setzt einen Eckpunkt, dann kann die For-Schleife auf die
gewünschte Größe aufgezogen und mit einem dritten Mausklick platziert werden. Eine
For-Schleife kann direkt um den Teil des *Block Diagrams* gezogen werden, der wiederholt ausgeführt werden soll. Es ist aber auch möglich, den Rahmen für eine Schleife
aufzuziehen und anschließend Teile des *Block Diagrams* zu markieren und in diesen
Rahmen zu ziehen. Mit den Operationen *Cut*, *Copy* und *Paste* (Ausschneiden, Kopieren und Einfügen) aus dem Edit-Menü können ebenfalls Teile des *Block Diagrams*
ausgewählt und in die For-Schleife eingefügt werden. Auch ist es möglich, einen mar-
kierten Teil des *Block Diagrams* direkt in das Innere der Schleife zu ziehen. Abbildung
7.2 zeigt das Erscheinungsbild einer For-Schleife im *Block Diagram* von LabVIEW
direkt nach der Platzierung.

Eine Kontrollstruktur kann mit dem *Positioning Tool* auch nachträglich skaliert
werden. Bei gedrückter Umschalttaste wird die Größenänderung auf eine Richtung,
horizontal oder vertikal, beschränkt. Wenn im Kontextmenü einer Kontrollstruktur
die Option *Auto Grow* (Automatisch vergrößern) aktiviert ist, wird der Rahmen der
Struktur gegebenenfalls so weit vergrößert, dass alle Objekte innerhalb der Struktur
sichtbar werden.

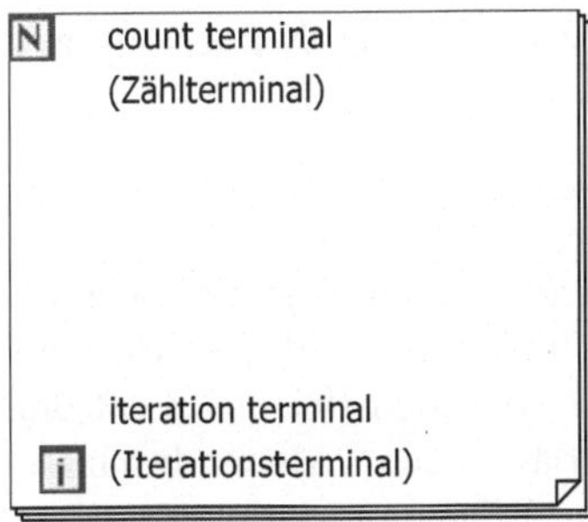

Abb. 7.2: Darstellung einer For-Schleife im
Block Diagram

Die For-Schleife weist zwei Terminals auf, das *Count Terminal* (Zählterminal) N
und das *Iteration Terminal* (Iterationsterminal) i.   Der Wert für N wird der Schleife
von außen als Eingabewert zugeführt. Für $N = 0$ wird die For-Schleife nicht ausgeführt. Der Iterationszähler i stellt die Anzahl der bisherigen Schleifendurchläufe
bereit. Zu beachten ist, dass der Schleifenzähler bei $i = 0$ startet und bei $i = N - 1$
endet. Für beide Terminals ist der Datentyp I32 fest vorgegeben und kann nicht
verändert werden.

Das Programm Square.vi nach Abbildung 7.3 soll als erstes Beispiel für die
Anwendung einer For-Schleife dienen und die Funktion $f(x) = x^2$ im Bereich von
$0 \ldots 10$ darstellen. Dafür werden für $i = 0 \ldots 10$ elf Stützpunkte berechnet.

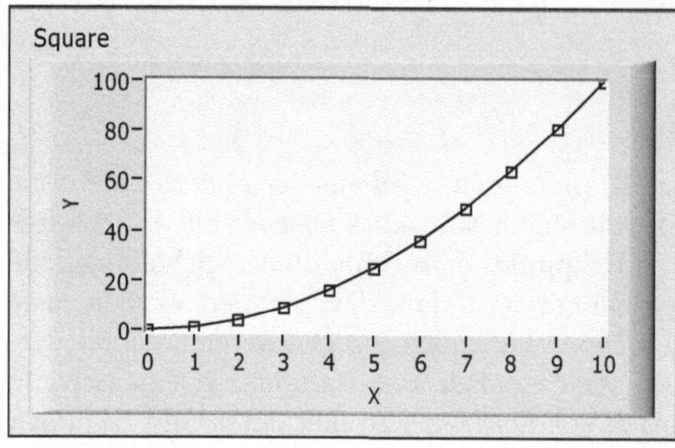
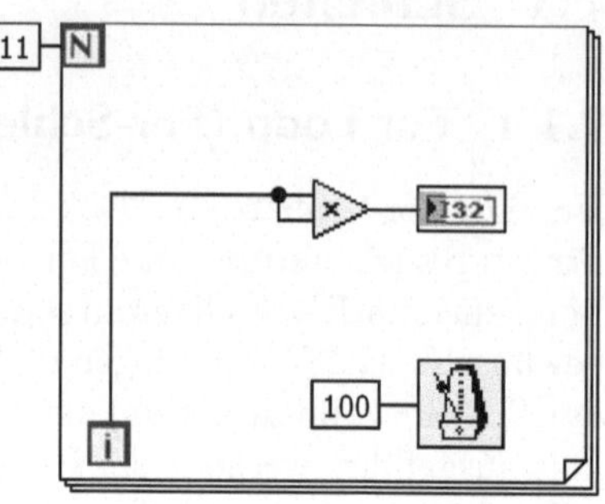

Abb. 7.3: Anwendungsbeispiel für eine For-Schleife: $f(x) = x^2$

Zusätzlich verwendete Funktionen

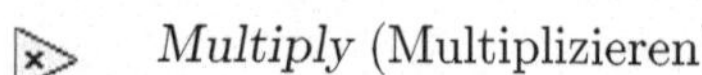   *Numeric Constant* (Numerische Konstante)

Die numerischen Konstanten 11 und 100 können über die *Functions Palette Numeric ≫ Numeric Constant* (Numerisch ≫ Numerische Konstante) ausgewählt werden. Die beiden Konstanten für die Datensenken N und *Wait...* können jedoch einfacher erzeugt werden, indem ein Kommandoklick auf der jeweiligen Datensenke ausgeführt wird und die Option *Create ≫ Constant* (Erstelle ≫ Konstante) ausgewählt wird. Dies hat den Vorteil, dass automatisch der korrekte Datentyp erzeugt wird.

Multiply (Multiplizieren)

Die Funktion *Multiply* steht in der *Functions Palette Numeric* (Numerisch) zur Verfügung.

Wait Until Next ms Multiple
(Bis zum nächsten Vielfachen von ms warten)

Um den Fortgang der einzelnen Berechnungen verfolgen zu können, bietet es sich an, aus der *Functions Palette Timing* die Funktion *Wait Until Next ms Multiple* (Bis zum nächsten Vielfachen von ms warten) auszuwählen. Im vorliegenden Beispiel dient der Wert 100 als Eingabegröße. Diese Funktion sorgt dafür, dass jeder Schleifendurchlauf mit einer Zykluszeit von 100 ms durchgeführt wird, natürlich nur dann, wenn die Ausführungszeit für den Teil des *Block Diagrams* im Inneren der For-Schleife geringer ist als die angegebene Zykluszeit. Diese Zeitfunktion eignet sich im Allgemeinen sehr gut, um den zeitlichen Ablauf eines Prozesses zu visualisieren. Weiterhin ist diese Warte-Funktion sehr hilfreich, wenn zum Beispiel in einer Schleife auf die Eingabe eines Anwenders gewartet werden soll. Die Ausführung der Schleife erfolgt dann nicht mit der maximal zur Verfügung stehenden Prozessorleistung. Diese kann durch das Einfügen der Wartezeit auf ein Minimum reduziert werden.

Waveform Chart (Signalverlaufs-Diagramm)

Damit alle Daten der Berechnung dargestellt werden können, ist hier nicht ein einfaches Anzeigeelement verwendet worden, sondern aus der *Controls Palette Graph* das Anzeigeelement *Waveform Chart* ausgewählt worden. Dieses Anzeigeelement fügt nach jedem Schleifendurchlauf den aktuell berechneten Zahlenwert an die bereits berechneten an. Für die Gestaltung des *Front Panels* stehen für einen *Waveform Chart* umfangreiche Konfigurationsmöglichkeiten zur Verfügung. Da sich die Gestaltungsmöglichkeiten der Bedienoberfläche nicht auf die Programmlogik auswirken, werden sie in Kapitel 11 gesondert behandelt.

Praktische Hinweise

Abschließend sollen einige Hinweise für das Arbeiten mit For-Schleifen gegeben werden. Diese Hinweise sind prinzipiell auch für die anderen Kontrollstrukturen von LabVIEW gültig.

- Entfernen einer For-Schleife
  Eine For-Schleife kann nach der Auswahl mit dem *Positioning Tool* (Positionierwerkzeug) mit der Taste *Delete* (Entfernen) direkt aus dem *Block Diagram* entfernt werden. Dann werden gleichzeitig auch alle Elemente innerhalb der Schleife gelöscht. Häufig ist dies nicht gewünscht, da der Inhalt der For-Schleife weiter verwendet werden soll. Für diesen Fall kann nach einem Kommandoklick auf den Rahmen der For-Schleife die Option *Remove For Loop* (For-Schleife entfernen) ausgewählt werden. Dann bleiben die Elemente innerhalb der For-Schleife im *Block Diagram* erhalten.

- Automatische Größenanpassung
  Ein Kommandoklick auf den Rand einer For-Schleife ermöglicht das Aktivieren bzw. Deaktivieren der Option *Auto Grow* (Auto-Vergrößerung). Bei aktivierter Option wird die For-Schleife automatisch vergrößert, wenn Blockdiagramm-Objekte in der Schleife platziert werden, deren Größe die der Schleife übersteigt. Dadurch wird vermieden, dass sich Blockdiagramm-Objekte innerhalb der For-Schleife befinden, aber durch die zu geringe Größe der Schleife nicht dargestellt werden.

- Absolute Größe von Kontrollstrukturen
  Für die Lesbarkeit des *Block Diagrams* ist es häufig wünschenswert, wenn mehrere Kontrollstrukturen dieselbe Größe aufweisen. Im *Block Diagram* steht die Möglichkeit, Elemente absolut zu skalieren, nicht zur Verfügung. Wenn aber eine Struktur an einer Ecke mit dem *Positioning Tool* ausgewählt wird, gibt eine kleine Anzeige die Größe der Struktur aus. Mit Hilfe dieser Anzeige und der Anwendung des *Positioning Tools* kann die Kontrollstruktur auf die gewünschte Größe skaliert werden (Abb. 7.4).

- Einsetzen von Elementen in eine For-Schleife
  Beim Einfügen von Elementen des *Block Diagrams* in eine Kontrollstruktur werden diese u. U. nicht dem Inhalt der Kontrollstruktur zugeordnet, obwohl sie optisch innerhalb der Kontrollstruktur angeordnet sind. Diese Elemente werden dann durch einen schwarzen Schatten gekennzeichnet. Die Auswahl dieser Elemente und das explizite Ziehen in den Rahmen der Kontrollstruktur platziert sie dort dann auch logisch.

- Ersetzen einer For-Schleife durch eine While-Schleife
  Gelegentlich führt der erste Gedankengang nicht zur optimalen Ablaufstruktur des Programms. Um den Programmentwurf nicht vollständig verwerfen zu müssen,

kann mit einem Kommandoklick auf den Rand einer For-Schleife die Option *Replace with While Loop* (Mit While-Schleife ersetzen) ausgewählt werden.

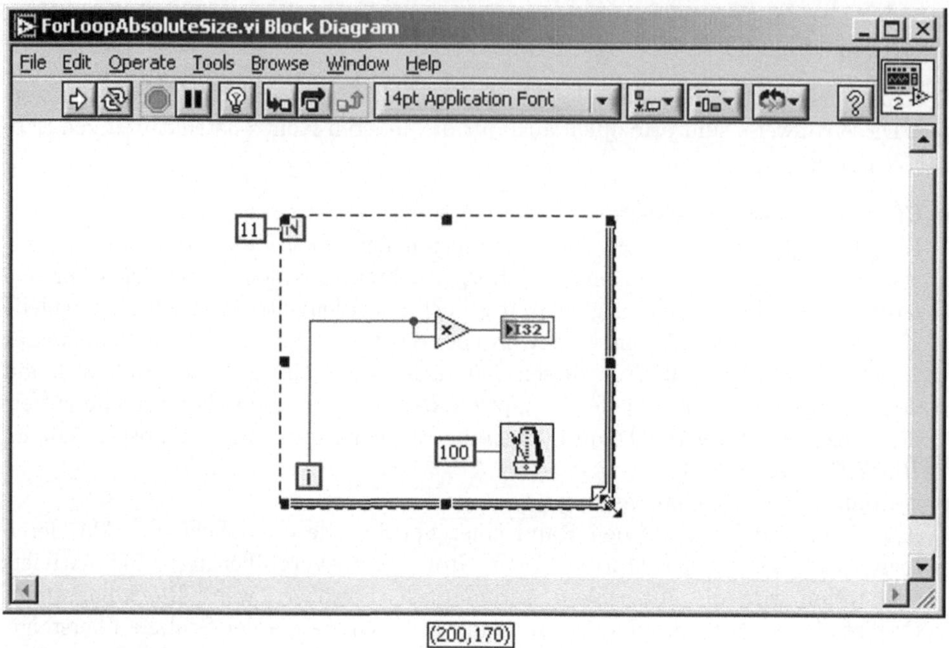

Abb. 7.4: Größenangabe in Pixels für eine Kontrollstruktur

7.1.2 While Loop (While-Schleife)

Die Platzierung einer While-Schleife erfolgt im *Block Diagram* analog zur Platzierung einer For-Schleife, indem aus der *Functions Palette Structures* (Strukturen) die While-Schleife mit einem Mausklick ausgewählt und anschließend im *Block Diagram* platziert wird. Genau wie bei einer For-Schleife ist der Iterationszähler i (*Iteration Terminal*), der bei $i = 0$ beginnt, Bestandteil der Kontrollstruktur. Nach n Schleifendurchläufen enthält der Iterationszähler also den Wert $n - 1$. Eine While-Schleife sollte grundsätzlich immer dann benutzt werden, wenn die Anzahl der erforderlichen Schleifendurchläufe nicht bekannt ist, sondern von einer logischen Bedingung abhängt. Den Schleifenabbruch in Abhängigkeit von einer logischen Bedingung ermöglicht das zweite Terminal, das *Conditional Terminal* (Bedingungsterminal) in der rechten unteren Ecke der While-Schleife.

Die Standardeinstellung für das *Conditional Terminal* ist *Stop if True* (Stopp wenn TRUE) (Abb. 7.5a), d. h. der Schleifenabbruch erfolgt, wenn die an das *Conditional Terminal* angeschlossene boolesche Variable den Wert TRUE liefert. Mit einem Kommandoklick kann das Bedingungsterminal von *Stop if True* auf *Continue if True* (Bei

TRUE fortfahren) umgeschaltet werden (Abb. 7.5b). Im Sinne einer guten Lesbarkeit von Programmen sollte innerhalb eines Software-Projekts durchgängig nur eine dieser beiden Möglichkeiten verwendet werden. Erfahrungsgemäß bevorzugen Software-Entwickler dabei die Standardeinstellung *Stop if True*.

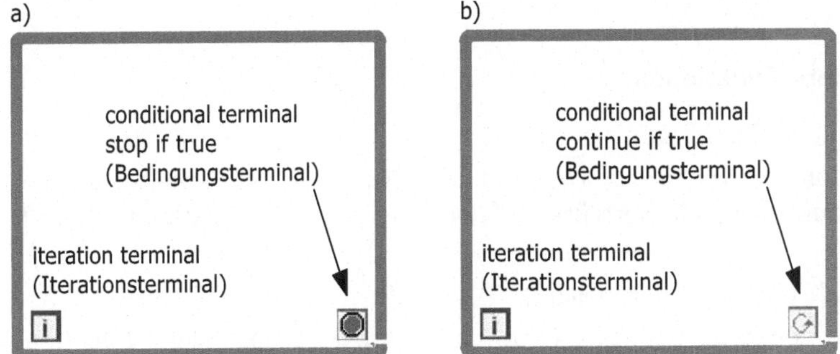

Abb. 7.5: Darstellung einer While-Schleife im *Block Diagram*

Eine While-Schleife wiederholt den in ihrem Inneren liegenden Quellcode solange, bis der Schleifenabbruch über die logische Bedingung der booleschen Variablen am *Conditional Terminal* erfolgt. Das *Conditional Terminal* muss grundsätzlich mit einer booleschen Variablen verbunden werden, um ein fehlerfreies *Block Diagram* zu erstellen. Die Bedingung wird nach jedem Iterationsschritt bzw. Schleifendurchlauf überprüft. G stellt somit nur eine fußgesteuerte While-Schleife zur Verfügung, d. h. die While-Schleife wird mindestens einmal ausgeführt (vgl. Abschn. 4.4). Mit Hilfe einer Fallunterscheidung ist es aber möglich, eine kopfgesteuerte While-Schleife zu realisieren (vgl. Abb. 7.25).

Das in Abbildung 7.6 dargestellte Beispiel soll die Arbeitsweise einer While-Schleife veranschaulichen. Ein Zufallszahlengenerator erzeugt Zahlen im Bereich von $0 < n < 1$. Diese werden zum einen in einer Anzeige „*Random Number*" dargestellt und zum anderen mit der numerischen Konstante „0.99" verglichen. Die Vergleichsfunktion liefert den logischen Wert TRUE solange die erzeugte Zufallszahl ≤ 0.99 ist. Der Schalter „*Enable*" liefert in gedrücktem Zustand gleichfalls den logischen Wert

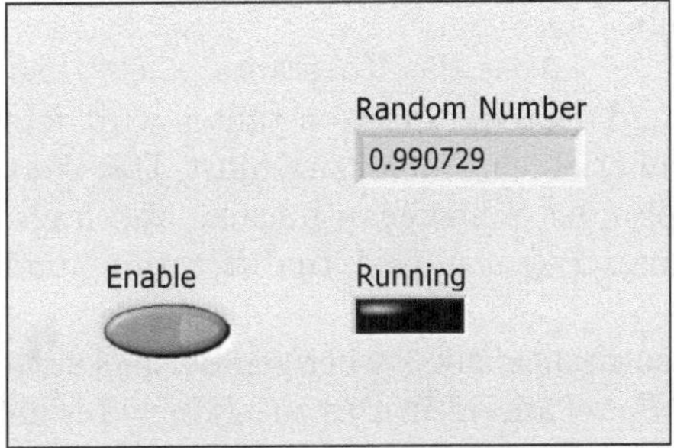

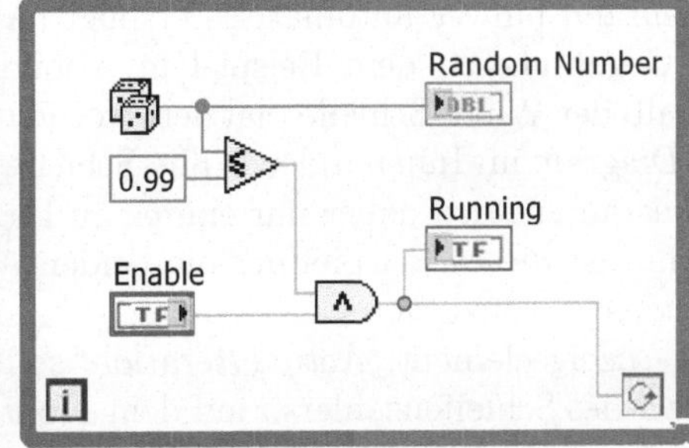

Abb. 7.6: Beispiel-Programm mit While-Schleife

TRUE. Beide Bedingungen werden mit Hilfe einer AND-Funktion (UND-Funktion) verknüpft und dem *Conditional Terminal* zugeführt. Solange die Zufallszahl ≤ 0.99 und der Schalter gedrückt ist, wird das *Block Diagram* im Inneren der While-Schleife wiederholt ausgeführt. Sobald eine der beiden Bedingungen nicht mehr erfüllt ist, liefert der Ausgang der AND-Funktion FALSE und die Ausführung der While-Schleife wird beendet.

Zusätzlich verwendete Funktionen

Random Number (Zufallszahl)

Unter *Functions* $\gg$ *Numeric* $\gg$ *Random Number* steht ein Zufallszahlengenerator zur Verfügung, der gleichverteilte Zufallszahlen vom Typ DBL im Bereich $0 < n < 1$ liefert.

Less Or Equal? (Kleiner oder gleich?)

Vergleichsfunktionen wie z. B. *Less Or Equal?* können aus der Palette *Functions* $\gg$ *Comparison* (Vergleich) ausgewählt werden.

And (Und)

Boolesche Funktionen wie z. B. das hier verwendete AND (Und) stehen in der Palette *Functions* $\gg$ *Boolean* zur Verfügung.

7.1.3 Tunnel

In dem in Abbildung 7.6 dargestellten Beispiel befinden sich alle Objekte innerhalb der While-Schleife, u. a. auch die beiden Terminals der Anzeigeelemente *„Random Number"* zur Anzeige der aktuellen Zufallszahl und *„Running"* zur Anzeige des booleschen Wertes der Wiederholbedingung. Diese werden bei jedem Schleifendurchlauf erneut aktualisiert.

Im Sinne des Datenflusskonzeptes stellen auch For- und While-Schleifen Funktionsknoten dar, denen Datenflüsse zugeführt bzw. entnommen werden können. Eine Schleife wird erst aktiviert, wenn alle eingehenden Datenflüsse bereitstehen. Herausführende Datenflüsse stehen erst zur Verfügung, wenn die Schleife beendet worden ist. Erst danach wird der Datenfluss außerhalb der Schleife fortgesetzt. Das Zuführen bzw. Entnehmen von Daten erfolgt über den Schleifenrand mit Hilfe von Eingangs- und Ausgangstunneln. Diese werden beim „Verdrahten" von Datenflüssen über den Schleifenrand hinweg automatisch erzeugt (Abb. 7.7).

Im Gegensatz zu dem Beispiel in Abbildung 7.6 ist die Konstante „0.99" hier außerhalb der While-Schleife platziert worden und der Wert der Konstanten wird dem *Block Diagram* im Inneren der While-Schleife über einen Tunnel zugeführt. Der Wert der Konstanten wird daher nur einmal zu Beginn der Schleifenausführung abgefragt. Weiterhin ist dieses Beispiel um die beiden Anzeigeelemente *„Actual Iteration"* und *„Iterations"* ergänzt worden.

Das Anzeigeelement *„Actual Iteration"* soll zusätzlich zum vorherigen Beispiel auch den Wert des Schleifenzählers i auf dem *Front Panel* anzeigen. Das zugehörige Terminal wurde im Inneren der While-Schleife platziert und wird deshalb bei jedem Schleifendurchlauf aktualisiert. Das Terminal des Anzeigeelementes *„Iterations"* außerhalb

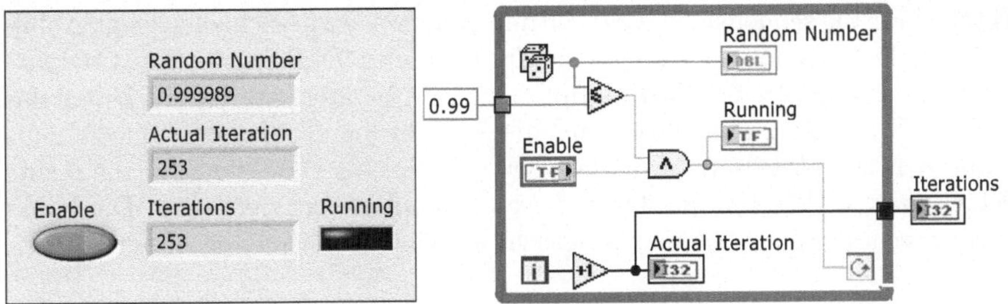

Abb. 7.7: Datenaustausch mit einer While-Schleife über Eingangs- und Ausgangstunnel

der While-Schleife ist über einen Ausgangstunnel mit dem Schleifenzähler verbunden und wird deshalb erst nach Beendigung der While-Schleife einmal mit der Anzahl der Schleifendurchläufe beschrieben.

Datenflüsse an einem Eingangstunnel müssen im Inneren der Schleife nicht weiter verarbeitet werden. Sie lösen aber die Ausführung der Schleife aus, da jede Schleife in einem Datenflussdiagramm einen Knoten darstellt, der erst dann ausgeführt werden kann, wenn alle eingehenden Datenflüsse zur Verfügung stehen. In einem *Block Diagram* mit mehreren Schleifen kann so deren sequenzielle Abarbeitung in Abhängigkeit vom Datenfluss sichergestellt werden. Analog dazu stehen Daten an einem Ausgangstunnel erst dann zur Verfügung, wenn die Schleifenausführung beendet worden ist.

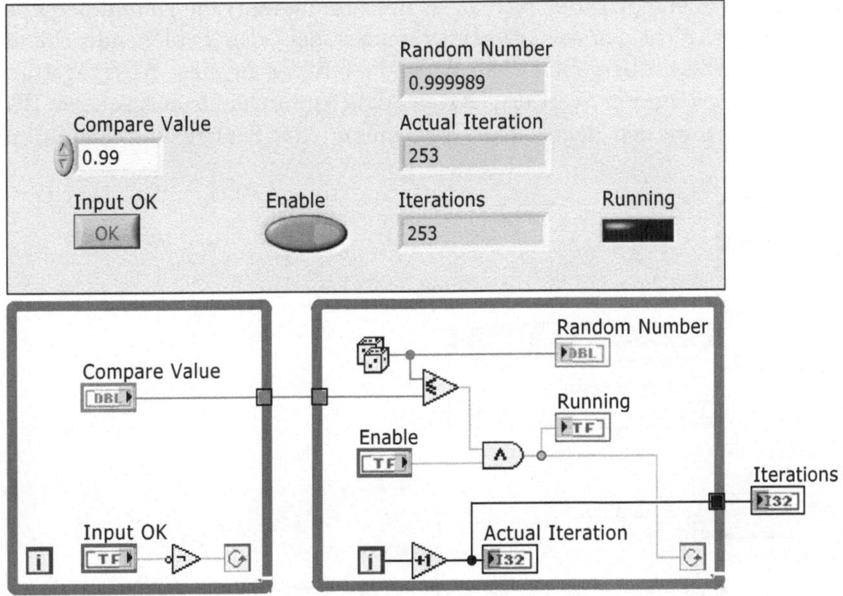

Abb. 7.8: Beispiel für eine durch den Datenfluss erzwungene sequenzielle Abarbeitung von zwei While-Schleifen

Ein Beispiel für die sequenzielle Abarbeitung von zwei While-Schleifen zeigt Abbildung 7.8. In der linken While-Schleife ist die Eingabe eines Vergleichswertes *„Compare Value"* möglich, solange der Schalter *„Input OK"* nicht betätigt worden ist. Durch das Betätigten des Schalters *„Input OK"* wird die Ausführung der linken While-Schleife beendet und der Vergleichswert *„Compare Value"* steht als Datenfluss für die rechte While-Schleife zur Verfügung, die durch diesen Datenfluss aktiviert wird. Die Funktionalität der rechten While-Schleife entspricht dabei dem Beispiel in Abbildung 7.7.

Zusätzlich verwendete Funktion

 *Not* (Nicht)

Die boolesche Funktion *Not* steht in der Palette *Functions* ≫ *Boolean* zur Verfügung. Sie wird hier verwendet, um den logischen Wert des Schalters *„Input OK"* zu invertieren, damit konsistent in beiden While-Schleifen die Einstellung *Continue If True* des *Conditional Terminals* verwendet werden kann.

Automatische Indizierung

Im Kontextmenü eines Tunnels kann zwischen den Betriebsmodi *Enable Indexing* (Indizierung aktivieren) und *Disable Indexing* (Indizierung deaktivieren) umgeschaltet werden (Abb. 7.9a). Bei aktivierter Indizierung ändert sich das Erscheinungsbild des Tunnels, im Inneren wird ein Klammerpaar dargestellt (Abb. 7.9b). Diese Einstellung ist bei der Verarbeitung von *Arrays* (Datenfeldern) sehr leistungsfähig.

Bei deaktivierter Indizierung an einem Eingangstunnel werden alle anliegenden Daten an die Schleife übergeben. Bei aktivierter Indizierung führt die Datenübergabe eines *Arrays* dazu, dass nicht das gesamte *Array* sondern bei jedem Schleifendurchlauf nur ein Element des *Arrays* übergeben wird. Wenn die Indizierung eines Ausgangstunnels deaktiviert ist, wird nur der Wert des letzten Schleifendurchlaufs ausgegeben. Bei aktivierter Indizierung werden dagegen die Ergebnisse aller Schleifendurchläufe im

a) 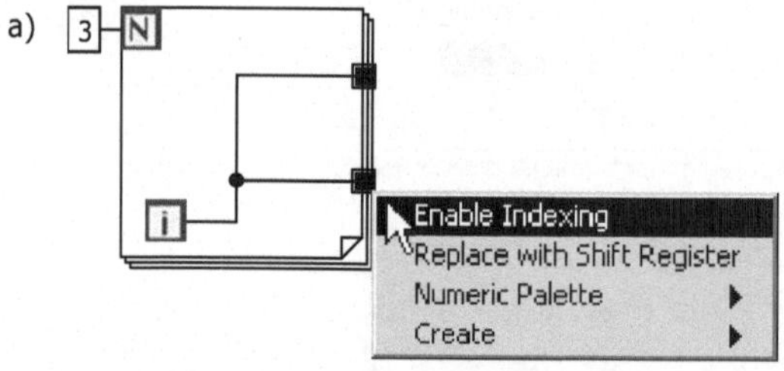

b) 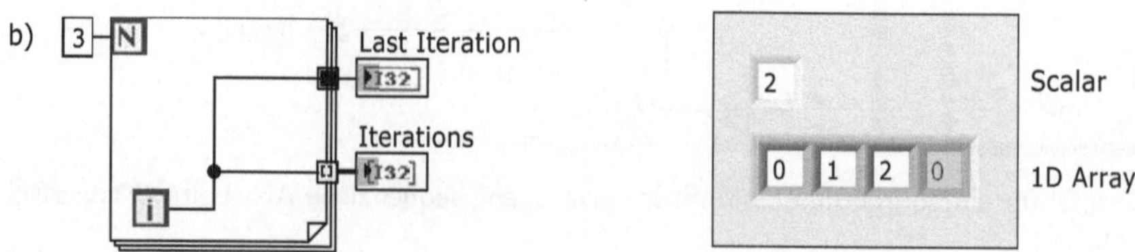

Abb. 7.9: For-Schleife mit aktivierter und deaktivierter Indizierung

Ausgangstunnel in einem eindimensionalen *Array* gesammelt und nach Beendigung der Schleifenausführung ausgegeben.

Dieses Verhalten zeigt beispielhaft Abbildung 7.9b. Nach der Ausführung der For-Schleife enthält das Anzeigeelement *„Last Iteration"* eine „2", da die Indizierung des Tunnels deaktiviert worden ist. Das Anzeigeelement *„Iterations"* stellt in einem eindimensionalen *Array* alle Werte des Iterationszählers zur Verfügung, da die Indizierung des zugehörigen Tunnels aktiviert worden ist. Da die Einstellung *Enable Indexing* nur im Zusammenhang mit *Arrays* sinnvoll verwendet werden kann, wird sie in Abschnitt 9.1.2 ausführlich behandelt.

7.1.4 Shift Register (Schieberegister)

In vielen Fällen ist es erforderlich, auf die Ergebnisse vorangegangener Schleifendurchläufe zuzugreifen. Dafür stellt LabVIEW bei While- und For-Schleifen *Shift Register* (Schieberegister) zur Verfügung, mit denen die Übertragung von Werten von einem zum nächsten Schleifendurchlauf vorgenommen werden kann. Ein *Shift Register* kann durch einen Kommandoklick auf den linken oder rechten Schleifenrand erzeugt werden, indem die Option *Add Shift Register* (Schieberegister hinzufügen) im Kontextmenü ausgewählt wird (Abb. 7.10).

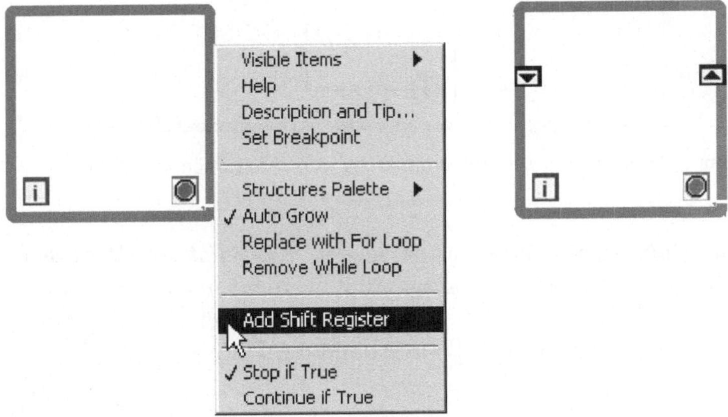

Abb. 7.10: Erzeugen eines *Shift Register* (Schieberegisters)

Ein Schieberegister besteht aus einem Anschlusspaar, das sich auf dem linken und rechten Schleifenrand befindet. Der rechte Schieberegister-Anschluss speichert die Daten nach einem Schleifendurchlauf bzw. Iterationsschritt. Diese Daten werden zu Beginn des nächsten Schleifendurchlaufs in den linken Schieberegister-Anschluss „geschoben" und dort zur Verfügung gestellt. Ein Schieberegister kann jeden beliebigen Datentyp enthalten. Nachdem es erzeugt worden ist, erscheint es zunächst schwarz, nimmt aber nach der Verdrahtung automatisch die farbliche Codierung des angeschlossenen Objektes an.

Um die Wirkungsweise eines Schieberegisters zu veranschaulichen, soll in einem Beispiel die Summe der ersten n natürlichen Zahlen nach Gleichung 7.1 berechnet werden:

$$S = \sum_{i=1}^{n} i. \tag{7.1}$$

Abbildung 7.11 zeigt das *Front Panel* und *Bock Diagram* des Programms `Sum-OfNumbers.vi`. Auf dem *Front Panel* ist die Anzahl n der Zahlen, die aufsummiert werden sollen, in einem *Control* einstellbar. Das Ergebnis wird im *Indicator* „Sum S" dargestellt. Im *Block Diagram* wird die For-Schleife n-mal ausgeführt. Innerhalb der For-Schleife wird der jeweilige Wert des Iterationszählers i, der um eins inkrementiert wird, da er bei Null beginnt, zu dem jeweils aktuellen Wert des *Shift Registers* addiert, bis die For-Schleife beendet wird.

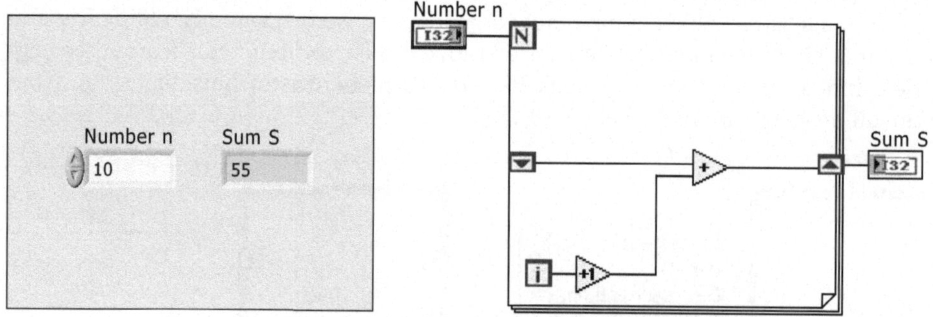

Abb. 7.11: Programm `SumOfNumbers.vi` zur Aufsummierung von n natürlichen Zahlen

Um den Programmablauf zu visualisieren, ist in der *Tools Palette* (Werkzeugpalette) das *Probe Tool* (Sondenwerkzeug) ausgewählt worden, um mit diesem im *Block Diagram* drei Sonden auf die Verbindungsleitungen zu setzen. Die Ergebnisse für die ersten vier Iterationen zeigt die Tabelle in Abbildung 7.12.

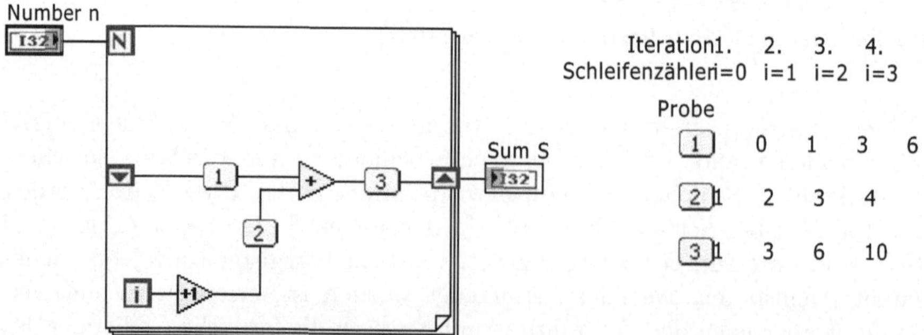

Abb. 7.12: Programm `SumOfNumbers.vi` mit *Probe Data* (Sondenwerten) zur Visualisierung des Programmablaufs

Wenn das Programm SumOfNumbers.vi ein weiteres Mal gestartet wird, liefert der *Indicator* „*Sum S*" nicht das gleiche Ergebnis, sondern zeigt 110 an (Abb. 7.13). Dies ist dadurch bedingt, dass *Shift Register* nach dem Laden eines Programms zwar mit einem Default-Wert belegt werden (z. B. *Boolean* := FALSE, *Numeric* := 0), dass sie aber nicht zurückgesetzt werden, bevor das Programm geschlossen und aus dem Arbeitsspeicher gelöscht worden ist. Das heißt, beim zweiten Aufruf des Programms SumOfNumbers.vi ist das *Shift Register* noch mit 55 vorbelegt.

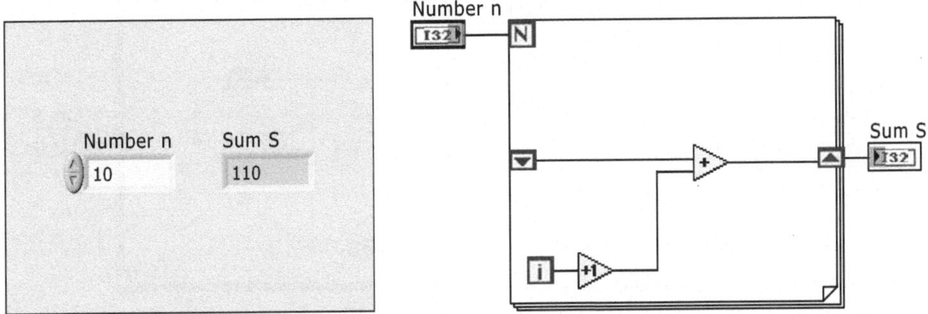

Abb. 7.13: Ergebnis des Programms SumOfNumbers.vi nach dem zweiten Aufruf

Initialisierung von Schieberegistern

Shift Register sollten daher immer initialisiert werden, wenn dieser Effekt nicht programmtechnisch genutzt werden soll. Denn nicht initialisierte Schieberegister können schwer zu diagnostizierende Fehler zur Folge haben. Dafür wird der gewünschte Start- bzw. Initialwert als Konstante oder *Control* außerhalb des Schleifenrands an den linksseitigen Schieberegister-Anschluss angeschlossen (Abb. 7.14).

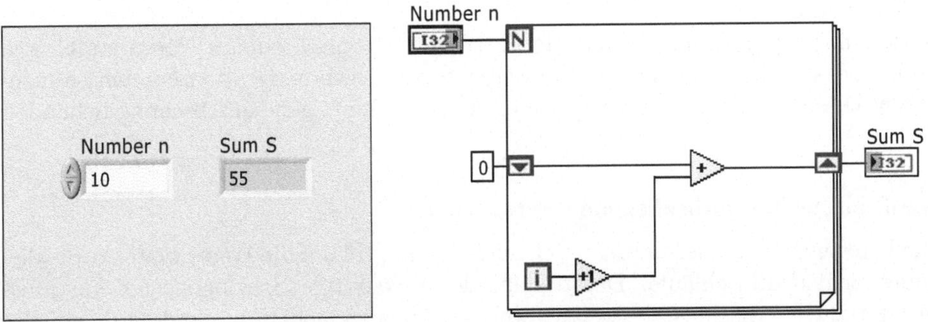

Abb. 7.14: Programm SumOfNumbers.vi mit initialisiertem Schieberegister

Feedback Node (Rückkopplungsknoten)

Anstelle eines *Shift Registers* kann in einer Wiederholschleife auch ein *Feedback Node* (Rückkopplungsknoten) verwendet werden. Dieser kann aus der Palette *Functions* ≫ *Structures* ausgewählt werden. *Shift Register* und *Feedback Node* sind weitgehend funktionsgleich und können daher alternativ verwendet werden. Abbildung 7.15 zeigt die Realisierung des Programms SumOfNumbers mit Hilfe eines *Feedback Nodes*.

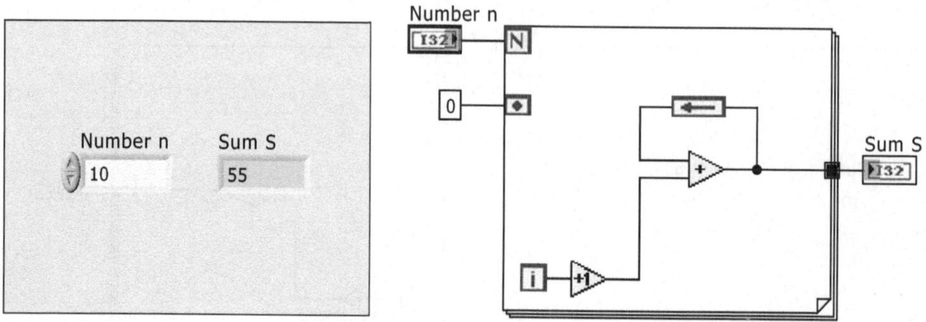

Abb. 7.15: Realisierung des Programms SumOfNumbers.vi mit Hilfe eines Rückkopplungsknotens

Auch bei der Verwendung eines *Feedback Nodes* ist darauf zu achten, dass dieser am linken Schleifenrand initialisiert wird. Die Entscheidung, ob innerhalb einer Wiederholschleife ein *Shift Register* oder ein *Feedback Node* verwendet werden sollte, wird im Allgemeinen durch die Lesbarkeit des *Block Diagrams* bestimmt. Wenn in einer Wiederholschleife viele *Shift Register* verwendet werden, können sich sehr viele Kreuzungen von Verbindungsleitungen ergeben, die die Lesbarkeit beeinträchtigen. Andererseits geht bei der Verwendung eines *Feedback Node* die Nachvollziehbarkeit des Datenflusses entlang der Verbindungsleitungen verloren, so dass im Einzelnen abgewägt werden muss, welches der beiden Elemente die bessere Lesbarkeit gewährleistet.

Die einzige Einschränkung bei der Verwendung von *Feedback Nodes* ergibt sich dadurch, dass es nicht möglich ist, auf weiter zurückliegende Iterationsergebnisse zuzugreifen. Diese Eigenschaft von Schieberegistern soll im folgenden Abschnitt behandelt werden.

Zugriff auf weiter zurückliegende Iterationen

Schieberegister ermöglichen prinzipiell auch den Zugriff auf die Werte weiter zurückliegender Schleifendurchläufe. Dafür kann der linksseitige Schieberegister-Anschluss um zusätzliche Anschlüsse erweitert werden. Durch einen Kommandoklick auf das Schieberegister wird das Kontextmenü geöffnet und es kann die Option *Add Element* (Element hinzufügen) ausgewählt werden. Alternativ ist es möglich, mit dem *Positioning Tool* den linksseitigen Schieberegister-Anschluss nach unten „aufzuziehen" (s. Abb. 7.16).

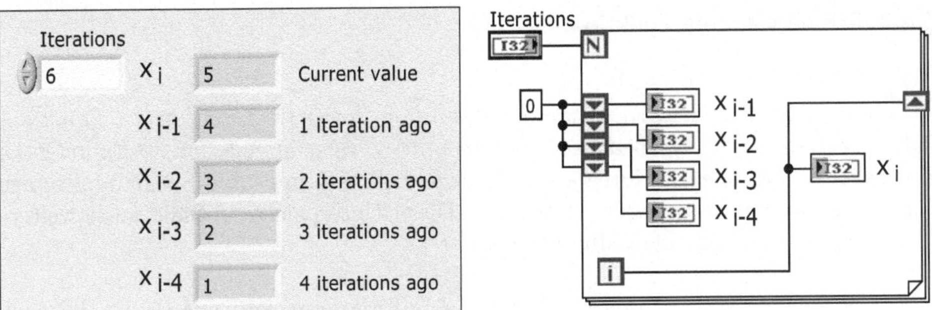

Abb. 7.16: Schieberegister mit Zugriff auf weiter zurückliegende Iterationswerte

Das Beispielprogramm führt eine vorgebbare Anzahl von Iterationen aus, wobei die aktuelle Iteration auf dem *Front Panel* im *Indicator* „*Current value*" angezeigt wird. Zusätzlich werden die Zahlenwerte der vier vorangegangenen Iterationen über das entsprechend konfigurierte Schieberegister bereitgestellt und ebenfalls auf dem *Front Panel* zur Anzeige gebracht.

Diese Anwendung von Schieberegistern soll am Beispiel der Geometrischen Reihe nach Gleichung 7.2 veranschaulicht werden:

$$\sum_{i=0}^{\infty} \frac{1}{2^i} = \frac{1}{1} + \frac{1}{2} + \frac{1}{4} + \frac{1}{8} \cdots = 2. \tag{7.2}$$

Da es weder sinnvoll noch möglich ist, eine unendliche Anzahl von Iterationen durchzuführen, bietet es sich an, eine While-Schleife zu verwenden, die beendet wird, wenn sich die Zahlenwerte zweier aufeinander folgender Iterationen nicht mehr verändert haben. Das *Front Panel* und *Block Diagram* des Programms Geometric-Series.vi zeigt Abbildung 7.17. Für die Initialisierung des unteren Schieberegister-Anschlusses wurde hier willkürlich eine Drei verwendet. Wären beide Schieberegister-Anschlüsse mit dem Standardwert Null initialisiert worden, würde das Programm unmittelbar nach dem ersten Schleifendurchlauf beendet.

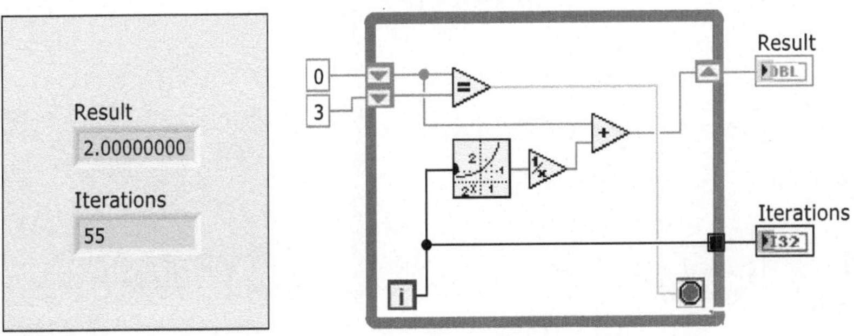

Abb. 7.17: Beispielprogramm GeometricSeries.vi

Zusätzlich verwendete Funktion

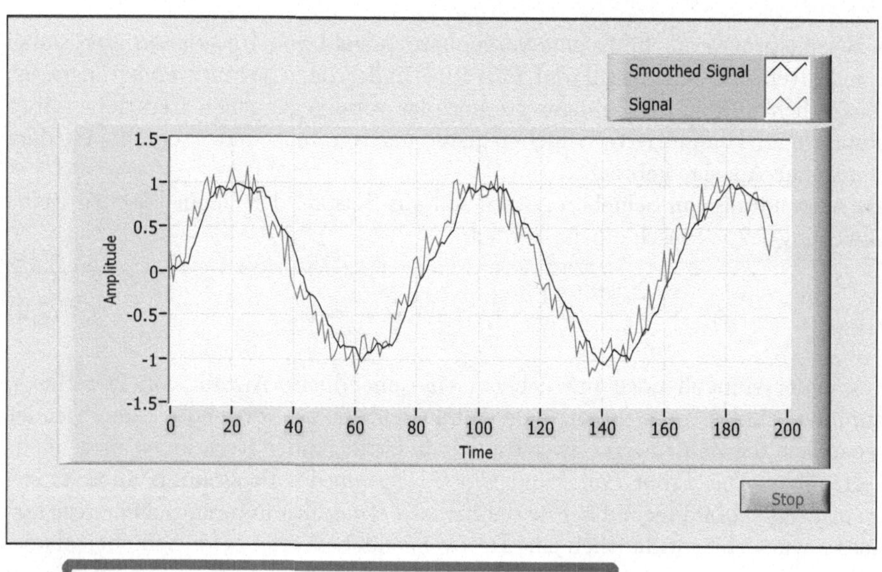

Power Of 2 (2 hoch x)

Die in diesem Beispiel verwendete Funktion *Power Of 2* steht in der *Functions Palette* ≫ *Category* ≫ *Mathematics* ≫ *Elementary & Special Functions* ≫ *Exponential Functions* (Funktionen ≫ Kategorie ≫ Mathematik ≫ Grund- und Spezialfunktionen ≫ Exponentialfunktionen) zur Verfügung. Diese Unterpalette enthält auch weitere Logarithmus- und Exponentialfunktionen.

Zur Vertiefung soll als weiteres Beispiel das Programm MovingAverage.vi nach Abbildung 7.18 dienen, welches den gleitenden Mittelwert von einem mit einem gleich-

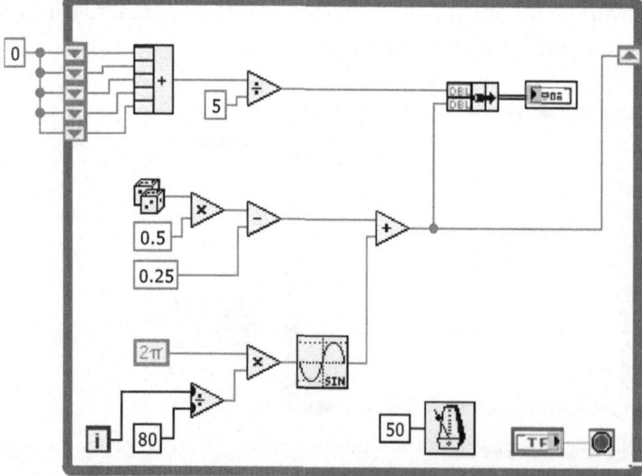

Abb. 7.18: Bildung eines gleitenden Mittelwertes mittels *Shift Register* (Schieberegister)

verteilten Rauschen überlagerten Sinussignal berechnet, indem der Mittelwert der letzten fünf Zahlenwerte gebildet wird. Im linken unteren Bereich des *Block Diagrams* werden mit Hilfe des Iterationszählers die Werte für das Sinussignal erzeugt, so dass für jede Sinunsschwingung 80 Stützpunkte zur Verfügung stehen.

Das gleichverteilte Rauschen im Bereich von ± 0.25 wird mittels des in LabVIEW zur Verfügung stehenden Zufallszahlengenerators erzeugt und dem Sinussignal überlagert. Der Wert jeder Iteration wird zum einen auf den rechtsseitigen Anschluss des Schieberegisters geführt und zum anderen in einem *Waveform Chart* zur Anzeige gebracht. Am linksseitigem Rand des Schieberegisters werden die Werte der letzten fünf Iterationen abgegriffen, gemittelt und gleichfalls im *Waveform Chart* dargestellt.

Zusätzlich verwendete Funktionen

Pi Multiplied By 2 (Pi multipliziert mit 2)

In der *Functions Palette* $\gg$ *Numeric* $\gg$ *Math & Scientific Constants* (Mathematische und wissenschaftliche Konstanten) ist eine Vielzahl numerischer Konstanten gruppiert, u. a. 2π, so dass im Allgemeinen Naturkonstanten nicht mit Hilfe von numerischen Konstanten im *Block Diagram* gebildet werden müssen.

Compound Arithmetic (Mehrfacharithmetik)

Die Palette *Functions* $\gg$ *Numeric* stellt die Funktion *Compound Arithmetic* (Mehrfacharithmetik) bereit. Diese ermöglicht die Addition oder Multiplikation von mehr als zwei numerischen Datenflüssen oder die Verknüpfungen AND, OR und XOR für mehr als zwei boolesche Variablen. Die erforderliche Anzahl von Eingängen kann erzeugt werden, indem die im *Block Diagram* platzierte Funktion mit dem *Positioning Tool* nach unten „aufgezogen" wird oder indem mit einem Kommandoklick auf die Funktion das Kontextmenü geöffnet wird und die Option *Add Input* (Eingang hinzufügen) ausgewählt wird. Die Auswahl der gewünschten Operation erfolgt gleichfalls durch einen Kommandoklick auf den Funktionsknoten und anschließend durch die Auswahl *Change Mode* (Modus ändern) im Kontextmenü. Die graphischen Erscheinungsformen des Funktionsknotens in der *Functions Palette*, im *Block Diagram* direkt nach der Platzierung und nach der Konfiguration können voneinander abweichen.

Bundle (Bündeln)

In der Palette *Functions* $\gg$ *Cluster & Variant* kann die Funktion *Bundle* (Bündeln) ausgewählt werden. Mit dieser ist es möglich, unterschiedliche Datentypen und -strukturen zu einem *Cluster* zusammenzufassen. In diesem Programmbeispiel wird die Funktion benötigt, um dem Anzeigeelement *Waveform Chart* zwei Datenflüsse zuzuführen und somit zwei Signalverläufe darstellen zu können. Die graphischen Erscheinungsformen der Funktion in der *Functions Palette* und im *Block Diagram* unterscheiden sich geringfügig voneinander.

Abschließend soll darauf hingewiesen werden, dass dieses Beispiel vornehmlich die Funktionsweise von Schieberegistern veranschaulicht. Wenn die Anzahl der zur Mittelwertbildung verwendeten Zahlenwerte auf der Bedienoberfläche einstellbar sein soll oder wenn die Mittelwertbildung über eine große Anzahl von Werten vorgenommen werden soll, sind Schieberegister nicht geeignet und es empfiehlt sich der Einsatz von Array-Funktionen (vgl. Abschn. 9.1). Zudem wäre es auch sinnvoll, für die Mittelwertbildung den jeweils aktuellen Wert einzubeziehen, was hier aus Gründen der Übersichtlichkeit nicht erfolgt ist.

7.1.5 Schleifenabbruch

Wie bereits erwähnt, werden For-Schleifen immer dann verwendet, wenn die Anzahl der auszuführenden Iterationen bekannt ist, während While-Schleifen verwendet werden, wenn das Abbruchkriterium für die Iterationen von einer logischen Bedingung abhängig ist.

Zur Verdeutlichung soll noch einmal das Programmbeispiel nach Abbildung 7.3 betrachtet werden, in dem der Verlauf der Funktion $f(x) = x^2$ auf der Bedienoberfläche graphisch dargestellt wird. Um die Qualität der Darstellung zu verbessern, soll nun die Anzahl der verwendeten Stützpunkte von 11 auf 51 erhöht werden, so dass sich bei einer Darstellung der Funktion im Bereich von $0\ldots10$ eine Intervallbreite zwischen zwei Stützpunkten von 0.2 ergibt. Abbildung 7.19 zeigt das *Front Panel* sowie drei alternative Lösungen für den Schleifenabbruch.

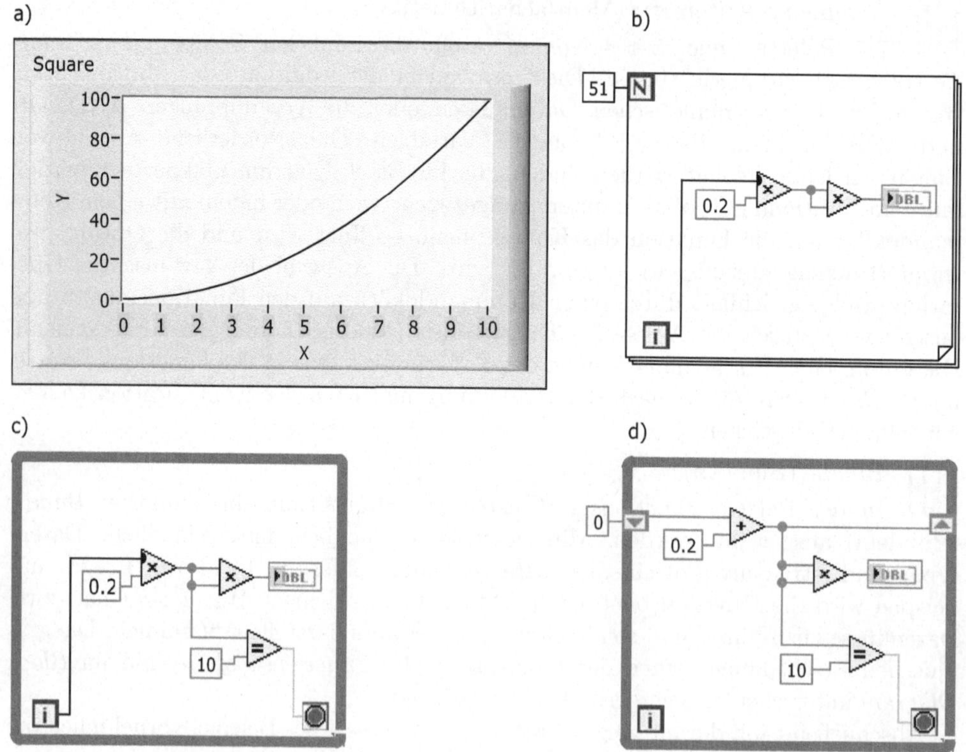

Abb. 7.19: Darstellung der Funktion $f(x) = x^2$, a) *Front Panel*, b) korrekter Schleifenabbruch, c, d) ungeeigneter bzw. fehlerhafter Schleifenabbruch

Abbildung 7.19b zeigt die einzige korrekte Abbruchbedingung. Da die Anzahl der Iterationen bekannt ist, wird hier eine For-Schleife verwendet. Die Verwendung einer While-Schleife in Abbildung 7.19c ist ungeeignet, da diese nur verwendet werden sollte, wenn das Abbruchkriterium von einer logischen Bedingung abhängt. Grundsätzlich ist hier zudem anzumerken, dass ein Vergleich zweier Gleitpunktzahlen nicht durch den Vergleichsoperator „=" sondern nur mit Hilfe der Vergleichsoperatoren „$\leq$" oder „$\geq$" vorgenommen werden sollte, da bereits kleine Rundungsfehler bei einer Berechnung dazu führen können, dass eine exakte Übereinstimmung zweier Gleitpunktzahlen nicht mehr gegeben ist. Dies führt auch dazu, dass das in Abbildung 7.19d dargestellte *Block Diagram* fehlerhaft ist. Zum einen ist es bei dem verwendeten Datentyp *Double* nicht möglich, die Zahl 0.2 exakt darzustellen (vgl. Abschn. 2.3.2) und zum anderen treten durch die fortgesetzte Addition Rundungsfehler auf, so dass der Vergleich mit der Zahl Zehn nie den Wert TRUE ergibt und die While-Schleife somit endlos läuft.

7.2 Case (Fallunterscheidung)

Die Programmierung von ein-, zwei- und mehrseitigen Fallunterscheidungen nach Abschnitt 4.4 ermöglicht die in der Palette *Functions* $\gg$ *Structures* (Strukturen) angeordnete Struktur *Case* (Case-Struktur). Die Case-Struktur entspricht der IF ... THEN ...ELSE Anweisung einer textbasierten Programmiersprache. Die Platzierung und Skalierung der Case-Struktur ist direkt vergleichbar mit der einer For-Schleife (vgl. Abschn. 7.1.1). Nach der Platzierung einer Case-Struktur erscheint diese als Rahmen im *Block Diagram* mit einem *Selector Terminal* (Auswahlterminal) am linken Rand und einem *Case Selector Label* (Auswahlbeschriftung) am oberen Rand (Abb. 7.20a).

Das *Selector Terminal* akzeptiert Daten vom Typ *Integer*, *Real*, *Boolean*, *String* und *Enum*. Es ist am linken Rand des Rahmens frei verschiebbar und bestimmt, welcher Fall der Case-Struktur ausgeführt werden soll. Es muss daher immer angeschlossen werden. Die Farbgebung des Auswahlterminals passt sich automatisch dem angeschlossenen Datentyp an.

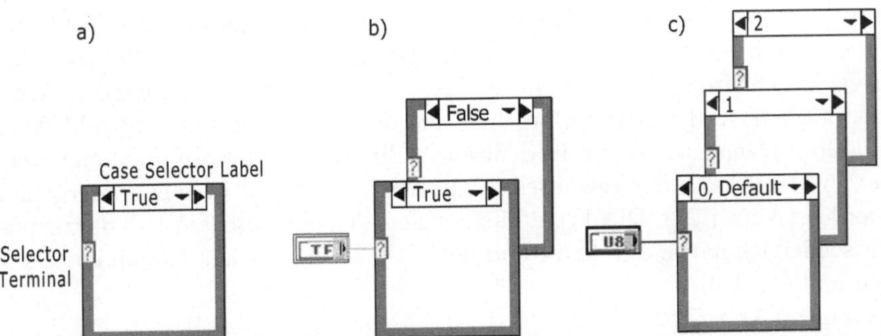

Abb. 7.20: Case-Struktur, a) nach der Platzierung, b) mit Boolescher- und c) mit Integer-Variablen am Auswahlterminal

Wird ein boolescher Wert an das Auswahlterminal angeschlossen, stellt die Case-Struktur die beiden Fälle TRUE und FALSE bereit (Abb. 7.20b). Beim Anschluss eines numerischen Wertes an das Auswahlterminal kann die Case-Struktur bis zu $2^{15} - 1$ Fallunterscheidungen haben, wobei zunächst nur die beiden Möglichkeiten Null und Eins zur Verfügung stehen. Weitere Fälle können hinzugefügt werden, indem ein Kommandoklick auf dem Rahmen der Case-Struktur durchgeführt und die Option *Add Case Before* (Case davor einfügen) bzw. *Add Case After* (Case danach einfügen) ausgewählt wird (Abb. 7.20c). Gegebenenfalls kann im Kontextmenü auch die Option *Add Case for Every Value* (Case für jeden Wert hinzufügen) ausgewählt werden. Weitere Auswahlmöglichkeiten im Kontextmenü ermöglichen es, u. a. einzelne Fälle zu kopieren, zu löschen, neu zu sortieren oder einen Fall als *Default* (Standard) zu deklarieren.

Wenn die Case-Struktur für den ankommenden (Zahlen-)wert keinen passenden Fall enthält, wird immer der Standardfall (*Default*) ausgeführt. Dieser eignet sich damit in besonderer Weise für eine Ausnahmebehandlung.

Weiterhin ist die Ansteuerung der Case-Struktur auch mit Gleitpunktzahlen und mit *Strings* möglich. Gleitpunktzahlen werden am *Selector Terminal* auf den nächsten Integer-Wert gerundet, um eine gültige Auswahl zu erzeugen. Beim Anschluss von *Strings* wird der Fall ausgeführt, bei dem der zugeführte *String* exakt mit dem Bezeichner des jeweiligen Falls im *Case Selector Label* (Auswahlbeschriftung) übereinstimmt. Da diese beiden Möglichkeiten in der Regel fehleranfällig sind, sollten sie vermieden werden.

Zur Steuerung der Case-Struktur können zudem *Enums* mit dem Auswahlanschluss verbunden werden. Ein *Control* des Datentyps *Enum* (vgl. Abschn. 8.4) kann aus der Palette *Controls* ≫ *Ring & Enum* ausgewählt werden. In Abhängigkeit vom ausgewählten *String* wird eine entsprechende Integer-Zahl an den Auswahlanschluss der Case-Struktur übergeben und die unterschiedlichen Fallbezeichnungen erscheinen in der Auswahlbeschriftung der Case-Struktur (Abb. 7.21). Als großer Vorteil ergibt sich dann ein gut lesbares *Block Diagram*.

Die unterschiedlichen Fälle der Case-Struktur liegen wie in einem Kartenstapel übereinander, so dass immer nur der Inhalt der obersten „Karte" sichtbar ist. Dadurch wird im Gegensatz zu einem Struktogramm, bei dem alle Fälle nebeneinander dargestellt werden, die Lesbarkeit des *Block Diagrams* beeinträchtigt. Aber nur so ist es möglich, umfangreiche, mehrseitige Fallunterscheidungen auf einer begrenzten Fläche zu realisieren. Durch Klicken auf den Abwärts- (links) oder Aufwärts-Pfeil (rechts) in der Auswahlbeschriftung kann durch den „Kartenstapel" geblättert werden. Weiterhin ist es möglich, in der Auswahlbeschriftung den Pfeil nach unten anzuklicken, um ein Pull-Down-Menü zu öffnen, in dem alle Fallunterscheidungen angezeigt werden. In diesem Menü kann der gewünschte Fall ausgewählt und in den Vordergrund gebracht werden (Abb. 7.22). Die dritte Möglichkeit, den gewünschten Fall darzustellen, besteht schließlich darin, auf dem Rand der Case-Struktur einen Kommandoklick auszuführen und den Fall im Kontextmenü unter der Option *Show Case* (Case anzeigen) auszuwählen (Abb. 7.22).

Die Datenübergabe erfolgt wie bei Wiederholschleifen über einen Tunnel. Eingehende Datenflüsse müssen nicht in allen Fällen einer Case-Struktur verwendet werden. Bei ausgehenden Datenflüssen müssen dagegen alle Fälle am Tunnel eine Datenquelle

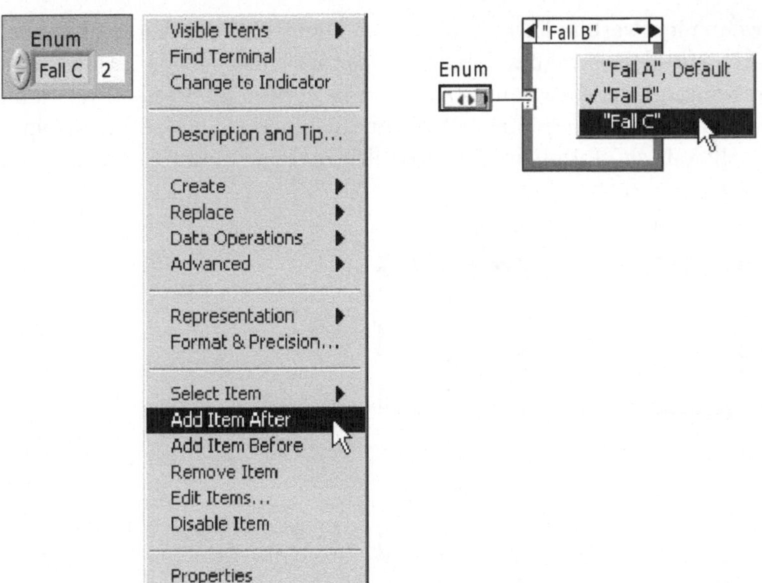

Abb. 7.21: Steuerung einer Fallunterscheidung mittels *Enum*

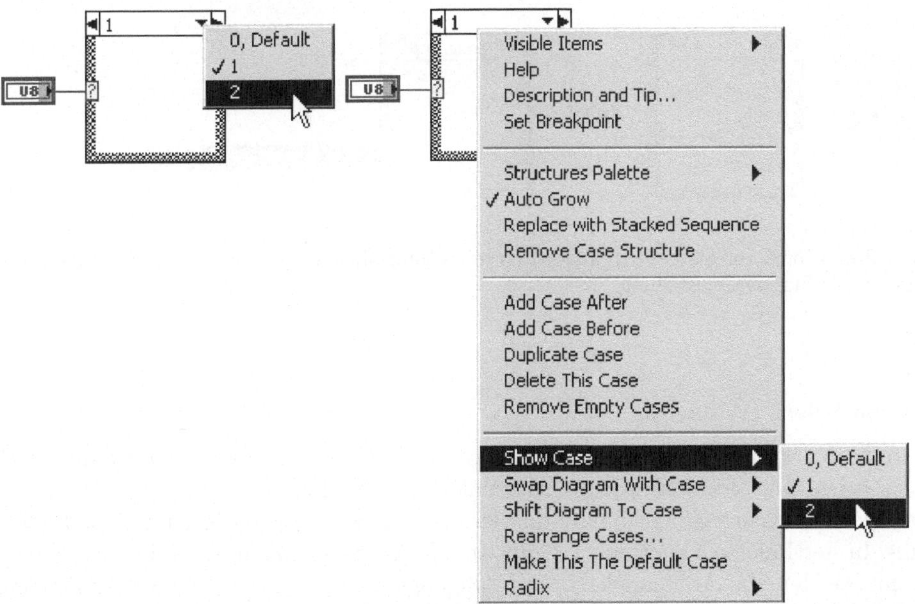

Abb. 7.22: Auswahl eines Falles einer Case-Struktur

aufweisen (Abb. 7.23a). Dann wird der Tunnel ganzflächig eingefärbt, andernfalls bleibt der Tunnel am Ausgang der Case-Struktur Weiß (Abb. 7.23b) und weist auf einen Fehler hin. Eine weitere Möglichkeit besteht darin, einen Kommandoklick auf einen Ausgangstunnel vorzunehmen und die Option *Use Default If Unwired* (Stan-

dard verwenden, wenn nicht verbunden) auszuwählen. Dann wird der Ausgangstunnel
eingefärbt und durch ein kleines weißes Quadrat gekennzeichnet (Abb. 7.23c). Diese
Option sollte nur während der Programmentwicklung verwendet werden, da dann
auch eine unvollständig verdrahtete Case-Struktur ausführbar ist. Im Sinne einer
guten Lesbarkeit sollte diese Option in der endgültigen Programmversion dagegen
nicht verwendet werden.

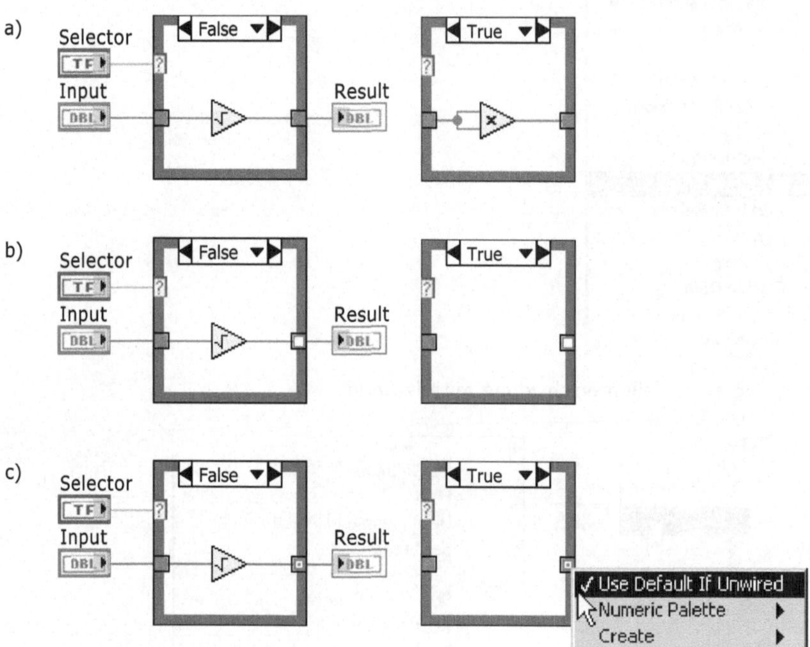

Abb. 7.23: Tunnel zur Datenübergabe, a) korrekte Verdrahtung, b) fehlende Verdrahtung,
c) nutzen der Standardeinstellung

Funktion Select (Wählen)

Für Aufgabenstellungen geringer Komplexität, die eine Fallunterscheidung mit zwei
Fällen aufweisen, bietet es sich als Alternative an, die Funktion *Select* (Wählen) zu
verwenden. Diese ermöglicht häufig die Realisierung eines besser lesbaren *Block Diagrams*. In der Palette *Functions* ≫ *Comparison* (Vergleich) kann diese Funktion ausgewählt werden. In Abhängigkeit vom Eingangswert „?" werden entweder die am
Eingang „T" oder am Eingang „F" anliegenden Daten an den Ausgang weitergegeben
(Abb. 7.24).

Im Beispielprogramm `CountButtonClick.vi` soll die Verwendung einer Case-
Struktur und der Funktion *Select* veranschaulicht werden (Abb. 7.24). In Abhängigkeit von der Stellung des Auswahlschalters „*Mode*" werden entweder die Betätigungen
des Schalters „*Click Button*" gezählt (*Count*) und auf dem *Front Panel* angezeigt oder
das Ergebnis der Zählung wird auf Null zurückgesetzt (*Clear*). In diesem Fall hat das

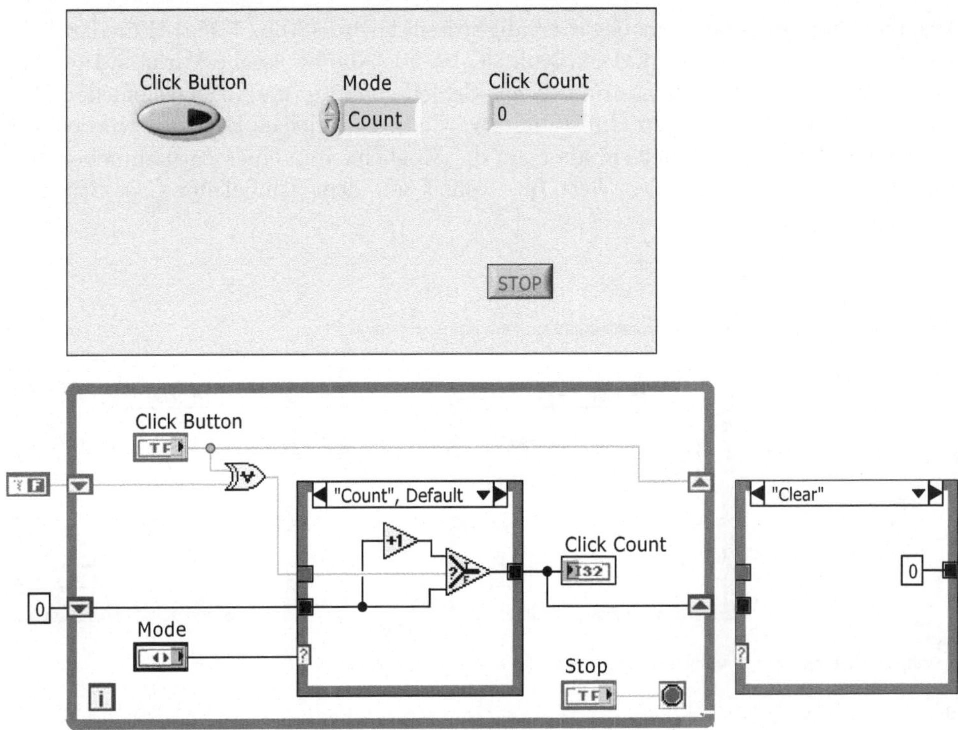

Abb. 7.24: *Front Panel* und *Block Diagram* des Programms CountButtonClick.vi

Betätigen des Schalters „*Click Button*" keine Auswirkungen. Das Programm wird ausgeführt, bis der Schalter „*Stop*" gedrückt wird. Die Case-Struktur wird von einem *Control* des Datentyps *Enum* angesteuert, so dass die beiden Fälle der Case-Struktur in der Auswahlbeschriftung namentlich und nicht in numerischer Form erscheinen.

Im Fall *Count* wird der Zählerstand „*Click Count*" inkrementiert, wenn sich die Stellung des Schalters „*Click Button*" geändert hat, andernfalls wird der Zählerstand nicht verändert. Dies wird mit Hilfe der Funktion *Select* (Wählen) realisiert.

Zusätzlich verwendetet Funktion

Exclusive Or (Exklusiv-ODER)

Die Funktion Exklusiv-ODER (vgl. Abschn. 8.2) aus der Palette *Functions* ≫ *Boolean* wird hier verwendet, um eine Änderung der Schalterstellung zu detektieren.

Kopfgesteuerte While-Schleife

In LabVIEW ist es möglich, eine kopfgesteuerte While-Schleife (vgl. Abschn. 4.4) zu realisieren, indem eine Case-Struktur innerhalb einer While-Schleife platziert wird. So ist es beispielsweise möglich, eine Division durch Null zu vermeiden und diesen

Ausnahmefall zu behandeln, bevor er abgearbeitet wird (Abb. 7.25a). Für den Fall,
dass die erzeugte Zufallszahl gleich Null ist, beendet die boolesche Variable TRUE am
rechten Rand der Case-Struktur die While-Schleife und an das Anzeigeelement „$1/x$"
wird der Wert *Inf* übergeben (*Inf* = *infinity* = ∞). Das gleiche Ergebnis würde zwar
auch die Funktion „$1/x$" liefern, aber um die Möglichkeiten einer Ausnahmebehandlung aufzuzeigen, ist hier der Wert *Inf* explizit mit dem Tunnel der Case-Struktur
verdrahtet worden.

a)

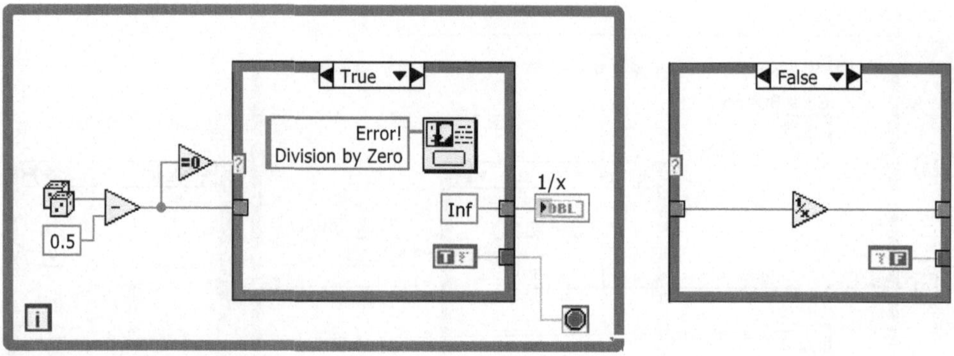

b)

Abb. 7.25: Beispiel für eine kopfgesteuerte While-Schleife in LabVIEW

Zusätzlich verwendete Funktion

One Button Dialog (Dialogfeld mit einer Schaltfläche)
   In der Palette *Functions* ≫ *Dialog & User Interface* (Dialog & Benutzerober-
fläche) kann die Funktion *One Button Dialog* ausgewählt werden. Diese blendet auf
der Bedienoberfläche ein Dialogfeld ein, im dargestellten Beispiel die Meldung „*Error!
Division by Zero*" (Abb. 7.25b). Die Ausführung des Programms wird fortgesetzt,
wenn der Anwender die Schaltfläche „*OK*" angeklickt hat.

7.3 Sequence (Sequenz)

Die Sequenz, eine der vier Kontrollstrukturen der strukturierten Programmierung, gewährleistet die definierte Reihenfolge bei der Abarbeitung von Teilen eines Programms. In textbasierten Programmiersprachen wird der sequenzielle Ablauf in der Regel durch die zeilenweise Abarbeitung des Programms erzwungen. Bei der Realisierung des Datenflusskonzeptes in LabVIEW werden dagegen unabhängige Teile eines *Block Diagrams* im Prinzip nebenläufig bzw. parallel ausgeführt (bei einer Einprozessor-Maschine wie z. B. einem Windows-PC ist dies nicht möglich) und die Abarbeitungsreihenfolge von unabhängigen Teilen des *Block Diagrams* ist daher nicht vorhersagbar. Daher hat die Sequenz-Struktur in LabVIEW eine besondere Bedeutung.

In der Palette *Functions* ≫ *Structures* stehen zwei weitgehend gleichwertige Strukturen zur Verfügung, die *Stacked Sequence* (gestapelte Sequenz) und die *Flat Sequence* (flache Sequenz) (Abb. 7.26). Die Platzierung und Skalierung einer Sequenz-Struktur ist vergleichbar mit der einer For-Schleife (vgl. Abschn. 7.1.1). Durch einen Kommandoklick auf den Schleifenrahmen und die Auswahl der entsprechenden Option ist es jederzeit möglich, eine *Flat Sequence* in eine *Stacked Sequence* umzuwandeln und umgekehrt.

Die graphische Erscheinungsform des Rahmens ist an einen analogen Filmstreifen angelehnt. Nach der Auswahl und Platzierung einer Sequenz-Struktur weist diese zunächst nur einen *Frame* (Rahmen) auf. Mit einem Kommandoklick auf den Rahmen können im Kontextmenü über die Optionen *Add Frame Before* (Rahmen davor einsetzen) und *Add Frame After* (Rahmen danach einsetzen) der Sequenz weitere *Frames* hinzugefügt werden oder über die Option *Delete This Frame* (Diesen Rahmen löschen) einzelne Rahmen der Sequenz-Struktur gelöscht werden.

Bei der *Flat Sequence* sind die *Frames* nebeneinander angeordnet, während bei der *Stacked Sequence* die *Frames*, wie bei der Case-Struktur, in einem Stapel angeordnet sind, von dem nur jeweils ein *Frame* (Rahmen) sichtbar ist. Die *Flat Sequence* bietet den Vorteil einer besseren Lesbarkeit des *Block Diagrams*. Bei umfangreichen Programmen ergibt sich aber häufig das Problem, dass die Darstellung einer vollständigen Folge von Sequenzen nicht auf einem Bildschirm bzw. einem Blatt möglich ist, so dass dann der *Stacked Sequence* der Vorzug zu geben ist. Erst nach der Abar-

a)   b)

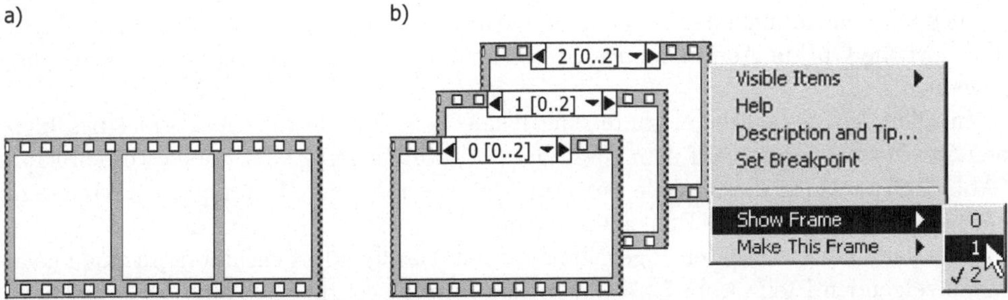

Abb. 7.26: Flache und gestapelte Sequenz-Struktur

beitung des *Block Diagrams* im letzten *Frame* stehen die Datenflüsse, die aus der Sequenz-Struktur über Tunnel herausgeführt werden können, zur Verfügung.

Bei der *Stacked Sequence* werden die einzelnen *Frames* nummeriert und ihre Abarbeitung erfolgt in der Reihenfolge ihrer Nummerierung. Analog zur Case-Struktur kann durch Klicken auf den Abwärts- (links) oder Aufwärts-Pfeil (rechts) in der Auswahlbeschriftung der Sequenz-Struktur der gewünschte *Frame* zur Ansicht gebracht werden. Zudem ist es auch hier möglich, in der Auswahlbeschriftung den Pfeil nach unten anzuklicken, um ein Pull-Down-Menü zu öffnen, in dem alle *Frames* angezeigt und der gewünschte *Frame* ausgewählt werden kann. Schließlich ist es möglich, mit einem Kommandoklick auf den Rand der Sequenz-Struktur das zugehörige Kontextmenü zu öffnen und über die Option *Show Frame* (Rahmen anzeigen) den gewünschten Rahmen auszuwählen (Abb. 7.26b). Im Kontextmenü einer *Stacked Sequence* bestehen zudem die Möglichkeiten, einen *Frame* zu duplizieren, *Duplicate Frame* (Rahmen kopieren) und einzelne *Frames* neu anzuordnen, *Make This Frame* (Setze diesen Rahmen).

Um eine Sequenz-Struktur aus dem *Block Diagram* zu entfernen, kann diese ausgewählt und gelöscht werden. Dies hat wie bei allen Kontrollstrukturen in LabVIEW zur Folge, dass auch das in der Struktur enthaltene *Block Diagram* gelöscht wird. Für den Fall, dass dieses weiterhin benötigt wird, bietet das Kontextmenü der Struktur die Möglichkeit, die Option *Remove Sequence* (Sequenz entfernen) auszuwählen. Bei einer *Stacked Sequence* bleibt dann das *Block Diagram* des sichtbaren *Frames* erhalten, bei einer *Flat Sequence* bleiben die *Block Diagrams* aller *Frames* erhalten. Daher kann es gegebenenfalls sinnvoll sein, eine *Stacked Sequence* vor dem Entfernen in eine *Flat Sequence* umzuwandeln.

Die Übergabe und Abgabe von Daten erfolgt auch bei einer Sequenz-Struktur über einen Tunnel. Bei einer *Flat Sequence* erfolgt weiterhin die Datenübergabe von einem *Frame* zum nächsten *Frame* über einen Tunnel. Bei einer *Stacked Sequence* stehen die Daten an einem Eingangstunnel allen *Frames* zur Verfügung. Daten können in jedem *Frame* über einen Ausgangstunnel aus der Sequenz herausgeführt werden. Im Unterschied zu einer *Flat Sequence* erfolgt die Abgabe über einen Tunnel aber erst, wenn die Sequenz-Struktur vollständig ausgeführt worden ist und nicht bereits dann, wenn der jeweilige *Frame* ausgeführt worden ist.

Da die Weiterleitung von Daten aus einem *Frame* in einen nachfolgenden *Frame* einer *Stacked Sequence* mit Hilfe eines Tunnels keine sinnvolle graphische Darstellung ergibt, besteht bei einer *Stacked Sequence* die Möglichkeit, mittels Kommandoklick auf den Rahmen der Sequenz-Struktur das zugehörige Kontextmenü zu öffnen und dort die Option *Add Sequence Local* (Lokale Sequenz-Variable hinzufügen) auszuwählen.

In allen *Frames* erscheint dann eine lokale Sequenz-Variable in Form eines kleinen Quadrates, welches auf dem Rand der Struktur beliebig verschoben werden kann (Abb. 7.27a). Wird diese lokale Sequenz-Variable mit einer Datenquelle verbunden, erscheint im Quadrat ein Pfeil nach außen (Abb. 7.27b). In allen darauf folgenden *Frames* kann auf diese Daten zugegriffen werden. Das Quadrat enthält dann einen nach innen zeigenden Pfeil (Abb. 7.27c). Vor dem *Frame*, welcher die Datenquelle enthält, kann bedingt durch das Datenflusskonzept nicht auf die lokale Sequenz-Variable zuge-

griffen werden. Zur Kennzeichnung wird das Quadrat der lokalen Sequenz-Variablen
daher ohne Pfeil dargestellt (Abb. 7.27a).

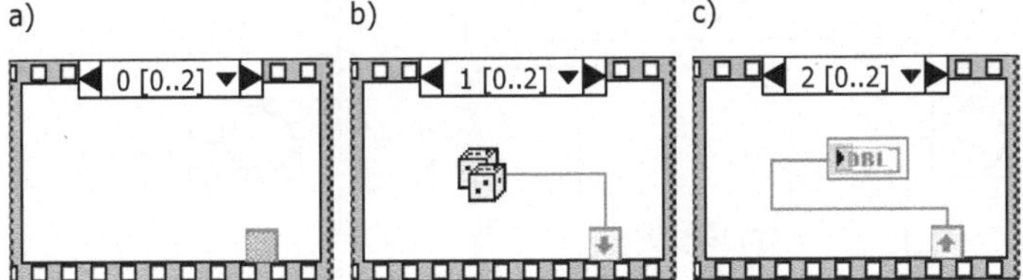

Abb. 7.27: Darstellung von lokalen Sequenz-Variablen

► **Beispiel: Harmonische Reihe**

Als Beispiel für die Notwendigkeit von Sequenz-Strukturen in LabVIEW soll die
Bestimmung der Zeitdauer dienen, die zwischen dem Aufruf und der Beendigung
eines Programms vergeht. Als Programm soll die Berechnung einer harmonischen
Reihe nach Gleichung 7.3 verwendet werden,

$$\sum_{i=1}^{\infty} \frac{1}{i} = \frac{1}{1} + \frac{1}{2} + \frac{1}{3} + \frac{1}{4} \cdots = \infty, \tag{7.3}$$

die hier mit der in LabVIEW maximal möglichen Anzahl von Iterationen einer For-
Schleife von $2^{31} - 1$ (I32) nach Gleichung 7.4 berechnet werden soll:

$$\sum_{i=1}^{2^{31}-1} \frac{1}{i} = \frac{1}{1} + \frac{1}{2} + \frac{1}{3} + \frac{1}{4} \cdots \tag{7.4}$$

Abbildung 7.28a zeigt das *Front Panel* des Programms HarmonicSeries.vi, in
dem das Ergebnis der Berechnung und die Zeit in ms zwischen Aufruf und Terminie-
rung der Berechnung angezeigt werden. In Abbildung 7.28b ist eine mögliche Lösung
unter Verwendung einer *Flat Sequence* und in Abbildung 7.28c unter Verwendung
einer *Stacked Sequence* dargestellt. In beiden Fällen weist die *Sequence* drei *Frames*
auf. Im ersten und dritten *Frame* werde die Werte des Systemtimers (s. u.) ausgelesen
und im dritten *Frame* voneinander subtrahiert, um die Zeitdifferenz zu bestimmen.
Im zweiten *Frame* erfolgt die eigentliche Berechnung der Harmonischen Reihe.

Die Verwendung einer Sequenz-Struktur ist in diesem Beispiel erforderlich, da die
beiden Timerfunktionen und das *Block Diagram* zur Berechnung der Harmonischen
Reihe nicht über einen Datenfluss miteinander verknüpft sind. Ohne die Verwendung
einer Sequenz-Struktur wäre somit die gewünschte Reihenfolge der Abarbeitung dieser Funktionen nicht gewährleistet. Abbildung 7.29 verdeutlicht diesen Sachverhalt,
indem diese das Beispielprogramm HarmonicSeries.vi nach Abbildung 7.28 ohne
Sequenz-Struktur zeigt.

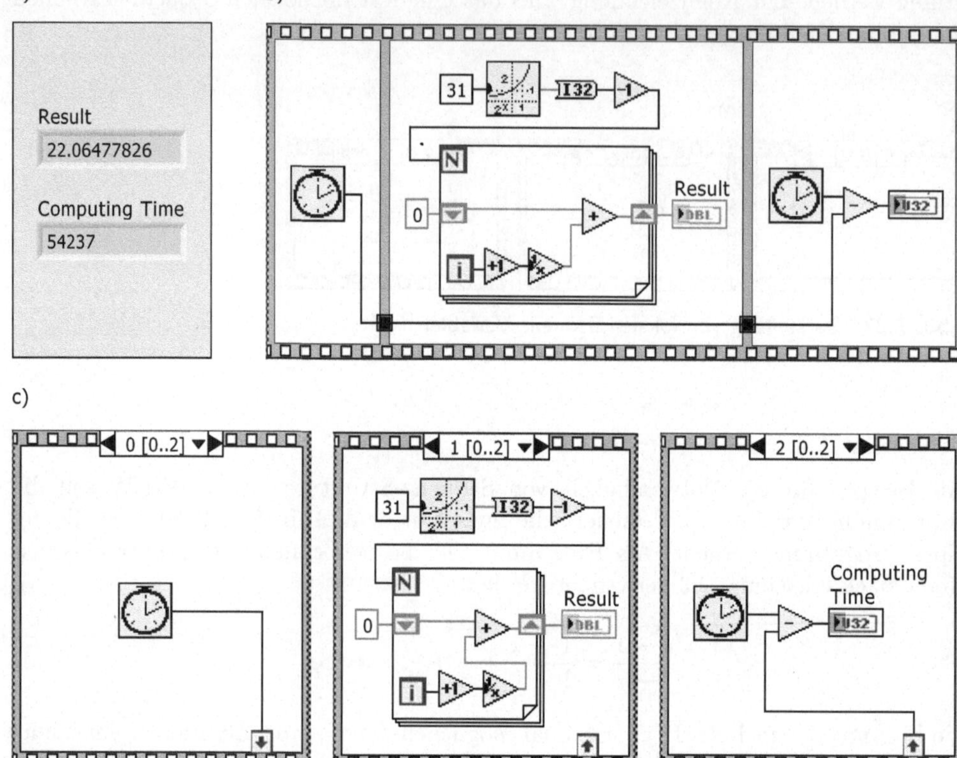

Abb. 7.28: Beispielprogramm `HarmonicSeries.vi` mit Sequenz-Struktur und Systemtimer

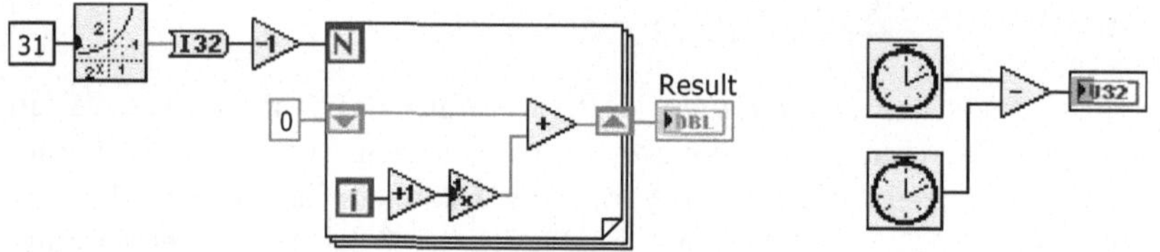

Abb. 7.29: Beispielprogramm `HarmonicSeries.vi` ohne Sequenz-Struktur

Zusätzlich verwendete Funktionen

Tick Count (ms) (Timerwert auslesen (ms))

Die Palette *Functions»Timing* fasst verschiedene Zeitfunktionen, u.a. auch *Tick Count (ms)*, zusammen. *Tick Count (ms)* liest den Wert des Systemtimers in ms aus.

To Long Integer (Nach Long-Integer)

In der Palette *Functions » Numeric » Conversion* (Konvertierung) steht eine Vielzahl von Funktionen zur Verfügung, um die Repräsentation einer Zahl in eine andere umzuwandeln. Verwendet wurde hier die Funktion *To Long Integer*, da die im Beispielprogramm verwendete Funktion 2^x ausschließlich Gleitpunktzahlen verarbeitet und am Ausgang ausgibt. Da die Verdrahtung des Zählterminals einer For-Schleife mit einer Gleitpunktzahl nicht sinnvoll ist, wurde zunächst eine Konvertierung in die Darstellung I32 vorgenommen. Notwendig ist die explizite Konvertierung nicht, da sie andernfalls von LabVIEW am Zählterminal der For-Schleife vorgenommen und durch einen *Coercion Dot* (Formatumwandlungspunkt) gekennzeichnet würde. Sinnvoll erscheint die explizite Konvertierung aber, da die Ausführungszeit eines Programms so optimiert werden kann.   ◄

▶ **Ausblick: VI-Profiles und -Metriken**

Mit dem in Abbildung 7.28 dargestellten Beispiel ist es nicht möglich, z. B. im Sinne einer Software-Metrik, die Ausführungszeit eines Programms korrekt zu bestimmen. Der zweimalige Aufruf des Systemtimers liefert zwei Werte in ms. Zwischen diesen beiden Zeitpunkten wird die Berechnung der harmonischen Reihe durchgeführt. Weiterhin beeinflussen die sich ergebende Differenz der beiden Timer-Werte jedoch auch alle anderen Prozesse, die auf dem Rechner innerhalb dieses Zeitraumes abgearbeitet werden.

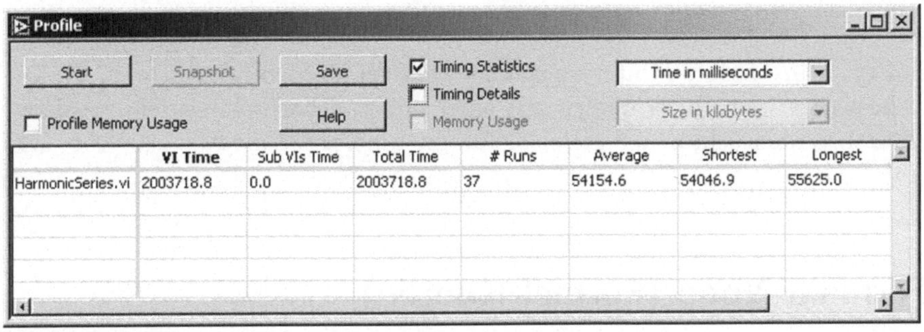

	VI Time	Sub VIs Time	Total Time	# Runs	Average	Shortest	Longest
HarmonicSeries.vi	2003718.8	0.0	2003718.8	37	54154.6	54046.9	55625.0

Abb. 7.30: Bedienoberfläche des VI-Profilers

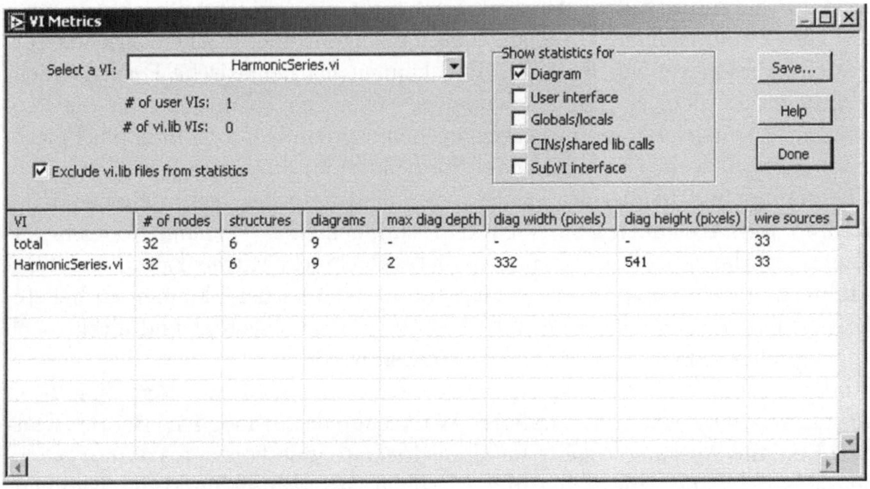

VI	# of nodes	structures	diagrams	max diag depth	diag width (pixels)	diag height (pixels)	wire sources
total	32	6	9	-	-	-	33
HarmonicSeries.vi	32	6	9	2	332	541	33

Abb. 7.31: Bedienoberfläche der VI-Metrik

Um die Laufzeit eines Programms (in Abhängigkeit von der Prozessorleistung) zu bestimmen, kann jedoch über das Menü *Tools* ≫ *Profile* ≫ *Performance and Memory...* (Werkzeuge ≫ Profil ≫ Leistung und Speicher...) der VI-Profiler aufgerufen werden (Abb. 7.30). Des Weiteren steht zudem im Menü *Tools* ≫ *Profile* ≫ *VI Metrics...* (Werkzeuge ≫ Profil ≫ VI-Metrik...) das Hilfsmittel VI-Metrik zur Verfügung (Abb. 7.31). Dieses untersucht ein Programm u. a. auf die Anzahl der verwendeten Knoten, Strukturen, Variablen usw. Umfangreichere Analysen können darüber hinaus mit Hilfe des *VI Analyzer Toolkits*, einer Erweiterung der Entwicklungsumgebung LabVIEW, durchgeführt werden.   ◄

▶ **Programmiertipp: Schachtelung von Kontrollstrukturen**

Die Realisierung komplexer Funktionen wird im Allgemeinen dazu führen, dass mehrere Kontrollstrukturen (Wiederholschleife, Fallunterscheidung, Sequenz) ineinander verschachtelt werden. Beispielsweise enthält das Programm nach Abbildung 7.25 innerhalb der While-Schleife eine Fallunterscheidung und das Programm nach Abbildung 7.28 enthält innerhalb der Sequenz eine For-Schleife. Um die Lesbarkeit eines Programms zu gewährleisten, sollten nach Möglichkeit nicht mehr als vier bis fünf Kontrollstrukturen ineinander verschachtelt werden (dies gilt sinngemäß natürlich auch für textbasierte Programmiersprachen). Bei wachsender Komplexität sollte ein Programm dann in Module (Unterprogramme) zerlegt werden (s. Abschn. 7.6). Die schlechte Lesbarkeit von Programmen mit einer hohen Schachtelungstiefe von Kontrollstrukturen verdeutlicht u. a. das Beispielprogramm `Sort3DArray.vi` (s. Abb. 9.44 auf S. 275).   ◄

7.4 Formula Node (Formel-Knoten)

Die graphische Darstellung eines Programms führt in der Regel zu einer schnellen Erfassung der Programmstruktur. Dies gilt aber nicht für die Darstellung komplexer mathematischer Zusammenhänge, die am besten mit Hilfe einer mathematischen Formel dargestellt werden können. In LabVIEW können mathematische Formeln nicht direkt verarbeitet werden, sie können jedoch als Gleichungen in einer an die Programmiersprache C angelehnten Syntax eingegeben werden. Dafür kann in der Palette *Functions* ≫ *Structures* ein *Formula Node* (Formelknoten) ausgewählt werden.

Die Platzierung und Skalierung erfolgt wie bei den bisher beschriebenen Kontrollstrukturen (vgl. Abschn. 7.1.1). Nach dem Einfügen eines *Formula Nodes* in das *Block Diagram* erscheint dort ein grau umrandetes Rechteck. Mittels Kommandoklick auf den Rahmen und die entsprechende Auswahl im Kontextmenü können an beliebiger Stelle Ein- und Ausgänge (*Add Input, Add Output*) hinzugefügt und direkt nach der Erzeugung mit einem Variablennamen versehen werden.

Die Änderung der Variablennamen ist jederzeit mit Hilfe des *Labeling Tools* (Beschriftungswerkzeug) der *Tools Palette* (Werkzeugpalette) möglich. Bei der Platzierung von Ein- und Ausgängen sollte im Sinne des Datenflusskonzeptes darauf geachtet werden, dass Eingänge am linken und Ausgänge am rechten Rand des Rahmens angeordnet werden.

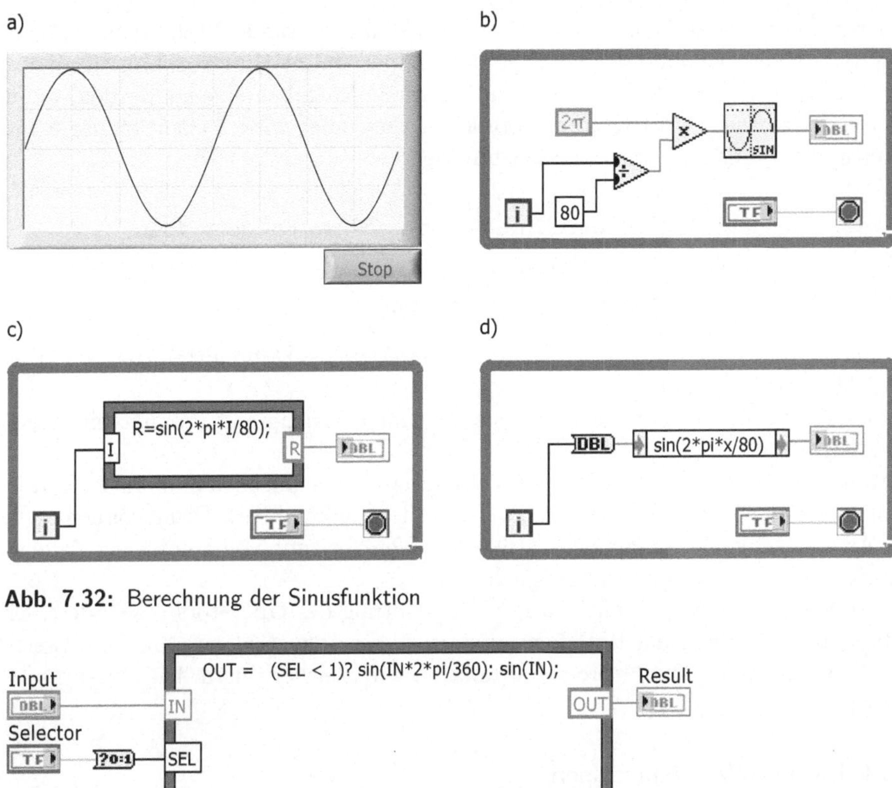

Abb. 7.32: Berechnung der Sinusfunktion

Abb. 7.33: *Formula Node* mit Fallunterscheidung

Die Eingabe der Gleichung innerhalb des *Formula Nodes* kann gleichfalls mit
Hilfe des *Labeling Tools* vorgenommen werden. Abbildung 7.32c zeigt beispielhaft
die Verwendung eines *Formula Nodes*. In diesem Beispiel wird, wie im Programmbeispiel nach Abbildung 7.18, innerhalb einer While-Schleife die Sinusfunktion mit 80
Stützpunkten pro Periode berechnet. Das Ergebnis der Berechnung zeigt Abbildung
7.32a, die alternative Programmierung mittels LabVIEW-Funktionen ist in Abbildung
7.32b dargestellt. Für einfache Berechnungen mit nur einer Variablen besteht zudem
die elegante Möglichkeit, einen *Expression Node* (Ausdrucksknoten) aus der Palette
Functions ≫ Numeric zu verwenden (Abb. 7.32d). Der Bezeichner der Variablen kann
dabei frei gewählt werden, in diesem Beispiel wird „x" verwendet.

In *Formula Nodes* können auch Kontrollstrukturen, Anweisungen, Variablendekla-
rationen etc. verwendet werden. Ein Beispiel für die Anwendung einer Fallunterscheidung innerhalb eines Formelknotens zeigt Abbildung 7.33, in dem der Sinus einer
Eingangsgröße in Abhängigkeit eines Auswahlschalters entweder in Grad oder Radiant berechnet wird. Dieses Beispiel ist funktionsgleich mit dem Beispiel `Calculate-
Sine.vi` in Abbildung 5.4 auf Seite 106.

Die Möglichkeiten innerhalb eines *Formula Nodes* oder *Expression Nodes* Gleichungen und Programme in textbasierter Form einzugeben, erreichen den Umfang einer

textbasierten Programmiersprache und können daher an dieser Stelle nicht behandelt werden. Eine vollständige Übersicht steht in der Online-Hilfe von LabVIEW zur Verfügung. Intuitiv können relativ schnell fehlerfreie Eingaben erzeugt werden, wenn die Syntax textbasierter Programmiersprachen verwendet wird, beispielsweise * für die Multiplikation oder sin für die Sinusfunktion.

▶ **Programmiertipps: Syntax und Datentypen in einem Formula Node**

Für die korrekte Verwendung von *Formula Nodes* und *Expression Nodes* sollen hier die wichtigsten Hinweise zusammengefasst werden.

- *Formula Node* und *Expression Node* akzeptieren als Dezimaltrennzeichen ausschließlich einen Dezimalpunkt.
- In einem *Formula Node* muss jede Zeile mit einem Strichpunkt (Semikolon) abgeschlossen werden.
- *Formula Nodes* und *Expression Nodes* akzeptieren ausschließlich numerische Daten vom Typ *Integer* (ganze Zahlen) und *Real* (Gleitpunktzahlen). Diese können auch als *Array* (Datenfeld) zugeführt werden. Die Verarbeitung von komplexen Zahlen, *Strings* oder *Boolean* ist nicht möglich.
- In der Version LabVIEW 6.0 wurde die Bedeutung des Operators ^ geändert. Er entspricht nicht mehr der Exponentialfunktion, sondern steht nun für die bitweise XOR-Verknüpfung. Die Exponentialfunktion wird seither durch den Operator ** realisiert. ◀

Zusätzlich verwendete Funktionen

DBL   *To Double Precision Float*
(Nach Gleitpunktwert (Doppelte Genauigkeit))

Die Palette *Functions* ≫ *Numeric* ≫ *Conversion* (Konvertierung) enthält Funktionen zur Konvertierung der Zahlendarstellung, u.a. die Funktion *To Double Precision Float*, die in dem Beispiel nach Abbildung 7.32d benötigt wird, da ein *Expression Node* keine automatische Konvertierung der Zahlendarstellung vornimmt. Wird der Sinus-Funktion im *Expression Node* ein Integer-Wert zugeführt, wird auch am Ausgang ein Integer-Wert ausgegeben, ein Resultat, welches bei einer Sinus-Funktion wenig sinnvoll ist.

[?0:1]   *Boolean To (0,1)* (Boolescher Wert nach (0,1))

Da der im Programmbeispiel nach Abbildung 7.33 verwendete *Formula Node* keine booleschen Daten akzeptiert, sind diese vorher mit Hilfe der Funktion *Boolean To (0,1)*, die in der Palette *Functions* ≫ *Boolean* (Boolesch) zu finden ist, in den Datentyp *Integer* (I16) umgewandelt worden.

⊳   *Equal?* (Gleich?)

Die Palette *Functions* ≫ *Comparison* (Vergleich) stellt unterschiedliche Vergleichsfunktionen zur Verfügung, z.B. *Equal?*. Innerhalb eines *Formula Nodes* oder *Expression Nodes* können dagegen nur die vier Vergleichsoperatoren $<$, $>$, $\leq$ und $\geq$

verwendet werden. Die Fallunterscheidung im *Formula Node* in Abbildung 7.33 ist
deshalb mit dem Vergleichsoperator $<$ realisiert worden.

▶ Ausblick: Externer Programmcode in LabVIEW

Innerhalb eines *Formula Nodes* ist die direkte Einbindung von C-Programmen nicht
möglich. In vielen Fällen stehen aber C-Programme oder C-Bibliotheken zur Verfügung,
und die Entwicklungsumgebung LabVIEW bietet zwei Funktionen an, um diese verwenden zu können.

Call Library Function Node
(Knoten zum Aufrufen externer Bibliotheken)
Code Interface Node (Code-Interface-Knoten)
Die Funktionen *Call Library Function Node* und *Code Interface Node* können
aus der Palette *Functions* ≫ Category *Connectivity* ≫ *Libraries & Executables* (Funktionen ≫ Konnektivität ≫ Bibliotheken & Programme) ausgewählt werden, wobei
nach Möglichkeit der Funktion *Call Library Function Node* der Vorzug gegeben werden sollte. Da beide Funktionen grundlegende Kenntnisse der Programmiersprache C
voraussetzen, sollen sie an dieser Stelle nicht näher betrachtet werden.

MATLAB Script Node (MATLAB-Skript-Knoten)
Weiterhin ist es möglich, MATLAB-Skripte zu verwenden. Diese können in
einen Formelknoten mit dem Bezeichner *MATLAB Script Node* eingesetzt werden.
Dieser kann aus der *Functions Palette* ≫ *Category* ≫ *Mathematics* ≫ *Scripts & Formulas* ≫ *Script Nodes* (Funktionen ≫ Kategorie ≫ Mathematik ≫ Skripte und Formeln ≫ Skriptknoten) ausgewählt werden. Für die Anwendung ist auch eine Lizenz
von MATLAB erforderlich.   ◀

7.5 Variablen

Wie in vielen Programmiersprachen können auch in LabVIEW Variablen verwendet
werden. *Local Variables* (Lokale Variablen) erlauben das Auslesen und Beschreiben
von *Controls* und *Indicators* innerhalb eines Programms und mit *Global Variables*
(Globalen Variablen) ist der Datenaustausch zwischen verschiedenen Programmen
möglich, u. a. auch zwischen einem Hauptprogramm und den zugehörigen Unterprogrammen.

7.5.1 Lokale Variablen

Lokale Variablen können im *Block Diagram* auf zwei Weisen erzeugt werden. Aus
der Palette *Functions* ≫ *Structures* kann das Element *Local* ausgewählt und im
Block Diagram platziert werden. Dort erscheint die lokale Variable als schwarz umran-
detes Fragezeichen, da ihr noch kein *Control* oder *Indicator* zugeordnet worden ist.
Die Zuordnung erfolgt durch einen Kommandoklick auf die lokale Variable und der
Auswahl der Option *Select Item* (Objekt wählen), die eine Liste aller *Controls* und

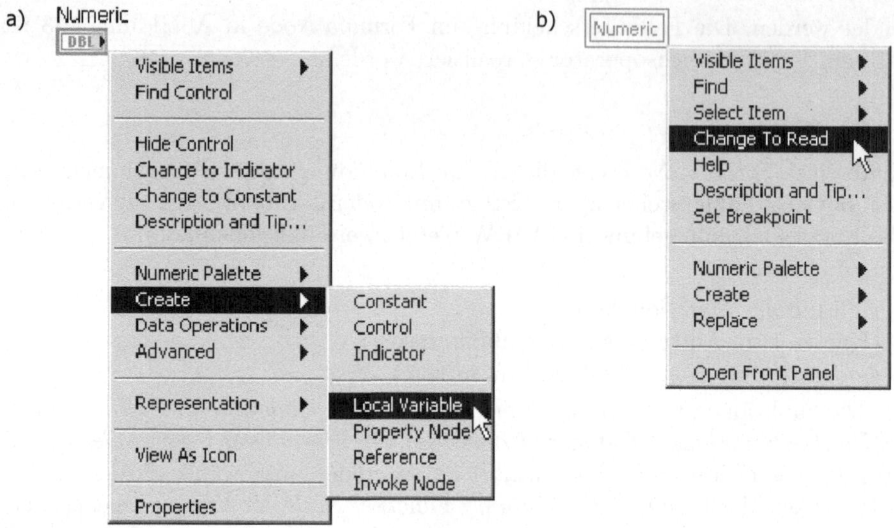

Abb. 7.34: Erstellen einer lokalen Variablen

Indicators anzeigt, die ein *Label* (Beschriftung bzw. Bezeichner) aufweisen. Über die Option *Select Item* kann einer lokalen Variablen auch nachträglich jederzeit ein anderes Bedienelement zugeordnet werden. Für eine eindeutige Zuordnung sollte darauf geachtet werden, dass keine Bedienelemente mit gleichem Namen verwendet werden. Eine in der Regel etwas einfachere Erzeugung einer lokalen Variablen besteht darin, auf einem *Control* oder *Indicator* auf dem *Front Panel* oder im *Block Diagram* einen Kommandoklick auszuführen und aus dem Kontextmenü die Option *Create* ≫ *Local Variable* (Erstelle ≫ Lokale Variable) auszuwählen (Abb. 7.34a).

Mit Hilfe einer lokalen Variablen ist es nun – auch ohne direkte Datenflussverbindung – möglich, die Werte von *Controls* oder *Indicators* auszulesen oder zu beschreiben. Nach der Platzierung einer lokalen Variablen im *Block Diagram* wird ihr zunächst die Standardeinstellung *Write* (Beschreiben) zugewiesen, d. h. die lokale Variable kann, vergleichbar mit einem *Indicator*, als Datensenke verwendet werden. Sie liest den Wert des entsprechenden Eingabeelements ein oder anders formuliert, sie wird mit dem Wert des Eingabeelements beschrieben. Damit eine lokale Variable einem Bedienelement einen Wert zuweisen kann, muss diese als Datenquelle, vergleichbar mit einem *Control*, verwendet werden können. Dies ist möglich, wenn im Kontextmenü, welches durch einen Kommandoklick auf die lokale Variable aufgerufen werden kann, die Option *Change to Read* (In Lesen ändern) ausgewählt wird (Abb. 7.34b). Die Umwandlung einer lokalen Variablen von einer Datenquelle zu eine Datensenke ist dementsprechend mit der Option *Change to Write* (In Schreiben ändern) möglich. Die Unterscheidung von lokalen Variablen, die als Datensenke oder als Datenquelle verwendet werden, erfolgt im *Block Diagram* ausschließlich durch die graphische Darstellung. Lokale Variablen, die als Datenquelle verwendet werden, weisen – genau wie *Controls* – einen breiteren Rahmen auf als *Indicators*.

Von einem *Control* oder *Indicator* können innerhalb eines Programms mehrere lokale Variablen erzeugt werden. Dabei sollte beachtet werden, dass jede lokale Variable eine Kopie des jeweiligen Bedienelementes im Hauptspeicher des Rechners erzeugt. Bei der Verwendung vieler Kopien von Bedienelementen mit komplexen Datenstrukturen, z. B. *Arrays*, kann dadurch die Laufzeit des Programms erheblich verschlechtert werden. Zudem wird im Allgemeinen durch die Verwendung von lokalen Variablen auch die Lesbarkeit eines Programms erschwert, da diese keine Datenflussverbindung zum zugehörigen *Control* oder *Indicator* aufweisen. Darüber hinaus können mehrere lokale Variablen eines Objektes in parallel ablaufenden Prozessen gleichzeitig ausgelesen und beschrieben werden und dadurch Wettlaufsituationen erzeugen, die zu schwer auffindbaren Fehlern führen können (s. Abschn. 7.5.3). Lokale Variablen sollten daher nur dann verwendet werden, wenn es unbedingt erforderlich ist.

Um die Übersicht über alle lokalen Variablen eines Bedienelementes innerhalb eines Programms zu erhalten, kann aus dem Kontextmenü des Bedienelementes die Option *Find ≫ Local Variables* (Suchen ≫ Lokale Variablen) ausgewählt werden (Abb. 7.35a). Für den Fall, dass mehr als eine lokale Variable verwendet worden ist, erscheint das Fenster *Search Results* (Suchergebnisse), welches alle gefundenen lokalen Variablen auflistet. Per Mausklick kann ein Eintrag der Liste markiert werden und nach Betätigen der Schaltfläche *Go To* (Gehe zu) wird die entsprechende lokale Variable im *Block Diagram* angezeigt (Abb. 7.35b).

Die Verwendung von lokalen Variablen innerhalb eines *Block Diagrams* wird insbesondere in zwei Fällen notwendig, die im Folgenden jeweils anhand eines Beispiels erläutert werden:

- Programmgesteuerte Änderung eines Eingabeelements und
- Datenaustausch zwischen parallelen Prozessen.

a) Numeric

b)

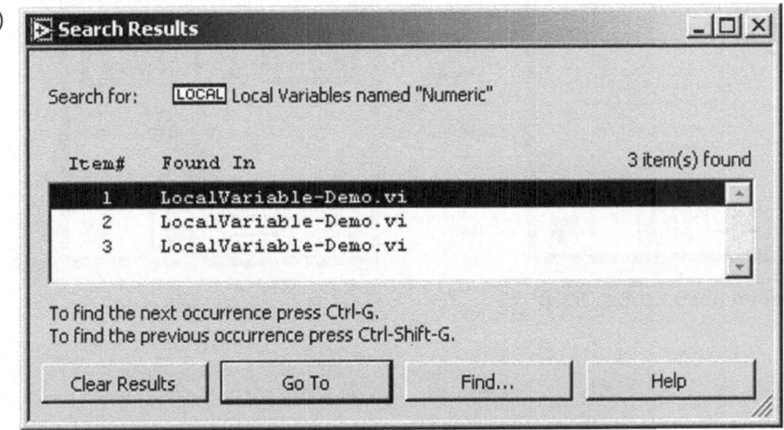

Abb. 7.35: Suchen von Lokalen Variablen in einem Programm

Programmgesteuerte Änderung eines Controls

Gelegentlich ist es erforderlich, den Wert eines Eingabeelements programmgesteuert zu verändern. Besonders anschaulich lässt sich dies am Beispiel einer (virtuellen) Eieruhr demonstrieren, deren *Front Panel* in Abbildung 7.36a schematisch dargestellt ist. Die Eieruhr kann „aufgezogen" werden und läuft nach dem Start des Programms im Sekundentakt ab. Die Eieruhr bzw. das Programm wird beim Erreichen des Wertes Null beendet (Abb. 7.36b). Um den Zeitablauf zu animieren, ist es wünschenswert, den Zeiger des *Controls* in Abhängigkeit des aktuellen Wertes zu verändern. Dies lässt sich realisieren, indem eine lokale Variable innerhalb der While-Schleife den aktuellen Zählerstand auf das *Control* schreibt (Abb. 7.36c). Damit auch während der Laufzeit die Eieruhr wieder „aufgezogen" werden kann, wird die Verwendung einer zweiten lokalen Variablen erforderlich, die ebenfalls innerhalb der While-Schleife platziert wird. Diese liest den aktuellen Wert des *Controls* „EggTimer" ein, bevor er dekrementiert und auf das *Control* geschrieben wird (Abb. 7.36d). Die einfachste und sinnvollste Lösung für diese Aufgabenstellung wäre es natürlich, das *Control* „EggTimer" innerhalb der While-Schleife zu platzieren, dieses Beispiel sollte jedoch die Anwendung von lokalen Variablen veranschaulichen.

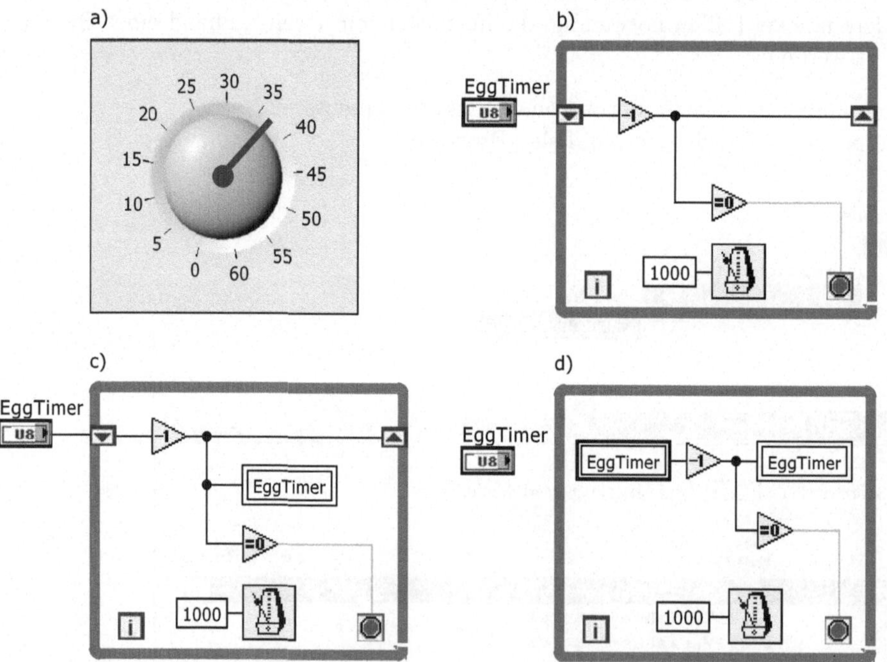

Abb. 7.36: Programmbeispiel `EggTimer.vi`

Ein genauer zeitlicher Ablauf des Programms ist natürlich nur dann gegeben, wenn ein Echtzeit-Betriebssystem verwendet wird. Das Programm `EggTimer.vi` wird beispielsweise mit dem Betriebssystem Windows nicht exakt das gewünschte zeitliche Verhalten aufweisen, da parallel zur Abarbeitung des Programms weitere Prozesse bearbeitet werden.

Datenaustausch zwischen parallelen Prozessen

Auch wenn in einem *Block Diagram* Daten zwischen unabhängigen Programmkomponenten ausgetauscht werden sollen, wird die Verwendung von lokalen Variablen erforderlich. Im einfachsten Fall können dies zwei unabhängige While-Schleifen in einem *Block Diagram* sein, zwischen denen Daten ausgetauscht werden sollen. Anhand des Beispiels nach Abbildung 7.37 soll zum einen die Verwendung von lokalen Variablen verdeutlicht werden und zum anderen eignet sich dieses Beispiel nach Jamal und Hagestedt [27] auch gut zur Erläuterung des Datenflusskonzeptes.

Abbildung 7.37a zeigt zwei While-Schleifen, in denen in Abhängigkeit vom Iterationszähler der Schleife fortlaufend der Sinus einer Eingangsgröße berechnet wird. Der Wert TRUE oder FALSE des Stopp-Schalters wird beiden Schleifen von außen zugeführt. Daten, die einer Wiederholschleife über einen Tunnel zugeführt werden, werden grundsätzlich nur einmal zu Beginn der Schleifenausführung in das Innere der Schleife übergeben. Das heißt, beide Schleifen werden für den Wert des Schalters FALSE endlos und für den Wert des Schalters TRUE genau einmal ausgeführt.

In Abbildung 7.37b befindet sich das Terminal des Stopp-Schalters innerhalb der linken While-Schleife. Der Wert des Stopp-Schalters wird also bei jedem Schleifendurchlauf erneut ausgelesen und die Ausführung der Schleife endet, sobald der Stopp-Schalter gedrückt wird und den Wert TRUE liefert. Der Wert TRUE wird über den Tunnel ausgegeben und der rechten Schleife zugeführt. Dementsprechend wird diese genau einmal ausgeführt. Dieser Fall ist direkt vergleichbar mit dem in Abbildung 7.8 dargestellten Beispiel, in dem die sequenzielle Abarbeitung von zwei While-Schleifen durch den Datenfluss erzwungen wird.

Um beide While-Schleifen mit einem Schalter beenden zu können, muss wie in Abbildung 7.37c eine lokale Variable des Stopp-Schalters innerhalb der rechten While-Schleife platziert und mit dem Bedingungsterminal verdrahtet werden. Bei jedem Schleifendurchlauf der linken While-Schleife wird der Wert des Stopp-Schalters und bei jedem Schleifendurchlauf der rechten While-Schleife wird der Wert der zugehörigen lokalen Variablen ausgelesen. Das ermöglicht es, beide While-Schleifen über einen Schalter zu steuern.

▶ **Hinweis:**

Im Beispiel nach Abbildung 7.37c ist die lokale Variable eines booleschen Schalters verwendet worden. Auf dem *Front Panel* ist es möglich, einem Schalter ein der Aufgabenstellung entsprechendes Schaltverhalten zuzuweisen (vgl. Abschn. 11.5.2). Grundsätzlich kann dabei zwischen Varianten der beiden Betriebsmodi *Switch* (Schalten) und *Latch* (Speichern) unterschieden werden. Bei einem Schalter mit Latch-Verhalten ist die Verwendung einer lokalen Variablen nicht möglich.　　◀

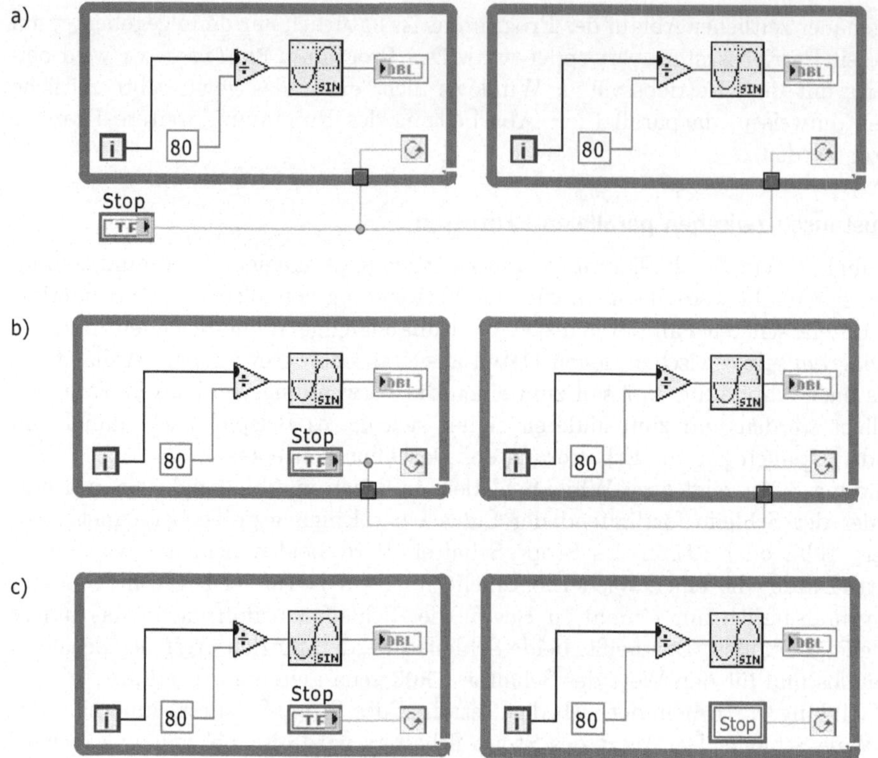

Abb. 7.37: Steuerung von parallelen While-Schleifen mit einem Schalter

7.5.2 Globale Variablen

Globale Variablen ermöglichen den Datenaustausch zwischen voneinander unabhängigen Programmen. Sie können wie eine lokale Variable aus der Palette *Functions* ≫ *Structures* (Strukturen) ausgewählt und im *Block Diagram* platziert werden. Dort erscheint gleichfalls ein schwarz umrandetes Fragezeichen, welches zusätzlich mit einem kleinen Globus-Symbol gekennzeichnet wird, um den Unterschied zu einer lokalen Variablen hervorzuheben (vgl. Abb. 7.38a). Ein Doppelklick auf das Symbol der globalen Variablen öffnet deren *Front Panel*. Auf diesem können beliebige *Controls* und *Indicators* erzeugt werden (Abb. 7.39). Im Gegensatz zu einem VI hat eine globale Variable aber kein *Block Diagram*. Sie kann gewissermaßen als Sammlung von Bedienelementen betrachtet werden, muss anschließend wie ein VI abgespeichert werden und erhält auch die Dateinamenserweiterung vi.

Aus dem Kontextmenü der globalen Variablen kann über die Option *Select Item* (Objekt wählen) aus einer Liste aller Objekte das gewünschte Objekt ausgewählt werden (Abb. 7.38a). Danach zeigt die globale Variable den Namen des Bezeichners an und übernimmt automatisch die Farbgebung des zugehörigen Datentyps (Abb. 7.38b).

Für den Fall, dass mehrere globale Variablen in einem *Block Diagram* verwendet werden, sollte zudem über das Kontextmenü und die Option *Visible Items* ≫ *Label* (Sichtbare Objekte ≫ Beschriftung) der jeweilige Name der globalen Variablen ein-

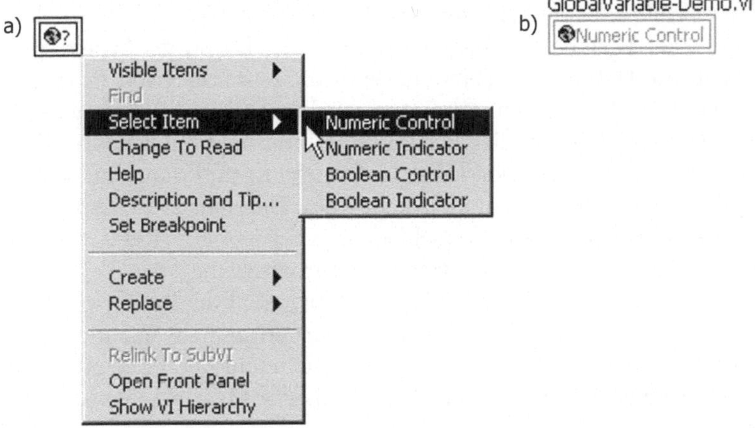

Abb. 7.38: Erstellen einer globalen Variablen

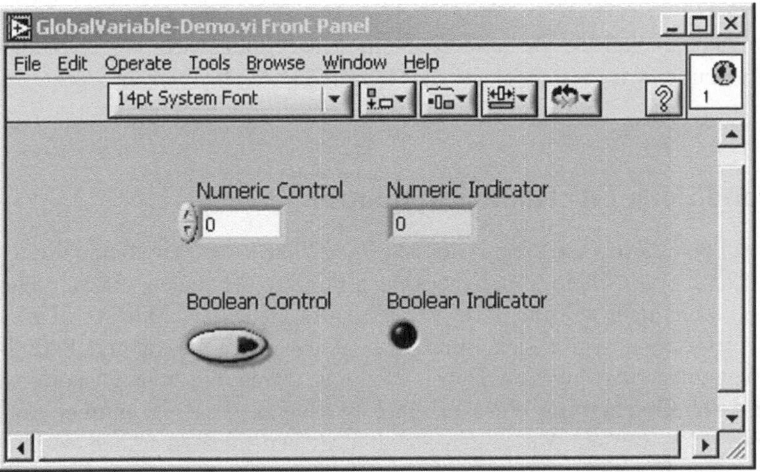

Abb. 7.39: *Front Panel* der globalen Variablen `GlobalVariable-Demo.vi`

geblendet werden. Soll eine bereits vorhandene globale Variable verwendet werden, kann dies, genauso wie die Auswahl eines Unterprogramms, über die Palette *Functions* ≫ *Select A VI...* (VI wählen...) erfolgen. Diese öffnet die Verzeichnisstruktur des verwendeten Betriebssystems, aus der die globale Variable ausgewählt werden kann.

Um eine Übersicht über alle Aufrufe einer globalen Variablen zu erhalten, kann zum einen mit einem Kommandoklick auf die *Connector Pane* (Anschlussfeld) der globalen Variablen das Kontextmenü geöffnet und dort die Option *Find All Instances* (Alle Instanzen suchen) ausgewählt werden, zum anderen können über das Menü *View* ≫ *VI Hierarchy* (Anzeigen ≫ VI-Hierarchie) innerhalb eines Programms und der zugehörigen Unterprogramme alle Aufrufe von globalen Variablen in einem Diagramm dargestellt werden (vgl. Abb. 7.46).

Globale Variablen weisen prinzipiell die gleichen Nachteile auf wie lokale Variablen. Jeder Aufruf einer globalen Variablen erzeugt eine Kopie der Daten im Arbeitsspeicher und durch die fehlende Datenflussverbindung wird die Lesbarkeit von Programmen verschlechtert. Da globale Variablen von unterschiedlichen Programmen gelesen und beschrieben werden können, ergibt sich zudem ein schwer nachvollziehbarer Programmablauf, der zu einer *Race Condition* (Wettlaufsituation) und damit zu schwer zu diagnostizierenden Fehlern führen kann (s. u.). Für den Datenaustausch zwischen parallel ablaufenden Prozessen sind daher verschiedene Konzepte entwickelt worden, die in der Palette *Functions* ≫ *Synchronization* (Synchronisierung) zur Verfügung stehen, z. B. *Notifier* (Melder) oder *Queues* (Warteschlangen). Für die Verwendung von globalen Variablen besteht daher kein zwingender Grund und sie sollen deshalb im Weiteren nicht mehr berücksichtigt werden. In der Mehrzahl der Fälle stellt die Verwendung globaler Variablen allenfalls einen guten Indikator für eine schlechte Programmstruktur dar.

▶ **Ausblick: Shared Variable (Umgebungsvariable)**

LV8.0 In ähnlicher Weise wie eine globale Variable kann eine Umgebungsvariable verwendet werden. Diese bietet zudem die Möglichkeit, den Datenaustausch über ein Netzwerk vorzunehmen.   ◀

7.5.3 Race Conditions (Wettlaufsituationen)

Wettlaufsituationen bzw. Wettbewerbssituationen (*Race Conditions*) entstehen immer dann, wenn ein Ergebnis von mehreren Prozessen abhängt, bei denen die zeitliche Reihenfolge ihres Ablaufs nicht gewährleistet werden kann. Eine der häufigsten Ursachen für Wettlaufsituationen ergibt sich durch das gleichzeitige Lesen und Schreiben von Daten aus einer bzw. in eine Datei. Bedingt durch die zeilenorientierte und damit sequenzielle Abarbeitung eines in einer textbasierten Programmiersprache erstellten Programms werden Wettlaufsituationen in den meisten Fällen verhindert. Eine grundsätzlich andere Situation ergibt sich bei einem datenflussorientierten Programmiersprachen-Konzept, welches auch LabVIEW zugrunde liegt. Dort werden unabhängige Teile eines Programms, zwischen denen also keine Datenflussverbindung bestehen, in Abhängigkeit von den zur Verfügung stehenden Daten parallel abgearbeitet.

Das Beispiel nach Abbildung 7.40a soll dies veranschaulichen. Dargestellt ist ein *Block Diagram*, welches aus zwei While-Schleifen und einem booleschen *Indicator* besteht. Rechts ist auch das *Front Panel* des Programms abgebildet. Es enthält lediglich das Anzeigeelement „*OK*", welches nach der Abarbeitung des Programms den Wert TRUE visualisiert. Das Programm ist beendet, wenn in beiden While-Schleifen, die mit „*Process 1*" und „*Process 2*" gekennzeichnet wurden, der jeweilige Zufallszahlengenerator einen Wert > 0.8 geliefert hat. Für diesen Fall wird die entsprechende While-Schleife beendet und der Wert TRUE mit Hilfe einer lokalen Variablen auf den *Indicator* „*OK*" geschrieben.

Die Frage, welcher der beiden Prozesse über die lokale Variable zuletzt den *Indicator* „*OK*" mit dem Wert TRUE beschrieben hat, kann nach dem Ablauf des

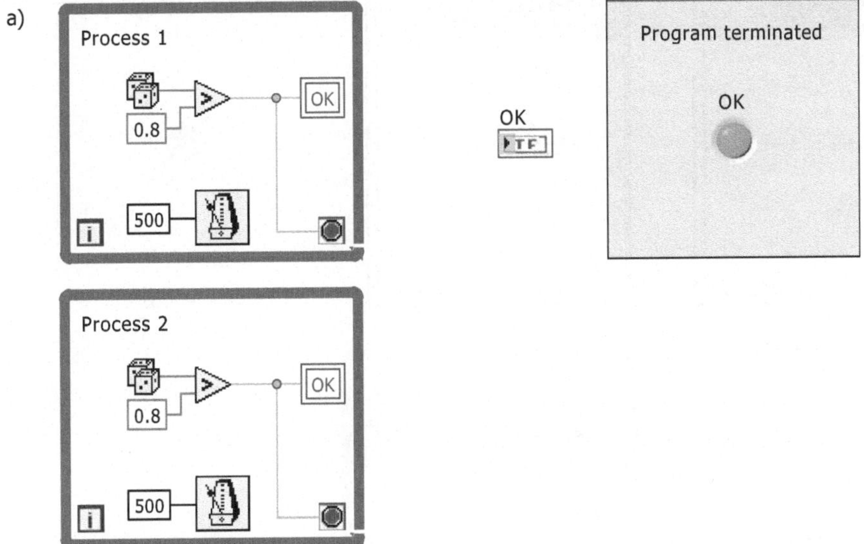

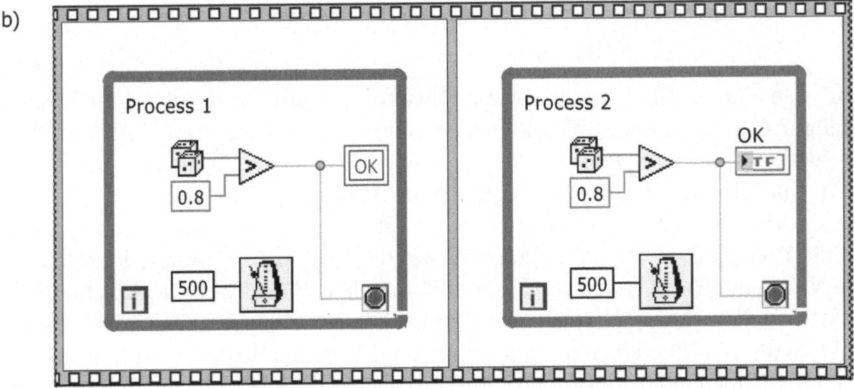

Abb. 7.40: Wettlaufsituation bei der Verwendung einer lokalen Variablen

Programms nicht beantwortet werden, da keine Information darüber zur Verfügung steht, welcher der beiden Prozesse zuletzt beendet worden ist. Zudem kann aus der Anordnung von zwei unabhängigen Teilen eines *Block Diagrams*, die hier durch „*Process 1*" und „*Process 2*" symbolisiert wurden, kein Rückschluss darauf gezogen werden, welcher der beiden Prozesse im *Block Diagram* zuerst aufgerufen wird. In diesem möglichst einfach konstruierten Beispiel kann ein reproduzierbarer Programmablauf durch die Verwendung einer Sequenz-Struktur erzwungen werden (Abb. 7.40b). Dadurch wird sichergestellt, dass der *Indicator* „*OK*" nach dem Programmende grundsätzlich durch „*Process 2*" auf TRUE gesetzt und eine *race condition* vermieden wird.

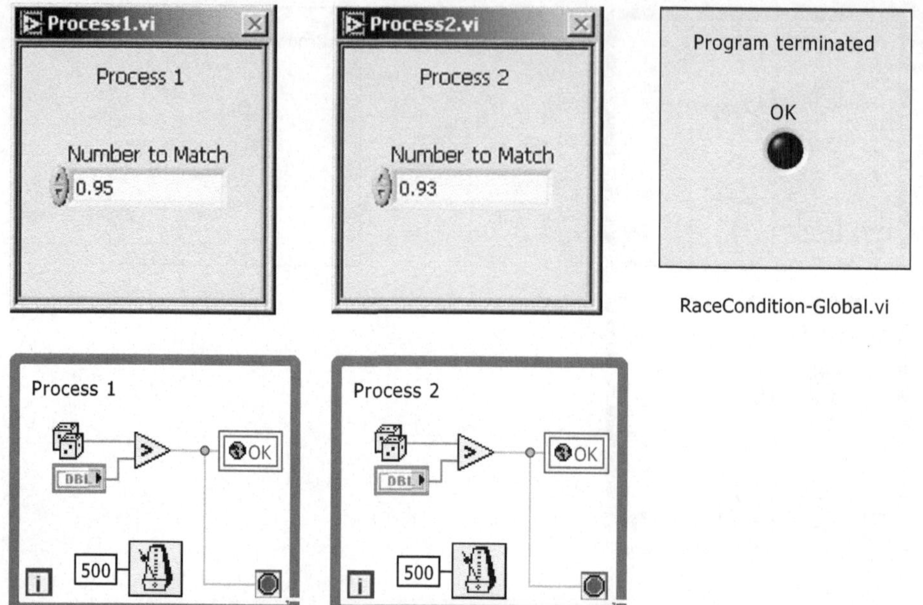

Abb. 7.41: Wettlaufsituation bei der Verwendung einer globalen Variablen

Eine auf den ersten Blick vergleichbare Situation ergibt sich, wenn die beiden in Abbildung 7.40 verwendeten While-Schleifen in voneinander unabhängigen Programmen Process1.vi und Process2.vi abgearbeitet werden und der Datenaustausch über eine globale Variable erfolgt, die in Abbildung 7.41 mit dem Bezeichner „*RaceCondition-Global.vi*" versehen worden ist. Auch in diesem Fall ist es nicht möglich, eine Aussage darüber zu treffen, welches der beiden Programme letztendlich die globale Variable „*RaceCondition-Global.vi*" mit dem Wert TRUE beschrieben hat. Im Gegensatz zu dem Beispiel nach Abbildung 7.40 besteht aber bei zwei voneinander unabhängig ablaufenden Programmen keine Möglichkeit, deren Ablauf mittels einer Sequenz-Struktur oder einer Datenflussbeziehung miteinander zu synchronisieren, so dass insbesondere der Datenaustausch zwischen unabhängigen Programmen über globale Variablen zu Resultaten führen kann, die nicht reproduzierbar sind.

▶ **Hinweis:**

Die *Front Panels* der in Abbildung 7.41 dargestellten Programme Process1.vi und Process2.vi zeigen keine Elemente der LabVIEW-Entwicklungsumgebung. Diese Konfiguration kann über das Menü *File ≫ VI Properties* (Datei ≫ VI-Einstellungen) vorgenommen werden (s. Abschn. A.3). ◀

7.6 Unterprogramme

Neben den Kontrollstrukturen Wiederholschleifen, Fallunterscheidungen und Sequenz
ist der Prozeduraufruf das vierte Element der strukturierten Programmierung und
stellt letztendlich nichts anderes dar als den Aufruf eines Unterprogramms oder einer
Funktion. Funktionen werden auch als Knoten oder Funktionsknoten bezeichnet. In
der Entwicklungsumgebung LabVIEW wird ein Programm als VI bezeichnet und
dementsprechend werden Unterprogramme als SubVI bezeichnet.

Für die Strukturierung einer komplexen Aufgabenstellung ist deren Zerlegung
in einzelne Module bzw. Unterprogramme ein unverzichtbarer Bestandteil des Entwurfsprozesses, um die Lesbarkeit des Programms zu gewährleisten. Die Erstellung
eines SubVI soll daher in diesem Abschnitt ausführlich erläutert werden. Als Beispiel
soll das Programm `CalculateSine.vi` dienen, welches bereits in den Kapiteln 5 und
6 verwendet worden ist, um den Sinus einer Eingangsvariablen in Abhängigkeit von
der Stellung eines Auswahlschalters entweder in Grad oder Radiant zu berechnen.

7.6.1 Connector Pane (Anschlussfeld)

Um das Programm `CalculateSine.vi` als Unterprogramm verwenden zu können,
muss die Übergabe der Schnittstellenparameter, d. h. der Ein- und Ausgangsvariablen, an ein aufrufendes Programm definiert werden. Auch diese Definition wird in
LabVIEW auf graphische Weise realisiert.

Ein Kommandoklick auf die *Connector Pane* (Anschlussfeld) des Programms öffnet
das Kontextmenü, aus dem die Option *Show Connector* (Anschluss anzeigen) ausgewählt werden kann. Anstelle des graphischen Symbols wird dann ein Muster mit
weißen Feldern angezeigt (Abb. 7.42). Jedes Feld repräsentiert einen Anschluss. Die
Zuordnung der Bedienelemente auf dem *Front Panel* zu den Anschlüssen kann mit
dem *Wiring Tool* (Verbindungswerkzeug) vorgenommen werden, indem mit diesem
jeweils ein Anschluss des dargestellten Musters und ein Bedienelement angeklickt
wird. Der Anschluss nimmt dann automatisch die Farbe des Datentyps des jeweiligen
Bedienelementes an. *Indicators* werden auch hier durch einen dickeren Rahmen als
Controls gekennzeichnet.

Nach dem Speichern des Programms ist die vollständige Definition der Schnittstellenparameter abgeschlossen und das Programm kann nun wie jeder andere Funktionsknoten der *Functions Palette* in beliebigen Programmen als Unterprogramm verwendet werden (vgl. Abschn. 7.6.4). Im Vergleich zu vielen anderen Programmiersprachen
ergibt sich durch diese Art der Parameterübergabe ein großer Vorteil beim Testen der
Software, da jedes SubVI prinzipiell auch als eigenständiges Programm ausgeführt
werden kann. Für den Test einzelner Software-Module ist es nicht erforderlich, diese
in das Hauptprogramm einzubinden.

Nach einer Änderung des Programms ist es jederzeit möglich, neue Anschlussfel-
der hinzuzufügen, zu entfernen oder die Zuordnung zwischen Anschlussfeldern und
Bedienelementen wieder aufzuheben. Dafür bietet das Kontextmenü der *Connector Pane* mehrere Möglichkeiten. Bei der Belegung des Anschlussfeldes sollten einige
wenige Regeln beachtet werden.

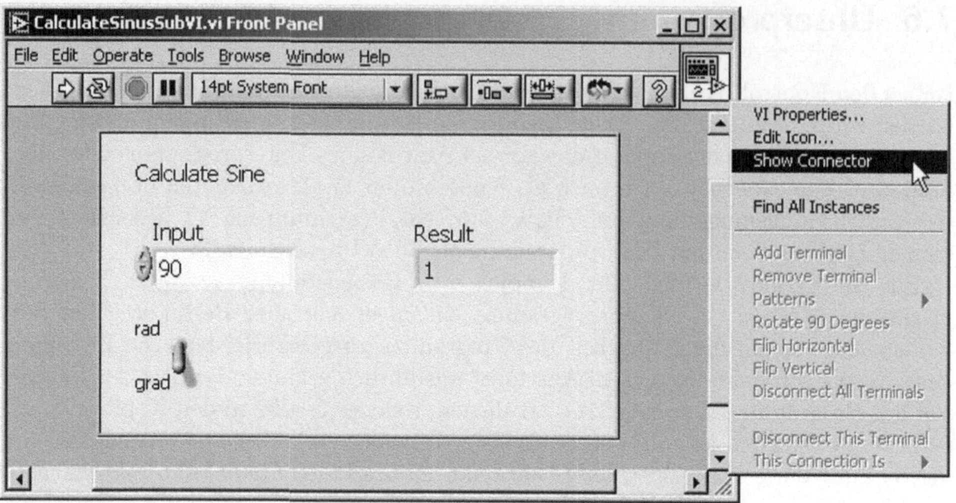

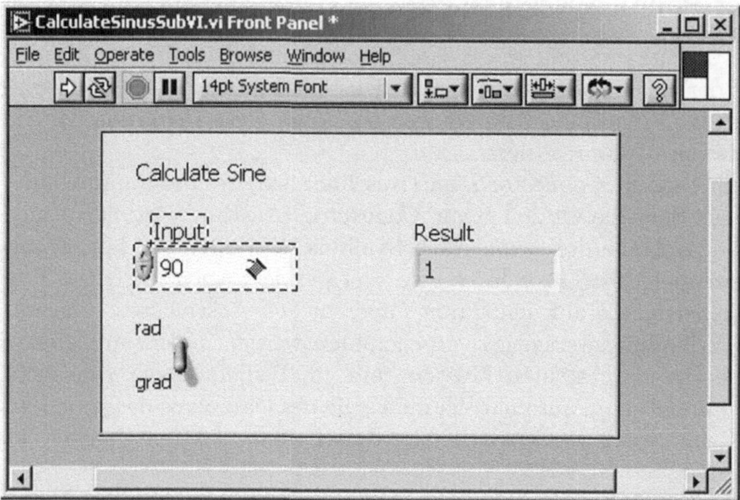

Abb. 7.42: Definition der Schnittstellenparameter eines SubVI (Unterprogramms)

- Um auch bei der Verwendung von Unterprogrammen ein leicht lesbares Datenfluss-diagramm mit einem Datenfluss von links nach rechts zu erhalten, sollten *Controls* (Eingabeparameter) stets links und *Indicators* (Ausgabeparameter) stets rechts in der *Connector Pane* angeordnet werden.
- In einem Anschlussfeld können maximal 28 Terminals verwendet werden. Einerseits ist diese Anzahl bei weitem zu hoch, um ein lesbares *Block Diagram* erstellen zu können, dafür sollte die Anzahl der Terminals nach Möglichkeit auf ca. vier Ein- und vier Ausgänge begrenzt werden. Andererseits sind 28 Terminals nicht ausreichend, um bei komplexeren Anwendungen alle erforderlichen Variablen an

das Unterprogramm zu übergeben. Als Lösung bietet es sich an, mehrere Variablen in einem *Cluster* zusammenzufassen und dieses *Cluster* dem Unterprogramm als einzige Datenflussverbindung zur Verfügung zu stellen (vgl. Abschn. 9.2).

- Komplexe Funktionen der Entwicklungsumgebung LabVIEW weisen häufig mehr als vier Terminals auf, von denen einige in der Regel für die Konfiguration des Unterprogramms verwendet werden können, aber deren Verdrahtung nicht unbedingt erforderlich ist. Bei der Erstellung von Unterprogrammen ermöglicht es LabVIEW, die Ein- und Ausgangsvariablen zu priorisieren. Über das Kontextmenü der *Connector Pane* und das Auswahlfenster der Option *This Connection Is* (Diese Verbindung ist) stehen die drei Möglichkeiten

  - *Required* (Erforderlich),
  - *Recommended* (Empfohlen) und
  - *Optional* (Optional)

  zur Auswahl, die jedem einzelnen Terminal zugeordnet werden können (für *Indicators* steht die Möglichkeit *Required* nicht zur Verfügung). Nur Terminals, denen die Eigenschaft *Required* (Erforderlich) zugeordnet worden ist, müssen verdrahtet werden, andernfalls ist das Programm nicht ausführbar und der gebrochene *Run Button* der Entwicklungsumgebung weist auf einen Fehler hin. Bei nicht angeschlossenen Eingabeparametern, denen die Eigenschaft *Recommended* oder *Optional* zugewiesen wurde, werden die Standardeinstellungen des VIs verwendet.

- Variablen, die ausschließlich innerhalb eines Unterprogramms verwendet werden, z. B. für den Test des Software-Moduls, sollten einem aufrufenden Programm grundsätzlich nicht zur Verfügung gestellt werden. Dies entspricht dem Konzept des *Data Hiding*, welches u. a. in der objektorientierten Programmierung ein wesentlicher Bestandteil der systematischen Software-Entwicklung ist.

7.6.2 Automatische Erstellung von Unterprogrammen

Während der Programmentwicklung ergibt sich häufig der Fall, dass die Komplexität des *Block Diagrams* im Laufe des Entwurfsprozesses zunimmt und eine Modularisierung wünschenswert wird oder dass von einem Teil des *Block Diagrams* eine eigenständige Funktion, deren Verwendung auch in anderen Programmen sinnvoll sein könnte, erstellt werden soll. Dafür ist es ausreichend, den gewünschten Teil des *Block Diagrams* auszuwählen (Abb. 7.43a) und im Menü *Edit* (Bearbeiten) die Option *Create SubVI* (SubVI erstellen) auszuwählen (Abb. 7.43b). Die Zuordnung von *Controls* und *Indicators* zu den Terminals der *Connector Pane* erfolgt dabei automatisch.

Diese Umwandlung kann nur unmittelbar nach der Erstellung des SubVI über das Pull-Down-Menü *Edit ≫ Undo* (Bearbeiten ≫ Rückgängig) rückgängig gemacht werden. Im Nachhinein ist es nicht möglich, in einem Hauptprogramm ein SubVI wieder durch das in ihm enthaltene *Block Diagram* zu ersetzen.

Das erzeugte SubVI kann durch einen Doppelklick geöffnet werden, um es mit einer Dokumentation zu versehen und es unter einem sinnvollen Namen abzuspeichern. Danach kann es wie jede andere LabVIEW-Funktion in beliebigen Programmen verwendet werden (s. u.).

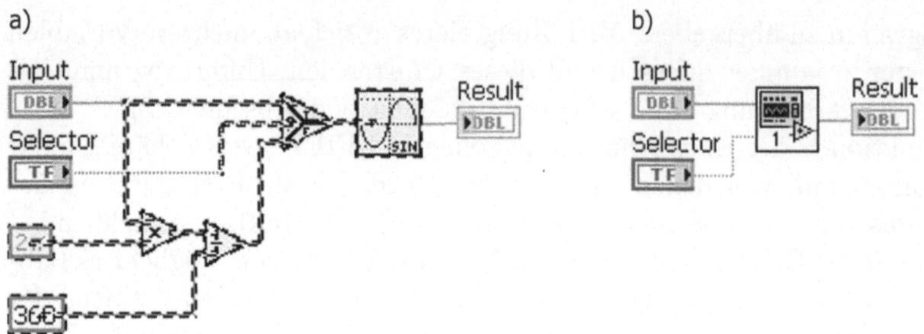

Abb. 7.43: Automatische Erstellung eines SubVI

Wenn die Auswahl von Elementen des *Block Diagram* wie in Abbildung 7.43a keine *Controls* und *Indicators* umfasst, werden auf dem *Front Panel* des SubVIs die Standard-Elemente der *Controls Palette* platziert. Werden die *Controls* und *Indicators* dagegen in die Auswahl einbezogen, erhalten diese auf dem *Front Panel* des SubVIs die gleichen Objekteigenschaften wie die des aufrufenden Programms.

7.6.3   VI-Symbol

Programme und Unterprogramme zeigen in der *Connector Pane* zunächst ein Standardsymbol zur graphischen Kennzeichnung. Da auch bei kleineren Software-Projekten die Anzahl der verwendeten Unterprogramme schnell einige Dutzend erreicht, ist es sinnvoll, das Standardsymbol durch ein eigenes Symbol zu ersetzen, welches die Funktionalität des Programms bereits im Symbol andeutet. Im Kontextmenü der *Connector Pane* kann die Option *Edit Icon...* (Symbol bearbeiten...) angeklickt werden, um das Fenster des *Icon Editors* (Symbol-Editors) zu öffnen (Abb. 7.44). Dieses bietet im linken Teil die Basis-Funktionen eines üblichen Zeichenprogramms,

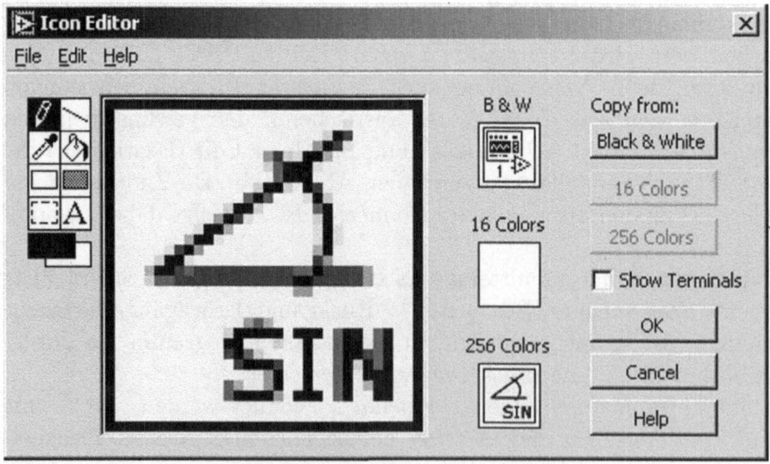

Abb. 7.44: Fenster des Symbol-Editors

mit denen ein neues Symbol erstellt werden kann. Eine vollständige Übersicht über
die Funktionen des *Icon Editors* gibt Abbildung B.17 im Anhang. Eine Alternative
besteht darin, ein Zeichenprogramm zu verwenden und das dort erzeugte Bild, zum
Beispiel über die Zwischenablage, in die Symbolfläche einzufügen. Dabei muss nur
beachtet werden, dass die Größe des VI-Symbols 32 × 32 Pixel beträgt.

Beim Entwurf eines *Icons* (Symbols) sollte berücksichtigt werden, dass ein *Icon* die
Funktionsweise des Programms auf graphische Weise symbolisieren soll. Auf Textelemente sollte daher weitgehend verzichtet werden. Für eine aussagekräftige Gestaltung
sind die Elemente der *Functions Palette* gute Beispiele, die sich zur Orientierung für
den Entwurf eigener Symbole eignen. Bei komplexeren Programmen mit vielen Unterprogrammen hat es sich bewährt, diese in Funktionsgruppen zu unterteilen und jeder
Funktionsgruppe eine andere Hintergrundfarbe zuzuordnen (vgl. Abb. 7.46). Damit
diese farbliche Gruppierung zur gewünschten Übersichtlichkeit beiträgt, sollten nicht
mehr als vier bis fünf Farben verwendet werden.

7.6.4 Verwenden von Unterprogrammen

Ein SubVI, bzw. ein VI, dessen Bedienelemente den Terminals der *Connector Pane*
zugeordnet worden sind, kann jederzeit über die *Functions Palette* ≫ *Select a VI...*
(VI wählen...) als Unterprogramm in einem anderen Programm verwendet werden (Abb. 7.45a). Nach der Platzierung wird das *Icon* der *Connector Pane* im
Block Diagram dargestellt. Über das Kontextmenü des SubVIs können aber auch mit
der Auswahl *Visible Items* ≫ *Terminals* (Sichtbare Objekte ≫ Anschlüsse) die Terminals des SubVIs im *Block Diagram* dargestellt werden, um alle Verbindungsmöglich-
keiten zu zeigen. Diese Information steht auch bei aktivierter Kontext-Hilfe im Hilfe-
Fenster zur Verfügung. Dort wird zusätzlich die Dokumentation des SubVIs angezeigt.

Im Kontextmenü des SubVIs können zudem über die Auswahl *SubVI Node
Setup...* (SubVI-Einstellungen...) einige Ausführungsoptionen eingestellt werden
(Abb. 7.45b). *Open Front Panel when loaded* (Frontpanel beim Laden öffnen) zeigt
das *Front Panel* unmittelbar nach dem Laden des Programms in den Arbeitsspeicher
auf dem Bildschirm an. *Show Front Panel when called* (Frontpanel beim Aufruf anzei-

a)   b)

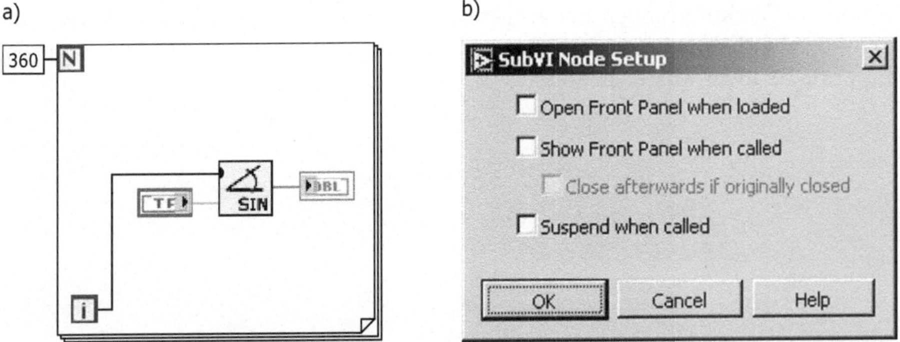

Abb. 7.45: Aufruf und Konfiguration eines SubVI

gen) zeigt das *Front Panel* erst dann an, wenn das SubVI während der Ausführung des Hauptprogramms aufgerufen wird. Über *Close Afterwards if originally closed* (Nach Ausführung schließen, falls ursprünglich geschlossen) kann das *Front Panel* nach der Ausführung des SubVIs wieder geschlossen werden. Bei aktivierter Option *Suspend when called* (Bei Aufruf anhalten) wird erst nach einer Bestätigung des Benutzers wieder in das aufrufende Programm zurückgesprungen. Diese Einstellungen können im *Block Diagram* jedes aufrufenden Programms individuell für das SubVI vorgenommen werden.

Darüber hinaus bietet die Entwicklungsumgebung LabVIEW eine Vielzahl weiterer Möglichkeiten, um die Ausführungseigenschaften eines Programms zu konfigurieren. Diese sind in der Auswahl *VI Properties...* (VI-Einstellungen...) des Kontextmenüs der *Connector Pane* gruppiert und wirken global, d. h. bei jedem Aufruf des Unterprogramms. Eine Übersicht wird in Abschnitt A.3 gegeben.

Die Anzeige des *Front Panels* eines Unterprogramms ist bei Berechnungen etc. nicht erforderlich, kann aber z. B. für eine Prozessvisualisierung oder eine Fortschrittsanzeige wünschenswert sein. Um ein Unterprogramm an einer definierten Stelle im Hauptprogramm darzustellen, besteht die Möglichkeit, einen *Container* aus der *Controls Palette* zu verwenden (s. Abschn. 11.8.2). Da diese Möglichkeit eher der Gestaltung der Bedienoberfläche zuzuordnen sind und auf die Funktionalität eines Programms keinen Einfluss haben, werden sie in Kapitel 11 behandelt.

Da Unterprogramme genau wie Variablen mehrfach verwendet werden können, bietet das Kontextmenü des SubVIs die Option *Find All Instances* (Alle Instanzen finden), die ein Fenster öffnet, welches eine Liste aller SubVI-Aufrufe in anderen, geöffneten Programmen anzeigt. Diese ist vergleichbar mit den in Abbildung 7.35 dargestellten Suchergebnissen für lokale Variablen.

Um eine Übersicht über alle in einem Hauptprogramm verwendeten Unterprogramme zu erhalten, bietet das Menü *View » VI Hierarchy* (Anzeigen » VI-Hierarchie) mit dem Hierarchie-Fenster eine erste Hilfestellung (Abb. 7.46). In diesem wird die Verknüpfung der einzelnen Programme untereinander dargestellt. Durch einen Doppelklick auf ein VI-Symbol lässt sich das entsprechende VI direkt aus dem Hierarchie-Fenster heraus öffnen, über das jeweilige Kontextmenü kann auch hier die Option *Find All Instances* ausgewählt werden (s. o.). Eine Information über funktionale Zusammenhänge bietet das Hierarchie-Fenster aber nicht und bedingt durch die Vielzahl der Verknüpfungen bei größeren Programmen wird die Darstellung sehr schnell unübersichtlich, so dass das Hierarchie-Fenster zur alleinigen Dokumentation eines Programms nicht ausreichend ist.

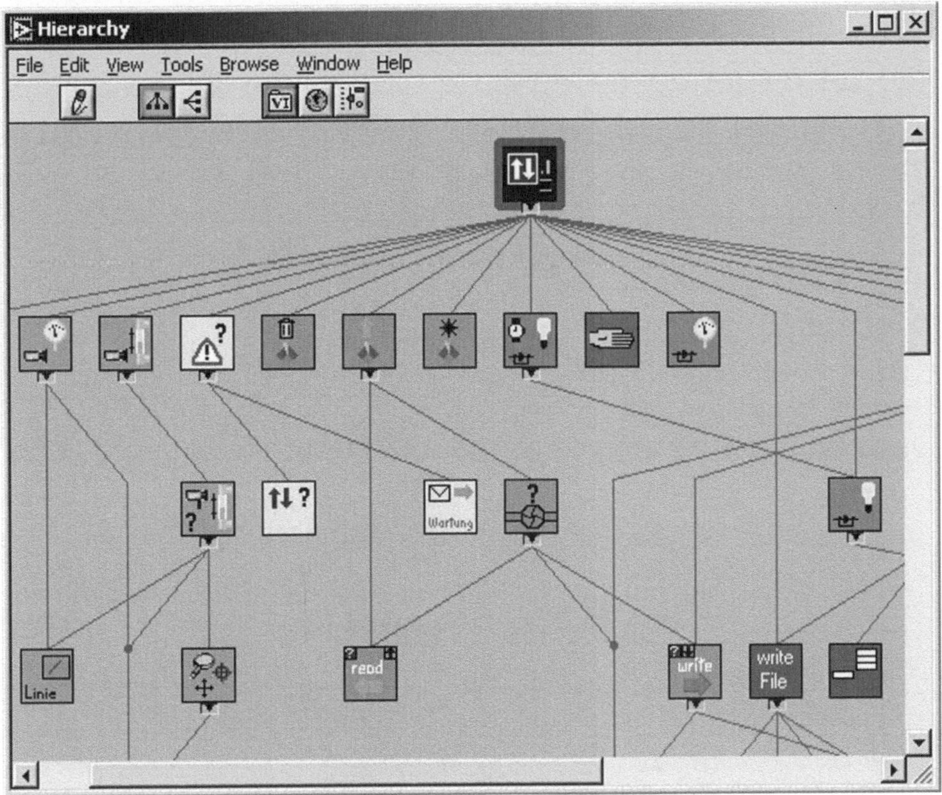

Abb. 7.46: Hierarchie-Fenster mit dem Ausschnitt eines LabVIEW-Projektes

8 Datentypen

Datentypen und ihre Darstellung sind bereits in Kapitel 2.3 behandelt worden. Die übliche Betrachtungsweise, bei der Definition eines Datentyps auch die zugehörigen Operationen anzugeben, führt bei der Entwicklungsumgebung LabVIEW nicht zu einer angemessenen Darstellung, da hier für eine Vielzahl von Aufgabenstellungen Funktionen bzw. Funktionsknoten in umfangreichen Bibliotheken bereit stehen. So können beispielsweise allein aus der Kategorie „Mathematik" einige hundert Funktionen für mathematische Anwendungen wie Trigonometrie, Statistik, Differential- und Integralrechnung usw. ausgewählt werden. Eine Auflistung und Behandlung aller Möglichkeiten würde den zur Verfügung stehenden Rahmen bei weitem übersteigen. Deshalb soll in diesem Kapitel vielmehr auf die in LabVIEW zur Verfügung stehenden Datentypen und ihre prinzipielle Verwendung am Beispiel der wichtigsten Grundfunktionen eingegangen werden.

Bei der Verwendung unterschiedlicher Datentypen spielen besonders die beiden Aspekte Polymorphie und Formatumwandlung eine große Rolle. Eine Vielzahl von Funktionen in LabVIEW ist polymorph, das heißt sie können unterschiedliche Datentypen akzeptieren und verarbeiten. Dies soll im Folgenden vor allem anhand von Vergleichsfunktionen veranschaulicht werden, da diese alle Datentypen und Datenstrukturen unterstützen, die in LabVIEW zur Verfügung stehen. Ein weiterer, großer Teil von Funktionen akzeptiert Daten unterschiedlichen Typs, führt aber automatisch eine Formatumwandlung (*Coercion*) in einen geeigneten Datentyp durch. Darüber hinaus stehen viele Funktionen für die Umwandlung zwischen Datentypen und Datenstrukturen zur Verfügung, um die effiziente Entwicklung von Algorithmen zu unterstützen.

Für numerische und boolesche Datentypen sowie für Zeichenketten stellt LabVIEW sowohl auf dem *Front Panel* als auch im *Block Diagram* jeweils eine eigene Palette bereit. Auf dem *Front Panel* können dort im Wesentlichen Ein- und Ausgabeelemente in unterschiedlichen graphischen Ausführungsformen ausgewählt werden. Im *Block Diagram* stehen in den jeweiligen Paletten Konstanten und die wichtigsten Funktionen für die entsprechenden Datentypen zur Verfügung. Zudem ist es jederzeit möglich, per *Drag & Drop* Elemente vom *Front Panel* in das *Block Diagram* zu ziehen. Dort wird dann eine Konstante als Kopie des Frontpanel-Elements erzeugt. Wird eine Konstante aus dem *Block Diagram* auf das *Front Panel* gezogen, erstellt LabVIEW dort ein *Control* als Kopie der Konstanten.

Nach der Platzierung eines Eingabeelements oder einer Konstanten wird diesen eine Standardwert zugewiesen (Tab. 8.1). Um benutzerspezifische Standardwerte zu verwenden kann im Kontextmenü eines Ein- und Ausgabeelements über die Option *Data Operations* ≫ *Make Current Values Default* (Datenoperationen ≫ Aktuellen Wert als

Standard) der aktuelle Wert als neuer Standard übernommen werden, der dann auch
nach einem neuen Programmaufruf zur Verfügung steht.

Tab. 8.1: Standardwerte für Datentypen

Standardwert	Datentyp
0	numerische Daten
FALSE	boolesche Daten
leer	Zeichenketten und Pfadangaben

Bei der Software-Entwicklung erscheint es zweckmäßig, die Entwicklung der Ablaufstruktur von Algorithmen und die Gestaltung der Bedienoberfläche grundsätzlich
voneinander zu trennen, da diese beiden Entwurfsprozesse im Allgemeinen voneinander vollständig unabhängig sind. Dementsprechend werden in diesem Kapitel nur die
Aspekte behandelt, die für die Ablaufstruktur eines Algorithmus aus Entwicklersicht
von Bedeutung sind, während sich Kapitel 11 mit der Gestaltung der Bedienoberfläche
aus Benutzersicht befasst, ohne dort die tatsächliche Ablaufstruktur eines Algorithmus zu berücksichtigen. Dabei ist es ein Vorteil von LabVIEW, dass jedem Bedienelement auf dem *Front Panel* ein korrespondierendes Terminal im *Block Diagram* zugeordnet ist, da über diesen Zusammenhang die Kopplung zwischen Quellcode und
Bedienoberfläche gewährleistet wird. Im Sinne von *Rapid Prototyping* können die
graphischen Erscheinungsformen jederzeit in beliebiger Weise verändert werden, ohne
den zugrunde liegenden Algorithmus zu beeinflussen.

8.1 Numerische Daten

Für numerische Daten zeigt Abbildung 8.1 die Auswahlmöglichkeiten der Palette
Controls ≫ Numeric, in der für jedes Ein- und Ausgabeelement auf dem *Front Panel*
ein umfangreiches Kontext-Menü zur Verfügung steht, welches durch einen Kommandoklick auf das Element oder dem zugehörigen Terminal im *Block Diagram* aufgerufen werden kann. Dort kann u. a. die Option *Representation* (Darstellung) ausgewählt werden, um in dem erscheinenden Auswahlfenster den Datentyp des Elements
festzulegen (Abb. 8.2). In LabVIEW sind dies Gleitpunktzahlen, vorzeichenlose und
vorzeichenbehaftete Ganzzahlen und komplexe Zahlen mit jeweils unterschiedlichen
Genauigkeiten (vgl. Abschn. 2.3). Bei der Verwendung der Datentypen U64 und I64
sollte darauf geachtet werden, dass diese nicht mit allen Funktionen verwendet werden
können. Zum Beispiel akzeptiert das Zählterminal einer For-Schleife nur Daten vom
Typ I32 und rundet einen Zahlenwert mit dem Typ U64 entsprechend nach unten ab.

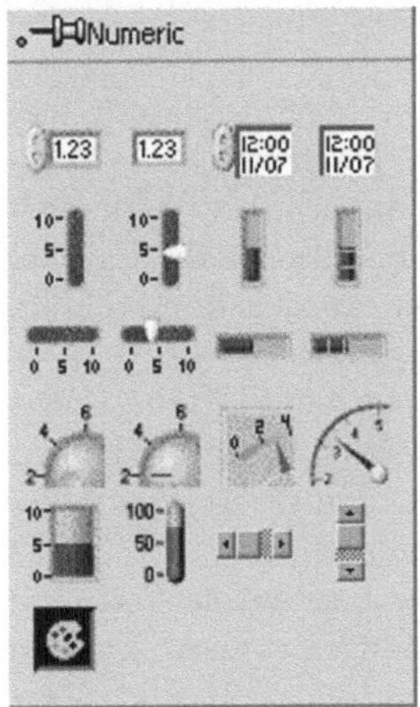

Abb. 8.1: Palette für numerische Elemente auf dem *Front Panel*

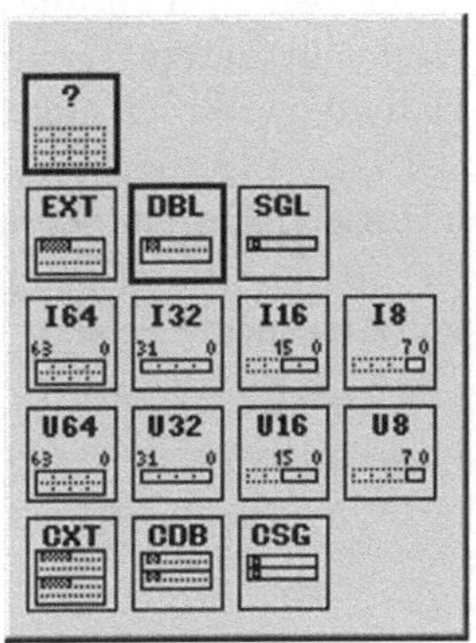

Gleitpunktzahlen mit erweiterter (EXT), doppelter (DBL) und einfacher Genauigkeit (SGL)

vorzeichenbehaftete Ganzzahlen mit 8 Byte (I64), 4 Byte (I32), 2 Byte (I16) und 1 Byte (I8) Wortbreite

vorzeichenlose Ganzzahlen mit 8 Byte (U64), 4 Byte (U32), 2 Byte (U16) und 1 Byte (U8) Wortbreite

komplexe Zahlen mit erweiterter (CXT), doppelter (CDB) und einfacher (CSG) Genauigkeit

Abb. 8.2: Numerische Datentypen in LabVIEW

► **Hinweis: Darstellung und Genauigkeit**

Die Festlegung des Datentyps wird über das Kontextmenü *Representation* vorgenommen, das mit „Darstellung" übersetzt wurde. Die Auswahl der *Representation* ist die einzige Einstellung im Kontextmenü, die sich in Form von Genauigkeit, Geschwindigkeit und Speicherplatzbedarf auf den Algorithmus auswirkt.

Im Kontextmenü *Format and Precision* (Format und Genauigkeit) können u. a. die Anzahl der Nachpunktstellen und die Art der Darstellung (Gleitpunktzahl, wissenschaftliche Darstellung etc.) eingestellt werden. Diese Einstellungen wirken sich nur auf die Darstellung von Zahlen auf dem *Front Panel*, aber nicht auf den Datentyp im *Block Diagram* aus. Um Verwechslungen zu vermeiden, wird daher im Folgenden der Begriff „Darstellung" für die Darstellung von Zahlen auf dem *Front Panel* verwendet, während mit dem Begriff „Repräsentation" der Datentyp im *Block Diagram* bezeichnet wird.   ◄

8.1.1 Einfache numerische Funktionen

Die in der Palette *Functions* ≫ *Numeric* enthaltenen Elemente zeigt Abbildung 8.3. Funktionen, deren graphische Darstellung an die Symbole eines Taschenrechners angelehnt sind, bedürfen vermutlich keiner näheren Erläuterung, da sich ihre Wirkungsweise unmittelbar über ihre graphische Darstellung erschließt. Funktionen der Palette, die im Zusammenhang mit *Arrays* verwendet werden können, werden in Abschnitt 9.1.3 eingeführt.

Die Elemente der Palette *Functions* ≫ *Numeric* ermöglichen auf einfache Weise die Programmierung mathematischer Gleichungen. Für komplexe Aufgabenstellungen bietet es sich aus Gründen der besseren Lesbarkeit aber an, den in Abschnitt 7.4 vorgestellten *Formula Node* (Formelknoten) aus der Palette *Functions* ≫ *Structures* zu verwenden oder für Gleichungen mit einer Variablen den *Expression Node* der Palette *Functions* ≫ *Numeric* in eine Verbindungsleitung einzufügen (vgl. Abb. 7.32).

Funktionen wie z. B. die Addition, Subtraktion oder Multiplikation sind polymorph, d. h. sie verarbeiten alle eingehenden numerischen Datentypen. Werden diesen Funktionen Daten unterschiedlichen Typs zugeführt, erfolgt eine automatische Konvertierung in den jeweils genaueren oder umfassenderen Datentyp. Werden einer Funktion beispielsweise Daten vom Typ DBL und SGL oder DBL und I8 zugeführt, werden die Daten vom Typ SGL oder I8 in den Typ DBL konvertiert. Hat eine Formatumwandlung stattgefunden, so wird dies durch einen kleinen grauen Punkt, dem *Coercion Dot* (Formatumwandlungspunkt), gekennzeichnet (vgl. Abb. 8.4).

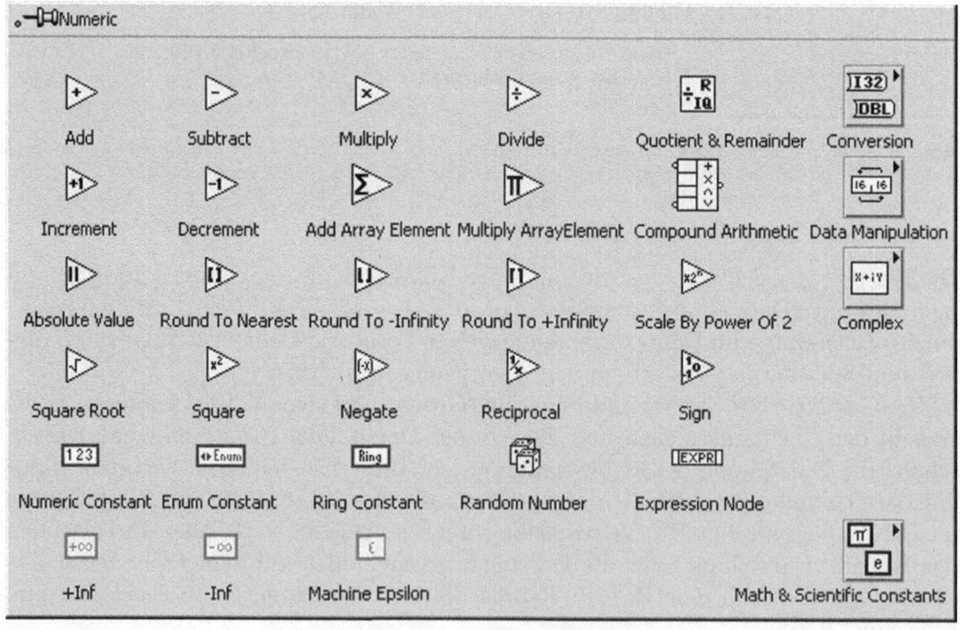

Abb. 8.3: Palette für numerische Elemente im *Block Diagram*

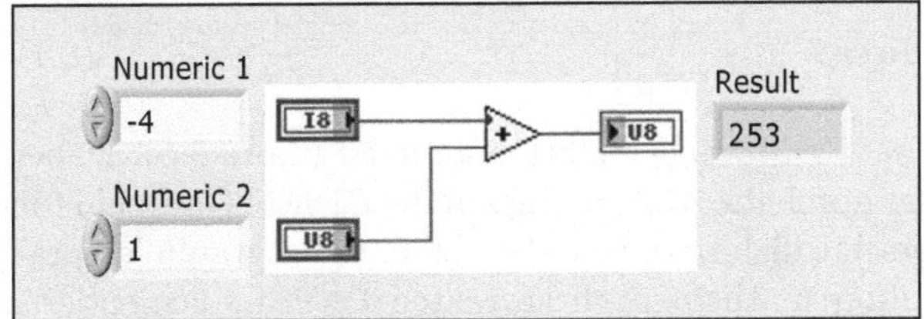

Abb. 8.4: Automatische Konvertierung eines Datentyps mit Kennzeichnung durch einen *Coercion Dot* (Formatumwandlungspunkt) am Eingangssignal der Additionsfunktion

Bei Funktionen wie z. B. Division, Quadratwurzel, Kehrwert oder trigonometrischen Funktionen, bei denen die Ausgabe einer Ganzzahl nicht sinnvoll ist (vgl. Abb. 7.18), erfolgt die automatische Formatumwandlung von Ganzzahlen in den Datentyp DBL.

Werden einer Funktion wie in Abbildung 8.4 vorzeichenbehaftete (z. B. I8) und vorzeichenlose (z. B. U8) Daten zugeführt, erfolgt grundsätzlich eine Konvertierung in vorzeichenlose Daten. Da negative Ganzzahlen in Zweierkomplement-Darstellung codiert sind (vgl. Abschn. 2.3.1), ergibt sich durch die Formatumwandlung möglicherweise nicht das gewünschte Resultat, da das Bit-Muster der vorzeichenbehafteten Ganzzahl nicht verändert wird, sondern nun als vorzeichenlose Ganzzahl interpretiert wird.

▶ **Ausblick: MathScript Node (MathScript-Knoten)**

LV8.0

Komplexere mathematische Algorithmen können auch mit Hilfe des *MathScript Node* implementiert werden. In diesem wird die Syntax von m-Dateien verwendet. Daher ist dieser beispielsweise kompatibel zur Syntax von MATLAB. Ein *MathScript Node* kann aus der Palette *Functions* ≫ *Category* ≫ *Mathematics* ≫ *Scripts & Formulas* (Funktionen ≫ Kategorie ≫ Mathematik ≫ Skripte und Formeln) ausgewählt und im *Block Diagram* platziert werden. ◀

▶ **Anmerkung: Darstellung von Front Panel und Block Diagram**

Um im Folgenden die Wirkungsweise einzelner Funktionen zu erläutern, ist das *Block Diagram* als Graphik in das *Front Panel* integriert worden. Diese Darstellung ist nicht direkt in LabVIEW realisierbar. Mittels *Copy & Paste* und mit Hilfe eines Graphikprogramms ist es jedoch möglich, das *Block Diagram* auf die Graphik zu reduzieren und diese dann im *Front Panel* einzufügen. Auf analoge Weise kann auch die graphische Darstellung des *Front Panels* in das *Block Diagram* eingefügt werden. ◀

8.1.2 Weitere numerische Funktionen

Die Funktion *Quotient & Remainder* (Quotient und Rest) liefert den ganzzahligen Teiler $\lfloor x/y \rfloor$ und den Rest

$$\text{Rest} = x - y \left\lfloor \frac{x}{y} \right\rfloor . \tag{8.1}$$

Bei Ganzzahlen entspricht diese der Modulo-Funktion $x \bmod y$ (Abb. 8.5). Dabei ist zu beachten, dass die Ergebnisse durch die Abrundung auf die nächste Ganzzahl für positive und negative Zahlen unterschiedlich sind. In vielen anderen Programmiersprachen wird die Funktion nicht in ihrer mathematisch korrekten Form implementiert, sondern zur nächsten Ganzzahl zur Null hin gerundet, was zu gleichen Ergebnissen für negative und positive Zahlen führt. In LabVIEW können der Funktion auch Gleitpunktzahlen zugeführt werden.

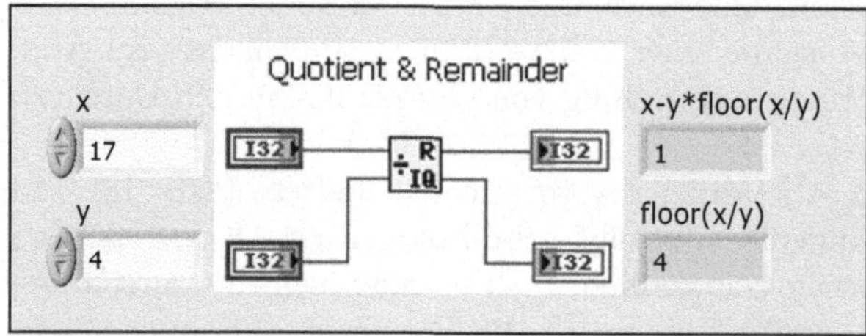

Abb. 8.5: Beispiel für die Anwendung der Funktion *Remainder & Rest* (Quotient & Rest)

Die Verwendung von *Compound Arithmetic* (Mehrfacharithmetik) bietet sich an, wenn mehr als zwei Eingangsgrößen verarbeitet werden sollen (Abb. 8.6). Über das Kontextmenü der Funktion kann über *Change Mode* (Modus ändern) die gewünschte Operation, Addition oder Multiplikation, ausgewählt werden und mit dem Positionierwerkzeug ist es möglich, den Funktionsknoten auf die erforderliche Anzahl von Eingängen aufzuziehen (vgl. Abb. 7.18).

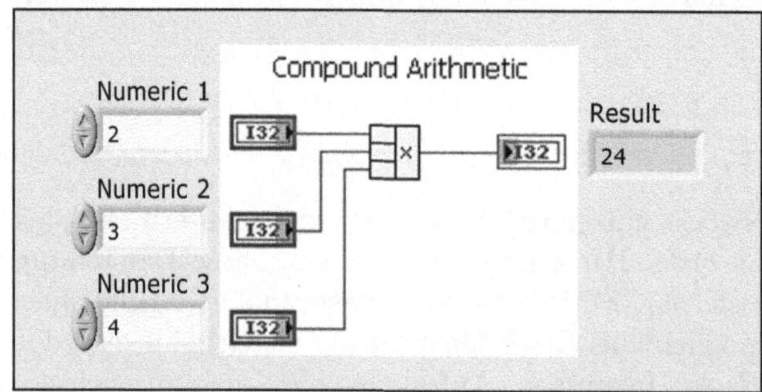

Abb. 8.6: Anwendungsbeispiel für die Funktion *Compound Arithmetic* (Mehrfacharithmetik)

Weitere Bibliotheken mit mathematischen Funktionen stehen in der *Functions Palette* ≫ Category ≫ *Mathematics* (Kategorie ≫ Mathematik) zur Verfügung (Abb. 8.7a), in der Unterpalette *Elementary & Special Functions* (Grund- und Spezialfunktionen) (Abb. 8.7b) unter anderem trigonometrische und Exponentialfunktionen.

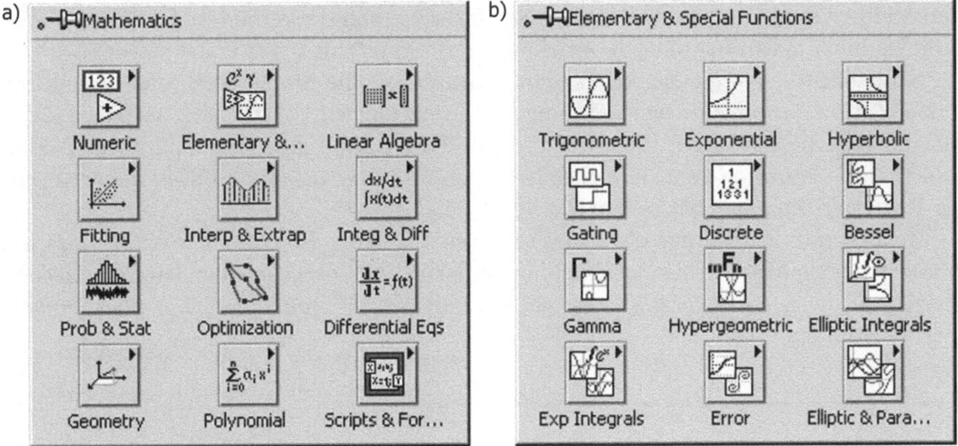

Abb. 8.7: a) Palette für mathematische Funktionen, b) Unterpalette für elementare mathematische Funktionen

8.1.3 Konstanten

Aus der in Abbildung 8.3 dargestellten Palette *Functions* ≫ *Numeric* können neben mathematischen Funktionen auch eine Vielzahl von Konstanten ausgewählt werden, u. a. aus der Unterpalette *Math & Scientific Constants* (Mathematische und wissenschaftliche Konstanten), die Konstanten mit dem Datentyp DBL bereitstellt.

Zudem können aus der Palette *Numeric* direkt die beiden Konstanten $+\infty$ und $-\infty$ ausgewählt werden. Diese eignen sich insbesondere in Kombination mit Vergleichsfunktionen für eine Ausnahmebehandlung, um z. B. eine Division durch Null zu erfassen. Beim Datentyp DBL kann für das kleinstmögliche Inkrement, welches bei einer Addition mit 1 zu einem von 1 verschiedenen Wert führt, d. h. $1 \cdot 2^{-52} \approx 2.22 \cdot 10^{-16}$ die Konstante ε (*Machine Epsilon*) verwendet werden.

Um beliebige numerische Konstanten im *Block Diagram* zu erstellen, dient das Element *Numeric Constant*, welches zunächst als Standard den Datentyp I32 aufweist. Mit dem Beschriftungswerkzeug kann der gewünschte Wert eingegeben werden und über das Kontext-Menü ist es möglich, die gewünschte Repräsentation auszuwählen.

8.1.4 Rundung und Betragsbildung

Für die Betragsbildung, Rundung und die Ermittlung des Vorzeichens einer Zahl können die in Abbildung 8.8 dargestellten Funktionen verwendet werden. Die Funktion *Absolute Value* (Absoluter Wert) nimmt eine Betragsbildung vor, die Funktion *Round To Nearest* (Auf nächste ganze Zahl runden) rundet den Zahlenwert und mit den Funktionen *Round To +Infinity* (Auf nächstgrößere Zahl runden) bzw. *Round To -Infinity* (Auf nächstkleinere Zahl runden) wird eine Rundung auf die nächstgrößere (*ceiling*) bzw. nächstkleinere (*flooring*) Ganzzahl durchgeführt. Bei komplexen Zahlen werden Real- und Imaginärteil getrennt voneinander gerundet. Die Funktionen können auch, natürlich ohne Auswirkung, mit Ganzzahlen verwendet werden.

Schließlich bietet die Funktion *Sign* (Vorzeichen) die Möglichkeit, das Vorzeichen einer Zahl zu ermitteln. Am Ausgang der Funktion wird -1 für eine negative Zahl, +1 für eine positive Zahl und Null für eine Null ausgegeben. Für komplexe Zahlen liefert diese Funktion kein sinnvolles Ergebnis. Komplexe Zahlen sollten daher vorher in Real- und Imaginärteil zerlegt werden (s. u.).

Zu beachten ist bei der oben vorgestellten Funktion *Round To Nearest*, dass bei Zahlen in der Mitte eines Intervalls compilerbedingt entgegen der kaufmännischen Logik auf die nächste *gerade* Ganzzahl gerundet wird („*round to even*" oder „unverzerrtes Runden" Abb. 8.9).

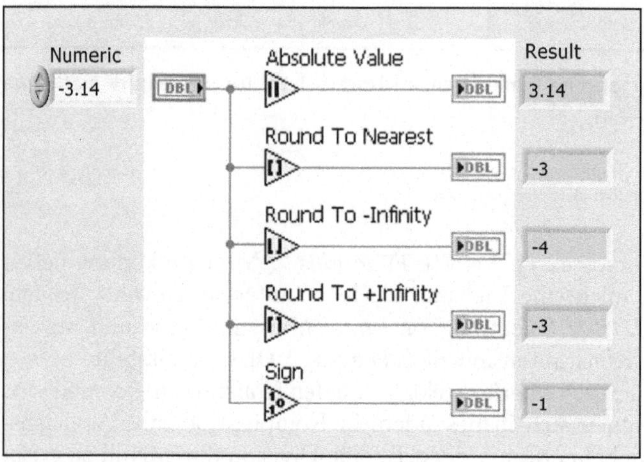

Abb. 8.8: Funktionen für Rundung und Betrag

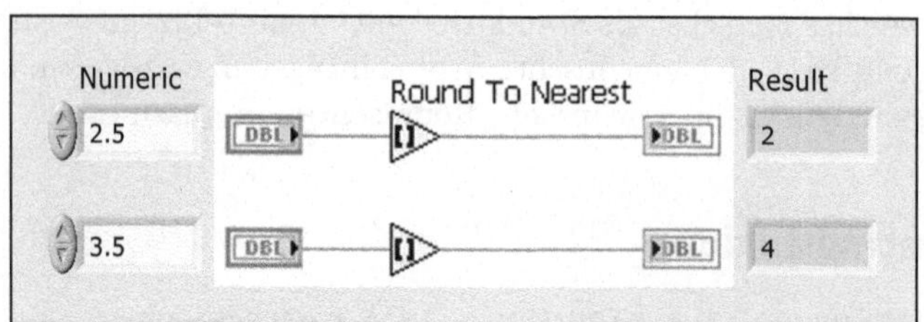

Abb. 8.9: Anwendungsbeispiel für die Funktion *Round To Nearest* (Auf nächste ganze Zahl runden)

8.1.5 Funktionen für komplexe Zahlen

Komplexe Zahlen sind ein integraler Bestandteil von LabVIEW. Dadurch können viele Berechnungen ohne größeren Aufwand durchgeführt werden. Die meisten numerischen Funktionen und Vergleichsfunktionen können komplexe Zahlen direkt verarbeiten. In der an die Programmiersprache C angelehnten Syntax eines *Formula Nodes* oder *Expression Nodes* ist die Verarbeitung von komplexen Zahlen jedoch nicht möglich. In der Unterpalette *Functions* ≫ *Numeric* ≫ *Complex* (Funktionen ≫ Numerisch ≫ Komplex) stehen darüber hinaus einige wenige Funktionen zur Verfügung, um komplexe Zahlen zu erzeugen und die Darstellung in kartesische Koordinaten oder in Polarkoordinaten zu ermöglichen. Es stehen drei Funktionspaare zur Verfügung:

- Erzeugen einer komplexen Zahl aus Real- und Imaginärteil und umgekehrt,
- Erzeugen einer komplexen Zahl aus Betrag und Winkel und umgekehrt,
- Umwandlung von Polarkoordinaten in Real- und Imaginärteil und umgekehrt.

LV8.0

Schließlich kann mit einer weiteren Funktion zu einer Zahl $z = x + iy$ die konjugiert komplexe Zahl $z^* = x - iy$ gebildet werden.

8.1.6 Formatumwandlung

Neben der automatischen Formatumwandlung bietet LabVIEW die Möglichkeit die Representation von Daten explizit zu transformieren. Für jeden Datentyp (vgl. Abb. 8.2) steht in der Unterpalette *Functions* ≫ *Numeric* ≫ *Conversion* (Funktionen ≫ Numerisch ≫ Konvertierung) eine entsprechende Funktion zur Verfügung. Eine verlustfreie Konvertierung erfolgt, wenn ein genauerer oder umfassenderer Datentyp gewählt wird. Dagegen ist die Konvertierung verlustbehaftet, wenn ein ungenauerer oder weniger umfassender Datentyp gewählt wird.

Beispielhaft soll dies in Abbildung 8.10 anhand von zwei Funktionen veranschaulicht werden. Die Variable „*Numeric*" vom Datentyp SGL wird mit Hilfe der Funktion *To Double Precision Float* (Nach Fließkommawert (Doppelte Genauigkeit)) verlustfrei in den Datentyp DBL konvertiert und mit der Funktion *To Byte Integer* (Nach Byte-Integer) verlustbehaftet in den Datentyp I8 konvertiert. Im letzteren Fall wird zum einen eine Rundung auf die nächste Ganzzahl vorgenommen und zum anderen führt eine Bereichsüberschreitung dazu, dass beim Datentyp I8 die 127 als größte darstellbare Zahl anstelle von 314 ausgegeben wird.

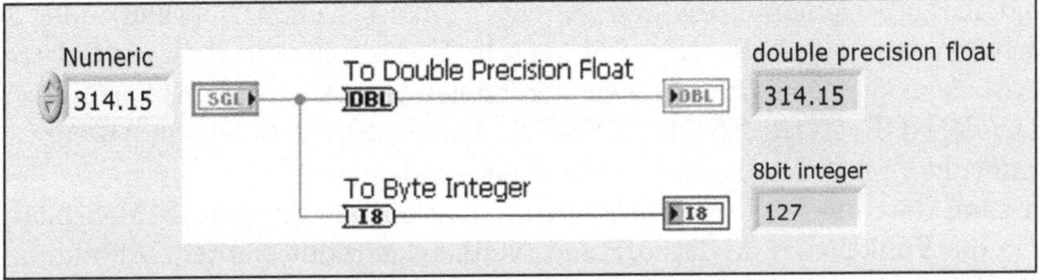

Abb. 8.10: Beispiele für eine Formatumwandlung

▶ Hinweis: Automatische Formatumwandlung mittels Coercion Dot
(Formatumwandlungspunkt)

Da durch die automatische Konvertierung zusätzlicher Speicherplatz benötigt wird,
sollten *Coercion Dots* nach Möglichkeit vermieden werden (vgl. Abschn. 6.3).   ◀

8.1.7 Datenmanipulation

Die Funktionen der Unterpalette *Functions* ≫ *Numeric* ≫ *Data Manipulation* (Funktionen ≫ Numerisch ≫ Datenmanipulation) ermöglichen im Wesentlichen die Datenmanipulation auf Bit- und Byte-Ebene. Für die Anwendung dieser Funktionen soll an
dieser Stelle nur auf die ausführliche Online-Hilfe hingewiesen werden. Darüber hinaus
bietet die Funktion *Mantissa & Exponent* (Mantisse und Exponent) die Möglichkeit,
eine Gleitpunktzahl in Mantisse und Exponent zu zerlegen, so dass unmittelbar ein
Rückschluss auf die Darstellung der Zahl im Arbeitsspeicher gezogen werden kann
(Abb. 8.11).

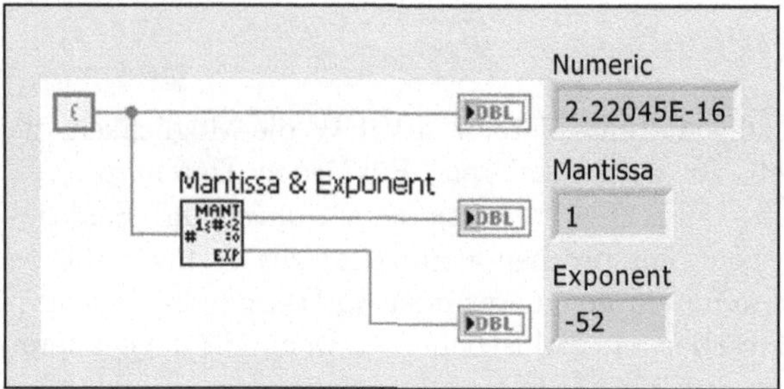

Abb. 8.11: Anwendungsbeispiel für die Funktion *Mantissa & Exponent* (Mantisse und Exponent)

8.2 Boolesche Daten

Die Palette *Controls* ≫ *Boolean* (Bedienelemente ≫ Boolesch) enthält unterschied-
liche Ein- und Ausgabeelemente, die den Datentyp boolesch, d.h. T (TRUE) oder F
(FALSE) verarbeiten können (Abb. 8.12). Für logische Verknüpfungen stellt die Palette
Functions ≫ *Boolean* die Grundfunktionen der booleschen Algebra zur Verfügung:
AND, NAND, OR, NOR, XOR, XNOR und NOT (Abb. 8.13), die bereits in Abschnitt
3.2 im Zusammenhang mit Schaltnetzen behandelt worden sind.

Weiterhin kann dort die Funktion *Implies* (Implikation): $\bar{x} \vee y$ und die Mehrfacharithmetik für die Funktionen AND, OR und XOR ausgewählt werden. Abbildung
8.14a zeigt ein Anwendungsbeispiel für eine XOR-Verknüpfung. Dieses entspricht der
Kaskadierung einzelner XOR-Funktionen (Abb. 8.14b).

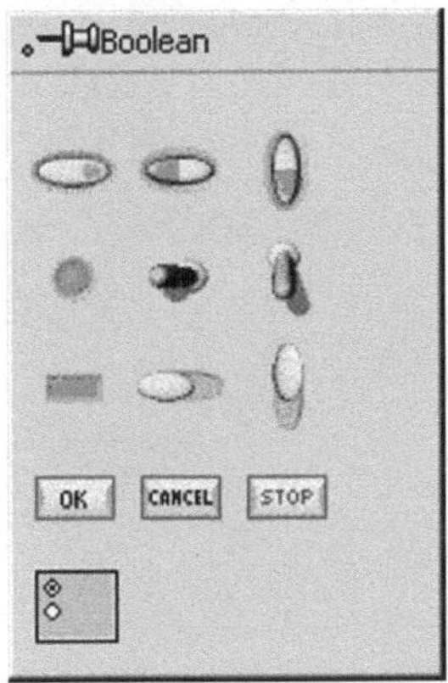

Abb. 8.12: Palette für boolesche Elemente auf dem *Front Panel*

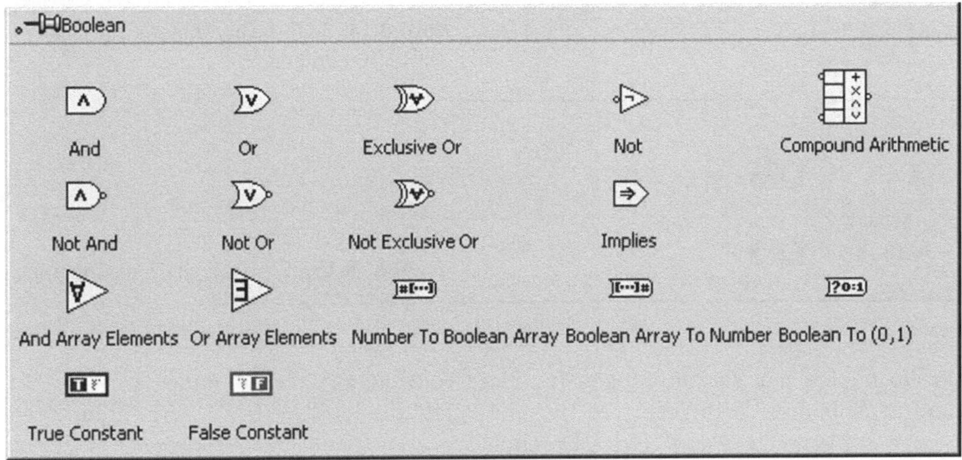

Abb. 8.13: Palette für boolesche Funktionen im *Block Diagram*

Darüber hinaus können aus dieser Palette die Konstanten TRUE und FALSE ausgewählt und im *Block Diagram* platziert werden. Die Änderung von TRUE in FALSE und umgekehrt kann nach der Platzierung der Konstanten jederzeit mit dem *Operating Tool* vorgenommen werden.

Eine Umwandlung von booleschen Daten in 0 und 1 ist mit der Funktion *Boolean To (0,1)* (Boolescher Wert nach (0,1)) möglich. Eine Konvertierung von 0 und 1 in den Datentyp boolesch ist dagegen nicht ohne weiteres möglich (vgl. Abb. 8.43, 9.50).

Grundsätzlich ist es möglich, boolesche Operatoren mit Ganz- und Gleitpunktzahlen zu verwenden. Gleitpunktzahlen werden dann zunächst wieder gerundet und in eine Ganzzahl umgewandelt. Entsprechend der in Abschnitt 2.1 vorgestellten positiven Logik entspricht der Zahlenwert 1 „TRUE" und der Zahlenwert 0 „FALSE". Bei der Beschränkung auf diese beiden Zahlenwerte liefern die booleschen Funktionen die erwarteten Ergebnisse. Für andere Zahlenwerte, bei denen sich nicht nur das LSB *(Least Significant Bit)* ändert, ist das Ergebnis nicht immer unmittelbar einsichtig,

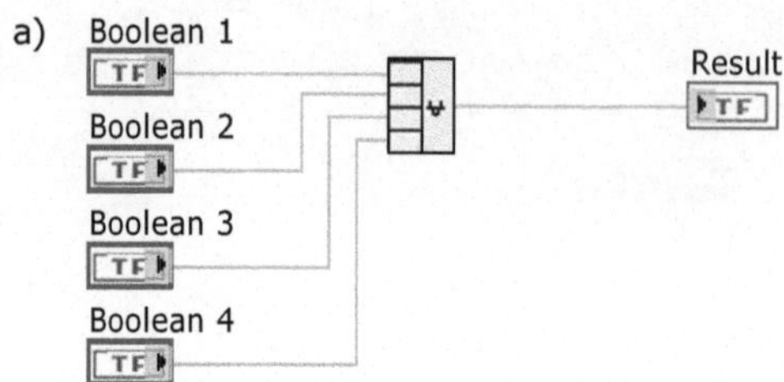

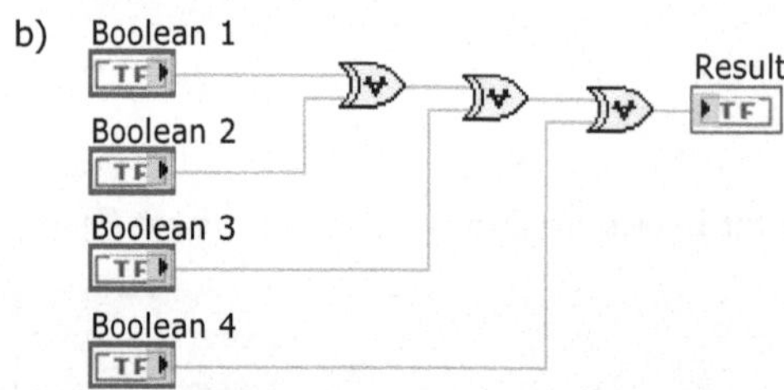

Abb. 8.14: Mehrfacharithmetik für eine XOR-Verknüpfung

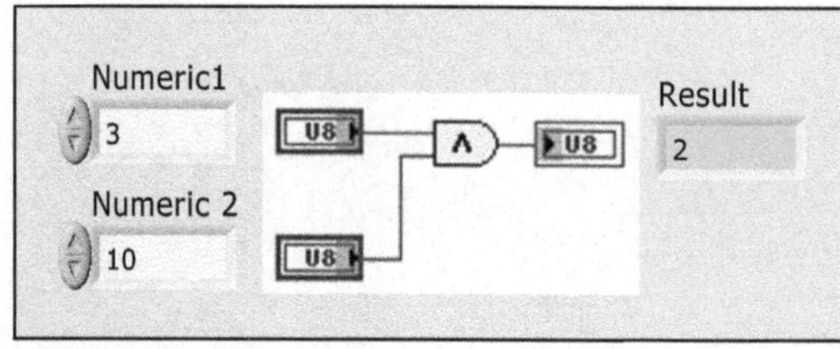

Abb. 8.15: Logische UND-Verknüpfung zweier Integer-Werte

da die booleschen Verknüpfungen für jedes einzelne Bit vorgenommen werden. Bei dem in Abbildung 8.15 gezeigten Beispiel liefert die logische UND-Verknüpfung der beiden Zahlenwerte 3 und 10 das Ergebnis 2.

Dieser Sachverhalt soll anhand von Abbildung 8.16 erläutert werden. Den beiden dezimalen Zahlenwerten 3_{10} und 10_{10} am Eingang der UND-Verknüfung entspricht in der binären Darstellung die Ziffernfolge 00000011_2 und 00001010_2. Bei einem bitweisen Vergleich wird die UND-Verknüpfung nur für das vorletzte Bit eine 1 ergeben und dementsprechend am Ausgang die Zahl 2_{10} ausgeben.

Eingabe	binäre Darstellung	Ausgabe
3	00000011	
10	00001010	
UND-Operation	00000010	2

Abb. 8.16: Erläuterung zur logischen UND-Verknüpfung zweier Integer-Werte

8.3 Strings (Zeichenketten)

In diesem Abschnitt sollen die Möglichkeiten, die LabVIEW zur Bearbeitung von
Strings (Zeichenketten) bietet, behandelt werden. Wie bereits in Abschnitt 2.3 dar-
gelegt worden ist können *Strings* als zusammengesetzter Datentyp oder als Datenstruktur, die auf dem elementaren Datentyp *Character* (Zeichen) basiert, betrachtet werden. Da für den elementaren Datentyp *Character* bei der Programmierung
keine praktische Anwendung vorhanden ist, wird die Datenstruktur *String* in diesem
Abschnitt eingeführt.

In vielen Anwendungsbereichen werden Daten als ASCII-Zeichen codiert, z. B. bei
der Textverarbeitung, der Kommunikation zwischen Geräten, der Datenübertragung
über ein Netzwerk etc. (vgl. Abschn. 2.3.3). Auch die Speicherung von numerischen
Daten erfolgt häufig in ASCII-Codierung. Dementsprechend ist die Verarbeitung von
Strings ein wesentlicher Bestandteil der Programmierung. Basisfunktionen für *Strings*,
die eine Folge einzelner ASCII-Zeichen darstellen, sind beispielsweise das Einfügen,
Suchen, Ersetzen oder Verketten. Darüber hinaus ist es häufig wünschenswert, nume-
rische Daten in Zeichenketten umzuwandeln oder aus einer Zeichenkette numerische
Daten zu extrahieren. Für beide Anwendungsbereiche bietet LabVIEW umfangreiche
Paletten mit zahlreichen Funktionen an, die in diesem Abschnitt anhand einfacher
Beispiele vorgestellt werden.

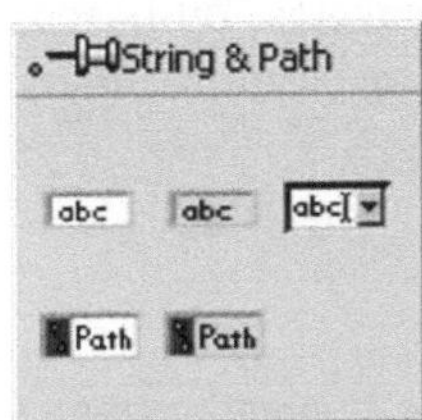

Abb. 8.17: Palette für String-Elemente auf dem *Front Panel*

Auf dem *Front Panel* können Eingabe- und Anzeigeelemente für Zeichenketten
platziert werden. Die Auswahl erfolgt über die Unterpalette *String & Path* (String &
Pfad) der Palette *Controls* (Abb. 8.17). Mit dem *Operating Tool* (Bedienwerkzeug)
oder mit dem *Labeling Tool* (Beschriftungswerkzeug) können in diese Elemente beliebige Texte eingegeben bzw. vorhandene Texte editiert werden. Bei der Programmentwicklung ist es gelegentlich hilfreich, die Codierung der ASCII-Zeichen im Hex-Code
oder mit Hilfe von Escape-Sequenzen (Steuerzeichen wie z. B. Wagenrücklauf oder Zeilenvorschub) darzustellen (s. Tab. 8.2 und 11.2). Diese Darstellungsformen können im
Kontextmenü des jeweiligen Ein- bzw. Ausgabeelements über die Option *Hex Display*
(Hex-Anzeige) bzw. *Codes Display* (Code-Anzeige) eingestellt werden (vgl. Abschn.
11.5.3). Funktionen zur Bearbeitung von Zeichenketten können aus der Unterpalette
Functions ≫ *String* ausgewählt werden (Abb. 8.18). Funktionen, die nur im Zusammenhang mit *Arrays* verwendet werden können, werden in Abschnitt 9.1.3 erläutert.

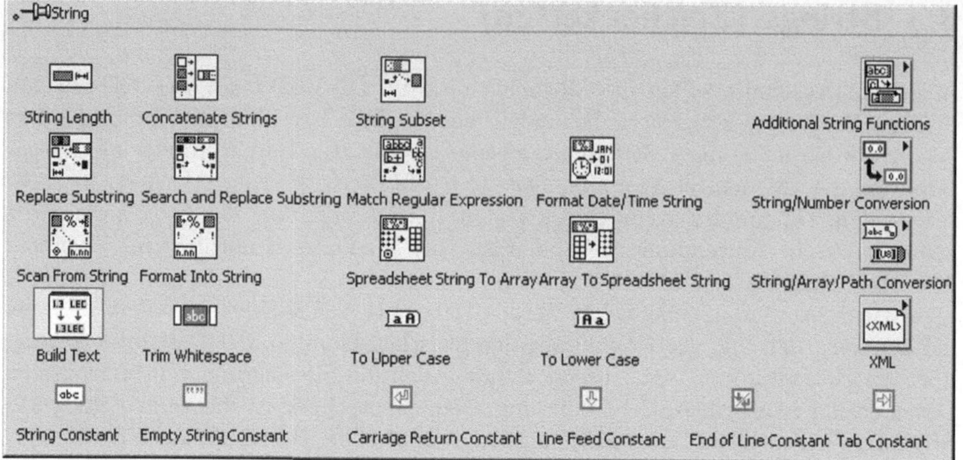

Abb. 8.18: Paletten für String-Funktionen im *Block Diagram*

8.3.1   Basisfunktionen für Strings

String Length (String-Länge)

Diese Funktion liefert die Anzahl der Zeichen in einer Zeichenkette. Zu beachten ist, dass die Funktion auch *White Space Characters* (nicht darstellbare Zeichen) berücksichtigt (vgl. Abb. 4.54 in Abschnitt 4.4.4).

Concatenate Strings (Strings verknüpfen)

Die in Abbildung 8.19 dargestellte Funktion verkettet alle Eingangs-Zeichenketten zu einer einzigen Ausgabe-Zeichenkette. Die Anzahl der Eingänge kann u. a. mit dem *Positioning Tool* (Positionierwerkzeug) beliebig erweitert werden. Zudem ist es auch möglich, eindimensionale *String-Arrays* (vgl. Abb. 9.62) an einen Eingang der Funktion anzuschließen. Dann werden alle Elemente des *Arrays* in einen einzigen *String* umgewandelt.

In verschiedenen Anwendungen ist es erforderlich, Zeichenketten zu zerlegen, Teile einer Zeichenkette zu ersetzen oder innerhalb einer Zeichenkette nach Mustern zu suchen. Für diese Anwendungen können die folgenden vier Funktionen verwendet werden.

String Subset (Teil-Zeichenketten bilden)

Mit Hilfe der in Abbildung 8.20 dargestellten Funktion kann ein Teil einer Zeichenkette ausgegeben werden. Als Parameter können die gewünschte Länge *(Length)* und der Versatz *(Offset)* angegeben werden. Hier ist zu beachten, dass die Zählung der einzelnen Zeichen mit Null beginnt. Die Standardeinstellungen für *Length* und *Offset* sind Null.

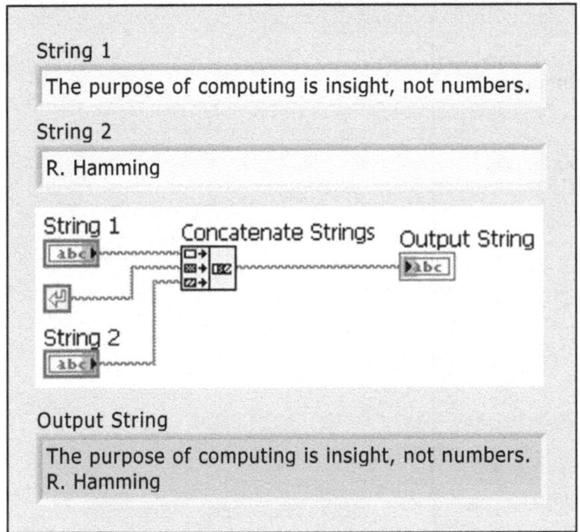

Abb. 8.19: Beispiel für die Funktion *Concatenate Strings* (Strings verknüpfen)

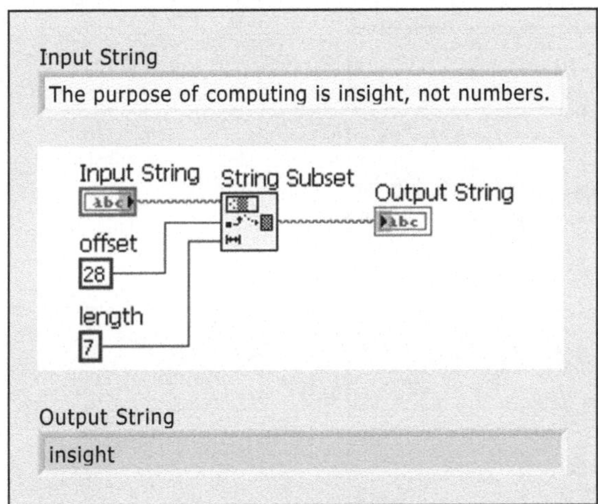

Abb. 8.20: Anwendung der Funktion *String Subset* (Teil-Zeichenkette bilden)

Replace Substring (Teilstring ersetzen)

In vergleichbarer Weise kann ein Teil einer Zeichenkette durch einen anderen ersetzt werden. Beginnend beim *Offset* wird ein Teil der Zeichenkette mit der angegebenen Länge aus der Zeichenkette entfernt und gegebenenfalls durch eine andere Zeichenkette (*Substring*) ersetzt (Abb. 8.21).

Search and Replace String (String suchen und ersetzen)

Im Gegensatz zur vorherigen Funktion, bei der das Ersetzen einer Teilzeichenkette über absolute Positions- und Längenangaben erfolgt, kann mit der in Abbildung

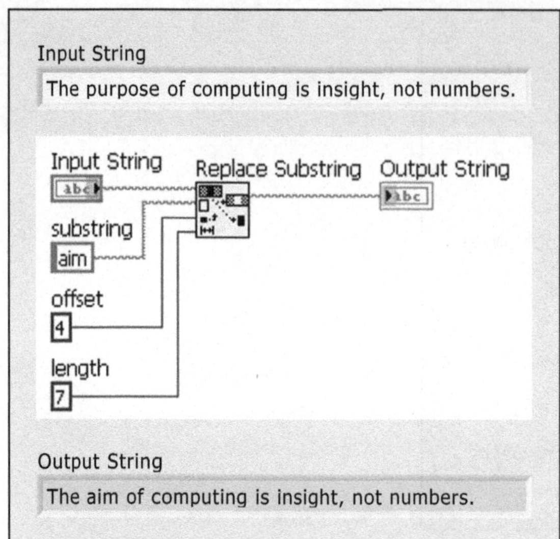

Abb. 8.21: Anwendung der Funktion *Replace Substring* (Teilstring ersetzen)

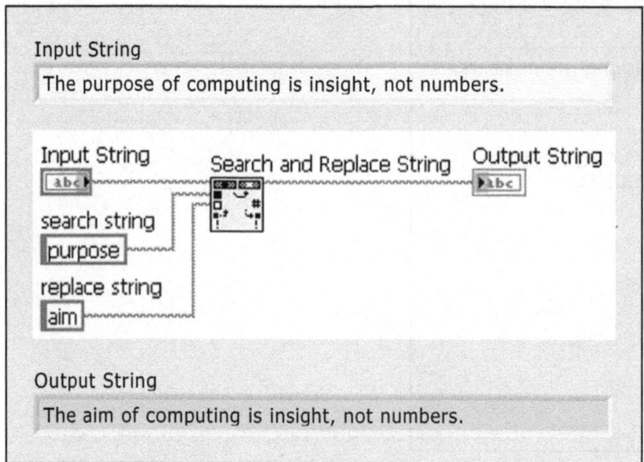

Abb. 8.22: Anwendungsbeispiel für die Funktion *Search and Replace String* (String suchen und ersetzen)

8.22 dargestellten Funktion innerhalb einer Zeichenkette nach einem Muster (*Search String*) gesucht und dieses durch ein anderes ersetzt werden (*Replace String*). Diese Funktion verfügt über mehrere optionale Parameter. So ist es möglich, die Suche erst an einer bestimmten Position innerhalb der Zeichenkette zu beginnen (*offset*) und nicht nur das erste, sondern alle gefundenen Muster zu ersetzen. Weiterhin kann angegeben werden, ob in Zeichenketten mit mehreren Zeilen alle Zeilen durchsucht werden sollen und ob die Groß-/Kleinschreibung ignoriert werden soll.

LV8.0

Search and Replace Pattern (Muster suchen und ersetzen)

Diese Funktion ist weitgehend mit *Search and Replace String* vergleichbar, ermöglicht durch die Verwendung von Sonderzeichen und *Wildcards* aber das Erstellen komplexerer Suchmuster (vgl. *Match Regular Expression*).

Match Regular Expression (Muster vergleichen)

Die Funktion *Match Regular Expression* nach Abbildung 8.23 zerlegt eine Zeichenkette in drei Teile: den Teil der Zeichenkette vor dem gesuchten Muster *(before match)*, das gesuchte Muster *(whole match)* und den Teil der Zeichenkette nach dem Muster *(after match)*. Für den Fall, dass das gesuchte Muster nicht gefunden wurde, wird die gesamte Zeichenkette *(Input String)* in der Anzeige *before match* ausgegeben. Optional ist es möglich, den Vergleich erst nach einem *offset* zu beginnen, gegebenenfalls Zeichenketten mit mehreren Zeilen zu durchsuchen und die Groß-/Kleinschreibung zu ignorieren. Für den Fall, dass keine passende Entsprechung für das Suchmuster gefunden wird, liefert die Funktion am Ausgang *offset past match* den Wert −1, der gegebenenfalls in einer Ausnahmebehandlung ausgewertet werden kann.

LV8.0

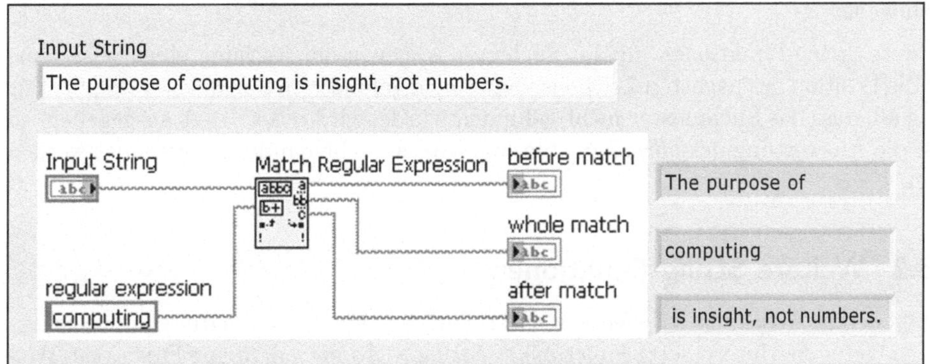

Abb. 8.23: Anwendungsbeispiel für die Funktion *Match Regular Expression* (Regulären Ausdruck suchen)

Bei der Suche nach Mustern ist die Verwendung von *Wildcards* (Platzhaltern) erlaubt. Einige Möglichkeiten zeigt Abbildung 8.24. Dabei ist aus Gründen der Übersichtlichkeit von der Funktion *Match Regular Expression* nur das gefundene Muster *whole match* (Übereinstimmung) in der Abbildung dargestellt worden. Ein Punkt steht für ein beliebiges Zeichen in einer Zeichenkette. Wird dementsprechend nach y. gesucht, gibt die Funktion als Ergebnis ye aus. In eckigen Klammern können Auswahlmöglichkeiten angegeben werden. Mit [iI] kann nach dem ersten i in einer Zeichenkette unabhängig von der Groß-/Kleinschreibung gesucht werden. Die Auswahl [0-9] ermittelt die erste Ziffer und [0-9]+ die erste Ziffer bzw. Ziffernfolge in einer Zeichenkette nach dem angegebenen *offset*. Da die Möglichkeiten für die Verwendung

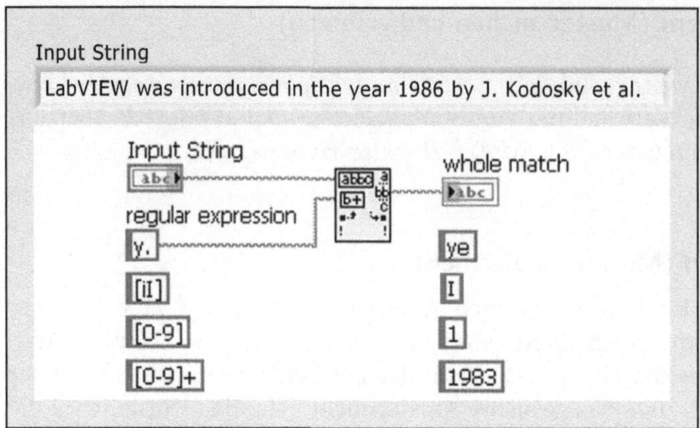

Abb. 8.24: Verwendung von *Wildcards* (Platzhaltern) bei der Funktion *Match Regular Expression* (Regulären Ausdruck suchen)

von *Wildcards* sehr umfangreich sind, wird an dieser Stelle für weitere Beispiele auf die Online-Hilfe verwiesen.

▶ **Hinweis:**

Mehrere String-Funktionen für das Suchen u. Ä. geben am Ausgang einen *offset* aus, der die Position des nächsten Zeichens nach einem gefundenen Suchmuster angibt. Für den Fall, dass das Suchmuster nicht gefunden wurde, wird *offset* = −1 ausgegeben, so dass die Auswertung des *offsets* gut für eine Ausnahmebehandlung verwendet werden kann.   ◀

8.3.2 Weitere String-Funktionen

Neben den in Abschnitt 8.3.1 vorgestellten Funktionen zur Bearbeitung von Zeichenketten bietet die Unterpalette *Functions* ≫ *String* ≫ *Additional String Functions* (Weitere String-Funktionen) folgende Funktionen an.

Search/Split String (String durchsuchen und zergliedern)

Diese Funktion wirkt ähnlich wie die Funktion *Match Regular Expression*: In Abhängigkeit von einem Suchmuster wird die Zeichenkette in zwei Teile zerlegt, in den Teil vor dem gefundenen Suchmuster und in einen Teil, der das Suchmuster und den Rest der Zeichenkette enthält (Abb. 8.25).

Scan String For Tokens (String nach Token abtasten)

Die Auswertung von Zeichenketten wird durch die Möglichkeit, eine Zeichenkette auf *Tokens*, d. h. Zeichen oder Merkmale, durchsuchen zu können, erheblich erweitert. In Abhängigkeit von einem *Offset* am Eingang der Funktion werden die Zeichen zwischen zwei *Tokens* ausgegeben. Dafür können der Funktion zum einen *Delimiters* (Begren-

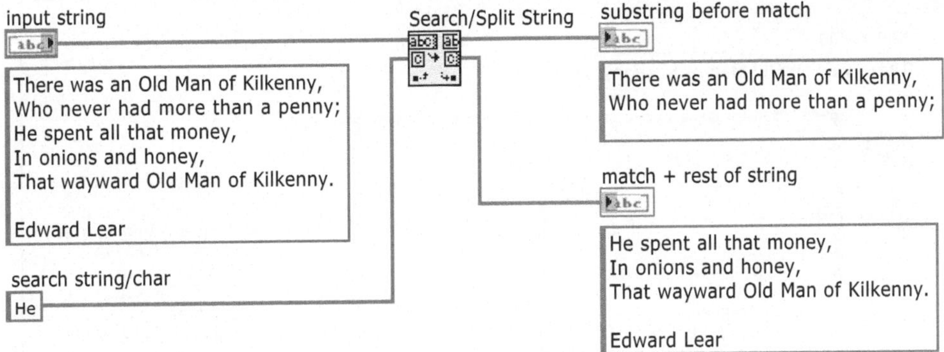

Abb. 8.25: Anwendungsbeispiel für die Anwendung der Funktion *Search/Split String* (String durchsuchen und zergliedern)

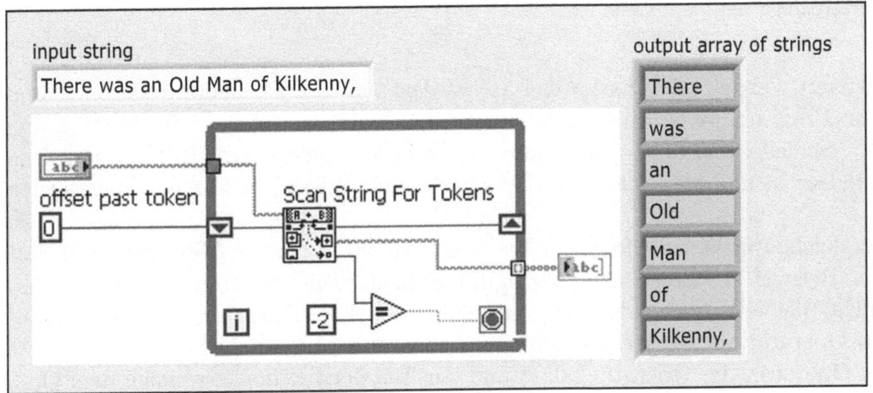

Abb. 8.26: Beispiel für die Anwendung der Funktion *Scan String for Tokens* (String nach Tokens durchsuchen)

zer) (vgl. Escape-Sequenzen in Tab. 8.2 auf S. 223) und zum anderen Operatoren, das heißt beliebige, selbst definierte Zeichenfolgen, zugeführt werden. Um mehrere Begrenzer und Operatoren verwenden zu können, werden diese jeweils in einem eindimensionalen *Array* abgelegt (s. Abschn. 9.1), wobei jedes Element des *Arrays* einen Begrenzer bzw. einen Operator enthält.

In der Standardeinstellung wird die Zeichenkette auf die vier Escape-Sequenzen \s (Leerzeichen), \t (Tabulator), \r (Zeilenvorschub) und \n (Wagenrücklauf) durchsucht. Für diesen Fall zeigt Abbildung 8.26 ein Anwendungsbeispiel. Innerhalb einer While-Schleife wird die Eingangs-Zeichenkette beginnend mit dem ersten Zeichen (*Offset = 0*) durchsucht. Nach dem ersten Schleifendurchlauf werden die Zeichen *Token String* vor dem ersten Begrenzer, der *Offset* nach dem ersten Begrenzer oder ein *Token Index* (s. u.) ausgegeben. Nach jedem Schleifendurchlauf wird der neue *Offset* über ein Schieberegister dem Eingang der Funktion zugeführt und die Suche nach weiteren *Tokens* an dieser Stelle fortgesetzt. So ist es in diesem Beispiel möglich, die Zeichenkette in einzelne Wörter zu zerlegen. Da am rechten Schleifenrand das *Inde-*

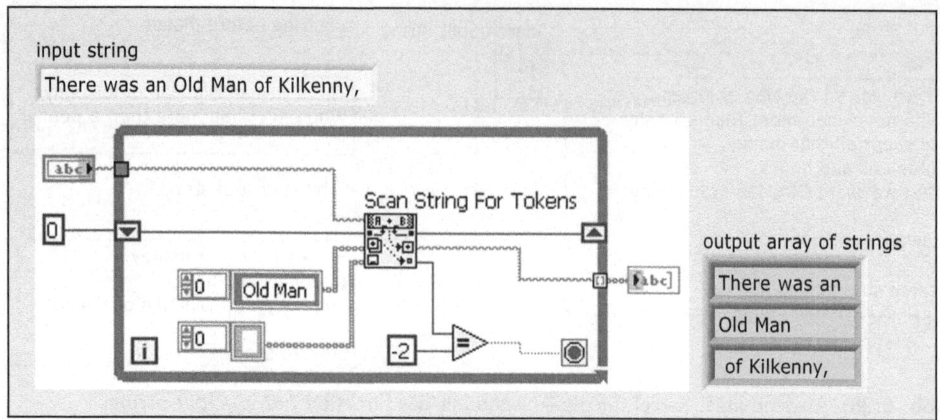

Abb. 8.27: Beispiel für die Funktion *Scan String for Tokens* (String nach Tokens durchsuchen) mit benutzerdefinierten Merkmalen

xing aktiviert wurde (vgl. Abschn. 7.1.3), werden dort alle Elemente gesammelt und nach dem Programmablauf als eindimensionales *Array* ausgegeben. Die Ausführung der While-Schleife wird für *Token Index* $= -2$ beendet, der gesetzt wird, wenn die Zeichenkette leer ist und die Eingabezeichenkette damit vollständig abgearbeitet worden ist.

In vergleichbarer Weise erfolgt der Programmablauf in dem in Abbildung 8.27 dargestellten Beispiel. Die Zeichenkette wird nun aber nicht nach Begrenzern *(Delimiters)* durchsucht (das entsprechende *Array* am Eingang der Funktion ist leer), sondern es wird ein Operator verwendet. Dementsprechend wird nun der Teil der Zeichenkette vor dem Operator, der Operator selbst und der Teil der Zeichenkette nach dem Operator ausgegeben. Am Ausgang *token index* wird für jedes Element angegeben, um welchen Operator es sich handelt. Die Ziffern 0, 1, 2, 3... beziehen sich dabei auf die Position des Operators im zugeführten, eindimensionalen *Array*. Ein *token index* von -1 bedeutet, dass kein Operator ausgegeben worden ist. Wie erwähnt kennzeichnet ein *token index* von -2 das Ende der Zeichenkette.

Pick Line (Zeile auswählen)

Die Funktion *Pick Line* erlaubt auf einfache Weise in einer mehrzeiligen Zeichenkette eine einzelne Zeile auszuwählen. Es ist lediglich die Nummer der Zeile am entsprechenden Eingang der Funktion anzugeben und zu berücksichtigen, dass die Zählung der Zeilen bei Null beginnt (Abb. 8.28).

Match True/False String (True/False-String suchen)

Eine Zeichenkette kann mit der Funktion nach Abbildung 8.29 daraufhin ausgewertet werden, ob ihr Beginn entweder mit dem *true string* oder mit dem *false string* übereinstimmt. Im ersten Fall wird der Rest der Zeichenkette am Ausgang der Funktion bereitgestellt und der boolesche Wert für *selection* wird TRUE. Auch im zweiten Fall wird der Rest der Zeichenkette ausgegeben, aber der boolesche Wert für *selection* wird

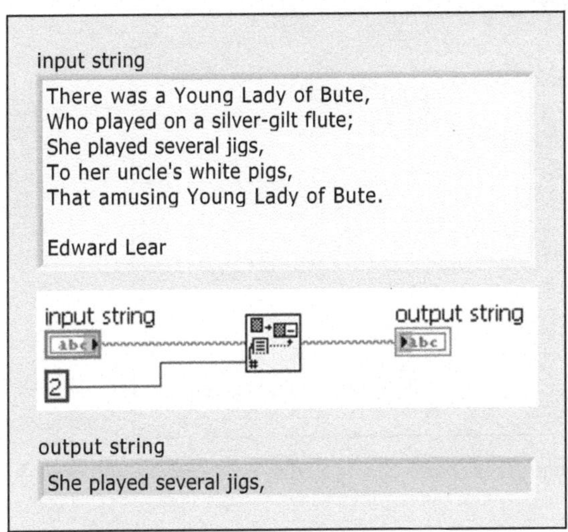

Abb. 8.28: Anwendungsbeispiel für die Funktion *Pick Line* (Zeile auswählen)

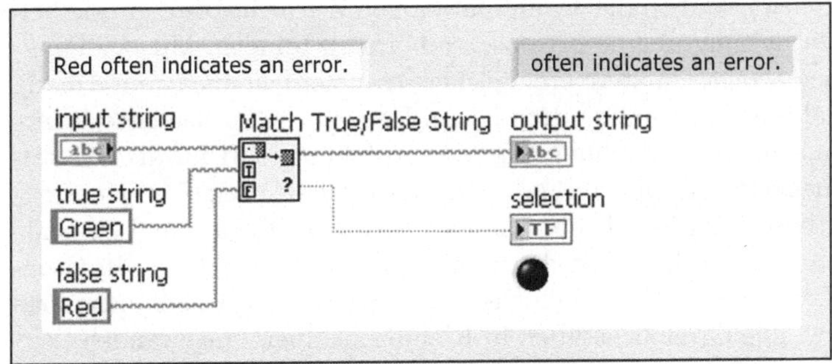

Abb. 8.29: Anwendung der Funktion *Match True/False String* (True/False-String suchen)

FALSE. Wird keine der beiden Zeichenketten am Anfang der Eingabe-Zeichenkette gefunden, wird der boolesche Wert für *selection* ebenfalls FALSE, aber die Ausgabe-Zeichenkette ist leer.

Append True/False String (True/False-String anhängen)

Um bei der Verkettung von Zeichenketten in Abhängigkeit von einer logischen Bedingung die Verwendung einer Fallunterscheidung zu vermeiden, kann die in Abbildung 8.30 dargestellte Funktion genutzt werden. In Abhängigkeit vom booleschen Wert des Auswahlschalters *selector* wird an die Eingabe-Zeichenkette entweder der *true string* oder der *false string* angehängt.

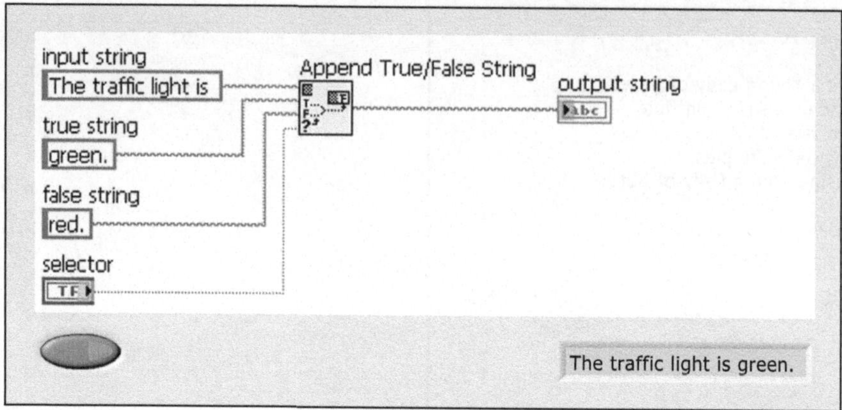

Abb. 8.30: Anwendung der Funktion *Append True/False String* (True/False-String anhängen)

8.3.3 Manipulation von Strings

Einige einfache Funktionen erlauben die Manipulation von Zeichenketten, um sie beispielsweise vor der Verarbeitung in eine gewünschte Form zu bringen. Mit der Funktion *Trim White Space* (Nicht darstellbare Zeichen trimmen) können am Anfang und Ende oder optional nur am Anfang oder nur am Ende einer Zeichenkette *White Spaces* entfernt werden. Zur Verdeutlichung wurde in Abbildung 8.31 für die Darstellung der Eingabe-Zeichenkette die Option *Codes Display* (Code-Anzeige) im Kontext-Menü des *Controls* aktiviert, um jeweils die drei Leerzeichen zu Beginn und zu Ende der Zeichenkette sichtbar zu machen. Mit den Funktionen *To Upper Case* (In Groß-buchstaben) und *To Lower Case* (In Kleinbuchstaben) werden alle Kleinbuchstaben in Großbuchstaben bzw. alle Großbuchstaben in Kleinbuchstaben umgewandelt.

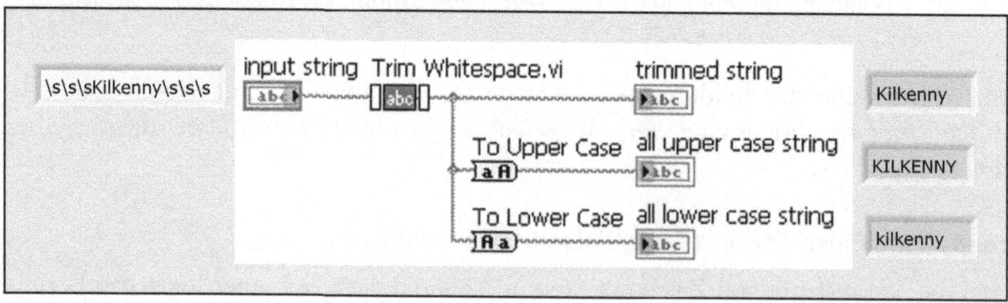

Abb. 8.31: Entfernen von *White Spaces* mit der Funktion *Trim White Space* und Umwandlung in Groß- bzw. Kleinbuchstaben mittels *To Upper Case* bzw. *To Lower Case*

In der Unterpalette *Functions* ≫ *String* ≫ *Additional String Functions* (Weitere String-Funktionen) bietet die Funktion *Rotate String* (String rotieren) die Möglichkeit, das erste Zeichen einer Zeichenkette an das Ende der Zeichenkette zu verschieben und mit der Funktion *Reverse String* (String umkehren) wird eine Zeichenkette umgekehrt (Abb. 8.32).

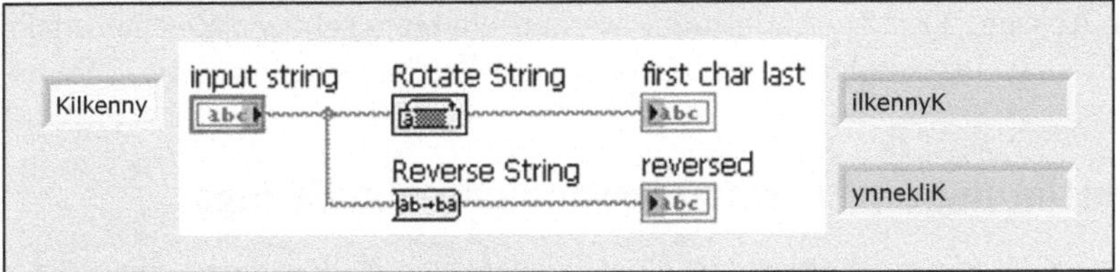

Abb. 8.32: Rotieren und Umkehren einer Zeichenkette mit Hilfe der Funktionen *Rotate String* und *Reverse String*

8.3.4 Konstanten

In der Unterpalette *Functions* ≫ *String* können die in Tabelle 8.2 aufgeführten Konstanten ausgewählt und im *Block Diagram* platziert werden. In die String-Konstante kann nach der Platzierung mit dem *Labeling Tool* (Beschriftungswerkzeug) ein beliebiger Text eingegeben werden, während die *Empty String Constant* nur einen leeren *String* bereitstellt. Die weiteren Konstanten bieten die Möglichkeit, *White Space Characters* (nicht druckbare Zeichen) als graphisches Symbol im *Block Diagram* zu platzieren. Ihre Darstellung orientiert sich dabei an den altbekannten Bezeichnungen einer mechanischen Schreibmaschine. Für diese Zeichen sind in Tabelle 8.2 auch die entsprechenden Escape-Sequenzen und Hex-Codierungen aufgeführt und es ist grundsätzlich möglich, ein *White Space Character* auch in einer String-Konstanten einzugeben (s. Hinweis).

Tab. 8.2: String-Konstanten

LabVIEW-Symbol	Escape-Sequenz	Hex-Code	Erläuterung
`abc`			String-Konstante
`""`			*Empty String* (Leerer String)
	\r	0D	*CR, Carriage Return* (Wagenrücklauf)
	\n	0A	*LF, Line Feed* (Zeilenvorschub)
	\r\n	0D 0A	*EOL, End of Line* (Zeilenende)
	\t	09	Tab, Tabulator

▶ **Hinweis: Eingabe von Escape-Sequenzen**

Neben der graphischen Ausführungsform können Escape-Sequenzen auch direkt oder als Hex-Code in ein Eingabeelement, Ausgabeelement oder eine Konstante eingegeben werden. Dann ist darauf zu achten, dass im Kontextmenü des jeweiligen Elements die Option *Codes Display* (Code-Anzeige) bzw. *Hex Display* (Hex-Anzeige) aktiviert

worden ist (vgl. Abschn. 11.5.3). Andernfalls werden die eingegebenen Zeichen nicht
in der gewünschten Weise, sondern als einzelne ASCII-Zeichen interpretiert.   ◄

8.3.5 Konvertierung und Formatumwandlung von Strings

In vielen Fällen ist es wünschenswert, in eine Zeichenkette Zahlenwerte einzufügen
oder für die Datensicherung im ASCII-Format numerische Daten in Zeichenketten
umzuwandeln. Dementsprechend ist es häufig auch erforderlich, aus Zeichenketten
numerische Daten für die Weiterverarbeitung zu extrahieren. Für diese Aufgaben
stehen in LabVIEW mehrere Funktionen zur Verfügung.

Die in Abbildung 8.33 auf der linken Seiten dargestellten Funktionen wandeln eine
Zahl in eine Zeichenkette um und die auf der rechten Seite dargestellten Funktionen
extrahieren aus einer Zeichenkette eine Zahl. Am Ausgang ist jeweils das Ergebnis nach der Umwandlung neben dem Anzeigeelement dargestellt. Die Umwandlung
einer Zahl in eine Zeichenkette kann als Ganzzahl zur Basis 10, 16 oder 8 (vgl. Abschn.
2.2) oder als Gleitpunktzahl erfolgen, wobei eine Konvertierung auch in die wissenschaftliche oder technische Notation erfolgen kann. Bei der Konvertierung in eine Zeichenkette, die als Ganzzahl interpretiert werden kann, werden die zugeführten Gleitpunktzahlen zunächst gerundet. Bei diesen drei Funktionen steht am Eingang *width*
(Breite) als optionaler Parameter zur Verfügung, mit dem die Anzahl der Zeichen in
der resultierenden Zeichenkette festgelegt werden kann. Bei den Konvertierungsfunktionen für Gleitpunktzahlen ist es zusätzlich möglich, über *precision* (Genauigkeit) die
Anzahl der Nachkommastellen bzw. die Anzahl der Zeichen nach dem Dezimalpunkt
anzugeben.

Bei allen Funktionen, die aus einer Zeichenkette wieder eine Zahl erzeugen, steht
offset als optionaler Parameter zur Verfügung, mit dem angegeben werden kann, an
welcher Stelle innerhalb der Zeichenkette die Interpretation der Zeichen beginnen soll.
Bei allen Funktionen wird als Parameter auch *offset past number* (Offset nach Zahl)
ausgegeben, der anzeigt, an welcher Stelle der Zeichenkette die Interpretation der
Zeichen beendet worden ist.

Format Into String (In String formatieren) und
Scan From String (In String suchen)

Neben den in Abbildung 8.33 vorgestellten Funktionen für die Formatumwandlung
bieten die beiden Funktionen *Format Into String* und *Scan From String* eine erhebliche
Erweiterung der Möglichkeiten zur Formatierung und Suche in Zeichenketten, denn
diese beiden Funktionen ermöglichen auf vielfältige Weise die Zusammensetzung von
Zeichenketten und die Erstellung komplexer Suchmuster. Kennzeichnend für die Wirkungsweise der Funktionen ist die Eingangsvariable *Format String* (Format-String),
die unterschiedliche Format-Bezeichner und Kombinationen von diesen verarbeiten
kann. Da diese Format-Bezeichner in gleicher Weise bei Funktionen für die Dateieingabe und -ausgabe und die Verarbeitung von Zeichenketten in *Arrays* verwendet
werden, sollen die Wichtigsten zunächst in einer Übersicht in Tabelle 8.3 aufgeführt
und anschließend anhand einiger Beispiele näher erläutert werden. Eine vollständige
und umfangreiche Dokumentation aller Möglichkeiten bietet die Online-Hilfe.

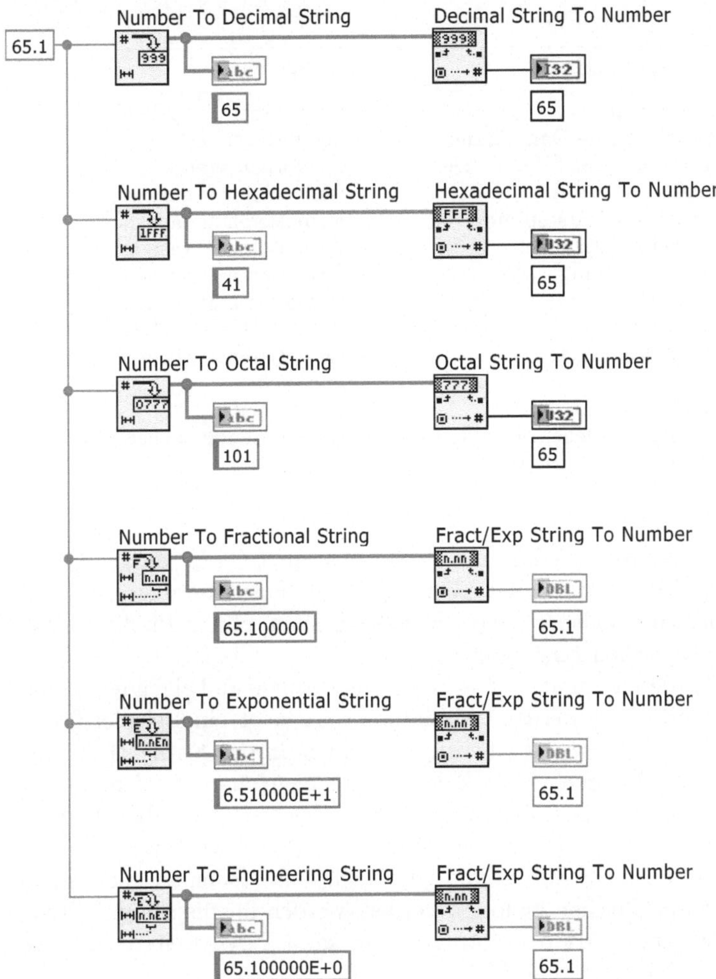

Abb. 8.33: Beispiele für die Konvertierung von numerischen Daten in Zeichenketten und umgekehrt

In Tabelle 8.3 werden in der linken Spalte die wichtigsten Format-Bezeichner aufgeführt und ihre Funktionsweise in der mittleren Spalte mittels eines Stichworts kurz erläutert. In der rechten Spalte der Tabelle ist angegeben, ob dieser Bezeichner bei der Konvertierung in eine Zeichenkette oder bei der Suche in einer Zeichenkette genutzt werden kann.

Prinzipiell wird in LabVIEW einem Format-Bezeichner ein %-Zeichen vorangestellt und das folgende Zeichen bestimmt, in welcher Form die anschließende Interpretation vorgenommen werden soll. Um das Prozentzeichen selbst verarbeiten zu können, muss dieses zweifach verwendet werden, damit es nicht als Formatierungsanweisung interpretiert wird. Innerhalb von eckigen Klammern ist es möglich, Zeichenbereiche anzugeben, die bei der Suche in einer Zeichenkette berücksichtigt werden sollen, z. B.

Tab. 8.3: Formatbezeichner in LabVIEW

Format-Bezeichner	Kurzbeschreibung	Anwendung
%f	Gleitpunktzahl	formatieren & suchen
%e	wissenschaftliche Darstellung	nur formatieren
%g	Interpretation als %f oder %e	nur formatieren
%d	dezimale Darstellung	formatieren & suchen
%x	hexadezimale Darstellung	formatieren & suchen
%o	oktale Darstellung	formatieren & suchen
%b	binäre Darstellung	formatieren & suchen
%s	Zeichenkette	formatieren & suchen
%%	Prozentzeichen	formatieren & suchen
	exakte Zeichenkette	formatieren & suchen
[A-Za-z]	Auswahl	nur suchen
[^A-Za-z]	negierte Auswahl	nur suchen
%.; %,; %;	Dezimaltrennzeichen: Punkt, Komma, System-Standardeinstellung	formatieren & suchen

alle Klein- und Großbuchstaben [A-Za-z], oder die bei einer Suche ausgeschlossen werden sollen [^A-Za-z]. Von besonderer Bedeutung ist die Formatierungsangabe für das Dezimaltrennzeichen, mit welcher festgelegt werden kann, ob ein Punkt oder ein Komma als Dezimaltrennzeichen verwendet werden soll.

Die Möglichkeiten für diese Formatierungsanweisungen sollen im Folgenden anhand einiger Beispiele näher erläutert werden. Abbildung 8.34 zeigt ein Beispiel für die Anwendung der Funktion *Format Into String*. An einen *Initial String* (Eingangs-String) soll der Wert des Arguments als Zeichenkette angehängt werden. *Format String* bestimmt die Darstellung des Argumentes in der Zeichenkette. Über die Parameter *width* (Breite) = 8 und *precision* (Nachpunktstellen) = 4 wird in diesem Beispiel eine Gleitpunktzahl mit acht Ziffern und vier Nachpunktstellen ausgegeben. Da für die Zahl 3.1415 nur fünf Zeichen benötigt werden, werden für die übrigen Stellen Leerzeichen ausgegeben. Diese Art der Formatierung kann durch weitere optionale Parameter verändert werden (s. Online-Hilfe).

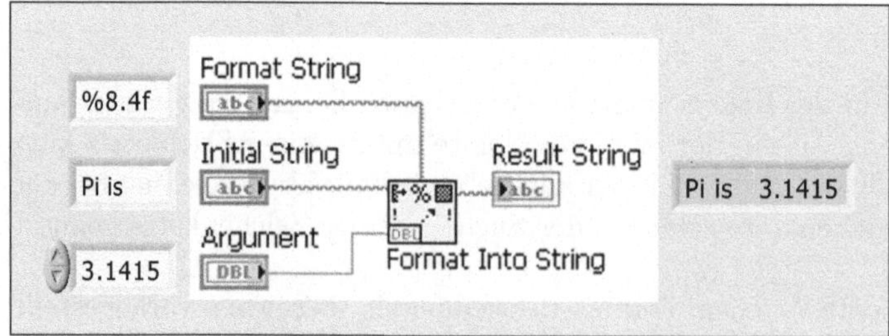

Abb. 8.34: Erzeugen einer Zeichenkette mit der Funktion *Format Into String*

▶ **Hinweis: Dezimaltrennzeichen**

Bei den folgenden Beispielen wird als Dezimaltrennzeichen ein Punkt verwendet. Wenn als Dezimaltrennzeichen ein Komma verwendet wird, resultieren daraus andere Ergebnisse. Die Einstellung des Dezimaltrennzeichens kann über das Menü *Tools ≫ Options ≫ Front Panel* (Werkzeuge ≫ Optionen ≫ Frontpanel) vorgenommen werden (vgl. Abschn. A.2). ◀

Für das Beispiel nach Abbildung 8.34 zeigt Tabelle 8.4 einige weitere Ergebnisse für verschiedene Formatierungsanweisungen. Zunächst ist es nicht zwingend erforderlich einen Eingangs-String zu verwenden. Durch die Formatierungsvorschrift %5.4f erfolgt die Umwandlung in eine Zeichenkette mit fünf Zeichen, von denen vier hinter dem Dezimalpunkt stehen. Die Angabe %3.2f hat zur Folge, dass nur zwei Nachpunktstellen ausgegeben werden, so dass die Genauigkeit der Darstellung abnimmt. Wird am Anfang der Formatierungsvorschrift zusätzlich %,; vorangestellt, wird als Dezimaltrennzeichen ein Komma verwendet und die Angabe von %4.3e hat schließlich zur Folge, dass der Zahlenwert innerhalb der Zeichenkette entsprechend der wissenschaftlichen Darstellung ausgegeben wird. Um die Wirkung von Leerzeichen zu zeigen, wird in Tabelle 8.4 ein Leerzeichen explizit durch das Symbol „␣" gekennzeichnet.

Tab. 8.4: Beispiele für die Formatumwandlung mittels *Format Into String*

Initial-String	Format-String	Argument (DBL)	Ergebnis (*String*)
	%5.4f	3.1415	3.1415
Value␣of␣pi␣is␣	%5.4f	3.1415	Value␣of␣pi␣is␣3.1415
Value␣of␣pi␣is␣	%3.2f	3.1415	Value␣of␣pi␣is␣3.14
Value␣of␣pi␣is␣	%,;%5.4f	3.1415	Value␣of␣pi␣is␣3,1415
Value␣of␣pi␣is␣	%4.3e	3.1415	Value␣of␣pi␣is␣3.142E+0

Grundsätzlich können auf diese Weise beliebig komplexe Zeichenketten zusammengesetzt werden und innerhalb der Zeichenkette können mehrere Formatbezeichner verwendet werden. Für jeden Formatbezeichner wird dann am Eingang der Funktion ein Argument für die Verarbeitung benötigt (Abb. 8.35). Eingänge für weitere Argumente können mit dem *Positioning Tool* erzeugt werden, mit dem die Funktion nach unten aufgezogen werden kann. Einzelne Parameter können aber auch im Kontextmenü der Funktion über *Add* bzw. *Remove* hinzugefügt oder entfernt werden.

In vergleichbarer Weise können die Formatierungsanweisungen bei der Suche innerhalb einer Zeichenkette angewendet werden. Abbildung 8.36 zeigt ein Beispiel für die Anwendung der Funktion *Scan From String* (In String suchen). Entsprechend der Formatierungsanweisung wird die zugeführte Zeichenkette in zwei Gleitpunktzahlen und zwei Teilzeichenketten zerlegt. Die Anzahl der Ausgänge kann analog zur Funktion *Format Into String* vergrößert werden. Bei der Suche nach einer Zeichenkette mittels %s wird die zugeführte Zeichenkette in der Standardeinstellung immer bis zum nächsten *White Space Character*, z. B. einem Leerzeichen, durchsucht. Zusätzlich gibt der Ausgang *offset past scan* (Offset nach gefundenem String) die Position der Eingangs-Zeichenkette an, an der die Suche beendet worden ist. Der gegebenenfalls verbleibende

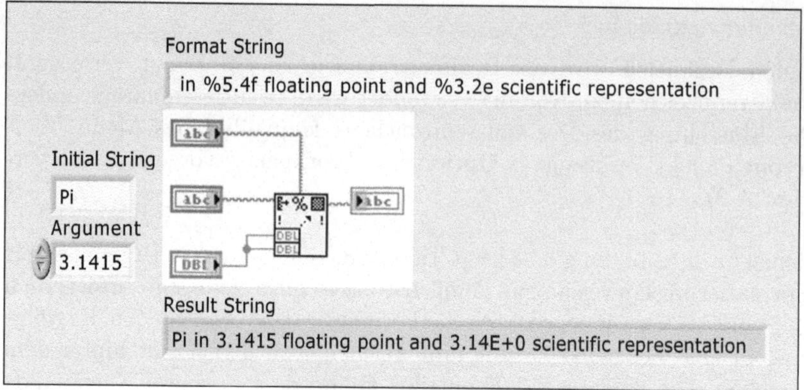

Abb. 8.35: Erzeugen einer Zeichenkette mit der Funktion *Format Into String*

Rest der Zeichenkette wird am Ausgang *remaining string* (Verbleibender String) ausgegeben. Auch bei dieser Funktion steht als optionaler Parameter *initial scan location* (Anfangssuchposition) zur Verfügung, um die Suche an einer bestimmten Stelle in der Zeichenkette beginnen zu können.

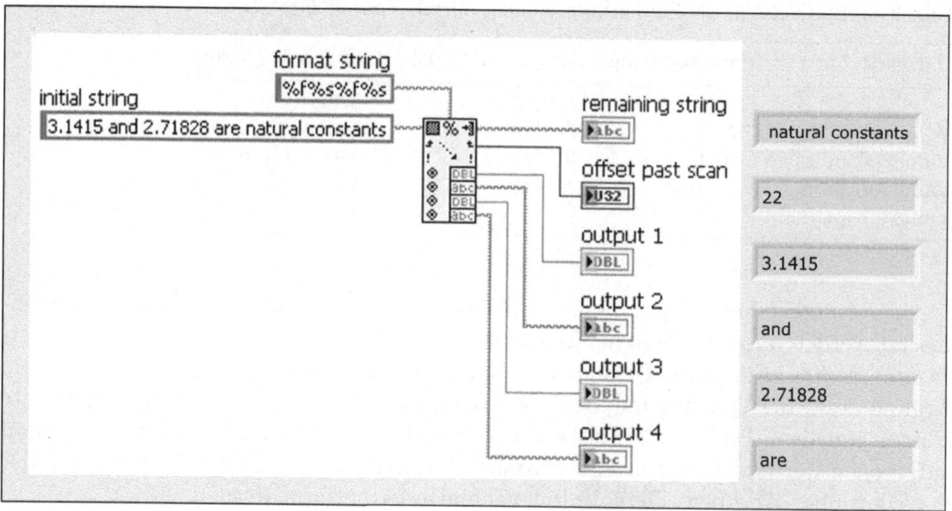

Abb. 8.36: Zerlegen einer Zeichenkette mit der Funktion *Scan From String*

Tabelle 8.5 zeigt für das Beispiel nach Abbildung 8.36 einige weitere Ergebnisse für unterschiedliche Formatierungsangaben. Die erste Zeile entspricht dem in der Abbildung dargestellten Beispiel. In der zweiten Zeile wird mittels „%x" versucht, die Elemente der Zeichenkette als Hexadezimalzahl (d. h. die Zeichen 0–9, A–F und a–f) zu interpretieren. Die Formatumwandlung endet daher bereits nach dem Zeichen „3" und die folgenden Zeichen der Zeichenkette „.1415" werden als Teil-Zeichenkette ausgegeben. Da die drei Zeichen „and" nicht als Gleitpunktzahl interpretiert werden können, wird als Standardwert eine Null ausgegeben und der restliche Teil der Zeichenkette in *Remaining String* für die weitere Bearbeitung bereitgestellt.

In der dritten Zeile der Tabelle wird anstelle der Suche nach einer Teil-Zeichenkette mittels „%s" die Bereichsangabe „%[␣a-z]" verwendet, die nur ein Leerzeichen und Kleinbuchstaben bei der Suche berücksichtigt. Dementsprechend wird dann „␣and" ausgegeben. In der vierten Zeile der Tabelle werden im vierten Formatbezeichner nur Großbuchstaben zugelassen und in der fünften Zeile werden Leerzeichen und Kleinbuchstaben nicht zugelassen. Daher endet in beiden Fällen die Suche innerhalb der Zeichenkette nach der Ausgabe der zweiten Zahl und der verbleibende Teil der Zeichenkette wird in *Remaining String* ausgegeben.

Die Beispiele zeigen, dass für die Auswertung einer Zeichenkette in aller Regel ihre Zusammensetzung genau bekannt sein muss, um das gewünschte Ergebnis zu erzielen. Im Allgemeinen ist dies bei Protokollen, z. B. in einem Netzwerk oder bei der Kommunikation zwischen Geräten, der Fall. Für die Überprüfung einer fehlerfreien Formatumwandlung bieten alle Funktionen auch eine Fehlerbehandlung *error in, error out* an. Diese wird in Abschnitt 9.2.5 anhand einiger einfacher Beispiele vorgestellt.

Tab. 8.5: Beispiele für die Formatierung mittels *Scan From String*

Input String: 3.1415 and 2.71828 are constants

Format String	Output 1	Output 2	Output 3	Output 4	Remaining String
%f%s%f%s	3.1415	and	2.71828	are	constants
%x%s%f%s	3	.1415	0		and 2.71828 are constants
%f%[␣a-z]%f%s	3.1415	␣and	2.71828	are	constants
%f%s%f%[A-Z]	3.1415	and	2.71828		are constants
%f%s%f%[^a-z]	3.1415	and	2.71828		are constants

Die Standard-Datentypen an den Ausgängen *output* der Funktion *Scan From String* entsprechen zunächst dem Datentyp des Formatbezeichners. Es ist aber möglich, den Ausgängen die Datentypen Dateipfad, *Enum* und Zeitstempel (s. u.) sowie den Datentyp Boolesch zuzuweisen. Dafür muss der gewünschte Datentyp, z. B. in Form einer Konstanten, dem Eingangsterminal *(default value)*, welches dem Ausgangsterminal *(output)* gegenüberliegt, zugeführt werden. Ein Beispiel zeigt Abbildung 8.37. Der Eingangs-String wird mit %s daraufhin untersucht, ob er als Teil-Zeichenkette interpretiert werden kann. Dem Ausgang ist mit Hilfe einer booleschen Konstanten der Datentyp boolesch zugewiesen worden, so dass die Zeichen oder Zeichenketten f und false als logisch unwahr und t und true als logisch wahr interpretiert werden. Bei der Auswertung wird nicht zwischen Groß- und Kleinbuchstaben unterschieden *(case insensitive)* und das boolesche Anzeigeelement zeigt daher den Wert FALSE oder TRUE an. Für den Fall, dass die Zeichenkette nicht in geeigneter Weise interpretiert werden kann, wird der Wert FALSE angezeigt. Gleichzeitig wird dann aber die gesamte Eingabe-Zeichenkette auch am Ausgang *remaining string* zur Verfügung gestellt und der Vergleich, ob Ein- und Ausgangs-Zeichenkette übereinstimmen, ermöglicht eine Ausnahmebehandlung (vgl. Abschn. 9.2.5).

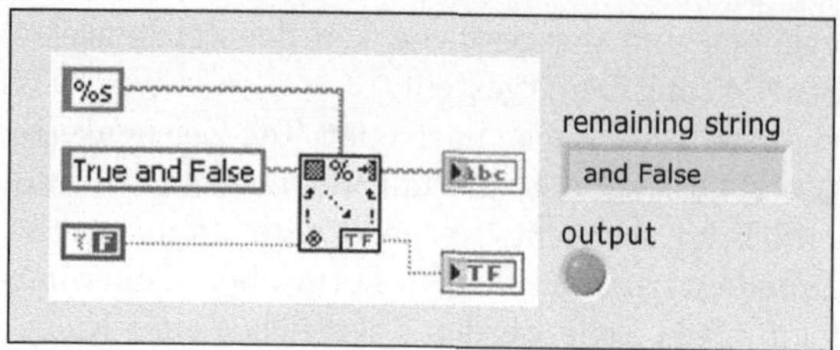

Abb. 8.37: Beispiel für die Formatumwandlung einer Zeichenkette mit der Funktion *Format Into String*

Format Value (Wert formatieren) und Scan Value (Nach Wert durchsuchen)

In der Palette *Functions* ≫ *String* ≫ *String/Number Conversion* (String/Zahl-Konvertierung) stehen zwei weitere Funktionen zu Verfügung, die der Vollständigkeit halber aufgeführt werden sollen.

Die Funktion *Format Value* (Wert formatieren) ermöglicht die Formatumwandlung von numerischen Daten in eine Zeichenkette. Im Vergleich zur Funktion *Format Into String* (In String formatieren) bietet sie bei gleicher Syntax eine eingeschränkte Funktionalität.

Diese Funktion *Scan Value* (Nach Wert durchsuchen) ermöglicht die Suche nach Zeichen innerhalb einer Zeichenkette, um sie in einen numerischen Datentyp umzuwandeln. Wie bei der vorigen Funktion ist die Funktionalität der Funktion *Scan Value* (Nach Wert durchsuchen) im Vergleich zur Funktion *Scan From String* (In String suchen) eingeschränkt. Deshalb werden diese beiden Funktionen hier nicht näher betrachtet.

Konfiguration des Format String

Um Software-Entwickler bei der Erstellung einer Formatierungsanweisung zu unterstützen, besteht bei den meisten Funktionen, die einen *Format String* als Eingangsvariable akzeptieren, die Möglichkeit, durch einen Doppelklick auf die Funktion oder die Auswahl *Edit ... String* (Bearbeiten des ... String) aus dem Kontextmenü das in Abbildung 8.38 dargestellte Fenster *Edit ... String* aufzurufen.

Dort kann eine vollständige Konfiguration des Suchmusters bzw. der zu erstellenden Zeichenkette vorgenommen werden. In der Auswahlliste *Selected Operation* (Gewählte Operation) können die gewünschten Formatbezeichner ausgewählt werden. Zudem ist es möglich, die Anzahl der Zeichen *(width)* und gegebenenfalls die Genauigkeit *(precision)* anzugeben. In der untersten Anzeige *corresponding ... string* (Entsprechender ... String) wird das Ergebnis dargestellt und kann dort auch editiert werden. Nach dem Betätigen der Schaltfläche OK wird eine entsprechende String-Konstante automatisch mit dem Eingang *format string* verbunden.

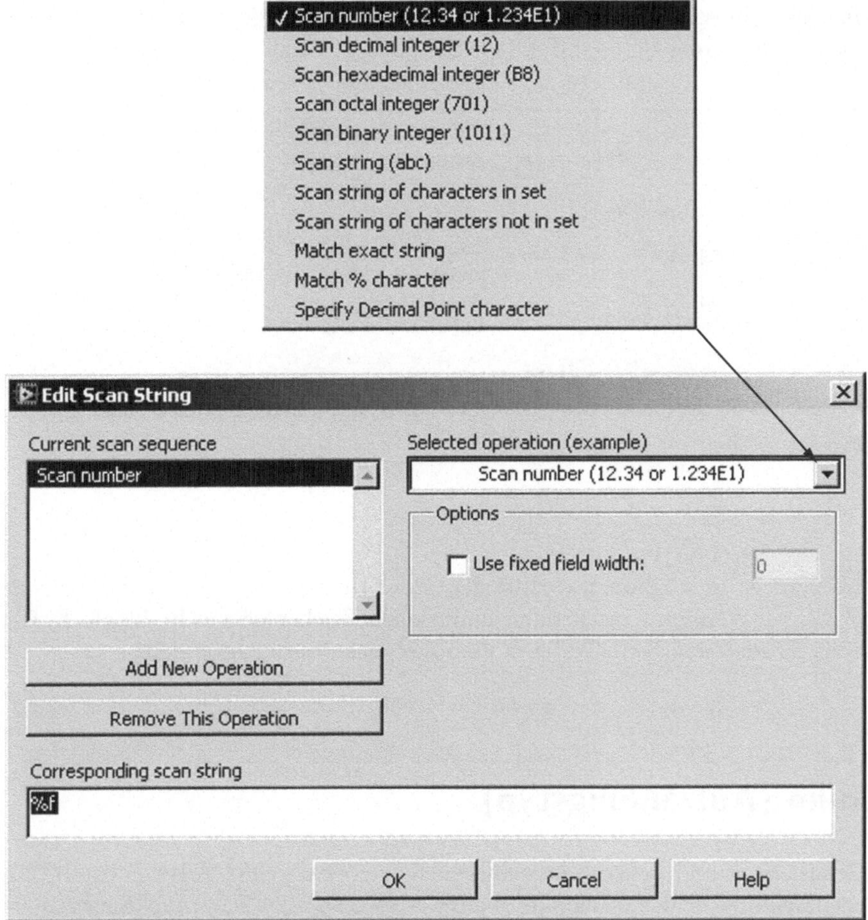

Abb. 8.38: Fenster für die Konfiguration eines *Format String*

Weitere Konvertierungsmöglichkeiten

Im Sinne der Vollständigkeit soll in diesem Abschnitt noch auf zwei weitere Konvertierungsmöglichkeiten hingewiesen werden. Abbildung 8.39 zeigt ein Anwendungsbeispiel für die beiden komplementären Funktionen *Flatten To String* (In String konvertieren) und *Unflatten From String* (String in Daten konvertieren), die aus der Palette *Functions ≫ Numeric ≫ Data Manipulation* ausgewählt werden können. Die Funktion *Flatten To String* wandelt jeden am Eingang *Anything* (Beliebiges Objekt) anliegenden Datentyp oder jede Datenstruktur in eine Zeichenkette um. Diese Funktionalität wird u. a. bei der Kommunikation im TCP/IP-Protokoll über ein Netzwerk oder bei der Kommunikation zwischen parallel ablaufenden Prozessen benötigt. In beiden Fällen werden für die Kommunikation ausschließlich Zeichenketten als Datentyp akzeptiert. Um eine Zeichenkette wieder in den ursprünglichen Datentyp umzuwandeln, muss dieser bekannt sein und am Eingang *type* (Typ) der Funktion *Unflatten*

From String angeschlossen werden. Für die umfangreichen Möglichkeiten dieser beiden Funktionen wird an dieser Stelle auf die Online-Hilfe von LabVIEW verwiesen.

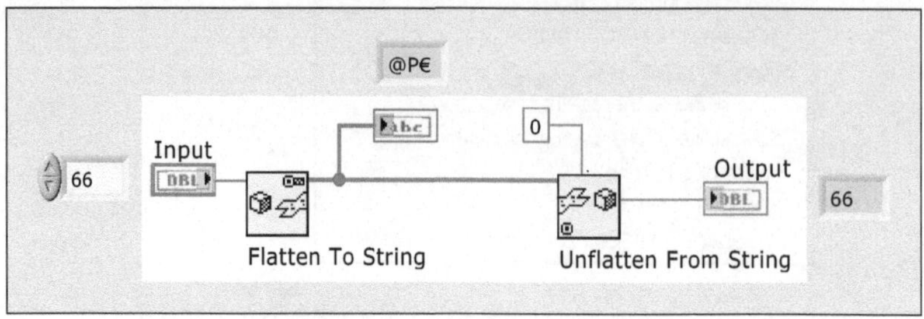

Abb. 8.39: Beispiele für die Funktionen *Flatten To String* und *Unflatten From String*

XML

Schließlich ist es möglich, mit Hilfe der in der Unterpalette *Functions* ≫ *String* ≫ *XML* zur Verfügung stehenden Funktionen Zeichenketten direkt als XML-Datei abzulegen oder eine XML-Datei in eine Zeichenkette umzuwandeln.

8.4　Enum (Aufzählungstyp)

Für die Realisierung und programmtechnische Verarbeitung von Auswahllisten, für z. B. Wochentage oder Kalendermonate, bietet es sich an, den Datentyp *Enum*, *enumerated type* (Aufzählung) zu verwenden, da bei diesem Datentyp jedem Element der Aufzählung eine positive Zahl im Bereich von $0 \ldots n$ zugeordnet wird, die sich unabhängig von der Art des Eintrags in einem Algorithmus einfach auswerten lässt.

Für diese Anwendungsfälle stellt LabVIEW Ring-Elemente und *Enums* zur Verfügung. Die jeweiligen Ein- und Ausgabeelemente können aus der Palette *Controls* ≫ *Ring & Enum* und die entsprechenden Konstanten aus der Palette *Functions* ≫ *Numeric* ausgewählt werden. Weiterhin steht das Eingabeelement *Radio Buttons* (Optionsfelder) in der Palette *Controls* ≫ *Boolean* zur Verfügung, welches ebenfalls vom Datentyp *Enum* ist. Wie bei allen anderen Datentypen ist es auch hier möglich, per Drag & Drop Ein- und Ausgabeelemente in das *Block Diagram* und Konstanten auf das *Front Panel* zu ziehen.

Mit Hilfe von Ring-Controls können Auswahllisten für Text mit Bildern sowie für nur Text oder nur Bilder erzeugt werden. Jedem Element wird eine positive Zahl mit dem Datentyp U16 zugeordnet. Ein Beispiel für eine Anwendung, in der aus einer Auswahlliste eine Funktion (Sinus, Cosinus, Tangens, Cotangens) gewählt werden kann, zeigt Abbildung 8.40. In der an das Ring-Control angeschlossenen Fallunterscheidung wird dann in Abhängigkeit von der getroffenen Auswahl der entsprechende Fall für die

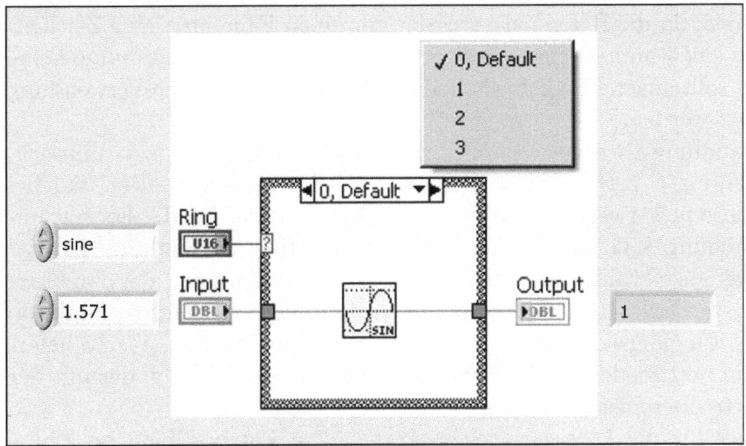

Abb. 8.40: Anwendung eines *Ring Controls*

Berechnung ausgewählt. Durch das Anklicken des Pfeils nach unten in der Auswahlbeschriftung der Case-Struktur wird ein Pull-Down-Menü geöffnet, das eine Übersicht über alle Fälle gibt.

Im Vergleich zu Ring-Typen bieten *Enums* in LabVIEW einen großen Vorteil: Auch bei diesem wird jedem Element der Auswahlliste eine positive, ganze Zahl im Bereich von $0 \ldots n$ mit dem Datentyp U16 zugeordnet, zusätzlich wird aber der Name des Elements mit transportiert. Abbildung 8.41 zeigt ein Beispiel, welches mit Abbildung 8.40 funktionsgleich ist. In die Auswahlbeschriftung der Fallunterscheidung wird nun aber nicht der Zahlenwert, sondern der Text des Listenelements übernommen. Dies führt bei komplexeren Programmstrukturen zu einer erheblichen Verbesserung der Lesbarkeit und Wartbarkeit. Zum einen wird die Navigation durch die verschiedenen Fälle erleichtert und zum anderen lässt sich so auf einfache Weise eine Erweiterung des

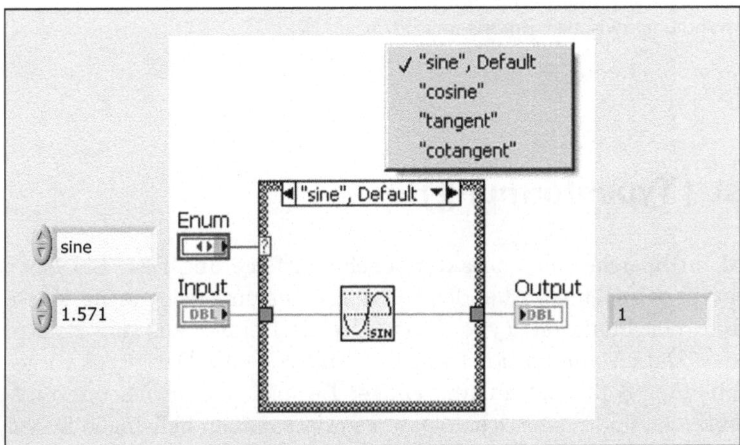

Abb. 8.41: Anwendung eines *Enum Controls*

Programms vornehmen, da die Referenzierung der einzelnen Fälle über eine Zeichenkette und nicht über einen numerischen Wert erfolgt, so dass deren Anordnung keine Rolle spielt. Deshalb sollte nach Möglichkeit bei der Programmierung die Verwendung von *Enums* bevorzugt werden.

Die Formatumwandlung zwischen *Enums* und Zeichenketten ist u. a. hilfreich, wenn System-Einstellungen z. B. in einer Datei als Zeichenkette verwaltet und bei der System-Initialisierung verwendet werden sollen. Ein Beispiel für die Formatumwandlung zeigt Abbildung 8.42. Im oberen Teil wird mit Hilfe der Funktion *Format Into String* (s. o.) das ausgewählte Element eines *Enums* am Ausgang der Funktion als Zeichenkette bereitgestellt. Im unteren Teil der Abbildung vergleicht die Funktion *Scan From String* die Eingangs-Zeichenkette mit den Einträgen des *Enums* und liefert am Ausgang der Funktion wiederum ein *Enum*, bei welchem der Eintrag, der mit der Eingangs-Zeichenkette übereinstimmt, ausgewählt worden ist.

Für den Fall, dass für die Eingangs-Zeichenkette keine Entsprechung im *Enum* gefunden wird, blendet LabVIEW ein Fenster mit einer Fehlermeldung ein. Zudem liefert die Funktion am Ausgang *error out* (Fehler (Ausgang)) eine Fehlermeldung, die gegebenenfalls ausgewertet werden kann (vgl. Abschn. 9.2.5). Im *Enum* am Ausgang der Funktion wird dann der erste Eintrag ausgewählt.

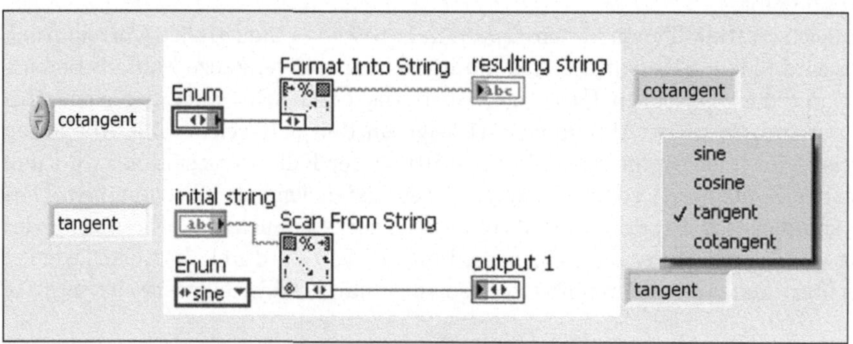

Abb. 8.42: Formatumwandlung zwischen *Enums* und *Strings*

8.5 Type Cast (Typenformung)

Jeder Datentyp wird im Speicher als charakteristische Bitfolge abgelegt. Bei einer Änderung des Datentyps wird eine vorhandene Bitfolge auf unterschiedliche Weise interpretiert. Mit Hilfe der Funktion *Type Cast* (Typenformung) aus der Palette *Functions* ≫ *Numeric* ≫ *Data Manipulation* kann eine Änderung des Datentyps vorgenommen werden. Abbildung 8.43 zeigt anhand einiger Beispiele die Formatumwandlung zwischen Zeichenketten und numerischen Daten sowie zwischen beliebigen Daten und booleschen Daten.

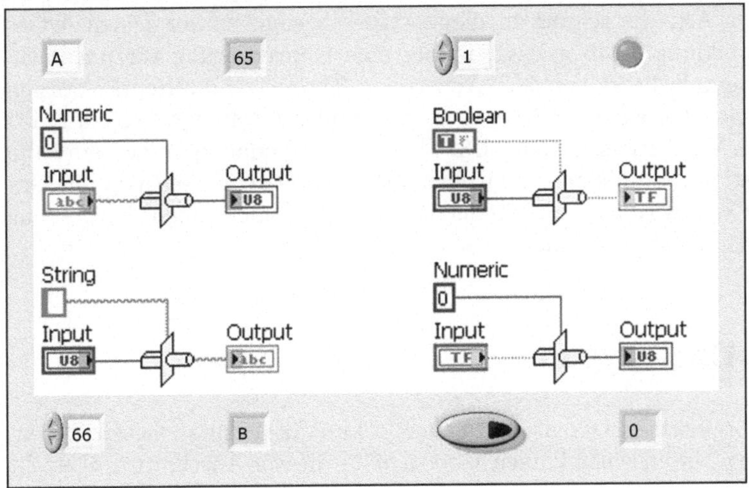

Abb. 8.43: Beispiele für die Anwendung der Funktion *Type Cast*

Voraussetzung für eine erfolgreiche Typenformung ist die Kompatibilität der Eingangsdaten mit dem neuen Datentyp. Daher ist die Anwendung der Funktion sehr fehleranfällig und sollte unbedingt mit Bedacht vorgenommen werden. Die Beispiele in Abbildung 8.43 sollen vornehmlich der Illustration dienen. Für alle Fälle sind in diesem Kapitel Funktionen für die Formatumwandlung vorgestellt worden, die dem *Type Cast* vorzuziehen sind.

Die Funktion *Type Cast* kann aber im Zusammenhang mit *Enums* hilfreich sein. Abbildung 8.44 zeigt die Umwandlung einer Ganzzahl in ein *Enum*. Die Umsetzung dieser Aufgabe nach Abbildung 8.44a ist fehlerhaft, während in Abbildung 8.44b eine korrekte Umsetzung dargestellt wird.

Enums haben den Standard-Datentyp U16, können aber auch auf U8 und U32 geändert werden. In Abbildung 8.44a wird ein *Enum* mit der Standardeinstellung U16 und eine Datenquelle mit dem Datentyp U32 verwendet. Da diese beiden Datentypen nicht kompatibel sind, wird von *Type Cast* nicht das erwartete Byte verarbeitet und für die Eingabe 2 am Ausgang *sine* anstelle des gewünschten *tangent* ausgegeben.

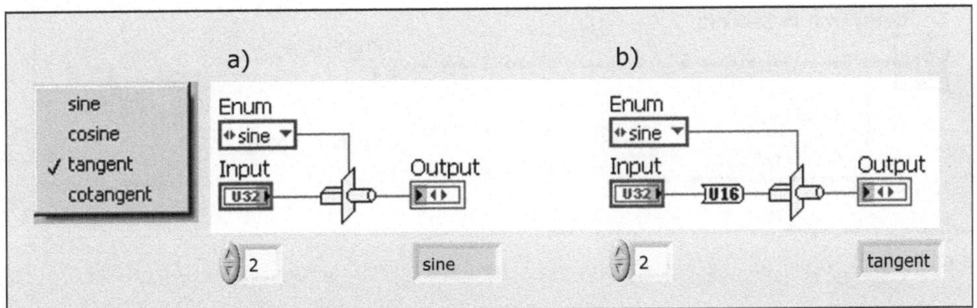

Abb. 8.44: *Type Cast* von *Integer* in *Enumerated* a) fehlerhafte und b) korrekte Umsetzung

Um Fehler dieser Art, die schwer zu diagnostizieren sind, zu vermeiden, ist es
sinnvoll, wie in Abbildung 8.44b gezeigt, immer eine Konvertierung vorzunehmen,
damit im *Block Diagram* direkt vor dem Aufruf von *Type Cast* die Repräsentation
angezeigt wird, zumal die Standard-Repräsentation anderer Datenquellen auch I32
(Iterationszäher von Wiederholschleifen), U32 (Formatumwandlungen) etc. sein kann
und die Repräsentation nur anhand des farblich kodierten Datenflusses nicht ersichtlich wird. Daher ist es aus Konsistenzgründen auch sinnvoll, die Standardeinstellung
einer *Enum*-Variablen nicht zu verändern.

8.6 Weitere Datentypen

Neben den bisher vorgestellten Datentypen stehen in LabVIEW einige weitere Datentypen zur Verfügung, die in einer kurzen Übersicht in diesem Abschnitt vorgestellt
werden sollen.

8.6.1 Time Stamp (Zeitstempel)

Unter anderem ist es bei der Datenerfassung und der Archivierung von Daten oftmals
erforderlich, die aktuelle Zeit und das aktuelle Datum zu erfassen und zu verwalten.
Dafür steht in LabVIEW der Datentyp *Time Stamp* (Zeitstempel) zur Verfügung.
Abbildung 8.45 zeigt die Funktion *Get Time/Date In Seconds* (Datum/Zeit in Sekunden lesen) aus der Palette *Functions ≫ Timing* (Funktionen ≫ Zeit), die nach ihrem
Aufruf das aktuelle Datum und die aktuelle Zeit als *Time Stamp* ausgibt. Alternativ
kann auch ein *Time Stamp Control* aus der *Controls Palette* auf dem *Front Panel* platziert werden, um Zeit und Datum eingeben zu können (s. Abschn. 11.5.1). Mit Hilfe
der Funktion *Format Date/Time String* (Datum/Zeit-String formatieren) aus der gleichen Funktionspalette können die einzelnen Bestandteile des Zeitstempels jederzeit in
eine Zeichenkette umgewandelt werden und über die weiter oben vorgestellten Funktionen zur Umwandlung von Zeichenketten für die weitere Verarbeitung in numerische
Daten konvertiert werden.

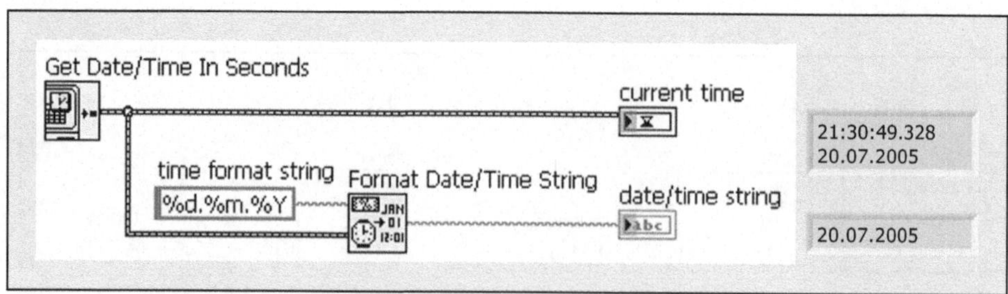

Abb. 8.45: Beispiel für die Auswertung des Datentyps *Time Stamp*

8.6.2 File Path (Dateipfad)

Im Zusammenhang mit der Dateieingabe und -ausgabe (vgl. Kap. 10) wird in Lab-
VIEW der Datentyp *Path* (Pfad) benötigt, um absolute oder relative Pfadangaben
auf einzelne Verzeichnisse oder Dateien anzugeben. Ein- und Ausgabeelemente für
Dateipfade stehen in der Palette *Controls ≫ String & Path* zur Verfügung und eine
Konstante kann aus der Palette *Functions ≫ File I/O ≫ File Constants* (Funktionen
≫ Datei I/O ≫ Dateikonstanten) ausgewählt werden. Genau wie bei den entsprechen-
den Elementen für Zeichenketten können in diese Elemente Daten mit dem Beschrif-
tungswerkzeug eingegeben werden.

Grundsätzlich können Pfadangaben in Zeichenketten konvertiert oder aus Zeichenketten zusammengesetzt werden (Abb. 8.46). Dabei ist es zum einen möglich, einen
Pfad vollständig in eine Zeichenkette zu konvertieren und umgekehrt und zum anderen kann eine Pfadangabe auch in ein *Array* von Zeichenketten zerlegt werden (vgl.
Abschn. 10.1), wobei jedes Element des Datenfeldes einen Teil der Pfadangabe zwischen zwei Begrenzern enthält. Dementsprechend ist es umgekehrt auch möglich, aus
einem *Array* von Zeichenketten eine Pfadangabe zusammenzusetzen.

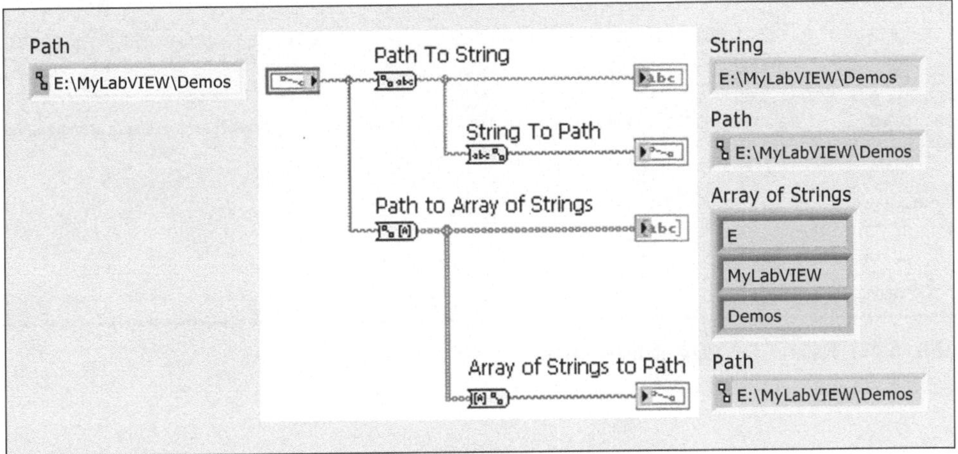

Abb. 8.46: Beispiel für das Zerlegen und Zusammensetzen eines Dateipfades

8.6.3 Variant-Daten

In ähnlicher Weise wie die Funktion *Flatten To String* jedes Datenobjekt am Eingang in eine Zeichenkette wandelt, kann der Datentyp *Variant* genutzt werden. Jeder
Datentyp und jede Datenstruktur kann in den Datentyp *Variant* umgewandelt werden. Vorteilhaft ist bei diesem Datentyp, dass zum einen der Wert und zum anderen
auch die Information über den Datentyp transportiert wird. Sinnvoll und notwendig
ist die Verwendung des Datentyps *Variant* u. a. beim Informationsaustausch zwischen
ActiveX-Komponenten, z. B. mit Microsoft Excel oder der Definition von Schnitt-

stellen, bei denen erst zur Laufzeit des Programms der Datentyp festgelegt wird.
Funktionen für die Erzeugung und Bearbeitung von Variant-Daten können aus der
Palette *Functions* ≫ *Cluster & Variant* ausgewählt werden. Ein Programmbeispiel
zeigt Abbildung 9.74.

8.7 Vergleichsfunktionen

Abbildung 8.47 gibt einen Überblick über die Vergleichsfunktionen, die in der Palette
Functions ≫ *Comparison* (Vergleich) zur Verfügung stehen.

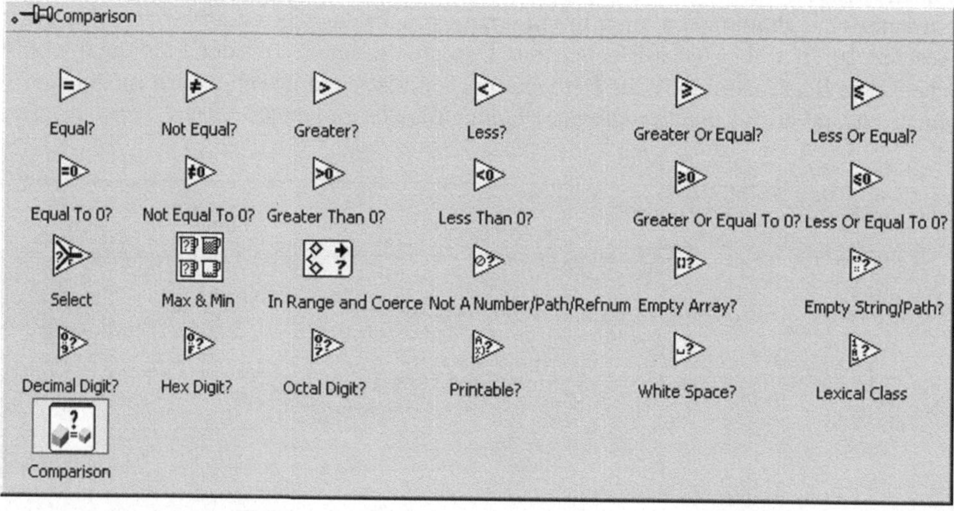

Abb. 8.47: Palette für Vergleichsfunktionen

Einfache Vergleiche

Während die in Abbildung 8.47 in der zweiten Zeile dargestellten Vergleichsfunktionen nur numerische Datentypen und entsprechend zusammengesetzte Datenstrukturen (*Arrays* und *Cluster*) und Zeitstempel akzeptieren, können die Vergleichsfunktionen >, <, = etc. der ersten Zeile von Abbildung 8.47 mit jedem Datentyp und jeder
Datenstruktur verwendet werden. Die Möglichkeiten zur Anwendung von Vergleichsfunktionen mit Datenstrukturen werden in den Abschnitten 9.1.5 und 9.2.3 näher
betrachtet.

Ausnahmebehandlung mit Hilfe von Vergleichsfunktionen

Vergleichsfunktionen sind unter anderem auch für eine Ausnahmebehandlung erforderlich. Bei unzulässigen Operationen, wie z. B. der Berechnung des Logarithmus eines

negativen Arguments, wird NaN *(Not A Number)* ausgegeben (Abb. 8.48). Für den Fall einer Bereichsüberschreitung, die z. B. durch eine Division mit Null entsteht, liefert LabVIEW $+\infty$ *(+Inf)* bzw. $-\infty$ *(-Inf)* (Abb. 8.49). Diese Fehlermeldungen entsprechen den in Abschnitt 2.3.2 behandelten Darstellungen von Gleitpunktzahlen. Sie haben jedoch keine weiteren Konsequenzen wie z. B. einen Programmabbruch zur Folge, so dass gegebenenfalls eine Ausnahmebehandlung durch den Software-Entwickler vorgenommen werden muss.

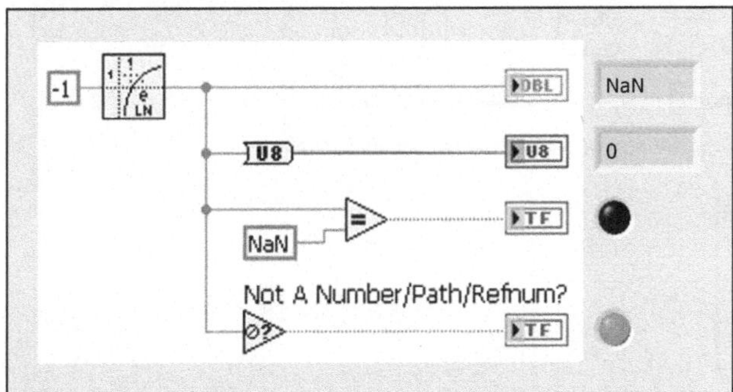

Abb. 8.48: Nutzen von Vergleichsfunktionen für die Erkennung unzulässiger Operationen

Ohne eine weitere Ausnahmebehandlung können diese Fehlermeldungen weiter verarbeitet werden. Beispielsweise generiert eine Formatumwandlung vom Datentyp DBL in U8 für die Fehlermeldung NaN eine Null (Abb. 8.48) und für die Fehlermeldung $+\infty$ die Zahl 255 (Abb. 8.49). Diese Zahlenwerte können ohne Einschränkung weiter verarbeitet werden. Eine Ausnahmebehandlung ist an kritischen Stellen im Programmablauf immer sinnvoll.

Ein Beispiel für die Fehlererkennung zeigt Abbildung 8.48. Die Berechnung des natürlichen Logarithmus von -1 führt zur Fehlermeldung NaN. Ein Test mit Hilfe der Funktion *Not A Number/Path/Refnum?* (Keine Zahl/Pfad/Refnum?) liefert das gewünschte Ergebnis TRUE. In diesem Zusammenhang soll darauf hingewiesen werden, dass ein Vergleich mit NaN über die Vergleichsfunktion „=" nicht möglich ist und das unerwünschte Ergebnis FALSE liefert.

Abbildung 8.49 zeigt ein einfaches Beispiel für eine mögliche Ausnahmebehandlung. Für den Fall, dass eine Division durch Null die Fehlermeldung $+\infty$ erzeugt, wird in der an den Ausgang der Vergleichsfunktion angeschlossenen Fallunterscheidung der TRUE-Fall ausgeführt. In diesem wird zunächst die Funktion *Two Button Dialog* (Dialogfeld mit zwei Schaltflächen) aufgerufen, die auf dem *Front Panel* ein Fenster mit dem Hinweis *Divison by Zero!* einblendet. Der Anwender kann daraufhin entscheiden, ob das Programm beendet *(Cancel)* oder trotz der Fehlermeldung weiter ausgeführt werden soll *(Continue)*. Falls sich der Anwender trotz der Fehlermeldung für eine Fortsetzung des Programmablaufs entscheidet, werden die Daten am Eingang der äußeren Fallunterscheidung, in diesem Beispiel ohne weitere Bearbeitung, an den Ausgang geleitet.

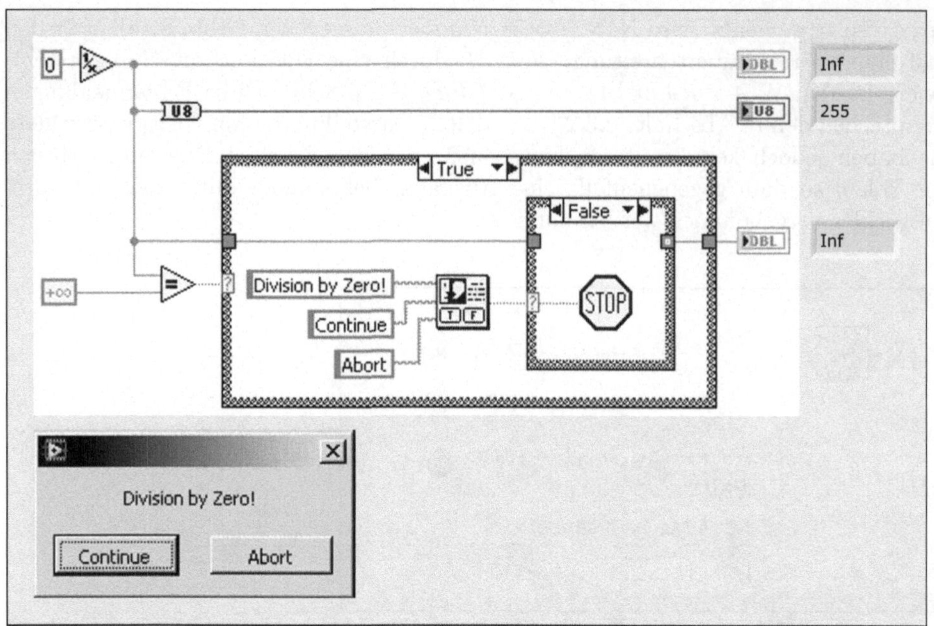

Abb. 8.49: Beispiel für die Ausnahmebehandlung bei einer Division durch Null

Um das Programm zu beenden wird in der zweiten, inneren Fallunterscheidung im Fall FALSE die Funktion *Stop* verwendet. Für den *Tunnel* am rechten Rand der Fallunterscheidung wird die Einstellung *Use Default If Unwired* (Standard verwenden, wenn nicht verbunden) verwendet. Diese Einstellung ist hier sicher akzeptabel, da das Programm durch die Funktion *Stop* beendet wird und ein Datenfluss am Ausgang der Fallunterscheidung im Fehlerfall nicht mehr benötigt wird.

Falls keine Division durch Null erfolgt ist wird in diesem Beispiel der FALSE-Fall der äußeren Fallunterscheidung ausgeführt. In diesem können die Daten in gewünschter Weise verarbeitet oder ohne weitere Bearbeitung an den Ausgang der Fallunterscheidung geführt werden.

Zusätzlich verwendete Funktionen

In Abbildung 8.48 und 8.49 sind zusätzlich folgende Funktionen verwendet worden:

Natural Logarithm (Natürlicher Logaritmus)
Die Funktion zur Berechnung des natürlichen Logarithmus kann aus der Palette *Functions ≫ Mathematics ≫ Elementary & Special Functions ≫ Exponential Functions* (Funktionen ≫ Mathematik ≫ Elementare & spezielle Funktionen ≫ Exponentialfunktionen) ausgewählt werden.

Two Button Dialog (Dialogfeld mit zwei Schaltflächen)
Diese Funktion aus der Palette *Functions ≫ Dialog & User Interface* (Funktionen ≫ Dialog & Bedienoberfläche) blendet ein Dialogfenster mit zwei Schaltflächen ein. Der Dialogtext muss und die Beschriftungen der Schaltflächen können vorgege-

ben werden. Am Ausgang der Funktion wird die Information, welche Schaltfläche ausgewählt worden ist, als boolescher Wert zur Verfügung gestellt.

Stop (Stopp)
Mit der Funktion *Stop* aus der Palette *Functions* ≫ *Application Control* (Funktionen ≫ Anwendungssteuerung) kann ein laufendes Programm abgebrochen werden. Die Funktionweise ist direkt mit der der Schaltfläche *Abort Execution* (Ausführung abbrechen) in der Symbolleiste der Entwicklungsumgebung vergleichbar und entspricht dem Ausschalten eines PCs durch das Ziehen des Netzsteckers. Geöffnete Dateien werden nicht ordnungsgemäß geschlossen, Zwischenergebnisse gehen verloren und das Gesamtsystem, z. B. ein Prüfstand, befindet sich danach möglicherweise in einem undefinierten oder fehlerhaften Zustand. Deshalb sollte diese Funktion nur mit Bedacht eingesetzt werden und vor dem Aufruf von *Stop* ist es empfehlenswert, gegebenenfalls das Gesamtsystem zunächst in einen definierten Zustand zu bringen *(System Reset)*.

Quit LabVIEW (LabVIEW beenden)
An dieser Stelle soll auch auf die Funktion *Quit LabVIEW* hingewiesen werden. Sie ist in der gleichen Palette angeordnet wie die Funktion *Stop* und wirkt auf vergleichbare Weise. Zusätzlich wird jedoch auch die Entwicklungsumgebung LabVIEW geschlossen.

Weitere Funktionen der Palette Comparison (Vergleich)

Select (Wählen)

Diese Funktion gibt in Abhängigkeit eines booleschen Auswahlschalters die Daten von einem der beiden Eingänge an den Ausgang weiter und ist geeignet für die Realisierung einfacher Fallunterscheidungen. In diesem Zusammenhang ist die Funktion bereits in Abschnitt 7.2 eingeführt worden.

Max & Min und In Range and Coerce (Wertebereich prüfen und erzwingen)

Mittels der in Abbildung 8.50 dargestellten Funktion *Max & Min* werden zwei Werte am Eingang in Abhängigkeit von ihrer Wertigkeit an den beiden Ausgängen *Max & Min* ausgegeben. Dabei können numerische oder boolesche Daten oder *Strings* zugeführt werden und es ist auch möglich, diese Funktion im Zusammenhang mit *Arrays* oder *Clustern* zu verwenden.

Die Funktion *In Range and Coerce* (Wertebereich prüfen und erzwingen) prüft, ob ein Eingangswert innerhalb eines definierten Wertebereichs liegt. In diesem Fall wird der Eingangswert an den Ausgang weitergegeben und das boolesche Anzeigeelement *In Range?* liefert am Ausgang der Funktion den Wert TRUE (Abb. 8.51a). Im Falle einer Bereichsüber- bzw. -unterschreitung wird der Ausgangswert auf das spezifizierte Maximum bzw. Minimum begrenzt und der Ausgang *In Range?* liefert den Wert FALSE (Abb. 8.51b). Im Kontextmenü der Funktion kann spezifiziert werden, ob der Maximal- bzw. Minimalwert in die Prüfung einbezogen werden soll. Dafür stehen die Auswahlmöglichkeiten *Include upper limit* (Einschließlich oberem Grenzwert) und *Include lower limit* (Einschließlich unterem Grenzwert) zur Verfügung. Wenn ein Grenzwert in die Prüfung einbezogen wird, ist die entsprechende Raute am Eingang der Funktion schwarz ausgefüllt.

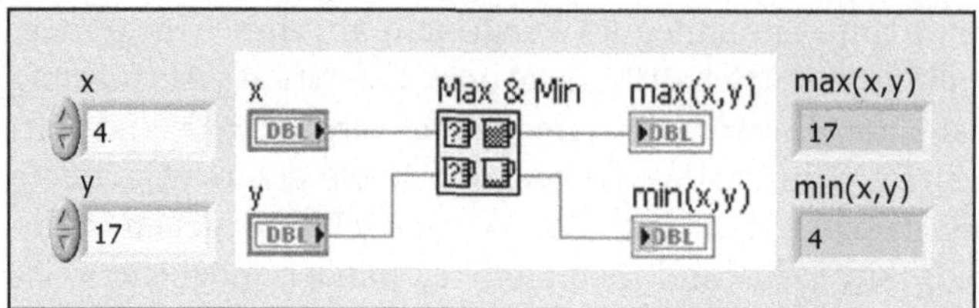

Abb. 8.50: Anwendungsbeispiel für die Funktion *Max & Min*

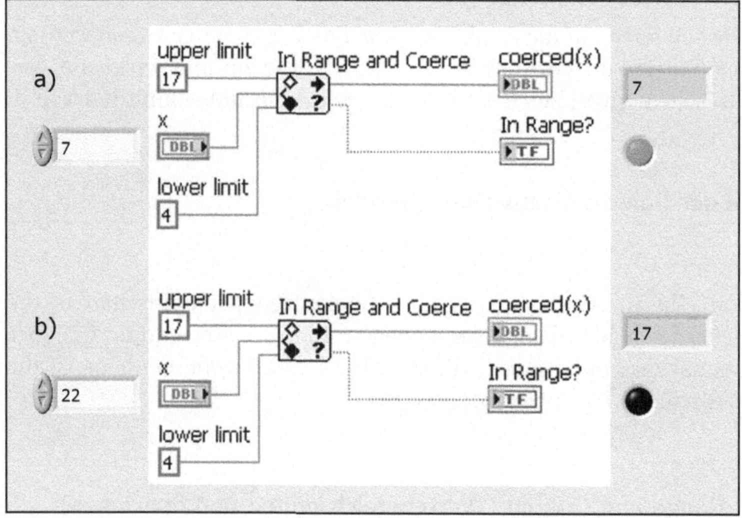

Abb. 8.51: Beispiel für die Funktion *In Range and Coerce*, a) Eingangsdaten im spezifizierten Bereich und b) Eingangsdaten außerhalb des spezifizierten Bereichs

Einfache Abfragen

In der Palette *Functions » Comparison* (Vergleich) stehen weitere Funktionen zur Verfügung, die sich zum größten Teil auf die Untersuchung von Zeichenketten beziehen. Eine Übersicht gibt Abbildung 8.52. Es kann geprüft werden, ob eine Zeichenkette leer ist oder ob das erste Zeichen einer Zeichenkette als Dezimal-, Hexadezimal- oder Oktalziffer interpretiert werden kann. Die Groß-/Kleinschreibung wird hierbei nicht berücksichtigt. Weiterhin kann überprüft werden, ob das erste Zeichen einer Zeichenkette druckbar ist oder ob es sich um ein nicht druckbares Zeichen *White Space Character* handelt.

Einen umfassenderen Test eines Zeichens erlaubt die Funktion *Lexical Class*, die
in Abhängigkeit von der Art des Zeichens eine Ganzzahl ausgibt (s. Online-Hilfe).
Schließlich ist es möglich zu untersuchen, ob keine numerischen Daten, Pfade oder
Referenzen vorliegen, um auf einfache Weise eine Fehlerbehandlung durchführen zu
können (vgl. Abb. 9.2.5) und es kann geprüft werden, ob ein *Array* Daten enthält
oder leer ist *(Empty Array?)* (vgl. Abb. 12.35).   LV8.0

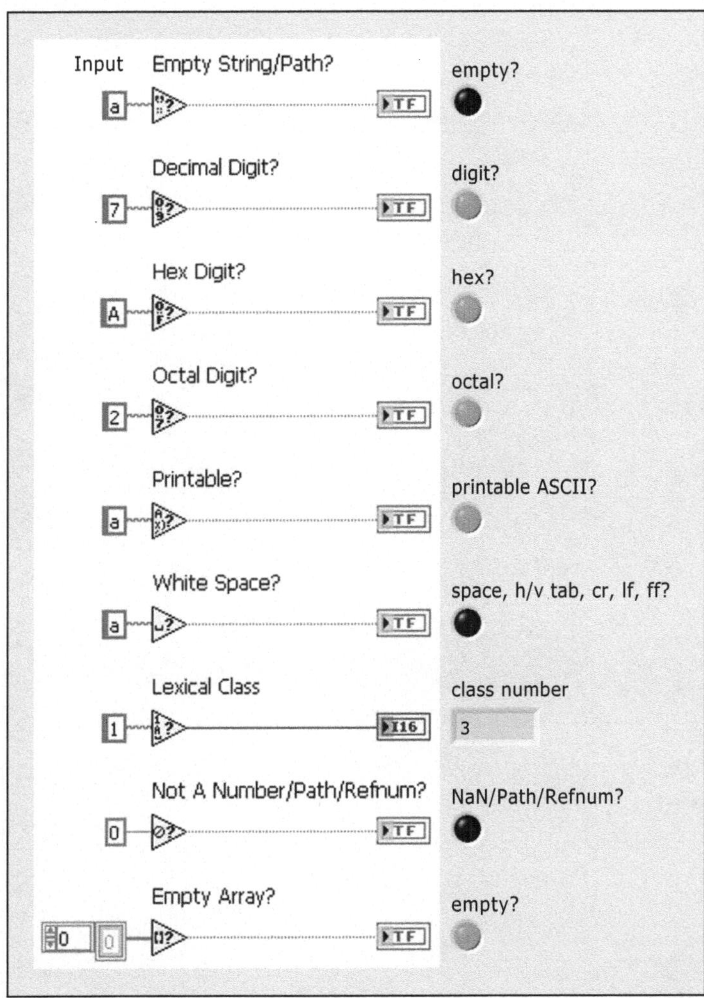

Abb. 8.52: Übersicht über einfache Abfragen in der Palette *Comparison*

9 Datenstrukturen

Datenstrukturen sind als Begriff bereits in Abschnitt 2.3 eingeführt worden. In diesem Kapitel werden die LabVIEW-spezifischen Eigenschaften von Datenstrukturen behandelt, wobei eine Beschränkung auf die grundlegenden Datenstrukturen *Arrays* (Datenfelder) und *Cluster* (Verbund) erfolgt. Datenstrukturen wie zum Beispiel Bäume, Graphen und Heaps, die insbesondere beim Sortieren und Suchen von großer Bedeutung sind, werden hier nicht behandelt, da in LabVIEW im Allgemeinen für diese Aufgaben bereits vorgefertigte Funktionen zur Verfügung stehen, die bei einer Einführung in die systematische Programmierung mit LabVIEW zumeist ausreichend sind.

Weitere Datenstrukturen können mit Hilfe von *Arrays* erzeugt werden, da diese als grundlegende Datenstruktur näherungsweise die lineare Ablage von Daten im Hauptspeicher eines Rechners widerspiegeln. Beispiele für die Realisierung verschiedener Datenstrukturen in LabVIEW zeigt J. P. Damico in *LabVIEW Power Programming* [28].

Die Datenstruktur *String* (Zeichenkette) ist bereits in Abschnitt 8.3 behandelt worden, da in LabVIEW der elementare Datentyp *Character* nicht benötigt wird (vgl. Abschn. 2.3.3).

9.1 Arrays (Datenfelder)

In diesem Abschnitt soll zunächst gezeigt werden, wie *Arrays* in LabVIEW manuell (s. Abschn. 9.1.1) und programmgesteuert (s. Abschn. 9.1.2) erzeugt werden können. Anschließend werden die Funktionen zur Bearbeitung von *Arrays* vorgestellt (s. Abschn. 9.1.3) und es werden die Möglichkeiten zur Formatumwandlung zwischen verschiedenen Datentypen behandelt, die nur mit Hilfe von Array-Funktionen vorgenommen werden können (s. Abschn. 9.1.4). Am Ende des Abschnitts soll die Verwendung von Array-Funktionen anhand dreier Beispiele weiter veranschaulicht werden (s. Abschn. 9.1.6).

Ein *Array* enthält eine Menge von Daten gleichen Typs. Zum Aufbau eines *Arrays* können alle in LabVIEW zur Verfügung stehenden Datentypen verwendet werden. Für die Realisierung komplexer Datenstrukturen ist es aber nicht möglich, *Arrays* ineinander zu verschachteln. Eine Einschränkung ist damit nicht verbunden, da komplexere Datenstrukturen in Kombination mit *Clusters*, die in Abschnitt 9.2 vorgestellt werden, realisiert werden können. Ein *Array* kann mehrere Dimensionen mit jeweils maximal $2^{31} - 1$ Elementen pro Dimension aufweisen. Der Zugriff auf einzelne oder mehrere Elemente erfolgt über Indizes. Zu beachten ist, dass die Indizierung bei 0

beginnt, d. h. das erste Element eines *Arrays* hat den Index 0. In einem *Array* mit
N Elementen weist der Index damit den Wertebereich von 0 bis $N-1$ auf. Bei der
beispielhaften Darstellung eines eindimensionalen *Arrays* auf dem *Front Panel* in Lab-
VIEW hat dementsprechend das erste Element mit dem Wert 1 den Index 0 und das
sechste Element mit dem Wert 36 den Index 5 (Abb. 9.1).

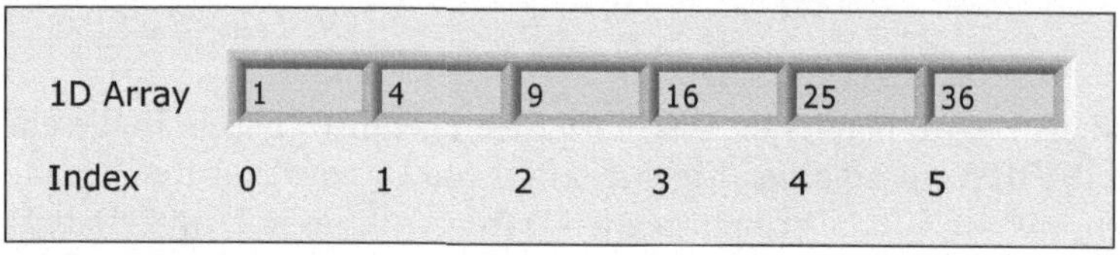

1D Array   1   4   9   16   25   36

Index   0   1   2   3   4   5

Abb. 9.1: Eindimensionales *Array* mit sechs Elementen

9.1.1 Deklaration von Arrays

Arrays können in LabVIEW auf dem *Front Panel* sowohl als Eingabe- als auch als
Ausgabeelemente sowie als Konstante im *Block Diagram* erzeugt werden. Das Erzeugen eines *Arrays* soll zunächst anhand eines eindimensionalen *Arrays* erläutert werden,
um anschließend die Erzeugung mehrdimensionaler *Arrays* vorzunehmen. Dabei soll
in diesem Abschnitt auch die Darstellung von *Arrays* berücksichtigt werden, obwohl
diese für die Funktionsweise eines Algorithmus nicht von Bedeutung ist. Sinnvoll ist
dieses Vorgehen aber, da die Darstellung von *Arrays* in LabVIEW für das grundsätzliche Verständnis von Bedeutung ist.

Erzeugen von eindimensionalen Arrays

Für die Erzeugung eines eindimensionalen *Arrays* sind einige wenige Schritte ausreichend. Zunächst wird aus der *Controls Palette* ≫ *Array, Matrix & Cluster* eine
Array Shell (Array-Container) ausgewählt und auf dem *Front Panel* platziert (Abb.
9.2a). Das korrespondierende Element im *Block Diagram* wird zunächst schwarz dargestellt, da dem *Array* noch kein Datentyp zugeordnet worden ist. In einem zweiten
Schritt kann aus der *Controls Palette* ein beliebiger Datentyp ausgewählt und mit dem
Operating Tool in die *Array Shell* eingesetzt werden (Abb. 9.2b). Nach dem Einsetzen
des ausgewählten Datentyps nimmt das korrespondierende Element im *Block Diagram*
die dem Datentyp zugeordnete farbliche Darstellung an. Auf dem *Front Panel* wird der
eingesetzte Datentyp zunächst gedimmt dargestellt und die geometrischen Abmessun-
gen der *Array Shell* werden automatisch an die des eingefügten Objektes angepasst.
Damit ist dem *Array* ein Datentyp zugeordnet worden. In diesem Beispiel ist in die
Array Shell ein Eingabeelement vom Typ DBL eingesetzt worden. Das *Array* enthält
aber noch keine Elemente und ist zunächst leer (Abb. 9.2c). In dem zugehörigen
Element im *Block Diagram* symbolisieren die eckigen Klammern in Anlehnung an
textbasierte Programmiersprachen die Array-Struktur. Mit dem Beschriftungswerkzeug oder über die Inkrement/Dekrement-Schaltflächen des *Controls* kann schließlich

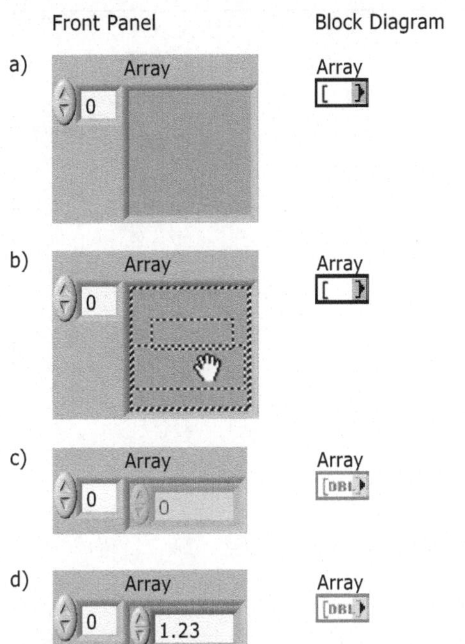

Abb. 9.2: Erstellen eines *Arrays* auf dem *Front Panel*

der gewünschte Wert in das Eingabeelement eingetragen werden. Das *Array* enthält nun ein Element (Abb. 9.2d).

In analoger Weise kann im *Block Diagram* eine Array-Konstante erzeugt werden, indem zuerst aus der *Functions Palette* ≫ *Array* die Array-Konstante ausgewählt wird (Abb. 9.3a). Anschließend kann aus der *Functions Palette* der gewünschte Datentyp, in diesem Fall eine String-Konstante, ausgewählt und in die leere Array-Konstante eingesetzt werden (Abb. 9.3b). Danach nimmt die Array-Konstante wiederum die dem Datentyp zugeordnete Farbe an (Abb. 9.3c).

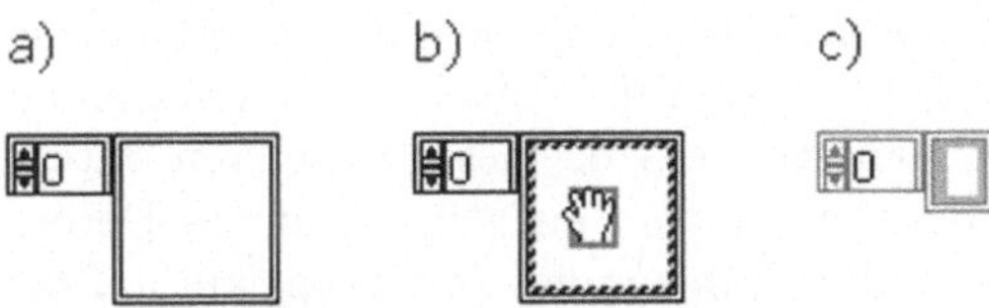

Abb. 9.3: Erstellen einer Array-Konstanten im *Block Diagram*

Im Folgenden soll die Visualisierung von *Arrays* behandelt werden. Beispielhaft wird dies für die Darstellung auf dem *Front Panel* vorgenommen. Diese Ausführungen sind in analoger Weise aber auch für die Darstellung von Array-Konstanten im *Block Diagram* gültig. Die Darstellung von ein- und mehrdimensionalen *Arrays* auf dem *Front Panel* ist auf unterschiedliche Weise möglich, lässt aber in der Regel keinen Rückschluss auf die tatsächliche Anzahl der im *Array* enthaltenen Elemente zu. Abbildung 9.4a zeigt zunächst wieder ein eindimensionales *Array* mit einem Element.

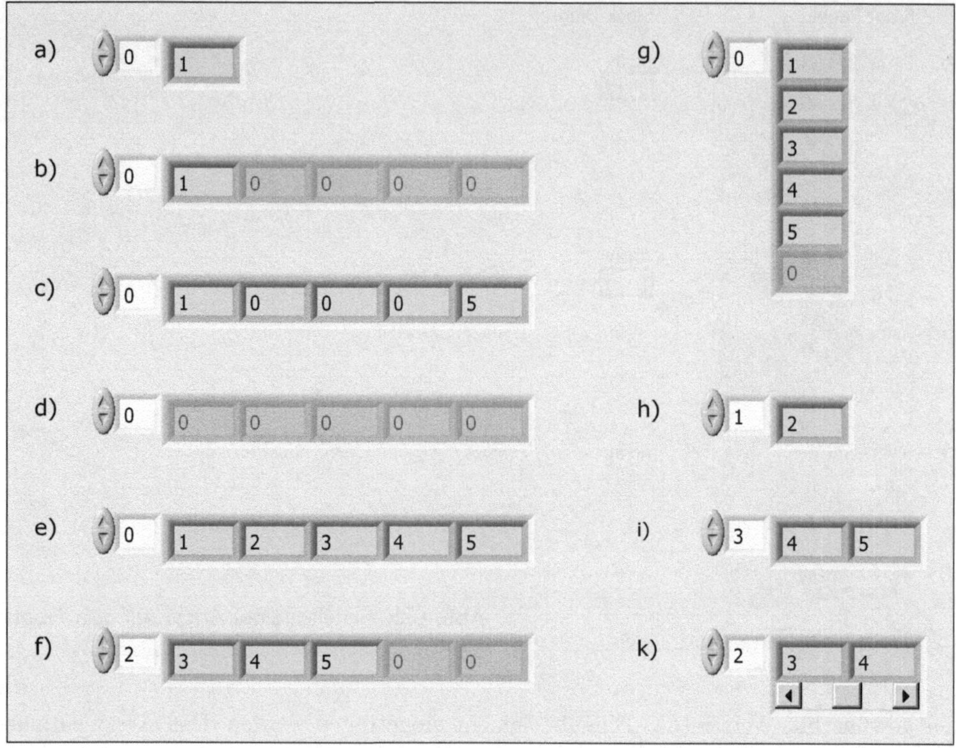

Abb. 9.4: Darstellung eines eindimensionalen *Arrays* auf dem *Front Panel*

Wird das Positionierwerkzeug über eine Ecke der *Array Shell* gebracht, nimmt der
Cursor die Form eines rechten Winkels an und die *Array Shell* kann in die gewünschte
Richtung erweitert werden. In Abbildung 9.4b werden beispielsweise fünf Elemente
dargestellt, von denen die letzten vier jedoch gedimmt dargestellt werden, d. h. sie enthalten keine Daten. Um diesen Sachverhalt zu verdeutlichen, enthält die Darstellung
von *Arrays* in einigen der folgenden Beispielen mehr Felder als tatsächlich vorhandene
Elemente. Das Positionierwerkzeug ermöglicht es also, die Anzahl der dargestellten
Elemente eines *Arrays* zu ändern. Um die geometrische Größe des eingesetzten Datentyps zu verändern, kann das Positionierwerkzeug zudem auf den Rand des Datentyps gebracht werden und anschließend kann der Rahmen des Datentyps auf auf die
gewünschte Größe aufgezogen werden.

Wenn in das fünfte Element des *Arrays* eine fünf eingegeben wird, werden die Elemente mit dem Index 1 bis 3 automatisch mit dem Standardwert, in diesem Fall einer
Null, belegt (Abb. 9.4c). Um alle Elemente aus einem *Array* zu entfernen besteht
die Möglichkeit, im Kontextmenü der *Array Shell* (nicht im Kontextmenü des eingesetzten Datentyps) die Option *Data Operations* ≫ *Empty Array* (Datenoperationen
≫ Leeres Array) auszuwählen (Abb. 9.4d).

Alle weiteren Darstellungen in Abbildung 9.4 zeigen dasselbe *Array* mit den fünf
Elementen 1, 2, 3, 4, 5. Bei einem eindimensionalen *Array* ist es möglich, die Elemente
in einer Zeile (Abb. 9.4e) oder in einer Spalte (Abb. 9.4g) anzuordnen. Bei der Darstel-

lung von *Arrays* ist das *Index Display* (Anzeige indizieren) am linken Rand des *Arrays* von besonderer Bedeutung. Dieses ermöglicht in großen *Arrays* die Darstellung eines Ausschnitts der im *Array* enthaltenen Daten. In Abbildung 9.4f weist das *Index Display* den Wert 2 auf. Da die Indizierung bei Null beginnt, wird dementsprechend das dritte Element des *Arrays* unmittelbar neben dem *Index Display* dargestellt. Direkt vergleichbar ist die Anzeige eines einzelnen Wertes des *Arrays* in Abbildung 9.4h. Da die Anzahl der Elemente in einem *Array* bei der dynamischen Erzeugung von *Arrays* nicht immer bekannt ist, kann über das Kontextmenü des *Arrays Advanced* ≫ *Show Last Element* (Fortgeschritten ≫ Letztes Element anzeigen) das letzte Element zur Anzeige gebracht werden (Abb. 9.4i). Dieses ist dann nicht neben dem *Index Display* sondern am rechten Rand der *Array Shell* angeordnet. Um Teile größerer *Arrays* darzustellen, eignet sich schließlich der in Abbildung 9.4k dargestellte *Scrollbar*, der im Kontextmenü über *Visible Items* ≫ *Scrollbar* (Sichtbare Objekte ≫ Bildlaufleiste) eingeblendet werden kann.

LV8.0

Grundsätzlich sollte bedacht werden, dass für die Anzeige eines *Arrays* auf dem *Front Panel*, ähnlich wie bei globalen und lokalen Variablen, eine Kopie des *Arrays* im Hauptspeicher des Rechners erzeugt wird, was sich bei sehr großen *Arrays* nachteilig auf die Ausführung des Programms auswirken kann.

Erzeugen von mehrdimensionalen Arrays

Natürlich können in LabVIEW auch mehrdimensionale *Arrays* erstellt und verarbeitet werden. Die prinzipielle Anordnung (aber nicht die Funktionalität, vgl. Abschn. 9.1.4) der Elemente in einem zweidimensionalen *Array* ist vergleichbar mit der in einer Matrix (Abb. 9.5a), in der die Elemente spalten- und zeilenweise (*columns & rows*) angeordnet sind. Ein dreidimensionales *Array* ergibt sich, wenn diese einzelnen *pages* (Seiten) in einem Stapel übereinander angeordnet werden (Abb. 9.5b).

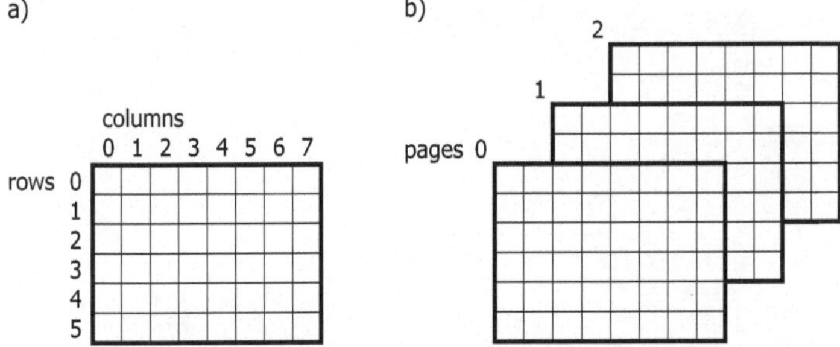

Abb. 9.5: Prinzipielle Struktur eines zwei- und dreidimensionalen *Arrays*

Die folgenden Abbildungen zeigen beispielhaft die Darstellung mehrdimensionaler *Arrays* auf dem *Front Panel*. Um einem *Array* weitere Dimensionen hinzuzufügen, kann das *Index Display* mit dem Positionierwerkzeug nach unten aufgezogen werden oder im entsprechenden Kontextmenü kann die Option *Add Dimension* (Dimension hinzufügen) ausgewählt werden. Für jede Dimension steht dann eine Index-Anzeige zur Verfügung.

Abbildung 9.6 zeigt ein zweidimensionales *Array* mit fünf Spalten und vier Zeilen. Auch hier ist es möglich, nur einen Teil des *Arrays* darzustellen. Eine Indizierung mit 0,0 sorgt dann dafür, dass das erste Element des *Arrays*, die 1, unmittelbar neben der Index-Anzeige dargestellt wird. Dementsprechend wird eine Indizierung mit 1,2 zur Anzeige des Elementes 8 der zweiten Zeile und dritten Spalte führen.

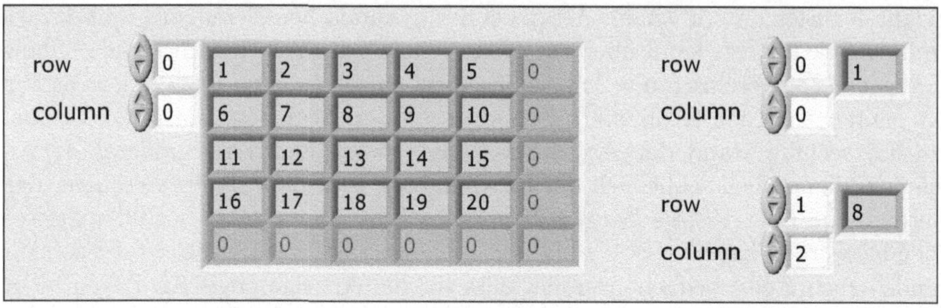

Abb. 9.6: Darstellung eines zweidimensionalen *Arrays* auf dem *Front Panel*

Dazu analog wird auch ein dreidimensionales *Array* dargestellt, wie z. B. in Abbildung 9.7 mit fünf Spalten, vier Zeilen und drei Seiten skizziert. Zur Verdeutlichung sind hier, wie auch in einigen weiteren Beispielen, die einzelnen Seiten des *Arrays* versetzt hintereinander dargestellt worden. Grundsätzlich kann in LabVIEW nur jeweils eine Seite eines dreidimensionalen *Arrays* dargestellt werden. Wenn wiederum nur ein Element des *Arrays* angezeigt wird, führt die Indizierung mit 1,1,3 unmittelbar neben der Index-Anzeige zur Darstellung des Elementes 29 aus der der zweiten Seite, zweiten Zeile und der vierten Spalte und eine Indizierung mit 2,0,1 führt zur Anzeige des Elementes 42 aus der dritten Seite, der ersten Zeile und der zweiten Spalte.

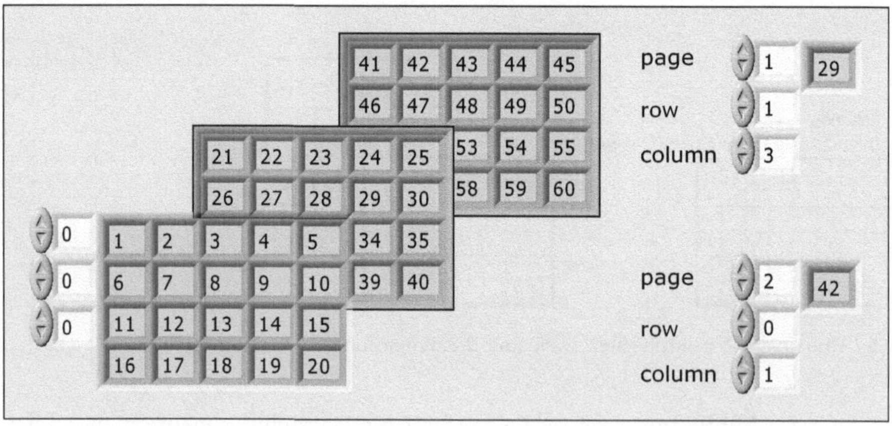

Abb. 9.7: Darstellung eines dreidimensionalen *Arrays* auf dem *Front Panel*

Über der Index-Anzeige für die erste Dimension (Spalten) ist die Index-Anzeige für die zweite Dimension (Zeilen) angeordnet. Alle weiteren Index-Anzeigen für höhere Dimensionen werden dann jeweils oben hinzugefügt (vgl. Abb. 9.8).

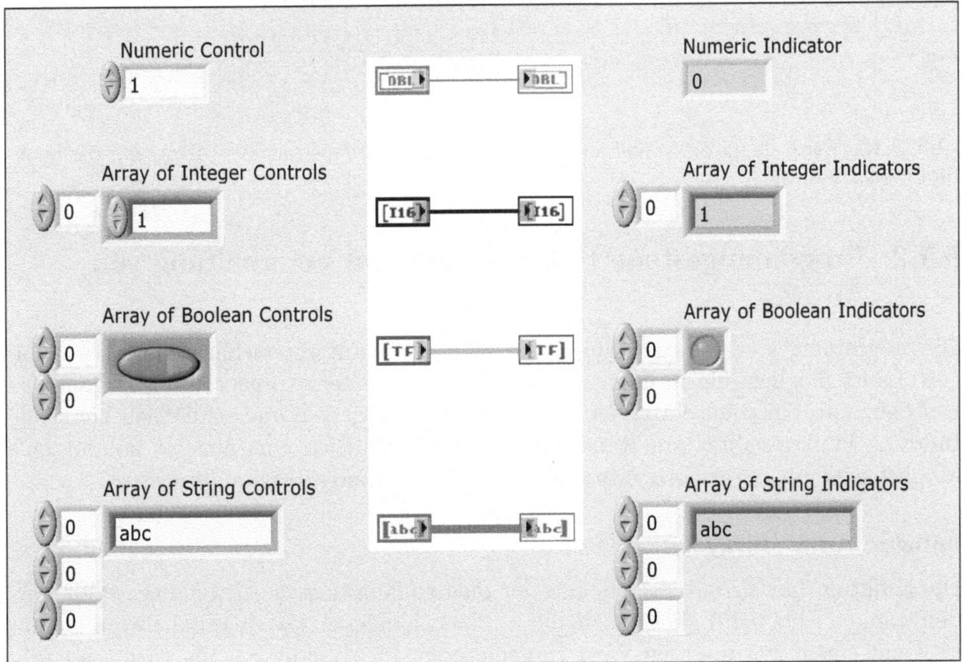

Abb. 9.8: Reihenfolge der Indizierung bei mehrdimensionalen *Arrays*

Abbildung 9.9 zeigt in einer Übersicht noch einmal die Darstellung eines numerischen Wertes und eines ein-, zwei- und dreidimensionalen *Arrays* auf dem *Front Panel* und im *Block Diagram*. Im *Block Diagram* gibt sowohl die Breite der Verbindungsleitungen einen Hinweis auf die Komplexität der Datenstruktur als auch die Breite der Klammersymbole in den jeweiligen Terminals. Bei *Arrays* die numerische Daten enthalten, wird die Komplexität der Datenstruktur dagegen durch zwei parallele Linien angedeutet (vgl. Abb. 9.10).

Abb. 9.9: Darstellung von *Arrays* auf dem *Front Panel* und im *Block Diagram*

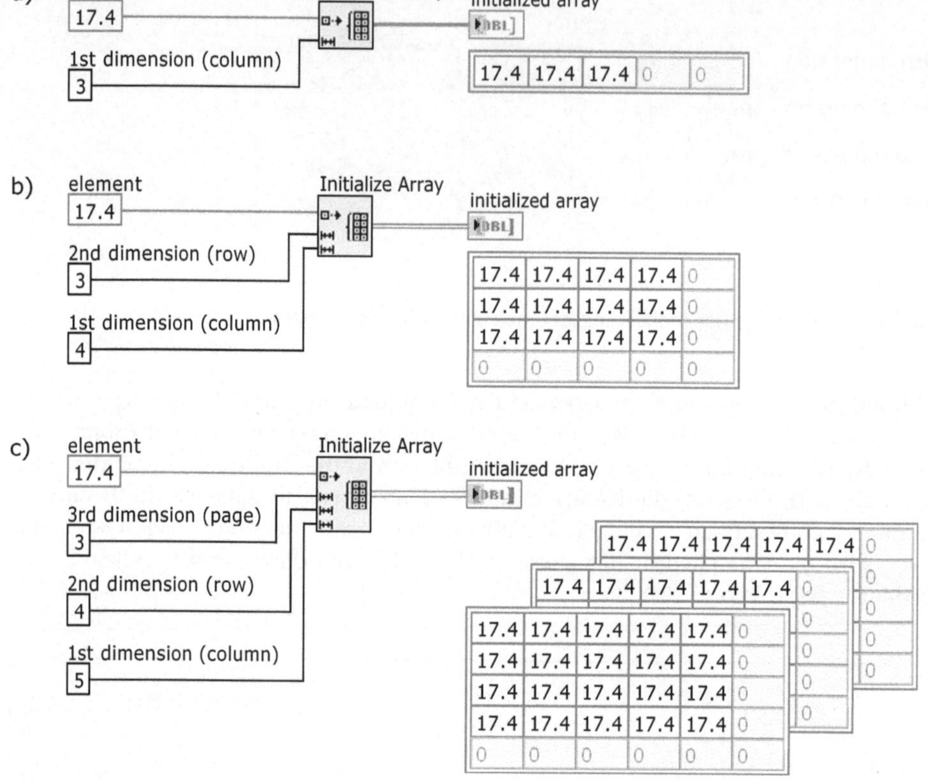

Abb. 9.10: Beispiele für die Initialisierung von ein- und mehrdimensionalen *Arrays* mit der Funktion *Initialize Array*

9.1.2 Programmgesteuerte Erzeugung und Verarbeitung von Arrays

Die programmgesteuerte Erzeugung von *Arrays* kann auf unterschiedliche Weise erfolgen. Es ist möglich, ein n-dimensionales *Array* mit einem vorgegebenen Element zu besetzen, ein *Array* aus einzelnen Teilen zusammenzusetzen und schließlich bietet die Indexing-Funktionalität am Rand von Wiederholschleifen eine äußerst komfortable Möglichkeit, um *Arrays* programmgesteuert zu generieren bzw. auszuwerten.

Initialize Array (Array initialisieren)

Die Funktion *Initialize Array*, die aus der Palette *Functions* ≫ *Array* ausgewählt werden kann (s. Abb. 9.20), dient dazu, ein n-dimensionales *Array* eines beliebigen Datentyps mit einem gewünschten Wert zu generieren. In Abbildung 9.10a wird ein eindimensionales *Array* mit drei Elementen erzeugt, indem an das Terminal *Element* die Konstante 17.4 mit dem Datentyp DBL angeschlossen und dem Terminal *Dimension Size* (Dimensionsgröße) die Anzahl der Werte übergeben wird. Bei einem eindimensionalen *Array* ist es möglich, die Elemente des *Arrays* in einer Zeile oder in einer

Spalte darzustellen. Bei mehrdimensionalen *Arrays* bezieht sich die erste Dimension aber immer auf die *columns* (Spalten).

Mit dem Positionier-Werkzeug kann der Funktionsknoten nach unten aufgezogen werden, um weitere Eingänge *Dimension Size* für weitere Dimensionen bereitzustellen. Abbildung 9.10b zeigt ein Beispiel für ein zweidimensionales *Array* mit vier Spalten und drei Zeilen. Wird die Funktion *Initialize Array* um einen weiteren Eingang erweitert, um ein dreidimensionales *Array* zu erzeugen, ist zu beachten, dass sich für die Anordnung der Eingänge *Dimension Size* die gleiche Anordnung ergibt wie in Abbildung 9.8. Über das oberste Terminal *Dimension Size* wird nun die Anzahl der Seiten festgelegt, so dass sich ein dreidimensionales *Array* mit fünf Spalten, vier Zeilen und drei Seiten ergibt (Abb. 9.10c).

Prinzipiell ist es möglich, *Arrays* mit der Dimensionsgröße 0 zu initialisieren. Dann wird ein leeres *Array* erzeugt, welches lediglich die Informationen über den Datentyp und die Anzahl der Dimensionen enthält. Dies ist insbesondere bei der Initialisierung von *Shift Register* von Bedeutung (vgl. Abb. 9.13).

Build Array (Array erstellen)

Ebenfalls aus der Palette *Functions* ≫ *Array* kann die Funktion *Build Array* ausgewählt werden (s. Abb. 9.20). Mit dieser können aus einzelnen Elementen oder aus Teil-Arrays, die den Eingängen der Funktion zugeführt werden, *Arrays* zusammengesetzt werden. Abbildung 9.11a zeigt zunächst eine einfache Möglichkeit, um ein Element, hier vom Datentyp *String*, in ein *Array* mit einem Element umzuwandeln. Sollen mehrere Einzelelemente zu einem *Array* zusammengesetzt werden, kann auch dieser Funktionsknoten mit dem Positionier-Werkzeug nach unten erweitert werden, um die erforderliche Anzahl von Eingängen zu erzeugen. Es ist aber auch möglich, im Kontextmenü der Funktion die Option *Add Input* (Eingang hinzufügen) auszuwählen. So können dann wie in Abbildung 9.11b drei einzelne Elemente zu einem eindimensionalen *Array* zusammengesetzt werden oder es können wie in Abbildung 9.11c einzelne Elemente an ein eindimensionales *Array* angehängt werden.

Weiterhin besteht die Möglichkeit, Teil-Arrays zu einem *Array* zusammenzufassen. In Abbildung 9.11d wird an ein zweidimensionales *Array* eine weitere Reihe hinzugefügt. Verallgemeinert bedeutet dies, dass einem *Array* mit der Dimension n ein Teil-Array mit der Dimension $n - 1$ hinzugefügt werden kann. In der n-ten Dimension wird das *Array* dann um ein Element erweitert. Ein vergleichbarer Fall ist in Abbildung 9.11e dargestellt. Da das eindimensionale *Array* eine Spalte mehr aufweist als das zweidimensionale *Array*, werden bei letzterem die Elemente der dritte Spalte mit dem Standardwert besetzt. Im vorliegenden Fall, in dem die Array-Elemente den Datentyp *String* aufweisen, ist dies ein leerer *String*.

Wenn an die Eingänge der Funktion *Build Array* ein oder mehrere *Arrays* mit gleicher Dimension angeschlossen werden, kann im Kontextmenü der Funktion *Build Array* die Option *Concatenate Inputs* (Eingänge verknüpfen) aktiviert bzw. deaktiviert werden (Abb. 9.12). Bei aktivierter Option *Concatenate Inputs*, werden die Teil-Arrays zu einem *Array* mit gleicher Dimension zusammengesetzt (Abb. 9.12a,b). Bei deaktivierter Option *Concatenate Inputs* erstellt die Funktion *Build Array* aus den beiden zugeführten Teil-Arrays ein neues *Array* dessen Dimension um eins größer ist, als die Dimension der zugeführten *Arrays* (Abb. 9.12c,d).

Eine für LabVIEW typische Programmstruktur, in der die Funktion *Build Array* innerhalb einer Wiederholschleife verwendet wird, zeigt Abbildung 9.13. Das Schieberegister einer For-Schleife (oder While-Schleife) wird mit einer Array-Konstanten initialisiert. Die Array-Konstante enthält in diesem Beispiel zunächst keine Elemente. Während der Ausführung des Programms wird dem *Array* bei jedem Schleifendurchlauf der aktuelle Wert des Iterationszählers hinzugefügt.

Diese kleine Beispielprogramm veranschaulicht einen enormen Vorteil von Lab-VIEW (und anderen, eher problemorientierten Programmiersprachen). *Arrays* werden dynamisch verwaltet, d. h. der Software-Entwickler ist von der Spezifikation und der anschließenden Verwaltung einer festen Array-Größe entbunden. Zwar ist der Hinweis in der Online-Hilfe korrekt, dass durch die dynamische Verwaltung von *Arrays* die Leistungsfähigkeit eines Algorithmus abnimmt. Aber solange die Ausführungsgeschwindigkeit unkritisch ist, sollte der dynamischen Verwaltung von *Arrays* der Vorzug gegeben werden, da so im Allgemeinen sehr gut lesbare und damit in hohem Maße selbst dokumentierende Programme entstehen.

Aus dem gleichen Grund wird in LabVIEW der Datentyp *Character* nicht benötigt und es ist ausreichend, dem Software-Entwickler die Datenstruktur *String* zur Verfügung zu stellen, da auch hier die Verwaltung der Zeichenanzahl einer Zeichenkette dynamisch erfolgt.

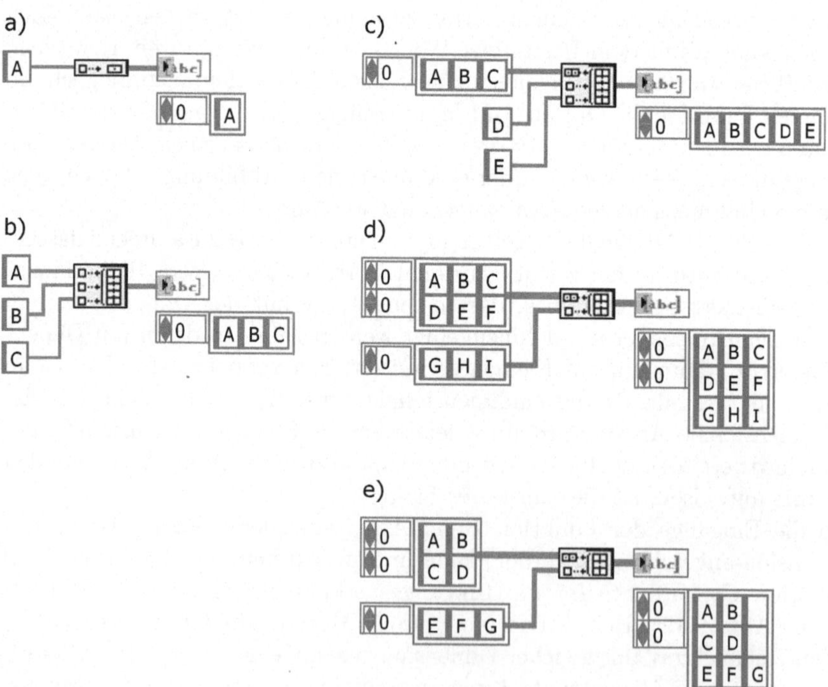

Abb. 9.11: Beispiele für die Anwendung der Funktion *Build Array*

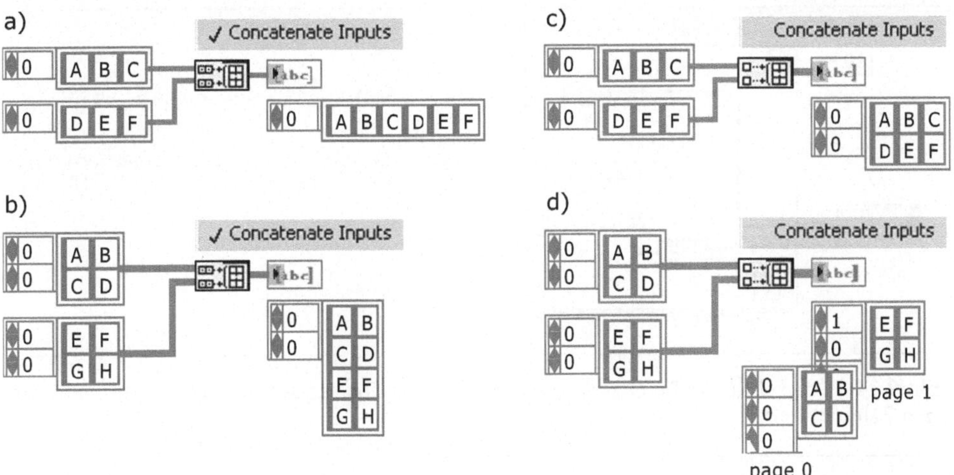

Abb. 9.12: Anwendungsbeispiele für die Funktion *Build Array*, a, b) mit aktivierter und c, d) deaktivierter Option *Concatenate Inputs*

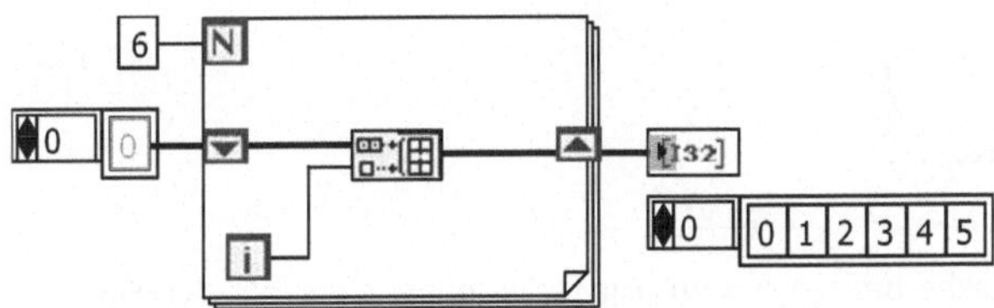

Abb. 9.13: Typische Verwendung der Funktion *Build Array* innerhalb einer Wiederholschleife

▶ **Beispiel:**

Die Verwendung der Funktion *Build Array* soll an einem Beispiel veranschaulicht werden, in dem zwei *Arrays* erzeugt werden, wobei das eine die geraden und das andere die ungeraden Zahlen enthält (vgl. Abb. 9.14). Dies wird erreicht, indem mit Hilfe eines Schieberegisters der Funktion *Build Array* das Ergebnis des vorletzten Schleifendurchlaufs zugeführt wird. Dies hat zur Folge, dass im Schieberegister kontinuierlich zwischen den letzten beiden Schleifendurchläufen (Iteration $n-2$ und $n-1$) gewechselt wird. Eine Realisierung dieser Aufgabenstellung ist natürlich auch möglich, indem ein Laufindex, z. B. der Iterationszähler i der For-Schleife, zum einen mit 2 multipliziert wird und zum anderen mit 2 multipliziert und um eins inkrementiert wird und das Resultat jeweils einem Funktionsknoten *Build Array* zugeführt wird. ◀

Indizierung bei Wiederholschleifen

Wie bereits in Abschnitt 7.1.3 erläutert wurde, können Datenflüsse einer Wiederholschleife über den Rand zugeführt bzw. entnommen werden. Dafür stehen Schleifentunnel zur Verfügung, die über die äußerst komfortable Möglichkeit verfügen, *Arrays* (Datenfelder) automatisch zu indizieren bzw. zu generieren, wenn im Kontext-

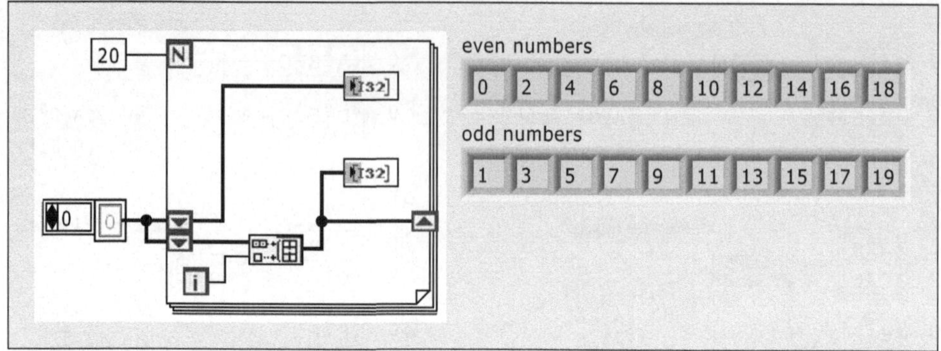

Abb. 9.14: Beispiel für die Erzeugung von zwei eindimensionalen *Arrays* mit geraden und ungeraden Zahlen

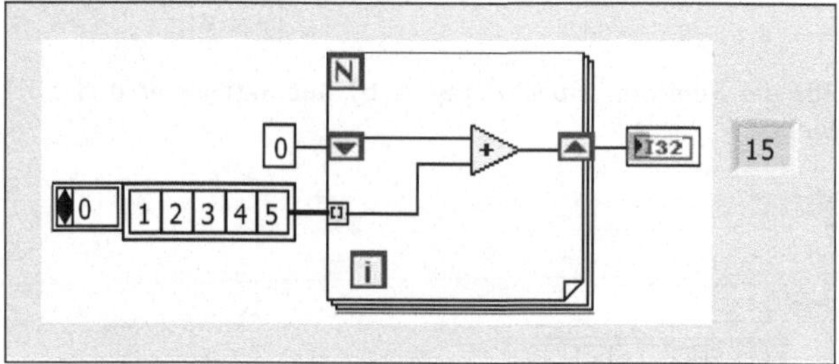

Abb. 9.15: Beispiel für die Automatische Indizierung am Eingangstunnel einer For-Schleife

Menü eines Schleifentunnels die Option *Enable Indexing* (Indizierung aktivieren) ausgewählt wird.

Wird ein *Array* bei aktivierter Option *Enable Indexing* dem Rand einer Wiederholschleife zugeführt, wird dem *Array* bei jedem Schleifendurchlauf ein Element entnommen und verarbeitet. Bei einem eindimensionalen *Array* ist dies ein Skalar und bei einem mehrdimensionalen *Array* mit der Dimension n ist dies ein Teil-Array mit der Dimension $n - 1$. Abbildung 9.15 zeigt ein Beispiel für die automatische Indizierung auf der Eingangsseite einer For-Schleife. Bei jedem Schleifendurchlauf wird dem zugeführten *Array* ein Element entnommen und zu dem aktuellen Wert des Schieberegisters addiert, so dass die Summe aller im *Array* enthaltenen Elemente gebildet wird. Dieses Beispiel soll vornehmlich die Funktionsweise der automatischen Indizierung veranschaulichen. Auf einfachere Weise ist die Summenbildung mit Hilfe der Funktion *Add Array Elements* (Array-Elemente addieren) möglich (vgl. Abb. 9.46).

Wenn die automatische Indizierung an einem Schleifentunnel auf der Ausgangsseite einer Wiederholschleife aktiviert worden ist, wird bei jedem Schleifendurchlauf ein neues Element erzeugt und die Ergebnisse aller Schleifendurchläufe werden am Schleifenrand gesammelt. Wenn die Wiederholschleife beendet worden ist, werden alle Ergebnisse als *Array* ausgegeben. Im Beispiel nach Abbildung 9.16 wird der Wert des Iterationszählers quadriert und nach fünf Schleifendurchläufen wird ein *Array* mit den ersten fünf Quadratzahlen ausgegeben.

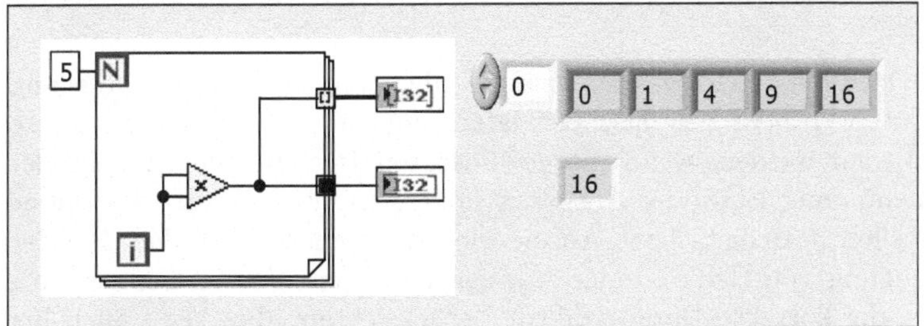

Abb. 9.16: Beispiel für die Automatische Indizierung am Ausgangstunnel einer For-Schleife

Ist die automatische Indizierung hingegen deaktiviert, wird nur das Ergebnis des letzten Schleifendurchlaufs am Schleifentunnel ausgegeben (Abb. 9.17). Bei einer deaktivierten automatischen Indizierung an einem Schleifentunnel auf der Eingangsseite einer Wiederholschleife wird dagegen bei jedem Schleifendurchlauf das vollständige *Array* in die Wiederholschleife übergeben (Abb. 9.17). Da bei einer For-Schleife die Anzahl der Schleifendurchläufe festliegt, ist die automatische Indizierung standardmäßig aktiviert, während sie bei einer While-Schleife standardmäßig deaktiviert ist.

Bei einer For-Schleife ist es bei aktivierter automatischer Indizierung am Eingangstunnel nicht erforderlich, das Zählterminal mit einem Vorgabewert zu belegen, da der Vorgabewert automatisch auf die Größe des *Arrays* gesetzt wird (vgl. Abb. 9.15). Unterscheidet sich der Vorgabewert am Zählterminal von der Array-Länge, so setzt LabVIEW den Vorgabewert für die Anzahl der Schleifenumläufe auf den kleineren der beiden Werte (Abb. 9.17).

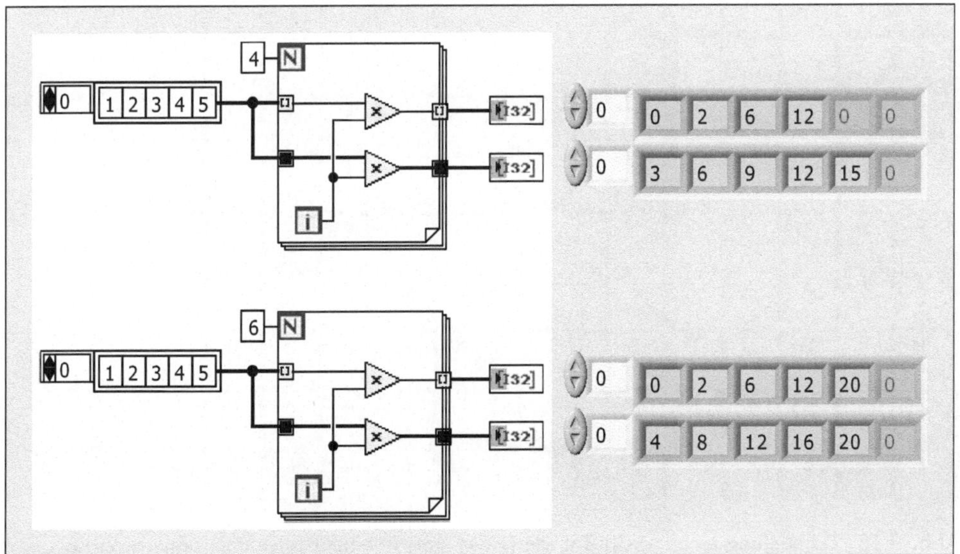

Abb. 9.17: Beispiel für die automatische Indizierung an der Ein- und Ausgangsseite einer For-Schleife

▶ **Programmiertipp:**

Gelegentlich ergeben sich bei der Programmierung Fehler, weil ein Ein- oder Ausgang mit dem falschen Datentyp oder der falschen Datenstruktur verbunden wird. Diese Fehler können vermieden werden, wenn die gewünschten Bedien- oder Anzeigeelemente im Kontextmenü eines Ein- oder Ausgangs über die Option *Create* ≫ *Control* bzw. *Indicator* (Erstellen ≫ Bedien- bzw. Anzeigeelement) generiert werden. Bei der automatischen Erzeugung von Bedien- oder Anzeigeelementen wird immer der korrekte Datentyp oder die korrekte Datenstruktur berücksichtigt, dies kann auch bei der Fehlersuche genutzt werden. ◀

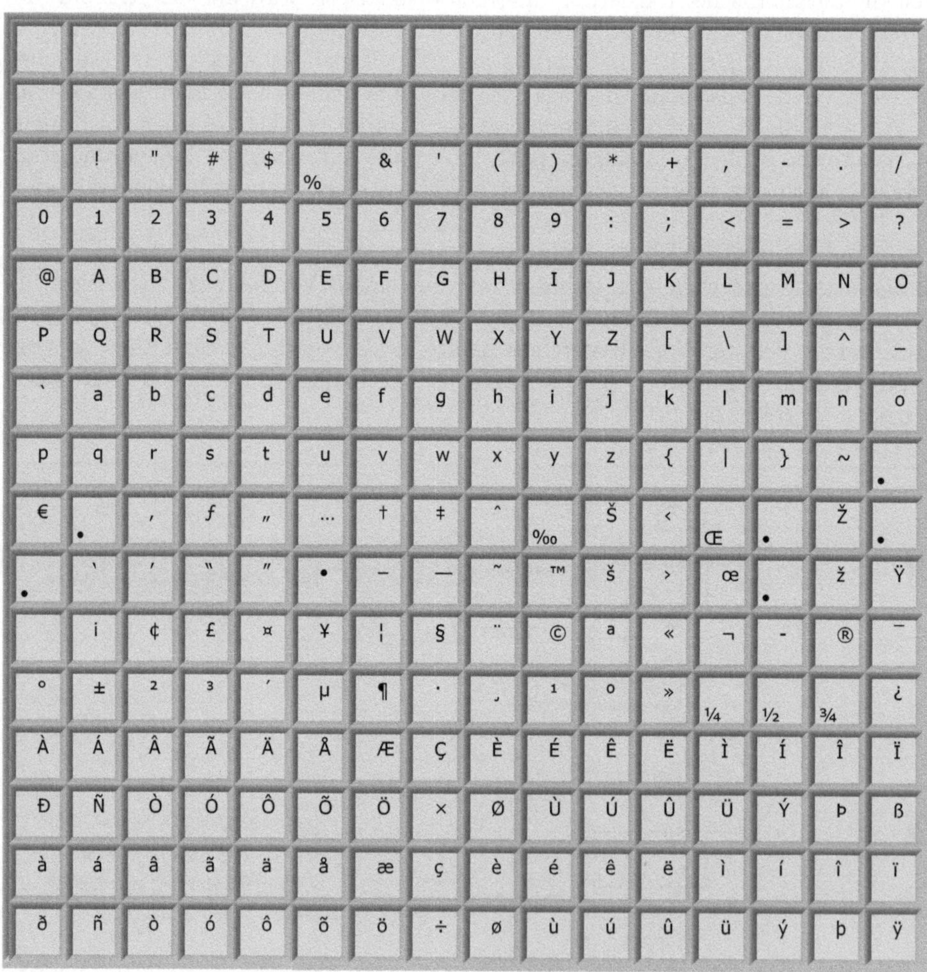

Abb. 9.18: Darstellung einer ASCII-Tabelle (PC-ANSI) in einem zweidimensionalen *Array*

▶ **Beispiel: Erzeugen von mehrdimensionalen Arrays**

Zwei- und mehrdimensionale *Arrays* können auf einfache Weise mit Hilfe der automatischen Indizierung erzeugt werden, wenn Wiederholschleifen mit aktivierter automatischer Indizierung ineinander geschachtelt werden. Beispielhaft soll dies an der Erzeugung einer ASCII-Tabelle gezeigt werden, bei der die 256 Zeichen in einem zweidimensionalen *Array* mit jeweils 16 Zeilen und 16 Spalten dargestellt werden (Abb. 9.18).

Für die Generierung der ASCII-Tabelle ist es ausreichend, zwei For-Schleifen ineinander zu schachteln, deren Zählterminal jeweils mit 16 belegt wird (Abb. 9.19). Zur Erzeugung der einzelnen Zeichen wird zunächst ein Schieberegister mit Null initialisiert und bei jedem Schleifendurchlauf wird der Wert des Schieberegisters inkrementiert. Damit stehen dann insgesamt Ganzzahlen im Bereich von 0 bis 255 zur Verfügung. Diese Ganzzahlen können mit Hilfe der Funktion *Type Cast* (Typenformung) (vgl. Abschn. 8.5) in einen *String* umgewandelt werden. Die innere For-Schleife erzeugt jeweils ein eindimensionales *Array* mit 16 Elementen (Spalten) und die äußere For-Schleife setzt diese eindimensionalen *Arrays* zu einem zweidimensionalen *Array* mit 16 Zeilen zusammen.

Natürlich ist es möglich, diese Aufgabenstellung auch auf andere Weise zu realisieren. Ein weiteres Beispiel unter Verwendung der Funktion *Reshape Array* (Array umformen) zeigt Abbildung 9.42. Auch ist es nicht zwingend erforderlich, eine Typumwandlung mittels *Type Cast* vorzunehmen. Eine alternative Möglichkeit zeigt das Beispiel in Abbildung 9.55.   ◀

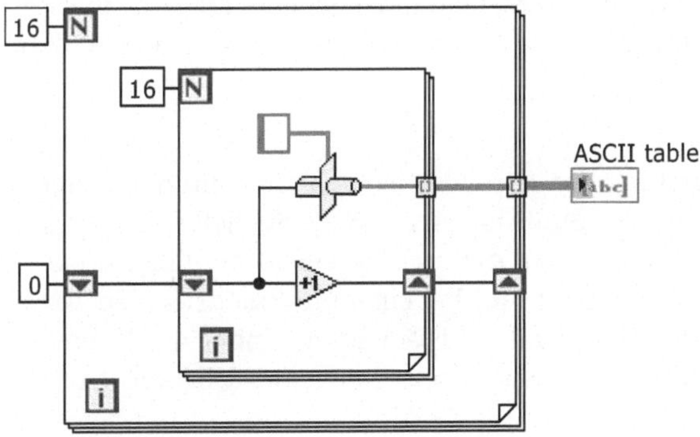

Abb. 9.19: Programm für die Erzeugung einer ASCII-Tabelle

9.1.3 Funktionen für das Arbeiten mit Arrays

In diesem Abschnitt sollen die Möglichkeiten zur Auswertung und Manipulation von *Arrays* vorgestellt werden. Abbildung 9.20 zeigt alle Elemente der Palette *Functions* ≫ *Array*. Die Möglichkeiten zur manuellen und programmgesteuerten Erzeugung von *Arrays* mit Hilfe der Funktionen *Array Constant*, *Initialize Array* und *Build Array* sind bereits in den beiden vorigen Abschnitten vorgestellt worden. Hier soll nun zunächst auf eine Gruppe von Array-Funktionen eingegangen werden, die die Indizierung eines

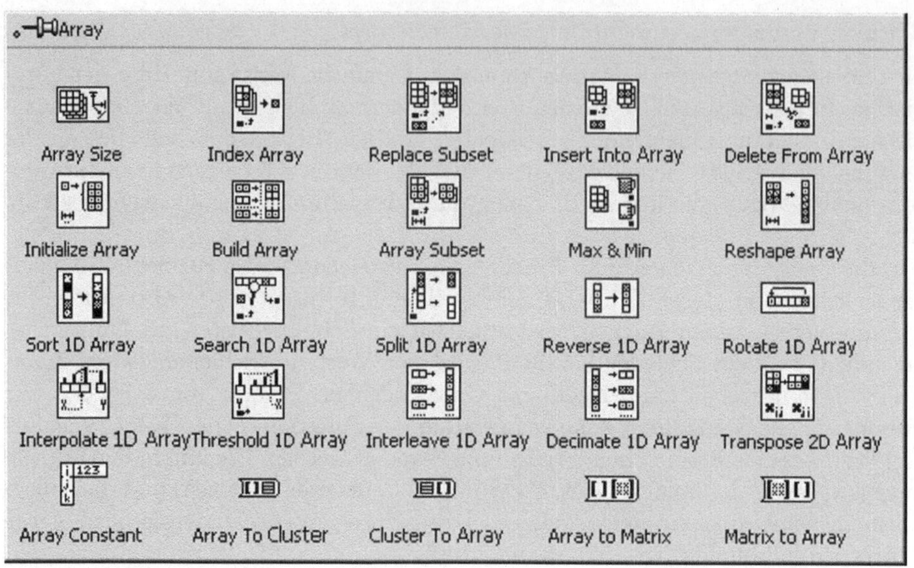

Abb. 9.20: Array-Funktionen in der Palette *Array*

Arrays sowie das Ersetzen, Löschen und Einfügen von einzelnen Elementen oder Teil-Arrays ermöglicht. Dabei soll schon an dieser Stelle darauf hingewiesen werden, dass die meisten Funktionen in LabVIEW polymorph sind. Das heißt, sie können unterschiedliche Datentypen und Datenstrukturen verarbeiten. Daher sind auch die meisten Funktionen aus den Funktionspaletten *Numeric* und *Comparison* direkt verwendbar.

Array Size (Array Größe)

Eine einfache Möglichkeit zur Ermittlung der Array-Größe von ein- und mehrdimensionalen *Arrays* bietet die Verwendung der Funktion *Array Size*. Sie liefert die Anzahl der Elemente des am Eingang angeschlossenen *Arrays*. Bei einem eindimensionalen *Array* ist das Ergebnis ein Skalar (Abb. 9.21a) und bei einem n-dimensionalen *Array* ist das Ergebnis ein eindimensionales *Array* mit n Elementen, wobei die Elemente der Funktion *Array Size* jeweils die dimensionsspezifische Länge des Eingangs-Arrays angeben (Abb. 9.21b).

Index Array (Array indizieren)

Die Funktion *Index Array* kann genutzt werden, um ein bestimmtes Element eines *Arrays* oder ein Teil-Array zu indizieren und am Ausgang der Funktion auszugeben. Für jede Dimension des zugeführten *Arrays* wird ein Index-Anschluss zur Verfügung gestellt. Wird beispielsweise, das in Abbildung 9.22a skizzierte eindimensionale *Array* mit dem Index 2 indiziert, wird das dritte Element, C, ausgegeben. Bei der in Abbildung 9.22b dargestellten Indizierung eines zweidimensionalen *Arrays* mit dem Index 2 für die Zeile und dem Index 3 für die Spalte wird das Element M in der dritten Zeile und vierten Spalte ausgegeben.

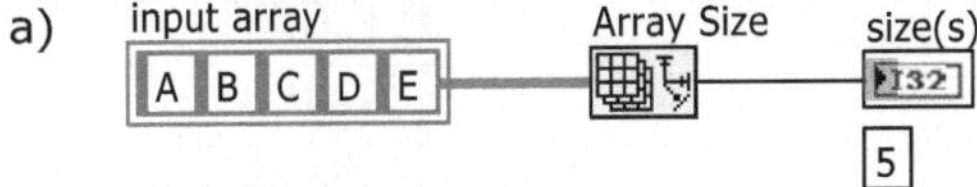

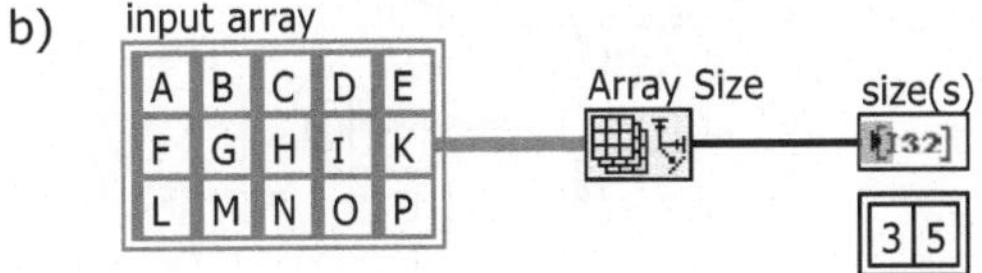

Abb. 9.21: Beispiel für die Verwendung der Funktion *Array Size*, a) mit einem eindimensionalen und b) mit einem mehrdimensionalen Array am Eingang der Funktion

Grundsätzlich ist es nicht erforderlich, alle Index-Eingänge der Funktion *Index Array* mit Werten zu belegen. Wird nur ein Index für die Zeile angegeben, stellt die Funktion *Index Array* die ganze Zeile am Ausgang bereit (Abb. 9.22c) und wenn nur ein Index für die Spalte angegeben wird, stellt die Funktion dementsprechend die ganze Spalte am Ausgang bereit (Abb. 9.22d).

In analoger Weise kann die Indizierung eines dreidimensionalen *Arrays* erfolgen, die in den Abbildungen 9.22e bis 9.22g beispielhaft gezeigt wird. Die Indizierung mit 1,1,1 für die Seite, Zeile und Spalte des zugeführten *Arrays* liefert das Element 5 der zweiten Seite in der zweiten Zeile und zweiten Spalte (Abb. 9.22e). Wenn der Index-Eingang für die Seite eines *Arrays* nicht verwendet wird, stellt die Funktion einen Querschnitt über alle Seiten, also z. B. alle Elemente der zweiten Zeile und ersten Spalte am Ausgang bereit (Abb. 9.22f). Für den Fall, dass nur der Eingang für die Indizierung einer Seite mit einem Wert belegt wird, stellt die Funktion die entsprechende Seite am Ausgang bereit (Abb. 9.22g).

Grundsätzlich ist es möglich, die Indizierung eines *Arrays* mit Hilfe der Funktion *Index Array* mehrfach vorzunehmen. Dazu kann der Funktionsknoten mit dem Positionierwerkzeug nach unten aufgezogen werden. Abbildung 9.23 zeigt dafür ein Beispiel, in dem ein zweidimensionales *Array* dreimal indiziert wird. Beispielsweise wird mit der Indizierung 1,1 das Element F aus der zweiten Spalte und aus der zweiten Zeile am obersten Ausgang der Funktion bereit gestellt.

▶ Beispiel: Erzeugen einer Q-Folge

Ein gutes Beispiel für die Verwendung der Funktion *Index Array* stellt die Erzeugung einer Q-Folge dar. Bei einer Q-Folge ergibt sich jedes neue Glied der Folge mit Hilfe der beiden vorigen Glieder nach Gleichung 9.1

$$Q_n = Q_{(n-Q_{n-1})} + Q_{(n-Q_{n-2})}, \qquad (9.1)$$

wobei die ersten beiden Glieder der Folge mit $Q_1 = Q_2 = 1$ vorgegeben sind. Die Zahlenwerte der zwei vor dem aktuell zu berechnenden Glied geben an, wie weit jeweils rückwärts gezählt werden muss, um die beiden Zahlenwerte zu ermitteln, die für das neue Glied der Folge addiert werden sollen. Der Anfang der Zahlenfolge lautet somit: 1, 1, 2, 3, 3, 4, 5, 5, 6, 6, 6, 8, 8, 8, 10, 9, 10...

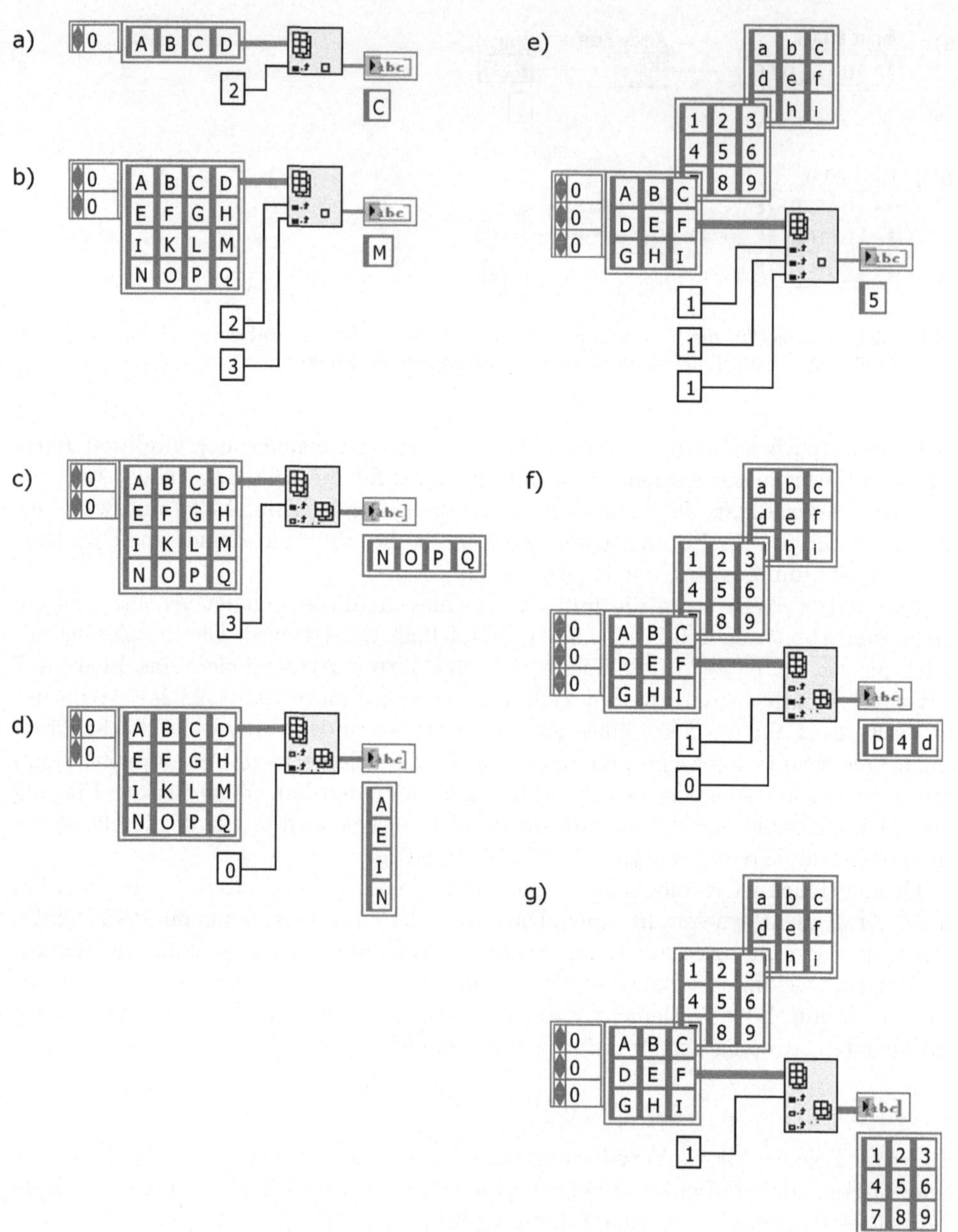

Abb. 9.22: Anwendungsbeispiele für die Funktion *Index Array*

Beispielsweise ergibt sich das 18. Glied der Q-Folge aus der zweiten 5 und der ersten 6, da einmal 10 und einmal 9 Elemente in der Folge zurückgegangen werden muss, um die Zahlenwerte zu ermitteln, die für die Bildung des 18. Gliedes addiert werden müssen.

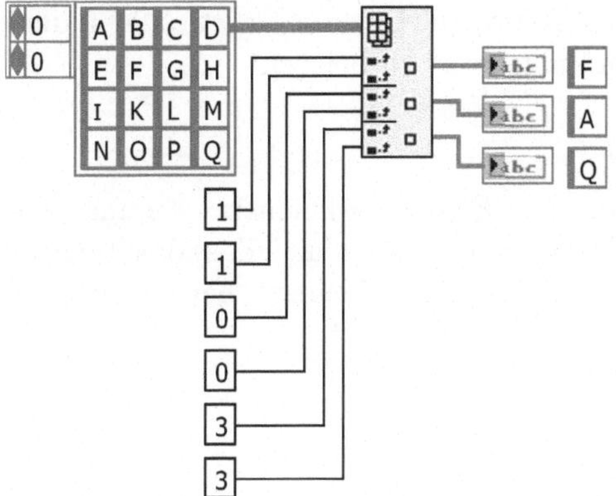

Abb. 9.23: Beispiel für eine mehrfache Indizierung eines *Arrays* mit Hilfe der Funktion *Index Array*

Abbildung 9.24 zeigt das *Block Diagram* des Programms `QSeries.vi`, welches die ersten 100 Glieder der Q-Folge berechnet. Da die ersten beiden Glieder der Folge gegeben sind, wird das Schieberegister der For-Schleife mit einem eindimensionalen *Array*, welches die ersten beiden Glieder der Q-Folge enthält, initialisiert und der Iterationszähler der For-Schleife wird um 2 erhöht. Um die Werte der Glieder i–1 und i–2 zu ermitteln, wird das *Array* der Q-Folge entsprechend indiziert. Diese beiden Glieder geben an, wie weit jeweils innerhalb der Q-Folge rückwärts gegangen werden muss. Mit diesen beiden Ergebnissen wird das *Array* der Q-Folge erneut indiziert, die beiden resultierenden Werte werden addiert und mit Hilfe der Funktion *Build Array* als neues Element an die bisherigen Glieder der Q-Folge angehängt. ◀

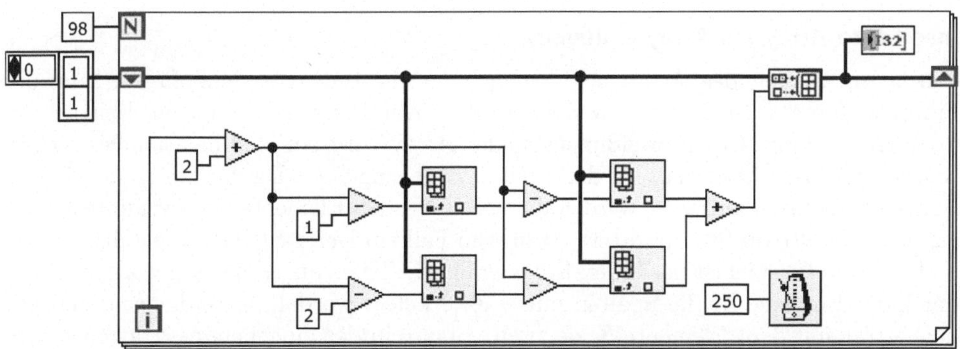

Abb. 9.24: *Block Diagram* des Programms `QSeries.vi` zur Ermittlung der ersten 100 Elemente einer Q-Folge

Bei den vier folgenden Funktionen zum Ersetzen, Einfügen, Löschen und Ausschneiden eines Elementes oder eines Teil-Arrays wird die Indizierung des zugeführten *Arrays* auf die gleiche Weise vorgenommen, wie bei der Funktion *Index Array*.

Grundsätzlich ist es bei mehrdimensionalen *Arrays* nicht erforderlich, alle Index-Eingänge der jeweiligen Funktion mit einem Zahlenwert zu belegen.

Replace Array Subset (Teilarray ersetzen)

Abbildung 9.25 zeigt beispielhaft das Ersetzen eines Elementes in einem zweidimensionalen *Array*. Die Indizierung 2,3 des zugeführten *Arrays* führt dazu, dass das Element M in der dritten Zeile und vierten Spalte durch das neues Element *(new element)* X ersetzt wird.

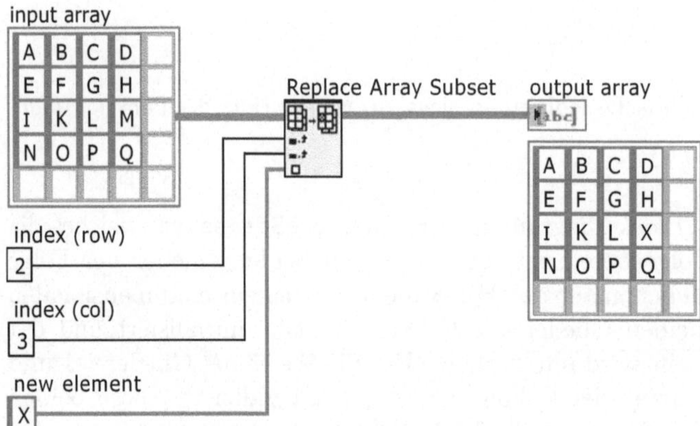

Abb. 9.25: Ersetzen eines Elementes in einem zweidimensionalen *Array* mit Hilfe der Funktion *Replace Array Subset*

Insert Into Array (In Array einfügen)

Um in ein bestehendes *Array* ein Element oder ein Teil-Array einzufügen, kann die Funktion *Insert Into Array* verwendet werden. Abbildung 9.26 zeigt ein Beispiel für diese Anwendung. In ein zweidimensionales *Array* wird ein eindimensionales *Array*, welches ein Element enthält, in der zweiten Zeile eingefügt. Da das zweidimensionale *Array* vier Spalten aufweist, werden die verbleibenden Elemente des zweidimensionalen *Arrays* mit dem Standardwert, in diesem Fall ein leerer *String*, aufgefüllt.

In diesem Beispiel ist der Index-Eingang für die Zeilen angeschlossen worden. Wäre der Index-Eingang für die Spalten mit einer 2 belegt worden, wäre das eindimensionale *Array* mit dem Elemente X als zweite Spalte in das eingehende *Array* eingefügt worden. Bei der Funktion *Insert Into Array* ist es bei einem zweidimensionalen *Array* grundsätzlich nur möglich, einen der beiden Index-Eingänge mit einem Zahlenwert zu belegen. Abbildung 9.27 zeigt ein weiteres Beispiel, bei dem in ein zweidimensionales *Array* ein zweidimensionales *Array* in der dritten Zeile eingefügt wird.

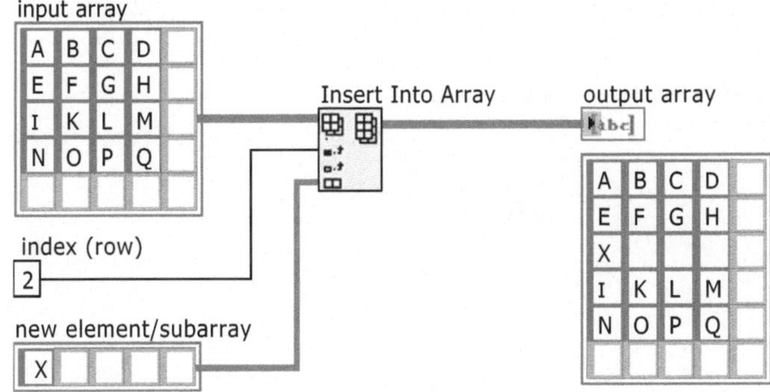

Abb. 9.26: Einfügen eines eindimensionalen *Arrays* in ein zweidimensionales *Array* mit Hilfe der Funktion *Insert Into Array*

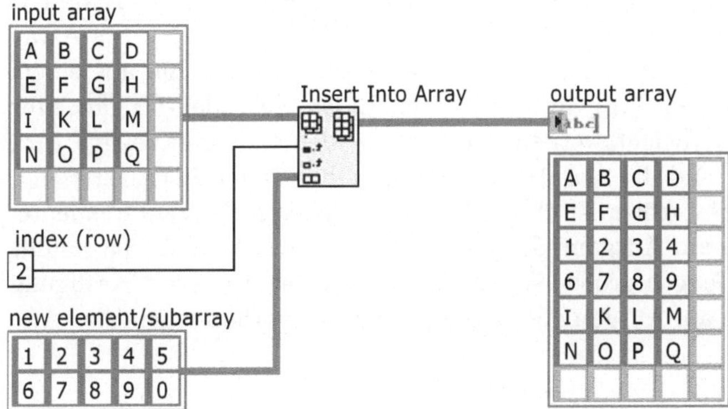

Abb. 9.27: Einfügen eines zweidimensionalen *Arrays* in ein bestehendes *Array* mittels der Funktion *Insert Into Array*

Delete From Array (Aus Array entfernen)

Die Funktion *Delete From Array* ermöglicht es, aus einem mehrdimensionalen *Array* ein Teil-Array zu löschen oder aus einem eindimensionalen *Array* einzelne Elemente zu löschen (vgl. Abb. 9.28). Dazu ist die Angabe eines Index sowie die Angabe der *length* (Länge) erforderlich. Letztere gibt die Größe des zu löschenden Teil-Arrays an, in einem zweidimensionalen *Array* beispielsweise die Anzahl der zu löschenden Zeilen oder Spalten. Die Funktion stellt an einem weiteren Ausgang auch den *deleted portion* (gelöschten Teil) zur weiteren Verarbeitung bereit.

Array Subset (Teilarray)

Während die Funktion *Index Array* nur das Indizieren ganzer Zeilen, Spalten usw. ermöglicht, kann die Funktion *Array Subset* auch ein Teil-Array aus einem *Array* am Eingang der Funktion ausschneiden. Die Funktion gibt diesen Teil des *Arrays* zurück, der bei der Angabe des Index beginnt und enthält so viele Elemente, wie am Eingang *length* (Länge) spezifiziert worden sind. In Abbildung 9.29a wird aus

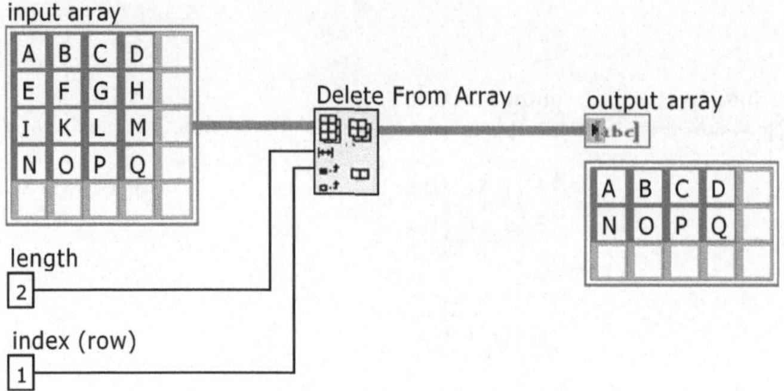

Abb. 9.28: Beispiel für das Löschen eines Teil-Arrays mit Hilfe der Funktion *Delete From Array*

einem eindimensionalen *Array* ein Teil-Array mit den beiden Elementen B und C ausgeschnitten, indem die Indizierung bei 1 beginnt und als Länge für das Teil-Array eine 2 angegeben wird. In vergleichbarer Weise wird in Abbildung 9.29b aus einem zweidimensionalen *Array* ein Teil-Array ausgeschnitten, indem die Index-Eingänge für die Zeilen und Spalten mit 1 belegt werden. Über die beiden Eingänge *length* wird die Anzahl der Zeilen mit 2 und die Anzahl der Spalten mit 3 angegeben.

Wenn die Angabe des Index größer ist als die Anzahl der entsprechenden Elemente, wird unabhängig von *length* am Ausgang der Funktion ein leeres *Array* bereitgestellt und wenn die Angabe von *length* größer ist als die Anzahl der noch zur Verfügung stehenden Elemente, werden am Ausgang der Funktion nur die vorhandenen Elemente ausgegeben.

Rotate 1D Array (1D-Array rotieren) und Reverse 1D Array (1D-Array umkehren)

Diese beiden Funktionen erlauben auf einfache Weise das Umkehren bzw. Rotieren eines eindimensionalen *Arrays* (Abb. 9.30). Bei der Funktion *Rotate 1D Array* kann über einen zweiten Eingang zudem angegeben werden, um wie viele Stellen das *Array* rotiert werden soll.

▶ Beispiel: Ringregister

Ein Beispiel für die Anwendung der Funktion *Rotate 1D Array* stellt die in Abbildung 9.31 dargestellte Realisierung eines Ringregisters dar. Eine While-Schleife wird mit einem booleschen *Array*, welches acht Elemente enthält, initialisiert. Bei jedem Schleifendurchlauf wird das *Array* um ein Element rotiert. Mit der Funktion *Array Size* und der Funktion *Decrement* wird bei jedem Schleifendurchlauf das letzte Element des *Arrays* indiziert und zur Anzeige gebracht, so dass in einem Zyklus von acht Schleifendurchläufen alle Array-Elemente im Anzeigeelement *last element* dargestellt werden.   ◀

a)
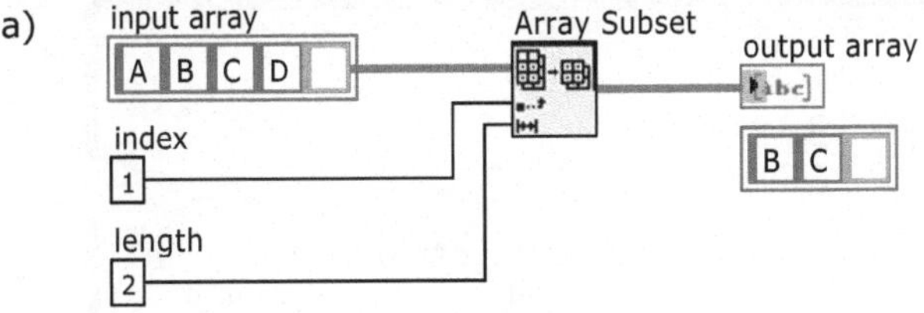

b)
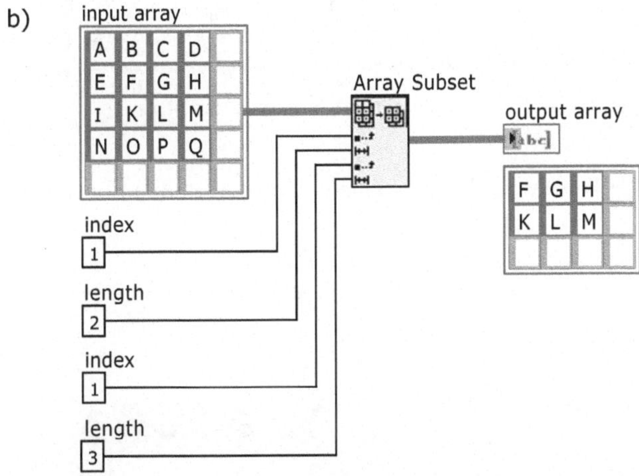

Abb. 9.29: Die Funktion *Array Subset* ermöglicht das Ausschneiden eines Teil-Arrays

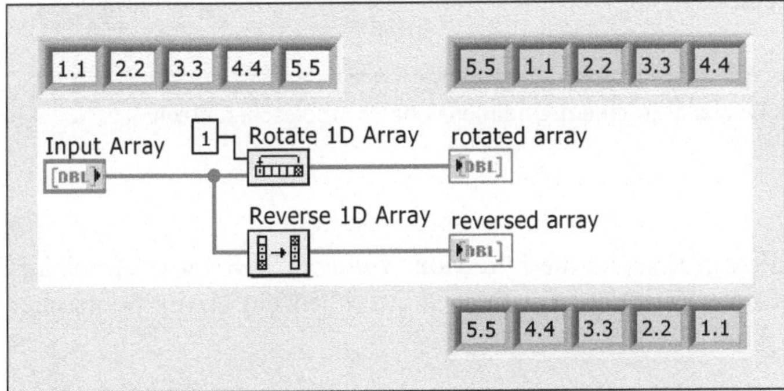

Abb. 9.30: Rotieren und Umkehren eines eindimensionalen *Arrays*

▶ **Beispiel: Darstellung einer booleschen Zahl**

LabVIEW ordnet bei der Darstellung von binären Zahlen in einem booleschen *Array* dem ersten Array-Element mit dem Index 0 das niedrigstwertige Bit (*LSB, least significant bit*) und dem letzten Array-Element das höchstwertige Bit (*MSB, most significant bit*) zu. Bei der in der Literatur üblichen Darstellung von Dualzahlen wird dagegen das MSB links und das LSB rechts dargestellt. Um auf dem *Front Panel* die übliche Darstellungsweise zu erzielen, bietet es sich an, das *Array* mit Hilfe der

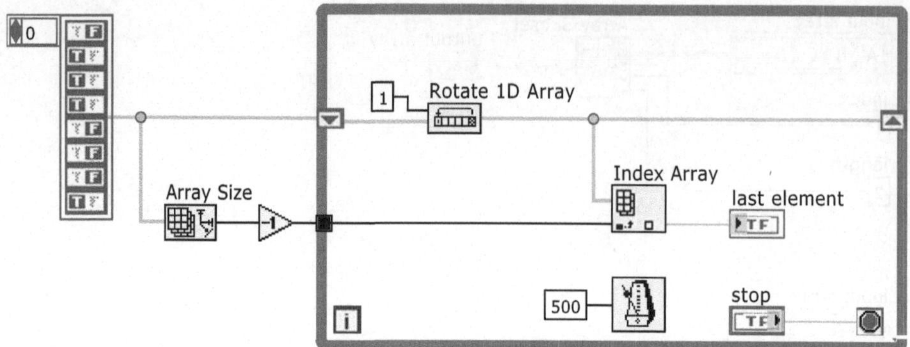

Abb. 9.31: Realisierung eines Ringregisters mit Hilfe der Funktion *Rotate 1D Array*

Funktion *Reverse 1D Array* umzukehren und anschließend auf der Bedienoberfläche darzustellen (Abb. 9.32).

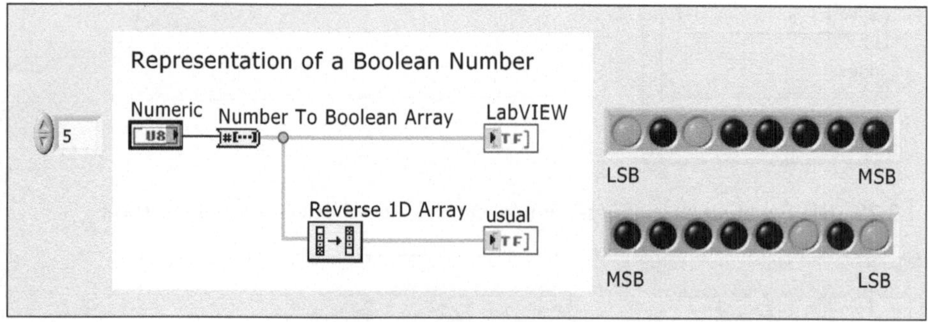

Abb. 9.32: Darstellung einer Dualzahl in einem eindimensionalen booleschen *Array*

Number To Boolean Array (Zahl nach boolesches Array)

Zusätzlich wird in diesem Beispiel die Funktion *Number To Boolean Array* aus der Funktionspalette *Boolean* verwendet, die eine Ganzzahl in ein *Array* boolescher Werte transformiert (vgl. Abb. 9.32)   ◀

Search 1D Array (1D-Array durchsuchen)

Mit der Funktion *Search 1D Array* kann ein eindimensionales *Array* daraufhin untersucht werden, ob ein Element des *Arrays* mit einem spezifizierten Element übereinstimmt. Die Suche wird beendet, wenn die erste Übereinstimmung gefunden worden ist und die Funktion liefert dann am Ausgang den Index des gefundenen Elementes. Da in einem *Array* mehrere Elemente mit dem gesuchten Element übereinstimmen können, ist es möglich, die Suche im *Array* in Abhängigkeit von einem Start-Index vorzunehmen. Für den Fall, dass kein Element mit dem gesuchten Element übereinstimmt, wird als Index eine -1 ausgegeben, die gegebenenfalls für eine Ausnahmebehandlung verwendet werden kann. Im Beispiel nach Abbildung 9.33 wird das Eingangs-Array nach dem Element B durchsucht. Der mit 2 belegte Start-Index führt dazu, dass die Suche innerhalb des Eingangs-Arrays beim dritten Element begonnen wird. Daher wird als Index für das gefundene Element eine 5 ausgegeben.

Split 1D Array (1D-Array teilen)

Diese Funktion ermöglicht auf einfache Weise, ein eindimensionales *Array* in zwei eindimensionale Teil-Arrays zu zerlegen. Die Stelle, an der das *Array* zerlegt werden soll, wird durch die Angabe eines Index spezifiziert (Abb. 9.34).

Sort 1D Array (1D-Array sortieren)

Zur Sortierung eines eindimensionalen *Arrays* steht die Funktion *Sort 1D Array* zur Verfügung. Dieser können nicht nur numerische Datentypen zugeführt werden. In dem in Abbildung 9.35 gezeigten Beispiel wird der Funktion ein String-Array zugeführt. Die Sortierung von Zeichenketten erfolgt dann anhand der jeweiligen Wertigkeit (0 – 255) des ersten Zeichens eines Array-Elementes entsprechend der ASCII-Tabelle.

Max & Min (Max. & Min. von Array)

Um innerhalb eines ein- oder mehrdimensionalen *Arrays* das Maximum und gegebenenfalls das Minimum zu ermitteln, kann die Funktion *Max & Min* verwendet werden. Diese stellt an ihren Ausgängen sowohl den Maximal- und Minimalwert als auch die zugehörigen Indices bereit. Bei mehrdimensionalen *Arrays* besteht die Angabe der

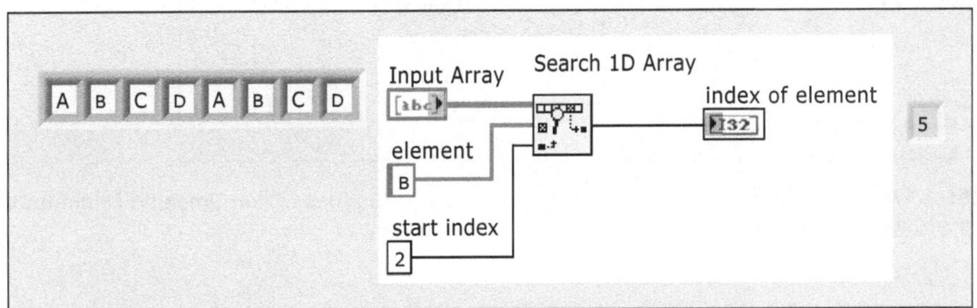

Abb. 9.33: Beispiel für das Durchsuchen eines eindimensionalen *Arrays* mit Hilfe der Funktion *Search 1D Array*

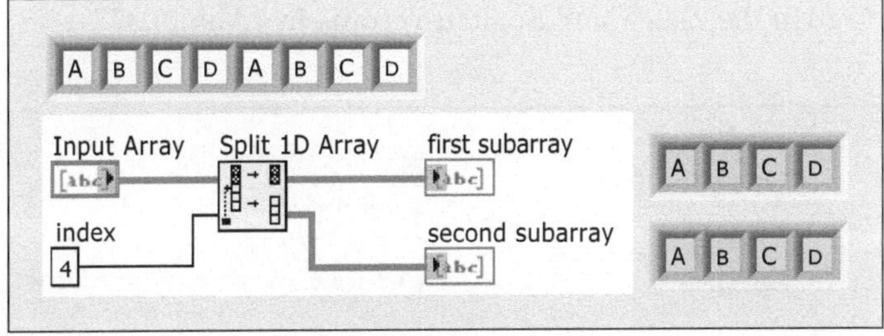

Abb. 9.34: Beispiel für das Zerlegen eines eindimensionalen *Arrays* in zwei Teil-Arrays

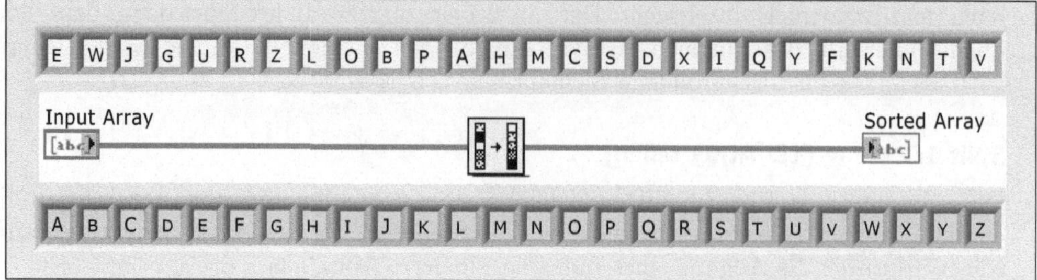

Abb. 9.35: Sortieren eines eindimensionalen *Arrays* mit der Funktion *Sort 1D Array*

Indices für das Maximum und Minimum aus einem eindimensionalen *Array*, in dem jeder Dimension des Eingangs-Arrays ein Element im *Array* für die Indexangabe zugeordnet ist (Abb. 9.36). Für den Fall, dass mehrere Elemente des Eingangs-Arrays den gleichen Maximal- bzw. Minimalwert aufweisen, wird die Suche nach dem Maximum bzw. Minimum jeweils nach dem ersten Treffer beendet.

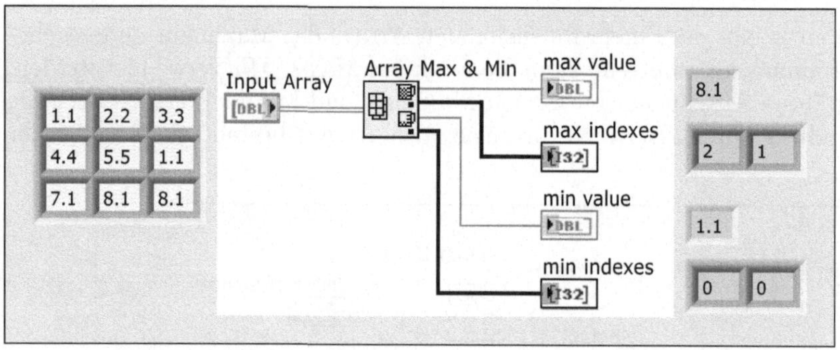

Abb. 9.36: Anwendung der Funktion *Max. & Min.* zur Ermittlung des Maximums und Minimums eines *Arrays* sowie den Indices für das Maximum und Minimum

Transpose 2D Array (2D-Array transponieren)

Mit dieser Funktion ist es unmittelbar möglich, ein zweidimensionales *Array* zu transponieren, d. h. im *Array* werden die Zeilen und Spalten vertauscht (Abb. 9.37).

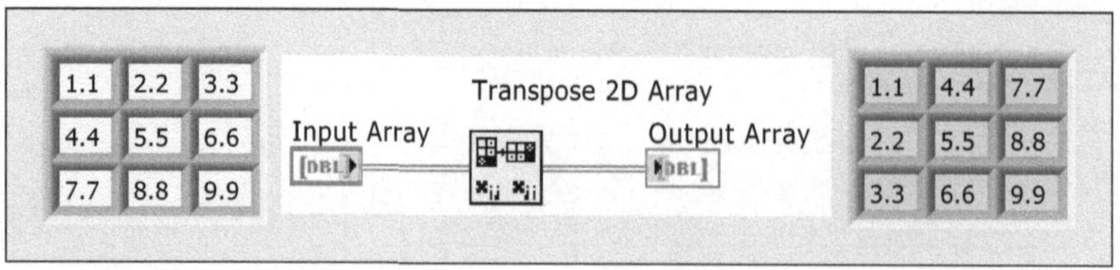

Abb. 9.37: Beispiel für das Transponieren eines zweidimensionalen *Arrays*

Interpolate 1D Array (1D-Array interpolieren) und
Threshold 1D Array (Schwellwert 1D-Array)

Diese beiden Funktionen ermöglichen die Interpolation zwischen zwei Elementen eines eindimensionalen *Arrays*. Beispielhaft ist die Verwendung in Abbildung 9.38 dargestellt. Als Eingangs-Array wird hier ein *Array* mit den fünf Elementen 1, 2, 3, 4, 5 verwendet. Der Funktion *Interpolate 1D Array* kann eine Indizierung im Gleitpunktformat zugeführt werden. Am Ausgang der Funktion wird für diese Indexangabe der interpolierte Wert der beiden Array-Elemente ober- und unterhalb des angegebenen Index ausgegeben. In diesem Beispiel führt die Angabe des *fractional index* (Index in Dezimalform) von 2.5 dazu, dass zwischen den Werten des zweiten und dritten Array-Elements interpoliert wird. Das Ergebnis der Interpolation zwischen den Werten 3 und 4 ergibt am Ausgang *y value* 3.5.

In vergleichbarer Weise kann die Funktion *Threshold 1D Array* verwendet werden. Dieser kann am Eingang *threshold y* (Schwellwert y) ein Wert im Gleitpunktformat zugeführt werden und in Abhängigkeit von den Werten des *Arrays* wird für diesen Schwellwert eine entsprechende Indexangabe im Gleitpunktformat ausgegeben. In diesem Beispiel wird der Funktion als Schwellwert 2.5 übergeben und dementsprechend der Index zwischen den beiden Array-Elementen mit den Werten 2 und 3 interpoliert und am Ausgang ausgegeben, hier 1.5, da der Schwellwert genau in der Mitte des Intervalls der Array-Elemente mit den Indices 1 und 2 liegt.

Bei der Suche nach einem Schwellwert steht als weiterer Eingang noch *Start Index* zur Verfügung, über den spezifiziert werden kann, bei welchem Element innerhalb des Eingangs-Arrays die Suche nach einem Schwellwert beginnen soll.

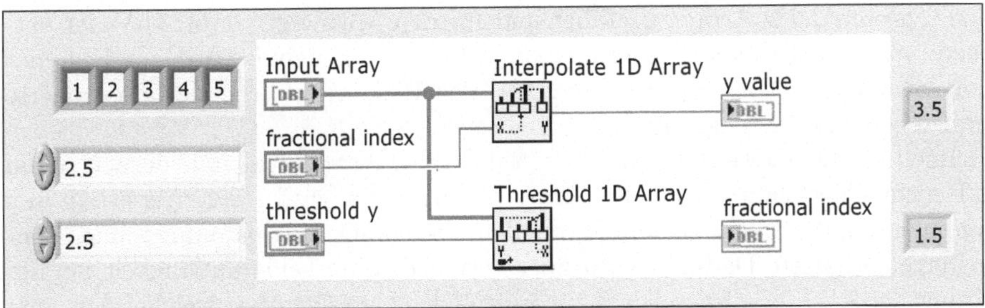

Abb. 9.38: Beispiel für die Verwendung der Funktionen *Interpolate 1D Array* und *Threshold 1D Array*

▶ **Beispiel: Look Up Table**

Die Auswertung einer *Look Up Table* (LUT, Umwandlungstabelle) soll die Möglichkeiten der beiden Funktionen *Interpolate 1D Array* und *Threshold 1D Array* weiter veranschaulichen. Sie werden in vielen Bereichen verwendet, um aufwendige Berechnungen durch den einfachen Zugriff auf eine Tabelle zu ersetzen. Dies können beispielsweise Tabellen für trigonometrische Funktionen sein (die im Zeitalter des Taschenrechners sicher an Bedeutung verloren haben) oder Tabellen im Bereich der Bildver-

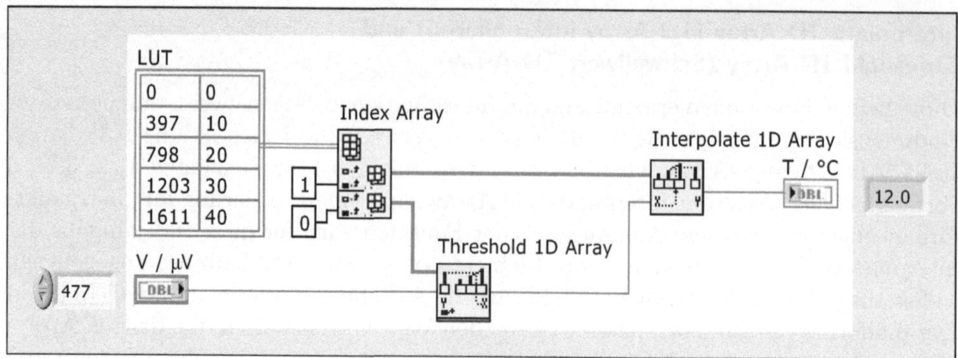

Abb. 9.39: Auswertung einer *Look Up Table* mit Hilfe der Funktionen *Interpolate 1D Array* und *Threshold 1D Array*

arbeitung mit denen dem Spannungswert eines Bildsensors ein Grauwert zugeordnet wird oder Tabellen im Bereich der Messtechnik. Für letzteres Beispiel zeigt Abbildung 9.39 den Ausschnitt einer LUT eines Thermoelementes vom Typ K für die Temperaturmessung, bei dem der Thermospannung des Sensors in μV in der ersten Spalte des zweidimensionalen *Arrays* eine Temperatur in °C in der zweiten Spalte des *Arrays* zugeordnet wird.

Um nun für einen fiktiven Messwert, hier 477 μV, die korrekte Temperatur zu ermitteln, wird zunächst mit Hilfe der Funktion *Index Array* das zweidimensionale *Array* in zwei eindimensionale *Arrays* zerlegt, von denen das obere die Temperaturwerte und das untere die Spannungswerte enthält. Das *Array* mit den Spannungswerten wird der Funktion *Threshold 1D Array* zugeführt und für den Messwert von 477 μV der entsprechende Index in Dezimalform ermittelt. Mit diesem Ergebnis wird mit Hilfe der Funktion *Interpolate 1D Array* aus dem *Array* der Temperaturwerte der interpolierte Temperaturwert von 12 °C ermittelt.

Prinzipiell ist die Verwendung der Funktion *Index Array* nicht erforderlich, wenn die LUT nicht als zweidimensionales *Array* bereitgestellt wird sondern statt dessen zwei eindimensionale *Arrays* verwendet werden, die jeweils die Spannungs- und Temperaturwerte enthalten. Dadurch wird aber vermutlich die Fehleranfälligkeit bei der Verwaltung der LUT erhöht, so dass im Einzelfall abzuwägen ist, welcher Variante der Vorzug zu geben ist. ◀

Interleave 1D Array (1D-Arrays überführen) und Decimate 1D Array (1D-Array dezimieren)

Das Zerlegen und Zusammensetzen von eindimensionalen *Arrays* kann auf effektive Weise mit den in Abbildung 9.40 dargestellten Funktionen vorgenommen werden. Die Funktion *Decimate 1D Array* kann mit dem Positionierwerkzeug nach unten aufgezogen werden, bis die gewünschte Anzahl von Ausgängen zur Verfügung steht. Im dargestellten Beispiel wird das Eingangs-Array in drei Teil-Arrays, *Array 1* bis *Array 3*, zerlegt. Dem Eingangs-Array wird für die Bildung der Teil-Arrays in zyklischer Folge jeweils ein Element entnommen und dem jeweiligen Ausgangs-Array hinzugefügt. In diesem Beispiel enthalten die Ausgangs-Arrays dementsprechend die Werte:

$$\text{Array 1:}\quad i = 3n \qquad \text{mit}\quad n = 0, 1, 2, 3 \ldots$$
$$\text{Array 2:}\quad i = 3n + 1 \quad \text{mit}\quad n = 0, 1, 2, 3 \ldots$$
$$\text{Array 3:}\quad i = 3n + 2 \quad \text{mit}\quad n = 0, 1, 2, 3 \ldots$$

Mit der inversen Funktion *Interleave 1D Array* können auf analoge Weise Teil-Arrays zu einem einzigen *Array* zusammengesetzt werden. Ein weiteres Beispiel für die Verwendung dieser beiden Funktionen zeigt Abbildung 9.70.

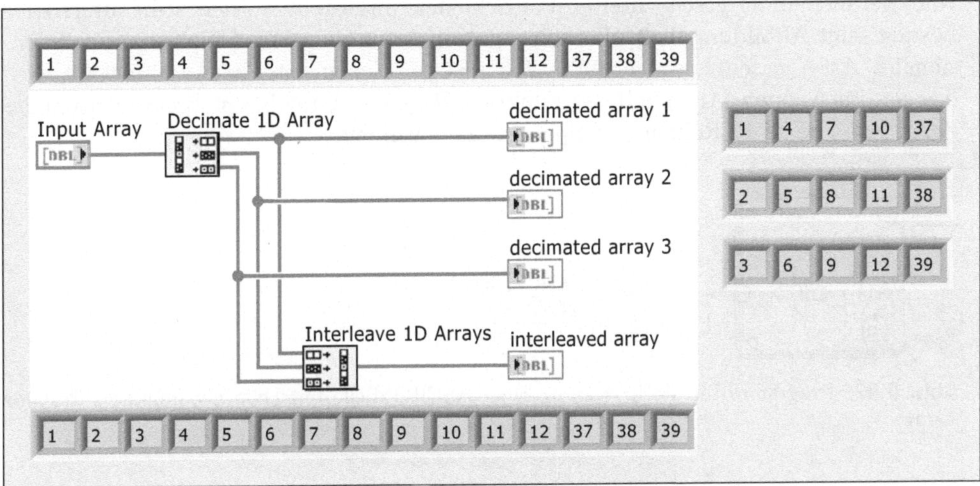

Abb. 9.40: Beispiel für das Zerlegen eines eindimensionalen *Arrays* in Teil-Arrays und das Zusammensetzen eines *Arrays* aus Teil-Arrays mit den Funktionen *Decimate 1D Array* und *Interleave 1D Array*

Reshape Array (Array umformen)

Äußerst leistungsfähig ist die Funktion *Reshape Array* mit der Eingangs-Arrays unterschiedlicher Dimensionen zu einem *Array* mit veränderter Dimensionalität umgewandelt werden können. Dadurch ist es in vielen Fällen möglich, Algorithmen zur Verarbeitung von *Arrays* deutlich zu vereinfachen. In dem in Abbildung 9.41 dargestellten

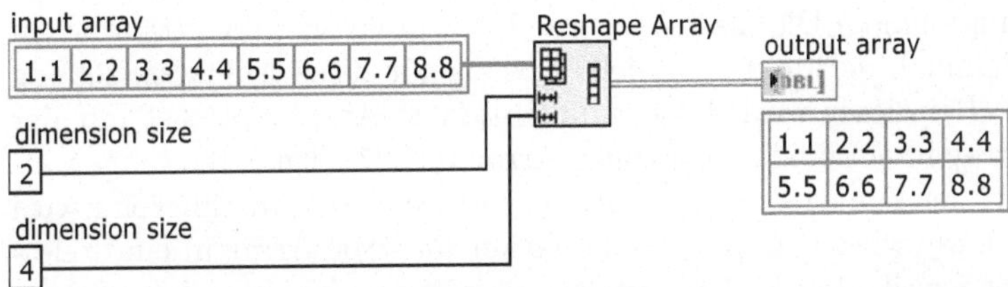

Abb. 9.41: Umwandlung eines eindimensionalen *Arrays* in ein zweidimensionales *Array* mit Hilfe der Funktion *Reshape Array*

Beispiel wird ein eindimensionales *Array* mit acht Elementen in ein zweidimensionales *Array* umgewandelt, indem der Eingang für die Dimension der Reihen mit 2 und der Eingang für die Dimension der Spalten mit 4 belegt wird. Im Folgenden sollen die Möglichkeiten, die die Funktion *Reshape Array* bietet an zwei weiteren Beispielen veranschaulicht werden.

▶ Beispiel: Erzeugen einer ASCII-Tabelle

In Abbildung 9.19 ist ein Programm zu Generierung einer ASCII-Tabelle mit Hilfe von zwei ineinander geschachtelten For-Schleifen vorgestellt worden. Eine alternative Lösung zeigt Abbildung 9.42. Hier wird zunächst mit einer For-Schleife ein eindimensionales *Array* erzeugt, welches alle 256 ASCII-Zeichen enthält. Anschließend wird das eindimensionale *Array* mit der Funktion *Reshape Array* in ein zweidimensionales *Array* mit jeweils 16 Reihen und Spalten umgewandelt.   ◀

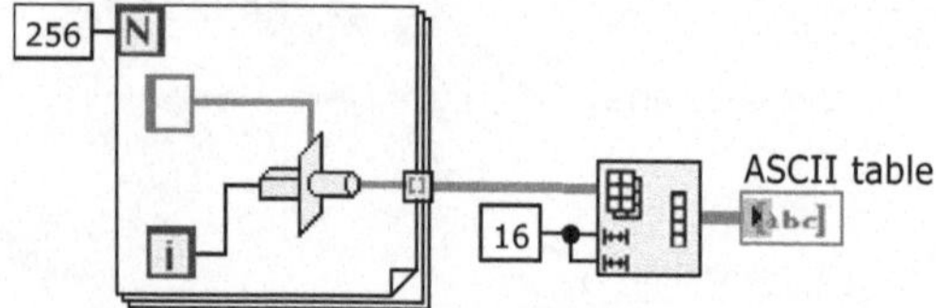

Abb. 9.42: Programm für die Erzeugung einer ASCII-Tabelle mit Hilfe der Funktion *Reshape Array*

▶ Beispiel: Sortieren eines dreidimensionalen Arrays

In einem zweiten Beispiel sollen die zufällig angeordneten Zahlenwerte in einem dreidimensionalen *Array* mit jeweils drei Reihen, Spalten und Seiten in aufsteigender Reihenfolge sortiert werden (Abb. 9.43). Ein erster Lösungsansatz könnte darin bestehen, jeweils zwei Elemente des dreidimensionalen *Arrays* zu indizieren, miteinander zu vergleichen und gegebenenfalls umzusortieren. Eine mögliche Lösung hierzu zeigt das in Abbildung 9.44 dargestellte *Block Diagram*. In diesem werden zunächst zweimal drei ineinander geschachtelte For-Schleifen benötigt, um zwei Elemente des *Arrays* zu indizieren. Innerhalb der Case-Struktur werden diese miteinander verglichen, in der inneren Case-Struktur gegebenenfalls vertauscht und wieder in das *Array* eingefügt.

Näher soll dieses Programm nicht erläutert werden, da es vor allem veranschaulichen soll, dass eine ungeeignete Datenstruktur zu einem praktisch unverständlichen Algorithmus führen kann. Eine funktionsgleiche Lösung für diese Aufgabenstellung zeigt Abbildung 9.45. Bei dieser wird das dreidimensionale *Array* zunächst mit der Funktion *Reshape Array* in ein eindimensionales *Array* mit 27 Elementen umgewandelt, welches dann mit der Funktion *Sort 1D Array* sortiert wird. Anschließend wird das eindimensionale *Array* wiederum mit der Funktion *Reshape Array* in ein dreidimensionales *Array* mit jeweils drei Reihen, Spalten und Seiten umgewandelt.

Dieses Beispiel verdeutlicht zum einen, dass die Datenstruktur in erheblichem Maße die Ablaufstruktur eines Programms, d. h. den Algorithmus, bestimmt und zum

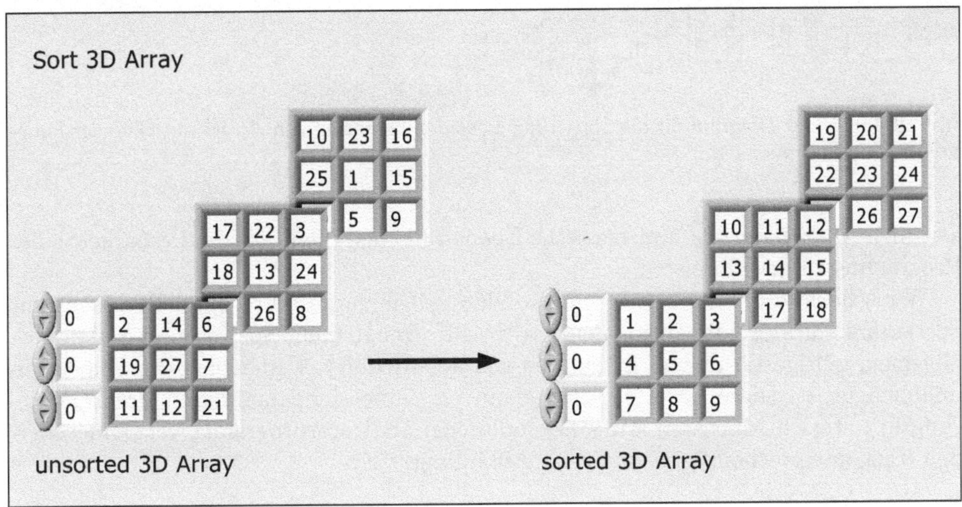

Abb. 9.43: *Front Panel* für das Beispiel zur Sortierung eines dreidimensionalen *Arrays*

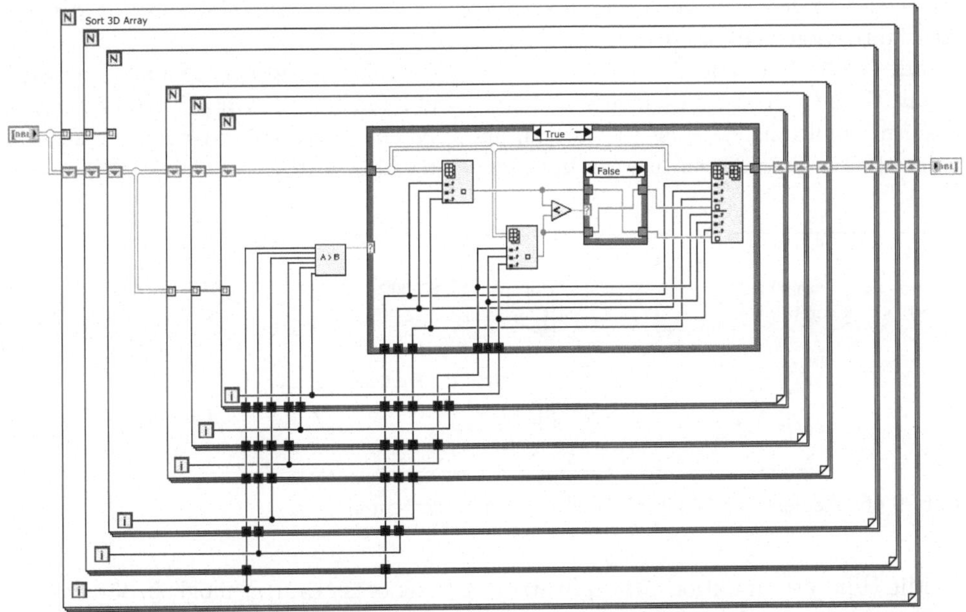

Abb. 9.44: *Block Diagram* für die Sortierung eines dreidimensionalen *Arrays* mit Hilfe von ineinander geschachtelten For-Schleifen

anderen wird deutlich, dass bei der Verwendung einer visuellen Programmiersprache unmittelbar, gewissermaßen auf den ersten Blick, ein Rückschluss auf die Lesbarkeit und damit auf die Qualität eines Programms ermöglicht wird. Denn wie bereits erwähnt wurde, sollte die Schachtelungstiefe von Kontrollstrukturen nach Möglich-

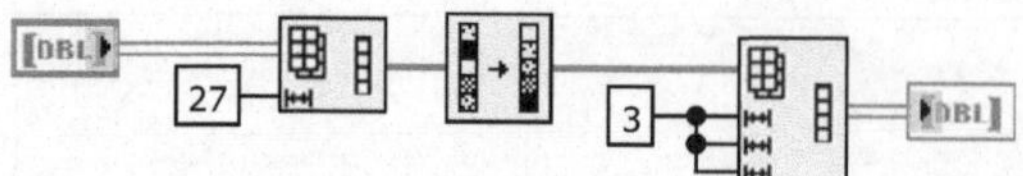

Abb. 9.45: *Block Diagram* für die Sortierung eines dreidimensionalen *Arrays* mit Hilfe der Funktion *Reshape Array*

keit nicht über mehr als fünf bis sechs Ebenen hinausgehen, um die Lesbarkeit eines Programms zu gewährleisten.

Wünschenswert wäre es, für die in Abbildung 9.45 dargestellte, spezielle Lösung zur Sortierung eines dreidimensionalen *Arrays* mit drei Reihen, Spalten und Seiten eine allgemein gültige Lösung zu finden, die von der Anzahl der Elemente pro Dimension unabhängig ist. Diese Lösung könnte dann im Sinne einer modularen Programmierung in unterschiedlichsten Aufgabenstellungen als Unterprogramm verwendet werden. Eine entsprechende Lösung zeigt Abbildung 9.47.   ◀

Weitere Array-Funktionen

Einige wenige Funktionen, die speziell für die Auswertung von *Arrays* vorgesehen sind, finden sich in den *Functions Palettes* ≫ *Numeric* und *Boolean*; diese sollen in diesem Abschnitt vorgestellt werden.

Mit den beiden in der *Functions Palette* ≫ *Numeric* angeordneten Funktionen *Add Array Elements* (Array-Elemente addierern) und *Multiply Array Elements* (Array-Elemente multiplizieren) ist es möglich, alle Elemente eines ein- oder mehrdimensionalen *Arrays* zu addieren bzw. zu multiplizieren (Abb. 9.46).

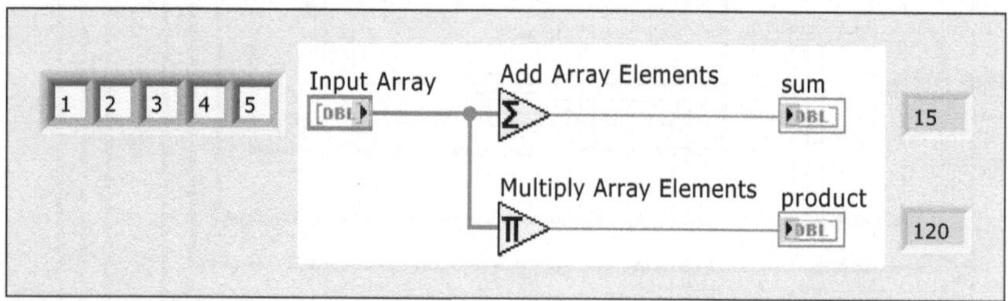

Abb. 9.46: Addieren und Multiplizieren von Array-Elementen

Mit Hilfe der Funktion *Multiply Array Elements* ist es u. a. möglich, für das im vorangegangenen Abschnitt vorgestellte Beispiel zur Sortierung eines dreidimensionalen *Arrays* eine allgemein gültige Lösung zu realisieren (Abb. 9.47). Mit der Funktion *Array Size* wird die Größe des Eingangs-Arrays ermittelt. Als Resultat liefert die Funktion ein eindimensionales *Array* mit einem Element pro Dimension. Mit der Funktion *Multiply Array Elements* werden alle Elemente des *Arrays* miteinander multipliziert, um die Anzahl der insgesamt vorhandenen Array-Elemente zu ermitteln. Dieses Ergebnis wird der Funktion *Reshape Array* zugeführt, um das dreidimensionale *Array* in ein eindimensionales *Array* zu transformieren, welches alle Elemente des dreidimensionalen *Arrays* enthält. Nach der Sortierung des eindimensionalen *Arrays*

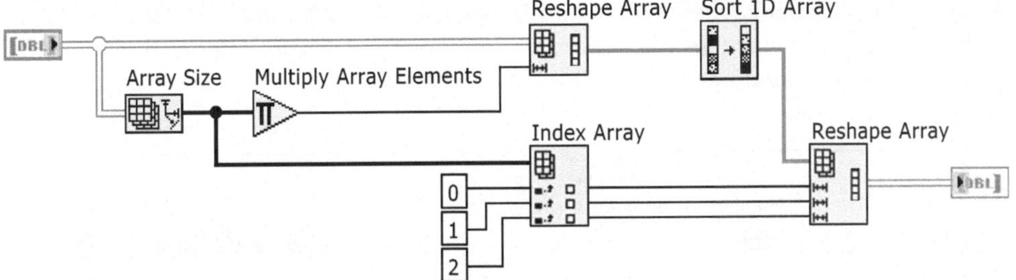

Abb. 9.47: Allgemeine Lösung für die Sortierung eines dreidimensionalen *Arrays* mit Hilfe der Funktion *Reshape Array*

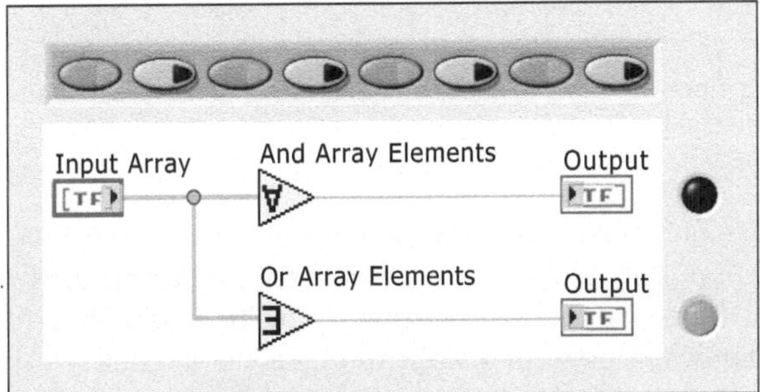

Abb. 9.48: UND- und ODER-Verknüpfung von Array-Elementen

wird wiederum mit der Funktion *Reshape Array* ein dreidimensionales *Array* erzeugt, wobei für die Dimensionsanschlüsse der Funktion *Reshape Array* die Elemente des eindimensionalen *Arrays* am Ausgang der Funktion *Array Size* verwendet werden.

Mit den beiden in der *Functions Palette* ≫ *Boolean* angeordneten Funktionen *AND Array Elements* (UND Array-Elemente) und *OR Array Elements* (ODER Array-Elemente) können alle Elemente eines ein- oder mehrdimensionalen *Arrays* logisch UND bzw. ODER verknüpft werden (Abb. 9.48). Dementsprechend liefert die Funktion *AND Array Elements* nur dann den Wert TRUE am Ausgang, wenn alle Elemente des Eingangs-Arrays TRUE sind und die Funktion *OR Array Elements* liefert am Ausgang TRUE, wenn mindestens eins der Elemente des Eingangs-Arrays TRUE ist.

9.1.4 Formatumwandlungen zwischen Arrays und Datentypen

Für die Formatumwandlung zwischen Datentypen und zwischen Datentypen und *Arrays* stehen LabVIEW in verschiedenen Paletten weitere Funktionen zur Verfügung, die nur im Zusammenhang mit *Arrays* verwendet werden können.

Numerische und boolesche Daten

Ganzzahlen können in ein boolesches *Array* und boolesche *Arrays* können in eine Ganzzahl umgewandelt werden. Dafür können die Funktionen *Number To Boolean*

Array (Zahl nach boolesches Array) und *Boolean Array to Number* (Boolesches Array nach Zahl) genutzt werden, die sowohl in der *Functions Palette Boolean* als auch in *Numeric* ≫ *Conversion* bereit gestellt werden (Abb. 9.49).

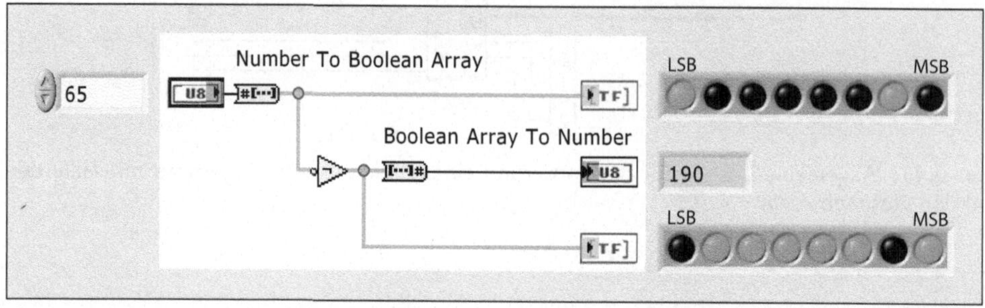

Abb. 9.49: Beispiel für die Umwandlung einer Ganzzahl in ein boolesches *Array* und die Umwandlung eines booleschen *Arrays* in eine Ganzzahl

Um die Wertigkeit TRUE/FALSE einer booleschen Variablen auch numerisch auswerten zu können, steht die in Abbildung 9.50 dargestellte Funktion *Boolean To (0,1)* (Boolescher Wert nach (0,1)) in den *Functions Palette Boolean* und *Numeric* ≫ *Conversion* zur Verfügung. Die Umwandlung einer Zahl in einen booleschen Wert ist nicht unmittelbar möglich, kann aber wie in Abbildung 9.50 realisiert werden, wenn die Zahl zunächst mit der Funktion *Number To Boolean Array* in ein eindimensionales *Array* boolescher Werte umgewandelt wird und diesem mittels der Funktion *Index Array* das LSB entnommen wird.

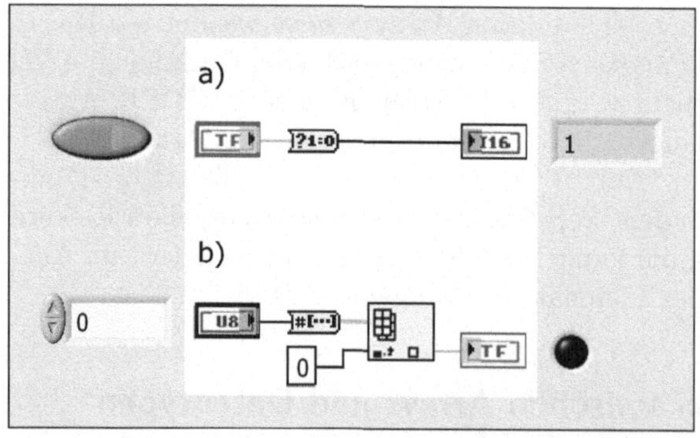

Abb. 9.50: Beispiel für die Umwandlung von (TRUE, FALSE) in (0,1) und umgekehrt

Arrays und Strings

Array To Spreadsheet String (Tabellen-String nach Array) und
Spreadsheet String To Array (Array nach Tabellen-String)

In LabVIEW ist die Konvertierung zwischen *Arrays* und Tabellen-Strings möglich. Die vielfältigen Konvertierungsmöglichkeiten stehen insbesondere im Zusammenhang mit der Dateieingabe und -ausgabe (vgl. Kap. 10), um vorhandene Daten auch mit anderen Anwendungen, wie z. B. Excel, verarbeiten zu können. Die dafür erforderlichen Funktionen *Array To Spreadsheet String* und *Spreadsheet String To Array* können aus der *Functions Palette String* ausgewählt werden.

Abbildung 9.51 zeigt beispielhaft die Umwandlung eines zweidimensionalen, numerischen *Arrays* in einen Tabellen-String. Das *Array* wird zunächst durch zwei ineinander geschachtelte For-Schleifen erzeugt und enthält am Schleifen-Tunnel der äußeren For-Schleife zehn Zeilen und fünf Spalten mit Zahlenwerten vom Typ DBL. Dieses *Array* wird der Funktion *Array To Spreadsheet String* zugeführt und von dieser in einen Tabellen-String umgewandelt.

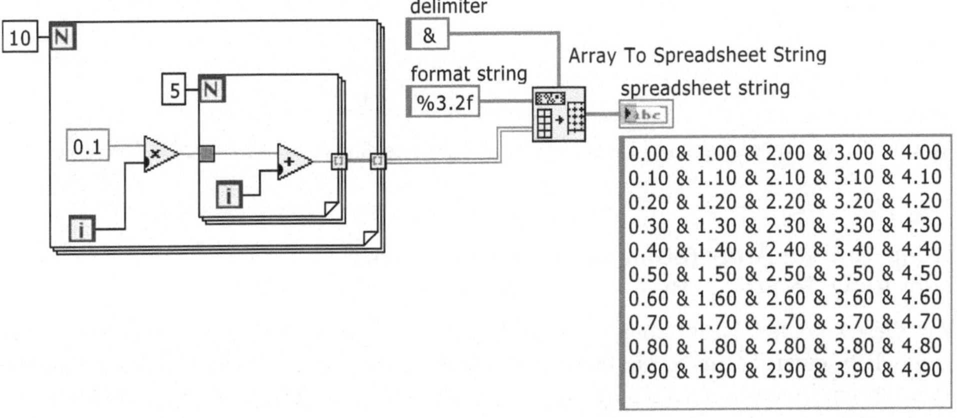

Abb. 9.51: Umwandlung eines zweidimensionalen, numerischen *Arrays* in einen Tabellenstring

Für die gewünschte Formatierung des *Strings* weist die Funktion zwei weitere Eingänge auf. Am Eingang *delimiter* (Trennzeichen) kann angegeben werden, wie zwei Einträge des Tabellen-Strings voneinander getrennt werden sollen. Als Standardtrennzeichen ist ein Tabulator voreingestellt. Um das Trennzeichen sichtbar zu machen, wird hier ␣&␣ verwendet. Am Eingang *format string* wird festgelegt, nach welcher Vorschrift der Zahlenwert in eine Zeichenkette umgewandelt werden soll. In diesem Beispiel wird die Gleitpunktzahl vom Format DBL mit der Angabe von %3.2f in eine Zeichenkette mit der Darstellung Gleitpunktzahl umgewandelt, wobei die Zeichenkette drei Zeichen aufweist, von denen zwei hinter dem Dezimalpunkt stehen. Das Ende einer Reihe des *Arrays* wird bei der Umwandlung grundsätzlich durch ein EOL-Zeichen (End Of Line, Zeilenende-Zeichen) abgeschlossen.

Für die Formatierung eines Tabellen-Strings in LabVIEW wird die gleiche Syntax verwendet, die bereits in Abschnitt 8.3.5 im Zusammenhang mit der Formatierung von Zeichenketten vorgestellt worden ist (vgl. Tab. 8.3). Darüber hinaus wird diese Syntax auch bei Funktionen für die Dateieingabe und -ausgabe verwendet (vgl. Kap. 10).

Mit der inversen Funktion *Spreadsheet String To Array* kann in vergleichbarer Weise ein Tabellen-String in ein *Array* umgewandelt werden (Abb. 9.52). Vor der Umwandlung muss am Eingang *delimiter* festgelegt werden, welches Zeichen bzw. welche Zeichen als Trennzeichen interpretiert werden sollen und in analoger Weise muss am Eingang *format string* eine Formatierungsvorschrift für die Auswertung des Tabellen-Strings angegeben werden.

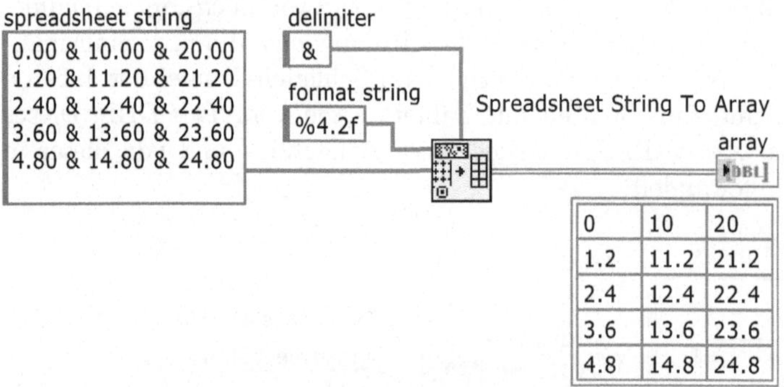

Abb. 9.52: Umwandlung eines Tabellenstrings in ein zweidimensionales, numerisches *Array*

String To Byte Array (String nach Byte-Array) und Byte Array To String (Byte-Array nach String)

Mit diesen beiden Funktionen aus der *Functions Palette* ≫ *String* ≫ *Conversion* ist es möglich, einen *String* in ein eindimensionales *Array* von Ganzzahlen umzuwandeln oder ein eindimensionales *Array* von Ganzzahlen in eine Zeichenkette umzuwandeln (Abb. 9.53). Die Zahlenwerte entsprechen den Werten der ASCII-Codierungstabelle. Dementsprechend verarbeiten diese beiden Funktionen nur Ganzzahlen vom Typ U8.

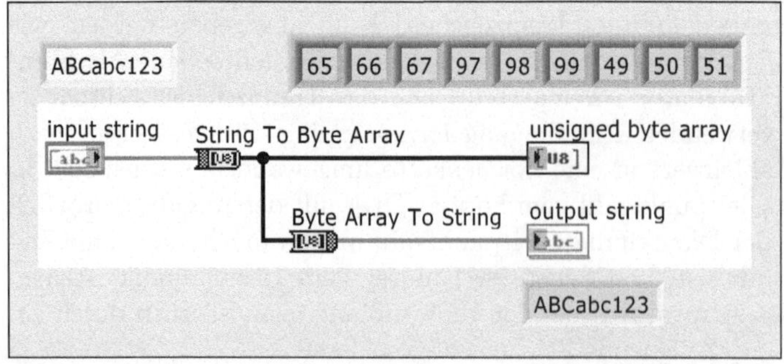

Abb. 9.53: Beispiel für die Umwandlung einer Zeichenkette in ein eindimensionales *Array* von Ganzzahlen und umgekehrt

Prinzipiell ist es in LabVIEW nicht möglich, numerische Funktionen für die Verarbeitung von Zeichenketten zu verwenden. Über die vorgestellten Umwandlungsmöglichkeiten kann aber beispielsweise eine Zeichenkette mit einem *Offset* versehen werden. Bei dem in Abbildung 9.54 dargestellten Beispiel ist zu beachten, dass sich durch die Addition von 255 im Format U8 ein Überlauf ergibt.

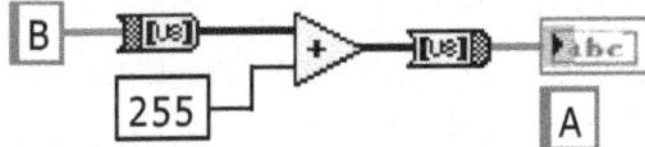

Abb. 9.54: Beispiel für die Addition eines Offsets auf eine Zeichenkette

Mit Hilfe der Funktion *Byte Array To String* besteht eine alternative Möglichkeit für die Formatumwandlung bei der Erzeugung einer ASCII-Tabelle, die in Abbildung 9.42 mittels *Type Cast* vorgenommen wurde. Die Umwandlung einer Ganzzahl in eine Zeichenkette mittels *Byte Array to String* ist dabei im Sinne einer geringeren Fehleranfälligkeit sicherlich vorteilhaft (Abb. 9.55). Grundsätzlich ist es sinnvoll, vor der Verarbeitung des Wertes des Iterationszählers im Format I32 eine Formatumwandlung in das Format U8 vorzunehmen.

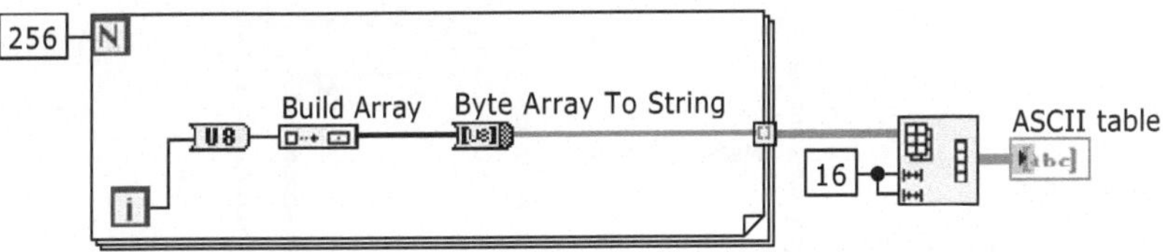

Abb. 9.55: Erzeugen einer ASCII-Tabelle mit Hilfe der Funktion *Byte Array To String*

Match First String (Ersten String suchen)

In Netzwerken oder Bussystemen werden Informationen in der Regel als ASCII-Zeichen übertragen und aus der Zeichenkette müssen häufig numerische Daten extrahiert werden. Für diese Art der Auswertung ist die Funktion *Match First String* aus der *Functions Palette* » *String* sehr leistungsfähig. Sie vergleicht einen Eingangs-String mit einem eindimensionalen *Array* von *Strings*. Wird am Anfang des Eingangs-Strings eine Übereinstimmung mit einem Element des eindimensionalen *Arrays* gefunden, gibt die Funktion den Index des Array-Elementes und den Eingangs-String ohne die gefundene Übereinstimmung am Ausgang aus.

Abbildung 9.56 zeigt ein Beispiel, bei dem fiktive Daten eines Messgerätes ausgewertet werden sollen. Die möglichen Zeichenketten, die das Gerät liefern kann, sind in einer Tabelle *(Table Control)* angeordnet worden, um alle Möglichkeiten auf dem *Front Panel* darstellen zu können. Eine Tabelle hat die Datenstruktur eines zweidimensionalen *Arrays* von Zeichenketten und kann auf dem *Front Panel* aus der *Controls Palette* » *List & Table* ausgewählt werden (vgl. Abschn. 11.6.2). Mit der Funktion *Index Array* ist es möglich, ein Element der Tabelle, welches über das *Control Selector* ausgewählt werden kann, der Funktion *Match First String* zuzuführen.

Die Funktion untersucht den Eingangs-String daraufhin, ob er zu Beginn U_ oder I_ enthält. Dies könnte beispielsweise die Angabe darstellen, ob eine Spannung oder ein Strom gemessen wurde. In diesem Beispiel wurde über den *Selector* das dritte Element mit dem Index 2 ausgewählt: I_DC:1.234A und die Funktion *Match First String* liefert daher als Ausgangs-String DC:1.234A und den Index 1. Der Index wird an den Auswahlanschluss einer Fallunterscheidung angeschlossen und im Inneren der Fallunterscheidung wird die Funktion ein zweites Mal in vergleichbarer Weise verwendet, um zu untersuchen, ob der Beginn der Zeichenkette die Zeichen DC: oder AC: enthält. Diese Angabe könnte die Information sein, ob eine Gleich- oder ein Wechselgröße gemessen worden ist. Der Ausgang Index wird mit dem Auswahlanschluss einer weiteren Fallunterscheidung verbunden und der verbleibende *String*, in diesem Beispiel 1.234A, wird dann mit Hilfe der Funktion *Scan Value* (Nach Wert durchsuchen) in eine Gleitpunktzahl umgewandelt (vgl. Abb. 9.56). Diese Umwandlung kann für alle vier Möglichkeiten in vergleichbarer Weise vorgenommen werden, um schließlich den Ausgangstunnel der äußeren Fallunterscheidung mit einem numerischen Anzeigeelement zu verbinden und das Ergebnis auf dem *Front Panel* darzustellen.

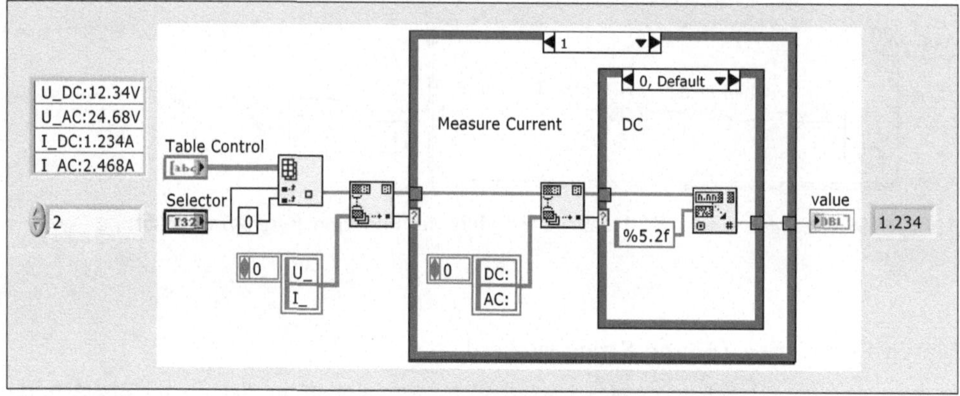

Abb. 9.56: Beispiel für die Anwendung der Funktion *Match First String*

Index String Array (String Array indizieren)

Mit Hilfe dieser Funktion aus der *Functions Palette* » *String Additional String Functions* (Weitere String-Funktionen) ist es auf einfache Weise möglich, ein eindimensionales *Array* von Zeichenketten zu indizieren. Wenn der Funktion ein eindimensionales *Array* von Zeichenketten zugeführt wird, kann das gewünschte Element über die Angabe eines Index ausgewählt werden (Abb. 9.57).

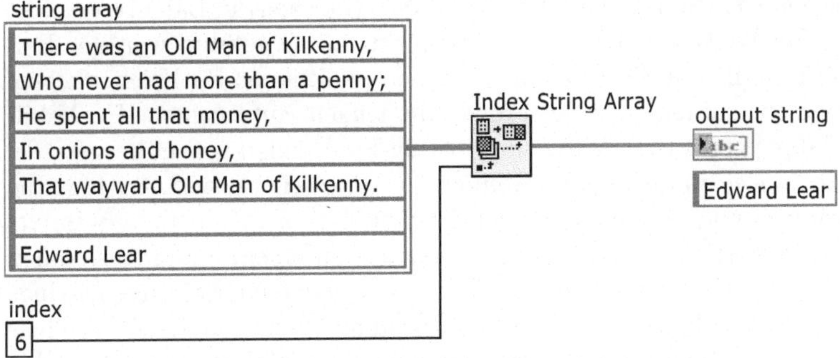

Abb. 9.57: Beispiel für die Anwendung der Funktion *Index String Array*

Analogie zwischen Funktionen für Zeichenketten und Arrays

In diesem Abschnitt sind einige Funktionen zur Formatumwandlung zwischen Zeichenketten und *Arrays* vorgestellt worden. In diesem Zusammenhang soll noch einmal darauf verwiesen werden, dass eine Zeichenkette im Prinzip ein eindimensionales

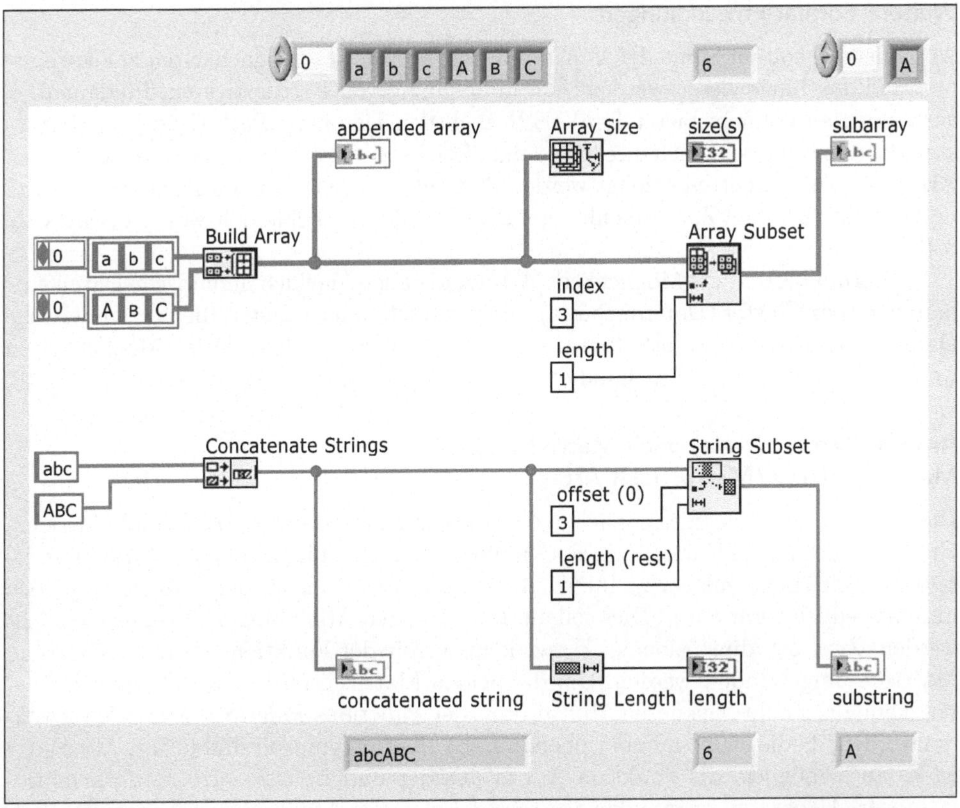

Abb. 9.58: Beispiele für die Analogie zwischen Funktionen für *Arrays* und Zeichenketten

Array einzelner Zeichen ist. Da der Datentyp *Character* (Zeichen) in LabVIEW nicht benötigt wird, sind Zeichenketten bereits in Abschnitt 8.3 eingeführt worden. Beispielhaft soll an dieser Stelle auf die Analogie zwischen Funktionen für Zeichenketten und *Arrays* hingewiesen werden, um die große Ähnlichkeit aufzuzeigen. In Abbildung 9.58 werden dafür jeweils drei Array- und String-Funktionen gegenübergestellt, die in ihrer Funktionsweise unmittelbar miteinander vergleichbar sind. So fügt die Funktion *Build Array* (Array erstellen) bei aktivierter Option *Concatenate Inputs* (Eingänge verknüpfen) zwei eindimensionale Teil-Arrays zu einem eindimensionalen *Array* zusammen. Vergleichbar damit ist die Funktion *Concatenate Strings* (Strings verknüpfen), die zwei Teil-Strings zu einem *String* zusammenfügt. Um die Größe eines *Arrays* zu bestimmen kann die Funktion *Array Size* (Array-Größe) verwendet werden und *String Length* (String-Länge) ermittelt in analoger Weise die Anzahl von Zeichen in einer Zeichenkette. Und schließlich kann die Indizierung eines *Arrays* mit der Funktion *Array Subset* (Teil-Array) vorgenommen werden, indem ein Index und die Anzahl der gewünschten Elemente für die Indizierung des *Arrays* verwendet werden. Unmittelbar vergleichbar damit ist die Funktion *String Subset* (Teilstring), bei der für die Indizierung des Eingangs-Strings ein *Offset* und die Anzahl der gewünschten Zeichen angegeben werden muss.

Weitere Formatumwandlungen

Abschließend soll im Sinne der Vollständigkeit auf weitere Möglichkeiten zur Formatumwandlung hingewiesen werden. Um unabhängig von Betriebssystem Pfadangaben verwenden zu können, bietet LabVIEW auch den Datentyp *Path* (Pfad) an. *Pathes* können unter anderem auch direkt aus einer Zeichenkette oder einem eindimensionalen *Array* von Zeichenketten erzeugt werden. Die entsprechenden Funktionen sind bereits in Abschnitt 8.6.2 im Zusammenhang mit Zeichenketten behandelt worden (vgl. Abb. 8.46).

Weiterhin besteht die Möglichkeit, *Arrays*, die ausschließlich numerische Daten enthalten, in ein *Cluster* (Datenverbund) umzuwandeln oder *Cluster*, die nur numerische Daten eines Datentyps enthalten, in ein *Array* umzuwandeln. Diese Möglichkeiten werden in Abschnitt 9.2.2 behandelt.

Array to Matrix (Array nach Matrix) und
Matrix to Array (Matrix nach Array)

Diese beiden Funktionen ermöglichen die Umwandlung zwischen *Arrays* und Matrizen. Grundsätzlich ist die Darstellung eines numerischen, zweidimensionalen *Arrays* unmittelbar vergleichbar mit einer Matrix. *Arrays* und Matrizen werden LabVIEW jedoch unterschiedlich verarbeitet. Dies soll am Beispiel nach Abbildung 9.59 veranschaulicht werden. Zwei zweidimensionale *Arrays* können mit der Funktion *Array to Matrix* in Matrizen umgewandelt werden. Um die beiden Matrizen miteinander zu multiplizieren, kann der Funktionsknoten *Multiply* aus der *Functions Palette* ≫ *Numeric* verwendet werden, da die meisten Funktionen in LabVIEW polymorph sind (s. u.). Alternativ ist es auch möglich, die Funktion A x B aus der *Functions Palette* ≫ *Mathematics* ≫ *Linear Algebra* zu verwenden. In dieser Palette steht darüber hinaus eine Vielzahl von Funktionen für die Lineare Algebra zur Verfügung. Nach der Multiplikation der beiden Eingangs-Matrizen kann die Ergebnis-Matrix mit der Funktion *Matrix to Array* wieder in ein zweidimensionales *Array* umgewandelt werden. Für eine weitere Verarbeitung, zum Beispiel der Indizierung eines Matrix-Elementes, können in aller Regel die Funktionen aus der *Functions Palette ≫ Programming ≫ Array* verwendet werden. Abschließend soll darauf hingewiesen werden, dass die Verarbeitung von Matrizen nicht mit der Verarbeitung zweidimensionaler *Arrays* übereinstimmt. Im letzteren Fall führt die in Abbildung 9.59 unten dargestellte Multiplikation von zwei zweidimensionalen *Arrays* zu einem anderen Ergebnis, da bei der Multiplikation von zwei zweidimensionalen *Arrays* lediglich die Elemente mit gleichem Index miteinander multipliziert werden. Da das Eingangs-Array B weniger Elemente aufweist als das Eingangs-Array A wird als Ergebnis ein *Array* mit zwei Zeilen und zwei Spalten ausgegeben.

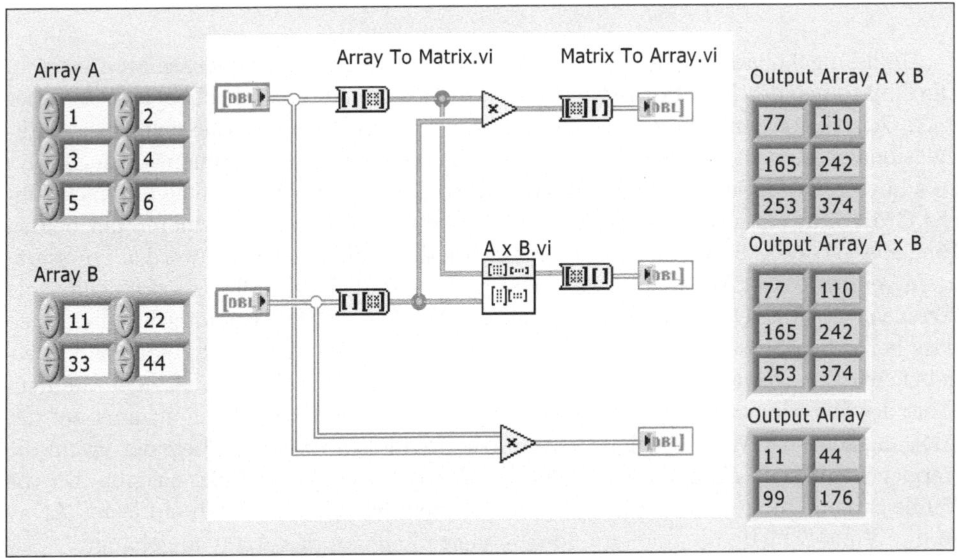

Abb. 9.59: Beispiel für die Multiplikation zweier Matrizen

9.1.5 Polymorphie und Vergleichsfunktionen

Es ist bereits erwähnt worden, dass die meisten LabVIEW-Funktionen polymorph sind, d. h. diese Funktionen akzeptieren unterschiedliche Datentypen und Datenstrukturen, wobei sich die Funktionen für alle Typvarianten gleich verhalten. So können z. B. skalare Daten zu den Elementen eines *Arrays* addiert werden oder es können unmittelbar zwei *Arrays* addiert werden, ohne hierzu verschiedene Additions-Funktion verwenden zu müssen. In diesem Abschnitt sollen die vielfältigen Möglichkeiten ansatzweise anhand einiger Beispiele vorgestellt werden, um einen Eindruck über die Leistungsfähigkeit vieler Funktionen zu geben.

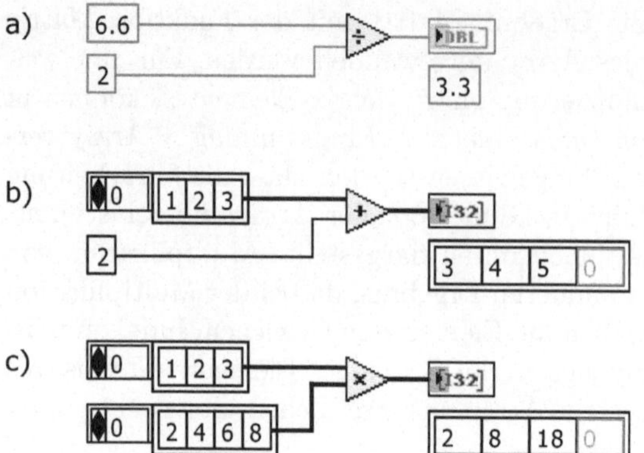

Abb. 9.60: Beispiele für die Polymorphie numerischer Funktionen

Abbildung 9.60a zeigt die übliche und vertraute Division von zwei skalaren Werten. Die Funktionen der *Functions Palette* ≫ *Numeric* können in vergleichbarer Weise aber auch genutzt werden, um z. B. einen Skalar zu jedem einzelnen Element eines eindimensionalen *Arrays* zu addieren (Abb. 9.60b) oder um zwei eindimensionale *Arrays* zu addieren (Abb. 9.60c). Wenn dabei die beiden Eingangs-Arrays eine unterschiedliche Größe aufweisen, hat das resultierende *Array* die Länge des kleineren der beiden Eingangs-Arrays. Die verbleibenden Elemente des größeren *Arrays* werden ignoriert.

In vergleichbarer Weise wird das in Abbildung 9.61 dargestellte, zweidimensionale *Array* verarbeitet. Dieses wird am Tunnel der While-Schleife automatisch indiziert, so dass bei jedem Schleifendurchlauf eine Reihe des *Arrays* in die While-Schleife übergeben wird. Im Inneren der Schleife werden die eindimensionalen *Arrays* mit dem Wert des Iterationszählers multipliziert und anschließend im Schleifentunnel auf der Ausgangsseite der While-Schleife gesammelt. Das Programm wird beendet, wenn die Vergleichsfunktion *Empty Array?* (Leeres Array?) den Wert TRUE ausgibt. Da die While-Schleife fußgesteuert ist, wird beim letzten Schleifendurchlauf ein leeres *Array* in die While-Schleife übergeben und eine vierte Zeile an das *Array* angehängt.

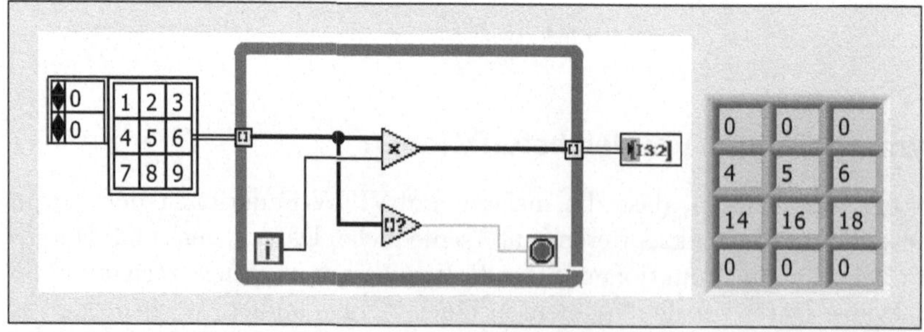

Abb. 9.61: Beispiel für die Multiplikation eines eindimensionalen *Arrays* mit einem Skalar

Der Funktion *Concatenate Strings* (Strings verknüpfen) kann ein zweidimensionales *Array* von *Strings* und ein einzelner *String* zugeführt werden. Als Ergebnis liefert die Funktion eine einzige Zeichenkette, die alle Elemente des *Arrays* sowie den einzelnen *String* enthält (Abb. 9.62).

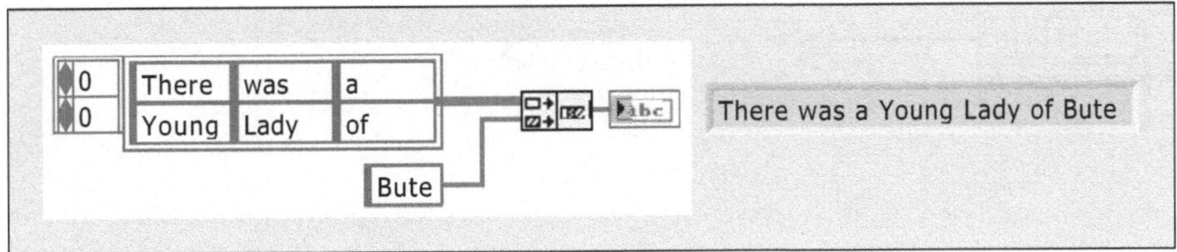

Abb. 9.62: Verknüpfen eines *Strings* mit einem zweidimensionalen *String* mit Hilfe der Funktion *Concatenate Strings*

Logische Funktionen können nicht nur mit einzelnen booleschen Werten verwendet werden, sondern es können auch ein- und mehrdimensionale *Arrays* oder *Cluster* mit einem einzelnen booleschen Wert oder miteinander verknüpft werden. Im letzteren Fall müssen die Datenstrukturen jedoch die gleiche Anzahl von Dimensionen aufweisen. Abbildung 9.63 zeigt exemplarisch die logische Verknüpfung zweier eindimensionaler, boolescher *Arrays*. Die logische Verknüpfung wird dabei jeweils für zwei Elemente mit dem gleichen Index vorgenommen. Es wurde bereits darauf hingewiesen, dass die booleschen Funktionen in LabVIEW auch Ganzzahlen verarbeiten können (vgl. Abb. 8.15).

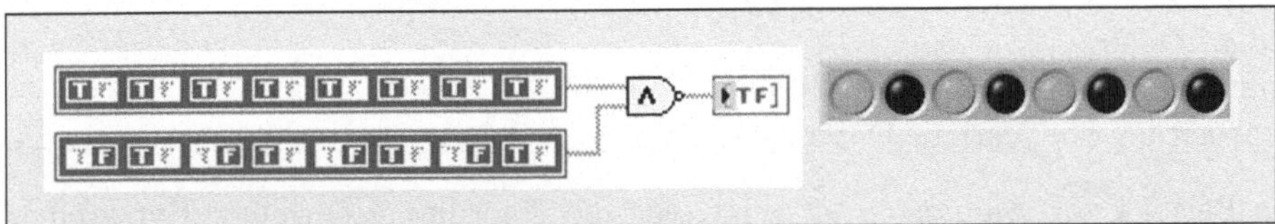

Abb. 9.63: NAND-Verküpfung von zwei eindimensionalen, booleschen *Arrays*

Schließlich sind auch die Vergleichsfunktionen polymorph und akzeptieren unterschiedliche Datentypen. Den Vergleichsfunktionen $=, \neq, >, <, \geq, \leq$ können darüber hinaus auch verschiedene Datenstrukturen zugeführt werden. Abbildung 9.64 zeigt den Vergleich zweier numerischer *Arrays*. Dabei kann im Kontextmenü der Vergleichsfunktionen der *Comparison Mode* (Vergleichsmodus) zwischen *Compare Aggregates* (Elementsätze vergleichen) und *Compare Elements* (Elemente vergleichen) gewählt werden. Im ersten Fall werden die beiden *Arrays* in ihrer Gesamtheit auf Gleichheit überprüft und das Ergebnis des Vergleichs wird in einem Skalar angezeigt. Im zweiten Fall werden jeweils die Elemente einer Datenstruktur mit gleichem Index verglichen. Für den Fall, dass die beiden Eingangs-Arrays gleicher Dimension eine unterschiedliche Anzahl von Elementen aufweisen, wird der Vergleich auf die Anzahl der Elemente im kleineren *Array* beschränkt. Der Vergleich eines *Arrays* mit einem Skalar ist nur im Modus *Compare Elements* möglich. Dann wird jedes Element des *Arrays* mit dem Skalar verglichen.

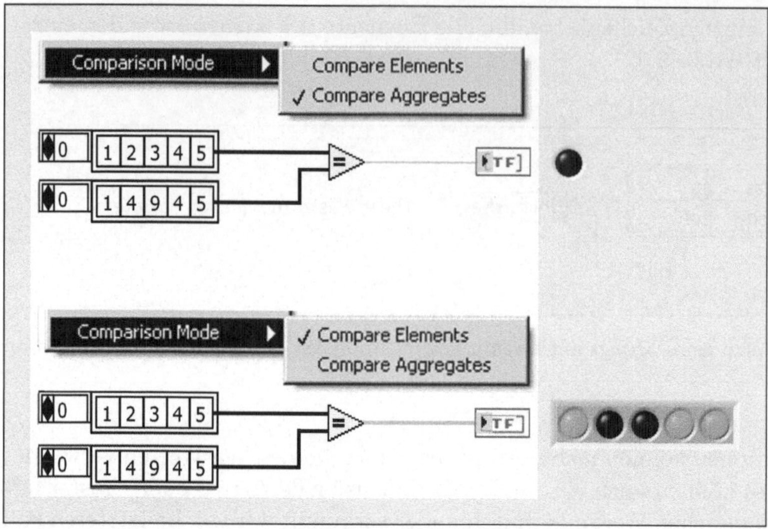

Abb. 9.64: Vergleich zweier eindimensionaler *Arrays* mit den Optionen *Compare Elements* und *Compare Aggregates*

9.1.6 Beispiele

Im diesem Abschnitt soll die Verwendung von Array-Funktionen mit drei Beispielen weiter veranschaulicht werden:

- *Endian Order*,
- Darstellung einer Gleitpunktzahl und
- Verarbeitung von Variant-Daten.

Das Beispiel zur *Endian Order* zeigt, wie die Anordnung einzelner Bytes einer Gleitpunktzahl im Speicher eines Rechners umsortiert werden kann und im Beispiel zur Darstellung von Gleitpunktzahlen wird eine Decodierung nach Vorzeichen, Exponent und Mantisse vorgenommen. Die Verarbeitung von Variant-Daten im dritten Beispiel soll aufzeigen, wie eine vom Datentyp unabhängige Schnittstelle realisiert werden kann.

Endian Order

Das Speichern einer Gleitpunktzahl vom Typ DBL erfordert einen Speicherplatz von 64 Bit bzw. 8 Byte. Die Anordnung der einzelnen Bytes im Speicher ist dabei im Prinzip beliebig. Durchgesetzt haben sich die zwei Anordnungen, die als *Little Endian* (*little end comes first*) und *Big Endian* (*big end comes first*) bezeichnet werden. Bei der Anordnung *Little Endian* wird das niedrigstwertige Byte auf der kleinsten Adresse abgelegt, während bei der Anordnung *Big Endian* das höchstwertige Byte auf der kleinsten Adresse abgelegt wird (Abb. 9.65). Bei der Kommunikation über Netzwerke muss gegebenenfalls auch die Art der Anordnung übertragen werden, da Rechnerarchitekturen von Intel auf *Little Endian* und die von Motorola auf *Big Endian* basieren.

Die Umwandlung zwischen dem Little-Endian- und Big-Endian-Format kann auf einfache Weise, zum Beispiel mit der Funktion *Reverse 1D Array* (1D-Array umkehren), vorgenommen werden.

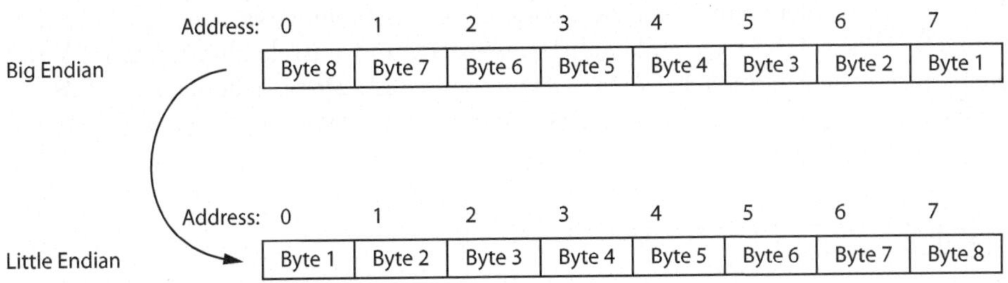

Abb. 9.65: Anordnung einzelner Bytes im Big-Endian- und Little-Endian-Format

▶ **Anmerkung: Endian Order**

Die Begriffe *Big Endian* und *Little Endian* sollten nicht direkt als Fachbegriffe verstanden werden, sondern basieren auf der Satire „Gullivers Reisen" von Jonathan Swift, in der ein Glaubenskrieg zwischen den Einwohnern Lilliputs, die ihr Ei am spitzen Ende *(little end)* und am stumpfen Ende *(big end)* aufschlagen, dargestellt wird [29]. ◀

Für die beispielhafte Anwendung von Array-Funktionen ist ein Format interessanter, welches als *Middle Endian* bezeichnet wird und in älteren Rechnerarchitekturen verwendet worden ist. Bei dem Middle-Endian-Format ist die Anordnung der einzelnen Bytes einer Gleitpunktzahl nicht linear (Abb. 9.66). Es soll in den funktionsgleichen Beispielen nach Abbildung 9.67 bis 9.70 unter Verwendung verschiedener Array-Funktionen in das Format *Big Endian* umgewandelt werden. Dabei soll angenommen werden, dass die 8 Byte der Gleitpunktzahl als eindimensionales *Array* mit 8 Elementen vorliegen.

Ein erster Lösungsansatz zur Umsortierung der Bytes im Middle-Endian-Format in das Big-Endian-Format besteht darin, eine For-Schleife zu verwenden, die viermal ausgeführt wird und bei der bei jedem Schleifendurchlauf zwei Elemente des Eingangs-

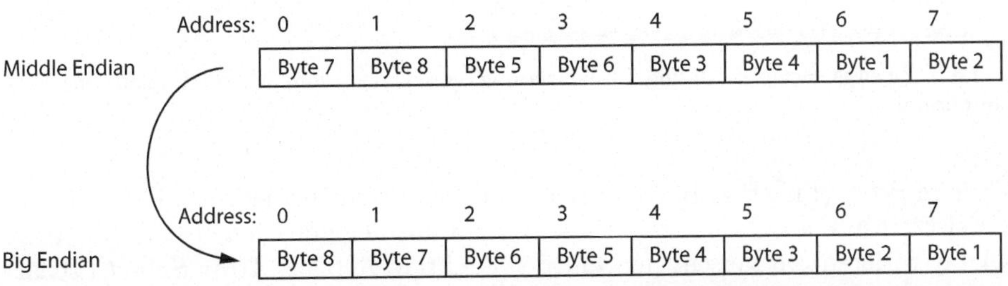

Abb. 9.66: Anordnung einzelner Bytes im Middle-Endian- und Big-Endian-Format

Arrays indiziert werden, um sie weiter zu verarbeiten. Für die Indizierung ist es daher sinnvoll, den Iterationszähler der For-Schleife mit dem Faktor 2 zu multiplizieren (Abb. 9.67 bis 9.69).

Im Beispiel nach Abbildung 9.67 werden mit Hilfe der Funktion *Array Subset* (Teil-Array) zwei Elemente des Eingangs-Arrays ausgeschnitten, mit der Funktion *Reverse 1D Array* (1D-Array umkehren) vertauscht und mittels *Build Array* (Array erstellen) in ein neues, zunächst leeres *Array* eingefügt. Der Nachteil dieser Lösung ist die Verwendung eines zweiten *Arrays*, welches sukzessive aufgebaut wird, da die Datenmenge so praktisch verdoppelt wird.

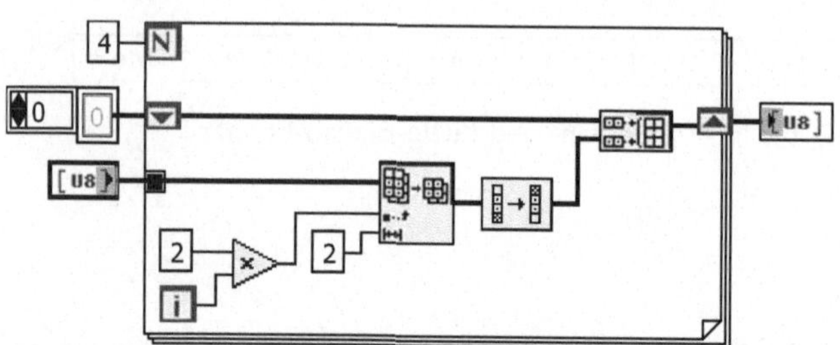

Abb. 9.67: Erstes Beispiel für die Konvertierung von Daten vom Middle-Endian- ins Big-Endian-Format

In Abbildung 9.68 wird daher das Eingangs-Array an ein Schieberegister angeschlossen und direkt verändert, indem mit der Funktion *Delete From Array* (Aus Array entfernen) wiederum zwei Elemente ausgeschnitten werden, um sie anschließend umzusortieren und dann mit der Funktion *Insert Into Array* (In Array einfügen) wieder in das *Array* einzufügen.

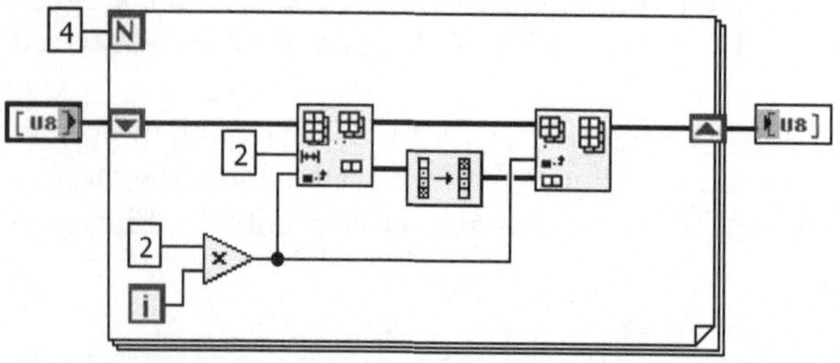

Abb. 9.68: Zweites Beispiel für die Konvertierung von Daten vom Middle-Endian- ins Big-Endian-Format

Auch im Beispiel nach Abb. 9.69 werden aus dem *Array* bei jedem Schleifendurchlauf zwei Elemente ausgeschnitten. Diese werden mit der Funktion *Rotate 1D Array* (1D-Array rotieren) vertauscht und mit der Funktion *Replace Array Subset* (Teilarray ersetzen) werden dann die beiden ursprünglichen Elemente des *Arrays* durch die beiden vertauschten Elemente ersetzt.

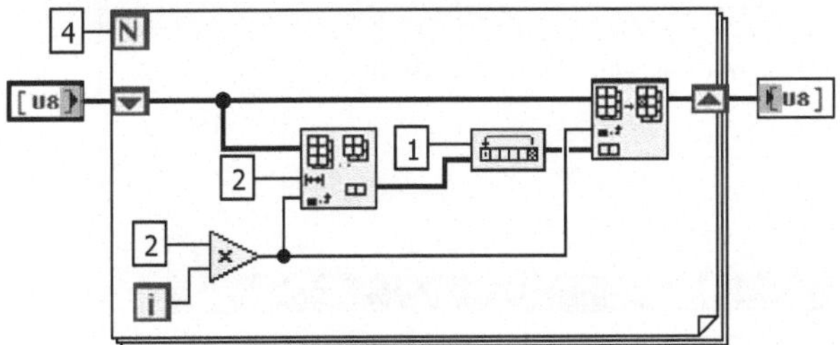

Abb. 9.69: Drittes Beispiel für die Konvertierung von Daten vom Middle-Endian- ins Big-Endian-Format

Diese Beispiele sollten noch einmal die Anwendungsmöglichkeiten von Array-Funktionen zeigen. Anhand der Beispiele wird auch deutlich, dass für die meisten Aufgabenstellungen unterschiedliche Lösungen möglich sind. Die einfachste Lösung wird sicher darin bestehen, mit der Funktion *Decimate 1D Array* (1D-Array dezimieren) zwei Teil-Arrays zu bilden, von denen eins die Elemente mit geradem und das andere die Elemente mit ungeradem Index des Eingangs-Arrays enthält. Mit der Funktion *Interleave 1D Array* (1D-Arrays überführen) können diese beiden Teil-Arrays in umgekehrter Reihenfolge wieder zusammengesetzt werden (Abb. 9.70).

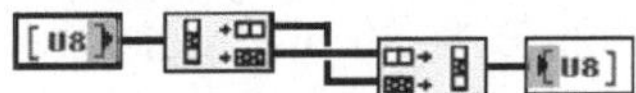

Abb. 9.70: Viertes Beispiel für die Konvertierung von Daten vom Middle-Endian- ins Big-Endian-Format

Darstellung einer Gleitpunktzahl

Die Codierung einer Gleitpunktzahl nach IEEE 754 wurde bereits in Abschnitt 2.3 behandelt. Hier soll in einem Programmbeispiel aufgezeigt werden, wie die einzelnen Bits einer Gleitpunktzahl in einem booleschen *Array* zur Anzeige gebracht werden können und wie die einzelnen Bits zur Ermittlung von Vorzeichen, Exponent und Mantisse ausgewertet werden können.

Aus Platzgründen wird hier eine Gleitpunktzahl mit einfacher Genauigkeit verwendet (Abb. 9.71). Ein Bit wird für das Vorzeichen, acht Bit werden für den Exponenten und 23 Bit für den *Fractional Part* der Mantisse benötigt. Damit ergibt sich die Codierung einer Gleitpunktzahl mit einfacher Genauigkeit nach Gleichung 9.2 zur Basis 2 und nach Gleichung 9.3 zur Basis 10. Dabei muss beachtet werden, dass der Exponent mit 127 normiert worden ist, um auch negative Exponenten codieren zu können.

$$\text{SGL} = (-1)^s \cdot (1.f)_b \cdot 2^{e-127} \tag{9.2}$$

mit

s = Sign (Vorzeichen)

f = *Fractional Part* (Nachpunktstellen) der Mantisse mit $f = (m_1, m_2, \ldots, m_{23})$

e = Exponent mit *Bias*

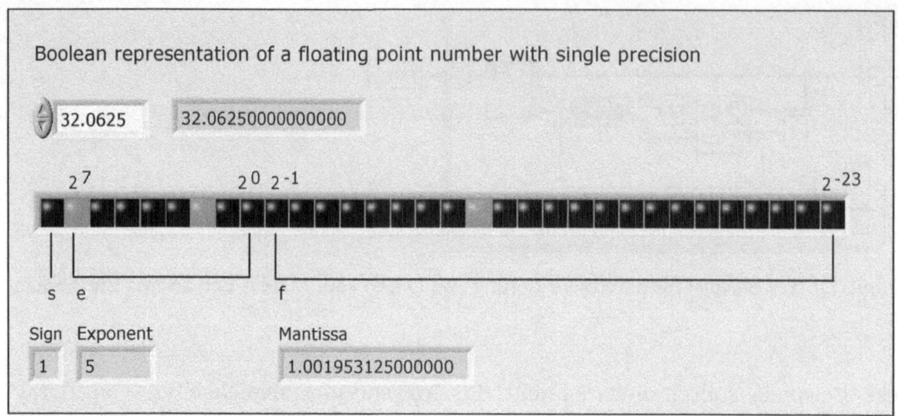

Abb. 9.71: Binäre Darstellung einer Gleitpunktzahl mit einfacher Genauigkeit

$$\mathrm{SGL} = (-1)^s \cdot \left(1 + \sum_{i=1}^{23} m_i 2^{-i}\right)_d \cdot 2^{e-127} \qquad (9.3)$$

Die Umwandlung einer Gleitpunktzahl kann, wie in Abbildung 9.72, mit Hilfe der Funktion *Type Cast* (Typenformung) vorgenommen werden. Eine direkte Umwandlung in ein boolesches *Array* ist aber nicht möglich. Dann würde ein *Array* mit vier booleschen Elementen erzeugt, da jedes boolesche Element ein Byte für die Codierung benötigt, bei der Anzeige aber nur das LSB dargestellt wird. Daher wird die Gleitpunktzahl zunächst in eine Ganzzahl vom Typ U32 umgewandelt und dieses Ergebnis mit der Funktion *Number To Boolean Array* (Zahl nach boolesches *Array*) in ein boolesches *Array* umgewandelt. Um auf dem *Front Panel* das MSB links darstellen zu können, wird das *Array* noch umgekehrt.

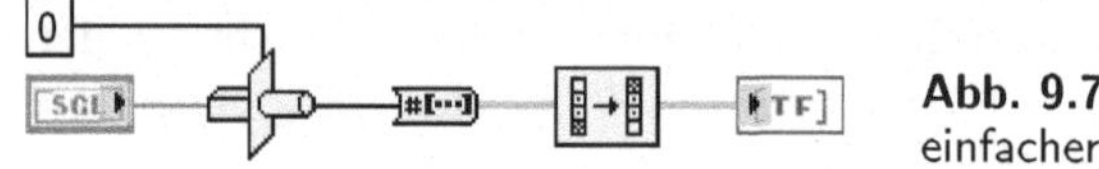

Abb. 9.72: Umwandlung einer Gleitpunktzahl mit einfacher Genauigkeit in eine binäre Darstellung

Die Ermittlung von Vorzeichen, Exponent und Mantisse zeigt Abbildung 9.73. Um das Vorzeichenbit auszuwerten, wird aus dem booleschen *Array* der erste Wert indiziert, mittels *Boolean To (0,1)* (Boolescher Wert nach (0,1)) in eine Ganzzahl umgewandelt und mit der Funktion x^y (mit $x = -1$) ausgewertet.

Für die Bestimmung des Exponenten werden mit Hilfe einer For-Schleife und der Funktion *Index Array* (Array indizieren) die acht Bit des Exponenten ermittelt. Die booleschen Daten werden wiederum in eine Ganzzahl umgewandelt und mit ihrem Stellenwert gewichtet. Dafür wird die Funktion 2^x genutzt. Am Rand der For-Schleife werden die acht Ergebnisse gesammelt und mit der Funktion *Add Array Elements* (Array-Elemente addieren) aufsummiert und anschließend wird der Offset *(Bias)* subtrahiert.

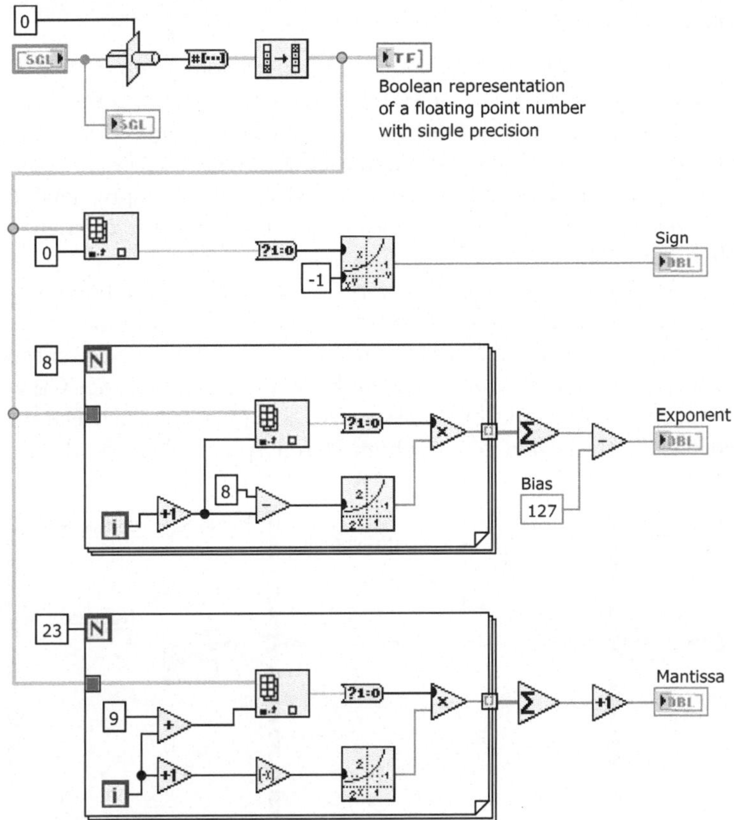

Abb. 9.73: Ermittlung von Vorzeichen, Exponent und Mantisse aus der binären Darstellung einer Gleitpunktzahl

Die Auswertung der 23 Bit des *Fractional Part* der Mantisse ist vergleichbar mit der Ermittlung des Exponenten. Vor der Gewichtung der Einzelwerte wird der Wert des Iterationszählers aber mit der Funktion *Negate* (Negieren) mit -1 multipliziert.

Bei der beispielhaft im *Front Panel* von Abbildung 9.71 dargestellten Gleitpunktzahl sind insgesamt drei Bit gesetzt und eine Auswertung dieser drei Bits mit Gleichung 9.3 ergibt

$$(-1)^0 \cdot \left(1 + 1 \cdot 2^{-9}\right)_d \cdot 2^{132-127} = 32.0625. \tag{9.4}$$

Um auf einfache Weise direkt die Mantisse und den Exponenten einer Gleitpunktzahl zu ermitteln, eignet sich darüber hinaus die Funktion *Mantissa & Exponent* (Mantisse und Exponent) aus der *Functions Palette Numeric ≫ Data Manipulation* (Numerisch ≫ Datenmanipulation).

Verarbeiten von Variant-Daten

Mit Variant-Daten besteht die Möglichkeit, Daten unabhängig von ihrem Typ weiter zu leiten und zu verarbeiten. Prinzipiell ist es möglich, jeden Datentyp und jede Datenstruktur in Variant-Daten umzuwandeln. Die Variant-Daten enthalten dann neben den eigentlichen Daten auch die Information, um welchen Datentyp es sich handelt, so dass sie zu einem späteren Zeitpunkt jederzeit wieder in den entsprechenden Datentyp umgewandelt werden können. Ein einfaches Beispiel mit drei verschiedenen Datentypen zeigt Abbildung 9.74.

In Abhängigkeit des Auswahlschalters *Enum* werden numerische und boolesche Daten sowie *Strings* im jeweiligen Fall der Case-Struktur „sender" mit der Funktion *To Variant* (Nach Variant) aus der *Functions Palette Cluster & Variant* in den Datentyp Variant umgewandelt. In vergleichbarer Weise werden die Variant-Daten in der Case-Struktur „receiver" wieder mit der Funktion *Variant To Data* (Variant nach Daten) aus der gleichen Funktionspalette in den gewünschten Datentyp zurück gewandelt.

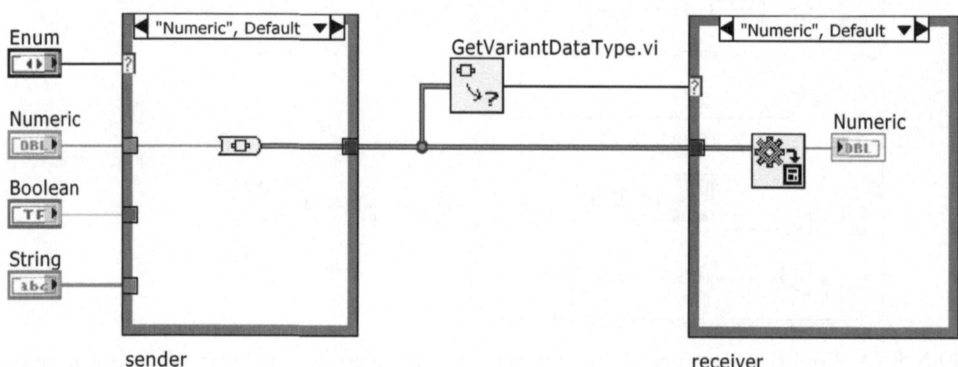

Abb. 9.74: Prinzipieller Aufbau einer vom Datentyp unabhängigen Schnittstelle mit Hilfe von Variant-Daten

Für die Rückwandlung der Variant-Daten muss natürlich bekannt sein, um welchen Datentyp oder um welche Datenstruktur es sich handelt. Diese Information enthält der *Header* der Variant-Daten. Im Unterprogramm `GetVariantDataType.vi` wird für dieses Beispiel ermittelt, ob numerische oder boolesche Daten oder *Strings* in Variant-Daten gewandelt worden sind.

`GetVariantDataType.vi`
ermittelt, ob der Datentyp numerisch, boolesch oder *String* in den Variant-Daten enthalten ist.

Abbildung 9.75 zeigt das *Block Diagram* von `GetVariantDataType.vi`. Mit der Funktion *Variant To Flattened String* (Variant nach String) aus der *Functions Palette Cluster & Variant* wird zunächst der *Header* der Variant-Daten extrahiert. Dieser enthält in einem *Array* alle Informationen über den Datentyp bzw. die Datenstruktur in einem *Type descriptor* (Typdeskriptor). Für eine einfache Auswertung ist es ausreichend, die acht niedrigstwertigen Bits des zweiten Bytes auszuwerten. Dies erfolgt hier mit der Funktion *Index Array* (Array indizieren) die das zweite Array-Element liefert. Anschließend wird die Funktion *Split Number* (Zahl teilen) aus der *Functions Palette Numeric* ≫ *Data Manipulation* (Numerisch ≫ Datenmanipulation) verwendet, um die 8 niedrigstwertigen Bytes zu extrahieren. Dort kennzeichnet der Wert $0A_{16}$ numerische Daten, der Wert 21_{16} boolesche Daten und der Wert 30_{16} einen *String*.

Mit Hilfe einer For-Schleife und einer Vergleichsfunktion wird ein boolsches *Array* erzeugt, um festzustellen, welcher Datentyp vorliegt. Mit der Funktion *Search 1D Array* (1D-Array durchsuchen) wird der Index des Elements mit dem Wert TRUE ermittelt, dieser anschließend in eine Ganzzahl vom Typ U16 gewandelt und der Zahl mit der Funktion *Type Cast* (Typenformung) der entsprechende Wert eines *Enum* zugewiesen. Mit diesem Ergebnis wird dann im Hauptprogramm der geeignete Fall der Case-Struktur „receiver" ausgewählt.

Bei gleichzeitiger Verwendung mehrerer Datentypen oder komplexer Datenstrukturen wird auch die Auswertung des *Type descriptor* (Typdeskriptors) aufwendiger. Für die vollständige Dokumentation der *Type descriptors* soll an dieser Stelle auf die Online-Hilfe verwiesen werden.

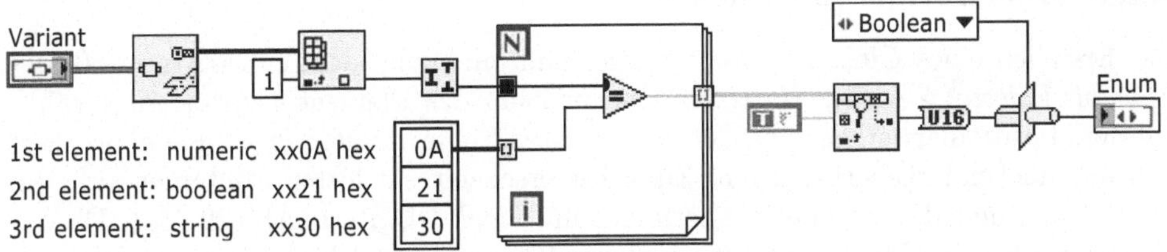

Abb. 9.75: Einfaches Beispiel für die Ermittlung des Datentyps in Variant-Daten

9.2 Cluster (Verbund)

Ein Verbund wird in LabVIEW als *Cluster* und z. B. in der Programmiersprache C als `struct` bezeichnet. Mit dieser Datenstruktur können unterschiedliche Datentypen und -strukturen zusammengefasst bzw. gebündelt werden. Ein Verbund ist bei der Programmentwicklung ein unverzichtbarer Bestandteil, da eine Zusammenfassung häufig und unter verschiedenen Aspekten vorgenommen werden muss.

Unter anderem ist es sinnvoll, logisch zusammengehörige Daten in einem *Cluster* zusammenzufassen, z. B. Personendaten mit dem Vor- und Nachnamen als Zeichenketten, der Anrede als *Enum*, dem Geburtsdatum als Zeitstempel und dem Geschlecht als boolesche Variable oder Messdaten mit einem Zeitstempel für den Beginn der Messung, der Abtastrate als numerische Variable und den Amplitudenwerten in Form eines eindimensionalen *Arrays*.

Wie in Kapitel 12 anhand von Beispielen aufgezeigt wird, ist auch die Bündelung aller Variablen eines Programms in einem oder mehreren *Clusters* empfehlenswert, da ein *Cluster* in LabVIEW gewissermaßen als Datenbus durch das *Block Diagram* geführt werden kann. So lässt sich die Anzahl der Verbindungsleitungen minimieren und ein übersichtliches und gut lesbares *Block Diagram* gestalten. In ähnlicher Weise können *Cluster* für die Parameterübergabe zwischen Haupt- und Unterprogrammen verwendet werden. In LabVIEW weist das Anschlussfeld eines VIs maximal 28 Terminals auf. Im Sinne einer guten Lesbarkeit des *Block Diagrams* sollten aber nach Möglichkeit nicht mehr als jeweils vier Ein- und Ausgänge verwendet werden. Somit bietet es sich an, *Cluster* als Schnittstelle zu anderen Programmen einzusetzen, in denen logisch zusammengehörige Ein- und Ausgänge zu jeweils einem Ein- bzw. Ausgang gebündelt werden können.

In LabVIEW ist es möglich, in ein *Cluster* weitere *Cluster* oder *Arrays* einzufügen und als Elemente eines *Arrays* können *Cluster* verwendet werden. Durch diese Schachtelungsmöglichkeiten können praktisch beliebig komplexe Datenstrukturen erzeugt werden. Im Gegensatz zu *Arrays*, denen dynamisch, d. h. zur Laufzeit des Programms, Elemente hinzugefügt oder aus diesen gelöscht werden können, ist bei *Clusters* eine programmgesteuerte Veränderung nicht möglich.

9.2.1 Deklaration von Clustern

Das Erstellen eines *Clusters* erfolgt weitgehend analog zu dem eines *Arrays*. In der *Controls Palette* » *Array, Matrix & Cluster* kann das Element *Cluster* ausgewählt, mit dem Positionierwerkzeug an der gewünschten Stelle auf dem *Front Panel* platziert und anschließend skaliert werden. Zunächst erscheint ein leerer Container auf dem *Front Panel* und das zugehörige Terminal im *Block Diagram* (Abb. 9.76a). Da das *Cluster* noch keine Daten enthält, wird das Terminal zunächst schwarz dargestellt, nimmt aber später in Abhängigkeit von den verwendeten Daten die Farbe Rosa oder Braun an.

In den leeren Container können nun beliebige Datentypen aus der *Controls Palette* oder vorhandene Bedienelemente auf dem *Front Panel* eingesetzt werden. Bedingt durch das Konzept der Datenflussprogrammierung kann ein *Cluster* nur Ein- oder nur Ausgabeelemente enthalten, da es im *Block Diagram* nur als Datenquelle oder Datensenke wirken kann. Dabei bestimmt das erste in das *Cluster* eingesetzte Objekt, ob das *Cluster* als Eingabe- oder Anzeigeelement verwendet wird. Alle weiteren Objekte werden gegebenenfalls automatisch angepasst. Über das Kontextmenü eines *Clusters* ist jederzeit eine Umwandlung von einem Eingabe- in ein Ausgabeelement möglich (und umgekehrt). Abbildung 9.76b zeigt beispielhaft ein *Cluster* mit drei booleschen Schaltern, einem numerischen Eingabeelement und einem String-Bedienelement.

Ein *Cluster* kann wiederum ein oder mehrere *Cluster* oder *Arrays* enthalten, in welche weitere *Cluster* oder *Arrays* eingesetzt werden können (Ausnahme: in ein *Array* kann kein weiteres *Array* eingesetzt werden). Damit besteht die Möglichkeit, sehr komplexe Datenstrukturen mit hoher Schachtelungstiefe zu erzeugen, so dass auch die Verwaltung von vielen Variablen übersichtlich erfolgen kann.

Im *Block Diagram* kann eine Cluster-Konstante erzeugt werden, indem aus der *Functions Palette Cluster & Variant* das Element *Cluster Constant* ausgewählt wird. Im *Block Diagram* erscheint dann gleichfalls ein leerer Container (Abb. 9.77a), in den

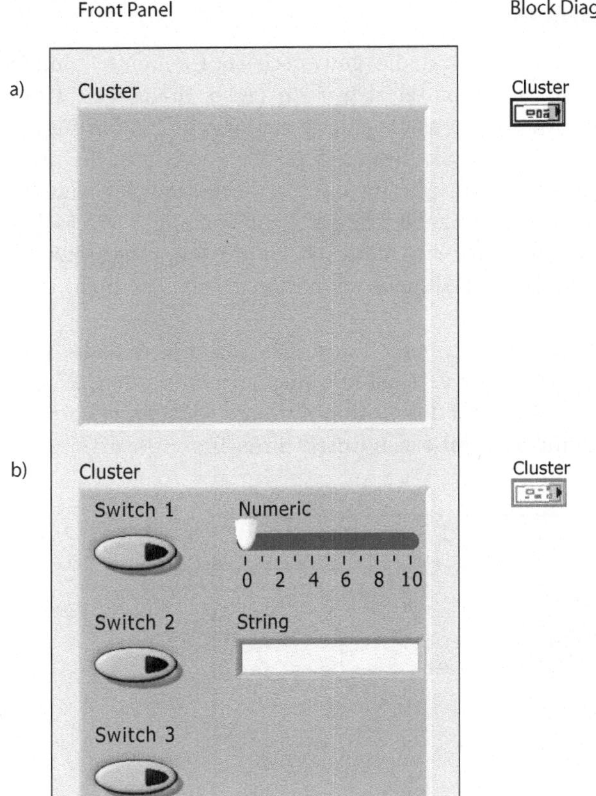

Abb. 9.76: Erstellen eines *Clusters* auf dem *Front Panel*: a) leerer Container, b) *Cluster* mit Bedienelementen

in analoger Weise die Elemente Datentypen und -strukturen der *Functions Palette* eingesetzt werden können (Abb. 9.77b).

Wie bei allen anderen Bedienelementen, kann auch ein *Cluster* vom *Front Panel* ins *Block Diagram* gezogen werden, dort wird dann eine Kopie des *Clusters* als Konstante generiert, auf umgekehrtem Weg wird von der Cluster-Konstante im *Block Diagram* eine Kopie als Eingabeelement generiert.

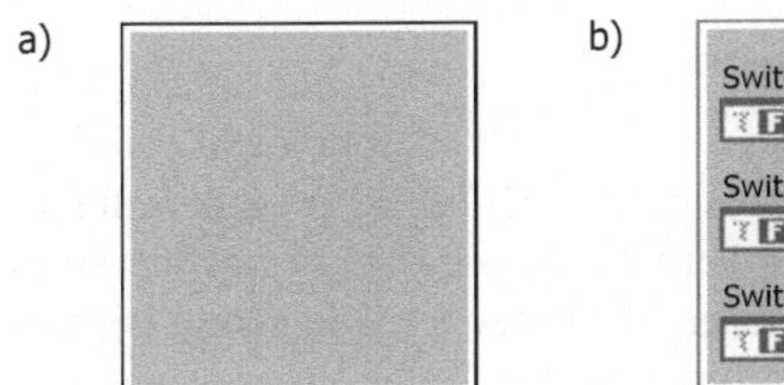

Abb. 9.77: Erstellen einer Cluster-Konstanten im *Block Diagram*

Automatische Skalierung von Clustern

Die Größe eines *Clusters* ist frei wählbar und die gewünschten Elemente können innerhalb des Rahmens an beliebiger Stelle platziert werden (Abb. 9.78a). Im Kontextmenü des *Clusters* besteht nun die Möglichkeit, eine automatische Skalierung zu aktivieren, *Autosizing* ≫ *Size to Fit* (Autom. Skalierung ≫ Größe anpassen), die dazu führt, dass ein genau passender Rahmen um alle im *Cluster* enthaltenen Elemente gelegt wird (Abb. 9.78b). Die automatische Skalierung ist nicht vorrangig aus ästhetischen Gründen empfehlenswert sondern es wird dadurch vermieden, dass einzelne Elemente eines *Clusters*, die außerhalb des Rahmens angeordnet sind, gar nicht dargestellt werden.

Die automatische Skalierung kann auch in einer Form erfolgen, bei der alle Elemente des *Clusters* entweder horizontal oder vertikal neu angeordnet werden. Abbildung 9.78c zeigt das *Cluster* nach der Auswahl der Option *Arrange vertically* (Vertikal anordnen). Die Reihenfolge der Elemente ergibt sich durch ihren Index (s. u.).

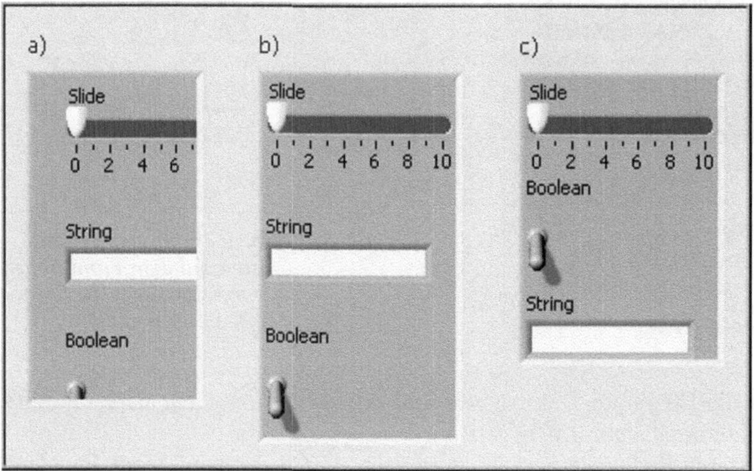

Abb. 9.78: Cluster-Größe: a) ohne und b) mit automatischer Skalierung, c) automatische Anordnung der Bedienelemente

Reihenfolge von Bedienelementen in einem Cluster

Jedes Element eines *Clusters* wird mit einem Index versehen, der aber nicht wie bei *Arrays* programmtechnisch verwendet werden kann. Die Indizierung erfolgt anhand der zeitlichen Reihenfolge in der die Elemente in das *Cluster* eingesetzt worden sind und wird nach dem Löschen eines Elements gegebenenfalls erneuert. Die geometrische Anordnung der Elemente innerhalb des *Clusters* hat auf den Index eines Elements keine Auswirkung.

Um ein Ein- und ein Ausgabe-Cluster miteinander verbinden zu können, ist neben einer exakten Übereinstimmung der enthaltenen Datentypen und -strukturen auch die exakte Übereinstimmung ihrer Reihenfolge innerhalb des *Clusters* notwendig. Um

Fehler durch inkompatible Datentypen zu vermeiden, ist es daher empfehlenswert, im Kontextmenü eines Eingabe-Clusters die Option *Create* ≫ *Indicator* (Erstellen ≫ Anzeigeelement) und im Kontextmenü eines Ausgabe-Clusters die Option *Create* ≫ *Constant* (Erstellen ≫ Konstante) oder *Create* ≫ *Control* (Erstellen ≫ Bedienelement) auszuwählen, da dann das gewünschte Element automatisch mit der korrekten Datenstruktur erzeugt und mit dem jeweiligen *Cluster* verbunden wird. Eine Alternative besteht darin, das jeweilige *Cluster* zu kopieren und es dann über die Option *Change to Control* (In Bedienelement umwandeln) oder *Change to Indicator* (In Anzeigeelement umwandeln) im Kontextmenü in ein Eingabe- bzw. Anzeigelement umzuwandeln.

Die Änderung der Indices kann über das Kontextmenü *Reorder Controls in Cluster...* (Bedienelemente in Cluster neu ordnen...) des *Clusters* vorgenommen werden. Nach der Auswahl dieser Option erscheint das in Abbildung 9.79 dargestellte Fenster. Der aktuelle Index eines Cluster-Elements wird invertiert dargestellt (weiße Schrift auf schwarzem Hintergrund) und mit dem Cursor, der die Form einer kleinen Hand angenommen hat, kann der neue Index durch Anwählen des in weiß dargestellten Index verändert werden. Der Wert des jeweiligen Index kann vorher über die Option *Click to set to* (Durch Klick setzen auf) eingestellt werden. Über die Schaltfläche „OK" können die Änderungen übernommen und über die Schaltfläche „X" verworfen werden.

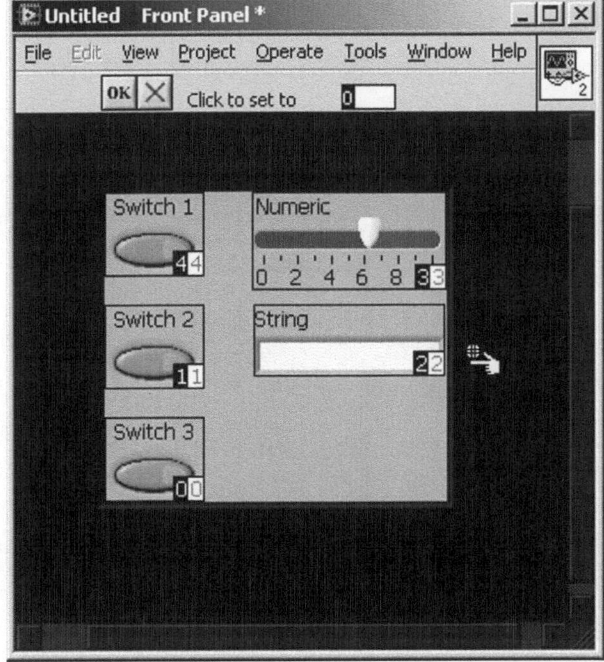

Abb. 9.79: Control-Editor für die Änderung der Reihenfolge von Elementen in einem *Cluster*

9.2.2 Cluster-Funktionen

Für die Bearbeitung von *Clusters* können die Funktionen der Palette *Cluster & Variant* verwendet werden, die im oberen Teil von Abbildung 9.80 gezeigt werden. Auf den ersten Blick erscheinen die Möglichkeiten aufgrund der geringen Anzahl beschränkt zu sein, aber da die meisten Funktionen in LabVIEW polymorph sind, kann auch eine Vielzahl von Funktionen anderer Paletten genutzt werden. Einige Beispiele dafür werden in Abschnitt 9.2.3 vorgestellt. Die Funktionen der Palette *Cluster & Variant* dienen vor allem dazu, programmgesteuert aus einzelnen Elementen *Cluster* zusammenzusetzen, Werte einzelner Elemente zu verändern oder einem *Cluster* zu entnehmen.

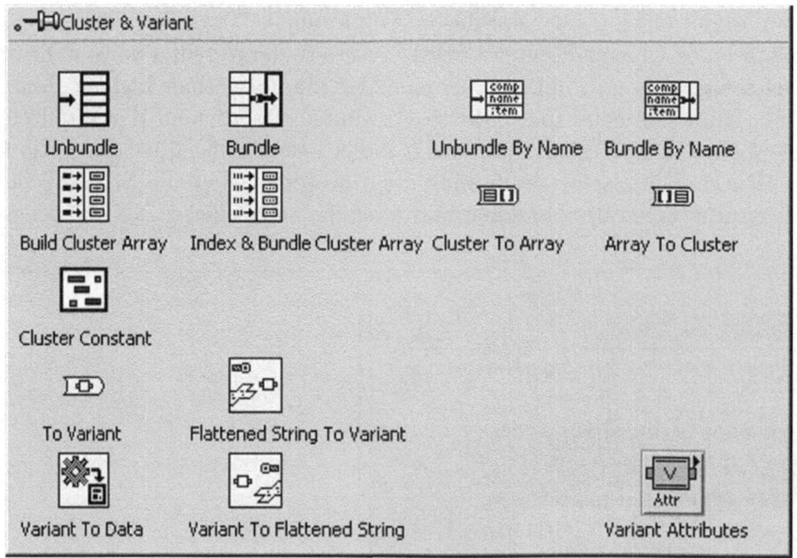

Abb. 9.80: Elemente der Palette *Cluster & Variant*

Bundle (Bündeln)

Die einzige Möglichkeit, im *Block Diagram* ein *Cluster* aus einzelnen Elementen zusammenzusetzen, besteht in der Verwendung der Funktion *Bundle*, indem dieser einzelne Elemente zugeführt werden (Abb. 9.81). Mit dem Positionierwerkzeug kann die Funktion nach unten aufgezogen werden, um die gewünschte Anzahl von Eingängen zu erhalten. Ebenfalls ist es möglich, über die Option *Add Input* (Eingang hinzufügen) im Kontextmenü einen weiteren Eingang zu erstellen oder über *Remove Input* (Eingang löschen) gegebenenfalls zu löschen. Die Reihenfolge der Elemente im *Cluster* entspricht der Reihenfolge, in der sie von oben nach unten der Funktion *Bundle* zugeführt worden sind.

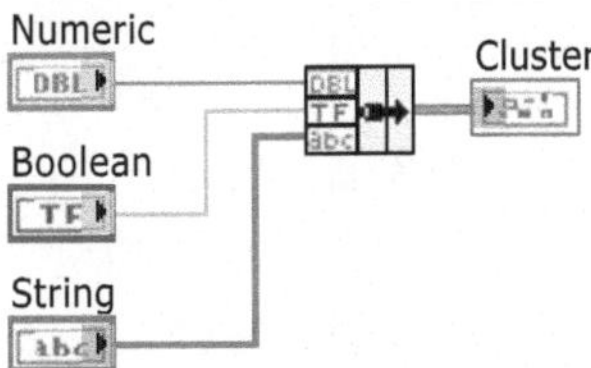

Abb. 9.81: Erstellen eines *Clusters* im *Block Diagram* mit der Funktion *Bundle* (Bündeln)

Die Funktion wirkt prinzipiell anders, wenn ihr zusätzlich über den horizontal mittleren Eingang ein *Cluster* zugeführt wird (Abb. 9.82). Das Terminal weist dann für jedes im *Cluster* enthaltene Element einen Eingang auf. Um den Wert eines Cluster-Elements zu verändern, kann dem jeweiligen Eingang der entsprechende Wert zugeführt werden. Dabei ist es nicht erforderlich, alle Eingänge der Funktion zu belegen. Am Ausgang der Funktion steht dann das aktualisierte *Cluster* zur Verfügung.

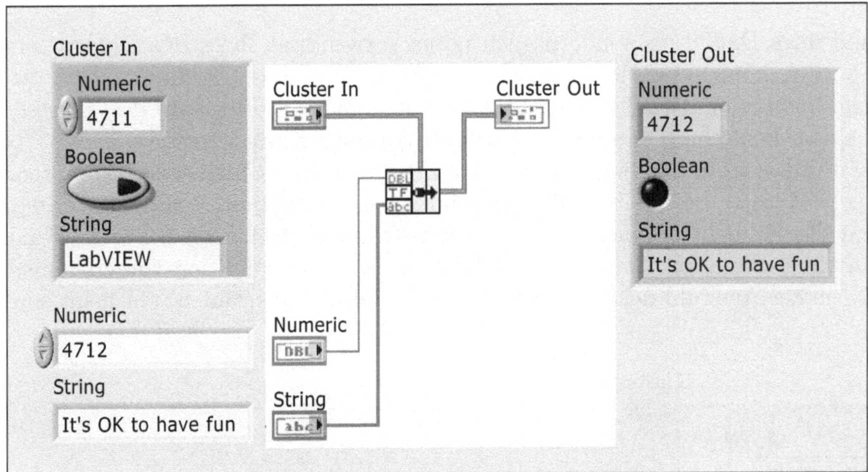

Abb. 9.82: Ersetzen von Elementen in einem *Cluster* mit der Funktion *Bundle* (Bündeln)

Unbundle (Aufschlüsseln)

Um einem *Cluster* ein oder mehrere Elemente auszulesen, kann die komplementäre Funktion *Unbundle* verwendet werden (Abb. 9.83). Bei dieser wird für jedes im *Cluster* enthaltene Element ein Ausgang zur Verfügung gestellt. Die benötigten Elemente des *Clusters* können dort entnommen und weiter verarbeitet oder in einem Anzeigeelement dargestellt werden.

Bundle By Name (Nach Namen bündeln)

Neben dem Funktionspaar *Bundle* und *Unbundle* steht auch das Funktionspaar *Bundle by Name* und *Unbundle by Name* zur Verfügung. Diesem sollte nach Möglichkeit immer der Vorzug gegeben werden, da Elemente eines *Clusters* dann nicht

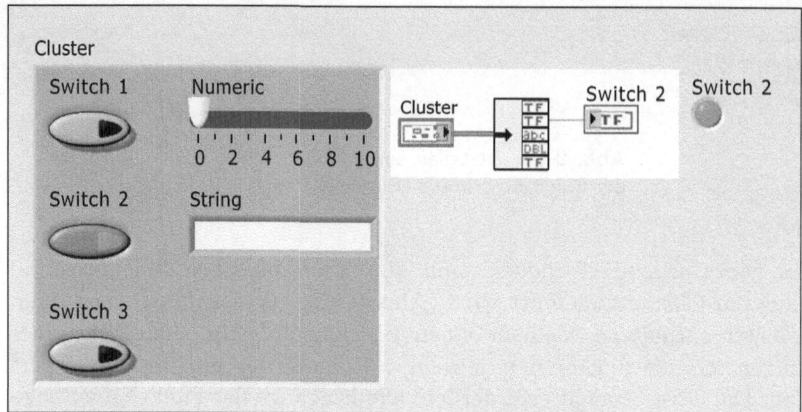

Abb. 9.83: Auslesen eines Cluster-Elements mit der Funktion *Unbundle* (Aufschlüsseln)

nur anhand ihres Datentyps sondern auch unter Verwendung ihres Bezeichners verarbeitet werden können, wodurch sich unmittelbar eine gute Dokumentation des *Block Diagrams* ergibt. Dies setzt natürlich voraus, dass die Elemente des *Clusters* auch mit einem Bezeichner (*Label* (Beschriftung)) versehen worden sind.

Darüber hinaus ist es möglich, nur einzelne Elemente eines *Clusters* zu bearbeiten. Abbildung 9.84 zeigt beispielhaft die Anwendung der Funktion *Bundle by Name*, bei der nur das Element „*Boolean*" des Eingangs-Clusters ersetzt wird. Die Auswahl des gewünschten Elements kann über das Kontextmenü der Funktion vorgenommen werden. Nach der Auswahl der Option *Select Item* (Objekt auswählen) erscheint eine

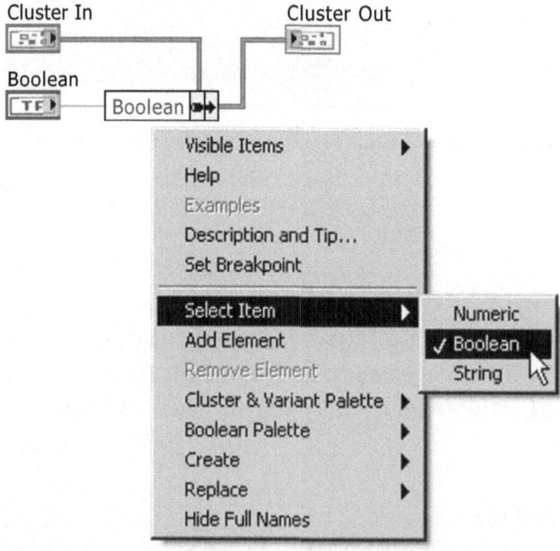

Abb. 9.84: Ersetzen eines Cluster-Elements mit der Funktion *Bundle By Name* (Nach Namen Bündeln)

Liste aller Elemente im *Cluster* aus der das gewünschte Element ausgewählt werden kann. Für den Fall, dass die Werte mehrerer Elemente eines *Clusters* verändert werden müssen, kann die Funktion mit dem Positionierwerkzeug aufgezogen werden, bis die gewünschte Anzahl von Eingängen zur Verfügung steht. Je nach Richtung, in der die Funktion aufgezogen wird (oben oder unten), liegen automatisch die vor bzw. nach dem aktuellen Element liegenden Komponenten an den Eingängen. Mit der Funktion *Bundle by Name* ist es aber im Gegensatz zur Funktion *Bundle* nicht möglich, ein *Cluster* aus einzelnen Komponenten zusammenzusetzen.

Unbundle By Name (Nach Namen aufschlüsseln)

Mit der Funktion *Unbundle By Name* können einzelne Elemente anhand ihres Bezeichners dem *Cluster* entnommen werden. Im Gegensatz zur Funktion *Unbundle* (Bündeln) ist die Reihenfolge der Entnahme beliebig, da jedem Ausgang der Funktion das gewünschte Element über das Kontextmenü *Select Item* (Objekt auswählen) zugewiesen werden kann (Abb. 9.85). Hierdurch kann die Anordnung der einzelnen Cluster-Elemente ausgewählt werden. Damit können Kreuzungen von Verbindungsleitungen vermieden werden, was die Lesbarkeit des *Block Diagrams* erhöht.

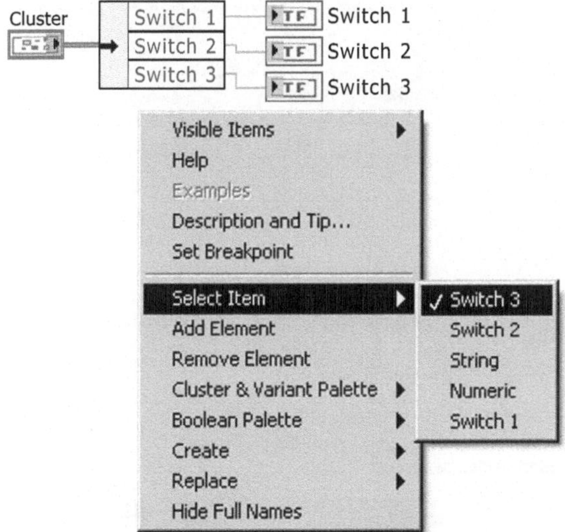

Abb. 9.85: Entnehmen von Cluster-Elementen mit der Funktion *Unbundle By Name* (Nach Namen aufschlüsseln)

Die Anzeige der Cluster-Elemente im Kontextmenü *Select Item* erfolgt entsprechend ihrer Indices. Für das in Abbildung 9.85 dargestellte Beispiel wird das *Cluster* aus Abbildung 9.76 verwendet und es ist sicher sinnvoll, die Cluster-Elemente so zu sortieren, dass sich im Auswahlmenü eine logische Zusammenfassung der Elemente ergibt (vgl. Abb. 9.79).

Bei der Programmentwicklung sollte die Funktion *Unbundle By Name* gegenüber der Funktion *Unbundle* auch deshalb vorzugsweise verwendet werden, da sich dann

Änderungen der Reihenfolge von Elementen im *Cluster* nicht auf das *Block Diagram* auswirken.

Cluster To Array (Cluster nach Array) und Array To Cluster (Array nach Cluster)

Ein *Cluster*, welches nur Elemente gleichen Datentyps enthält, kann mit der Funktion *Cluster To Array* in ein eindimensionales *Array* umgewandelt werden, so dass für die Verarbeitung der Daten auch die Array-Funktionen genutzt werden können. Umgekehrt ist es mit der Funktion *Array To Cluster* möglich, ein eindimensionales *Array* in ein *Cluster* umzuwandeln.

Ein Beispiel für die Anwendung dieser beiden Funktionen zeigt Abbildung 9.86. Insgesamt enthält das Eingangs-Array drei Elemente vom Typ *Cluster*, wobei das *Cluster* vier numerische Eingabe-Elemente enthält. Wird diese Datenstruktur einer For-Schleife mit aktivierter Indizierung zugeführt, wird dem *Array* bei jedem Schleifendurchlauf ein Element entnommen. Dieses *Cluster* wird dann mit der Funktion *Cluster To Array* in ein *Array* umgewandelt und anschließend werden die Elemente

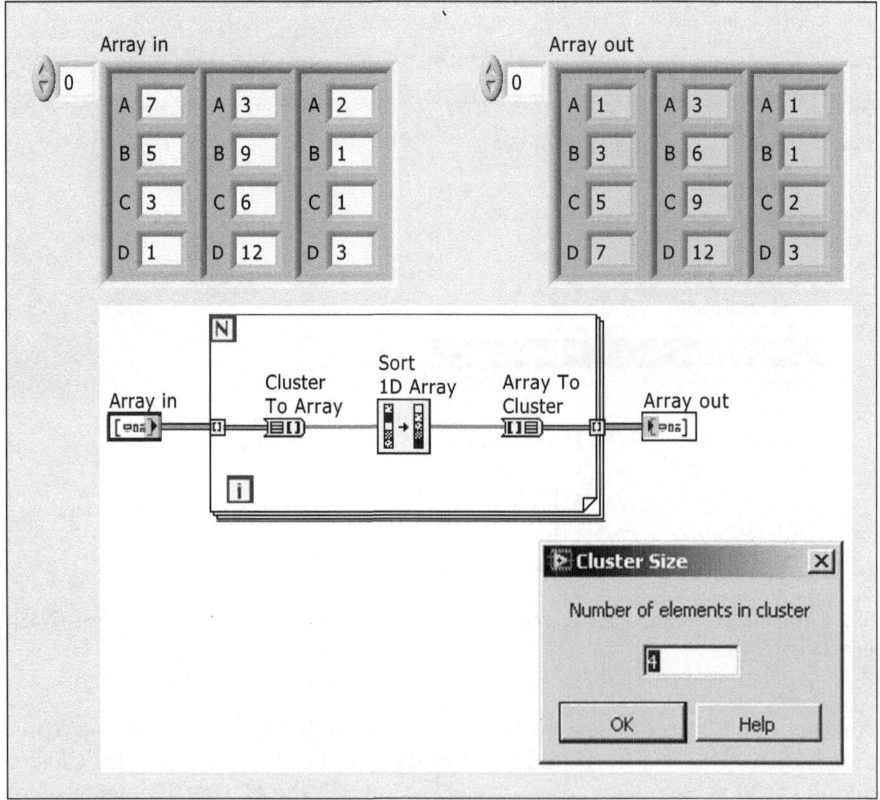

Abb. 9.86: Anwendungsbeispiel für die Funktionen *Cluster To Array* (Cluster nach Array) und *Array To Cluster* (Array nach Cluster)

des *Arrays* sortiert. Danach wird das *Array* mit der Funktion *Array To Cluster* wieder in ein *Cluster* umgewandelt. Die einzelnen *Cluster* werden am rechten Schleifenrand über die aktivierte Indizierung gesammelt und wieder zu einem *Array* von *Clusters* zusammengesetzt. Im resultierenden Ausgangs-Array sind die Zahlenwerte innerhalb jedes Cluster-Elements dann nach ihrem Wert sortiert.

Unbedingt zu beachten ist bei der Verwendung der Funktion *Array To Cluster*, dass in ihrem Kontextmenü *Cluster Size...* (Cluster-Größe...) die Anzahl der Elemente manuell eingegeben werden muss, um das gewünschte Ergebnis zu erzielen. Als Standardwert sind neun Cluster-Elemente voreingestellt. Die maximale Anzahl der Cluster-Elemente beträgt 256.

Darüber hinaus bieten auch die beiden Funktionen *Build Cluster Array* (Cluster-Array erstellen) (vgl. Abb. 11.63) und *Index & Bundle Cluster Array* (Cluster-Array indizieren und bündeln) weitergehende Möglichkeiten, um komplexe Datenstrukturen zu erzeugen.

9.2.3 Polymorphie

Wie bereits erwähnt wurde, sind die meisten Funktionen in LabVIEW polymorph und können unterschiedliche Datentypen und -strukturen verarbeiten. Dementsprechend akzeptieren Funktionen aus vielen Unterpaletten an ihren Eingängen auch *Cluster*. Welche Funktionen genutzt werden können, wird dabei im Wesentlichen von der Datenstruktur innerhalb eines *Clusters* bestimmt. In einigen Beispielen soll daher in diesem Abschnitt die Vielfalt der Möglichkeiten zur Verarbeitung von *Clusters* aufgezeigt werden.

Cluster und arithmetische Funktionen

Wenn ein *Cluster* nur numerische Daten enthält können die arithmetischen Funktionen direkt verwendet werden. Das in Abbildung 9.87 dargestellte Eingangs-Cluster enthält drei Elemente, ein numerisches Eingabeelement, ein eindimensionales *Array* mit numerischen Elementen und ein *Cluster* mit drei numerischen Elementen. Bei der beispielhaft dargestellten Addition wird auf alle Werte innerhalb des *Clusters* die Zahl Vier addiert.

Cluster und String-Funktionen

Analog dazu kann das gleiche *Cluster* natürlich auch mit Zwei multipliziert werden (Abb. 9.88). Anschließend wird das *Cluster* in diesem Beispiel mit einer String-Funktion weiter verarbeitet. Die Funktion *Number To Fractional String* (Zahl nach String (Gleitpunktdarstellung)) aus der *Functions Palette* ≫ *String* ≫ *String/Number Conversion* (String/Zahl-Konvertierung) wandelt jedes numerische Element in eine Zeichenkette um, wobei jede Zeichenkette über den Eingang *Precision* (Genauigkeit) mit zwei Stellen nach dem Dezimalpunkt versehen wird (vgl. Abb. 8.33).

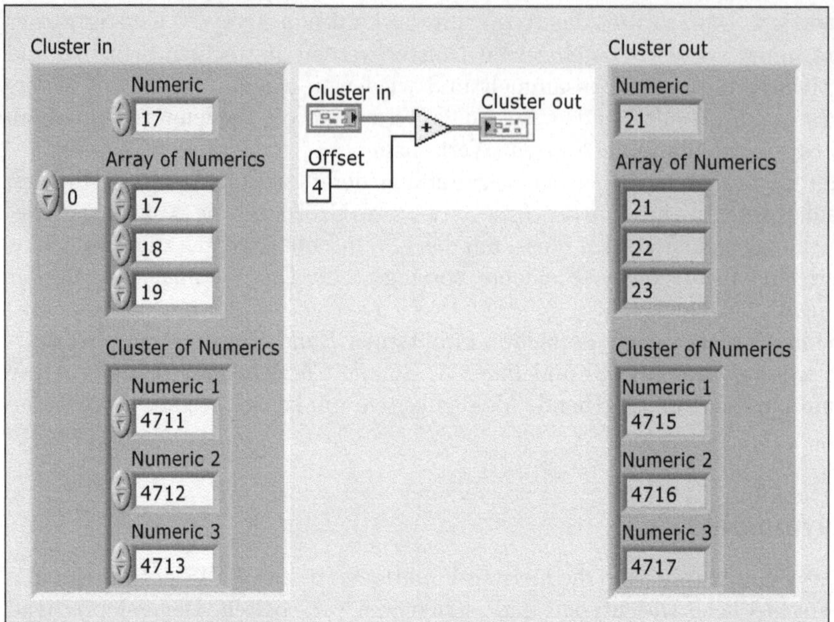

Abb. 9.87: Beispiel für die Verwendung arithmetischer Funktionen mit einem *Cluster*

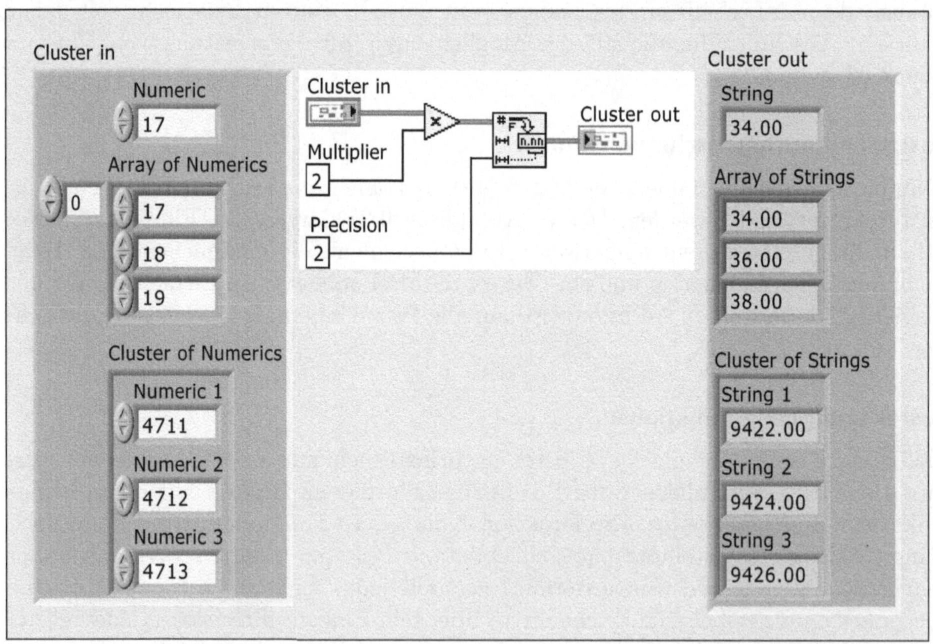

Abb. 9.88: Beispiel für die Verwendung von String-Funktionen mit einem *Cluster*

Cluster und Vergleichsfunktionen

Bei komplexeren Programmen ist es sinnvoll, *alle* Systemvariablen in einem *Cluster*
zu verwalten, da sich so ein sehr übersichtliches *Block Diagram* ergibt. Zur Laufzeit
des Programms ist es dann unter Umständen wünschenswert festzustellen, welcher
Wert einer Systemvariablen sich geändert hat. Hier soll ein einfaches *Cluster*, bestehend aus einem numerischen, einem booleschen sowie einem String-Eingabeelement
ein *Cluster* von Systemvariablen repräsentieren (Abb. 9.89). Im *Block Diagram* nach
Abbildung 9.90 wird dieses *Cluster* verwendet, um das *Shift Register* einer While-
Schleife zu initialisieren. Innerhalb der While-Schleife wird dem *Cluster* mit der Funktion *Unbundle By Name* die boolesche Variable entnommen, ihr Wert invertiert und
das Resultat mit der Funktion *Bundle By Name* wieder in das *Cluster* der Systemvariablen geschrieben. Beim nächsten Schleifendurchlauf steht das geänderte *Cluster*
der Systemvariablen am linken Rand der While-Schleife für eine weitere Verarbeitung
zur Verfügung.

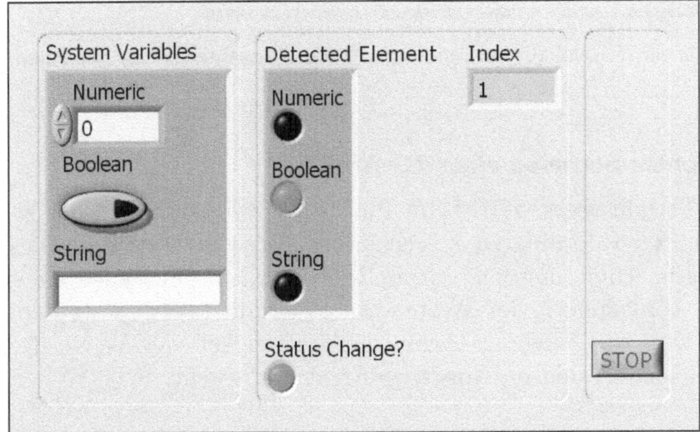

Abb. 9.89: *Front Panel* für ein Beispiel zur Anwendung von Vergleichsfunktionen mit einem
Cluster

Um die Änderung der Systemdaten zu erfassen, wurde das *Shift Register* um ein
Element erweitert. Damit können die aktuellen Daten mit den Daten des vorigen
Schleifendurchlaufs mit Hilfe der Funktion *Not Equal?* (Ungleich?) miteinander ver-
glichen werden. Bei der Einstellung *Compare Aggregates* (Elementsätze vergleichen)
im Kontextmenü der Funktion *Not Equal?* (Ungleich?) liefert diese TRUE an ihrem
Ausgang, wenn die Werte mindestens eines Cluster-Elements nicht übereinstimmen.
Bei der Einstellung *Compare Elements* (Elemente vergleichen) wird dagegen ein ein-
dimensionales *Cluster* am Ausgang der Funktion bereit gestellt, welches für jedes
Cluster-Element ein boolesches Anzeigeelement enthält (vgl. Abb. 9.89).

Dieses *Cluster* kann beispielsweise in ein *Array* umgewandelt und mit der Funktion *Search 1D Array* (1D-Array durchsuchen) auf den Wert TRUE durchsucht werden, wobei bei dieser Art der Auswertung nur das erste geänderte Element im Array
erkannt wird. Von diesem Cluster-Element wird der Index ausgegeben.

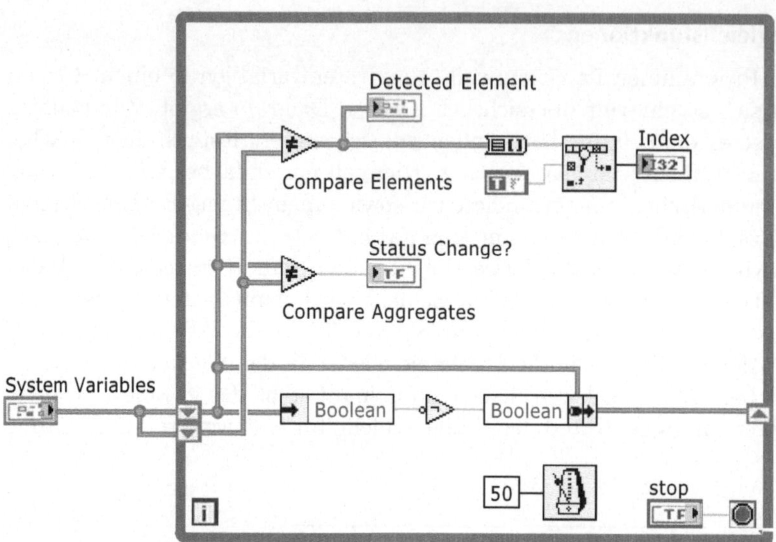

Abb. 9.90: *Block Diagram* für ein Beispiel zur Anwendung von Vergleichsfunktionen mit einem *Cluster*

Cluster und Array-Funktionen: Sortieren eines 2D-Arrays

Für die Optimierung des Verfahrweges, z. B. beim Plotten, Bohren oder Fräsen, ist es gelegentlich erforderlich, x-y-Koordinaten in geeigneter Weise zu sortieren. Dies soll durch das *Front Panel* in Abbildung 9.91 symbolisiert werden. Die Zeilen eines Eingangs-Arrays sollen in Abhängigkeit der Werte einer Spalte neu sortiert werden. Im dargestellten Beispiel wird das Eingangs-Array in Abhängigkeit der Werte der Spalte mit dem Index zwei sortiert und im Ausgangs-Array dargestellt.

Abb. 9.91: *Front Panel* für das Beispielprogramm `Sort-2D-Array.vi`

Eine von vielen möglichen Lösungen zeigt das *Block Diagram* in Abbildung 9.92. Aus dem Eingangs-Array wird die ausgewählte Spalte mit der Funktion *Index Array* (Array indizieren) entnommen, mit der Funktion *Sort 1D Array* (1D-Array sortieren) sortiert und einer For-Schleife mit aktivierter Indizierung zugeführt. Innerhalb der

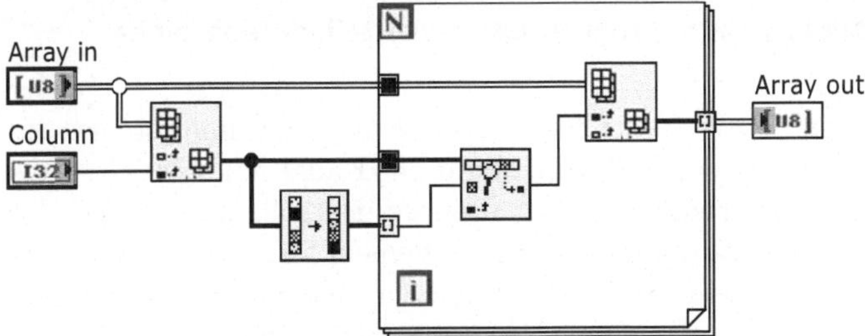

Abb. 9.92: *Block Diagram* mit Array-Funktionen für das Beispielprogramm `Sort-2D-Array.vi`

For-Schleife wird die Spalte nach dem aktuellen Wert durchsucht und das Ergebnis für die Indizierung des Eingangs-Arrays verwendet. Die einzelnen Zeilen werden am rechten Rand der For-Schleife gesammelt und am Ende der Schleife steht das sortierte Ausgangs-Array zur weiteren Bearbeitung zur Verfügung.

Für die Sortierung werden lediglich drei Array-Funktionen und eine For-Schleife benötigt. Eine alternative und funktionsgleiche Lösung nach einer Idee von N. Dahmen (FH Niederrhein, Krefeld) zeigt das *Block Diagram* in Abbildung 9.93, bei dem für die Sortierung ein *Cluster* verwendet wird. In der ersten For-Schleife wird ein *Array* gebildet, in dem jedes Element aus einem *Cluster* besteht, welches vor der aktuellen Zeile des Eingangs-Arrays den zugehörigen Wert der zu untersuchenden Spalte enthält.

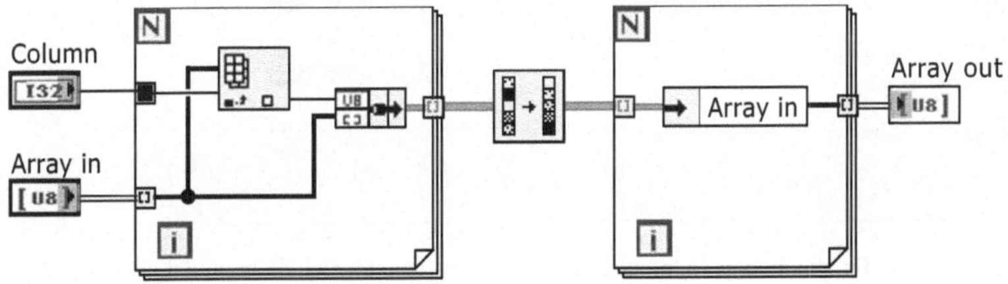

Abb. 9.93: *Block Diagram* mit Verwendung einer Cluster-Funktion für das Beispielprogramm `Sort-2D-Array.vi`

Dieses *Array* wird mit der Funktion *Sort 1D Array* (1D-Array sortieren) sortiert, wobei die Sortierung nach den Cluster-Elementen mit dem Index Null, also den jeweiligen Werten der ausgewählten Spalte, erfolgt. Mit der zweiten For-Schleife wird das sortierte Ausgangs-Array erzeugt, indem jedem Array-Element mit der Funktion *Unbundle By Name* (Nach Namen aufschlüsseln) die einzelnen Zeilen entnommen und am rechten Rand der For-Schleife gesammelt werden.

Cluster und Array-Funktionen: Programmgesteuerte Werteänderung eines Cluster-Elements

Häufig ist es erforderlich, den Wert eines Cluster-Elements programmgesteuert zu verändern. Dies kann zum Beispiel der Fall sein, wenn ein Kanal eines Messgerätes aktiviert oder eines von mehreren Relais eingeschaltet werden soll. Schematisch ist dieser Sachverhalt in Abbildung 9.94 dargestellt und allgemein formuliert könnte die Aufgabe darin bestehen, den Wert eines Schalters in einem Tastenfeld programmgesteuert zu verändern. Dies lässt sich auf einfache Weise realisieren, indem ein Wert des Eingangs-Clusters mit Hilfe der Funktion *Bundle By Name* (Nach Namen bündeln) verändert wird. In diesem Beispiel wird dem Schalter *Channel 2* der Wert TRUE zugewiesen.

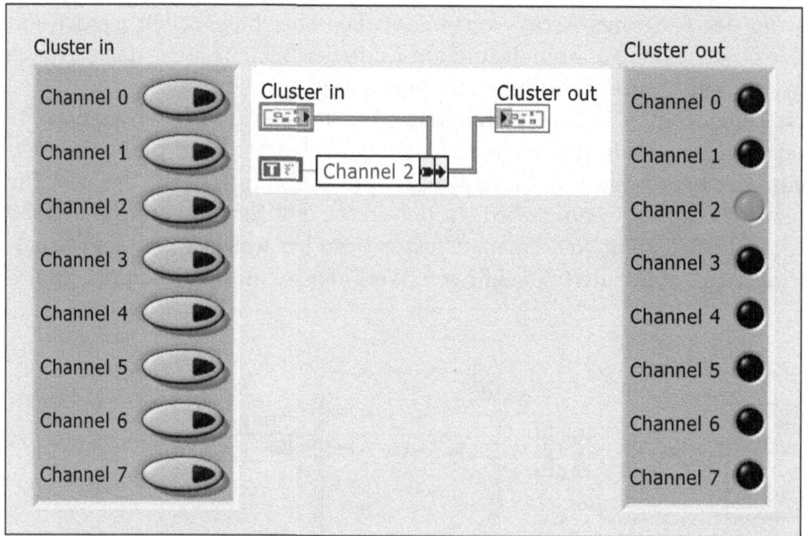

Abb. 9.94: Spezielle Lösung für die programmgesteuerte Änderung eines Cluster-Elements

Diese Art der Realisierung ist ungeeignet wenn es die Aufgabenstellung erfordert, die Funktionalität, z. B. in einem Unterprogramm, mehrfach zu verwenden, wobei gegebenenfalls jeweils ein anderer Kanal aktiviert werden muss. Die in diesem Beispiel vorgestellte Lösung erfordert acht verschiedene Unterprogramme, um gegebenenfalls die Werte der Schalter *Channel 0* bis *Channel 7* zu verändern. Daher ist es bei der Programmierung immer sinnvoll, eine Lösung daraufhin zu überprüfen, ob sie in einer allgemein verwendbaren Form implementiert werden kann.

Hier kann dieser Anforderung Rechnung getragen werden, indem eine weitere Variable „*Channel*" eingeführt wird, mit der die Auswahl des zu verändernden Elements vorgenommen werden kann. Das zugehörige *Block Diagram* ist in Abbildung 9.95 dargestellt. Das Eingangs-Cluster wird zunächst in ein *Array* umgewandelt und mit Hilfe der Funktion *Replace Array Subset* (Teilarray ersetzen) wird das entsprechende Element im *Array* in Abhängigkeit vom ausgewählten Kanal bzw. Element

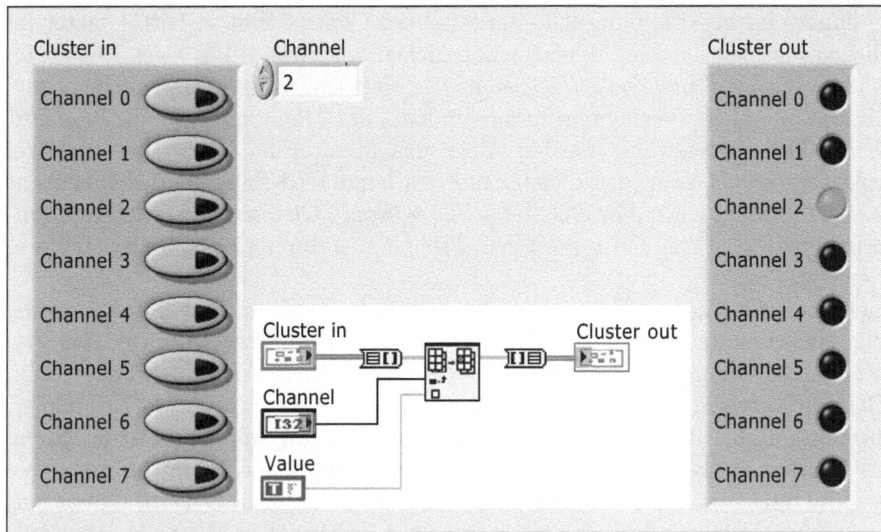

Abb. 9.95: Allgemeine Lösung für die programmgesteuerte Änderung eines Cluster-Elements

mit TRUE überschrieben. Danach wird das *Array* wieder in ein *Cluster* umgewandelt. Diese Lösung kann verwendet werden, ohne jeweils eine Anpassung des Unterprogramms vornehmen zu müssen.

9.2.4 Type Definitions (Typvereinbarungen)

Die Bedienelemente der *Controls Palette* stehen in LabVIEW als vorgefertigte Elemente zur Verfügung, können aber jederzeit in ein benutzerdefiniertes Element transformiert werden. Damit kann zum einen die graphische Erscheinungsform eines Bedienelements gestaltet werden (s. Abschn. 11.8.4) und zum anderen über eine *Type Definition*, *Type Def.* (Typvereinbarung), der Datentyp oder die Datenstruktur festgelegt werden. Ein benutzerdefiniertes Bedienelement erhält die Dateinamenerweiterung ctl *(Control)* und kann nach der Erstellung wie jedes andere Bedienelement aus der *Controls Palette* über *Select a Control...* (Element auswählen...) aufgerufen werden. In einem Projekt sind Änderungen einzelner Datentypen oder Datenstrukturen praktisch unvermeidlich. In diesem Zusammenhang bietet die Verwendung von *Type Defs.* den entscheidenden Vorteil, dass die Änderung eines *Type Def.* automatisch in allen Programmen und Unterprogrammen, in denen es verwendet wird, übernommen wird. Das heißt, die Änderung eines Datentyps oder einer Datenstruktur muss nur an einer zentralen Stelle vorgenommen werden, wodurch der Aufwand minimiert wird.

Insbesondere bei *Clusters* und *Enums* ist die Verwendung einer Typvereinbarung sinnvoll, da bei diesen jederzeit einzelne Elemente hinzugefügt oder entfernt werden können. Um die Vorgehensweise bei der Erstellung einer Typvereinbarung aufzuzeigen, wird beispielhaft das *Cluster* nach Abbildung 9.76 verwendet. Die Auswahl der Option *Advanced* ≫ *Customize...* (Fortgeschritten ≫ Anpassen...) im Kontextmenü des

Clusters öffnet den in Abbildung 9.96 dargestellten Control-Editor. Dieser bietet im Wesentlichen die gleichen Menüs und Schaltflächen zur Gestaltung eines Bedienelements wie das *Front Panel.* Zusätzlich steht das Pull-Down-Menü mit der Standardeinstellung *Control* zur Verfügung. In diesem kann der Menüpunkt *Strict Type Def.* (Strikte Typ-Def.) ausgewählt werden. Über das Menü *File ≫ Save As...* (Datei ≫ Speichern unter...) kann das *Cluster* nun als benutzerdefiniertes Bedienelement abgespeichert werden. Und über das Menü *File ≫ Apply Changes* (Datei ≫ Änderungen übernehmen) wird das *Cluster* auf dem *Front Panel* durch das benutzerdefinierte *Cluster* ersetzt.

Danach kann der Control-Editor geschlossen werden, weitere Maßnahmen für die Erstellung eines benutzerdefinierten Bedienelements sind nicht erforderlich. Das Element kann nun in beliebigen Programmen als *Control, Indicator* oder als Konstante im *Block Diagram* verwendet werden. Dabei ist zu beachten, dass nur die Datenstruktur, nicht aber die Daten selbst, Bestandteil der Typvereinbarung sind. Die Daten können für jedes Element individuell auf dem *Front Panel* eingegeben werden und gegebenenfalls sollte darauf geachtet werden, diese im Kontextmenü über *Data Operations ≫ Make Current Value Default* (Datenoperationen ≫ Aktuellen Wert als Standard) als Standardwerte zu definieren.

Im Control-Editor besteht die Auswahlmöglichkeit zwischen *Type Def.* und *Strict Type Def.* Bei einem *Strict Type Def.* ist nicht nur die Datenstruktur sondern auch die graphische Erscheinungsform (z. B. Bezeichner, Größe, Farbe) Bestandteil der Typvereinbarung. Ihm sollte im Allgemeinen der Vorzug gegeben werden, da sich bei

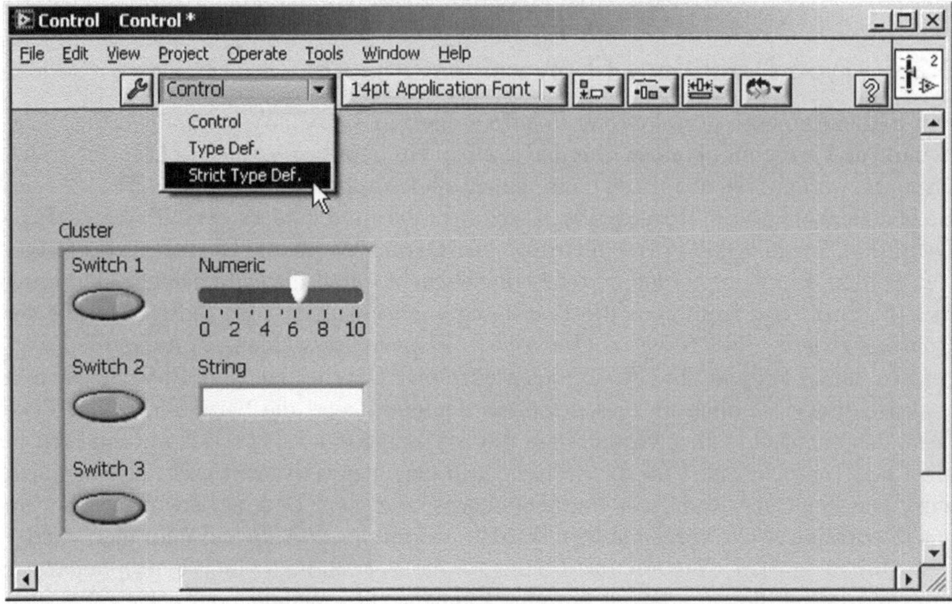

Abb. 9.96: Bedienoberfläche des Control-Editors für die Erstellung einer Typvereinbarung

einer mehrfachen Verwendung durch die konsistente graphische Darstellung ein hoher Wiedererkennungswert ergibt.

Um ein vorhandenes *Type Def.* zu bearbeiten, kann der Control-Editor über das Menü *File ≫ Open* (Datei ≫ Öffnen) oder über die Option *Open Type Def.* (Typdefinition öffnen) des Kontextmenüs geöffnet werden. In Abbildung 9.97 ist das *Cluster* um ein weiteres boolesches Eingabeelement erweitert worden. Dies hat zur Folge, dass alle betroffenen Elemente auf dem *Front Panel* und im *Block Diagram* ausgegraut dargestellt werden. Nach dem Speichern des *Type Def.* (*File ≫ Save As...* (Datei ≫ Speichern unter...)) und der Übernahme der Änderungen (*File ≫ Apply Changes* (Datei ≫ Änderungen übernehmen)) erscheinen alle betroffenen Elemente in der aktualisierten Form.

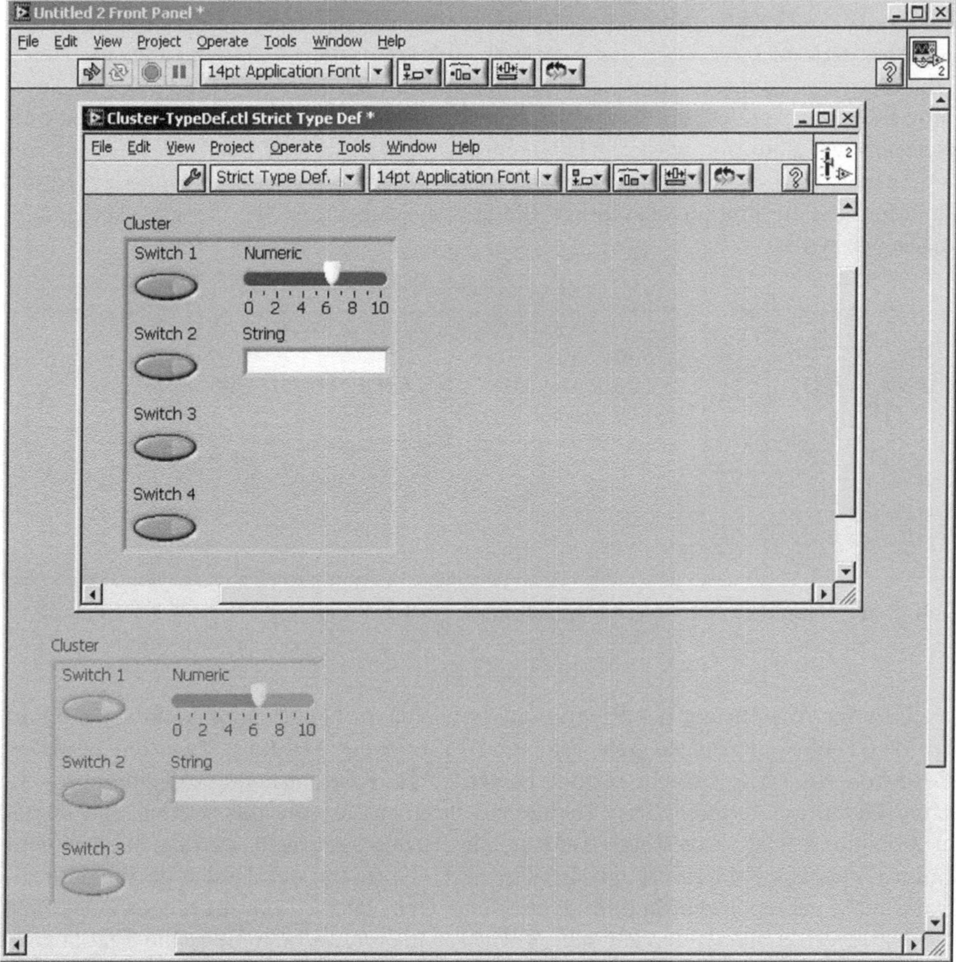

Abb. 9.97: Beispiel für die Änderung einer Typvereinbarung im Control-Editor

9.2.5 Error Handling (Fehlerbehandlung)

Bei der Programmentwicklung ist in aller Regel eine Fehler- bzw. Ausnahmebehandlung erforderlich. Auch diese Aufgabenstellung wird von LabVIEW unterstützt. In der *Controls Palette* ≫ *Cluster, Matrix & Array* können dafür zunächst das Ein- und Ausgabeelement *Error In 3D.ctl* (Fehlereingang (3D)) und *Error Out 3D.ctl* (Fehlerausgang (3D)) ausgewählt und auf dem *Front Panel* platziert werden. Die Datenstruktur besteht aus einem *Cluster* mit drei Elementen. Eine boolesche Statusanzeige signalisiert, ob ein Fehler aufgetreten ist, in einem numerischen Bedienelement wird gegebenenfalls der Fehlercode angezeigt und in einem String-Element wird der Ort des Fehlers zur Anzeige gebracht.

Ein einfaches Beispiel für die Verwendung der Error-Cluster zeigt Abbildung 9.98. Alle LabVIEW-Funktionen die eine Ein- und Ausgabefunktionalität aufweisen, beispielsweise die Dateieingabe und -ausgabe, Audioausgabe, Kommunikation mit externen Messgeräten oder über das Netzwerk, besitzen einen Fehlereingang und einen Fehlerausgang. In diesem Beispiel wird die Funktion *Read from Text File* (Aus Textdatei lesen) verwendet, um die prinzipielle Realisierung einer Fehlerbehandlung aufzuzeigen. Der Funktion wird der Fehlereingang zugeführt und der Fehlerausgang auf der Ausgagsseite der Funktion angeschlossen. Um einen Fehler zu erzeugen, wird der Funktion zudem eine unvollständige Pfadangabe zugeführt, bei der kein Dateiname angegeben wird.

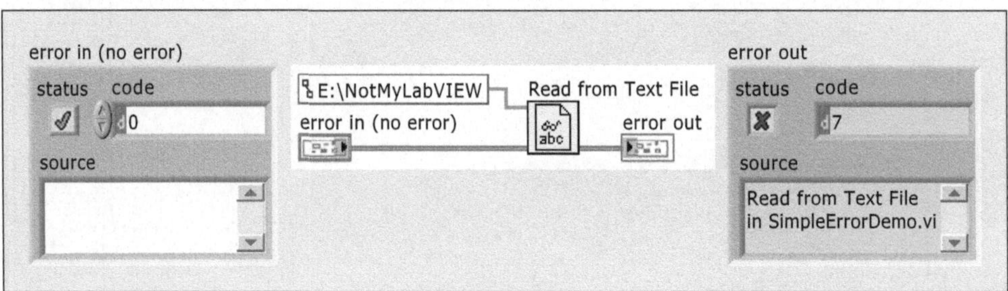

Abb. 9.98: Beispiel für die Anwendung von Error-Clustern

Nach der Ausführung des Programms erscheint im Fehlerausgang ein rotes Kreuz um den Fehler anzuzeigen, der Fehlercode 7 und die Meldung, dass die Funktion *Read from Text File* Ursache für den Fehler ist. Im Kontextmenü des Fehlerausgangs kann die Option *Explain Error* (Fehler beschreiben) ausgewählt werden und so das in Abbildung 9.99 dargestellte Fenster zur Anzeige gebracht werden, in dem eine Erläuterung des Fehlers erfolgt. In diesem Fall besteht der Fehler darin, dass die Datei nicht gefunden wurde und als mögliche Ursache wird darauf hingewiesen, dass die Datei verschoben oder gelöscht worden sein könnte oder aber die Pfadangabe fehlerhaft sein könnte.

Die Fehlerbehandlung enthält damit alle erforderlichen Bestandteile, denn grundsätzlich ist es nicht ausreichend, einen Fehler nur zu signalisieren. Im Sinne einer guten

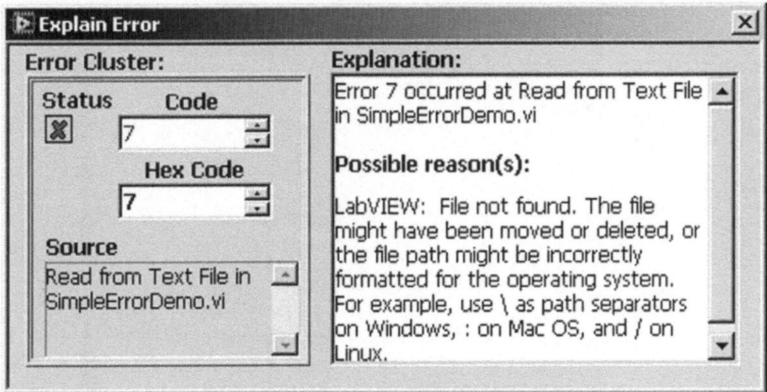

Abb. 9.99: Erläuterung einer Fehlermeldung im Kontextmenü eines Error-Clusters

Benutzerführung sollte auch immer die Fehlerursache angegeben und dem Benutzer eine Hilfestellung zur Fehlerbeseitigung gegeben werden.

Neben der internen Fehlerbehandlung von LabVIEW kann auch benutzerdefiniert eine programmspezifische Fehlerbehandlung eingerichtet werden. Ein möglichst einfaches Beispiel zeigt das in Abbildung 9.100 dargestellte *Front Panel*. In diesem Programm soll die Temperatur von °C in F umgerechnet werden und eine Fehlermeldung erfolgen, wenn die Temperatur einen voreingestellten Wert T_{max} übersteigt.

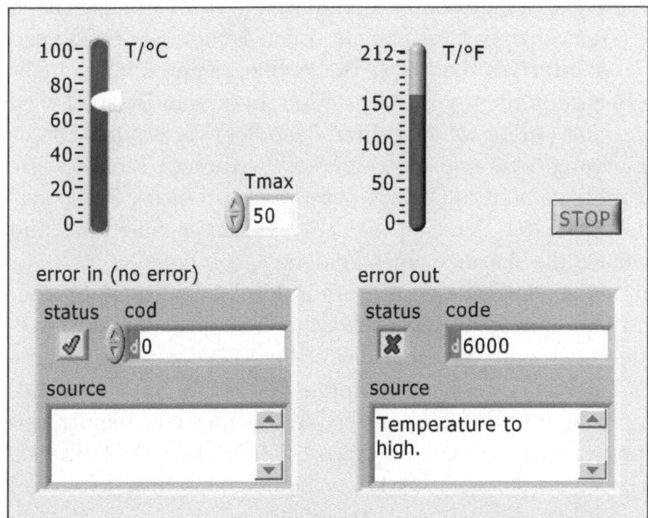

Abb. 9.100: *Front Panel* eines Beispielprogramms mit benutzerdefinierter Fehlermeldung

Bei dem in Abbildung 9.101 gezeigten *Block Diagram* erfolgt im oberen Teil lediglich die Umrechnung der Temperatur, dieser Teil des *Block Diagrams* wird hier nur beispielhaft für einen beliebigen Programmteil verwendet. Die Vergleichsfunktion $\leq$

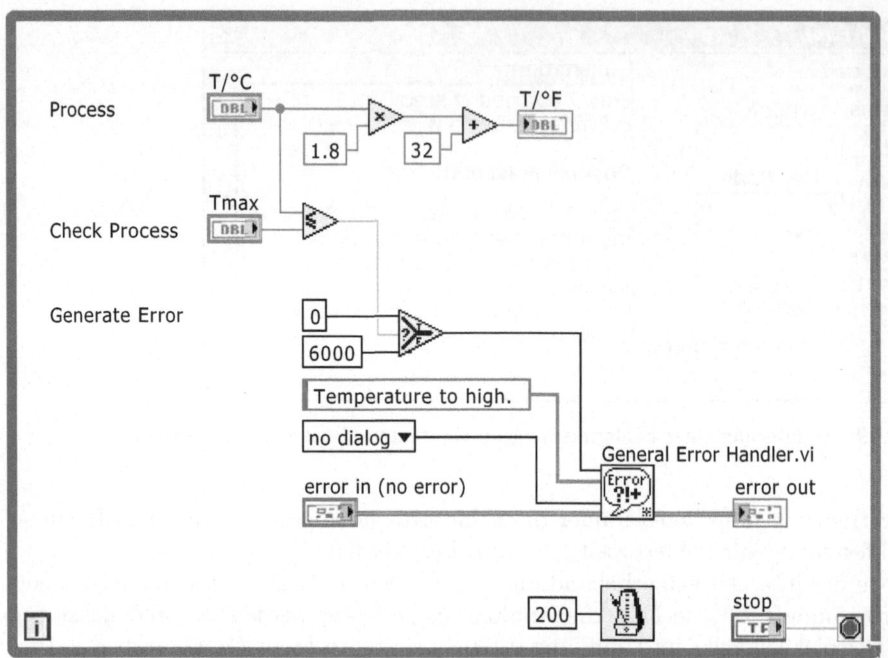

Abb. 9.101: *Block Diagram* eines Beispielprogramms mit benutzerdefinierter Fehlermeldung

liefert am Ausgang TRUE sobald die voreingestellte Maximaltemperatur überschritten wird und die Funktion *Select* (Auswahl) gibt im Fehlerfall den Fehlercode 6000 aus.

Aus der Palette *Dialog & User Interface* (Dialog & Bedienoberfläche) können mehrere Funktionen für die Fehlerbehandlung ausgewählt werden. In diesem Beispiel wird die Funktion *General Error Handler* (Allgemeiner Fehlerbehandler) verwendet. Dieser wird im Fehlerfall die Fehlermeldung 6000 und die Fehlerbeschreibung „*Temperature to high.*" zugeführt. Auf das Einblenden eines Dialogfensters wird an dieser Stelle verzichtet *(No Dialog)*. Schließlich wird der Funktion ein Fehler-Cluster zugeführt und am Ausgang ein Fehler-Cluster für die Anzeige eines Fehlers verwendet.

Für die Vergabe von benutzereigenen Fehlercodes sind in LabVIEW die Zahlenbereiche von -8999 bis -8000 und 5000 bis 9999 reserviert. Eine Übersicht und Erläuterung interner LabVIEW-Fehlercodes gibt die XML-Datei LabVIEW-errors.txt die in der Verzeichnisstruktur der LabVIEW-Installation unter *LabVIEW 8.0 ≫ resource ≫ errors* zu finden ist. In vergleichbarer Weise kann die Verwaltung von benutzereigenen Fehlercodes vorgenommen werden, wenn über das Menü *Tools ≫ Advanced ≫ Edit Error Codes...* (Werkzeuge ≫ Fortgeschritten ≫ Fehlercodes bearbeiten...) der *Error Code File Editor* (Fehlercode-Dateieditor) aufgerufen wird. Mit diesem können benutzereigene Fehlerlisten im XML-Format erstellt werden.

Besonders komfortabel ist die Fehlerbehandlung bei der Verwendung einer Case-Struktur oder While-Schleife (Abb. 9.102). Bei diesen kann das Error-Cluster ohne weitere Maßnahmen mit dem *Selector Terminal* (Auswahlterminal) bzw. mit *Conditional Terminal* (Bedingungsterminal) verbunden werden. Bei Verwendung einer

Case-Struktur erscheint im *Case Selector Label* (Auswahlbeschriftung) automatisch eine geeignete Beschriftung *No Error* (Kein Fehler) bzw. *Error* (Fehler) und der Rahmen der Case-Struktur wird entsprechend Grün bzw. Rot eingefärbt.

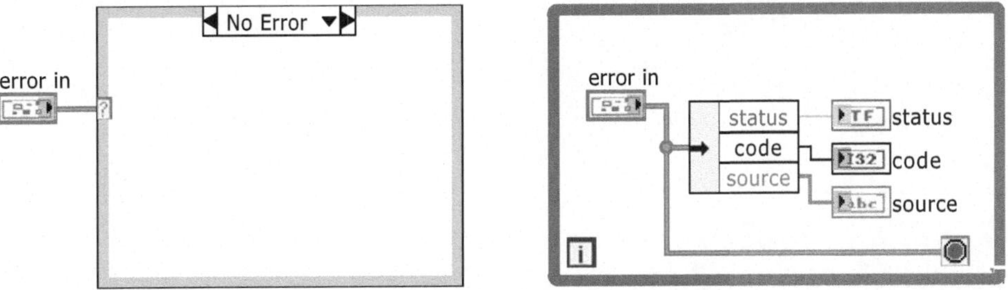

Abb. 9.102: Auswertung eines Error-Cluster mit einer Case-Struktur und einer While-Schleife

10 Dateieingabe und -ausgabe

Die Bereitstellung von Routinen zur Datensicherung ist eine wesentliche Aufgabe bei der Software-Entwicklung. Dafür bietet die Entwicklungsumgebung LabVIEW alle erforderlichen Hilfsmittel. Dateien können in verschiedenen Formaten gelesen und geschrieben werden. Dateien und Verzeichnisse können erzeugt, verschoben und umbenannt werden. Darüber hinaus stehen für die Verwaltung von Dateien und die Benutzerführung umfangreiche Möglichkeiten zur Verfügung. Da die Art der Datei-verwaltung vor allem von der jeweiligen Anwendung bestimmt wird, behandelt dieses Kapitel nur die grundlegenden Methoden zum Schreiben und Lesen von Dateien und anhand einiger Beispiele wird gezeigt, wie unterschiedliche Dateiformate verwendet werden können.

Abbildung 10.1 zeigt eine Übersicht über die Palette *File I/O* (Datei-I/O), u. a. mit Funktionen zum Schreiben und Lesen von Text- und Tabellenkalkulationsdateien sowie Binärdateien.

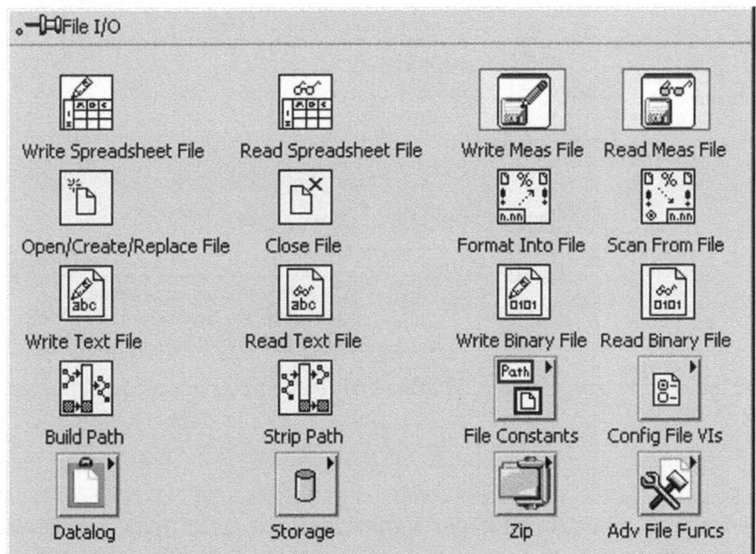

Abb. 10.1: Übersicht über die Palette *File I/O* (Datei-I/O)

▶ **Hinweis: Die File I/O Palette in LabVIEW 8.0**

Die Palette *File I/O* ist in der LabVIEW-Version 8.0 überarbeitet worden. Die Änderungen betreffen nicht nur die Gestaltung der *Icons* und die Anordnung der Funktionen sondern teilweise auch ihre Funktionsweise. Darüber hinaus enthält die Palette viele neue Funktionen. Das Arbeiten mit Dateien wird dadurch teilweise erleichtert, in manchen Fällen geht durch die Änderungen aber die Abwärtskompatibilität verloren.

Bedingt durch die Vielzahl der Änderungen in der Palette *File I/O*, die häufig nur Details betreffen, wird in diesem Kapitel auf Änderungen im Vergleich zu älteren Versionen nicht hingewiesen.   ◀

10.1 Textdateien und Pfadangaben

Die einfachste Möglichkeit, Daten in eine Datei zu schreiben bzw. Daten aus einer Datei zu lesen, bietet das Funktionspaar *Write to Text File* (In Textdatei schreiben) und *Read from Text File* (Aus Textdatei lesen). Es ist ausreichend der Funktion *Write to Text File* eine Zeichenkette zuzuführen bzw. der Funktion *Read from Text File* eine Zeichenkette zu entnehmen (Abb. 10.2). Weitere Maßnahmen sind nicht erforderlich, da beim Aufruf dieser Funktionen automatisch der Dateidialog des jeweiligen Betriebssystems aufgerufen wird, in dem vom Benutzer die entsprechende Datei ausgewählt werden kann.

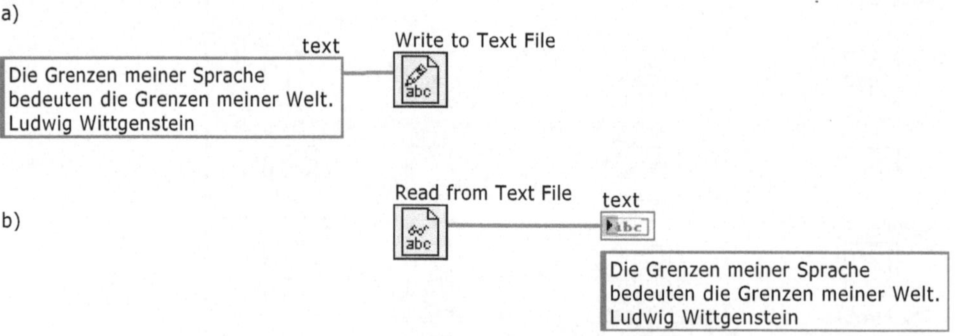

Abb. 10.2: Einfache Dateieingabe und -ausgabe, a) Schreiben eines *Strings* in eine und b) Lesen eines *Strings* aus einer Datei

Der optionale Eingang *Count* (Anzahl) der Funktion *Read from Text File* kann verwendet werden, um die Anzahl der zu lesenden Zeichen oder Zeilen festzulegen. Wenn im Kontextmenü der Funktion die Option *Read Lines* (Zeilen lesen) deaktiviert ist, spezifiziert der Wert am Eingang *Count* die Anzahl der zu lesenden Zeichen. Andernfalls wird ein eindimensionales *Array* erzeugt, in dem jedes Element eine Zeile der Textdatei enthält. Die Array-Größe wird dann vom Wert am Eingang *Count* bestimmt.

Pfadangaben

Für die Angabe von Dateipfaden kann aus der Unterpalette *File Constants* (Dateikonstanten) die *Path Constant* (Pfadkonstante) ausgewählt werden. Auf dem *Front Panel* stehen in der *Controls Palette* ≫ *String & Path* (String & Pfad) zudem ein Eingabe- und ein Anzeigeelement zur Verfügung (s. Abb. 11.14). Mit dem Beschriftungswerkzeug können Daten in gleicher Weise eingegeben werden wie bei String-Elementen. Der zugrunde liegende Datentyp *Path* weist jedoch den Vorteil auf, dass die Syntax einer Pfadangabe unabhängig vom jeweils verwendeten Betriebssystem ist. Die Darstellung von Pfaden in den folgenden Beispielen basiert auf der Syntax des Betriebssystems Windows von Microsoft. Das Beispiel in Abbildung 10.3 zeigt die Verwendung einer *Path Constant* am Eingang der Funktion *Write to Text File*. Bei der Angabe eines ungültigen Pfades wird eine Fehlermeldung eingeblendet und der Benutzer hat die Möglichkeiten, die Ausführung des Programms zu beenden oder trotz Fehler fortzusetzen.

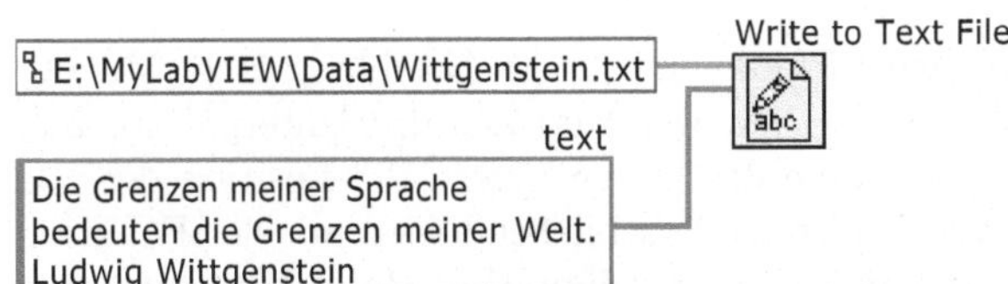

Abb. 10.3: Schreiben eines *String* in eine Datei unter Verwendung einer Pfadangabe

Mit der Funktion *Build Path* (Pfad erstellen) können Pfade aus einzelnen Zeichenketten programmgesteuert zusammengesetzt werden (Abb. 10.4), während Pfade mit der Funktion *Strip Path* (Pfad zerlegen) wie folgt in Zeichenketten gewandelt werden können. Im Anschluss *name* wird das letzte Element der Pfadangabe und in *stripped path* der verbleibende Rest ausgegeben (Abb. 10.5).

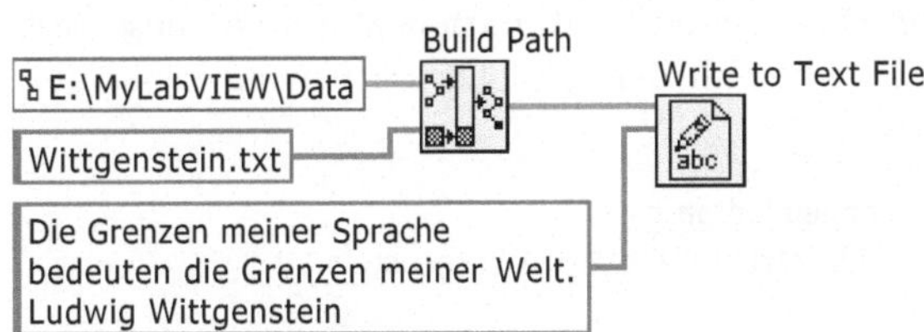

Abb. 10.4: Beispiel für das Zusammensetzen eines Dateipfades mit der Funktion *Build Path* (Pfad erstellen)

In vielen Fällen ist es wünschenswert relative Pfadangaben zu verwenden, wenn z. B. ein Programm auf unterschiedlichen Rechnern verwendet werden soll. Dafür können u. a. aus der Unterpalette *File Constants* (Dateikonstanten) die Konstanten

- *Default Directory* (Standardverzeichnis)
- *Temporary Directory* (Temporäres Verzeichnis)
- *Default Data Directory* (Standard-Datenverzeichnis)

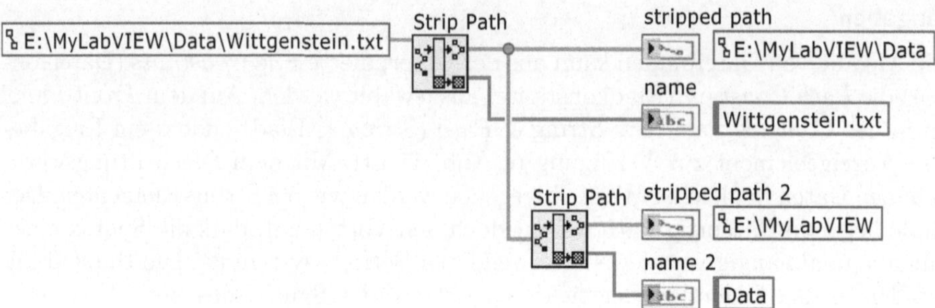

Abb. 10.5: Beispiel für das Zerlegen eines Dateipfades mit der Funktion *Strip Path* (Pfad zerlegen)

ausgewählt werden. Welche Verzeichnisse durchsucht werden sollen, muss gegebenenfalls im Menüpunkt *Tools » Options » Paths* (Werkzeuge » Optionen » Pfade) festgelegt werden.

Ein einfaches Beispiel für eine relative Pfadangabe zeigt Abbildung 10.6. Mit der Konstanten *Current VI's Path* (Aktueller Pfad des VIs) aus der Unterpalette *File Constants* (Dateikonstanten) wird der Name des Datenträgers, die Position des VIs im Verzeichnis und der Name des VIs ermittelt. Anschließend wird mit der Funktion *Strip Path* der VI-Name entfernt und mit Hilfe der Funktion *Build Path* zunächst der Name des Unterverzeichnisses „*Data*" und dann der Name der Datei angehängt. Diese Pfadangabe wird dem Eingang *File* (Datei) der Funktion *Write To Text File* (In Textdatei schreiben) zugeführt.

In diesem Beispiel werden die Daten unabhängig von der Position des VIs in der Verzeichnisstruktur immer relativ zur Position des VIs im Unterverzeichnis „*Data*" abgelegt. Insbesondere bei umfangreicheren Projekten wird es im Allgemeinen aber sinnvoll sein, Programme und Daten in getrennten Verzeichnissen zu verwalten.

Eine Dateieingabe und -ausgabe erfordert immer die Bearbeitungsschritte Öffnen, Lesen/Schreiben und Schließen einer Datei. Standardfunktionen führen diese drei Bearbeitungsschritte automatisch durch. In Fall der schnellen Sicherung vieler auf-

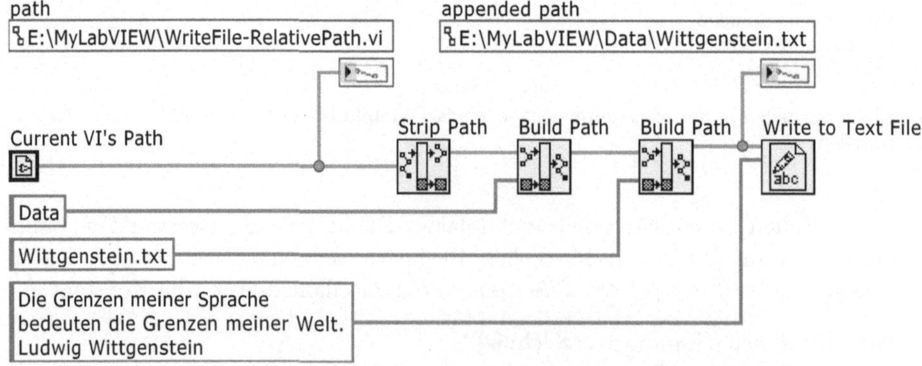

Abb. 10.6: Einfaches Programmbeispiel für das Erzeugen eines relativen Dateipfades

einander folgender Daten ist es nicht sinnvoll, die Datei vor jedem Schreibvorgang zu öffnen und danach wieder zu schließen, da so die Leistung des Programms erheblich verringert werden kann. Das jeweilige Öffnen und Schließen der Datei macht aus Gründen der Datensicherheit aber dann Sinn, wenn die Daten nur langsam anfallen. In diesem Fall stehen die Daten durch das jeweilige Schließen der Datei auch nach z. B. einem Programmabsturz noch zur Verfügung.

In LabVIEW bietet es sich an, die Dateieingabe und -ausgabe analog zum Beispiel in Abbildung 10.7 vorzunehmen. Der Funktion *Open/Create/Replace File* (Öffnen/Erstellen/Ersetzen einer Datei) wird die Pfadangabe zugeführt. Die Funktion öffnet die Datei und erstellt eine *Refnum*, d. h. eine Referenznummer die beim Aufruf der Funktion zur Laufzeit des Programms der Datei zugeordnet wird. Anstelle einer Pfadangabe können andere Funktionen zur Dateieingabe und -ausgabe auch die *Refnum* verarbeiten.

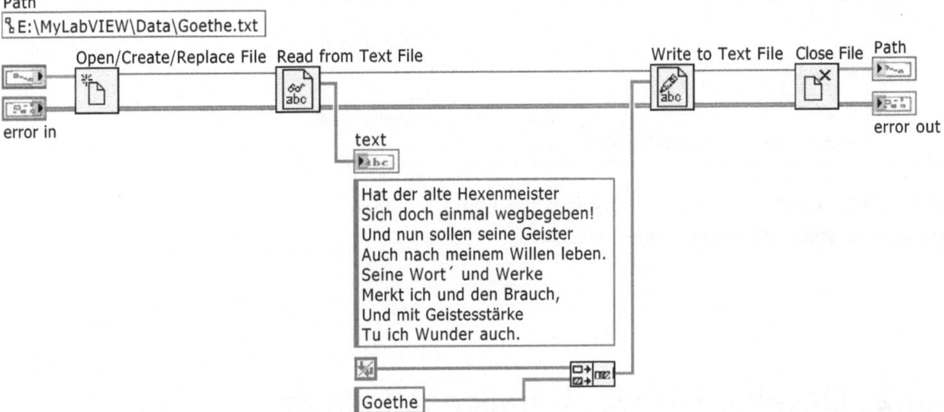

Abb. 10.7: Lesen und Schreiben in bzw. aus einer Textdatei unter Verwendung einer *Refnum*

In Abbildung 10.7 wird zunächst eine Datei eingelesen und da die *Refnum* am Ausgang der Funktion *Read from Text File* (Aus Textdatei lesen) weiter verwendet wird, bleibt die Datei geöffnet und wird nicht automatisch von der Funktion *Read from Text File* geschlossen.

Mit der Funktion *Concatenate Strings* (Strings verknüpfen) aus der *Functions Palette* ≫ *String* wird eine zweizeilige Zeichenkette erzeugt und mit Hilfe der Funktion *Write to Text File* (In Textdatei schreiben) an die vorhandenen Daten angehängt. Zuletzt wird die Datei mit der Funktion *Close File* (Datei schließen) geschlossen und die *Refnum* wird gelöscht.

Der gewünschte sequenzielle Ablauf der Funktionen im *Block Diagram* wird durch den Datenfluss der *Refnum* automatisch erzwungen. Eine weitere Möglichkeit, den gewünschten sequenziellen Ablauf sicher zu stellen, ergibt sich, wenn die Funktionen für die Dateieingabe und -ausgabe über ihre Fehlerein- und -ausgänge *Error Cluster* miteinander verbunden werden (s. Abschn. 9.2.5). Ein Beispiel für die Verwendung eines *Error Cluster* zeigt Abbildung 10.14. In den übrigen Beispielen zur Dateieingabe und -ausgabe ist aus Gründen der Übersichtlichkeit auf die Ausnahmebehandlung verzichtet worden; in einer endgültigen Anwendung sollte diese aber immer verwendet werden.

Über die Eingänge *Operation* und *Access* (Zugriff) der Funktion *Open/Create/Replace File* (Öffnen/Erstellen/Ersetzen einer Datei) kann zudem eine genauere Spezifikation der Funktion vorgenommen werden. So ist es möglich, eine Datei zu öffnen *(open)*, zu erstellen *(create)* oder zu ersetzen *(replace)* und der Schreib-/Lesezugriff kann auf Lesen *(read only)* oder Schreiben *(write only)* beschränkt werden (Abb. 10.8).

Abb. 10.8: Konfigurationsmöglichkeiten der Funktion *Open/Create/Replace File* (Öffnen/Erstellen/Ersetzen einer Datei)

10.2 Dateien für die Tabellenkalkulation

Das Funktionspaar *Write To Spreadsheet File* (In Tabellenkalkulationsdatei schreiben) und *Read From Spreadsheet File* (Aus Tabellenkalkulationsdatei lesen) schreibt und liest Daten im ASCII-Format. Die Funktionen sind insbesondere darauf ausgelegt, numerische Daten in einer für Tabellenkalkulationsprogramme geeigneten Form zu verarbeiten.

In Abbildung 10.9 wird dem Eingang *1D Data* der Funktion *Write To Spreadsheet File* direkt ein eindimensionales *Array* zugeführt. Die weiteren im Beispiel dargestellten Eingänge zeigen die Standardeinstellungen der Funktion. Als *Delimiter* (Trennzeichen) zwischen zwei Werten wird ein Tabulator verwendet und die Einstellung *Append to File?* (An Datei anhängen?) = FALSE überschreibt vorhandene Daten. Am Eingang *Format* wird festgelegt, in welcher Form numerische Daten in einen *String* umgewandelt werden sollen. Die Syntax der Formatierungsanweisungen ist dieselbe, die auch bei Funktionen für die Verarbeitung von *Strings* verwendet wird (vgl. Tab. 8.3). Im Standardfall „%.3f" wird eine Zeichenkette in Gleitpunktdarstellung mit drei Nachpunktstellen erzeugt.

Das Beispiel in Abbildung 10.10 ist mit dem vorigen direkt vergleichbar, anstelle eines eindimensionalen *Arrays* wird aber nun dem Eingang *2D Data* der Funktion *Write To Spreadsheet File* ein zweidimensionales *Array* zugeführt.

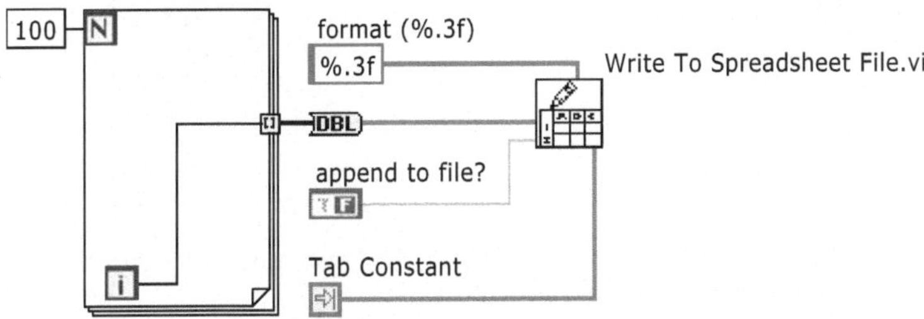

Abb. 10.9: Schreiben eines eindimensionalen numerischen *Arrays* in eine Tabellenkalkulationsdatei

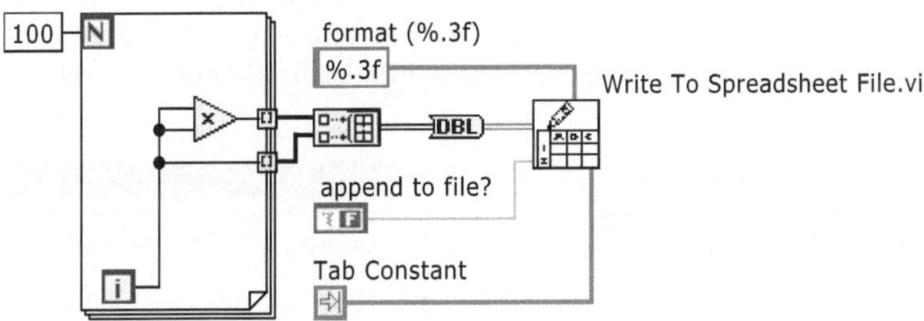

Abb. 10.10: Schreiben eines zweidimensionalen numerischen *Arrays* in eine Tabellenkalulationsdatei

Die Möglichkeiten der Funktion *Write To Spreadsheet File* sollen in Abbildung 10.11 weiter veranschaulicht werden. Da innerhalb der For-Schleife nur Ganzzahlen erzeugt werden, ist eine Darstellung im Gleitpunktformat nicht erforderlich, die Format-Spezifikation lautet daher „%.0f". Der Eingang *Transpose?* (Transponieren?) der Funktion ist hier auf TRUE gesetzt worden, damit nicht zwei Zeilen sondern zwei Spalten in die Datei geschrieben werden und am Eingang *Delimiter* wird nun die Zeichenkette „␣&&␣" verwendet. Da die Daten im ASCII-Format abgelegt werden, können die Dateien nicht nur mit Programmen für die Tabellenkalkulation sondern mit jedem beliebigen Editor geöffnet werden. Das daraus resultierende Ergebnis zeigt Abbildung 10.11 auf der rechten Seite.

Der wesentliche Nachteil der Funktion *Write To Spreadsheet File* besteht darin, dass ausschließlich numerische Daten in einer Datei abgelegt werden können. Zusätzliche Informationen über die Art der Daten, den Zeitpunkt der Datenerfassung usw. können nicht gespeichert werden. Um zusätzliche Informationen in einem *Header* der Datei zu speichern kann aber, wie in Abbildung 10.12 demonstriert, zunächst mit der Funktion *Concatenate Strings* (Strings verknüpfen) aus der *Functions Palette* ≫ *String* die gewünschte, zusätzliche Information erzeugt und mit der Funktion *Write*

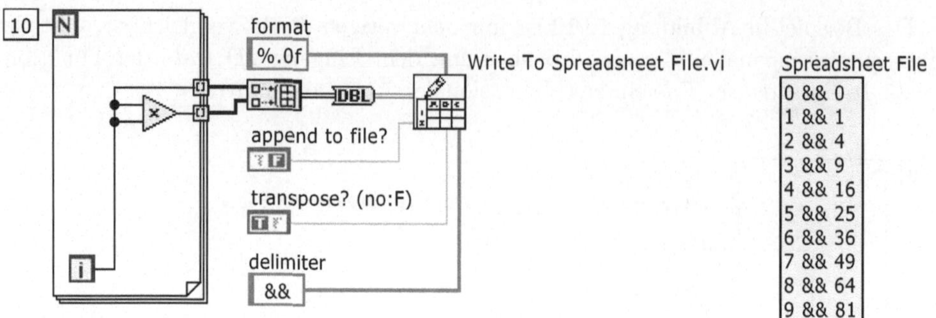

Abb. 10.11: Schreiben eines zweidimensionalen numerischen *Arrays* in eine Tabellenkalkulationsdatei mit benutzerdefiniertem *Delimiter* (Trennzeichen)

to Text File in eine Datei geschrieben werden. Die *Refnum* am Ausgang der Funktion *Write to Text File* wird anschließend mit der Funktion *Refnum to Path* (Refnum nach Pfad) aus der Unterpalette *Advanced File Functions* (Fortgeschrittene Dateifunktionen) wieder in eine Pfadangabe transformiert, da die Funktionen für Tabellenkalkulationsdateien keine *Refnums* verarbeiten können. Der Eingang *Append to File?* (An Datei anhängen?) der Funktion *Write To Spreadsheet File* ist in diesem Beispiel auf

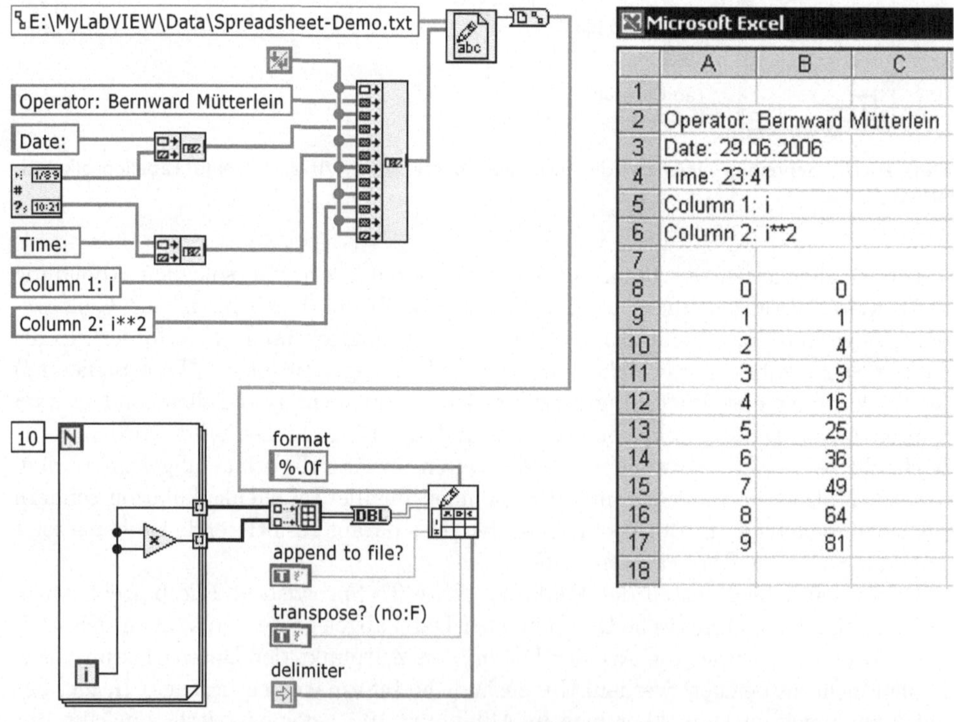

Abb. 10.12: Beispiel für das Erstellen einer Tabellenkalkulationsdatei mit *Header* (Vorspann)

TRUE gesetzt worden, so dass die numerischen Daten angehängt werden. Das Resultat in Excel von Microsoft wird beispielhaft im rechten Teil von Abbildung 10.12 gezeigt.

In analoger Weise können Tabellenkalkulationsdateien mit der Funktion *Read From Spreadsheet File* (Aus Tabellenkalkulationsdatei lesen) gelesen werden. In dem in Abbildung 10.13 dargestellten Beispiel werden aus der in der Pfadangabe spezifizierten Datei vier Zeilen eingelesen (*number of rows* (Anzahl Reihen)), wobei der Lesevorgang erst nach dem hundersten Zeichen (*start of read offset* (Position der Lesemarke)) begonnen wird. Da der Eingang *Transpose* (Transponieren) der Funktion auf TRUE gesetzt worden ist, werden die Daten der Datei in zwei Zeilen eines zweidimensionalen *Arrays* dargestellt.

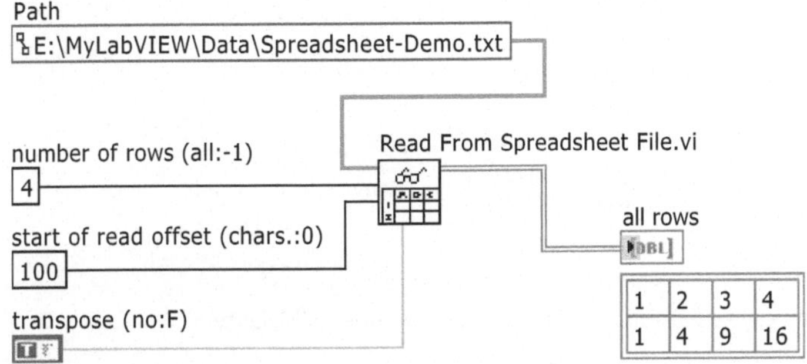

Abb. 10.13: Lesen einer Tabellenkalkulationsdatei

10.3 Messwerte schreiben und lesen

Eine weitere, einfache Möglichkeit, Messwerte aber auch andere numerische oder boolesche Daten oder *Arrays* sowie Signalverläufe in eine Textdatei mit der Dateinamenerweiterung LVM (LabVIEW Measurement) zu schreiben bzw. aus einer Textdatei zu lesen, bietet das Funktionspaar *Write To Measurement File* (Messwerte in Datei schreiben) und *Read From Measurement File* (Messwerte aus Datei lesen). Abbildung 10.14 zeigt ein Beispiel, in dem die Daten eines zweidimensionalen *Arrays* in eine Datei geschrieben und anschließend wieder eingelesen werden.

Bei der Verwendung dieser Express-VIs öffnet sich nach ihrer Platzierung ein Konfigurationsfenster, in dem verschiedene Einstellungen vorgenommen werden können. Nach der Platzierung der Funktion *Write To Measurement File* können im Konfigurationsfenster u. a. Name und Ort der Datei sowie eine zusätzliche Beschreibung (*Description*) eingegeben werden. Weiterhin besteht hier die Auswahlmöglichkeit, ob die Daten als Textdatei im LVM-Format oder als Binärdatei im TDM-Format (s. Abschn. 10.6) geschrieben werden sollen.

In diesem Beispiel wird der Funktion der Dateipfad über eine Konstante zugeführt. Das zweidimensionale *Array* kann direkt an den Eingang *Signals* (Signale) angeschlossen werden und der Ausgang *Signals* der Funktion *Read From Measurement File* kann beispielsweise mit einem zweidimensionalen *Array* als Anzeigeelement verbunden werden. Die beiden Funktionen *Convert to Dynamic Data* (In dynamische Daten konvertieren) und *Convert from Dynamic Data* (Von dynamischen Daten konvertieren) werden dann automatisch in das *Block Diagram* eingefügt. Sie können aber gegebenenfalls auch aus der *Functions Palette* ≫ *Category* ≫ *Express* ≫ *Signal Manipulation* (Signalmanipulation) ausgewählt werden. Ihre Aufgabe besteht darin, die zu schreibenden bzw. zu lesenden Daten in den dynamischen Datentyp *Dynamic Data* zu konvertieren bzw. rückzuwandeln. Dieser Datentyp wird in LabVIEW bei Express-VIs verwendet, um polymorphe Ein- und Ausgänge zur Verfügung stellen zu können.

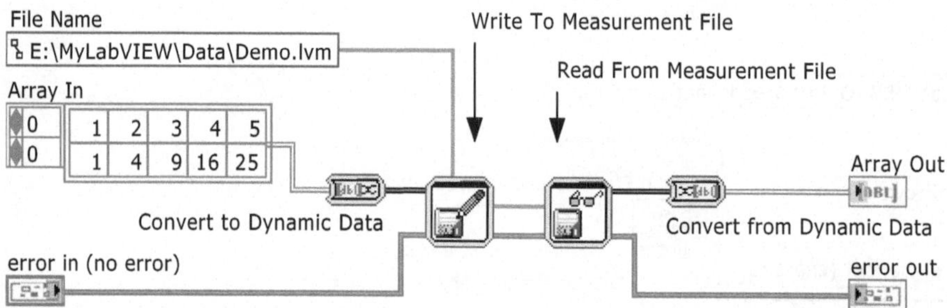

Abb. 10.14: Beispiel für das Schreiben und Lesen aus bzw. in eine LVM-Datei

Abbildung 10.15 zeigt die resultierende Textdatei. Der *Header* der Datei enthält u. a. den Namen des Benutzers, eine Beschreibung *(Description)* sowie Datum und Zeit. Vergleichbar mit einer Tabellenkalkulationsdatei folgen schließlich die beiden

```
LabVIEW Measurement
Writer_Version  0.92
Reader_Version  1
Separator  Tab
Multi_Headings  Yes
X_Columns  No
Time_Pref  Relative
Operator  Bernward
Description Example for saving 2D data in a measurement file
Date   2006/07/09
Time   12:27:04.358999
***End_of_Header***

Channels   2
Samples 5   5
Date   2006/07/09  2006/07/09
Time   12:27:04.358999 12:27:04.358999
X_Dimension Time   Time
X0 0.0000000000000000E+0   0.0000000000000000E+0
Delta_X 1.000000   1.000000
***End_of_Header***
X_Value Untitled   Untitled 1  Comment
   1.000000   1.000000
   2.000000   4.000000
   3.000000   9.000000
   4.000000   16.000000
   5.000000   25.000000
```

Abb. 10.15: Beispiel für die Struktur einer LVM-Datei

Spalten des *Arrays*, die mit sechs Nachpunktstellen gespeichert werden. Eine höhere Genauigkeit kann erzielt werden, wenn im Konfigurationsfenster der Funktion *Write To Measurement File* das binäre Dateiformat ausgewählt wird.

10.4 Binärdateien

In den bisher vorgestellten Beispielen wurden Daten immer in einer Datei im ASCII-Format gespeichert. Dies hat den Vorteil, dass die Dateien jederzeit mit einem Editor geöffnet werden können. Die Nachteile von ASCII-Dateien bestehen darin, dass die Dateien vergleichsweise viel Speicherplatz benötigen und das Öffnen relativ langsam erfolgt. Bei fehlendem Speicherplatz oder für die Laufzeitoptimierung eines Programms bietet es sich an, Daten im Binärformat zu speichern. Dafür steht das das Funktionspaar *Write to Binary File* (In Binärdatei schreiben) und *Read from Binary File* (Aus Binärdatei lesen) zur Verfügung. Die Funktion *Write to Binary File* akzeptiert jeden Datentyp und jede Datenstruktur. Um eine Binärdatei zu lesen, muss aber die Datenstruktur und die Größe der Datei exakt bekannt sein, da andernfalls keine Möglichkeit mehr besteht, auf die Daten zuzugreifen. Unter Umständen kann es daher sinnvoll sein, in einer zusätzlichen Textdatei die notwendigen Informationen über die Binärdatei zu hinterlegen.

Abbildung 10.16 zeigt ein Beispiel, in dem eine Zeichenkette in eine Binärdatei geschrieben wird. Der Eingang *Prepend array or string size?* (Array- oder Stringgröße voranstellen?) der Funktion *Write to Binary File* ist dabei auf FALSE gesetzt worden. Dann wird den Daten keine Information über die Datenmenge vorangestellt und zum Lesen der Datei ist es erforderlich, mit der Funktion *String Length* (String-Länge) aus der *Functions Palette ≫ String* die Anzahl der Zeichen zu ermitteln und dem Eingang *count* (Anzahl) der Funktion *Read from Binary File* zu übergeben.

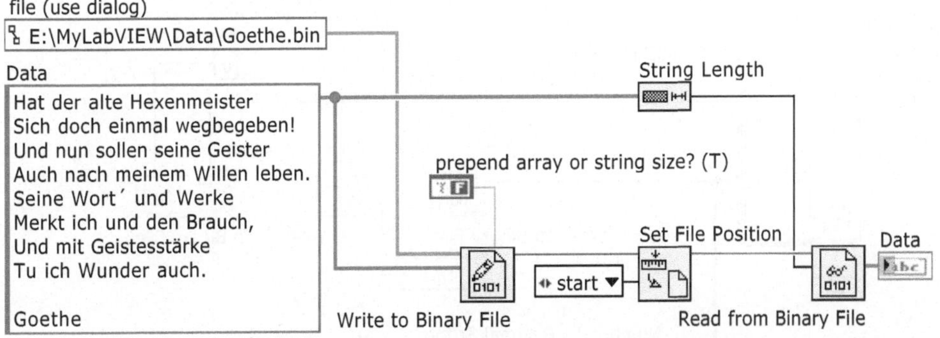

Abb. 10.16: Beispiel für das Schreiben und Lesen eines *String* in eine bzw. aus einer Binärdatei

File Mark (Dateimarke)

Das Beispiel in Abbildung 10.16 erfordert zusätzlich den Einsatz der Funktion *Set File Position* (Dateiposition festlegen) aus der Unterpalette *Advanced File Functions* (Fortgeschrittene Dateifunktionen), da beim Arbeiten mit Dateien die Stelle, an der zuletzt Daten gelesen oder geschrieben wurden, in der internen Variablen *File Mark* (Dateimarke) gespeichert wird. Dementsprechend steht die Dateimarke nach dem Schreiben des *String* am Ende der Datei und ein Lesevorgang würde an dieser Stelle (erfolglos) beginnen.

Mit der Funktion *Set File Position* kann die Dateimarke aber auf eine gewünschte Stelle innerhalb der Datei gesetzt werden. Dies erfolgt über die beiden Eingänge *offset* und *from* (von). Über *Offset* wird ein Versatz in Bytes in Bezug zu einer Position innerhalb der Datei angegeben werden. Am Eingang *from* kann die Position auf den Anfang, das Ende oder die aktuelle Position gesetzt werden.

In einem weiteren Beispiel wird ein eindimensionales *Array* numerischer Daten vom Typ I32 in eine Binär- und in eine ASCII-Datei geschrieben (Abb. 10.17). Der Schreibvorgang in die Binärdatei ist mit dem in Abbildung 10.16 skizzierten direkt vergleichbar.

Um die Daten wieder aus der Datei zu lesen, ist der Eingang *count* der Funktion *Read from Binary File* mit dem Zählterminal der For-Schleife verbunden worden. Zusätzlich ist es notwendig, dem Eingang *data type* (Datentyp) den korrekten Datentyp, in diesem Fall I32, zu übergeben.

Um die erzeugten Daten in einer ASCII-Datei zu speichern, werden diese zunächst mit der Funktion *Number To Decimal String* (Zahl nach String (Dezimaldarstellung)) aus der *Functions Palette* ≫ *String* ≫ *String/Number Conversion* (String/Zahl-Konvertierung) in eine Zeichenkette umgewandelt. Um die vollständige Darstellung einer Zahl vom Typ I32 in einer Zeichenkette zu gewährleisten, wird am Eingang *width* (Breite) eine Anzahl von zehn Zeichen spezifiziert.

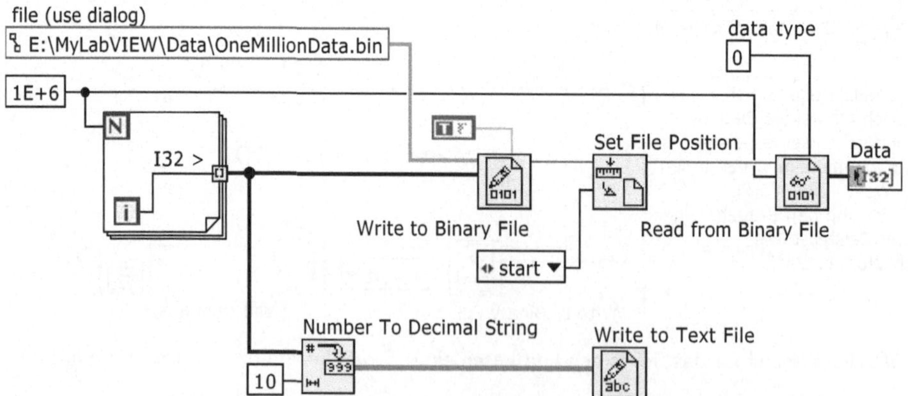

Abb. 10.17: Beispiel für das Schreiben und Lesen numerischer Daten in eine bzw. aus einer Binärdatei

Für das Speichern der Daten in einer Binärdatei werden 4 MB benötigt, da die Daten in der Datei als direktes Abbild des Hauptspeichers abgelegt werden. Für Daten vom Typ I32 sind dementsprechend pro Zahlenwert 4 Byte erforderlich. Im Vergleich dazu beträgt die Größe die ASCII-Datei 12 MB, da für jede der zehn Ziffern ein Byte und zusätzlich pro Zahlenwert zwei Byte für die Escape-Sequenz \n (*Line Feed* (Zeilenvorschub)) benötigt werden. In beiden Fällen kann eine weitere Komprimierung mittels Zip-Algorithmus vorgenommen werden (s. Abschn. 10.7), wodurch sich die Dateigröße auf ca. 2 MB verringern lässt. Wesentlich ausgeprägter sind aber die erheblichen Leistungseinbußen, die sich beim Öffnen der ASCII-Datei im Vergleich zur Binärdatei ergeben.

▶ **Hinweis**

Um bei komplexen Datenstrukturen gegebenenfalls einen Datenverlust zu vermeiden, sollten für das Speichern der Daten Protokolldateien verwendet werden, die im nächsten Abschnitt eingeführt werden. ◀

10.5 Protokolldateien

Unmittelbar nach der Ausführung eines Programms können alle Daten des *Front Panels* auf einfache Weise in einer Protokolldatei gespeichert werden. Die Speicherung erfolgt in einem binären, proprietären Format und kann nicht von anderen Anwendungen gelesen werden. Um ein *Datalog* (Datenprotokoll) zu erstellen, kann die erforderliche Aktivierung über die Menüleiste vorgenommen werden. Es ist aber auch möglich, ein *Datalog* programmgesteuert zu schreiben und zu lesen.

Aktivierung der Protokollaufzeichnung über die Menüleiste

Abbildung 10.18 zeigt zunächst ein einfaches *Block Diagram* um Daten zu generieren. Ein *String Control* ermöglicht die Eingabe einer Zeichenkette, mit der Funktion *Get Date/Time In Seconds* (Datum/Zeit in Sekunden ermitteln) aus der *Functions Palette* ≫ *Timing* wird das aktuelle Datum und die aktuelle Zeit ermittelt und mit Hilfe der For-Schleife wird ein zweidimensionales *Array* numerischer Daten erzeugt. Das zugehörige *Front Panel* zeigt Abbildung 10.19.

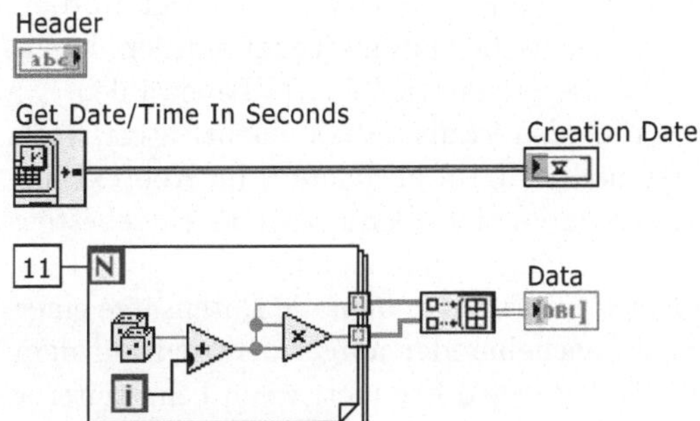

Abb. 10.18: *Block Diagram* für die Generierung von Daten für eine Protokolldatei

Bei der erstmaligen Aktivierung der Protokollaufzeichnung kann im Menü *Operate*
(Ausführen) im Unterpunkt *Data Logging* (Datenprotokollierung) die Option *Log...*
(Protokoll...) ausgewählt werden. Im erscheinenden Dateidialog kann der Ort und
Name der Protokolldatei eingegeben werden.

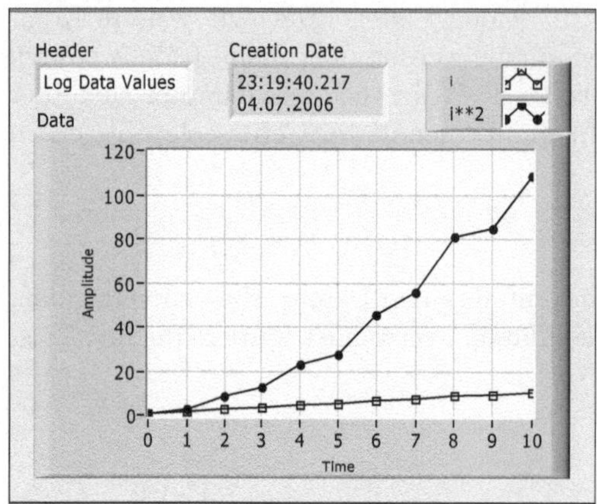

Abb. 10.19: *Front Panel* für das
Programmbeispiel zur Generierung von
Daten für eine Protokolldatei

Wird zusätzlich im Menü *Operate* (Ausführen) die Option *Log at Completion*
(Nach Ausführung protokollieren) aktiviert, wird der Protokolldatei nach jedem Programmablauf ein weiterer Datensatz hinzugefügt. Um die aufgezeichneten Daten darzustellen, kann im Menü *Operate* (Ausführen) der Unterpunkt *Data Logging* (Datenprotokollierung) die Option *Retrieve...* (Abrufen...) ausgewählt werden. Dann wird
die *Toolbar* (Symbolleiste), wie in Abbildung 10.20 gezeigt, an den Wiedergabemodus
angepasst. Angezeigt wird die Anzahl der Datensätze sowie deren Erstellungsdatum
und -zeit. Mit den Cursor-Tasten kann der gewünschte Datensatz ausgewählt werden,
wobei die Nummer des aktuell dargestellten Datensatzes in inverser Schrift angezeigt
wird. Mit der Schaltfläche *Delete Data Record* (Datensatz löschen) kann der aktuelle
Datensatz markiert werden und mit der Schaltfläche „OK" wird der Wiedergabemodus
verlassen. Dabei wird gegebenenfalls abgefragt, ob markierte Datensätze tatsächlich
gelöscht werden sollen.

Programmgesteuerte Verarbeitung von Protokolldateien

Programmgesteuert können die Daten, die in einer Protokolldatei abgelegt worden
sind, ausgelesen werden, indem das VI, mit welchem die Daten erzeugt wurden, in ein
aufrufendes Programm über die *Functions Palette* ≫ *Select a VI...* (VI auswählen...)
eingebunden wird. Dabei ist es nicht erforderlich das VI als SubVI einzurichten. Nach
der Auswahl *Enable Data Base Access* (Datenbankzugriff aktivieren) im Kontextdiagramm des VIs wird das *Icon* des VIs in das Symbol eines Karteikastens eingebettet.
Dieses Symbol weist ein Eingangs- und drei Ausgangsterminals auf.

Beispielhaft zeigt Abbildung 10.21 ein *Block Diagram*, in dem die Datensätze einer
Protokolldatei innerhalb einer While-Schleife nacheinander aufgerufen und auf dem
Front Panel dargestellt werden. Die While-Schleife wird beendet, wenn kein weiterer
Datensatz in der Protokolldatei gefunden wird.

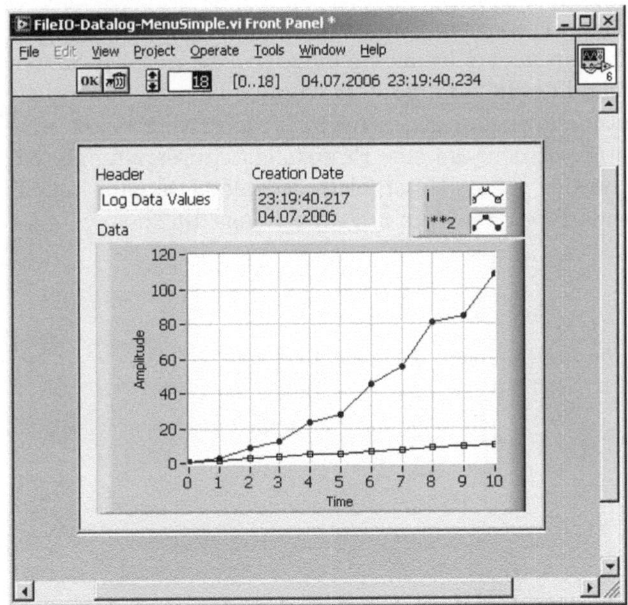

Abb. 10.20: Abrufen der Datensätze einer Protokolldatei über den Menüpunkt *Retrieve* (Abrufen)

Am Eingang *record #* (Datensatz-Nr.) kann der gewünschte Datensatz ausgewählt werden. Die boolesche Ausgangs-Variable *invalid record #* (ungültige Datensatz-Nr.) gibt gegebenenfalls an, ob eine ungültige Datensatz-Nummer ausgewählt wurde. Am Ausgang *time stamp* (Zeitstempel) wird die Zeit, die seit dem 1. Januar 1904, 0.00 Uhr Weltzeit, vergangen ist, in einem *Cluster* in Sekunden und Millisekunden ausgegeben. Mit der Funktion *To Time Stamp* (Nach Zeitstempel) aus der *Functions Palette ≫ Timing* kann das Cluster-Element „*seconds*" in einen Zeitstempel umgewandelt werden, um Datum und Uhrzeit des Zeitpunktes der Erstellung des Datensatzes anzuzeigen.

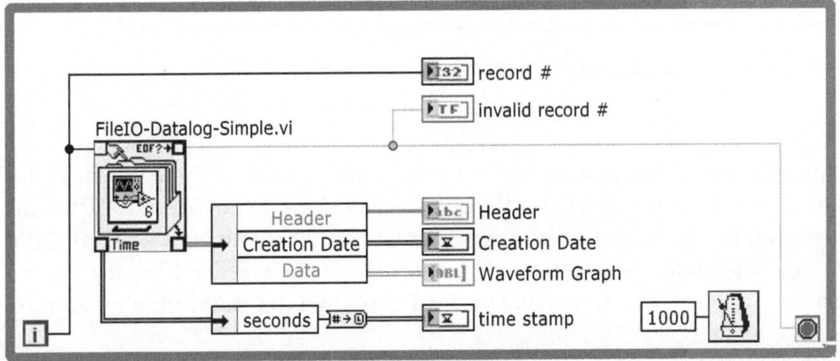

Abb. 10.21: Abrufen der Datensätze einer Protokolldatei über den aktivierten Datenbankzugriff im *Block Diagram*

Am Ausgang *front panel data* (Frontpanelwerte) werden alle Daten des *Front Panels* als *Cluster* bereitgestellt. Mit der Funktion *Unbundle by Name* (Nach Namen aufschlüsseln) aus der *Functions Palette* ≫ *Cluster & Variant* können diesem die gewünschten Komponenten entnommen und gegebenenfalls weiter verarbeitet werden. Alle Funktionen, die benötigt werden, um eine Protokolldatei programmgesteuert zu schreiben und zu lesen, stehen in der Unterpalette *Datalog* (Datenprotokoll) zur Verfügung. Das entsprechende *Block Diagram* zeigt Abbildung 10.22.

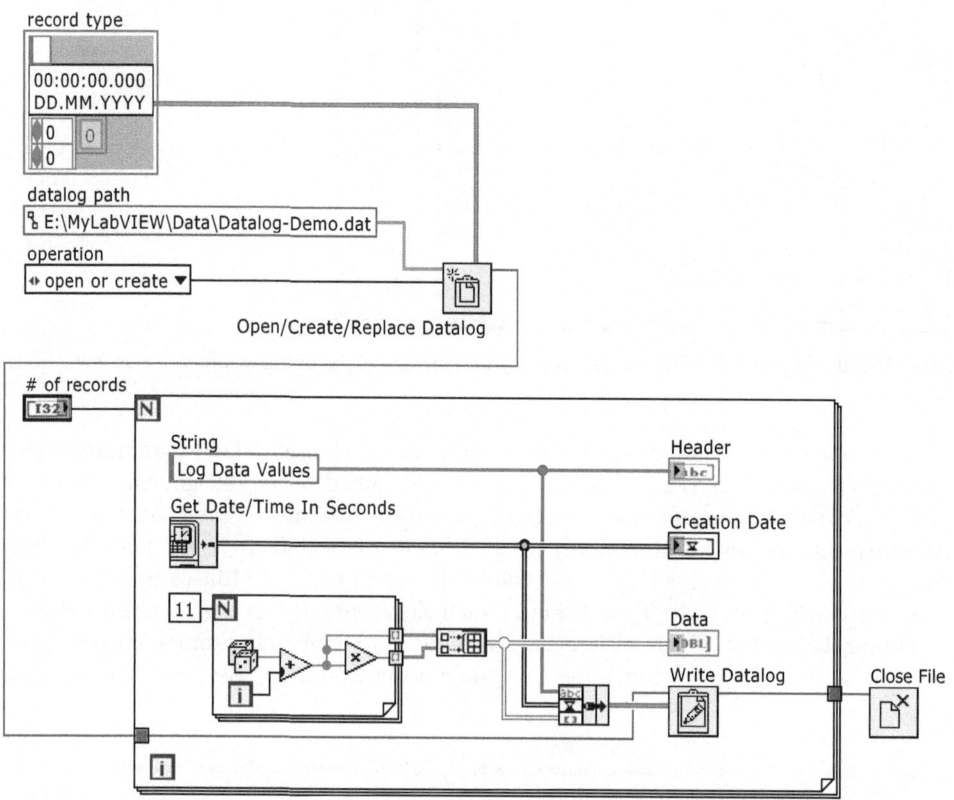

Abb. 10.22: Beispiel für das programmgesteuerte Schreiben einer Protokolldatei

Der prinzipielle sequenzielle Ablauf besteht wiederum aus der Abfolge *Open*, *Write* und *Close*. Der Funktion *Open/Create/Replace Datalog* wird eine absolute Pfadangabe übergeben und durch die Auswahl *open or create* am Eingang *operation* wird die Protokolldatei geöffnet bzw. neu erstellt. Erforderlich ist zudem der Eingang *record type* (Datensatztyp), dem die Datenstruktur der Protokolldatei exakt übergeben werden muss.

Die *Refnum* am Ausgang der Funktion *Open/Create/Replace Datalog* wird an die Funktionen *Write Datalog* und anschließend an die Funktion *Close File* weitergegeben. Das *Block Diagram* im Inneren der For-Schleife entspricht weitgehend dem *Block Diagram* in Abbildung 10.18. Alle Daten werden nun aber zusätzlich mit der Funktion *Bundle* (Bündeln) aus der *Functions Palette Cluster & Variant* zu einem *Cluster* zusammengefasst und der Funktion *Write Datalog* übergeben. Nachdem in diesem Beispiel mit Hilfe der äußeren For-Schleife die gewünschte Anzahl von Datensätzen erzeugt worden ist, wird die Protokolldatei mit der Funktion *Close File* wieder geschlossen.

In vergleichbarer Weise kann eine Protokolldatei programmgesteuert gelesen werden. Abbildung 10.23 zeigt ein *Block Diagram*, um die Protokolldatei auszuwerten. Die *Refnum* am Ausgang der Funktion wird der Funktion *Read Datalog* und anschließend wieder der Funktion *Close File* zugeführt. Die For-Schleife wird dafür verwendet, um alle Datensätze nacheinander auf dem *Front Panel* darzustellen. Um die Anzahl der Datensätze zu ermitteln, kann die Funktion *Get Number of Records* (Anzahl der Datensätze ermitteln) verwendet werden.

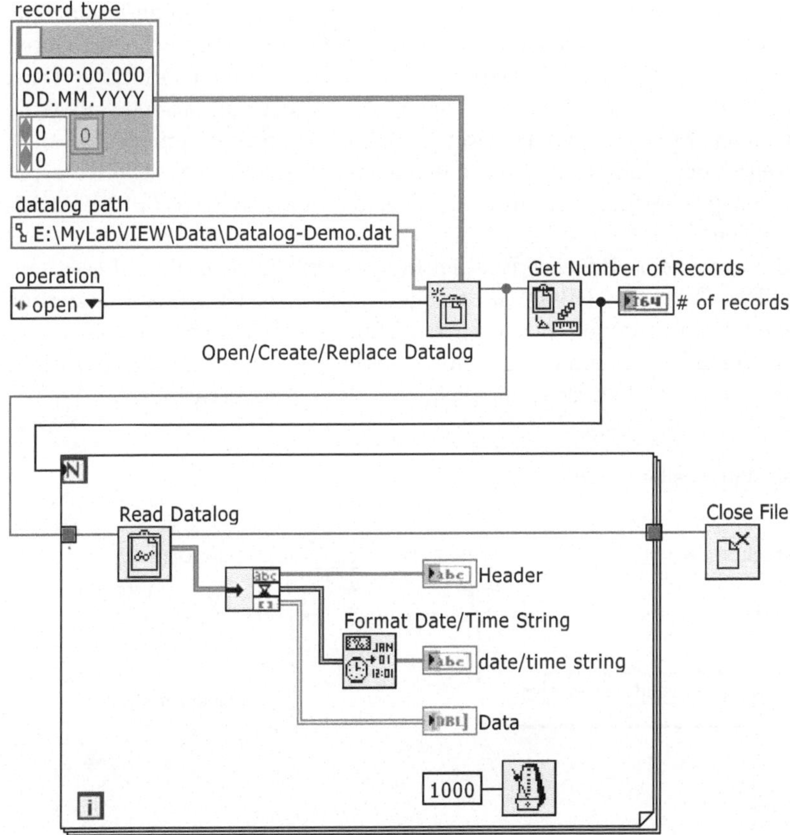

Abb. 10.23: Beispiel für das programmgesteuerte Lesen einer Protokolldatei

Innerhalb der For-Schleife liefert die Funktion *Read Datalog* ein *Cluster* mit allen Daten der Protokolldatei. Mit der Funktion *Unbundle* (Aufschlüsseln) aus der *Functions Palette* ≫ *Cluster & Variant* können dem *Cluster* die gewünschten Daten entnommen werden. Die Funktion *Format Date/Time String* aus der *Functions Palette* ≫ *Timing* wird hier verwendet, um die Sekunden des Zeitstempels in Zeit und Datum zu konvertieren und in einem String-Anzeigeelement darzustellen.

10.6 TDM-Dateien

Das TDM-Dateiformat *(TDM = Technical Data Management)* wurde insbesondere für den Datenaustausch mit dem Softwarepakt DIAdem von National Instruments für die Offline-Datenanalyse und Datenverwaltung entwickelt. TDM-Dateien können aber auch wie alle bisher vorgestellten Dateiformate für die Datensicherung verwendet werden um Daten in eine Datei zu schreiben bzw. aus einer Datei zu lesen. Eine TDM-Datei enthält im XML-Format alle Informationen über die gespeicherten Daten und verweist auf eine zugehörige TDX-Datei, in der die Daten selbst in binärer Form gespeichert sind. Dadurch ergibt sich der Vorteil, dass die Informationen über die Daten auch mit einem Editor eingesehen werden können und maschinenlesbar sind, während die Daten selber effizient als Binärdateien gespeichert werden. Die Unterpalette *Storage* (Datenspeicherung) enthält eine Vielzahl von Funktionen für das Arbeiten mit TDM-Dateien.

Abbildung 10.24 zeigt ein einfaches Beispiel für das Öffnen, Schreiben, Lesen und Schließen einer TDM-Datei mit Hilfe von Storage-Funktionen. Nach der Platzierung der Funktion *Open Data Storage* (Datenspeicher öffnen) wird zunächst ein Konfigurationsfenster eingeblendet, in dem der Dateipfad unter *File Location* (Dateiposition) eingegeben werden kann. Zudem ist es möglich, eine der Dateioperationen

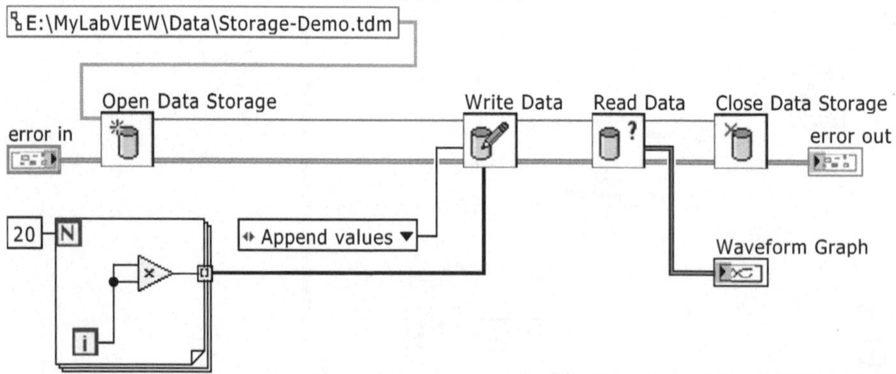

Abb. 10.24: *Block Diagram* eines Beispielprogramms für das Schreiben und Lesen in eine bzw. aus einer TDM-Datei

- *open* (öffnen)
- *open or create* (öffnen oder erzeugen)
- *create* (erstellen)
- *open (read only)* (öffnen (nur lesen))

auszuwählen. Für die Darstellung der Funktion *Open Data Storage* in Abbildung 10.24 ist im Kontextmenü der Funktion die Option *View as Icon* (Als Symbol anzeigen) deaktiviert worden, um ein kompaktes und übersichtliches *Block Diagram* erstellen zu können. Diese Einstellung ist auch bei den übrigen Storage-Funktionen des Beispiels vorgenommen worden.

Auch nach der Platzierung der Funktion *Write Data* (Daten schreiben) wird ein Konfigurationsfenster mit umfangreichen Möglichkeiten eingeblendet. Dort kann unter anderem festgelegt werden, ob ein einzelner Kanal bzw. Signalverlauf eines Messgerätes oder ob eine Gruppe von Kanälen gespeichert werden soll. Diese Daten können der Funktion als einzelne numerische Daten, als *Array* oder als *Waveform* (Signalverlauf) zugeführt werden (vgl. Abschn. 11.7.5).

Zusätzlich kann die Datei mit weiteren Eigenschaften versehen werden, z. B. mit einzelnen *Strings* oder numerischen Werten und es ist auch möglich, anzugeben, ob die Daten an Daten in einer vorhandenen Datei angehängt oder ob die vorhandenen Daten überschrieben werden sollen. Im Beispiel nach Abbildung 10.24 werden die Daten bei jedem Aufruf der Funktion *Write Data* an bereits vorhandene Daten angehängt, da im entsprechenden *Enum* der Eintrag *Append Values* (Werte hinzufügen) ausgewählt worden ist.

Die Funktion *Read Data* (Daten lesen) öffnet eine TDM-Datei. Im Konfigurationsfenster der Funktion kann unter anderem festgelegt werden, in welcher Datenstruktur

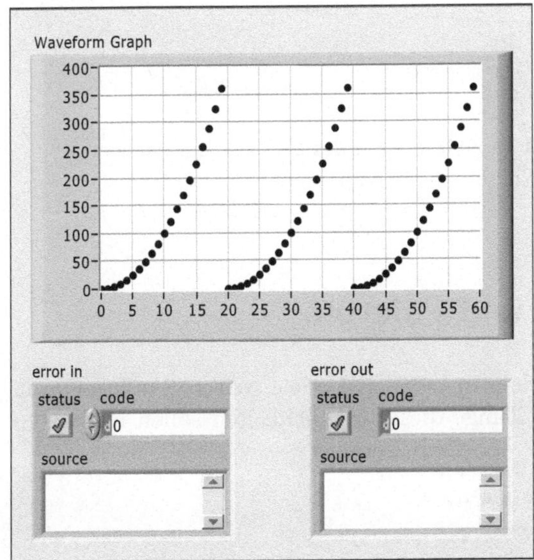

Abb. 10.25: *Front Panel* eines Beispielprogramms für das Schreiben und Lesen in eine bzw. aus einer TDM-Datei

die Daten ausgeben werden soll, z. B. als numerisches *Array*, als *Array* von *Strings* oder
als dynamischer Datentyp (s. LabVIEW-Hilfe). Um eine geöffnete Datei zu schließen
wird in diesem Beispiel die zugehörige Funktion *Close Data Storage* (Datenspeicher
schließen) verwendet.

Zusätzlich wird in diesem Beispiel ein *Error Cluster* für die Ausnahmebehandlung verwendet. Im Anzeigeelement *error out* wird gegebenenfalls ein Fehler angezeigt
(vgl. Abschn. 9.2.5). Sowohl durch die Verwendung einer *Refnum* als auch durch das
Error Cluster kann die sequenzielle Abarbeitung der Dateifunktionen sichergestellt
werden, ohne eine Sequenz-Struktur verwenden zu müssen.

Das zugehörige *Front Panel* des Beispiels zeigt Abbildung 10.25. Nach der dreima-
ligen Ausführung des Programms werden drei Datensätze im Anzeigeelement *Waveform Graph* dargestellt (s. Abschn. 11.7), da bei der Funktion *Write Data* die Auswahl
Append values (Datenwerte anfügen) vorgenommen wurde.

Exemplarisch zeigt Abbildung 10.26 einen Ausschnitt der Datei `Storage-Demo.tdm`
im XML-Format. Die typische Struktur einer XML-Datei besteht aus einzelnen *Tags*
und Attributen, die mit < und > geklammert werden. Die Beispieldatei enthält
u. a. Informationen über die *Byte Order* (Byte-Reihenfolge), in diesem Fall *Little
Endian* (vgl. Abschn. 9.1.6), den Dateinamen der Binärdatei `Demo-Storage.tdx`, die
die Daten enthält und die Anzahl der Daten *length = „60"*, da das Programm in
Abbildung 10.24 in diesem Beispiel dreimal aufgerufen wurde.


```
. . . . .

<usi:include>
  <file byteOrder="littleEndian" url="Demo-Storage.tdx">
    <block byteOffset="824" id="inc0" length="60" valueType="eFloat64Usi"/>
  </file>
</usi:include>

. . . . .
```

Abb. 10.26: Ausschnitt aus der TDM-Datei im XML-Format des Beispielprogramms

10.7 Weitere Funktionen und Paletten

Für die Dateieingabe und -ausgabe stehen in LabVIEW viele weitere Funktionen in
verschiedenen Paletten zur Verfügung. Einige dieser Möglichkeiten sollen im letzten
Abschnitt des Kapitels in kurzer Form vorgestellt werden.

Format Into File (In Datei formatieren)
Scan From File (Aus Datei einlesen)

Das Funktionspaar *Format Into File* und *Scan From File* ermöglicht es, numerische Daten in eine Zeichenkette umzuwandeln bzw. eine Zeichenkette in numerische Daten zu transformieren. Die Funktionalität ist direkt mit der der Funktionen

Format Into String (In String formatieren) und *Scan From String* (In String suchen)
aus der *Functions Palette* ≫ *String* vergleichbar. Dementsprechend kann die gleiche
Syntax für die Formatbezeichner verwendet werden (vgl. Tab. 8.3).

File Constants (Dateikonstanten)
Diese Unterpalette enthält verschiedene Konstanten für Pfade und Verzeichnisse, u. a. eine Pfadkonstante sowie Konstanten für den Pfad des temporären und
des Standardverzeichnisses.

Advanced File Functions (Fortgeschrittene Dateifunktionen)
Aus dieser Unterpalette können Funktionen ausgewählt werden, die im Zusam-
menhang mit Dateiposition, Dateigröße und Zugriffsberechtigungen stehen. Weitere
Funktionen ermöglichen das Verschieben, Kopieren und Löschen von Dateien und mit
Konvertierungsfunktionen können Pfade in *Strings* oder *Arrays* umgewandelt werden
und umgekehrt.

Configuration File VIs (Konfigurationsdatei-VIs)
Um Konfigurationsdateien, die unter Windows mit der Dateinamenerweiterung
„ini" versehen werden, zu bearbeiten und um einzelne Schlüssel auszuwerten oder zu
verändern, können die Funktionen dieser Unterpalette verwendet werden.

Archivierung von Daten

Die Funktionen der Unterpalette *Zip* ermöglichen es, programmgesteuert ZIP-Dateien
zu erzeugen und einem Archiv weitere Dateien hinzuzufügen. Es ist aber nicht möglich,
ZIP-Dateien programmgesteuert zu öffnen. Abbildung 10.27 zeigt ein Beispiel, in dem
mit der Funktion *New Zip File* (Neue Zip-Datei) ein neues Archiv erstellt wird. Mit
der Funktion *Add File to Zip* (Datei zu Zip hinzufügen) wird dem Archiv eine Datei
hinzugefügt, wobei es möglich ist, den Dateinamen im Archiv frei zu wählen. Schließlich wird das Archiv mit der Funktion *Close Zip File* (Zip-Datei schließen) wieder
geschlossen.

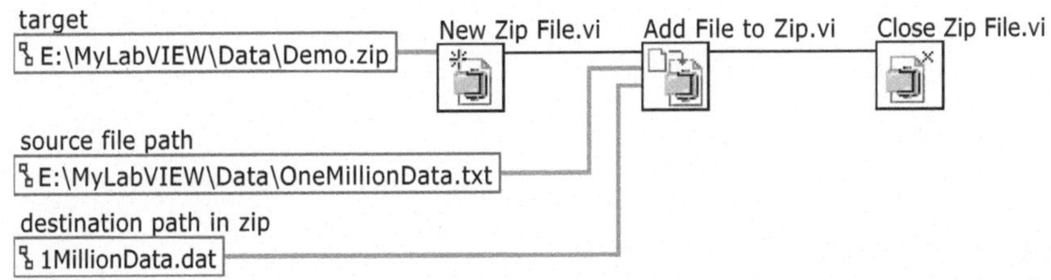

Abb. 10.27: Beispiel für das Erstellen eines ZIP-Archives und das Hinzufügen einer Datei

XML-Dateien

Strings können direkt in XML-Dateien *(Extensible Markup Language)* geschrieben bzw. aus diesen gelesen werden. Die erforderlichen Funktionen können aus der
Functions Palette ≫ *String* ≫ *XML* ausgewählt werden.

Dokumentation

Neben der Archivierung von Daten ist es in den meisten Fällen auch erforderlich, Ergebnisse in einem Protokoll oder Datenblatt zu dokumentieren. Dafür bietet die *Functions Palette* ≫ *Report Generation* (Erstellen von Reports) umfangreiche Möglichkeiten, um Text- oder HTML-Dateien zu erzeugen. Mit dem *Report Generation Toolkit for Microsoft Office*, einer Erweiterung der Entwicklungsumgebung LabVIEW, ist es zudem direkt möglich, Word- und Excel-Dateien zu erstellen und zu bearbeiten.

11 Gestaltung der Bedienoberfläche

Eine ergonomisch gestaltete Bedienoberfläche ist ein zentraler Aspekt der Software-Entwicklung, da diese für die Akzeptanz eines Produktes beim Benutzer eine entscheidende Rolle spielt. Dementsprechend ist unter den Begriffen Software-Ergonomie und Mensch-Maschine-Kommunikation eine interdisziplinäres Fachgebiet entstanden, da bei der Gestaltung einer Bedienoberfläche nicht nur technische Komponenten von Bedeutung sind. Vielmehr steht hier der Mensch im Vordergrund und beim Entwurf einer Bedienoberfläche müssen psychologische, physiologische und medizinische Gesichtspunkte berücksichtigt und mit Hilfe von Designern umgesetzt werden.

Dieses außerordentlich komplexe Thema kann natürlich nicht in einem kurzen Kapitel behandelt werden. Allgemeine Hinweise finden sich z. B. bei Balzert [14] und den „Macintosh Human Interface Guidelines" der Fa. Apple von 1995, da dort in vielen Beispielen gute und schlechte Lösungen gegenübergestellt werden [30]. Eine erste, sehr effiziente Einführung in die Gestaltung von Bedienoberflächen in LabVIEW gibt McKaskle in *„Programming Techniques – The Good, the Bad and the Ugly"* (www.ni.com) [31] und speziell im Zusammenhang mit LabVIEW wird dieses Thema von Ritter in *„LabVIEW GUI Essential Techniques"* ausführlich behandelt [32]. Darüber hinaus sind die Anforderungen an die Mensch-Maschine-Kommunikation in den Richtlinien der Norm DIN EN ISO 9241 international genormt worden.

In diesem Kapitel sollen vornehmlich die Möglichkeiten, die LabVIEW zur Gestaltung der Bedienoberfläche bietet, aufgeführt und anhand von Beispielen veranschaulicht werden. Wie kaum eine andere Entwicklungsumgebung bietet LabVIEW die Möglichkeit, sehr schnell und einfach auch komplexe und attraktive Bedienoberflächen zu realisieren. Diese Möglichkeiten werden bewusst in einem eigenen Kapitel zusammengefasst, um eine klare Trennung zwischen der Entwicklung von Algorithmen und der Gestaltung der Bedienoberfläche zu erreichen, da diese beiden Arbeitsschritte bei der Software-Entwicklung im Wesentlichen voneinander unabhängig sind.

Der präzise Begriff *„Graphical User Interface"* (*GUI*) „Graphische Benutzer-Schnittstelle" hat sich im deutschen Sprachraum nicht durchgesetzt. Hier werden Begriffe wie „Benutzeroberfläche" oder „Benutzungsoberfläche" verwendet. Der erste ist leicht missverständlich, da es sich ja nicht um die Oberfläche des Benutzers handelt und der zweite erinnert an den Versuch, das Wort Zollstock durch Gliedermaßstab zu ersetzen. In diesem Buch wird für *GUI* daher durchgängig der Begriff „Bedienoberfläche" verwendet.

11.1 Kategorien der Controls Palette (Bedienelemente)

Alle für die Gestaltung der Bedienoberfläche erforderlichen Elemente sind in der
Palette *Controls* (Bedienelemente) zusammengefasst worden (Abb. 11.1). In meh-
LV8.0 reren Kategorien stehen dort zahlreiche Unterpaletten zur Verfügung, aus denen die
gewünschten Elemente ausgewählt und auf dem *Front Panel* platziert werden können.
Zunächst soll eine Übersicht über die einzelnen Kategorien gegeben werden, um dann
in den folgenden Abschnitten aufzuzeigen, wie die Elemente der Paletten für die
Gestaltung der Bedienoberfläche verwendet werden können.

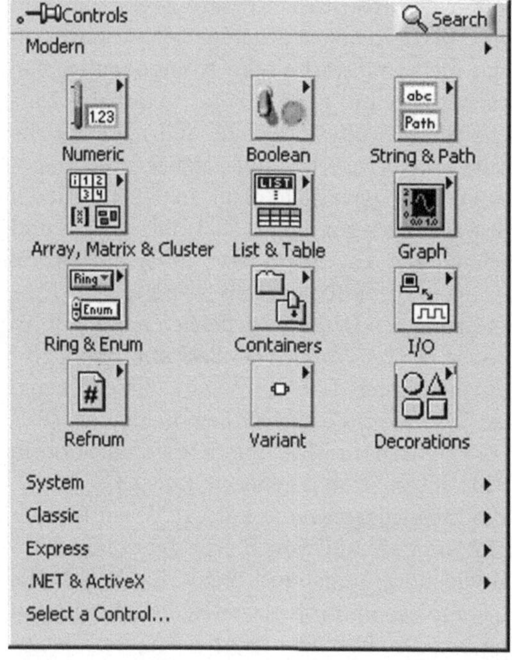

Abb. 11.1: Übersicht über die Palette
Controls (Bedienelemente) auf dem
Front Panel

Kategorie: Modern

Beim Aufruf der *Controls Palette* werden als Standard die Unterpaletten der Kategorie *Modern* angezeigt, die die meisten Elemente für die Erstellung des *Front Panels*
enthält. Hier können die Eingabe- und Anzeigeelemente für Datentypen und -struk-
turen ausgewählt werden und es stehen vorgefertigte Anzeigeelemente für Diagramme
sowie graphische Gestaltungselemente zur Verfügung

- Für die Auswahl von Eingabe- und Anzeigeelementen elementarer Datentypen stehen die Paletten *Numeric* (Numerisch), *Boolean* (Boolesch), *String & Path* (String
  & Pfad) und *Ring & Enum* (Aufzählungstypen) zur Verfügung.
- Datenstrukturen wie *Arrays* und *Cluster* sind in der Palette *Array, Matrix & Clus-*
  ter untergebracht. Diese Palette hält auch eine Cluster-Konstante für die Ausnah-

mebehandlung sowie Grundstrukturen für die Erstellung reell- und komplexwertiger Matrizen.

Für die Darstellung großer Datenmengen eignet sich das Element *Table* (Tabelle) aus der Palette *List & Table* (Liste und Tabelle), dessen Datenstruktur ein zweidimensionales Array von Zeichenketten ist.

Aus dieser Palette können auch ein- und mehrspaltige Listenfelder *(Listbox, Multicolumn Listbox)* ausgewählt werden, deren Funktionsweise mit Aufzählungstypen *(Enum)* vergleichbar ist. Das heißt, zur Laufzeit eines Programms wird in Abhängigkeit vom ausgewählten Listeneintrag eine Ganzzahl im Format I32 bereitgestellt.

Weiterhin kann die Struktur *Tree* (Baumstruktur) für unterschiedliche Anwendungen, wie die Verzeichnisverwaltung oder das Erstellen von Stammbäumen etc. genutzt werden.

- Die Palette *Graph* stellt eine Vielzahl vorgefertigter Diagramme bereit, die auf einfache Weise die Visualisierung von Datensätzen erlauben.

- Zusätzliche Hilfsmittel für die Gestaltung und Strukturierung der Bedienoberfläche bieten die Paletten *Container* und *Decorations* (Gestaltungselemente).

- Konstanten und Referenzen die im Zusammenhang mit der Messdatenerfassung, Gerätekommunikation etc. benötigt werden, stehen in den Paletten *I/O, Refnum, Variant* zur Verfügung. Da diese für die strukturierte Datenflussprogrammierung zunächst nicht benötigt werden, werden diese Paletten im Folgenden nicht näher betrachtet.

Kategorie: System

In dieser Palette können Eingabe- und Bedienelemente ausgewählt werden, die bei der Dialoggestaltung hilfreich sind, da ihr Erscheinungsbild plattformunabhängig ist. Das Design der Elemente basiert auf der Version LabVIEW 5, so dass sich bei der Verwendung dieser Elemente nicht immer ein konsistentes Erscheinungsbild der Bedienoberfläche ergeben wird.

Kategorie: Classic (Klassisch)

Die Ein- und Ausgabeelemente, die aus dieser Palette ausgewählt werden können, ermöglichen den Zugriff auf das Design der Elemente aus der Version LabVIEW 5. Sie sollten nach Möglichkeit nicht gemeinsam mit dem neuen Design der Ein- und Ausgabeelemente verwendet werden, da dies zu einem inkonsistenten Erscheinungsbild der Bedienoberfläche führt.

Kategorie: Express

Um bei der Entwicklung den schnellen Zugriff auf die gebräuchlichsten Ein- und Ausgabeelemente zu gewährleisten, sind diese hier in mehreren Unterpaletten zusammengefasst worden. Alle Elemente können aber auch aus den Unterpaletten der Kategorie *Modern* ausgewählt werden.

Kategorie: .NET & ActiveX

Hier stehen Funktionen zur Verfügung, die den Zugriff auf die speziellen Windows-Komponenten .NET und ActiveX ermöglichen. Diese werden im weiteren Verlauf nicht behandelt.

Select a Control... (Element auswählen...)

Analog zur Auswahl von Unterprogrammen in der *Functions Palette* des *Block Diagrams* über *Select a VI...* (VI auswählen...) können hier benutzerdefinierte Eingabe- und Anzeigeelemente ausgewählt und auf dem *Front Panel* platziert werden.

11.2 Gestaltungsmöglichkeiten

Nach der Platzierung eines Bedienelements bestehen einige effiziente Möglichkeiten, das graphische Erscheinungsbild dieses Elements zu verändern. Diese sind bereits in Abschnitt 6.2 vorgestellt worden, so dass dieses Thema hier nur kurz behandelt wird. Grundsätzlich kann die graphische Darstellung eines Elements als Gestaltungsvorschlag aufgefasst werden, da es jederzeit möglich ist, Ein- und Ausgabeelemente auch benutzerdefiniert zu gestalten (s. Abschn. 11.8.4). Hilfsmittel für die im Folgenden beschriebenen Aktionen stehen in der Werkzeugpalette (Abb. 11.2) und in den Pull-Down-Menüs der Symbolleiste (Abb. 11.3) zur Verfügung.

Mit dem Positionierwerkzeug aus der Werkzeugpalette (Abb. 11.2) kann ein Objekt ausgewählt und an einer beliebigen Stelle auf dem *Front Panel* platziert werden. Wird das Positionierwerkzeug bei einem ausgewählten Element über einen Stützpunkt geführt, kann die Größe des Elements in vertikaler oder horizontaler Richtung verändert werden. Bei der Auswahl eines Eckpunktes kann das Element skaliert werden, wobei die Proportionen bei gedrückter Umschalt-Taste erhalten bleiben.

Mit dem Farbwerkzeug, *Set Color* (Farbe setzen), kann die Vorder- und Hintergrundfarbe eines Elements verändert werden (vgl. Abschn. 6.2) und um einen vorhandenen Farbwert auszuwählen dient das Werkzeug *Get Color* (Farbe ermitteln). Der Farbgebung liegt dabei der RGB-Farbraum zugrunde (s. Abschn. 11.5.1). Diese effektiven Werkzeuge verleiten dazu, die farbliche Gestaltung der Bedienoberfläche im Übermaß vorzunehmen, die zu dem berüchtigten „LEGO-Look" vieler LabVIEW-

Tools Palette

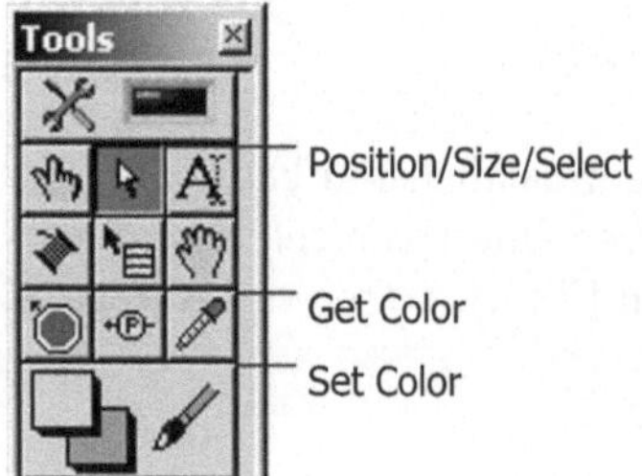

Abb. 11.2: *Tools Palette* (Werkzeugpalette)

Programme führt. Farben sollten grundsätzlich nur sparsam verwendet werden. Etwas pointiert formuliert sind für die Gestaltung der Bedienoberfläche drei Farben ausreichend: Grau, Hellgrau und Dunkelgrau. Wesentlich bedeutender ist bei der Gestaltung der Bedienoberfläche der Kontrast zwischen einzelnen Elementen. Ein einfaches Hilfsmittel zur Überprüfung, ob dieser ausreichend ist, ist der Ausdruck des *Front Panels*, wenn der Drucker vorher auf die Ausgabe von Grauwerten umgestellt worden ist. Farben wie Rot, Gelb und Grün sollten nur entsprechend ihrer allgemein üblichen Signalwirkung verwendet werden. Eine gute Orientierung für eine geeignete Farbgebung ermöglichen professionelle Produkte wie zum Beispiel Adobe Photoshop, Microsoft Word oder LabVIEW selbst.

Die in Abbildung 11.3 dargestellte *Toolbar* (Symbolleiste) enthält weitere Hilfsmittel zur Gestaltung der Bedienoberfläche. Im Menüpunkt *Application Font* (Anwendungsschriftart) ist es u. a. möglich, Schriftarten auszuwählen und ihre Darstellung zu verändern (fett, kursiv etc.). Grundsätzlich sollten in einer Anwendung nicht mehr als zwei Schriftarten verwendet werden. Zur Differenzierung ist es eher empfehlenswert, Größe, Darstellung und Farbe zu variieren. Zier-Schriftarten sind vollständig ungeeignet; es sollten immer serifenlose Schriftarten wie Verdana oder Tahoma (mit geringerer Laufweite) verwendet werden, da diese für die optimale Lesbarkeit von Tex-

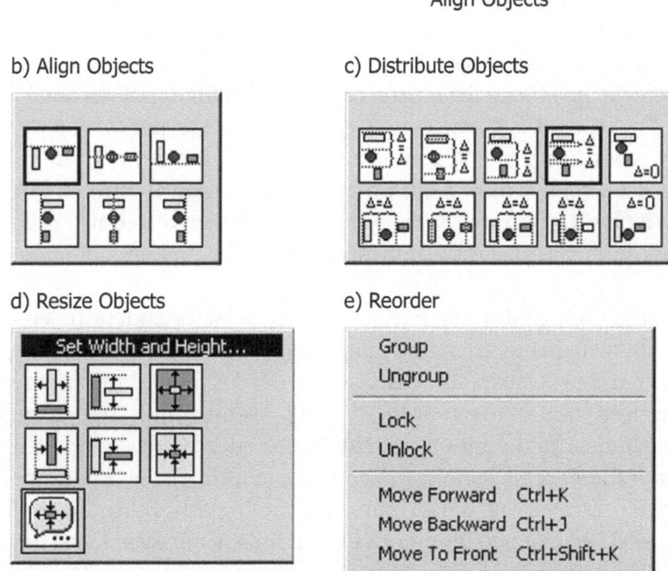

Abb. 11.3: Symbolleiste der Entwicklungsumgebung LabVIEW

ten auf Monitoren entwickelt worden sind, die konstruktionsbedingt nur eine geringe Auflösung von 72 dpi (*Dots per Inch*) aufweisen. Umgekehrt gilt dementsprechend, dass bei gedruckten Texten immer Schriften mit Serifen verwendet werden sollten, da die Serifen bei der hohen Auflösung im Druck mit bis zu 2400 dpi die Lesbarkeit eines Textes erheblich verbessern. In LabVIEW ist es empfehlenswert, vornehmlich den voreingestellten *Application Font* zu verwenden, dessen Gestaltung weitgehend an die Schriftart Tahoma angelehnt ist.

Weitere Schaltflächen in der Symbolleiste ermöglichen es, Funktionen für die Ausrichtung (Abb. 11.3a) und Verteilung von Elementen (Abb. 11.3b) auszuwählen, die immer dann wirksam werden, wenn mehr als ein Objekt ausgewählt worden ist. Da die Symbole der beiden Paletten weitgehend selbsterklärend sind, soll hier auf eine detaillierte Beschreibung verzichtet werden.

Eine weitere Hilfe zur Ausrichtung und Verteilung von Elemente auf dem *Front Panel* oder im *Block Diagram* besteht darin, ein Gitternetz einzublenden, an dessen horizontalen und vertikalen Linien Elemente automatisch einrasten können (vgl. Abb. 11.83). Häufig ist das Ausrichtungsgitter für die Gestaltung von *Front Panel* und *Block Diagram* nicht erforderlich, führt aber zu einem sehr unruhigen Hintergrund bei der Programmentwicklung. Eine persönliche Vorliebe des Autors ist es daher, das Ausrichtungsgitter während der Programmentwicklung zu deaktivieren.

Das Ausrichten und Verteilen von Elementen auf dem *Front Panel* (und im *Block Diagram*) ist nicht kosmetischer Natur sondern genauso notwendig wie das Einrücken von Programmzeilen bei textbasierten Programmiersprachen, da nur so sichergestellt werden kann, dass die Bedienoberfläche verständlich und das *Block Diagram* lesbar bleibt. Das Ausrichten und Verteilen von Objekten ist dementsprechend ein selbstverständlicher Arbeitsschritt bei der Programmentwicklung mit LabVIEW.

Ein- und Ausgabeelemente sollten dabei in zwei getrennten Gruppen zusammengefasst werden, wobei Eingabeelemente vorzugsweise links und Ausgabeelemente rechts auf dem *Front Panel* platziert werden sollten, damit sich die gleiche Leserichtung von links nach rechts wie im *Block Diagram* ergibt. Vorteilhaft ist es auch, wenn die Reihenfolge der Frontpanel-Elemente mit der Reihenfolge der Elemente im *Block Diagram* und der Anordnung der Terminals der *Connector Pane* übereinstimmt. Bei der Gestaltung des *Front Panels* kann aber auch die Orientierung an der Bedienoberfläche technischer Geräte hilfreich sein, wenn deren Benutzerschnittstelle unmittelbar einsichtig ist, wie zum Beispiel die Anordnung der Zifferntasten auf einem Telefon.

Für ein ansprechendes Erscheinungsbild der Bedienoberfläche ist es zudem in vielen Fällen wünschenswert, dass mehrere Elemente die gleich Größe aufweisen. Die Realisierung dieser Anforderung wird durch die Funktionen des Menüpunktes *Resize Objects* (Objektgröße verändern) unterstützt (Abb. 11.3d). Wenn mindestens zwei Objekte ausgewählt worden sind, kann diesen die gleiche Breite oder Höhe zugewiesen werden, wobei das größere oder kleinere Element die endgültige Größe aller Elemente bestimmen kann. Die absolute Zuweisung der Abmessung in *Pixeln* (Bildpunkten) wird darüber hinaus durch den Aufruf des Symbols in der linken unteren Ecke der Palette ermöglicht.

Die Möglichkeiten des in Abbildung 11.3e dargestellten Pull-Down-Menüs *Reorder* (Neu ordnen) bestehen darin, mehrere Elemente zu einer Gruppe zusammenzufassen (*Group* (Gruppe)) und diese Gruppierung gegebenenfalls wieder aufzuheben. Diese Möglichkeit steht leider nur Elementen des *Front Panels* zur Verfügung, aber nicht für Elemente des *Block Diagrams*. Mit der Auswahlmöglichkeit *Lock* (Sperren) bzw. *Unlock* (Sperre aufheben) können einzelne Elemente auf dem *Front Panel* fixiert bzw. zur Auswahl freigegeben werden. Die Fixierung ist beispielsweise sinnvoll wenn ein Dekorationselement im Hintergrund des *Front Panels* zur Strukturierung desselben verwendet werden soll. Darüber liegende Elemente des *Front Panels* können dann selektiert werden, ohne dass auch das im Hintergrund verwendete Element selektiert wird.

Die Verwaltung von Elementen auf dem *Front Panel* und im *Block Diagram* erfolgt in LabVIEW – vergleichbar zu der vieler Graphik-Programme – in einzelnen Ebenen. Dementsprechend ist es möglich, über die Auswahlmöglichkeiten des Pull-Down-Menüs *Reorder* (Neu ordnen) einzelne Elemente um eine Ebene nach vorn oder hinten zu bringen (*Move Forward* (Um eins nach vorn schieben) bzw. *Move Backward* (Um eins nach hinten schieben)) oder ein Element direkt in den Vordergrund bzw. Hintergrund zu bringen (*Move To Front* (In den Vordergrund schieben) *Move To Back* (In den Hintergrund schieben)).

Weitere Möglichkeiten zur Gestaltung der Bedienoberfläche bietet darüber hinaus das Kontext- bzw. Pop-Up-Menü, welches für jedes Bedienelement zur Verfügung steht und mit einen Kommandoklick (rechte Maustaste) auf das Bedienelement zur Anzeige gebracht werden kann. Eine Änderung dieser Einstellungen kann aber auch jederzeit programmgesteuert erfolgen. In den nächsten Abschnitten werden diese Möglichkeiten erläutert.

11.3 Property Nodes (Eigenschaftsknoten)

Bevor die Möglichkeiten behandelt werden, die im Kontextmenü von Frontpanel-Elementen zur Verfügung stehen, soll bereits in diesem Abschnitt darauf hingewiesen werden, dass *alle* das Erscheinungsbild eines Elements betreffenden Eigenschaften auch programmgesteuert über *Property Nodes* (Eigenschaftsknoten) verändert und ausgewertet werden können.

Ein *Property Node* kann über die Option *Create* ≫ *Property Node* (Erstellen ≫ Eigenschaftsknoten) im Kontextmenü des betreffenden Bedienelements oder des zugehörigen Terminals im *Block Diagram* erzeugt werden. Im *Block Diagram* erscheint dann ein Element mit dem Bezeichner des jeweiligen Elements. Im Kontextmenü des *Property Node* kann dann über die Option *Properties* (Eigenschaften) das gewünschte Merkmal ausgewählt werden.

Abbildung 11.4 zeigt beispielhaft den *Property Node* für ein numerisches *Control* mit der Standardeinstellung *Visible* (Sichtbar). Um die Vielfalt der möglichen Eigenschaften anzudeuten ist zudem das Kontextmenü des *Property Nodes* abgebildet, wobei jeder Pfeil ▶ auf ein Untermenü hinweist. Die Suche nach einer Eigenschaft

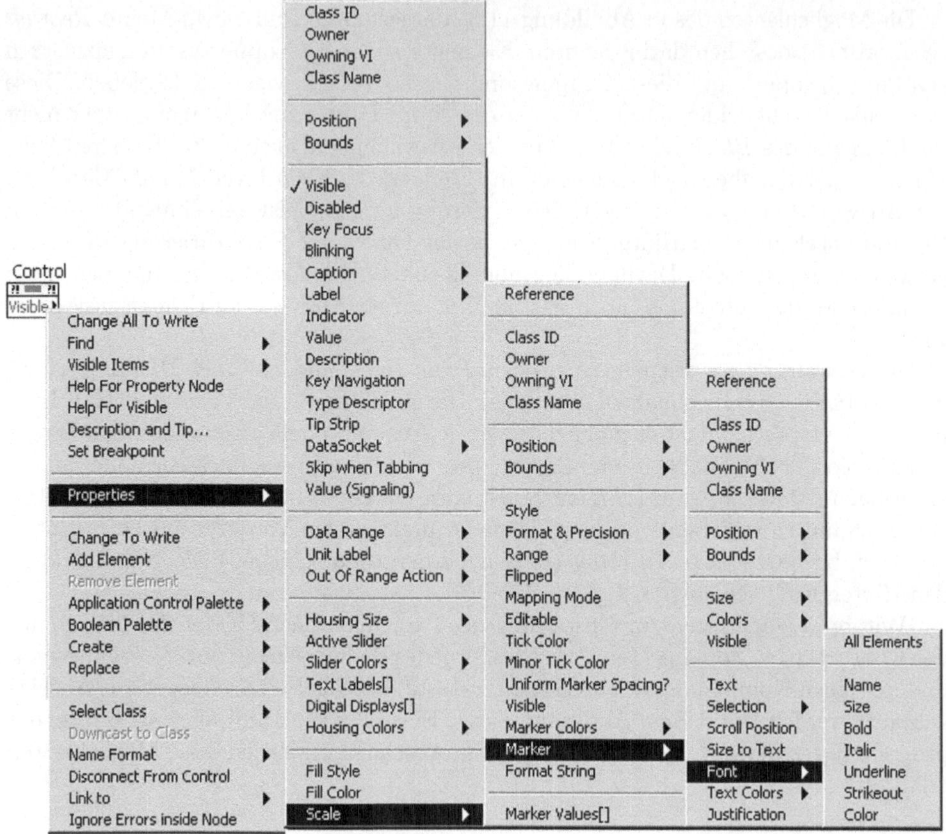

Abb. 11.4: Beispiel für die Auswahlmöglichkeiten eines *Property Nodes* (Eigenschaftsknoten)

wird von LabVIEW nicht weiter unterstützt, so dass zum Auffinden nur die Methode des „gezielten Hinsehens" angewendet werden kann.

Jedem Bedienelement können beliebig viele *Property Nodes* im *Block Diagram* zugeordnet werden. Mit dem Positionierwerkzeug kann ein *Property Node* nach unten aufgezogen werden, um mehrere Eigenschaften über einen Knoten bearbeiten zu können. Über die Einstellung *Change To Read* (In Lesen ändern) und *Change To Write* (In Schreiben ändern) aus dem Kontextmenü des jeweiligen Propertys können Eigenschaften ausgelesen bzw. auch programmgesteuert geändert werden. Wie bei Eingabe- und Anzeigeelementen wird auch im Symbol eines *Property Nodes* durch ein schwarzes Dreieck angezeigt, ob das Merkmal als Datenquelle oder Datensenke wirkt.

Mit Hilfe von *Property Nodes* kann so zur Laufzeit des Programms die Bedienoberfläche modifiziert werden, um die Benutzerführung in geeigneter Weise vorzunehmen. Zwei der wichtigsten Eigenschaften zeigt Abbildung 11.5. Bedienelemente können auf dem *Front Panel* eingeblendet oder ausgeblendet werden (Abb. 11.5a). Bedienelemente sollten immer dann ausgeblendet werden, wenn sie in einem System-

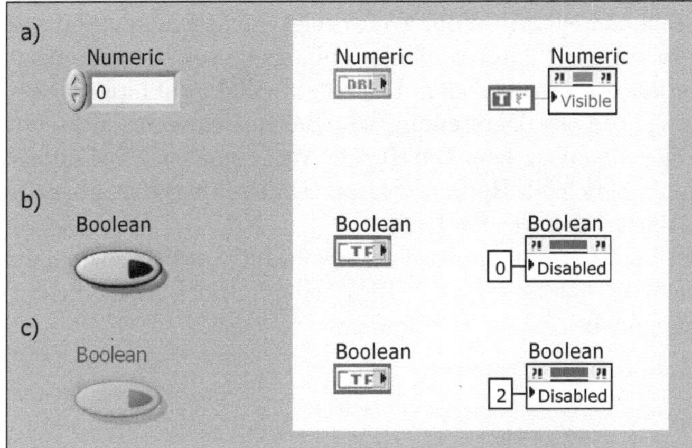

Abb. 11.5: *Property Nodes* für die Eigenschaften sichtbar/unsichtbar und aktiviert/deaktiviert

zustand nicht benötigt werden. Dafür muss der *Property Node Visible* (Sichtbar) mit einer booleschen Konstanten FALSE verbunden werden. Häufig ist es auch erforderlich, einzelne Bedienelemente während des Programmablaufs zu deaktivieren. Dies kann mit Hilfe der Eigenschaft *Disabled* (Deaktiviert) realisiert werden. Dafür stehen drei Möglichkeiten zur Verfügung:

- 0 Aktiviert und sichtbar
- 1 Deaktiviert und sichtbar
- 2 Deaktiviert und ausgegraut

Die Möglichkeit „Deaktiviert und sichtbar" sollte im Allgemeinen nicht verwendet werden, da diese keine geeignete Benutzerführung ermöglicht, weil ein Bedienelement zwar dargestellt aber nicht genutzt werden kann. Bei einem ausgegrauten Bedienelement ist dagegen sofort offensichtlich, dass im Programm zwar eine Option vorhanden ist, diese aber im aktuellen Systemzustand nicht zugänglich ist. Auch die Eigenschaft *Blinking* (Blinkend) sollte nur in Sonderfällen verwendet werden, da blinkende Objekte in extremer Weise die Aufmerksamkeit eines Benutzers binden.

Bei der Vorstellung von Bedienelementen in den folgenden Abschnitten wird in vielen Beispielen aufgezeigt, wie ihre Eigenschaften auch programmgesteuert über *Property Nodes* ausgewertet und verändert werden können. Weitere Beispiele für die Anwendung von *Property Nodes* sind darüber hinaus in Abschnitt 12.3 zu finden.

11.4 Gemeinsame Merkmale in Kontextmenüs von Bedienelementen

Viele Optionen des Kontextmenüs sind bei allen Bedienelementen gleich und sollen daher zunächst in einer Übersicht vorgestellt werden. Spezielle Auswahlmöglichkeiten, die durch die jeweiligen Eigenschaften eines Bedienelements bedingt sind, werden dann

in den folgenden Abschnitten behandelt. Abbildung 11.6 zeigt zunächst exemplarisch
das Kontextmenü eines numerischen Eingabeelements, anhand dessen die gemeinsamen Auswahlmöglichkeiten erläutert werden sollen. Besonders soll darauf hingewiesen
werden, dass sich Veränderungen in der Darstellung von Bedienelementen nicht auf
den Algorithmus im *Block Diagram* auswirken. Die einzige Ausnahme stellt bei numerischen Elementen die Auswahlmöglichkeit Repräsentation (Darstellung) dar, über die
der Datentyp (INT, DBL...) festgelegt werden kann.

Die Auswahlmöglichkeiten im Kontextmenü stehen sowohl für das Bedienelement
auf dem *Front Panel* als auch für das zugehörige Terminal im *Block Diagram* mit
leicht veränderten Auswahlmöglichkeiten zur Verfügung.

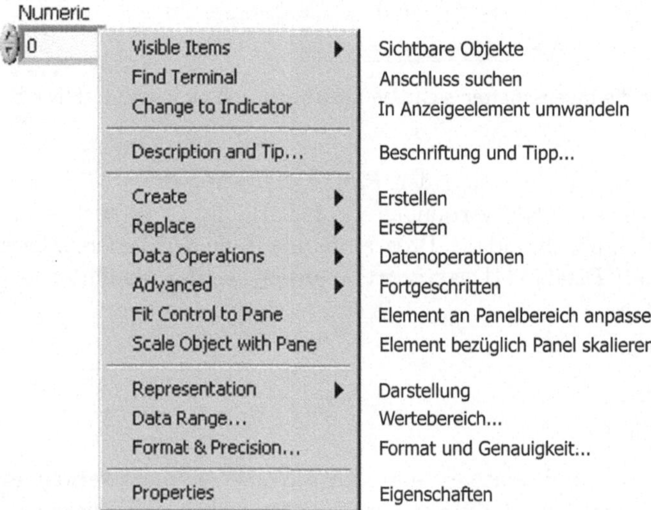

Abb. 11.6: Kontextmenü eines numerischen Eingabeelements

Visible Items (Sichtbare Objekte)

In Abhängigkeit vom Bedienelement können weitere Bestandteile zur Anzeige gebracht
werden. Es besteht immer die Möglichkeit, ein Element mit einem *Label* (Beschriftung) und einer *Caption* (Untertitel) zu versehen und diese sichtbar bzw. unsichtbar zu
schalten. Die Darstellung von *Label* und *Caption* ist gleich. Der Name des *Labels* wird
von LabVIEW aber im Programm als Variablenname verwendet, zum Beispiel um
Lokale Variablen zu kennzeichnen. *Caption* stellt dagegen eine frei wählbare Bezeichnung auf dem *Front Panel* dar. Sowohl für *Captions* als auch für *Labels* steht ein
Kontextmenü zur Verfügung, in dem die Darstellung konfiguriert werden kann.

Find Terminal (Anschluss suchen)

Die Auswahlmöglichkeit *Find Terminal* (Anschluss suchen) ermöglicht es, das korrespondierende Element im *Block Diagram* aufzufinden. Im Kontextmenü eines *Block
Diagrams* besteht analog dazu die Möglichkeit, das zugehörige Element auf dem
Frontpanel zu markieren. Eine gleichwertige Alternative für diese Auswahlmöglich-

keit besteht darin, auf einem Element des *Front Panels* oder *Block Diagrams* einen doppelten Mausklick auszuführen.

Wenn bei komplexeren Programmen auch lokale Variablen, Eigenschaftsknoten, Referenzen etc. verwendet werden, zeigt das Kontextmenü des Elements die Option *Find* (Suchen) an und in einem Untermenü kann ausgewählt werden, wonach gesucht werden soll.

Change to Indicator (In Anzeigeelement umwandeln)

Es ist jederzeit möglich ein Eingabeelement in ein Anzeigeelement umzuwandeln und umgekehrt. Dies ist bei der Fehlersuche oftmals hilfreich. Bei der Gestaltung der Bedienoberfläche sollten aber Eingabeelemente niemals in Ausgabeelemente umgewandelt werden (und umgekehrt), da ein Benutzer ein Anzeigeelement nicht als Eingabeelement interpretieren wird.

Description and Tip... (Beschriftung und Tipp...)

Wie bereits erläutert wurde, kann jedes Element mit einer Dokumentation und einem Tipp versehen werden (s. Abb. 11.7). Letzterer wird eingeblendet, wenn der Mauszeiger zur Laufzeit des Programms über das entsprechende Element geführt wird. Grundsätzlich sollte ein Tipp mehr Informationen über das Element enthalten als die Beschriftung.

Create (Erstellen)

In diesem Menü können die für die Programmentwicklung zusätzlichen Elemente wie *Local Variable* (Lokale Variablen), *Reference* (Referenzen), *Property Node* (Eigenschaftsknoten) und *Invoke Node* (Methodenknoten) ausgewählt und direkt im *Block Diagram* platziert werden. Lokale Variablen und Eigenschaftsknoten sind bereits erläutert werden. Für die Anwendung von Referenzen und Methodenknoten zeigt Abbildung 11.81 ein Anwendungsbeispiel.

Im *Block Diagram* können in diesem Menü zusätzlich Eingabe- und Anzeigeelemente sowie Konstanten ausgewählt werden. Diese sind dann gegebenenfalls direkt mit dem Terminal verbunden und der große Vorteil bei dieser Vorgehensweise besteht darin, dass der erforderliche Datentyp bzw. Datenstruktur bei der Verbindung automatisch berücksichtigt wird.

Replace (Ersetzen)

Um ein Element zu ersetzen ist es nicht notwendig, dieses zu löschen, ein neues Element auszuwählen und die Verbindungsleitungen erneut zu erstellen. Nach der Auswahl der Option *Replace* wird automatisch die *Controls* bzw. *Functions Palette* geöffnet, aus der das neue Element ausgewählt werden kann.

Data Operations (Datenoperationen)

In diesem Menü kann einem Element ein neuer Standardwert zugewiesen werden oder es kann wieder mit dem Standardwert initialisiert werden.

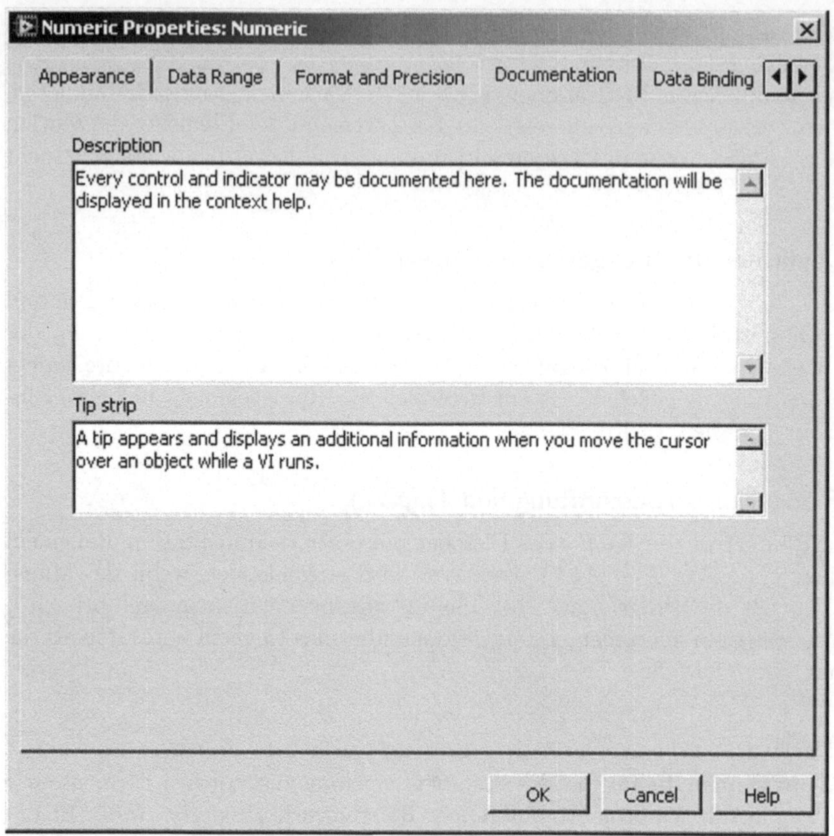

Abb. 11.7: Dokumentationsmöglichkeiten für Bedienelemente

Da es in LabVIEW nicht immer möglich ist – zum Beispiel bei Tabellen – die üblichen Tastaturbefehle Strg X, Strg C und Strg V für das Ausschneiden, Kopieren und Einfügen von Daten zu verwenden, stehen unter dem Menü *Data Operations* die Optionen *Cut Data* (Daten ausschneiden), *Copy Data* (Daten kopieren) und *Paste Data* (Daten einfügen) zur Verfügung.

Bei Datenstrukturen wie *Arrays*, Tabellen oder Diagrammen besteht hier zudem die Möglichkeit, Daten aus der Struktur zu entfernen, z. B. *Empty Array* (Leeres Array). Darüber hinaus können Daten einer Tabelle oder eines Diagramms auch als einfache Graphik im Bitmap- (bmp) oder im Postscript-Format (eps) exportiert werden. Die Option zum Export von Graphiken steht nicht zur Verfügung, wenn Bedienelemente der Version LabVIEW 7.0 oder früher genutzt werden.

Advanced (Fortgeschritten)

Weitere Möglichkeiten zur Gestaltung können im Menü *Advanced* aufgerufen werden. So ist es beispielsweise möglich, Bedienelemente sichtbar oder unsichtbar zu schalten.

Vor allem besteht hier aber die Möglichkeit über *Customize...* (Anpassen) benutzerdefinierte Bedienelemente zu erstellen (s. Abschn. 9.2.4, 11.8.4).

Fit Control to Pane (Element bezüglich Panel anpassen)

Bei einer Veränderung der Größe des *Front Panels* werden bei aktivierter Option *Fit
Control to Pane* proportional skaliert.

Representation (Darstellung)

Bei numerischen Bedienelementen wird hier der Datentyp festgelegt (vgl. Abschn. 8.1).
Diese Einstellung wirkt sich als einzige auf den Algorithmus im *Block Diagram* aus.

Data Range... (Wertebereich...)

Bei numerischen Bedienelementen ist es zudem möglich den zulässigen Wertebereich
zu definieren (s. Abschn. 11.5.1).

Format & Precision... (Format und Genauigkeit...)

Auch die dritte Option steht nur im Zusammenhang mit numerischen Bedienelementen zur Verfügung. Hier kann die Art der Zahlendarstellung auf dem *Front Panel*
eingestellt werden (s. Abschn. 11.5.1).

Properties (Eigenschaften)

Die Auswahlmöglichkeiten im untersten Eintrag des Kontextmenüs sind weitgehend redundant, da hier alle bereits erläuterten Einstellungen für ein Bedienelement
auf mehreren Registerkarten in einer Übersicht zusammengefasst werden. Zusätzlich
ist es hier jedoch möglich, über die Registerkarte *Data Binding* (Datenbindung)
Bedienelemente an Umgebungsvariablen zu koppeln um die Nutzung der Daten über   LV 8.0
ein Netzwerk zu ermöglichen und auf der Registerkarte *Key Navigation* (Tastatur-
steuerung) können alle Einstellungen vorgenommen werden, um die Steuerung eines   LV 8.0
LabVIEW-Programms zur Laufzeit über Tastaturbefehle vorzunehmen.

11.5   Kontextmenüs von Datentypen

11.5.1   Numerische Elemente

Abbildung 11.8 zeigt die Palette *Numeric*, die alle numerischen Ein- und Ausgabeelemente enthält. Als Standard-Datentyp ist in der Regel DBL voreingestellt, lediglich
den horizontalen und vertikalen Bildlaufleisten *(Horizontal Scrollbar, Vertical Scrollbar)* wird der Datentyp I32 zugewiesen. Einen eigenen Datentyp weisen das in der   LV 8.0
rechten oberen Ecke angeordnete *Time Stamp Control* (Zeitstempel-Eingabe) und
der *Time Stamp Indicator* (Zeitstempel-Anzeige) auf, mit dem es möglich ist, Zeit
und Datum in einem Programm auf einfache Weise zu verwalten. Ein besonderes Ele-

ment stellt zudem die *Framed Color Box* (Farbfeld) dar, deren Verwendung am Ende des Abschnitts erläutert wird (s. Abb. 11.12).

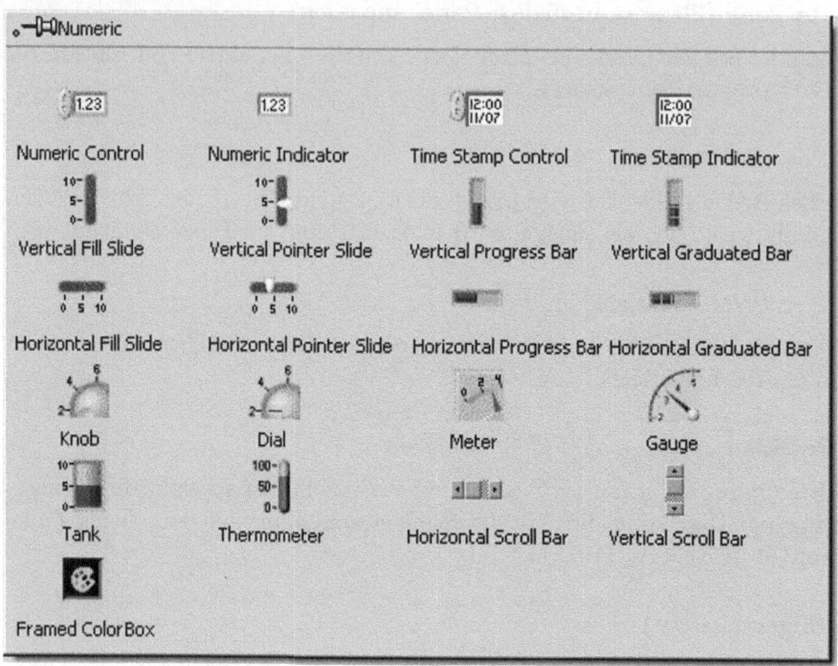

Abb. 11.8: Elemente der Palette *Numeric* (Numerisch)

Numerische *Controls* (Eingabeelemente) weisen an ihrem linken Rand zwei Schaltflächen auf *(Increment/Decrement)* die eine Veränderung des Zahlenwerts mit dem Bedienwerkzeug erlauben (Abb. 11.9). Dabei wird schneller inkrementiert bzw. dekrementiert wenn gleichzeitig die Umschalttaste gedrückt wird. Bei der Darstellung von Zahlenwerten auf dem *Front Panel* werden in der Standardeinstellung sechs Ziffern im Gleitpunktformat dargestellt, wobei abschließende Nullen unterdrückt werden.

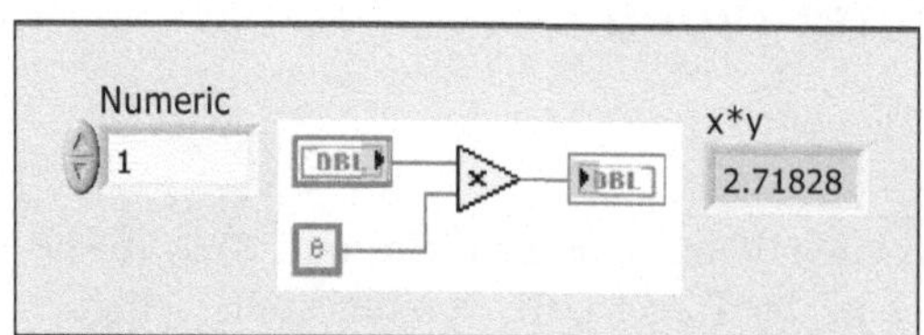

Abb. 11.9: Darstellung numerischer Ein- und Ausgabeelemente auf dem *Front Panel*

Eine Änderung dieser Darstellung kann im Menüpunkt *Format and Precision* (Format und Genauigkeit) des Kontextmenüs vorgenommen werden (s. Abb. 11.10). Über *Digits* (Dezimalziffern) kann bei ausgewählter Option *Signifikant digits* (Signifikante Stellen) die Anzahl der Ziffern eingestellt werden. Bei der Option *Digits of precision*

(Kommastellen) wird die Anzahl der Nachkommastellen festgelegt. Diese Einstellungen wirken sich nur auf die Darstellung auf dem *Front Panel* aus.

Im linken Teil des Fensters (Abb. 11.10) kann zudem die Art der Darstellung ausgewählt werden, z.B. im Gleitpunkt- *(Floating point)* oder im wissenschaftlichen *(Scientific)* Anzeigeformat. Eine Darstellung im technischen Anzeigeformat wird erzielt, wenn die Option *Exponent in multiples of 3* (Exponent in Vielfachen von 3) aktiviert wird. Bei ganzzahligen Datentypen ist es darüber hinaus möglich, die Darstellung im Hexadezimal-, Oktal- und Dualsystem vorzunehmen. In diesem Zusammenhang kann es sinnvoll sein, im Kontextmenü *Visible* (Sichtbar) auch einen Radix einzublenden, der die gewählte Zahlendarstellung kennzeichnet.

Um fehlerhafte Eingaben, d.h. die Eingabe zu großer oder kleiner Zahlenwerte mit dem Beschriftungswerkzeug, zur Laufzeit eines Programms zu verhindern, können Eingabeelemente so konfiguriert werden, dass Bereichsüberschreitunngen nicht zugelassen sind. Über die Option *Data Range...* (Wertebereich...) im Kontextmenü kann die in Abbildung 11.11 gezeigte Registerkarte aufgerufen werden.   Bei deaktiviertem *Use Default Range* (Standardbereich verwenden) kann hier das Minimum, Maximum und die Schrittweite eingegeben und die Reaktion bei einer Bereichsüberschreitung festgelegt werden. *Coerce* (Erzwingen) rundet den eingegebenen Wert auf das Minimum bzw. Maximum des Wertebereichs, während die Einstellung *Ignore* (Ignorieren) auch Eingaben außerhalb des eingestellten Wertebereichs zulässt.

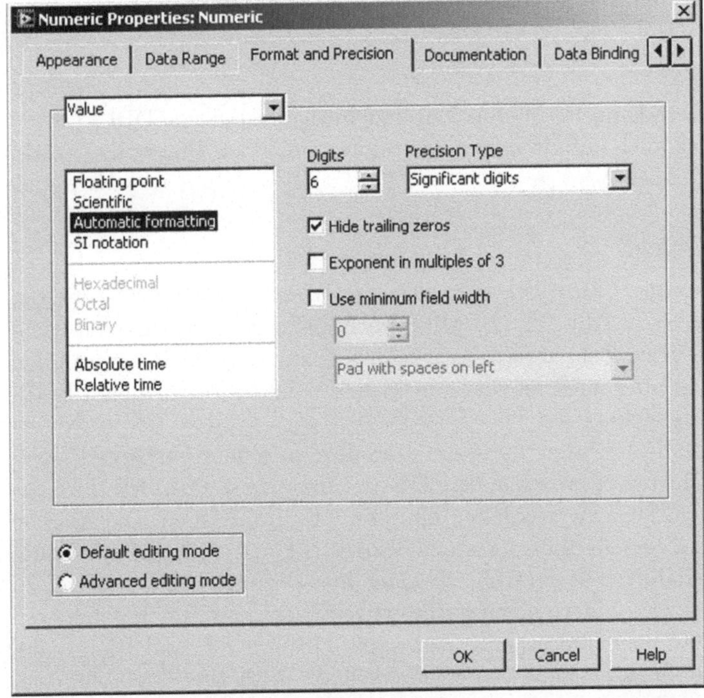

Abb. 11.10: Registerkarte *Format and Precision* (Format und Genauigkeit)

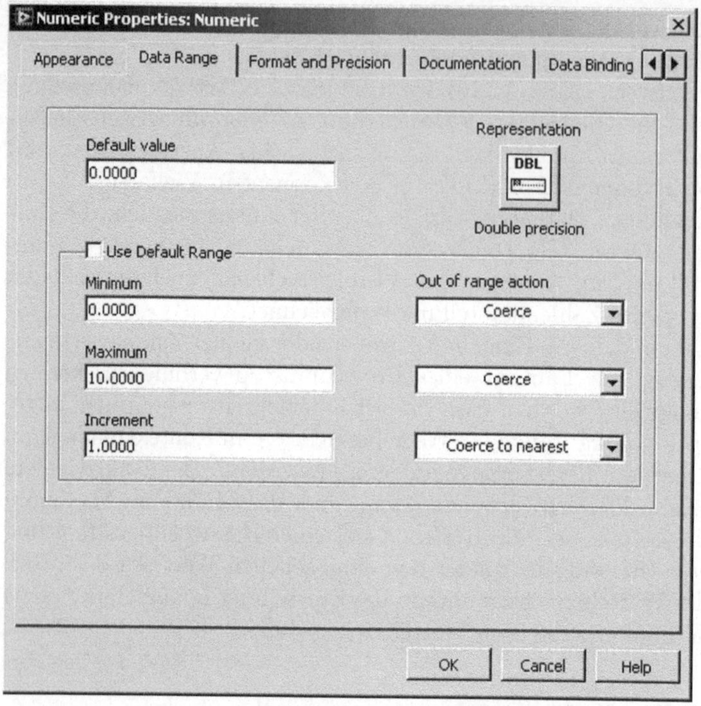

Abb. 11.11: Registerkarte *Data Range* (Wertebereich)

Auf dieser Registerkarte kann im oberen Teil zudem der Datentyp (DBL, U8...) festgelegt werden, die sich auch auf die Zahlendarstellung im *Block Diagram* auswirkt (s. Abb. 11.11).

Fraimed Color Box (Farbfeld)

Ein besonderes Element der *Controls Palette* ist die *Fraimed Color Box*, der der Datentyp U32 hinterlegt ist (s. Abb. 11.12). Mit dem Bedienwerkzeug wird die Farbpalette geöffnet und ein gewünschter Farbwert kann aus verschiedenen Farbrampen ausgewählt werden. Es ist aber auch möglich, die Farbanteile des verwendeten RGB-Farbraums als Zahlenwert einzugeben.

In LabVIEW beträgt die Farbtiefe 8 Bit pro Kanal, d. h. jedem Farbanteil (Rot, Grün, Blau) kann ein Zahlenwert zwischen 0...255 (dezimal), bzw. 00...FF (hexadezimal) zugewiesen werden. Drei Byte ergeben dann ca. 16 Mio. Farben. Die Angabe des in Abbildung 11.12 dargestellten Farbwerts in dezimaler Darstellung erlaubt kaum eine Interpretation. Deshalb ist es sinnvoll, zu einer hexadezimalen Darstellung zu wechseln, da dann jeweils zwei Ziffern einen Farbwert repräsentieren. Im abgebildeten Beispiel bedeutet 00FF00 dementsprechend: Rot = 00, Grün = FF und Blau = 00. Prinzipiell kann anstelle einer *Fraimed Color Box* deshalb auch eine Ganzzahl vom Typ U32 verwendet werden.

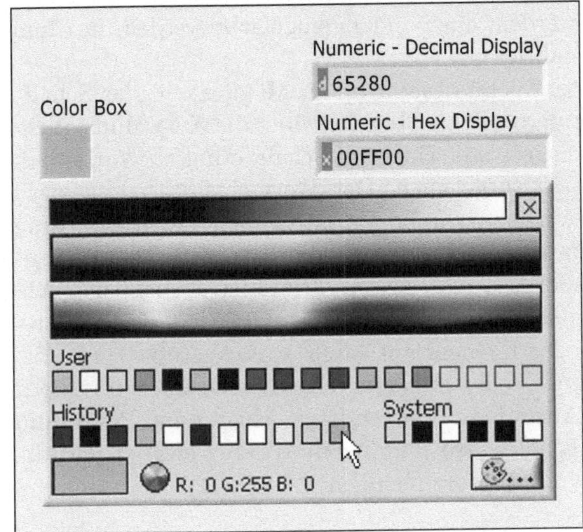

Abb. 11.12: Farbauswahl mittels *Fraimed Color Box* (Farbfeld)

11.5.2   Boolesche Elemente

Die Palette *Boolean* (Boolesch) fasst alle Ein- und Ausgabeelemente mit booleschem Datentyp zusammen (Abb. 11.13). Im Kontextmenü kann im Menü *Visible Items* (Sichtbare Objekte) bei jedem Element ein *Boolean Text* (Boolescher Text) sichtbar/unsichtbar geschaltet werden, der in Abhängigkeit vom Zustand des Elements *On/Off* (Ein/Aus) anzeigt. Mit dem Beschriftungswerkzeug kann dieser Text jederzeit verändert werden und über das Farbwerkzeug können die Bedienelemente, die

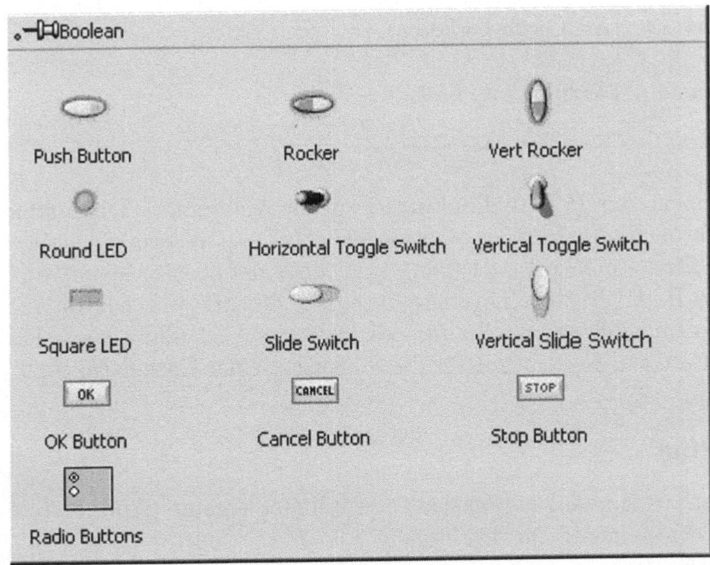

Abb. 11.13: Elemente der Palette *Boolean* (Boolesch)

nur in Grün zur Verfügung gestellt werden, auch anders eingefärbt werden, um zum
Beispiel mit Rot einen Fehler zu signalisieren.

Ein besonderes Merkmal im Kontextmenü besteht in der Möglichkeit, das Schaltverhalten *Mechanical Action* zu verändern. Einen Überblick über die Auswahlmöglichkeiten gibt Tabelle 11.1. Der wesentliche Unterschied im Schaltverhalten wird durch
Switch (Schalten) und *Latch* (Rasten) vorgegeben. Der Wert eines Schalters wird
kontinuierlich vom Programm ausgewertet, während ein *Latch* nach der Auswertung
durch das Programm auf den Standardwert FALSE zurückgesetzt wird. Damit dient
ein *Latch* gewissermaßen als Signalspeicher. Aus diesem Grund ist es nicht möglich,
boolesche Elemente im Latch-Modus mit lokalen Variablen zu versehen, da beim ersten Lesen durch eine lokale Variable das Element auf FALSE zurückgesetzt wird.

Da das eingestellte Schaltverhalten weder auf dem *Front Panel* noch im *Block
Diagram* sichtbar wird, sollte die Anzahl der verwendeten Muster im Programm
beschränkt werden, z. B. *Switch When Pressed* und *Latch When Released* und die
Steuerung stattdessen über *Property Nodes* vorzunehmen.

Tab. 11.1: Schaltverhalten von booleschen Eingabeelementen

Symbol	Verhalten	
	Switch When Pressed	(Beim Drücken Schalten)
	Switch When Released	(Beim Loslassen Schalten)
	Switch Until Released	(Bis zum Loslassen Schalten)
	Latch When Pressed	(Latch beim Drücken)
	Latch When Released	(Latch beim Loslassen)
	Latch Until Released	(Latch bis zum Loslassen)

Ein zusätzliches Element der Palette *Boolean* ist die in Abbildung 11.13 unten
links angeordnete Struktur *Radio Buttons* (Optionsfelder). Letztere ermöglicht die
Auswahl *einer* Option. Eine einfache Erweiterung kann über das Kontextmenü vorgenommen werden: *Add Radio Button* (Optionsfeldelement hinzufügen). Die Datenstruktur besteht aus einem *Cluster* von *Enums* des Datetyps U32 und eignet sich
daher, wie bereits erläutert wurde, sehr gut für die Steuerung einer Case-Struktur.

LV 8.0

11.5.3 String & Pfad

Die Palette *String & Path* (String & Pfad) enthält nur wenige Elemente (Abb. 11.14).
Die Eingabe- und Anzeigeelemente für Dateipfade *File Path Control* (Dateipfad-
Bedienelement) und *File Path Indicator* (Dateipfad-Anzeigeelement) sind bereits
in Abschnitt 8.6.2 behandelt worden, so dass es an dieser Stelle ausreichend ist,

die Darstellungsmöglichkeiten der Elemente *String Control* (String-Bedienelement)
und *String Indicator* (String-Anzeigeelement) aufzuzeigen. Zudem wird am Ende des
Abschnitts die Anwendung einer *Combo Box* (Kombinationsfeld) vorgestellt.

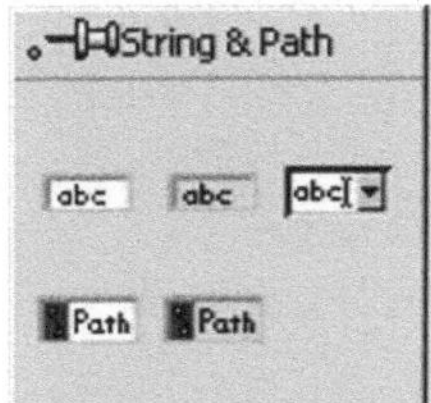

Abb. 11.14: Elemente der Palette *String & Path* (String & Pfad)

Im Kontextmenü von *Strings* können verschiedene Anzeigemodi ausgewählt werden (vgl. Abb. 11.15). Insbesondere der Modus *Codes Display* kann bei der Fehlersuche hilfreich sein, da dann auch die in Tabelle 11.2 aufgeführten Escape-Sequenzen
(White Space Characters) sichtbar werden. Bei der Eingabe von Zeichen im Modus
Code-Anzeige ist die Groß/Kleinschreibung zu berücksichtigen, da in LabVIEW eine
ungültige Eingabe nach einem *Backslash* (linksseitiger oder umgekehrter Schrägstrich)
ignoriert wird und die Buchstaben B, E und F als Hexadezimalziffern interpretiert und
unmittelbar in ihre hexadezimale Darstellung 0B, 0E und 0F umgewandelt werden,
während die Buchstaben A, C und D gemäß Tabelle 11.2 korrekt als Escape-Sequenz
interpretiert werden. Um die Lesbarkeit des *Block Diagrams* zu verbessern, ist es
ratsam, die in der Palette *Functions* ≫ *String* vorhandenen Konstanten für Escape-
Sequenzen zu verwenden (s. Tab. 8.2).

Die Hexadezimalanzeige von Zeichenketten, bei der jeweils zwei Zeichen in der Darstellung paarweise zusammengefasst werden (Abb. 11.15c), kann bei der Fehlersuche
hilfreich sein, die Anwendungsmöglichkeiten der Passwortanzeige sind offensichtlich
(Abb. 11.15d). Auch hier soll darauf hingewiesen werden, dass eine Änderung des
Anzeige-Modus keine Auswirkungen auf die Daten im *Block Diagram* hat.

Tab. 11.2: Darstellung von Escape-Sequenzen

ASCII- Code	Hex- Code	Escape- Sequenz	Bedeutung	
BS	08	\b	*Backspace*	(Rückschritt)
HT	09	\t	*Tabulator*	(Tabulator)
LF	0A	\n	*Line feed*	(Zeilenvorschub)
FF	0C	\f	*Form feed*	(Seitenvorschub)
CR	0D	\r	*Carriage return*	(Wagenrücklauf)
␣	20	\s	*Space*	(Leerzeichen)
\	5C	\\	*Backslash*	(umgekehrter Schrägstrich)

Im Kontextmenü von String-Elementen stehen weitere Auswahlmöglichkeiten bereit, die die Benutzerführung unterstützen können. Eine häufige Fehlerquelle ist die
Eingabe von Zeichenketten, die nicht auf eine Zeile begrenzt sind, während das Anzeigefeld eines String-Elements nur eine Zeile darstellt, da dann das Betätigen der Eingabetaste *Enter* die Texteingabe nicht beendet sondern in eine neue Zeile gewechselt

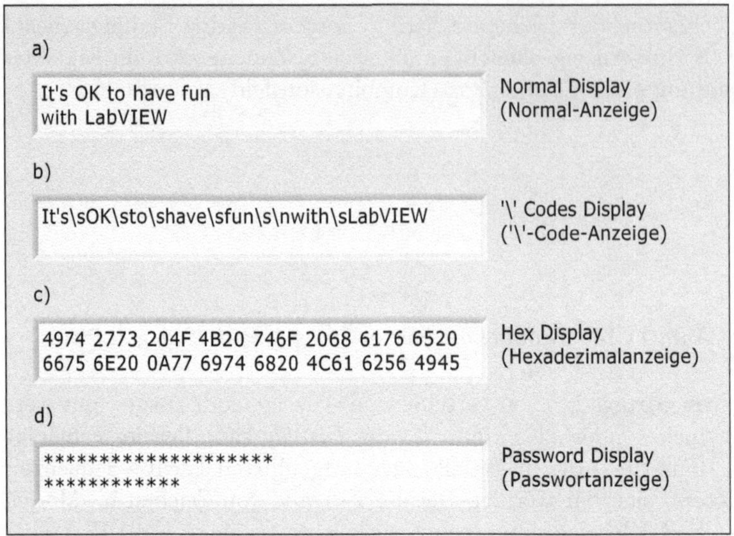

Abb. 11.15: Darstellungsmöglichkeiten von Zeichenketten auf dem *Front Panel*

wird und die vorige Zeile im Anzeigefeld nicht mehr sichtbar ist. Dies kann verhindert werden, wenn im Kontextmenü eines String-Elements die Option *Limit to Single Line* (Auf eine Zeile begrenzen) ausgewählt wird. Dann wird die Texteingabe auch durch das Betätigen der Eingabetaste beendet.

LV 8.0   Die Option *Enable Wrapping* (Zeilenumbruch aktivieren) erzeugt automatisch einen Zeilenumbruch in Abhängigkeit von der Größe des Anzeigefeldes eines String-Elements und die Option *Update Value while Typing* (Wert beim Schreiben einlesen) wertet die Eingabe in einem String-Eingabeelement bereits zur Laufzeit des Programms aus, ohne dass vorher die Eingabetaste betätigt werden muss.

Um auch in umfangreichen Texten navigieren zu können, ist es schließlich möglich, im Kontextmenü über *Visible Items* (Sichtbare Objekte) eine vertikale bzw. horizontale Bildlaufleiste *(Scrollbar)* zur Anzeige zu bringen, sobald der Text die Größe des Anzeigefensters überschreitet (Abb. 11.16, Text aus James Joyce: „Ulysses" in der Übersetzung von Hans Wollschläger).

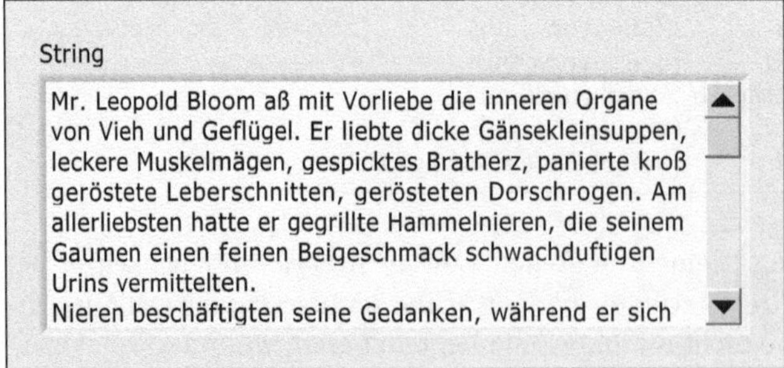

Abb. 11.16: String-Element mit *Scrollbar* (Bildlaufleiste)

Combo Box (Kombinationsfeld)

Das Element *Combo Box* aus der Palette *String & Path* gibt aus einer Auswahl von Zeichenketten eine Zeichenkette aus (Abb. 11.17). Dabei muss die ausgewählte Zeichenkette nicht notwendigerweise mit der Ausgabe-Zeichenkette übereinstimmen. Im Kontextmenü der *Combo Box* kann der Menüpunkt *Edit Items...* (Objekte bearbeiten) ausgewählt werden und bei deaktivierter Option *Values match Items* (Werte entsprechen den Elementen) ist es möglich, jeder Eingabe-Zeichenkette individuell eine Ausgabe-Zeichenkette zuzuordnen (Abb. 11.18). Weiterhin ist es an dieser Stelle möglich, Einträge zu löschen *(Delete)*, einzufügen *(Insert)* und die Reihenfolge der Einträge zu verändern *(Move Up, Move Down)*. Obwohl nur eine einzelne Zeichenkette ausgegeben wird, ist die Ansteuerung einer Case-Struktur mit Hilfe einer *Combo Box* nicht möglich.

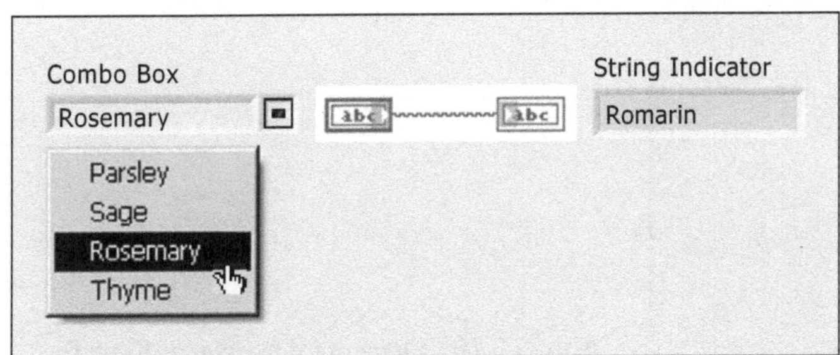

Abb. 11.17: Eingabeelement *Combo Box* (Kombinationsfeld) aus der Palette *String & Path*

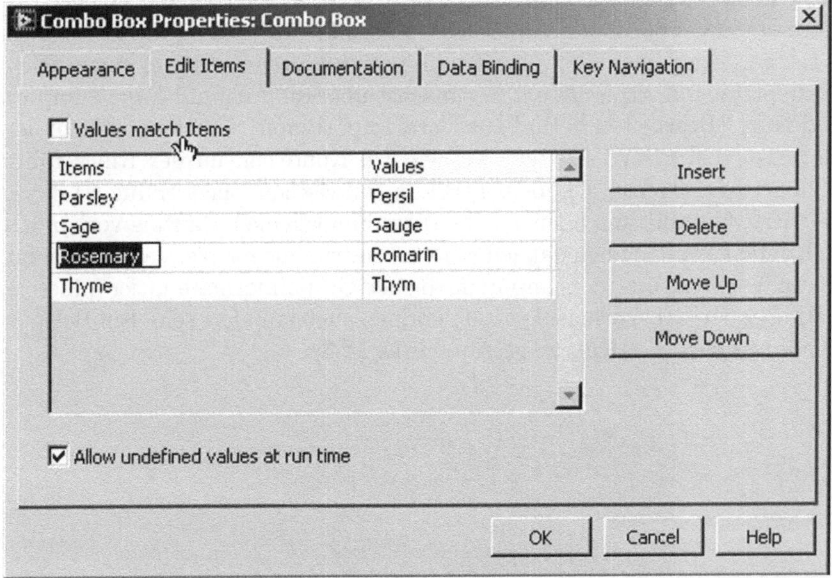

Items	Values
Parsley	Persil
Sage	Sauge
Rosemary	Romarin
Thyme	Thym

Abb. 11.18: Registerkarte für die Bearbeitung von Elementen einer *Combo Box* (Kombinationsfeld)

11.5.4 Ring & Enum

Diese Palette stellt verschiedene Auswahlelemente zur Verfügung (Abb. 11.19). *Enums* (Aufzählungstypen) stellen den Index des ausgewählten Eintrags im *Block Diagram* im Format U16 zur Verfügung und transportieren zusätzlich die Information des Eintrags, was sich insbesondere bei der Ansteuerung von Case-Strukturen vorteilhaft auswirkt, da dann in der Auswahlbeschriftung der einzelnen Fälle der Text des Eintrags erscheint (vgl. Abschn. 7.2). Ein Eintrag kann mit dem Beschriftungswerkzeug vorgenommen werden und im Kontextmenü des *Enums* können dann weitere Einträge hinzugefügt werden. Ein neuer Eintrag wird aber auch dann erstellt, wenn bei gedrückter Umschalttaste die Eingabetaste betätigt wird. Darüber hinaus ist es über die Option *Edit Items...* (Objekte bearbeiten...) möglich, die Auswahlliste zu editieren (einfügen, löschen, sortieren).

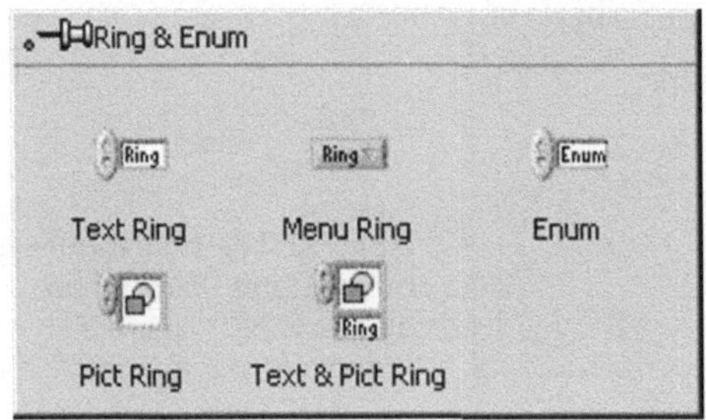

Abb. 11.19: Elemente der Palette *Ring & Enum*

Bei Elementen mit der Bezeichnung Ring wird in Abhängigkeit von einem ausgewählten Eintrag nur der zugehörige Index als Ganzzahl (U16) bereitgestellt. Einträge können aus Texten, Graphiken oder einer Kombination bestehen. Um in einem Ring eine Graphik zu platzieren, kann diese u. a. zunächst über die Auswahl *Edit ≫ Import Picture from File...* (Bearbeiten ≫ Bild aus Datei importieren) der Menüleiste in der Zwischenablage von LabVIEW abgelegt werden. Im Kontextmenü des Rings führt die Option *Import Picture from Clipboard* (Bild aus Zwischenablage einfügen) dazu, dass die importierte Graphik anschließend als Auswahlmöglichkeit im Ring vorhanden ist. Über das Kontextmenü können danach weitere Auswahlmöglichkeiten hinzugefügt werden. LabVIEW unterstützt den Import mehrerer Graphikformate unter anderem Bitmaps im BMP- oder GIF-Format. Letztere können auch animiert sein. Ein Beispiel für die Anwendung eines *Pict Ring* zeigt Abbildung 12.39.

11.6 Kontextmenüs von Datenstrukturen

11.6.1 Arrays und Cluster

Das Erstellen und die Darstellung von *Arrays* und *Clusters* ist bereits in Kapitel 9 erläutert worden, ebenso wie die Verwendung von Matrizen (s. Abschn. 9.1.4) und *Error Clusters* (s. Abschn. 9.2.5). Aus Gründen der Vollständigkeit zeigt Abbildung 11.20 an dieser Stelle noch einmal die Elemente der Palette *Array, Matrix & Cluster* (Abb. 11.20).

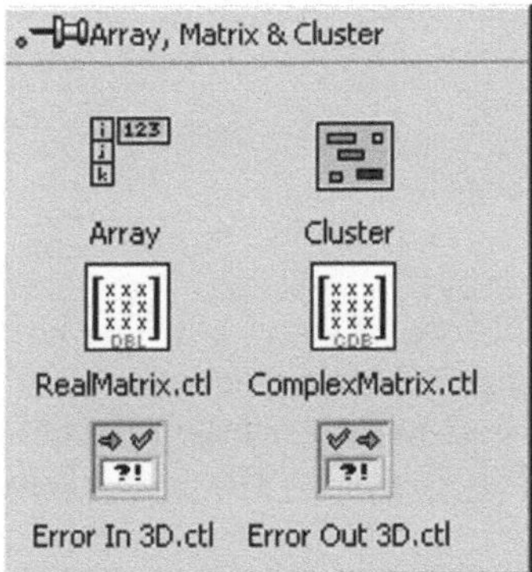

Abb. 11.20: Elemente der Palette *Array, Matrix & Cluster*

11.6.2 Listen und Tabellen

Für die übersichtliche Darstellung großer Datenmengen können in der Palette *List & Table* (Liste & Tabelle), die in Abbildung 11.21 dargestellt ist, ein- und mehrspaltige Listenfelder *(Listbox, Multicolumn Listbox)* ausgewählt werden, deren Funktionsweise mit der der beschriebenen *Rings* vergleichbar ist (vgl. Abschn. 11.5.4). Zur Laufzeit eines Programms wird in Abhängigkeit vom ausgewählten Listeneintrag eine Ganzzahl im Format I32 bereitgestellt. Mit der Baumstruktur *Tree* kann beispielsweise eine Verzeichnisstruktur in LabVIEW dargestellt werden. Eine ausgewählter Eintrag wird dann als *String* ausgegeben.

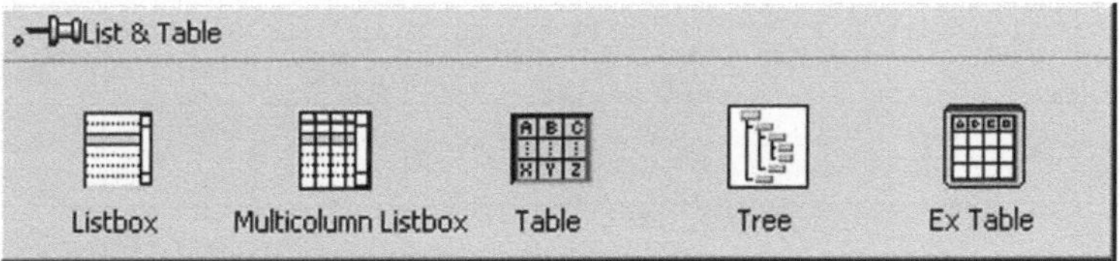

Abb. 11.21: Elemente der Palette *List & Table* (Liste & Tabelle)

In diesem Abschnitt erscheint es als ausreichend, das Element *Table Control* (Tabellen-Bedienelement) der Palette zu erläutern. Deren Datenstruktur ist ein zweidimensionales *Array* von *Strings*. Dementsprechend ist die Verwendung einer Tabelle weitgehend vergleichbar mit der eines *Arrays*. Nach der Platzierung einer Tabelle erscheint ein Feld, bei dem einzelne Elemente durch Linien voneinander getrennt sind und es werden eine vertikale und horizontale Bildlaufleiste angedeutet (Abb. 11.22).

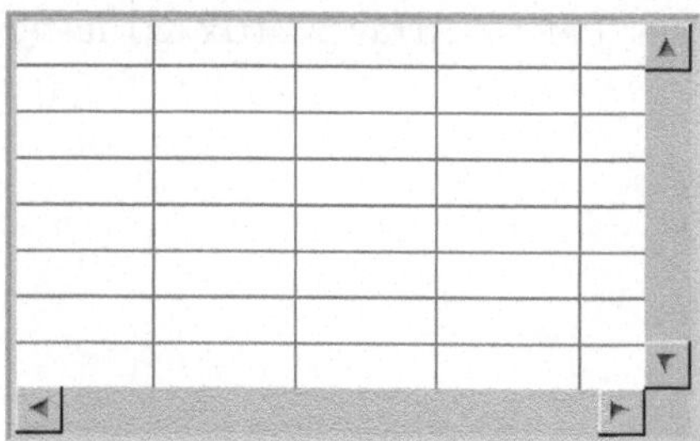

Abb. 11.22: Darstellung des Bedienelements Tabelle

Über die Option des Kontextmenüs *Visible Items* (Sichtbare Objekte) können diese bei Bedarf ausgeblendet oder ein *Index Display* (Indexanzeige) eingeblendet werden. Weiterhin können Felder für die Bezeichner von Spalten und Reihen sichtbar geschaltet werden: *Row Headers* (Zeilentitel), *Column headers* (Spaltentitel). Diese sind kein Bestandteil der Tabellendaten.

Im Kontextmenü *Data Operations* (Datenoperationen) ist es möglich, den Tabelleninhalt zu löschen (*Empty Table* (Leere Tabelle)), Zeilen oder Spalten einzufügen oder zu löschen und die Daten selektierter Tabellenbereiche auszuschneiden *(Cut)*, zu kopieren *(Copy)* oder einzufügen *(Paste)*. Analog zu anderen Bedienelementen, denen eine Array-Struktur zugrunde liegt, kann auch die Darstellung einer Tabelle als Graphik exportiert werden: *Export Simplified Image. . .* (Vereinfachtes Bild exportieren. . .).

Wie bei jedem anderen Bedienelement lässt sich die Größe mit dem Positionierwerkzeug verändern. Dieses eignet sich ebenso, um Tabellenfelder zu skalieren. Der Cursor nimmt dann die in Abbildung 11.23 dargestellte Form an und eine horizontale oder vertikale Line kann an die gewünschte Position gezogen werden. Bei gedrückter Umschalttaste erhalten alle Spalten oder Zeilen die gleiche Größe (Abb. 11.23b).

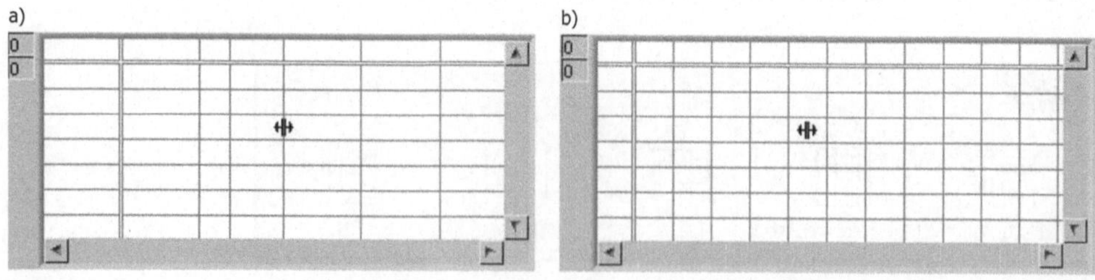

Abb. 11.23: Veränderung von Zeilenhöhe bzw. Spaltenbreite einer Tabelle: a) individuell, b) global

Eine Tabelle steht nur als *Control* zur Verfügung. Die Umwandlung in einen *Indicator* lässt sich aber jederzeit über die Option *Change to Indicator* (In Anzeigeelement umwandeln) vornehmen. Die Datenstruktur einer Tabelle – ein zweidimensionales *Array* von *Strings* – ermöglicht im Allgemeinen auch die Anwendung der Funktionen in der *Functions Palette* ≫ *String* und wenn sich die Einträge einer Tabelle als Zahlenwerte interpretieren lassen, können diese auch mit numerischen Funktionen und Funktionen für die Bearbeitung von *Arrays* ausgewertet werden (s. u.).

Daten können mit dem Textwerkzeug in eine Tabelle eingegeben werden oder alternativ mit Hilfe von *Property Nodes* programmgesteuert bearbeitet werden. Bei einer Tabelle in LabVIEW wird der übliche Wechsel von einem zum nächsten Tabellenfeld mit der Tabulatortaste nicht unterstützt. Dieser Wechsel kann hier bei gedrückter Umschalttaste mit den Cursor-Tasten vorgenommen werden. Auch das Kopieren, Ausschneiden und Einfügen ist mit den üblichen Tastaturbefehlen der Windows-Umgebung nicht möglich; die dafür erforderlichen Befehle stehen allerdings im Kontextmenü einer Tabelle zur Verfügung.

Die Auswahl einer Zelle, Zeile, Spalte oder eines Tabellenbereiches wird mit dem Bedienwerkzeug vorgenommen, in dem die gewünschte Zelle durch einen Doppelklick ausgewählt und gegebenenfalls die Maus bei gedrückter linker Maustaste über den zu selektierenden Bereich gezogen wird. Wird das Bedienwerkzeugt am oberen oder linken Rand der Tabellendaten oder in der linken oberen Ecke der Tabellendaten platziert, wechselt der Cursor das Erscheinungsbild und es können einzelne Spalten (Abb. 11.24a), Zeilen (Abb. 11.24b) oder Tabellenbereiche (Abb. 11.24c) ausgewählt werden. Ausgewählte Zellen werden mit einem blauen Rahmen versehen.

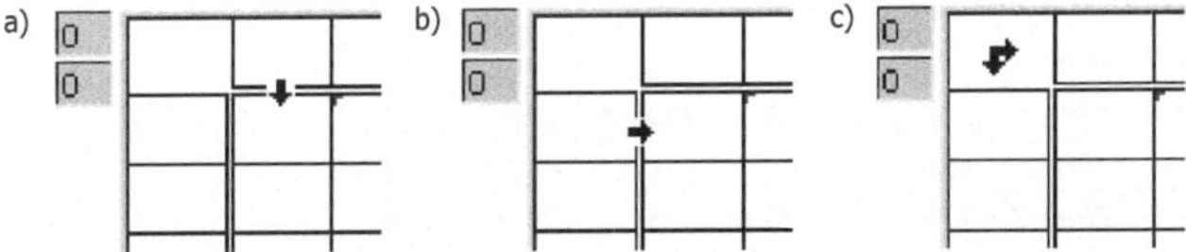

Abb. 11.24: Selektieren einer Spalte, einer Zeile, eines Bereichs einer Tabelle

Als Beispiel für die Verwendung einer Tabelle soll der weltweite Primärenergieverbrauch in Abhängigkeit von Zeit und Wirtschaftsregionen dienen (Quelle: BP, Weltenergiestatistik, Juni 2005, www.bp.com/statistical review). Abbildung 11.25 zeigt einen Teil der Daten in einer Tabelle, bei der die Indexanzeige, Titel und Bildlaufleisten sichtbar geschaltet worden sind.

Häufig ist es wünschenswert, bei der Visualisierung von Daten eine äquidistante, zeitliche Verteilung zu verwenden. Um dementsprechend in der Tabelle die Daten für das Jahr 1995 zu entfernen, kann diese Spalte mit dem Bedienwerkzeug markiert und im Kontextmenü der Tabelle gelöscht werden (Abb. 11.26a). Da die Spalten- und Zeilentitel kein Bestandteil der Tabellendaten sind, ergibt sich eine fehlerhafte Zuordnung von Spaltentiteln und Tabellendaten (Abb. 11.26b) und erst nach einer Korrektur der Spaltentitel wird wieder eine korrekte Darstellung erreicht (Abb. 11.26c). Wie bereits erwähnt wurde, können diese Arbeitsschritte gegebenenfalls auch programmgesteuert über *Property Nodes* vorgenommen werden.

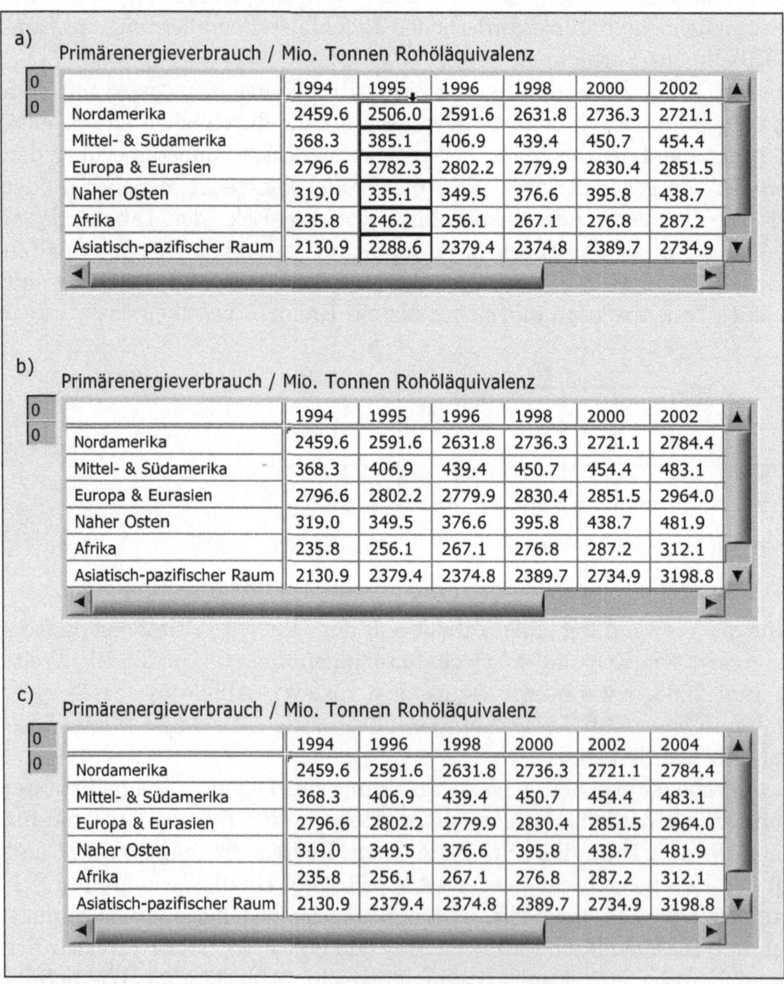

Abb. 11.25: Tabelle mit eingeblendeten Optionen: *Index Display* (Indexanzeige), *Headers* (Titeln) und *Scrollbars* (Bildlaufleisten)

Abb. 11.26: a) Selektieren einer Tabellen-Spalte, b) Löschen der Tabellen-Spalte und c) Tabelle nach manuellem Editieren der Spalten-Titel

Die Daten vom Datentyp *String* dieser Tabelle können auch als Zahlenwerte interpretiert werden und beispielhaft soll aufgezeigt werden, wie der Energieverbrauch in Millionen Tonnen Rohöläquivalenz in elektrische Energie umgerechnet werden kann, wobei angenommen wird, dass der Wärmewert einer Tonne Rohöl ca. 12 MWh elektrischer Energie entspricht (Quelle: BP, s. o.). Das Ergebnis dieser Umrechnung zeigt Abbildung 11.27.

a) Primärenergieverbrauch / Mio. Tonnen Rohöläquivalenz

	1994	1996	1998	2000	2002	2004
Nordamerika	2459.6	2591.6	2631.8	2736.3	2721.1	2784.4
Mittel- & Südamerika	368.3	406.9	439.4	450.7	454.4	483.1
Europa & Eurasien	2796.6	2802.2	2779.9	2830.4	2851.5	2964.0
Naher Osten	319.0	349.5	376.6	395.8	438.7	481.9
Afrika	235.8	256.1	267.1	276.8	287.2	312.1
Asiatisch-pazifischer Raum	2130.9	2379.4	2374.8	2389.7	2734.9	3198.8

b) Primärenergieverbrauch / TWh

	1994	1996	1998	2000	2002	2004
Nordamerika	29520	31104	31584	32832	32652	33408
Mittel- & Südamerika	4416	4884	5268	5412	5448	5796
Europa & Eurasien	33564	33624	33360	33960	34224	35568
Naher Osten	3828	4200	4524	4752	5268	5784
Afrika	2832	3072	3204	3324	3444	3744
Asiatisch-pazifischer Raum	25572	28548	28500	28680	32820	38388

Abb. 11.27: Umrechnung von Tabellendaten *(Front Panel)*

Das für die Konvertierung und Umrechnung erforderliche *Block Diagram* ist in Abbildung 11.28 dargestellt. Im Wesentlichen sind für die Umrechnung nur zwei Funktionen erforderlich, die beide in der *Functions Palette String* ≫ *String/Number Conversion* (String ≫ String/Zahl-Konvertierung) zu finden sind. Mit der Funktion *Fract/Exp String To Number* (Bruch/Exponential-String nach Zahl) werden die Zeichenketten-Daten der Tabelle in den Datentyp DBL konvertiert und nach der Multiplikation mit dem Umrechnungsfaktor anschließend mit der Funktion *Number To Fractional String* (Zahl nach String (Gleitpunktdarstellung)) wieder in Zeichenketten-Daten zurückgewandelt.

Bei der Umrechnung der Zahlenwerte ist zu beachten, dass der Energieverbrauch in den Tabellen in Millionen Tonnen Rohöl und Tera-Wattstunden angegeben wird, woraus letztlich der Faktor 12 für die Umrechnung resultiert. Die im *Block Diagram* vorgenommene Konvertierung einer Gleitpunktzahl in eine Ganzzahl ist aus programmtechnischer Sicht nicht erforderlich. Diese Umwandlung soll vor allem darauf hinweisen, dass die Visualisierung dieser Daten mit einer Nachpunktstelle nicht sinnvoll ist.

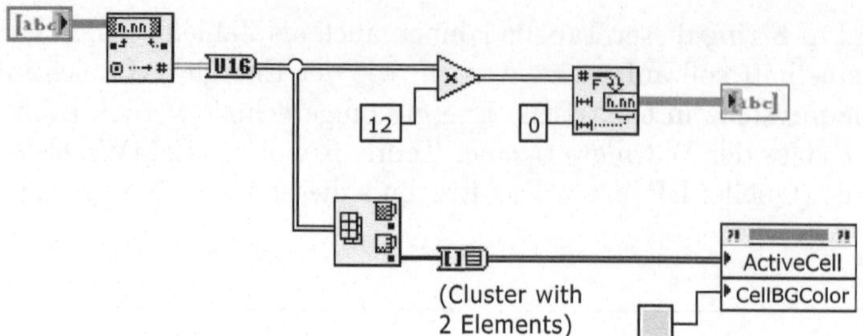

Abb. 11.28: Umrechnung von Tabellendaten *(Block Diagram)*

Mit Sicherheit ist es nicht möglich, den Primärenergieverbrauch mit einer Genauigkeit von weniger als einem Prozent zu erfassen, vermutlich wird die Genauigkeit eher im ein- bis zweistelligen Prozentbereich liegen. Für die interne Verarbeitung der Daten kann die Verwendung von Nachpunktstellen sinnvoll sein, um Rundungsfehler zu minimieren. Bei der Visualisierung der Daten wird einem Rezipienten jedoch ein Anschein von Präzision vermittelt, die in den verwendeten Daten nicht vorhanden ist – eine pure Illusion.

Bei der Verarbeitung von Tabellendaten ist es gelegentlich wünschenswert, markante Elemente, Spalten oder Zeilen hervorzuheben. Dafür können *Property Nodes* verwendet werden, um Tabellendaten beispielsweise farblich zu hinterlegen. In Abbildung 11.28 wird diese Anwendung exemplarisch vorgenommen, indem das Minimum der Tabellendaten mit der Funktion *Array Max & Min* (Max. & Min. von Array) aus der *Functions Palette* ≫ *Array* ermittelt wird und das Ergebnis, ein eindimensionales *Array*, in ein *Cluster* umgewandelt wird. Mit diesem wird eine Zelle der Tabelle mit einem *Property Node* adressiert (*Active Cell* (Aktive Zelle)) und ihr eine Hintergrundfarbe über die Eigenschaft (*Cell Background Color* (Zellenhintergrundfarbe)) mit Hilfe einer *Color Box* (Farbfeld) zugewiesen.

Bei der Umwandlung des *Arrays* in ein *Cluster* mit der Funktion *Array To Cluster* (Array nach Cluster) aus der *Functions Palette Cluster & Variant* muss bei dieser Funktion die Anzahl der Cluster-Elemente spezifiziert werden, um eine korrekte Konvertierung zu erzielen (*Cluster Size...* (Cluster-Größe...)), vgl. Abschn. 9.2.2).

11.7 Diagramme und Graphen

Nach der Erfassung oder Verarbeitung von Daten besteht in aller Regel der Wunsch, diese unkompliziert und ansprechend in einem Diagramm zu visualisieren. Für diese Aufgabe können aus der Palette *Graph* unterschiedliche Elemente ausgewählt werden (Abb. 11.29), die auf einfache Weise entsprechend den jeweiligen Bedürfnissen angepasst werden können. Aus dieser Palette sollen beispielhaft die Elememente

- *Waveform Chart* (Signalverlaufsdiagramm, Kurvendiagramm)
- *Waveform Graph* (Signalverlaufsgraph, Kurvengraph)
- *XY Graph* (XY-Graph)
- *Intensity Graph* (Intensitätsgraph)

vorgestellt werden, um ihre Möglichkeiten aufzuzeigen. Weitere Elemente dieser Palette können dann weitgehend in ähnlicher Weise verwendet werden.

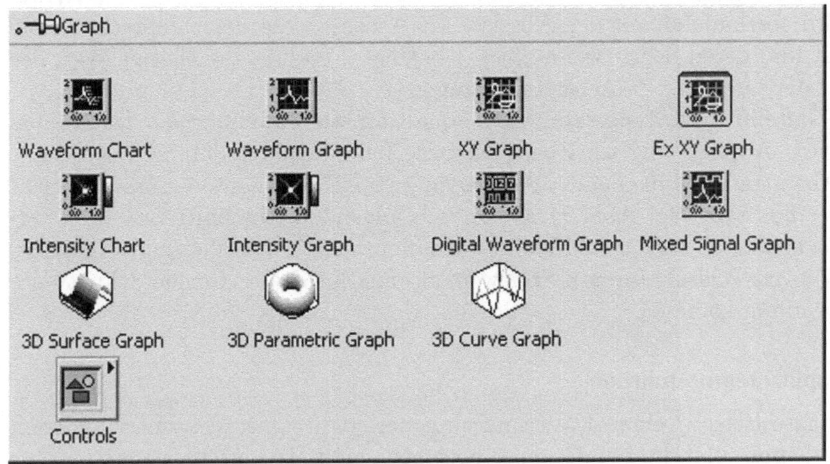

Abb. 11.29: Elemente der Palette Graph

Zunächst wird an zwei Beispielen aufgezeigt, wie Daten bzw. Signalverläufe in einem *Waveform Chart* (Signalverlaufsdiagramm) und einem *Waveform Graph* (Signalverlaufsgraph) dargestellt werden können, um dann die Konfigurationsmöglichkeiten für diese Elemente zu erläutern. Am Ende des Kapitels wird anhand von Beispielen gezeigt, wie XY-Diagramme, Histogramme und Intensitätsdiagramme in LabVIEW realisiert werden können.

Die Begriffe *Chart* (Diagramm) und *Graph* (Graph) sind Synonyme. Insofern sind diese Begriffe recht unglücklich gewählt, da in LabVIEW mit den Bezeichnungen Diagramm und Graph zwei unterschiedliche Verhaltensweisen von Anzeigeelementen gekennzeichnet werden. Diagramme stellen zugeführte Daten fortlaufend dar, während ein Graph – im einfachsten Fall – für die Darstellung eines Signalverlaufs ein eindimensionales *Array* benötigt, welches als Ganzes dargestellt wird (vgl. Tab. 11.3).

Tab. 11.3: Darstellungsart von Daten in Diagrammen und Graphen

Bezeichnung	Art der Darstellung
Chart (Diagramm)	kontinuierlich
Graph (Graph)	blockweise

11.7.1 Darstellen von Daten in Diagrammen und Graphen

Bei der Darstellung von Daten in einem *Waveform Chart* oder *Waveform Graph*
werden diese als eindimensionales *Array* interpretiert. Der Index des jeweiligen Array-
Elements wird fortlaufend auf der Abszisse (X-Achse) – die dementsprechend bei
$x = 0$ beginnt und deren Schrittweite $\Delta x = 1$ beträgt – und der zugehörige Wert des
Elements auf der Ordinate (Y-Achse) abgetragen.

Bei der Darstellung wird also von einer äquidistanten Verteilung der Daten ausgegangen. Diese Anforderung wird beispielsweise bei einer Messdatenerfassung mit
konstanter Abtastrate erfüllt, bei der Auswertung von Tabellendaten muss dies nicht
unbedingt der Fall sein (vgl. Abb. 11.25). In den folgenden Abschnitten werden verschiedene Möglichkeiten für eine individuelle Konfiguration der Skalierung vorgestellt,
bei der ein Versatz *(Offset)* für den Startwert x_0 und ein Faktor für die Schrittweite
Δx zur Anwendung kommen.

Beispiel: Amplitudenmodulation

Um für das erste Beispiel einen Datensatz zu generieren, eignet sich unter anderem
eine Amplitudenmodulation, bei der einer hochfrequenten Trägerschwingung

$$s_T(t) = \hat{s}_T \cos \omega_T t \tag{11.1}$$

ein niederfrequentes Nutzsignal

$$s_M(t) = \hat{s}_M \cos \omega_M t \tag{11.2}$$

überlagert wird. Die amplitudenmodulierte Schwingung ergibt sich dann nach Pehl
[33] anhand von:

$$s_{AM}(t) = \hat{s}_T \left(1 + \frac{\hat{s}_M}{\hat{s}_T} \cos \omega_M t \right) \cos \omega_T t. \tag{11.3}$$

Um das Beispiel einfach zu halten wird für $\hat{s}_T = 1$ und für den Modulationsgrad

$$m = \frac{\hat{s}_M}{\hat{s}_T} = 0.5 \tag{11.4}$$

verwendet.

Die Darstellung des amplitudenmodulierten Signals, für die sowohl ein *Chart* als
auch ein *Graph* verwendet werden kann, zeigt Abbildung 11.30. Das zugehörige
Block Diagram unter Verwendung eines *Charts* ist in Abbildung 11.31 dargestellt.
Gemäß Gleichung 11.3 werden innerhalb der For-Schleife zunächst zwei Verläufe für
das Nutz- und das Trägersignal erzeugt, wobei die Frequenz Nutzsignals um den Faktor 10 und die Amplitude um den Faktor 2 geringer ist als die des Trägersignals. Das
Ergebnis der Berechnung kann direkt mit dem Terminal des *Charts*, welches innerhalb
der For-Schleife platziert ist, verbunden werden. Bei jedem Schleifendurchlauf wird
die Darstellung des Signalverlaufs im *Chart* um einen weiteren Punkt ergänzt.

Analog dazu kann die Darstellung des amplitudenmodulierten Signals in einem
Graph erfolgen. Das Terminal des *Graphs* ist jedoch außerhalb der For-Schleife angeordnet und die erzeugten Daten werden dem *Graph* erst nach der vollständigen Abarbeitung der For-Schleife als eindimensionales *Array* zugeführt, da das Autoindexing
am Rand der For-Schleife aktiviert ist (Abb. 11.32).

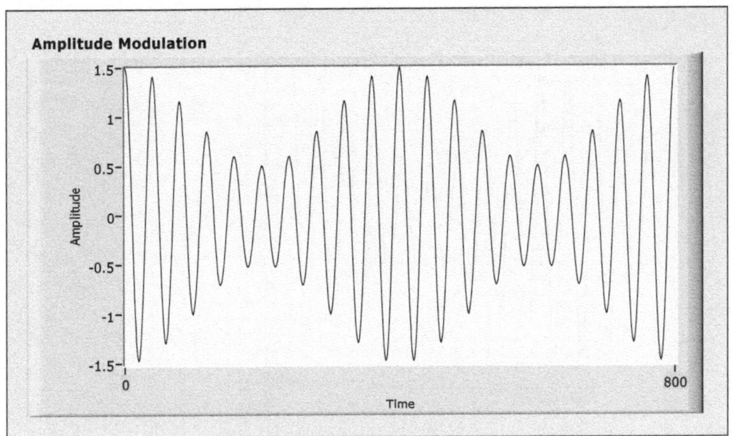

Abb. 11.30: Darstellung eines amplitudenmodulierten Signals

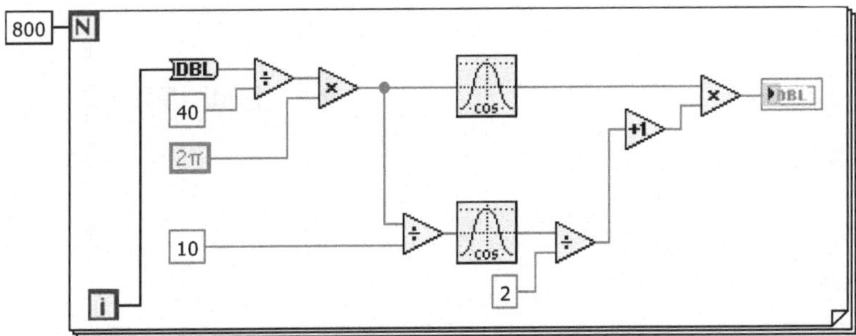

Abb. 11.31: *Block Diagram* für die Darstellung eines amplitudenmodulierten Signals unter Verwendung eines *Charts*

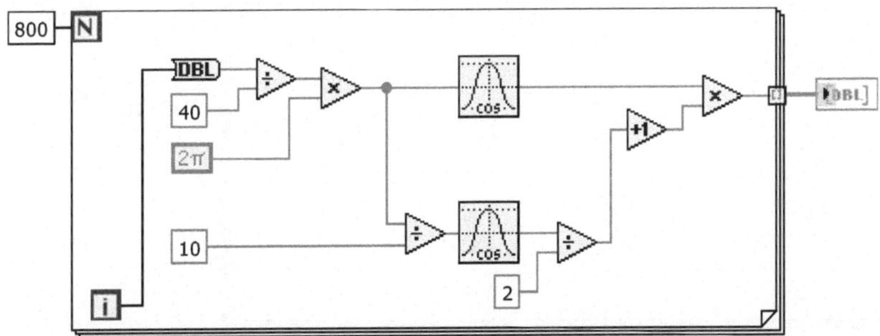

Abb. 11.32: *Block Diagram* für die Darstellung eines amplitudenmodulierten Signals unter Verwendung eines *Graphs*

In vielen Fällen ist es wünschenswert, mehrere Signalverläufe in einer Anzeige darzustellen, zum Beispiel das Nutz- und das Trägersignal (Abb. 11.33). Bei der Darstellung der Signalverläufe in einem *Chart* müssen die beiden Signalverläufe zu einem *Cluster* gebündelt werden (Abb. 11.34), während die Signalverläufe für die Darstel-

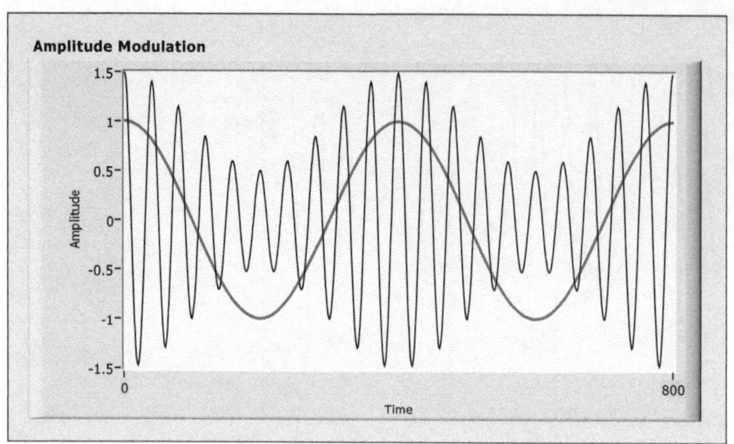

Abb. 11.33: Darstellung von zwei Signalen in einem Diagramm

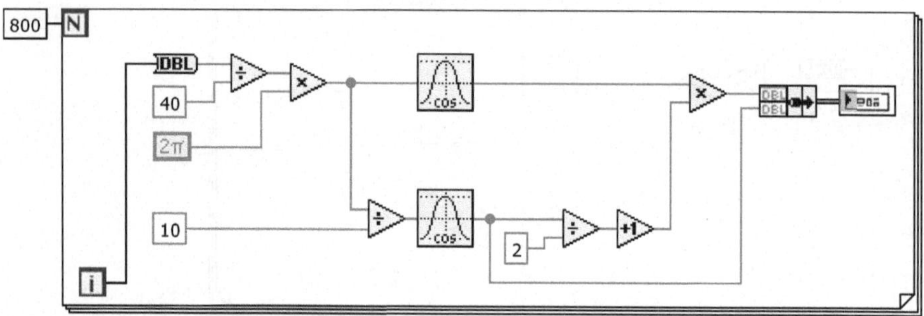

Abb. 11.34: *Block Diagram* für die Darstellung von zwei Signalen unter Verwendung eines *Charts*

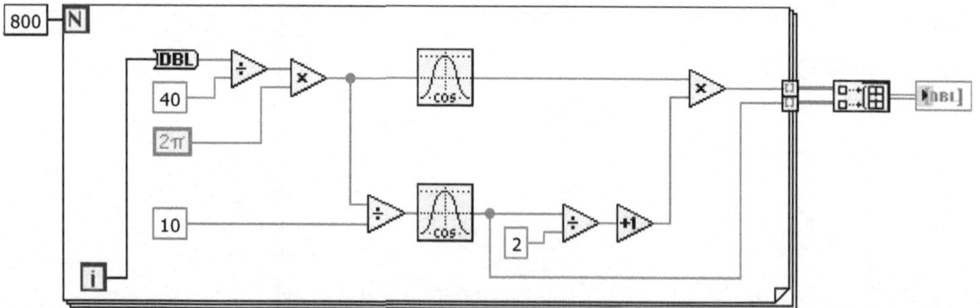

Abb. 11.35: *Block Diagram* für die Darstellung von zwei Signalen unter Verwendung eines *Graphs*

lung in einem *Graph* in einem zweidimensionalen *Array* zusammengefasst werden müssen (Abb. 11.35). In beiden Fällen ist es möglich, die jeweiligen Funktionen, *Bundle* (Bündeln) bzw. *Build Array* (Array erstellen), mit dem Positionierwerkzeug aufzuziehen, um die Darstellung von weiteren Signalverläufen zu ermöglichen.

Ein Graph interpretiert jede Zeile des zweidimensionalen *Arrays* als Signalverlauf. Da Daten, zum Beispiel in Tabellen, häufig spaltenweise organisiert sind, können diese im Kontextmenü des Graphen über *Transpose Array* (Array transponieren) umgewandelt werden. Vorteilhaft ist es, diese Umwandlung gegebenenfalls im *Block Diagram* mit der Funktion *Array* ≫ *Transpose 2D Array* (Array ≫ 2D-Array transponieren) vorzunehmen, da die Umwandlung dann auch im Quellcode sichtbar wird.

Häufig wird die Darstellung mehrerer Signalverläufe mit einer gemeinsamen Skalierung der Abszisse nicht sinnvoll sein. Um jeden Signalverlauf mit einer individuellen Skala zu versehen, kann im Kontextmenü der Abszisse eines Graphs zunächst die Option *Duplicate Scale* (Achse kopieren) und anschließend die Option *Swap Sides* (Seiten tauschen) ausgewählt werden. Die Veränderung von Skalen-Anfangs- und Endwerten kann einfach mit dem Beschriftungswerkzeug in der gewünschten Weise vorgenommen werden. Dann ergibt sich die in Abbildung 11.36 gezeigte Darstellung. Die Zuordnung eines Signalverlaufs zur einer Achse kann im Kontextmenü der *Plot Legend* (Plot-Legende) vorgenommen werden, die in der rechten oberen Ecke des Graphen eingeblendet worden ist.

Die vielfältigen Konfigurationsmöglichkeiten von Diagrammen und Graphen werden im Folgenden näher erläutert. Grundsätzlich gilt auch hier, dass alle Einstellungen mit *Property Nodes* vorgenommen werden können, so dass die Einstellungen auch im Quellcode sichtbar werden (vgl. Abb. 11.66).

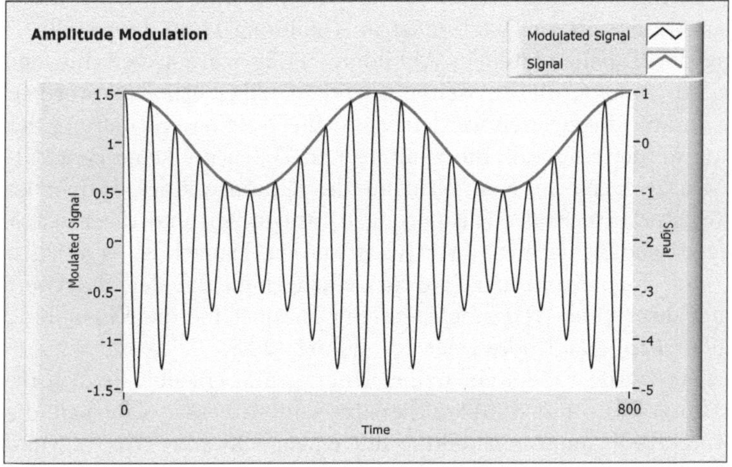

Abb. 11.36: Darstellung von zwei Signalen mit individueller Skalierung in einem Diagramm

Bei Signalverlaufs-Diagrammen – nicht aber bei Signalverlaufs-Graphen – besteht zudem die Möglichkeit, im Kontextmenü zwischen den Optionen *Stack Plots* (Stapelplot) und *Overlay Plots* (Plots überlagern) zu wechseln. Bei einem Stapelplot ergibt sich dann eine Darstellung wie in Abbildung 11.37. Jede Kurve erhält dort ihre individuelle Ordinate. Die Reihenfolge der Signalverläufe von oben nach unten entspricht dabei ihrer Anordnung im *Cluster*.

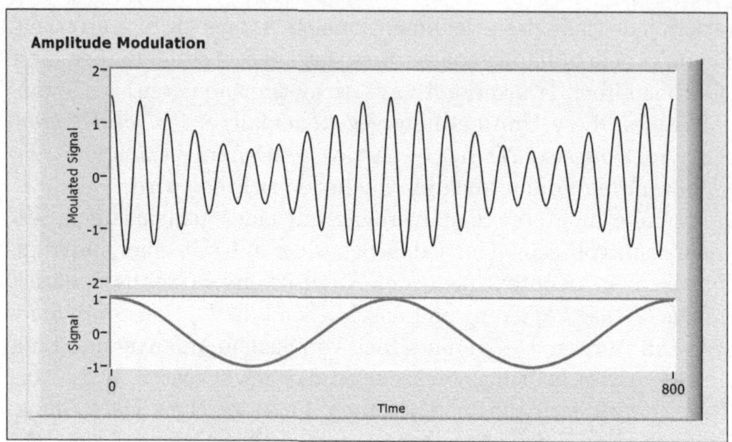

Abb. 11.37: Darstellung von zwei gestapelten Signalen in einem Diagramm

Beispiel: Visualisierung von Tabellendaten

Für die in Abbildung 11.38 gezeigte Visualisierung von Tabellendaten in einem Graphen ist es lediglich erforderlich, die Daten zu konvertieren. Dafür eignet sich die Funktion *Fract/Exp String To Number* (Bruch/Exponential-String nach Zahl) aus der *Functions Palette String* ≫ *String/Number Conversion* (String ≫ String/Zahl-Konvertierung). Das zugehörige *Block Diagram* ist in Abbildung 11.39 dargestellt.

Für die Darstellung der Tabellendaten in Abbildung 11.38 wurden verschiedene Gestaltungsmöglichkeiten genutzt, die im weiteren Verlauf näher erläutert werden. Insbesondere soll hier darauf hingewiesen werden, dass eine geeignete Skalierung der Zeitachse vorgenommen werden muss, da die Spalten- und Zeilentitel keine Bestandteil der Daten sind. Dafür kann im Kontextmenü des Graphen über *Properties* (Eigenschaften) die Registerkarte *Scales* (Skalierungen) aufgerufen und die Einstellung *Autoscale* (Automatische Skalierung) deaktiviert werden. Danach ist es möglich einen *Offset* (Offset) und einen *Multiplier* (Faktor) einzugeben, um den Startwert (hier 1994) und einen Faktor (hier 2) festzulegen. Ein Beispiel für die Einstellung dieser Eigenschaften über *Property Nodes* zeigt Abbildung 12.28.

Mit dem Farbwerkzeug wurde zudem ein weißer Hintergrund erzeugt, da sich für den Druck ein heller Hintergrund mit dunklen Signalverläuften besser eignet als die für einen Monitor optimierte Standardeinstellung mit einem schwarzen Hintergrund und hellen Signalverläufen.

Um einzelne Verläufe beispielsweise dem jeweiligen Wirtschaftsraum zuzuordnen, können Linien und Punkte in Form, Farbe und Größe verändert werden (s. u.) und weiterhin ist es möglich, einen Signalverlauf mit einer Notiz zu versehen. Diese kann im Kontextmenü eines Graphen über *Data Operations* ≫ *Create Annotation* (Datenoperationen ≫ Notiz erstellen) erstellt werden, wenn das Kontextmenü in der Nähe des gewünschten Datenpunktes geöffnet wird. Anschließend erscheint eine Beschriftung für den Datenpunkt und ein Pfeil auf den Datenpunkt. In unmittelbarer Nähe

LV 8.0

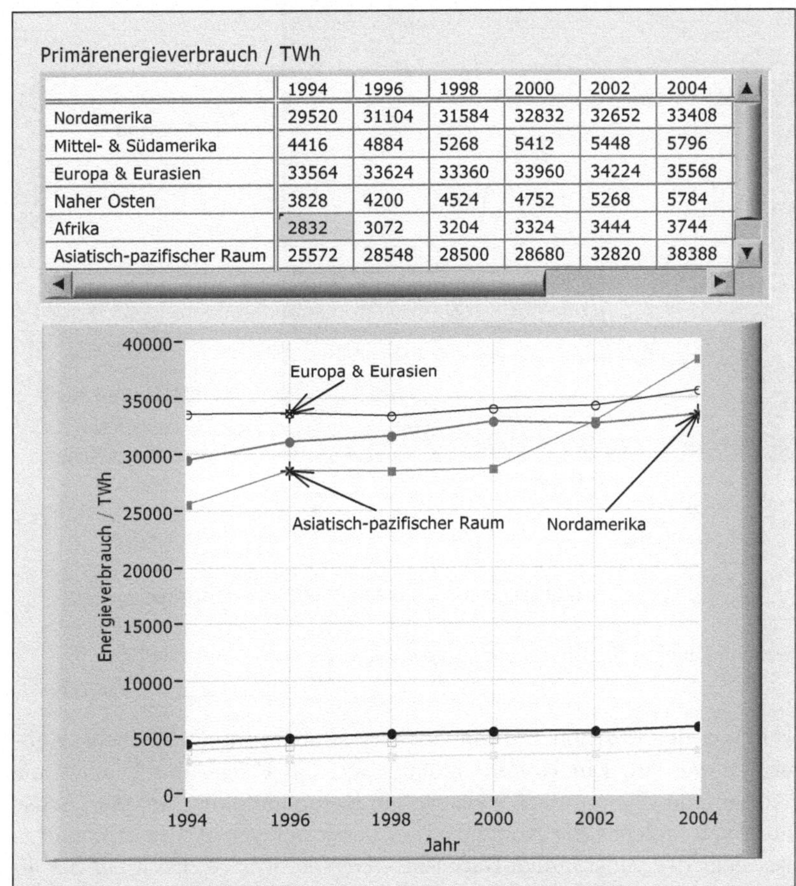

Primärenergieverbrauch / TWh	1994	1996	1998	2000	2002	2004
Nordamerika	29520	31104	31584	32832	32652	33408
Mittel- & Südamerika	4416	4884	5268	5412	5448	5796
Europa & Eurasien	33564	33624	33360	33960	34224	35568
Naher Osten	3828	4200	4524	4752	5268	5784
Afrika	2832	3072	3204	3324	3444	3744
Asiatisch-pazifischer Raum	25572	28548	28500	28680	32820	38388

Abb. 11.38: Darstellung von Daten in einer Tabelle und einem Graphen

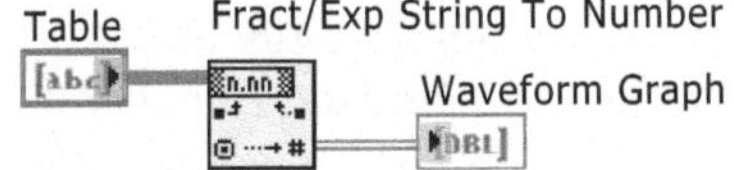

Abb. 11.39: *Block Diagram* für die Umwandlung von Tabellendaten in ein zweidimensionales numerisches *Array*

der Pfeilspitze kann darüber hinaus ein Kontextmenü aufgerufen werden, in dem umfangreiche Möglichkeiten bestehen, die *Annotation* (Notiz) zu konfigurieren.

11.7.2 Allgemeine Eigenschaften von Diagrammen und Graphen

Abbildung 11.40 zeigt zunächst das Erscheinungsbild eines *Waveform Charts* und *Waveform Graph* wenn über die Option *Visible Items* (Sichtbare Objekte) alle Objekte eingeblendet worden sind, die beide Elemente aufweisen. In den Abschnitten 11.7.3 und 11.7.4 werden anschließend die Eigenschaften behandelt, die nur für das jeweilige Element zur Verfügung stehen.

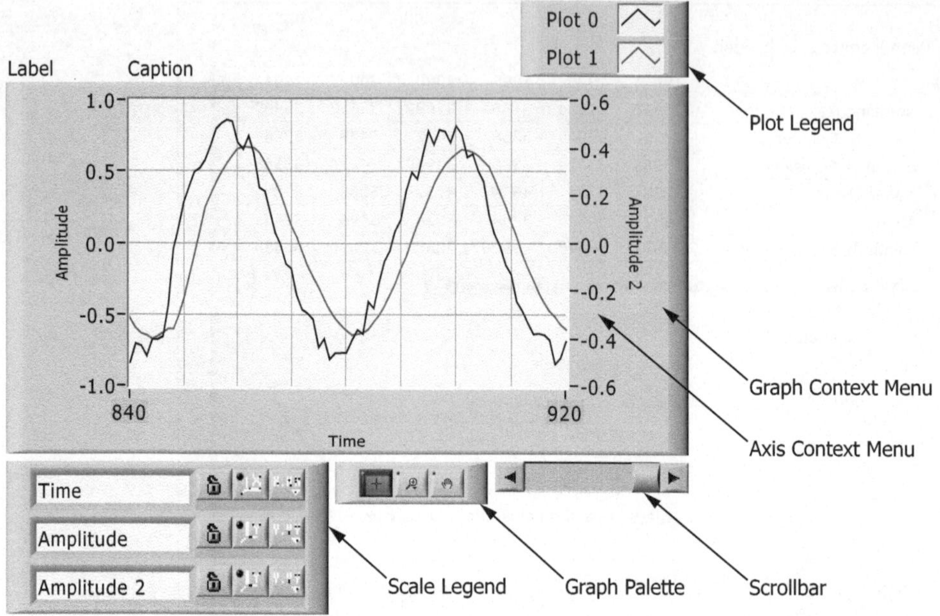

Abb. 11.40: Zusätzliche Objekte für *Charts* und *Graphs*

In Abhängigkeit von der Position des Mauszeigers können unterschiedliche Kontextmenüs aufgerufen werden. Ein Kommandoklick auf die Fläche des Diagramms öffnet das Kontextmenü des Diagramms, während ein Kommandoklick auf eine Achse ein Kontextmenü öffnet, welches die Konfiguration der jeweiligen Achse ermöglicht. Für den Fall, dass nicht der vollständige Datensatz dargestellt wird, kann ein *Scrollbar* (Bildlaufleiste) eingeblendet werden, um Daten zur Anzeige zu bringen, die sich außerhalb des dargestellten Ausschnitts befinden.

Die *Graph Palette* (Graphen-Palette) weist drei Schaltflächen auf. Die linke Schaltfläche, die nur bei Graphen verwendet werden kann, ermöglicht die Auswahl eines Cursors im Plot-Fenster, über die mittlere Schaltfläche kann ein Untermenü aufgerufen werden, indem verschiedene Zoom-Funktionen zur Verfügung stehen und die rechte Schaltfläche erlaubt es, das Plot-Fenster in beliebige Richtungen zu verschieben.

In der *Scale Legend* (Achsenlegende) wird die Bezeichung jeder Achse angezeigt, der jeweils drei Schaltflächen zugeordnet sind. Mit der linken Schaltfläche kann die automatische Skalierung der Achse aktiviert werden, mit der mittleren Schaltfläche wird die ursprüngliche Skalierung wieder hergestellt und mit der rechten Schaltfläche kann ein Untermenü geöffnet werden, über dessen Auswahlmöglichkeiten gleichfalls eine Formatierung der Achse möglich ist.

In der in Abbildung 11.41 gezeigten *Plot Legend* (Plot-Legende) kann für jeden Signalverlauf ein Kontextmenü aufgerufen werden, welches die Konfiguration des entsprechenden Signalverlaufs ermöglicht, wie die Darstellung des Kurvenverlaufs (interpoliert oder einzelne Datenpunkte), Farbe, Linienstärke, Punktform.... In diesem

Kontextmenü kann über die Optionen *X Scale* (x-Achse) und *Y Scale* (y-Achse) bei mehreren Achsen auch die Zuordnung des Signalverlaufs zur gewünschten Achse vorgenommen werden. Textelemente, auch Zahlenwerte der Achsen, können zudem jederzeit mit dem Beschriftungswerkzeug bearbeitet werden. In der Standardeinstellung zeigt die *Plot Legend* zunächst nur das Symbol für einen Signalverlauf. Mit dem Positionierwerkzeug lässt sich die *Plot Legend* jedoch nach oben oder unten aufziehen, um die gewünschte Anzahl von Symbolen anzuzeigen.

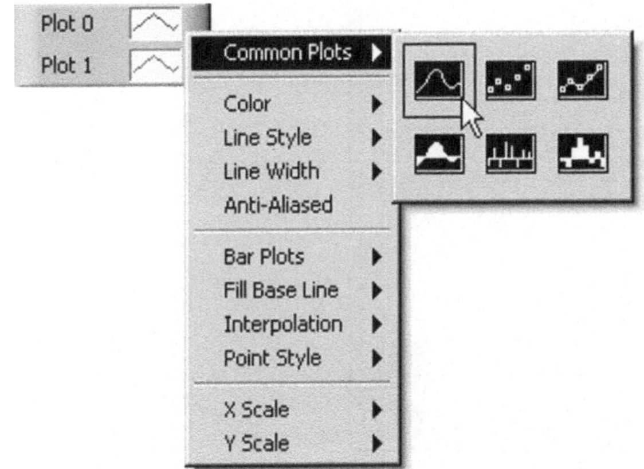

Abb. 11.41: Kontextmenü der *Plot Legend*

Die Eigenschaften eines *Waveform Charts* und *Waveform Graph* können über die Option *Properties* (Eigenschaften) des Kontextmenüs konfiguriert werden. Die Möglichkeiten auf den Registerkarten nach Abbildung 11.42 bis 11.45 sollen in einer kurzen Übersicht vorgestellt werden.

Auf der Registerkarte *Appearance* (Erscheinungsbild) können, genau wie bei der Option *Visible Items* (Sichtbare Objekte) des Kontextmenüs einzelne Objekte sichtbar bzw. unsichtbar geschaltet werden (Abb. 11.42). Die Einstellmöglichkeiten im rechten, unteren Teil der Registerkarte beziehen sich ausschließlich auf die Eigenschaften eines *Charts* (vgl. Abschn. 11.7.3).

Die in Abbildung 11.43 Registerkarte *Format and Precision* (Format und Genauigkeit) bietet die gleichen Möglichkeiten zur Darstellung von Zahlenwerten auf dem *Front Panel* wie die eines numerischen *Controls* (s. Abb. 11.10).

Auf der Registerkarte Plots sind alle Möglichkeiten zusammengefasst worden, um eine Gestaltung des Signalverlaufs vornehmen zu können (Abb. 11.44). Diese umfassen die Auswahl von Linienart, Linienstärke, Darstellung eines Datenpunktes, die Interpolation zwischen Datenpunkten sowie die Zuweisung von Farben. All diese Einstellungen können für jeden einzelnen Signalverlauf individuell vorgenommen werden. Der jeweilige Signalverlauf kann im oberen Teil der Registerkarte ausgewählt werden, unterhalb dieser Auswahl besteht die Möglichkeit, den Signalverlauf mit einem Bezeichner zu versehen. Im unteren Teil der Registerkarte ist es schließlich möglich, den Signalverlauf gegebenenfalls einer von mehreren X- oder Y-Achsen zuzuordnen.

Abb. 11.42: Registerkarte *Properties* (Eigenschaften) eines Diagramms

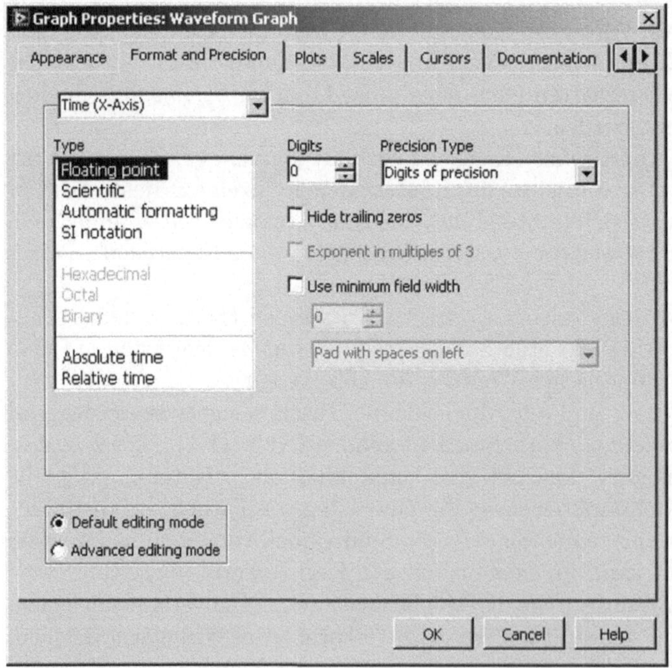

Abb. 11.43: Registerkarte *Format and Precision* (Format und Genauigkeit) eines Diagramms

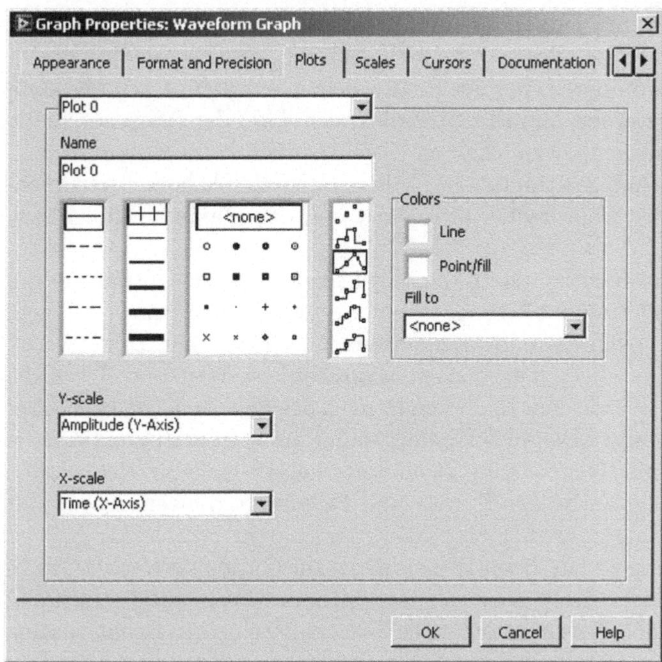

Abb. 11.44: Registerkarte Plots eines Diagramms

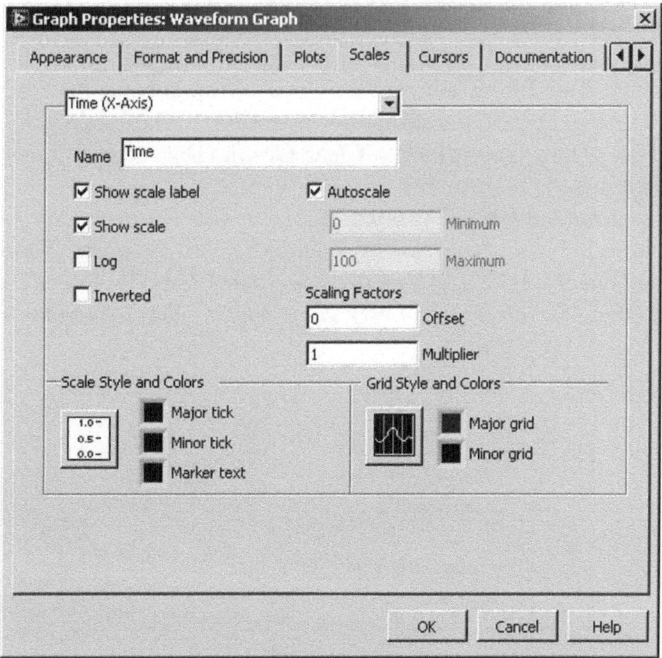

Abb. 11.45: Registerkarte *Scales* (Skalierungen) eines Diagramms

Die Registerkarte *Scales* (Skalierungen) enthält eine Vielzahl von Möglichkeiten für die Gestaltung und Skalierung einzelner Achsen (Abb. 11.45). Die Auswahl der zu bearbeitenden Achse wird im oberen Teil der Registerkarte getroffen. Darunter kann ihr Bezeichner eingetragen werden und es ist möglich, den Titel der Achse sowie die Achse selbst sichtbar bzw. unsichtbar zu schalten. Gegebenenfalls kann es sinnvoll sein, die Achse nicht linear sondern logarithmisch zu skalieren und die Skala zu invertieren, dann wird das Minimum der Skala rechts bzw. oben und das Maximum links bzw. unten angezeigt.

Im unteren Teil der Registerkarte besteht die Möglichkeit über das Untermenü der Schaltfläche *Scale Style and Colors* (Achsendarstellung und -farben) eine geeignete Darstellung der Achse auszuwählen (z. B. Zahlenwerte und Ticks, nur Zahlenwerte, nur Ticks) und über die jeweiligen Farbflächen kann Zahlenwerten und Ticks die gewünschten Farbe zugewiesen werden. In diesem Bereich der Registerkarte kann über die Schaltfläche *Grid Style and Colors* (Gitterdarstellung und -farben) zur besseren Lesbarkeit ein Gitternetz mit Haupt- und Feinunterteilungen eingeblendet werden und über die Farbflächen die Farbe der Haupt- und Feinunterteilungen ausgewählt werden.

Von besonderer Bedeutung ist auf dieser Registerkarte die Option *Autoscale* (Automatische Skalierung). Solange diese aktiviert ist, wird die ausgewählte Skala in Abhängigkeit der vorliegenden Daten automatisch skaliert. Nach einer Deaktivierung können hier das Minimum und Maximum der Skala eingegeben werden und über *Scaling Factors* (Skalierungsfaktoren) ist es möglich, die Achse mit einem Versatz *(Offset)* und einem Faktor *(Mulitplier)* zu versehen (vgl. Abb. 11.38).

Nach dem Beenden eines Programms bleiben die dargestellten Daten erhalten und in einem *Chart* werden nach einem erneuten Programmstart weitere Daten an die bereits vorhandenen angehängt. Der Inhalt eines *Charts* bzw. *Graphs* kann manuell im Kontextmenü über die Option *Data Operations* ≫ *Clear Chart* (Datenoperationen ≫ Diagramm löschen) bzw. *Data Operations* ≫ *Clear Graph* (Datenoperationen ≫ Graph löschen) gelöscht werden.

Programmgesteuert kann diese Aufgabe aber auch mit Hilfe von *Property Nodes* realisiert werden. Um die Daten in einem *Chart* zu löschen, muss dem *Property Node History Data* (Historiedaten) ein leeres *Array* zugeführt werden (Abb. 11.46a) und in analoger Weise muss bei einem *Graph* der *Property Node Value* (Wert) verwendet werden (Abb. 11.46b).

a)

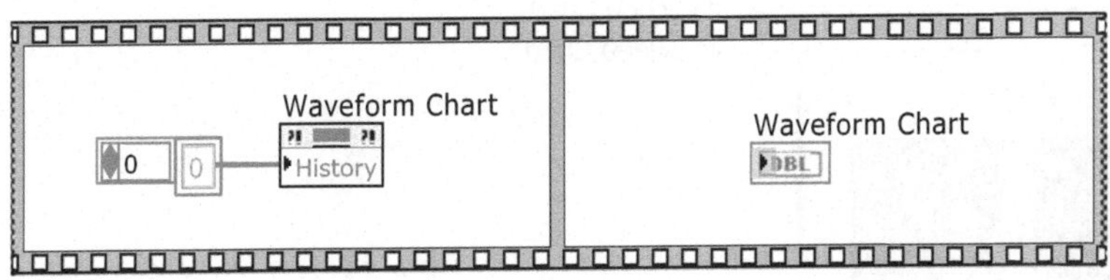

b)

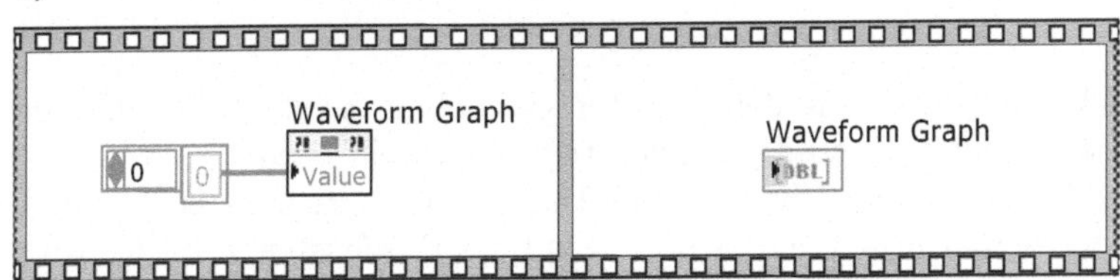

Abb. 11.46: Programmgesteuertes Löschen von Daten in einem a) *Chart* und b) *Graph*

11.7.3 Eigenschaften von Diagrammen

Einige wenige Optionen, die in diesem Abschnitt vorgestellt werden sollen, stehen speziell für *Charts*, aber nicht für *Graphs* zur Verfügung.

Digital Display (Zahlenanzeige)

Die Aktivierung der Option *Digital Display* im Kontextmenü *Visible Items* bringt bei einem *Chart* einen *Indicator* zur Ansicht, in dem der letzte Wert eines bzw. die letzten Werte mehrerer Signalverläufe angezeigt werden.

Aufzeichnungstiefe

Die endliche Aufzeichnungstiefe eines *Charts* kann im Kontextmenü über *Chart History Length...* (Historienlänge...) eingestellt werden. Die Standardeinstellung beträgt 1024 Punkte, d. h. in der Standardeinstellung werden nach 1024 Aufzeichnungen die bis dahin aufgezeichneten Werte sukzessive durch neue Werte überschrieben.

Aktualisierungsmodi

Ein *Chart* verfügt über drei unterschiedliche Aktualisierungsmodi für die Datenanzeige, die im Kontextmenü *Advanced » Update Mode* (Fortgeschritten » Aktualisierungsmodus) ausgewählt werden können:

- *Strip Chart*   (Streifendiagramm)   (Abb. 11.47a)
- *Scope Chart* (Oszilloskopdiagramm) (Abb. 11.47b)
- *Sweep Chart* (Laufdiagramm)   (Abb. 11.47c)

Der Standard für ein Kurvendiagramm ist der Modus *Strip Chart*. Wenn die Anzahl der darzustellenden Punkte die Breite des Plotfensters übersteigt, wird der Signal-

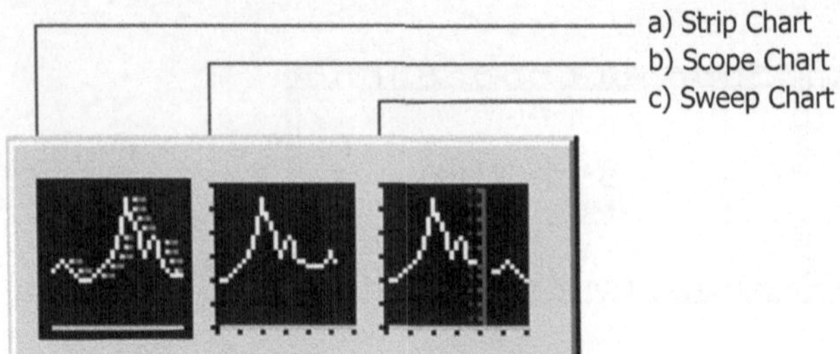

Abb. 11.47: Aktualisierungsmodi für ein *Waveform Chart*
(Signalverlaufsdiagramm)

verlauf kontinuierlich nach links aus dem Fenster geschoben, so dass der aktuelle
Datenpunkt immer am rechten Rand des Plotfensters dargestellt wird.

Der Modus *Scope Chart* ist vergleichbar mit der Darstellung eines Signals auf einem
Oszilloskop. Wenn der Signalverlauf den rechten Rand des Plotfensters erreicht, wird
ein neues Plotfenster eingeblendet und die Darstellung des Signalverlaufs beginnt
wieder am linken Rand des Plotfensters.

In vergleichbarer Weise erfolgt die Darstellung eines Signalverlaufs im Modus
Sweep Chart, aber ohne die alten Daten im Plotfenster zu löschen. Die Darstellung der
alten Daten wird kontinuierlich überschrieben. In allen Fällen bleiben die Daten selbst
erhalten, solange die eingestellte Aufzeichnungstiefe nicht überschritten wird und sie
können mit Hilfe der optionalen Bildlaufleiste wieder zur Anzeige gebracht werden.

11.7.4 Eigenschaften von Graphen

Eine Besonderheit bei Graphen stellen Cursor da, die sich für die Auswertung oder
Kennzeichnung von Daten eignen. Dafür kann im Kontextmenü über *Visible Items*
(Sichtbare Objekte) die in Abbildung 11.48 dargestellte *Cursor Legend* (Cursor-
Legende) eingeblendet werden. Diese ist in der Version LabVIEW 8.0 erheblich über-
arbeitet worden und nicht mit den Darstellungen früherer Versionen vergleichbar.

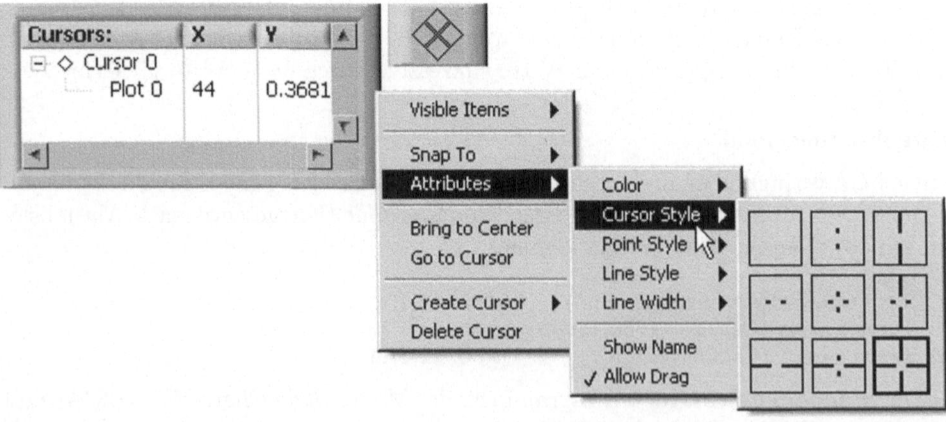

Abb. 11.48: *Cursor Legend* mit Kontextmenü eines Graphen

Das Fenster der *Cursor Legend* ist zunächst leer. Über das Kontextmenü der *Cursor Legend* können über *Create Cursor* (Cursor erstellen) ein oder mehrere Cursor erstellt (und auch wieder gelöscht) werden. Ein Cursor kann im Plotfenster frei (*Free* (Frei)) beweglich sein, aber auch einem Signalverlauf zugeordnet werden (*Single Plot* (Einzelplot)). Die aktuelle Position jedes einzelnen Cursors wird als Zahlenwert in der *Cursor Legend* angezeigt.

Sobald mindestens ein Cursor erzeugt worden ist, erscheint das Kontextmenü der *Cursor Legend* in erweiterter Form (Abb. 11.48). Bei der Gestaltung des Erscheinungsform können individuell für jeden Cursor Farbe, Punktform, Linienart und Linienbreite festgelegt werden. Ein oder mehrere Cursor können mit dem Bedienwerkzeug aktiviert werden, indem die Raute vor dem Bezeichner des Cursors angeklickt wird. Die Raute wird dann schwarz dargestellt und über das Kontextmenü eines Cursors kann für den Fall, dass mehrere Achsen vorhanden sind, eine Zuordnung des Cursors zur gewünschten Achse vorgenommen werden. Die Option *Snap To* (Einrasten auf) erlaubt dagegen die Zuordnung eines Cursors zu einem Signalverlauf. Die gleichen Möglichkeiten wie die *Cursor Legend* bietet die Registerkarte *Cursors*, die über *Properties* (Eigenschaften) aufgerufen werden kann.

Mit den vier Schaltflächen des Cursor-Verschiebeelements können aktivierte Cursor im Plotfenster bewegt werden. Alternativ dazu eignet sich auch das Bedienwerkzeug.

11.7.5 Beispiel: Fourierreihenapproximation

In diesem Beispiel sollen die Möglichkeiten zur Darstellung von Signalverläufen weiter vertieft werden. Beliebige periodische Signalverläufe können durch eine Fourierreihenapproximation angenähert werden. Für eine antisymmetrische, gleichanteilfreie Rechteckfunktion mit einem Tastgrad von 0.5 und einer Amplitude von 1 ergibt sich die Funktion

$$f(t) = \frac{4}{\pi} \left(\sin \omega t + \frac{1}{3} \sin 3\omega t + \frac{1}{5} \sin 5\omega t \ldots \right). \tag{11.5}$$

Vereinfachend soll hier angenommen werden, dass $T = 2\pi$ gilt. Die Darstellung in Form einer Reihe ergibt dann

$$f(t) = \frac{4}{\pi} \sum_{i=1}^{n} \frac{\sin(2n-1)t}{2n-1}. \tag{11.6}$$

Im Programm `FourierApproximation.vi` soll diese Reihe berechnet und eine Periode $(0 \ldots 2\pi)$ des Signalverlaufs dargestellt werden. Die Genauigkeit der Approximation hängt von der Anzahl der Glieder n der Reihe ab und ist über das Bedienelement *Precision* einstellbar. Einstellbar ist auch die Anzahl der Punkte pro Periode *# of Points*. Jeder Punkt auf der (relativen) Zeitachse entspricht dabei einem diskreten Zeitpunkt t. Das *Front Panel* des Programms zeigt Abbildung 11.49.

Für die Berechnung wird das Unterprogramm `CalculateApproximation.vi` verwendet, dessen *Block Diagram* in Abbildung 11.50 dargestellt ist. Gemäß Gleichung 11.5 wird in diesem für einen Zeitpunkt t in Abhängigkeit von der Anzahl der Glieder der Reihe die Amplitude des Signals zum jeweiligen Zeitpunkt berechnet. Dieses Unterprogramm lässt sich auf unterschiedliche Weise verwenden, um den Signalverlauf zu visualisieren.

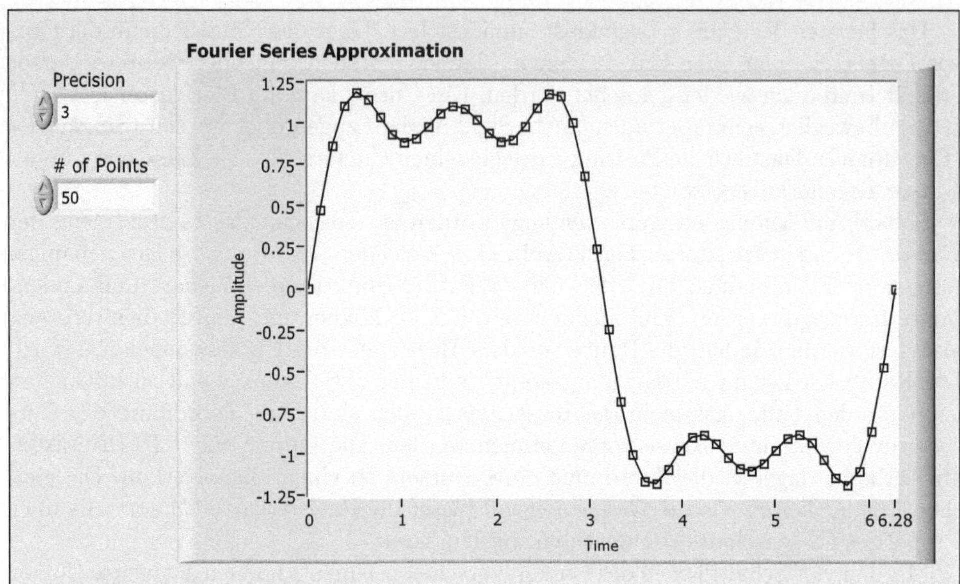

Abb. 11.49: Fourierreihenapproximation eines Rechtecksignals mit drei Folgegliedern

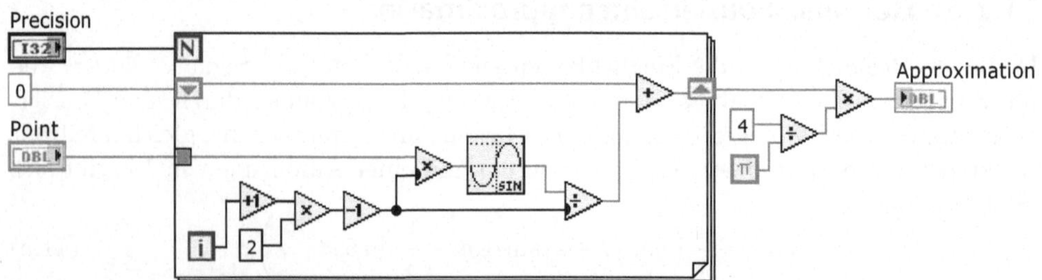

Abb. 11.50: *Block Diagram* des Unterprogramms `CalculateApproximation.vi` zur Berechnung der Amplitude zu einem Zeitpunkt

Die einfachste Möglichkeit besteht darin, das Unterprogramm in einem Hauptprogramm wiederholt aufzurufen, bis die Berechnung für alle Zeitpunkte ausgeführt worden ist (Abb. 11.51). Bei aktivierter Indizierung am Rand der For-Schleife kann das eindimensionale *Array* direkt mit dem Terminal eines Graphen verbunden werden. Um die Zeitachse in geeigneter Weise zu skalieren, kann über die Eigenschaften auf der Registerkarte *Scales* (Skalierungen) des Graphen (vgl. Abb. 11.45) ein Offset (in diesem Beispiel 0) und ein Faktor (in diesem Beispiel $2\pi/49 \approx 0.128$) angegeben werden (Hinweis: Die Indizierung der Punkte beginnt bei 0).

Da diese Einstellungen weder im *Front Panel* noch im *Block Diagram* sichtbar werden, ist es unter Umständen empfehlenswert, diese programmgesteuert über *Property Nodes* vorzunehmen (Abb. 11.52). Ein weiterer Vorteil dieser Vorgehensweise ergibt sich durch die Möglichkeit, die Eigenschaften des Graphen über *Property Nodes* auch zur Laufzeit des Programms in Abhängigkeit von vorliegenden Daten vornehmen zu können.

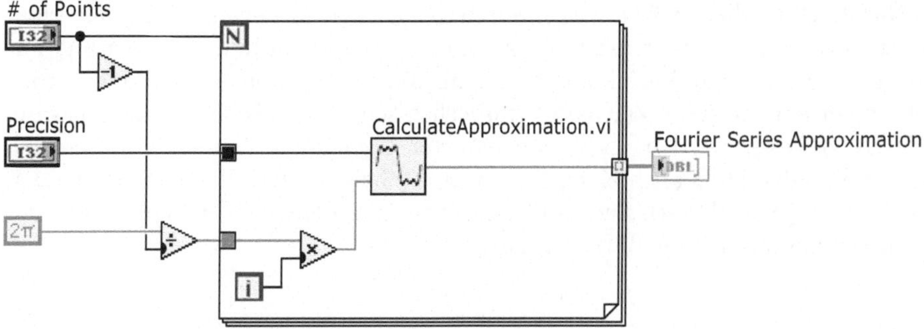

Abb. 11.51: *Block Diagram* für die Berechnung der Fourierreihenapproximation und der Darstellung in einem *Graph*

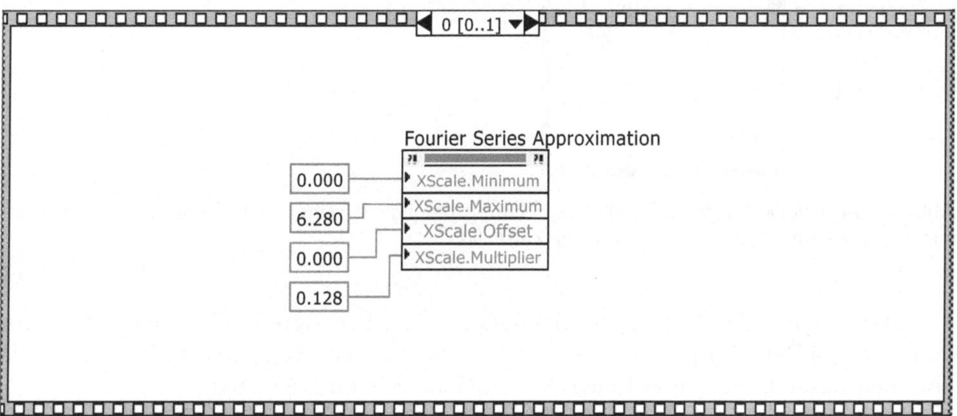

Abb. 11.52: Beispiel für die Achseneinstellung eines *Graph* mittels *Property Node*

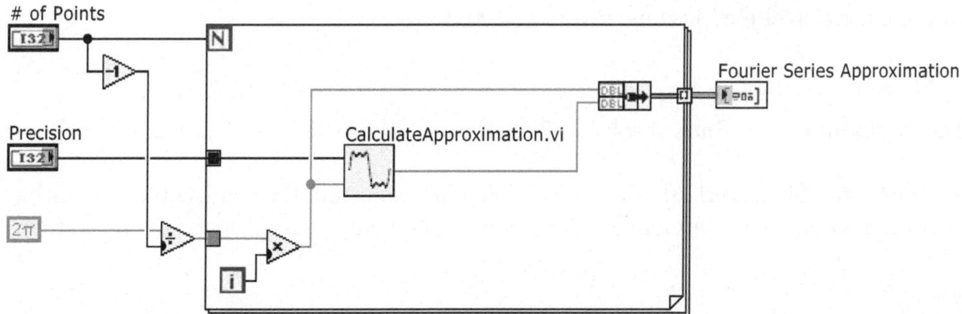

Abb. 11.53: *Block Diagram* für die Berechnung der Fourierreihenapproximation und der Darstellung in einem *XY Graph*

Eine weitere Möglichkeit für eine geeignete Skalierung der Zeitachse besteht in der Verwendung eines XY-Graphen, bei dem zwei Variablen gegeneinander aufgetragen werden können (s. Abschn. 11.7.6). Die Werte der beiden Variablen können diesem beispielsweise als eindimensionales *Array* von *Clusters* zugeführt werden (Abb. 11.53).

Der Nachteil bei allen bisher vorgestellten Beispielen, in denen ein Signalverlauf verwendet worden ist, besteht darin, dass bei der Darstellung und Verarbeitung nur eine relative Zeitbasis zur Verfügung stand. In praxisrelevanten Anwendungen wird dagegen immer eine absolute Zeitbasis erforderlich sein. Eine absolute Zeitbasis kann in LabVIEW erzeugt werden, indem ein *Cluster* erzeugt wird, welches neben den Werten des Signalverlaufs auch einen Startwert X_0 bzw. t_0 und die Schrittweite ΔX bzw. Δt enthält (Abb. 11.54). Dieses *Cluster* kann dann einem Kurvengraphen oder einem Kurvendiagramm zugeführt werden.

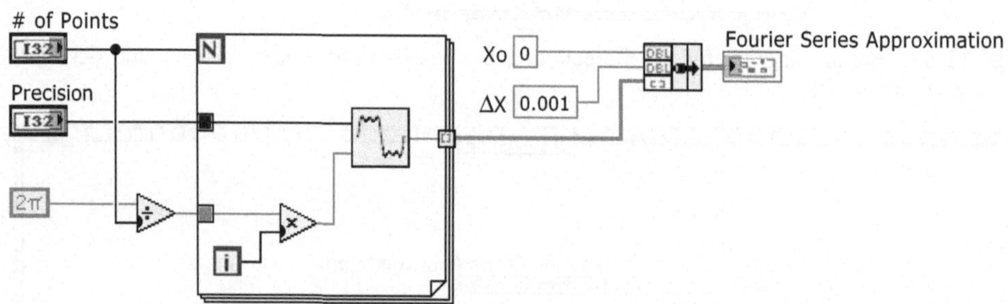

Abb. 11.54: *Block Diagram* für die Berechnung der Fourierreihenapproximation und der Darstellung in einem *Graph* mit individueller Zeitbasis

Daraus resultiert dann z. B. die in Abbildung 11.55 gezeigte Skalierung der Zeitachse in ms. Bei 50 Punkten pro Periode und einer Schrittweite von 1 ms ergibt sich daraus über den Zusammenhang zwischen Periodendauer T und der Frequenz f

$$f = \frac{1}{T} \tag{11.7}$$

in diesem Beispiel eine Frequenz von $f = 20\,\text{Hz}$.

▶ **Hinweis: Zeitbasis**

Die Basiseinheit bei einer absoluten Zeitangabe in LabVIEW ist die Sekunde [s].

Bei mehreren Signalverläufen kann jeder Signalverlauf mit einer individuellen Zeitbasis versehen werden. Dafür muss für jeden Signalverlauf ein *Cluster* erstellt werden.
◀

▶ **Ausblick: Verwenden der Datenstruktur Waveform (Signalverlauf)**

Insbesondere bei der Messdatenerfassung und -verarbeitung bietet es sich an die LabVIEW-eigene Datenstruktur *Waveform* (Signalverlauf) zu verwenden. Dafür zeigt das *Block Diagram* in Abbildung 11.56 ein Beispiel. Der obere Teil des *Block Diagrams* ist direkt vergleichbar mit dem *Block Diagram* nach Abbildung 11.53. Um den Signalverlauf wieder mit einer Zeitinformation zu versehen, wird aber nun die Funktion *Build Waveform* (Signalverlauf erstellen) aus der *Functions Palette* ≫ *Waveform* (Signalverlauf) verwendet. Die Bestandteile Y, dt und t_0 sind direkt vergleichbar mit

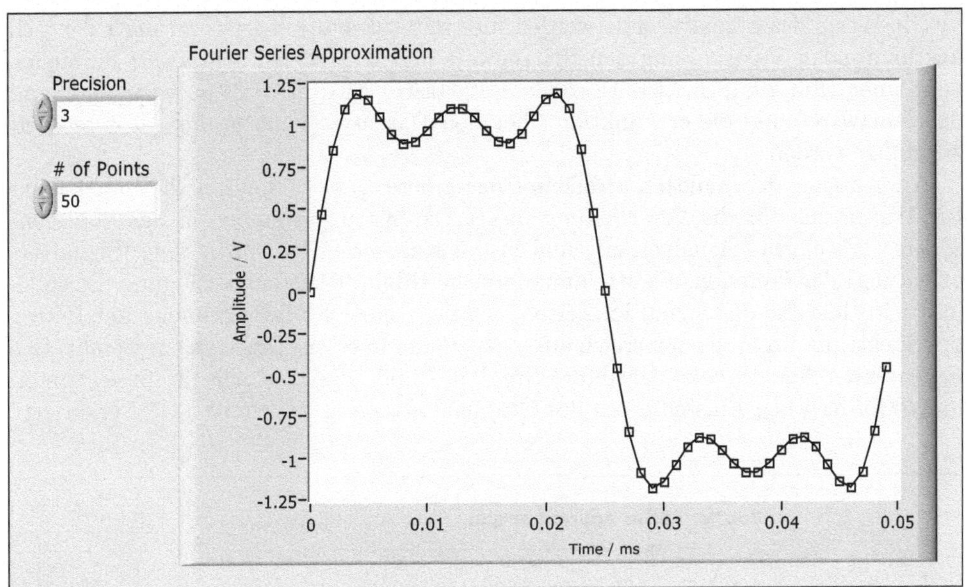

Abb. 11.55: *Front Panel* eines Programms für die Berechnung der Fourierreihenapproximation und der Darstellung in einem *Graph* mit individueller Zeitbasis

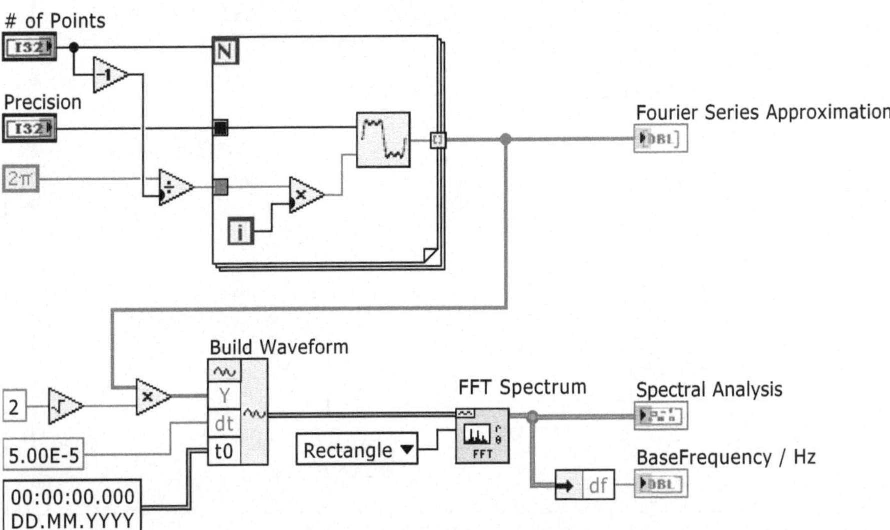

Abb. 11.56: *Block Diagram* für die Spektrumanalyse eines zeitdiskreten Signals mit der Datenstruktur *Waveform*

denen, die zur Erstellung einer individuellen Zeitbasis in Abbildung 11.54 verwendet worden sind. Und die Funktion *Build Waveform* kann analog zur Funktion *Bundle* für die Erzeugung eines *Clusters* verwendet werden.

Die Werte des Signalverlaufs werden hier mit $\sqrt{2}$ multipliziert, um nach der sich anschließenden Verarbeitung den Spitzenwert und nicht den Effektivwert darstellen zu können. Für die Schrittweite (oder Abtastrate) wird $dt = 50\,\mu$s verwendet und der Startwert muss dieser Funktion über den Datentyp *Time Stamp* (Zeitstempel) zugeführt werden.

Am Ausgang der Funktion wird kein *Cluster* bereitgestellt, sondern die Datenstruktur *Waveform*. Für die Verarbeitung dieser Datenstruktur stehen in der *Functions Palette Waveform* (Signalverlauf) und in der Kategorie *Signalprocessing* (Signalverarbeitung) der *Functions Palette* umfangreiche Bibliotheken zur Verfügung. Beispielhaft wird hier für das Signal im Zeitbereich nach einer FFT-Berechnung der Betrag des Spektrums im Frequenzbereich ausgegeben und in einem Graphen dargestellt. Das Ergebnis der Analyse zeigt der untere Graph in Abbildung 11.57. Die für diese Darstellung erforderlichen Einstellungen des Graphen werden in Abschnitt 11.7.7 erläutert.

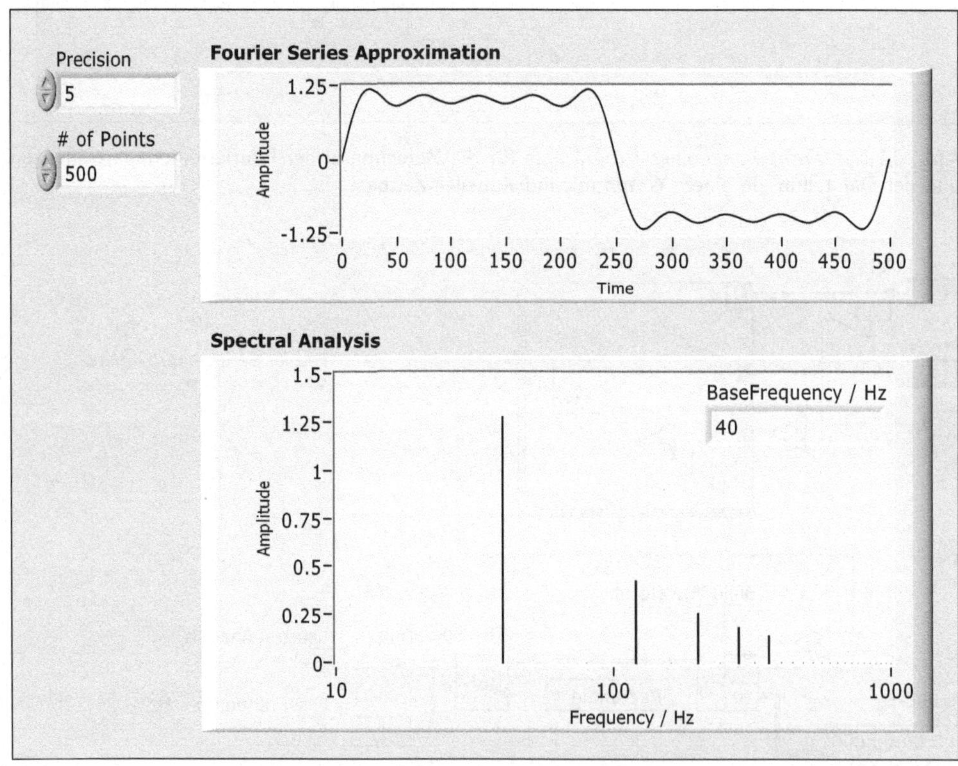

Abb. 11.57: *Front Panel* mit der Darstellung eines Signals im Zeit- und Frequenzbereich

Die Berechnung wurde mit der Funktion *Waveform* ≫ *Analog Waveform* ≫ *Waveform Measurements* ≫ *FFT Spectrum* (Signalverlauf ≫ Analoger Signalverlauf ≫ Signalverlaufsmessungen ≫ FFT-Spektrum) vorgenommen. Die einzige Voraussetzung für eine korrekte Analyse ist die Kenntnis über eine geeignete Fensterung des Signals [34, 35]. Da in dem simulierten Signal genau eine Periode erzeugt wird, liefert in diesem Fall die Fensterung mit einem Rechteck *(Rectangle)* das gewünschte Ergebnis. Da für die Approximation in diesem Beispiel fünf Glieder der Reihe verwendet werden, ergeben sich auch fünf einzelne Frequenzen bei der Darstellung des Signals im Frequenzbereich. Die Erzeugung des simulierten Signals mit 500 Punkten und einer Schrittweite von $dt = 5 \cdot 10^{-5}$ ergibt für die Periodendauer $T = 40\,\text{Hz}$ (über $T = (1/(500 \cdot dt)))$. Die Grundfrequenz kann auch in einem Anzeigeelement dargestellt werden, indem dem Ausgangssignal der FFT mit der Funktion *Unbundle By Name* (Nach Namen aufschlüsseln) die Grundfrequenz *df* entnommen wird.   ◄

11.7.6 XY Graph

Um die Werte von zwei Variablen gegeneinander auftragen zu können, besteht in Lab-VIEW die Möglichkeit, einen *XY Graph* (XY-Graph) verwenden. Um die Möglichkeiten eines XY-Graphen aufzuzeigen, bietet sich als eins der einfachsten Beispiele die Visualisierung einer Lissajous-Figur an. Diese wurden nach dem Physiker Jules Lissajous benannt. Die Überlagerung von zwei Sinussignalen mit unterschiedlicher Frequenz und mit unterschiedlichem Nullphasenwinkel ergibt ein stabiles und charakteristisches Bild, wenn beide Signale ein rationales Verhältnis aufweisen. Früher wurden in der analogen Messtechnik Lissajous-Figuren zur Frequenz- und Phasenwinkelmessung verwendet, indem das zu untersuchende Signal mit einem Signal mit bekannter Frequenz verglichen wurde.

Wenn ein Sinus- und ein Kosinunssignal mit gleicher Amplitude und Frequen in einem XY-Graphen gegeneinander aufgetragen werden, ergibt sich ein Kreis, da zwischen den beiden Signalen eine Phasenverschiebung von 90° besteht (Abb. 11.58).

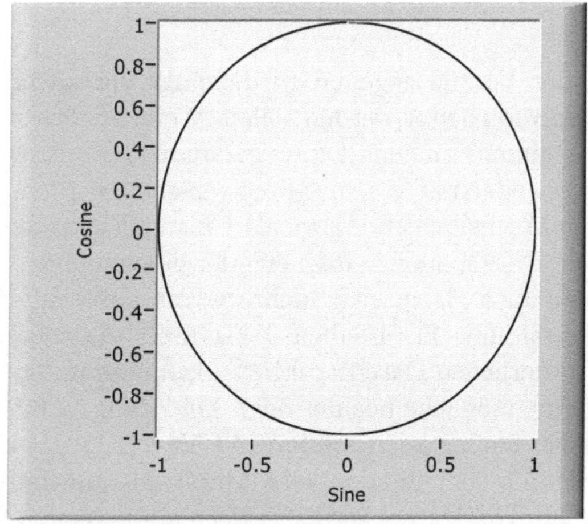

Abb. 11.58: Darstellung einer Lissajous-Figur in einem *XY Graph*

Eine Möglichkeit zur Ansteuerung eines XY-Graphen zeigt das in Abbildung 11.59 dargestellte *Block Diagram*. Innerhalb einer For-Schleife werden jeweils 360 Punkte für eine Periode eines Sinus- und Kosinussignals erzeugt und am Rand der For-Schleife bei aktivierter Indizierung in zwei eindimensionalen *Arrays* gesammelt. Die beiden *Arrays* werden dann zu einem *Cluster* zusammengesetzt und an das Terminal eines XY-Graphen übergeben.

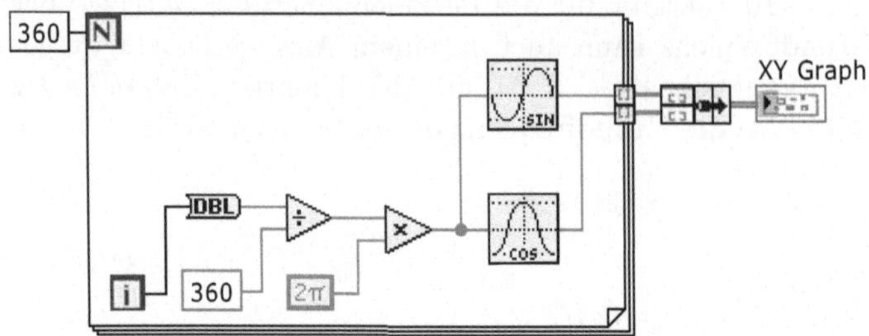

Abb. 11.59: *Block Diagram* für die Berechnung einer Lissajous-Figur mit der Datenstruktur *Cluster*

Alternativ kann auch zunächst ein *Cluster* des aktuell berechneten Datenpaares erzeugt werden, um anschließend am Schleifenrand ein eindimensionales *Array* zu erzeugen, welches dem Terminal des XY-Graphen zugeführt werden (Abb. 11.60).

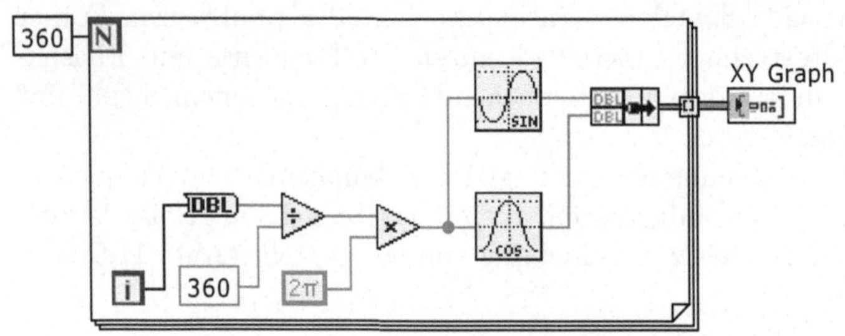

Abb. 11.60: *Block Diagram* für die Berechnung einer Lissajous-Figur mit der Datenstruktur *Array*

Welcher dieser beiden Möglichkeiten der Vorzug gegeben wird, hängt vor allem davon ab, wie die Daten im *Block Diagram* verarbeitet werden sollen. Wenn zunächst alle Werte einer Variablen in einem eindimensionalen *Array* gesammelt werden, können diese gegebenenfalls einfach skaliert oder mit einem Offset versehen werden. Werden Datenpaare dagegen in einem eindimensionalen *Array* als Cluster-Elemente verwaltet, ist es auf einfache Weise möglich, Datenpaare zu löschen oder hinzuzufügen.

Natürlich können in einem XY-Graphen auch gleichzeitig mehrere Kurvenverläufe dargestellt werden. Beispielhaft zeigt Abbildung 11.61 einen XY-Graph mit zwei Lissajous-Figuren. Die Erzeugung der erforderlichen Datenstrukturen kann auf unterschiedliche Weise vorgenommen werden. Eine mögliche Lösung zeigt Abbildung 11.62. Die Daten für die Lissajous-Figuren werden analog zu Abbildung 11.59 erzeugt. Bei der zweiten Lissajous-Figur weisen die Signale aber die doppelte Amplitude auf und das Verhältnis ihrer Frequenzen beträgt 2:3. Die Daten werden jeweils am Schleifenrand gesammelt und in einem *Cluster* zusammengefasst. Um dem XY-Graph beide Kurvenverläufe zuführen zu können, werden die beiden *Cluster* mit der Funktion *Build Array* (Array erstellen) schließlich in einem eindimensionalen *Array* zusammengefasst.

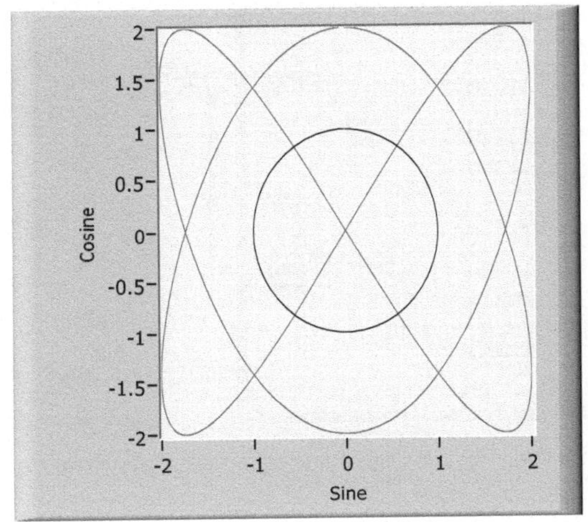

Abb. 11.61: Darstellung von zwei Lissajous-Figuren in einem *XY Graph*

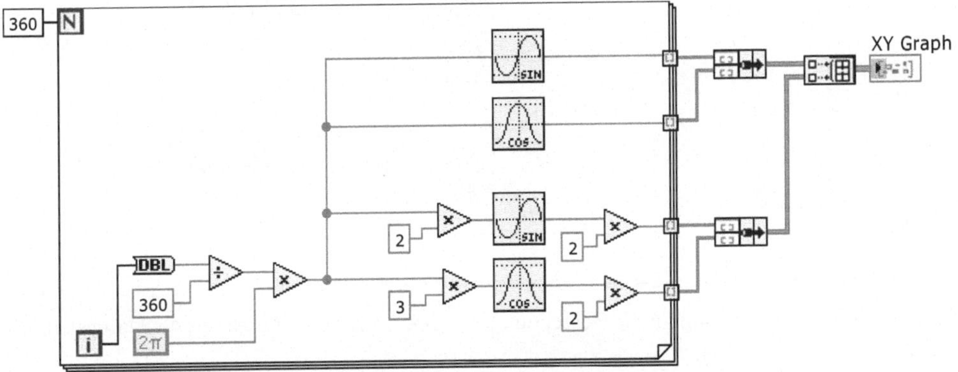

Abb. 11.62: *Block Diagram* für die Berechnung von zwei Lissajous-Figuren mit der Datenstruktur *Array*

Eine alternative Möglichkeit zeigt das in Abbildung 11.63 dargestellte *Block Diagram*, dessen Struktur mit der nach Abbildung 11.60 vergleichbar ist. Um die beiden Kurvenverläufe zusammenzufassen, wird nun aber die Funktion *Build Cluster Array* (Cluster-Array erstellen) genutzt.

Ein drittes Beispiel zeigt schließlich das *Block Diagram* in Abbidlung 11.64. Auch hier werden die Cluster-Elemente zunächst am Schleifenrand in jeweils einem eindimensionalen *Array* gesammelt, dann aber mit der Funktion *Bundle* (Bündeln) in ein *Cluster* umgewandelt und anschließend mit der Funktion *Build Array* (Array erstellen) in einem eindimensionalen *Array* zusammengefügt.

Um beide Kurververläufen mit einer individuellen Skalierung zu versehen (Abb. 11.65), können, wie bereits in Abschnitt 11.7.1 erläutert wurde, die gewünschten Achsen im Kontextmenü der x- und y-Achse dupliziert und auf der gegenüberliegenden Seite des Plotfensters angeordnet werden. Die Skalierung der Achsen kann

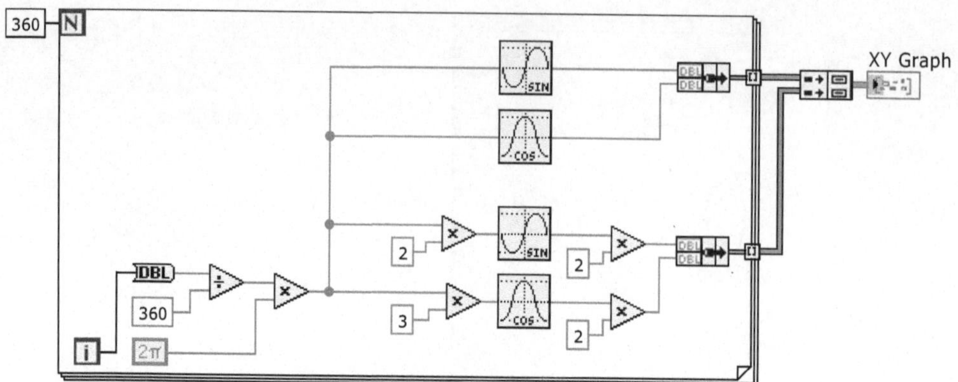

Abb. 11.63: *Block Diagram* für die Berechnung von zwei Lissajous-Figuren mit der Datenstruktur *Array of Clusters*

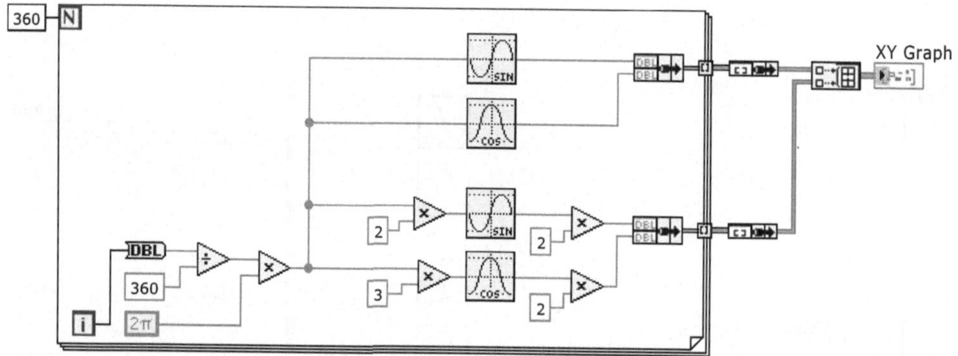

Abb. 11.64: *Block Diagram* für die Berechnung von zwei Lissajous-Figuren mit der Datenstruktur *Array*

dann zum Beispiel mit dem Beschriftungswerkzeug vorgenommen werden und im Kontextmenü der *Plot Legend* (Plot-Legende) kann über die Optionen *X Scale* und *Y Scale* jeder Kurvenverlauf der gewünschten Achse zugeordnet werden. Um die visuelle Zuordnung eines Kurvenverlaufs zur jeweiligen Achse zu ermöglichen, ist es beispielsweise möglich, Kurvenverläufe und Skalierungen in geeigneter Weise farblich zu gestalten, was in dieser Abbildung durch unterschiedliche Graustufen angedeutet wird.

Alle Einstellungen und Konfigurationen können auch im *Block Diagram* mit Hilfe von *Property Nodes* vorgenommen werden. Abbildung 11.66 zeigt beispielhaft die programmgesteuerte Einstellung der Skalen eines XY-Graphen. Bei mehreren Achsen (und auch bei der Verwendung von Cursorn) muss zunächst die gewünschte Achse – zum Beispiel eine x-Achse (*ActXScl* (AktXSkl)) – aktiviert werden. Dann kann dieser der Anfangs- (*XScale.Minimum* (XAchse.Minimum)) und Endwert (*XScale.Maximum* (XAchse.Maximum)) übergeben werden. Mit einem *Property Node* können so nacheinander alle vier Achsen des XY-Graphen eingestellt werden.

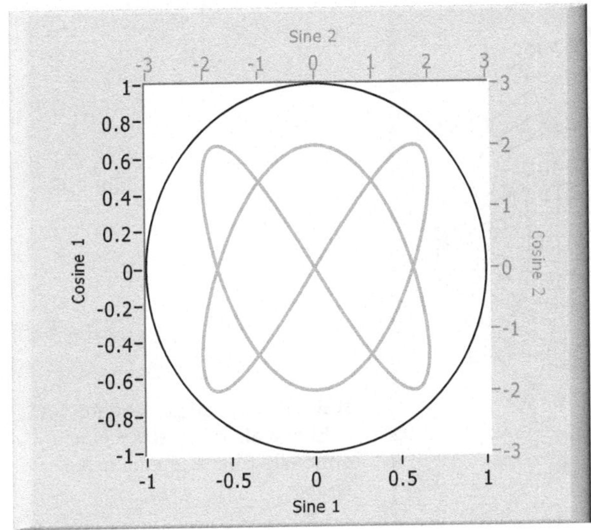

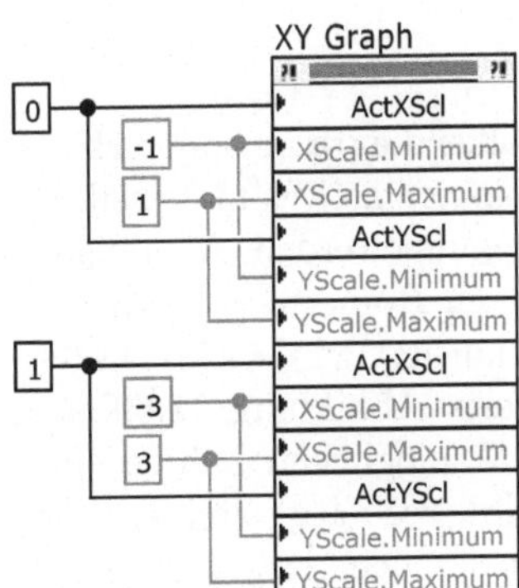

Abb. 11.65: Darstellung von zwei Lissajous-Figuren mit unterschiedlicher Skalierung in einem *XY Graph*

Abb. 11.66: Beispiel für die Anwendung eines *Property Nodes* zur programmgesteuerten Einstellung der Skalierungen eines *XY Graph*

Schließlich soll noch darauf hingewiesen werden, dass bei XY-Graphen auch Gitternetze für die Darstellung von Daten in der Z- und S-Ebene sowie in Nyquist- und Nichols-Diagrammen eingeblendet werden können. Diese können im Kontextmenü über *Optional Plane* (Optionale Ebene) eingeblendet werden. Für eine korrekte Darstellung des Gitternetzes muss die Skalierung gegebenenfalls manuell mit dem Beschriftungswerkzeug vorgenommen werden.

LV 8.0

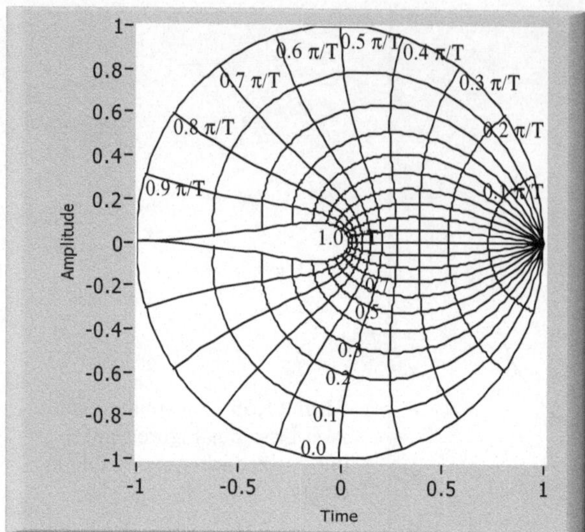

Abb. 11.67: Eingeblendete Z-Ebene als Beispiel für eine optionale Ebene in einem *XY Graph*

11.7.7 Histogramme

In vielen Fällen ist es wünschenswert, Daten in einem Balkendiagramm oder Histogramm darzustellen. Dafür können in LabVIEW in Abhängigkeit vom jeweiligen Anwendungsfall Diagramme, Graphen und XY-Graphen genutzt werden. Als Beispiel soll hier die Darstellung der Häufigkeitsverteilung bei einem Roulette-Spiel dienen, bei der das Histogramm nach jedem Spiel fortlaufend aktualisiert wird (Abb. 11.68). Ein mögliches *Block Diagram* für diese Funktionalität zeigt Abbildung 11.69. Am linken Rand der While-Schleife wird ein *Array* mit den 37 möglichen Zahlen eines Roulette-Spiels und ein *Array* mit 37 Elementen, die mit Null vorbelegt sind, erzeugt. Innerhalb der While-Schleife werden die beiden eindimensionalen *Arrays* zu einem *Cluster* zusammengefügt und einem XY-Graphen zugeführt. Mit einem Zufallszahlengenerator werden Ganzzahlen im Bereich 0 . . . 37 generiert und es wird über einen Vergleich ermittelt, welche Zahl aufgetreten ist. Das Ergebnis wird verwendet um das entsprechende Array-Element zu indizieren und zu inkrementieren.

Um den XY-Graphen in geeigneter Weise zu konfigurieren kann im Kontextmenü der *Plot Legend* in der Palette *Common Plots* (Diagrammtyp) die automatische Verbindung zwischen zwei Datenpunkten durch eine Linie ausgeschaltet werden (Abb. 11.70a) und in der Palette *Bar Plots* (Balkendiagramm) kann eine geeignete Histogramm-Darstellung ausgewählt werden (Abb. 11.70b).

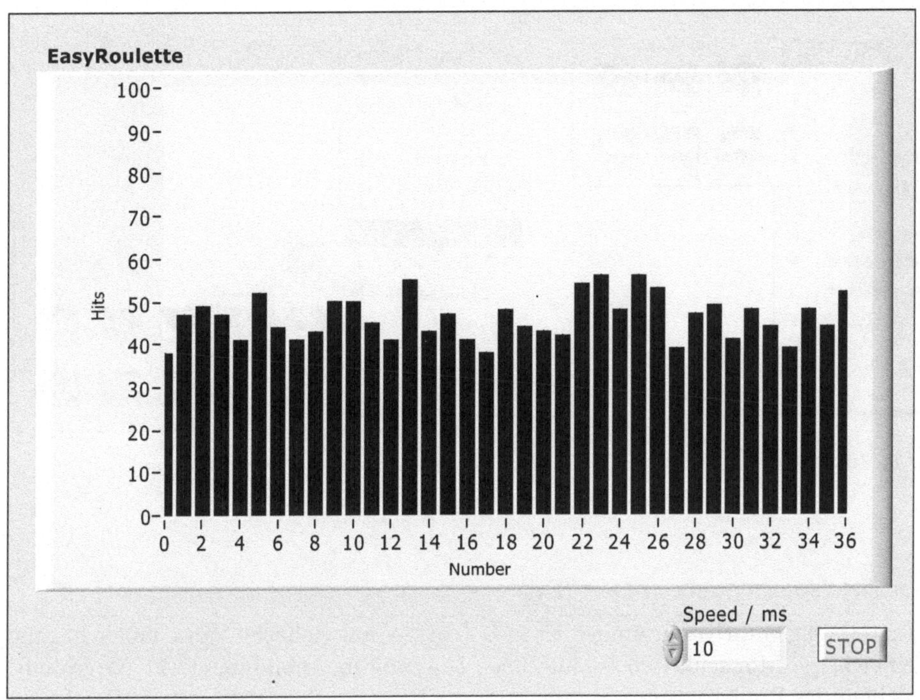

Abb. 11.68: *Front Panel* für die Darstellung der Häufigkeitsverteilung in einem Histogramm

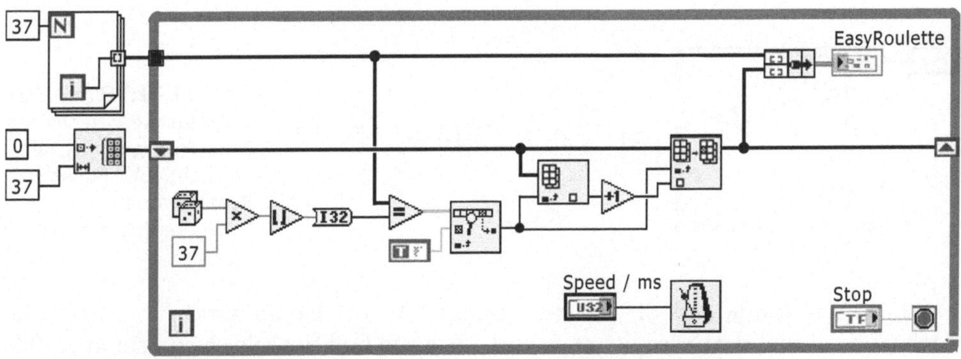

Abb. 11.69: *Block Diagram* für die Berechnung einer Häufigkeitsverteilung

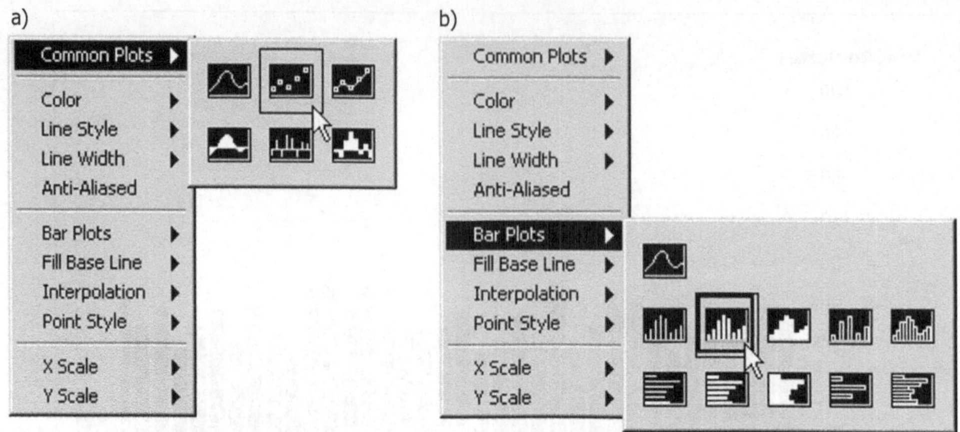

Abb. 11.70: Konfiguration eines *XY Graph* zur Darstellung eines Balkendiagramms

▶ Ausblick: Mathematik in LabVIEW

Die Erstellnung von Histogrammen ist in LabVIEW auf vielfache Weise möglich. Eine der einfachsten Möglichkeiten ist im *Block Diagram* in Abbildung 11.71 dargestellt. Die Zahlen des Roulette-Spiels werden innerhalb der For-Schleife erzeugt. Der Funktion *Histogram* wird dieses eindimensionale *Array* und die Anzahl der gewünschten Intervalle zugeführt. Am Ausgang können die Werte für die x-Achse und die Häufigkeitsverteilung wieder zu einem *Cluster* zusammengesetzt und dem XY-Graphen zugeführt werden.

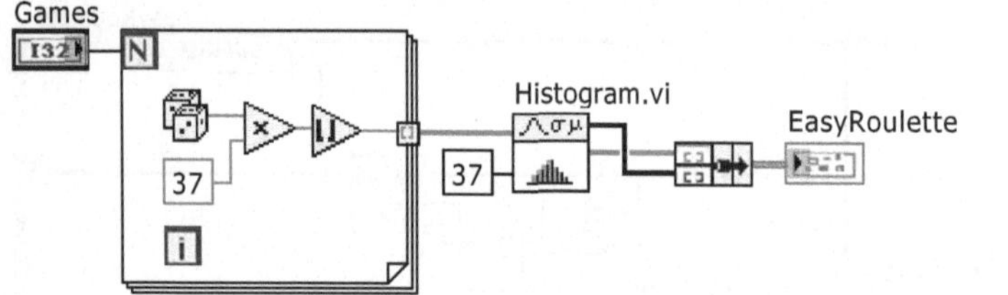

Abb. 11.71: *Block Diagram* für die Berechnung eines Histogramms mit der LabVIEW-Funktion `Histogram.vi` aus der Kategorie Mathematik

Abgesehen davon, dass die Darstellung des XY-Graphen in diesem Beispiel nicht fortlaufend aktualisiert wird, ist das *Block Diagram* funktionsgleich zu dem in Abbildung 11.69. Für die Realisierung wurde die Funktion *Histogram* (Histogramm) aus der *Functions Palette Category* ≫ *Mathematics* ≫ *Probalility and Statistics* (Kategorie ≫ Mathematik ≫ Wahrscheinlichkeit und Statistik) verwendet.

Die Kategorie Mathematik enthält unter anderem umfangreiche Bibliotheken für trigonometrische, Exponential- und Hyperbelfunktionen, für die Integral- und Differentialrechnung sowie für Differentialgleichungen, Kurvenanpassungen und Statistik. Viele weitere Funktionen finden sich zudem in der Kategorie *Signal Processing* (Signalverarbeitung), zum Beispiel für das Filtern von Signalen, die Spektrumanalyse oder

Transformationen (FFT usw.). In den seltensten Fällen wird ein Anwender daher eigene Algorithmen für mathematische Anwendungen realisieren müssen. Für eine korrekte und erfolgreiche Anwendung wird aber das entsprechende mathematische Grundwissen erforderlich sein.   ◄

11.7.8 Intensity Graph (Intensitätsgraph)

Die schnelle Rezeption komplexer Zusammenhänge wird durch Intensitätsdiagramme außerordentlich unterstützt, seien es Wetterdaten, Landkarten, Temperaturverteilungen oder Spannungsverläufe bei der Materialprüfung. Bei all diesen und ähnlichen Anwendungen werden die Elemente eines zweidimensionalen *Arrays* in Abhängigkeit von ihrem Zahlenwert farblich codiert. In LabVIEW stehen Intensitätsdiagramme sowohl vom Typ Diagramm als auch vom Typ Graph zur Verfügung. Die zusätzlichen Merkmale eines Intensitätsdiagramms in LabVIEW sind die *Ramp* (Rampe) und die zugehörige *Z Scale* (z-Achse), über die eine Zuordnung von Zahlenwert und Farbe vorgenommen werden kann. Abbildung 11.72 zeigt beispielhaft einen *Intensity Graph*. Die Daten für diesen *Intensity Graph* wurden mit dem *Block Diagram* nach Abbildung 11.73 erstellt.

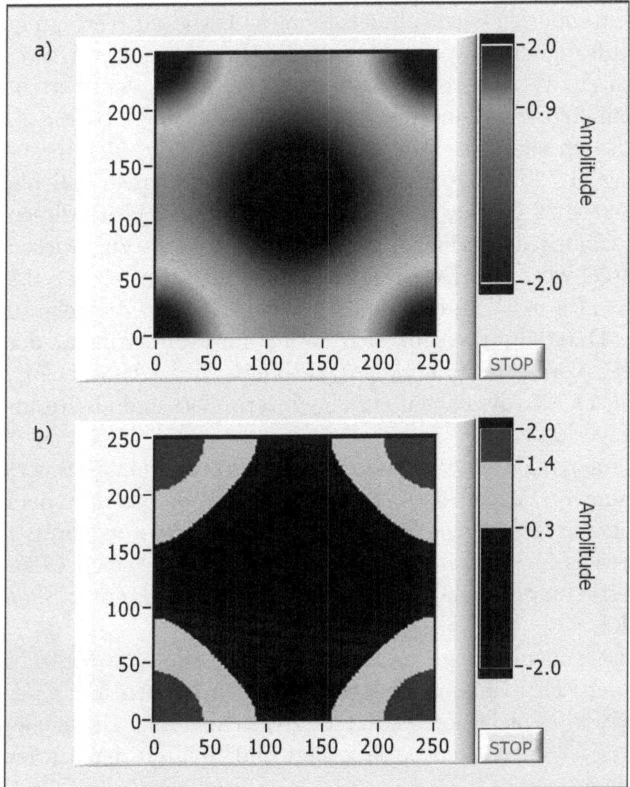

Abb. 11.72: *Front Panel* eines *Intensity Graph*, a) mit aktivertem und b) mit deaktiviertem Farbverlauf

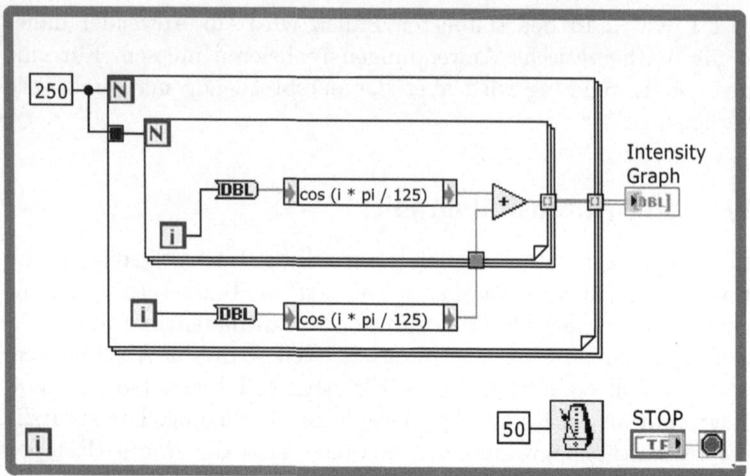

Abb. 11.73: *Block Diagram* für die Berechnung eines zweidimensionalen, numerischen *Arrays*

Das Programm berechnet in jeder der beiden For-Schleifen jeweils 250 Werte für eine Periode $(0 \ldots 2\pi)$ eines Kosinus. Diese werden addiert und stehen bei aktivierter Indizierung an beiden Schleifenrändern als zweidimensionales *Array* zur Verfügung und können dem *Intensity Graph* zugeführt werden. Durch die Überlagerung von zwei Kosinus-Funktionen ergibt sich ein Wertebereich von $-2 \cdots +2$, wobei der Wert in der Mitte des zweidimensionalen *Arrays* -2 und die Werte in den Ecken $+2$ betragen.

Für eine Erläuterung der *Ramp* eignet sich zunächst die Darstellung der Intensitätsverteilung nach Abbildung 11.72b. Im Kontextmenü der *Ramp* können beliebig viele Unterteilungen hinzugefügt *Add Marker* (Unterteilung hinzufügen) und diesen dann über die Option *Marker Color* (Markerfarbe) die gewünschte Farbe zugewiesen werden. Im dargestellten Beispiel wird dem Bereich der Zahlenwerte von $-2.0 \ldots 0.3$ schwarz, dem Bereich von $0.3 \ldots 1.4$ hellgrau und dem Bereich $1.4 \ldots 2.0$ dunkelgrau zugeordnet. Eine attraktivere Darstellung ergibt sich, wenn im Kontextmenü der *Ramp* die Option *Interpolate Colors* (Farbübergänge) aktiviert wird (Abb. 11.74). Dann werden, wie in Abbildung 11.72a, die Farbübergänge interpoliert und als Resultat ergibt sich ein weicher Farbverlauf.

Auch diese Einstellungen können mit Hilfe von *Property Nodes* programmgesteuert vorgenommen werden. Abbildung 11.75 zeigt dafür zunächst das *Front Panel*, in dem drei Markern des zweidimensionalen *Arrays* eine Farbe und ein Zahlenwert zugeordnet werden können. Dabei wird jeweils für die Einstellung der Farbe eine *Framed Color Box* (Farbfeld) und für die Festlegung des Zahlenwerts ein *Horizontal Pointer Slide* (Schieber mit Zeiger) verwendet.

Das gezeigte *Front Panel* ist zudem ein gutes Beispiel dafür, wie eine Vielzahl ähnlicher Bedienelemente auf dem *Front Panel* angeordnet werden können. Bei einer Anordnung in Form einer Matrix ist es nicht notwendig, die Bezeichner aller Bedienelemente einzublenden, sondern es ist ausreichend, die Zeilen und Spalten der Matrix mit einer Überschrift zu versehen.

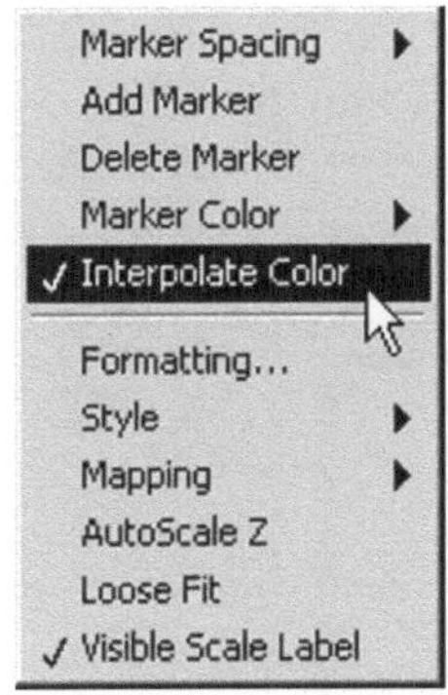

Abb. 11.74: Kontextmenü eines *Intensity Graph* mit aktivierter
Option *Interpolate Color* (Farbverlauf)

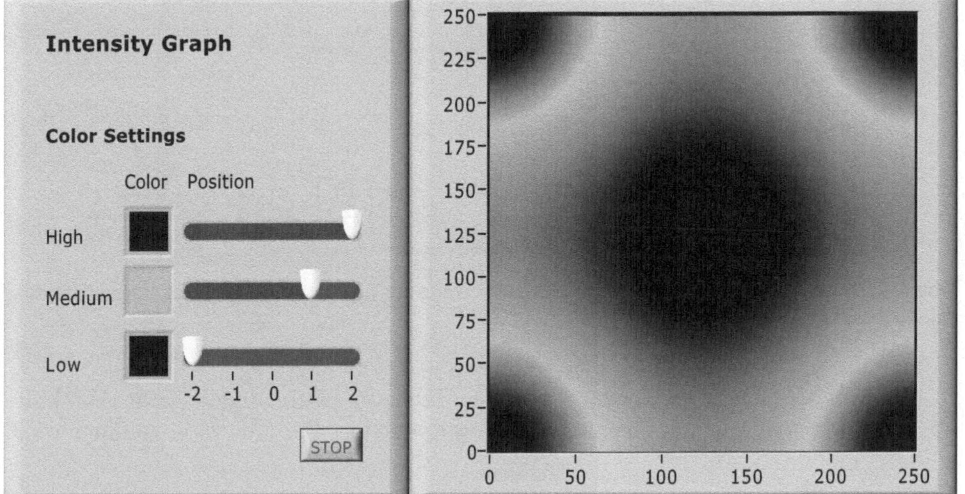

Abb. 11.75: *Front Panel* mit einem *Intensity Graph* und der Möglichkeit zur programmgesteuerten Farbeinstellung

Im *Block Diagram* nach Abbildung 11.76 werden jeweils die Terminals von Zah-
lenwert und Farbe in einem *Cluster* gebündelt. Anschließend werden die drei *Cluster*
zu einem eindimensionalen *Array* zusammengefasst, welches dem *Property Node*
ZScale.MarkerVals[] (ZAchse.Markerwerte[]) des *Intensity Graphs* zugeführt wird.
Im Prinzip ist es möglich, das eindimensionale *Array* mit beliebig vielen, weiteren
Clusters aus Zahlenwert und Farbe zu erweitern.

Um im *Block Diagram* nach Abbildung 11.76 die Daten für den *Intensity Graph*
nicht erneut berechnen zu müssen, ist der *Intensity Graph* aus Abbildung 11.73 kopiert
und in ein Eingabeelement umgewandelt worden. Mit der Option *Data Operations*
≫ *Make Current Value Default* (Datenoperationen ≫ Aktueller Wert als Standard)
aus dem Kontextmenü des Graphen wurden die berechneten Daten zudem als Standardwerte gespeichert. Grundsätzlich ist es aber immer sinnvoll, den Inhalt von Anzeigeelementen wie z. B. *Arrays* oder Diagrammen, die große Datenmengen enthalten
können, vor dem Abspeichern zu löschen. Dies kann im Kontextmenü des jeweiligen

Anzeigeelements über *Data Operations* ≫ *Clear Chart/Empty Array* (Datenoperationen ≫ Diagramm löschen/Leeres Array) vorgenommen werden. Denn im Allgemeinen werden diese Anzeigeelemente nach einem erneuten Programmstart mit aktuellen
Daten überschrieben und so lässt sich vermeiden, dass unnötige gespeichert werden.

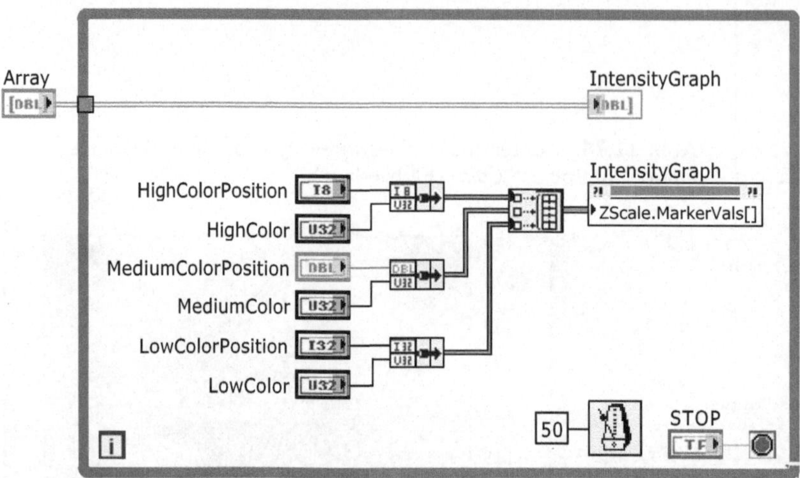

Abb. 11.76: *Block Diagram* mit einem *Property Node* zur programmgesteuerten Farbeinstellung
eines *Intensity Graph*

Ein weiteres Anwendungsbeispiel für einen *Intensity Graph* findet sich in Abschnitt
12.3, in dem unter anderem die farbliche Gestaltung eines Fraktals vorgenommen wird.

11.8 Weitere Gestaltungsmöglichkeiten

LabVIEW bietet viele weitere Möglichkeiten zur Gestaltung des *Front Panels*. Gestaltungselemente können für die Gruppierung von Bedienelementen verwendet werden
(Abschn. 11.8.1), für die Strukturierung komplexer Bedienoberflächen können verschiedene Container verwendet werden (Abschn. 11.8.2) und die Möglichkeit, externe
Graphiken oder Bilder in das *Front Panel* oder *Block Diagram* einbinden zu können,
diese sollen in Abschnitt 11.8.3 in Form einer kurzen Übersicht vorgestellt werden.

11.8.1 Gestaltungselemente

Die Unterpalette *Decorations* (Gestaltungselemente) der *Controls Palette* stellt graphische Elemente wie Linien, Rechtecke, Kreise etc. für die Strukturierung des
Front Panels zur Verfügung, die mit den vorhandenen Werkzeugen bezüglich Größe
und Farbe den Erfordernissen angepasst werden können (Abb. 11.77). Eine programmgesteuerte Veränderung der Dekorationselemente ist nicht möglich. Bei Bedarf können
diese auch ins *Block Diagram* gezogen werden, sollten aber dort nach Möglichkeit

vermieden werden, weil es im Allgemeinen möglich ist, das *Block Diagram* in ausreichender Weise mit Hilfe von Kontrollstrukturen zu strukturieren. Auch auf dem *Front Panel* sollten diese Elemente nur sparsam eingesetzt werden, um zum Beispiel logische Gruppen von Bedienelementen zusammenzufassen. Dies lässt sich häufig aber bereits durch eine geschickte Anordnung der Bedienelemente selbst erreichen.

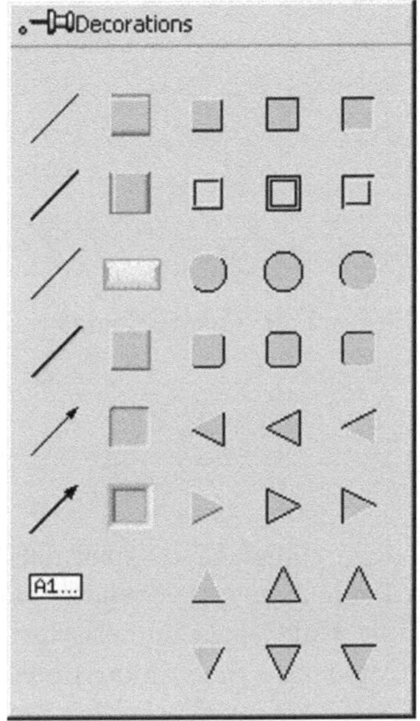

Abb. 11.77: Elemente der Palette *Decorations* (Gestaltungselemente)

11.8.2 Container

Aus der Unterpalette *Containers* der *Controls Palette* können leistungsfähige Elemente für die Gestaltung des *Front Panels* ausgewählt werden (Abb. 11.78). Für die Verwaltung von zahlreichen Bedienelementen auf dem *Front Panel* kann ein *Tab Control* (Registerkarte) verwendet werden, dessen Erscheinungsbild vergleichbar mit denen nach Abbildung 11.42 bis 11.45 vergleichbar ist. Bei der Verwendung von Registerkarten sollte versucht werden, alle Reiter in einer oder maximal zwei Zeilen unterzubringen, da andernfalls eine einfache Bedienbarkeit eingeschränkt wird. Bei der Verwendung von Registerkarten ist es auch möglich, programmgesteuert zwischen einzelnen Registerkarten umzuschalten, so dass mit einem einzigen *Property Node* Gruppen von Bedienelementen sichtbar bzw. unsichtbar geschaltet werden können.   LV 8.0

Mit einem *Horizontal Splitter Bar* (Horizontaler Trennbalken) oder *Vertical Splitter Bar* (Vertikaler Trennbalken) kann das *Front Panel* in zwei über- bzw. nebeneinanderliegende Teile getrennt werden, deren Inhalte mittels horizontaler und vertikaler Bildlaufleisten unabhängig voneinander verschoben werden kann. Diese Trennbalken können auch mehrfach auf dem *Front Panel* eingesetzt werden.

Schließlich bietet ein *SubPanel* (Unterpanel) eine elegante Möglichkeit, Bedienelemente von Unterprogrammen zur Laufzeit im Hauptprogramm einzublenden (s. u.). All diese Möglichkeiten können miteinander kombiniert werden, so dass die Strukturierung komplexer Bedienoberflächen möglich wird. Allzuleicht kann die unbedachte Kombination dieser Elemente aber auch zu völlig unbrauchbaren Bedienoberflächen führen.

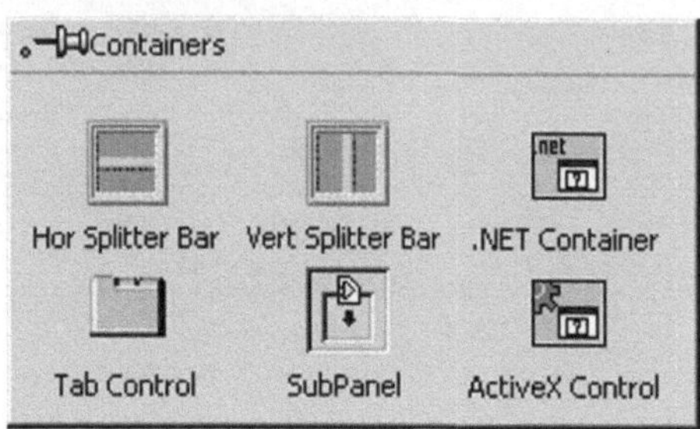

Abb. 11.78: Elemente der Palette *Containers*

Beispiel für die Verwendung eines SubPanels

Die Verwendung eines *SubPanel* (Unterpanel) soll an einem einfachen Beispiel aufgezeigt werden. Als Unterprogramm wird das `SubpanelDemo-Sub.vi` verwendet, in dem lediglich eine Fortschrittsanzeige *(Progress Bar)* mit Hilfe eines numerischen Anzeigeelements und einem *Horizontal Graduated Bar* (Messleiste (horizontal)) realisiert wird (Abb. 11.79a). Für diese Aufgabe ist es ausreichend, im *Block Diagram* den Iterationszähler einer For-Schleife mit den beiden Anzeigeelementen zu verbinden (Abb. 11.79b).

a)   b)

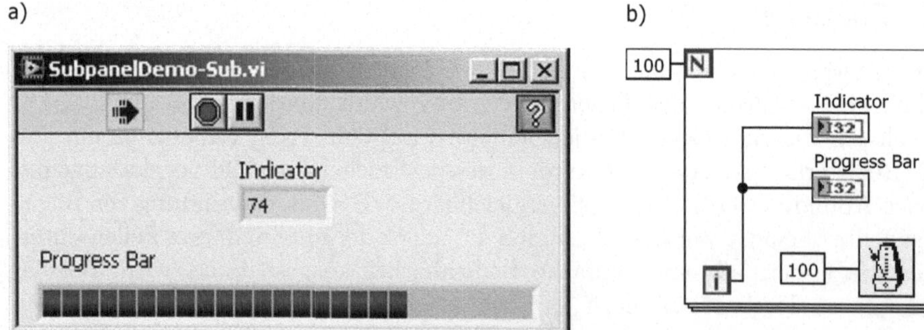

Abb. 11.79: Unterprogramm für die Erzeugung einer Fortschrittsanzeige, a) *Front Panel*, b) *Block Diagram*

Es wurde bereits auf den Vorteil von LabVIEW hingewiesen, dass jedes Unterprogramm als eigenständiges Programm ausgeführt werden kann, wodurch die Fehlersuche erheblich erleichtert wird. Bei dem in Abbildung 11.79a dargestellten *Front Panel* fällt vornehmlich auf, dass nicht alle Elemente der *Toolbar* (Symbolleiste) dargestellt werden. Hier sind nur die Schaltflächen Ausführen, Ausführung abbrechen, Pause und Kontexthilfe anzeigen sichtbar. Eine Konfiguration der Ausführungsoptionen kann über die *Connector Pane* (Anschlussfeld) vorgenommen werden, wenn dort die Option *VI Propertis...* ≫ *Windows Appearance* ≫ *Customize* (VI-Einstellungen...≫ Fenstererscheinungsbild ≫ Anpassen) ausgewählt wird (vgl. Abschn. A.3).

Das einfache *Front Panel* eines Hauptprogramm mit einem *SubPanel* zur Anzeige der Elemente des Unterprogramms zeigt Abbildung 11.80. Dieses enthält neben dem *SubPanel* einen Stopp-Schalter und eine Pfadangabe, die den Ort in der Verzeichnisstruktur für das zu verwendende Unterprogramm adressiert.

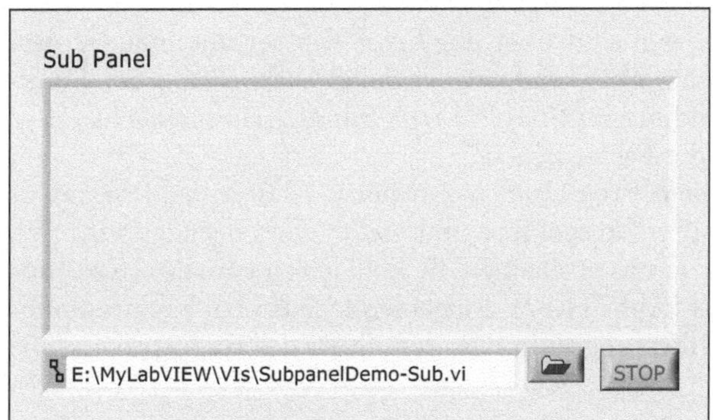

Abb. 11.80: Darstellung eines *SubPanel* auf dem *Front Panel*

Um das Unterprogramm `SubpanelDemo-Sub.vi` im *SubPanel* des Hauptprogramms darstellen zu können, soll als möglichst einfache Lösung das *Block Diagram* nach Abbildung 11.81 verwendet werden. Zunächst wird ein *File Path Control* (Dateipfad-Bedienelement) aus der *Controls Palette String* benötigt, um den Ort und Namen des Unterprogramms zu spezifizieren. In der *Controls Palette Container* wird ein *SubPanel* ausgewählt und auf dem *Front Panel* platziert. Im *Block Diagram* erscheint dann automatisch ein *Invoke Node* (Methodenknoten) des *SubPanels*, dessen Handhabung weitgehend vergleichbar ist mit der eines *Property Nodes*.

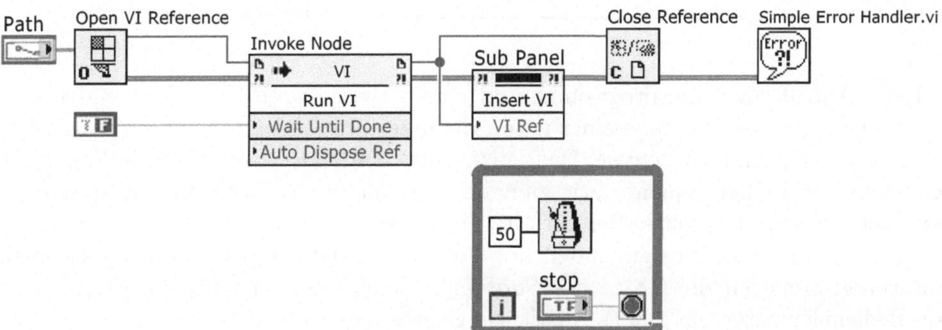

Abb. 11.81: *Block Diagram* für den Aufruf eines Unterprogramms in einem *SubPanel*

In einem weiteren Schritt wird im *Block Diagram* auf das Unterprogramm eine Referenz gesetzt *Open VI Reference* (VI-Referenz öffnen) und später auch wieder geschlossen *Close Reference* (Referenz schließen). Beide Funktionen sind in der *Functions Palette Application Control* (Anwendungssteuerung) angeordnet, ebenso wie der *Invoke Node* (Methodenknoten).

Letzterem wird die Referenz zugeführt und im Kontextmenü wird – analog zur Auswahl einer Eigenschaft in einem *Property Node* – die Methode *Run VI* (VI ausführen) ausgewählt. Danach wird an den *Invoke Node* (Methodenknoten) des *SubPanel* die Referenz übergeben. Anschließend wird die Referenz geschlossen und gegebenenfalls aufgetretene Fehler im *Simple Error Handler.vi* (Einfacher Fehlerbehandler) aus der *Functions Palette Dialog & User Interface* (Dialog & Bedienoberfläche) zur Anzeige gebracht.

Alle Funktionen im *Block Diagram* sind über ein *Error Cluster* miteinander verbunden. Dadurch wird auf einfache Weise eine sequenzielle Abarbeitung der Funktionen erreicht und eine Fehlermeldung im *Simple Error Handler.vi* ermöglicht unter Umständen den Rückschluss auf die Fehlerursache.

Die While-Schleife wird in diesem Programm nur benötigt, damit das Programm bis zum Betätigen des Stopp-Schalters ausgeführt und nicht sofort beendet wird.

Nach dem Start des Hauptprogramms erscheinen die Bedienelemente des Unterprogramms im Fenster des *SubPanels* (Abb. 11.82). Für einen fehlerfreien Programmablauf ist es erforderlich, dass das Unterprogramm vor dem Start des Hauptprogramms geschlossen ist.

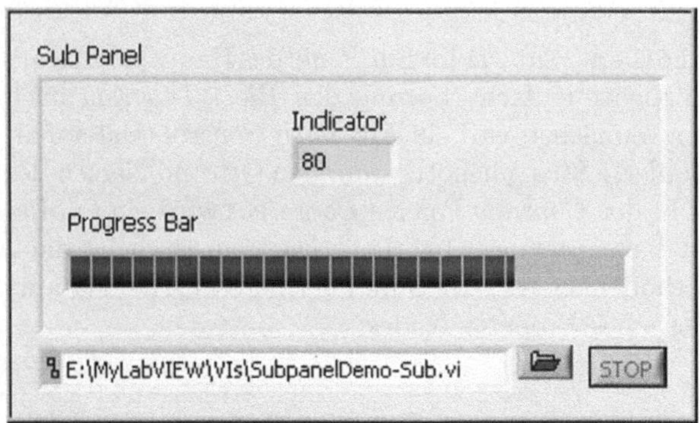

Abb. 11.82: *SubPanel* mit laufendem Unterprogramm

Beim Aufruf von Unterprogrammen oder dem zwischenzeitlichen Einblenden von Bedienelementen ist im Sinne einer guten Benutzerführung immer auf ein konsistentes Erscheinungsbild zu achten. Das heißt unter anderem, dass die Positionierung vergleichbarer Bedienelemente, wie zum Beispiel der Stopp-Taste, immer an derselben Stelle stattfinden sollte. Bei der Gestaltung der Bedienoberflächen unterschiedlicher Programme könnte ein mögliches Vorgehen darin bestehen, die Größe aller Unterprogramme an die Größe des *SubPanels* anzupassen und für die Platzierung von Bedienelementen ein grobes Ausrichtungsgitter zur Unterstützung zu verwenden.

Die Einstellung der Fenstergröße des *Front Panels* kann über die *Connector Pane* (Anschlussfeld) vorgenommen werden, wenn dort die Option *VI Properties...* ≫ *Win-*

dow Size (VI-Einstellungen...≫ Fenstergröße) ausgewählt wird. Dort kann die minimale Fenstergröße in *Pixeln* (Bildpunkten) angegeben werden und anschließend ist
es möglich, das *Front Panel* mit der Maus auf die minimale Größe zu reduzieren
(vgl. Abschn. A.3).

Das Einblenden eines Ausrichtungsgitters kann über die Option *Tools ≫ Options
≫ Alignment Grid* (Werkzeuge ≫ Optionen ≫ Ausrichtungsgitter) in der Menüleiste
erfolgen. Dort kann der Abstand der Gitterlinien eingestellt werden, wobei es sich
für die Erstellung konsistenter Bedienoberflächen empfiehlt, einen großen Abstand
der Gitterlinien von beispielsweise 50 Pixeln zu wählen (vgl. Abschn. 7.2). Bei einer
Größe des *Front Panels* von 450 · 300 Pixeln wird dieses in 9 · 6 Bereiche unterteilt
(Abb. 11.83). Bedienelemente, die mit dem Positionierwerkzeug oder mit den Cursor-
Tasten (bei gedrückter Umschalttaste) auf dem *Front Panel* verschoben werden, rasten dann automatisch an den Gitterlinien ein.

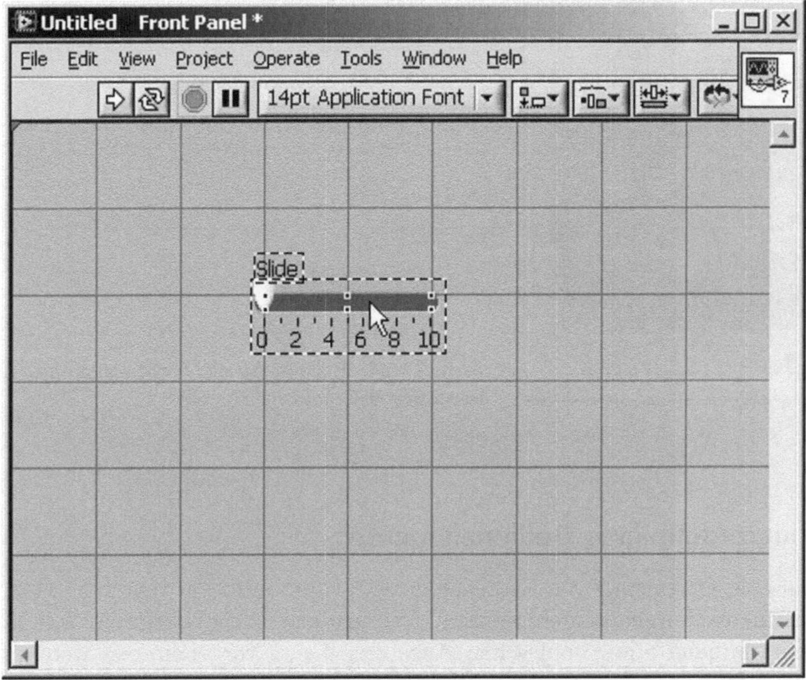

Abb. 11.83: *Front Panel* mit eingeblendetem Ausrichtungsgitter

11.8.3 Verwenden externer Bilder

Externe Graphiken, Photographien und ähnliche Elemente können in LabVIEW
sowohl auf dem *Front Panel* als auch im *Block Diagram* als *Bitmap* integriert werden. Das Vorgehen erfolgt analog zum Import von Graphik-Elementen in ein *Pict
Ring* (vgl. Abschn. 11.5.4). Zunächst wird das gewünschte Element über die Option

Edit ≫ Import Picture from File... (Bearbeiten ≫ Bild aus Datei importieren...)
der Menüleiste in der Zwischenablage von LabVIEW abgelegt und dann über *Edit
≫ Paste* (Bearbeiten ≫ Einfügen) auf dem *Front Panel* platziert und gegebenenfalls
mit dem Positionierwerkzeug in seiner Größe verändert.

Abbildung 11.84 zeigt ein Beispiel, in dem das Photo von zwei Leistungsschaltern
im ehemaligen Hüttenwerk Duisburg-Meiderich auf dem *Front Panel* eines VIs verwendet wird (Foto vom Autor). Die technischen Komponenten entsprechen natürlich
nicht dem Stand der Technik, sind aber sicher geeignet, das Vorgehen zu illustrieren,
mit dem es möglich wird, der Bedienoberfläche auf einfache Weise Prozess-Schaubilder
oder Photos realer Anlagenteile zu hinterlegen – ganz im Sinne virtueller Instrumente
(VIs).

Abb. 11.84: Beispiel für ein *Front Panel* mit
importierter Graphik

11.8.4 Benutzerdefinierte Bedienelemente

Auch die graphischer Gestaltung von Bedienelementen kann unter Verwendung externer Graphik-Elemente vorgenommen werden. Das grundsätzliche Vorgehen soll in
diesem Abschnitt anhand eines booleschen Anzeigeelements vorgenommen werden.
Wie bei der Typenformung eines *Clusters* bereits erläutert wurde, kann im Kontextmenü eines Bedienelements über die Option *Advanced ≫ Customize...* (Fortgeschritten ≫ Anpassen...) der Control-Editor aufgerufen werden (Abb. 11.85). Dort kann die
Schaltfläche *Change to Customize Mode* (In Anpassungsmodus wechseln) angeklickt
werden. Auf der Schaltfläche wird dann eine Pinzette dargestellt und alle Einzelteile
eines Bedienelements werden mit einem weißen Rahmen versehen (Abb. 11.86). Jeder
einzelne Bestandteil kann nun mit den in LabVIEW zur Verfügung stehenden Werkzeugen entsprechend den Erfordernissen gestaltet werden.

In diesem Beispiel soll die Erscheinungsform der LED verändert werden. Dabei
werden für ein boolesches Bedienelement immer vier Graphik-Objekte benötigt, um
die Zustände des Elements (T, F) und Zustandsübergänge (T → F, T → F) animieren

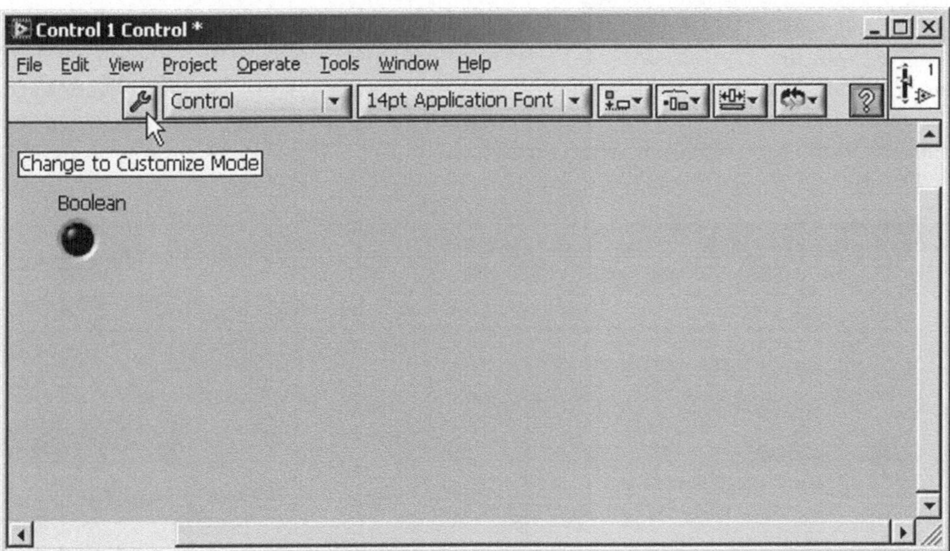

Abb. 11.85: Control-Editor für benutzerdefinierte Gestaltung von Bedienelementen

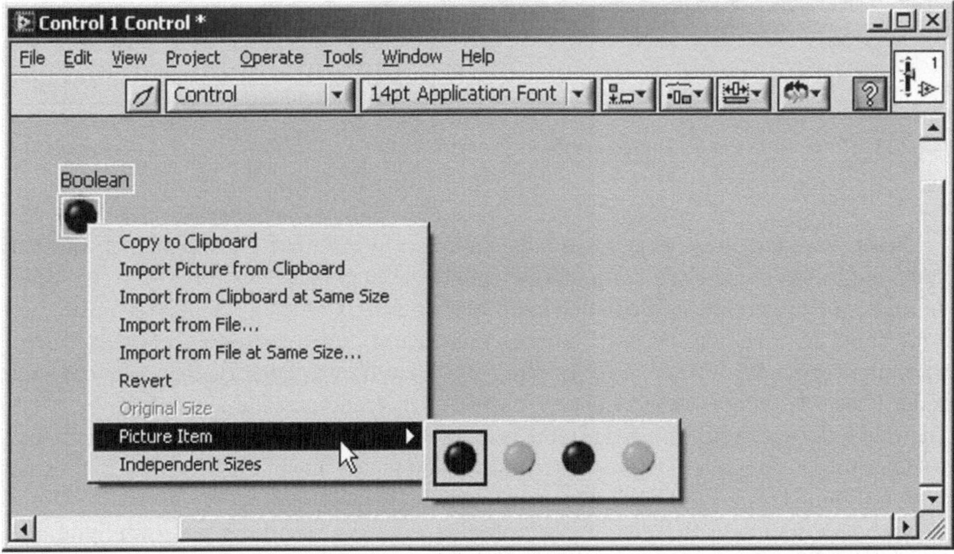

Abb. 11.86: Auswahl eines Bildelements im Control-Editor

zu können. Im Kontextmenü des LED-Elements muss dafür über *Picture Item* (Bildobjekt) zunächst das Graphik-Objekt ausgewählt werden, welches bearbeitet werden soll (Abb. 11.86).

Wie beim Import externer Graphiken kann nun über die Menüleiste des Control-Editors eine Graphik in die Zwischenablage von LabVIEW gebracht werden: *Edit Pic-*

ture From File... (Bearbeiten ≫ Bild aus Datei importieren...). Anschließend führt
die Auswahl der Option *Import Picture from Clipboard* (Bild aus Zwischenablage
einfügen) im Kontextmenü des Bildobjektes dazu, dass das ursprüngliche Bildobjekt
durch die importierte Graphik ersetzt wird und als neues Bildobjekt über die Option
Picture Item unmittelbar sichtbar wird (Abb. 11.87).

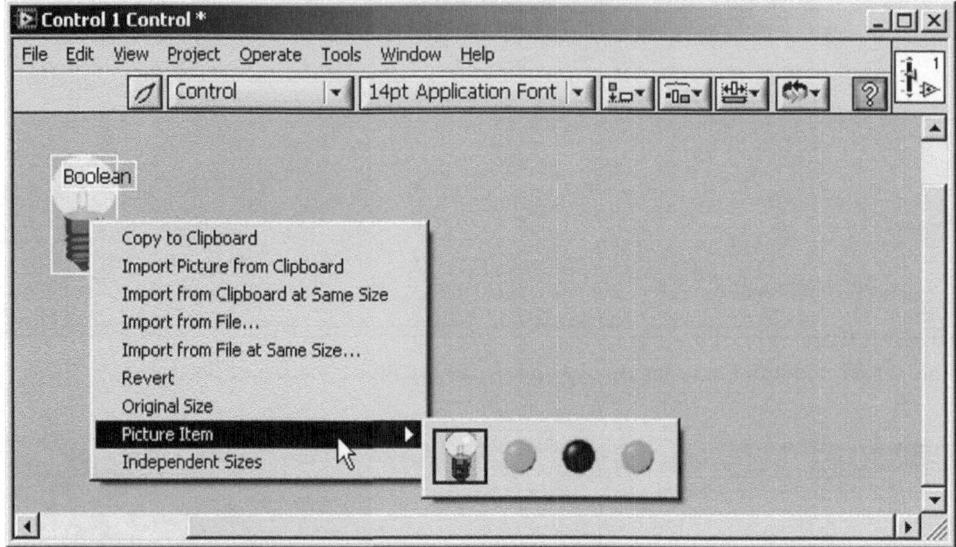

Abb. 11.87: Ersetzen eines Bildelements im Control-Editor

Dieser Vorgang muss gegebenenfalls für alle Bildelemente durchgeführt werden.
Nach den Entwurfsarbeiten kann das Bedienelemente über *File ≫ Save* (Datei ≫ Speichern) als benutzereigenes Bedienelement abgespeichert werden. Die Dateiendung .ctl
steht dabei für *Control*. Dieses Bedienelement kann nun jederzeit in beliebigen Programmen verwendet werden. Die Auswahl eines benutzereigenen Bedienelements kann
in der *Controls Palette* über *Select a Control...* (Element auswählen...) erfolgen. Die
Auswahl *File ≫ Apply Changes* (Datei ≫ Änderungen übernehmen) in der Menüleiste
des Control-Editors führt dazu, dass die aktuellen Änderungen auch für das Bedienelement auf dem *Front Panel* übernommen werden.

Nachdem in diesem Beispiel alle Bildobjekte unter Verwendung von zwei Symbolen
aus Adobe Illustrator ersetzt worden sind, kann das Element auf dem *Front Panel*
verwendet werden. Abbildung 11.88a zeigt den benutzereigenen *Indicator* im Vergleich
zum Standardelement von LabVIEW jeweils für den ein- und ausgeschalteten Fall.
Die Änderung des Erscheinungsbilds hat dabei keine Auswirkungen auf das in Abbildung 11.88b dargestellte *Block Diagram*.

Insbesondere in Kombination mit der Möglichkeit, externe Graphiken auf dem
Front Panel zu platzieren, beispielsweise dem Abbild einer realen Maschine, wird das
hohe Potential dieser Gestaltungsmöglichkeiten deutlich. Denn während eine Graphik
auf dem *Front Panel* zunächst nur eine Illustration darstellt, können in einem weiteren

a)   b)

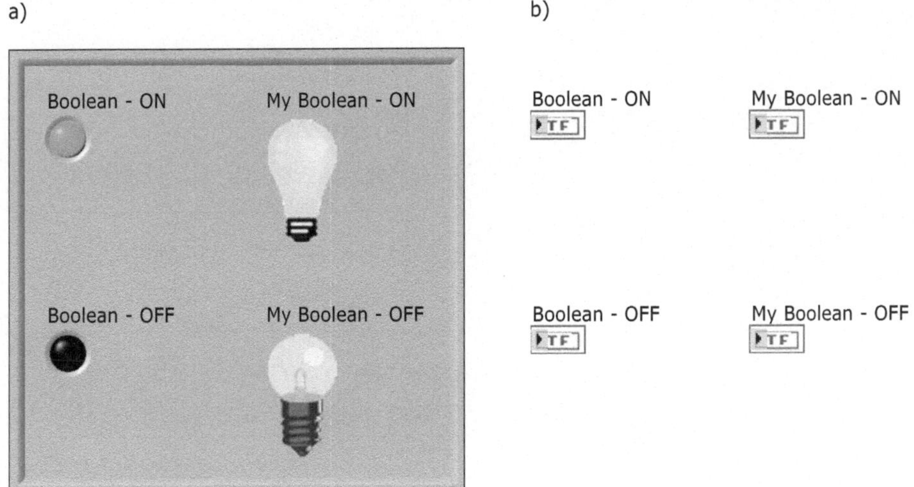

Abb. 11.88: a) *Front Panel* und b) *Block Diagram* mit booleschen Standard-Anzeigeelementen und benutzerdefinierten Anzeigeelementen

Schritt wichtige Maschinenbestandteile mit einem Graphikprogramm wie zum Beispiel Adobe Photoshop selektiert und bearbeitet werden. Anschließend können diese verwendet werden, um benutzerdefinierte Bedienelemente zu erzeugen. In „*LabVIEW GUI*" von Ritter wird diese Möglichkeit ausführlich anhand eines Beispiels vorgestellt [32].

12 Endliche Automaten in LabVIEW

12.1 Software-Struktur eines endlichen Automaten

Ein wesentlicher Vorteil der Entwicklungsumgebung LabVIEW ist die graphische Darstellung des Quellcodes. Die Beurteilung der Software-Qualität ist in der Regel schon von weitem und ohne Kenntnis des zugrunde liegenden Algorithmus möglich, da durch die Anzahl der Verbindungsleitungen und die Leitungsführung „Spaghetticode" augenblicklich sichtbar wird. In der Praxis stellen Programme dieser Art leider nicht die Ausnahme dar, obwohl Konzepte für eine systematische Software-Entwicklung seit langem bekannt sind. Für die strukturierte Datenflussprogrammierung in LabVIEW hat sich insbesondere das Konzept eines endlichen Automaten bewährt, wie bereits von Johnson [36], Bitter et al. [37] sowie von Conway und Watts [38] aufgezeigt. Es lässt sich in LabVIEW leicht und elegant umsetzten und ist für viele technische und naturwissenschaftliche Anwendungen geeigneter ist als ein objektorientierter Ansatz. In diesem Kapitel werden hierzu drei Beispielen behandelt. Grundsätzlich ist die Realisierung eines endlichen Automaten allerdings in jeder Programmiersprache möglich, die die Elemente der strukturierten Programmierung zur Verfügung stellt.

Aus Sicht der Software-Technik sind für die Modellierung eines endlichen Automaten *(Finite State Machine)* vor allem die Komponenten

- Zustand *(State)*,
- Ereignis *(Event)* und
- Aktion *(Action)*

von zentraler Bedeutung. Wenn ein Ereignis auftritt, führt der Automat die zur aktuellen Situation passende Aktion aus und nimmt den zugehörigen Folgezustand ein. Das Verhalten eines Automaten ist daher eindeutig vorhersagbar. Für die Realisierung ist es ausreichend, innerhalb einer While-Schleife eine Case-Struktur zu platzieren (Abb. 12.1a).

Viele Anwendungen basieren auf einer sequenziellen Abfolge von Aktionen, zum Beispiel die Ausführung der Anweisungen eines Test-Sequenzers oder die Ablaufsteuerung einer Waschmaschine. Dafür ist im Prinzip die Verwendung einer gestapelten Sequenz-Struktur in LabVIEW ausreichend. Da aber die Übergabe der Daten von einem Rahmen in die folgenden Rahmen über lokale Sequenzvariablen erfolgt, ergibt sich – auch bei einer Beschriftung der Verbindungsleitungen – im Allgemeinen ein schlecht zu lesendes *Block Diagram* (Abb. 12.1b) und eine Änderung der Reihenfolge einzelner Rahmen der Sequenz-Struktur hat einen erheblichen Änderungsaufwand im *Block Diagram* zur Folge. Deshalb bietet es sich an, anstelle einer Sequenz-Struktur die in den Abbildungen 12.1c und 12.1d von Bitter et al. vorgestellte Software-Struktur

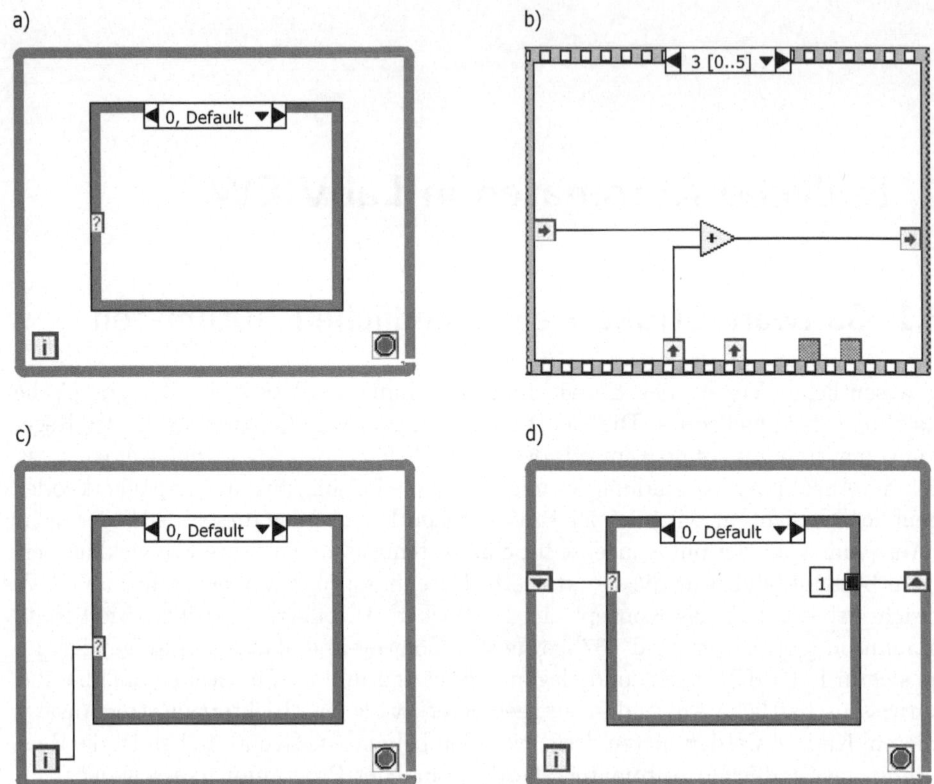

Abb. 12.1: Software-Strukturen für die Realisierung eines endlichen Automaten

zu verwenden [37]. In Abbildung 12.1c ist das Bedingungsterminal der Case-Struktur mit dem Iterationszähler der While-Schleife verbunden worden, so dass eine sequenzielle Abarbeitung der einzelnen Fälle der Case-Struktur gewährleistet ist. Im letzten Fall der Case-Struktur kann dann die Ausführung der While-Schleife beendet werden, indem dem Bedingungsterminal der While-Schleife der Wert TRUE übergeben wird.

Eine größere Flexibilität bei der Realisierung der Ablaufsteuerung ergibt sich, wenn, wie in Abbildung 12.1d, ein Schieberegister verwendet wird. Am Ausgangstunnel eines jeden Falles der Case-Struktur kann dann mit einer numerischen Konstanten bestimmt werden, welcher Fall der Case-Struktur als nächster ausgeführt werden soll. Wie bereits erläutert wurde, lässt sich die Lesbarkeit des *Block Diagrams* verbessern, wenn der Datentyp *Enum* anstelle eines numerischen Datentyps für die Auswahl eines Falles der Case-Struktur verwendet wird (Abb. 12.2). Vorteilhaft ist es, das *Enum* als *Strict Type Def.* (Strikte Typendefinition) anzulegen. Dieses benutzerdefinierte *Control* kann dann an beliebigen Stellen im *Block Diagram* verwendet werden, ohne dass beim Hinzufügen oder Entfernen einzelner Fälle der Case-Struktur Änderungen im *Block Diagram* vorgenommen werden müssen. Innerhalb eines Falles kann zudem in Abhängigkeit vom Ergebnis einer Berechnung entschieden werden, welcher Fall der Case-Struktur als nächster ausgeführt werden soll. In Abbildung 12.2 wird

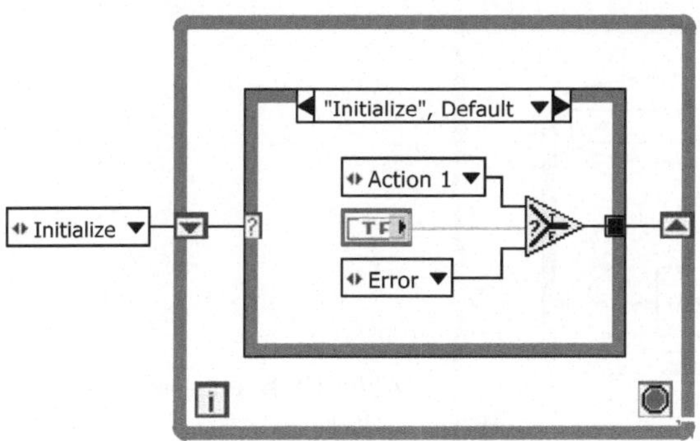

Abb. 12.2: Steuerung der Case-Auswahl mittels *Enum*

diese Möglichkeit durch ein boolesches Element und die Funktion *Select* (Auswahl) symbolisiert (vgl. Bitter et al. [37]).

Auf diese Weise ergibt sich eine sehr flexible Möglichkeit zur Steuerung des Programmablaufs. Im Sinne einer guten Lesbarkeit des *Block Diagrams* besteht der wesentliche Nachteil dieser Lösung darin, dass die Programmablaufsteuerung über alle Fälle der Case-Struktur verteilt ist und dementsprechend schwierig nachvollzogen werden kann. Wünschenswert ist daher eine Software-Struktur, bei der die Programmablaufsteuerung an einer Stelle im Programm vorgenommen wird. In den Abschnitten 12.2 und 12.4 wird dieser Ansatz beispielhaft unter Verwendung einer Zustands-Ereignis-Matrix aufgezeigt.

Die Interpretation der vorgestellten Software-Struktur ist als Moore- oder Mealy-Automat möglich. Dies soll anhand der Abbildungen 12.3 und 12.4 veranschaulicht werden. Der Auswahlanschluss der Case-Struktur ist mit einem *Enum* verbunden worden und in Abhängigkeit vom Wert des *Enums* wird der entsprechende Fall der Case-Struktur ausgeführt. Der aktuelle Wert des *Enums* kann also als Ereignis interpretiert werden. Das *Enum* ist hier zunächst nur symbolisch für ein Ereignis eingesetzt worden. Im Folgenden wird beispielhaft erläutert, wie eine Ereignisverwaltung umgesetzt werden kann.

Bei einem Moore-Automaten hat ein Ereignis einen Zustandswechsel zur Folge und die auszuführende Aktion ist dem Folgezustand zugeordnet, so dass, wie in Abbildung 12.3 gezeigt, ein Fall der Case-Struktur als Zustand interpretiert werden kann und das im Fall der Case-Struktur auszuführende Programm entspricht einer Aktion. Letztere wird im Sinne einer modularen Programmierung im Allgemeinen aus einem Unterprogramm bestehen. Da beim Moore-Automaten die Aktion dem Zustand zugeordnet wird fallen diese beiden Komponenten bei der Software-Entwicklung weitgehend zusammen. In der Software-Technik wird daher häufig die Modellierung mit einem Moore-Automaten vorgenommen, weil sich dadurch ein sehr einfaches Entwurfschema ergibt, da Zustand und Aktion als Einheit betrachtet werden können.

Die Modellbildung mit Hilfe eines Mealy-Automaten führt aber in der Regel zu einfacheren und eleganteren Modellen, da weniger Zustände benötigt werden. Bei einem Mealy-Automaten wird die Aktion dem Ereignis zugeordnet. Die entsprechende Interpretation der Software-Struktur zeigt Abbildung 12.4. Nun ist es sinnvoll, einen Fall der Case-Struktur dem Ereignis zuzuordnen. Der Zustand, in dem sich der Automat befindet, ist aus der Software-Struktur nicht mehr ersichtlich. Bei dieser Inter-

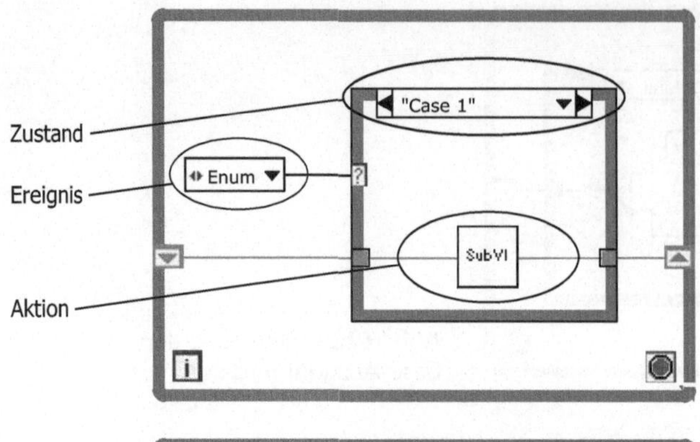

Abb. 12.3: Interpretation der Software-Struktur als Moore-Automat

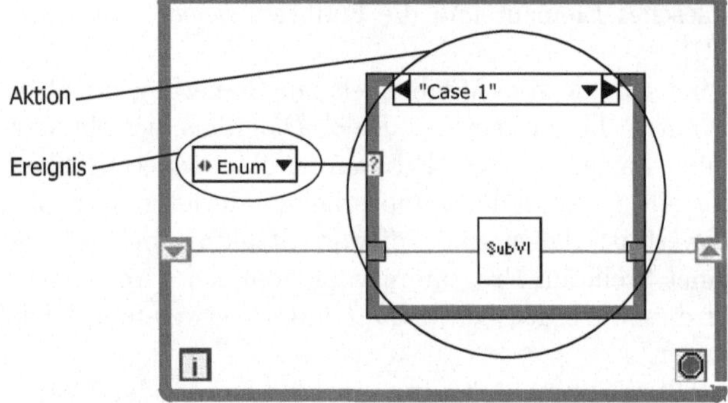

Abb. 12.4: Interpretation der Software-Struktur als Mealy-Automat

pretation ist die Vorstellung nahe liegend, dass es sich um einen Mealy-Automaten mit einem Zustand handelt. Beim Auftreten eines Ereignisses wird die zugehörige Aktion ausgeführt – der entsprechende Fall der Case-Struktur – und anschließend kehrt der Automat wieder in seinen einzigen Zustand zurück, um auf ein neues Ereignis zu warten. Die Darstellung in einer Zustands-Ereignis-Matrix wird deshalb nur aus einer Zeile bestehen. Für viele Anwendungsfälle ist dieses einfache Automaten-Modell bereits ausreichend und in Abschnitt 12.3 wird dafür ein Beispiel vorgestellt.

Die Verwaltung von Ereignissen ist auf unterschiedliche Weise möglich. Die einfachste Möglichkeit ist die Verwendung eines *Menu Ring Controls* (Menü-Ring), bei dem in Abhängigkeit von der getroffenen Auswahl eine Ganzzahl vom Datentyp U16 ausgegeben wird und für die Auswahl des entsprechenden Falles einer Case-Struktur verwendet werden kann. In dem in Abbildung 12.5 dargestellten Beispiel adressiert die getroffene Auswahl *Action 1* den Fall 1 der Case-Struktur. Um eine Zuordnung des ausgewählten Menüpunktes des *Menu Rings* zum jeweiligen Fall der Case-Struktur vornehmen zu können, ist zu beachten, dass die Reihenfolge der einzelnen Fälle der Case-Struktur mit der Reihenfolge der Menüpunkte im *Menu Ring* übereinstimmen muss. Um die Lesbarkeit des *Block Diagrams* zu gewährleisten, ist es zudem erforderlich, in jedem Fall der Case-Struktur eine Dokumentation mit dem Beschriftungswerkzeug vorzunehmen. Da es nicht immer möglich ist, alle Auswahlmöglichkeiten in einem *Menu Ring* zusammenzufassen – unter Umständen müssen auch interne

Ereignisse verwaltet werden – ist eine flexiblere Realisierung der Ereignisverwaltung wünschenswert.

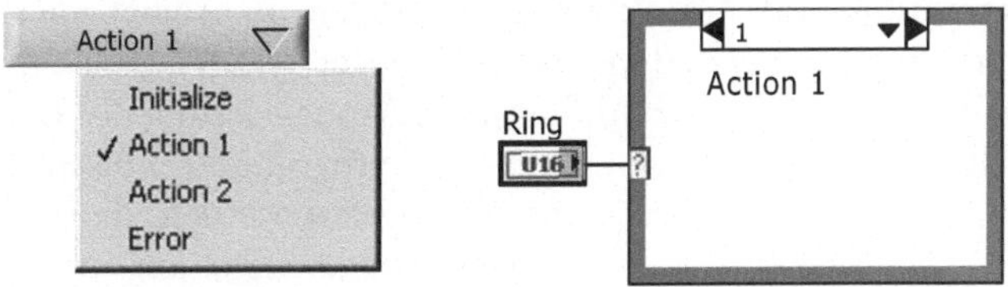

Abb. 12.5: Einfache Ereignisverwaltung mittels *Ring Control*

Eine für LabVIEW typische Realisierung der Ereignisverwaltung zeigt Abbildung 12.6a. Ereignisse, die durch das Betätigen eines Schalters (oder durch logische Verknüpfungen verschiedener Bedingungen während des Programmablaufs) generiert werden und dementsprechend den Datentyp boolesch aufweisen, können mit der Funktion *Build Array* (Array erstellen) zusammengefasst und mit der Funktion *Search 1D Array* (1D-Array durchsuchen) ausgewertet werden. Mit dem Ergebnis der Suche ist es unmittelbar möglich, eine mehrseitige Fallunterscheidung zu adressieren. Weitere Maßnahmen sind im Prinzip nicht erforderlich, aber es ist sinnvoll, das Ergebnis der Suche mit der Funktion *Type Cast* (Typenformung) umzuwandeln, damit im *Case Selector Label* (Auswahlbeschriftung) der Case-Struktur eine aussagekräftige Bezeichnung angezeigt wird (vgl. Abschn. 7.2). Um Fehler bei der Typenformung zu vermeiden ist es weiterhin grundsätzlich empfehlenswert, eine Konvertierung des Datentyps vorzunehmen.

Soweit es die Gestaltung der Bedienoberfläche zulässt, können mehrere Ereignisse auch zu einem *Cluster* zusammengefasst werden (Abb. 12.6b). Das *Cluster* kann mit der Funktion *Cluster To Array* (Cluster nach Array) in ein *Array* umgewandelt und analog zu Abbildung 12.6a ausgewertet werden. Darüber hinaus besteht auch die

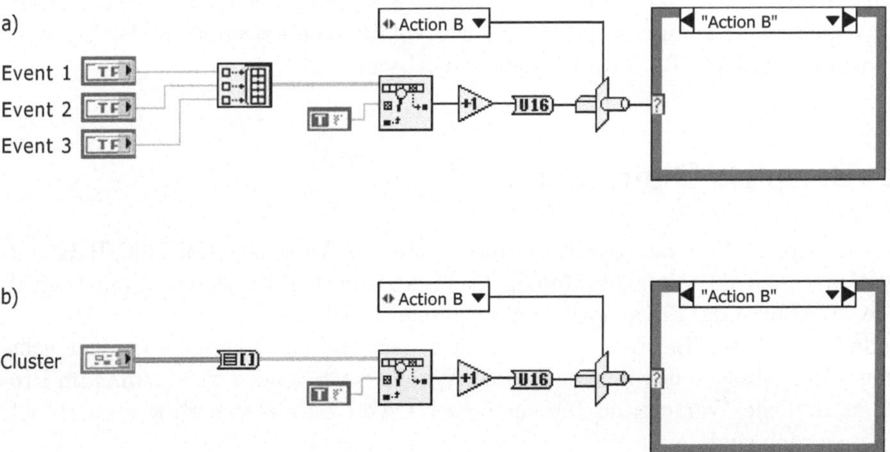

Abb. 12.6: Realisierungsmöglichkeiten für eine Ereignisverwaltung in LabVIEW

Möglichkeit, die Ereignisverwaltung in einem *Formula Node* (Formelknoten) vorzunehmen, in dem gegebenenfalls die logische Verknüpfung von eingehenden Ereignissen vorgenommen werden kann.

Neben der gewünschten Funktionalität des Programms werden im Allgemeinen auch weitere Aspekte bei der Programmerstellung berücksichtigt werden müssen, zum Beispiel eine Ausnahmebehandlung *(Error Handling)*, die Aktualisierung der Bedienoberfläche und die Verwaltung von Ereignissen. Wie diese programmtechnischen Anforderungen in das Modell eines endlichen Automaten integriert werden können, sollen die folgenden Beispiele zeigen. Dabei bestehen je nach Aufgabenstellung unterschiedliche Möglichkeiten zur Realisierung eines endlichen Automaten, die jederzeit miteinander kombiniert werden können. Die Komplexität der jeweiligen Umsetzung sollte dabei die der Beispiele nach Möglichkeit nicht übersteigen, da es möglich ist, bei zunehmender Komplexität einzelne Automaten in einer Hierarchie anzuordnen. Innerhalb jeder Aktion ist es prinzipiell möglich, wiederum einen endlichen Automaten zu verwenden.

In den folgenden Beispielen soll aufgezeigt werden, wie in LabVIEW übersichtliche und weitgehend selbst dokumentierende Programme realisiert werden können, die darüber hinaus auch robust gegen Änderungen und Erweiterungen sind. Wie bereits an einigen Stellen gezeigt wurde, gibt es sicher nicht „die" Software-Lösung und die Beispiele können auf vielfältige Weise modifiziert werden. Deshalb werden die in diesen Beispielen verwendeten Lösungswege und Designregeln an der einen oder anderen Stelle vermutlich auch Widerspruch hervorrufen. Dies ist durchaus wünschenswert und beabsichtigt, da eine Diskussion über Software-Strukturen letztendlich immer zu einer Verbesserung der Software-Qualität führen wird. Erfahrungsgemäß ist nicht eine spezielle Umsetzung der vorgestellten Software-Strukturen ausschlaggebend. Von besonderer Bedeutung ist vielmehr, dass innerhalb eines Entwicklungsteams immer die gleiche Struktur verwendet wird. Da die verwendete Software-Struktur dann allen Entwicklern vertraut ist, wird die Lesbarkeit von Programmen erheblich verbessert und die Kommunikation im Entwicklungsteam vereinfacht. Empfehlenswert ist deshalb die Verwendung einer Designrichtlinie, in der neben der Festlegung der grundsätzlichen Software-Struktur auch weitere Kriterien für die Erstellung des *Block Diagrams* festgelegt werden. Dafür kann das *„VI Analyzer Toolkit"*, eine Erweiterung der Entwicklungsumgebung LabVIEW, hilfreich sein (vgl. Abschn. A.5).

12.2　Beispiel: Digitaluhr

Um die prinzipielle Software-Struktur eines endlichen Automaten in LabVIEW aufzuzeigen, erscheint das einfache Modell der in Abschnitt 4.3.1 vorgestellten Digitaluhr, die in Abbildung 12.7a noch einmal gezeigt wird, als gut geeignet. Als reale Anwendung ist dieses Beispiel natürlich nicht verwendbar, solange ein nicht echtzeitfähiges Betriebssystem wie zum Beispiel Windows verwendet wird, zumal im Programm zusätzliche Wartezeiten für ein besseres Verständnis des Programmablaufs eingefügt worden sind.

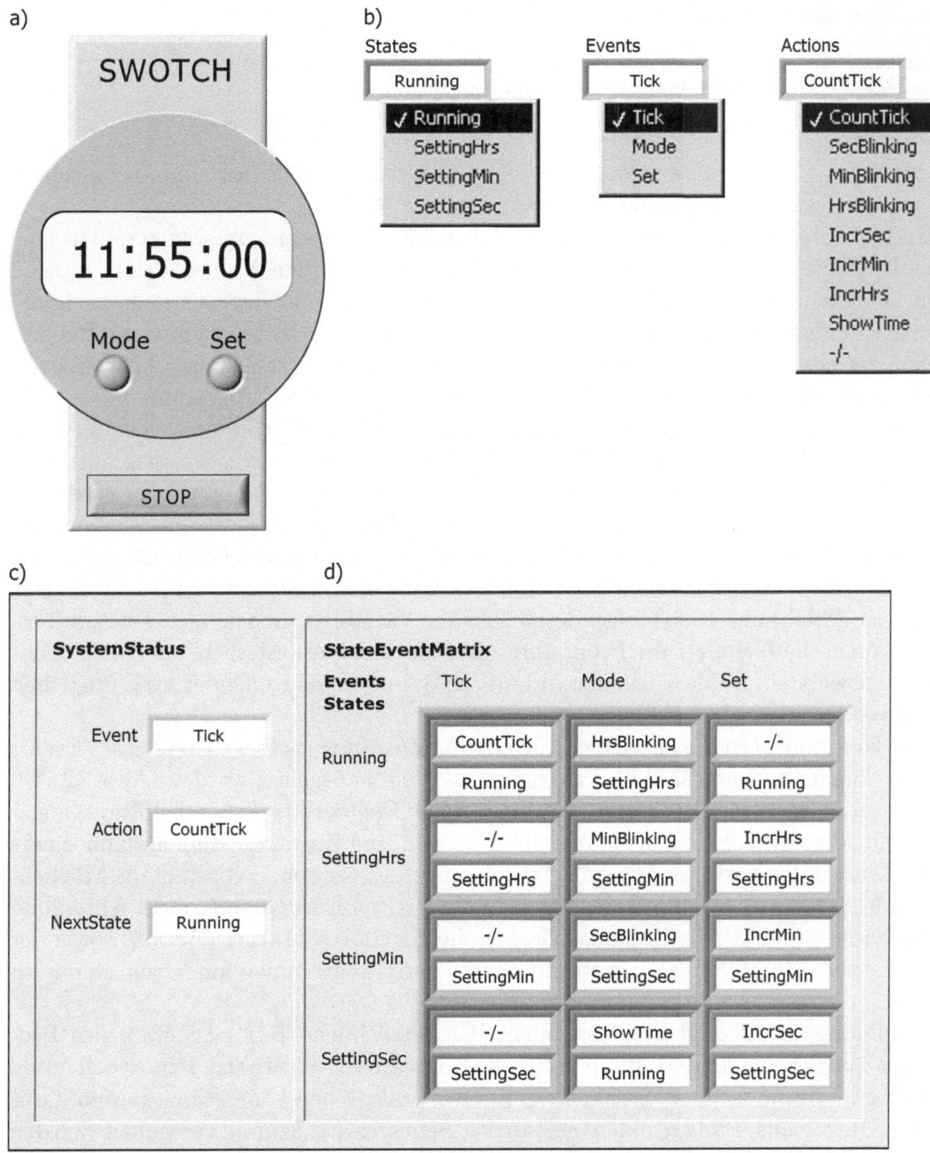

Abb. 12.7: Darstellung der Bedienoberfläche einer einfachen Digitaluhr und der verwendeten Komponenten für die Realisierung eines endlichen Automaten

In Abbildung 4.23 ist die Funktionsweise eines endlichen Automaten anhand des Zustandsdiagramms erläutert worden und in Abbildung 4.24 wurde als alternative Möglichkeit für die Darstellung eines endlichen Automaten auch die Zustands-Ereignis-Matrix eingeführt; Abbildung 12.7d zeigt diese noch einmal. Die Zustands-Ereignis-Matrix ist an dieser Stelle aber nicht als Graphik eingebunden worden, sondern wurde direkt in LabVIEW generiert, indem ein zweidimensionales *Array* verwen-

StateEventMatrix   (2-D array of)
  Cluster   (cluster of 2 elements)
    Next State   (enum {NextState})   **Abb. 12.8:** Datenstruktur einer
    Action   (enum {Action})   Zustands-Ereignis-Matrix

det worden ist, dessen Elemente aus einem *Cluster* mit jeweils zwei *Enums* bestehen. Die entsprechende Datenstruktur zeigt Abbildung 12.8.

Dadurch ergibt sich als großer Vorteil, dass die Zustands-Ereignis-Matrix, in der die Ablaufspezifikation des Programms erfolgt, direkt in LabVIEW ausgewertet werden kann. Änderungen der Ablaufspezifikation können direkt in der Zustands-Ereignis-Matrix vorgenommen werden, ohne das *Block Diagram* bearbeiten zu müssen. Bei dieser äußerst eleganten, von Bitter et al. vorgestellten, Realisierungsmöglichkeit können Änderungen der Ablaufspezifikation sogar zur Laufzeit des Programms vorgenommen werden [37]. Die Adressierung der Zustands-Ereignis-Matrix kann gemäß Abbildung 12.9 erfolgen, indem das *Array* der Zustands-Ereignis-Matrix mit dem aktuellen Zustand *(Current State)* und dem aufgetretenen Ereignis *(Event)* indiziert wird. Mit der Funktion *Unbundle By Name* (Nach Namen aufschlüsseln) kann dem Element des *Arrays* anschließend die auszuführende Aktion *(Action)* und der Folgezustand *(Next State)* für die weitere Verarbeitung entnommen werden.

Die in Abbildung 12.9 verwendeten lokalen Variablen dienen hier nur zur besseren Veranschaulichung; im Programm sind sie nicht erforderlich und auch nicht wünschenswert, da lokale Variablen in LabVIEW immer als Kopie der ursprünglichen Daten verwaltet werden.

Alle Komponenten des endlichen Automaten, Zustände *(States)*, Ereignisse *(Events)* und Aktionen *(Actions)* sind im Programm als *Enum* ausgelegt worden (Abb. 12.7b). Darüber hinaus wurden die *Enums* als *Strict Type Def* (Strikte Typendefinition) angelegt (vgl. Abschn. 9.2.4). Die *Enums* für Aktionen und Zustände können dann direkt in das *Cluster* der Zustands-Ereignis-Matrix eingefügt werden. So besteht die Möglichkeit, jederzeit die Auswahlmöglichkeiten in einem *Enum* zu verändern. In Abbildung 12.7c werden das aktuelle Ereignis *(Event)*, die zugehörige Aktion *(Action)* sowie der Folgezustand *(Next State)* eingeblendet, um den Programmablauf visualisieren zu können.

Abbildung 12.10 zeigt zunächst nicht das tatsächliche *Block Diagram* des Programms Swotch.vi sondern die prinzipielle Software-Struktur. Das Prinzipschaubild enthält zwei flache Sequenz-Strukturen. Bei der praktischen Umsetzung werden dafür in aller Regel aus Platzgründen gestapelte Sequenz-Strukturen verwendet werden müssen. Der erste Rahmen der äußeren Sequenz wird für die Initialisierung des Systems benötigt, im dritten Rahmen kann das System in geeigneter Weise zurückgesetzt

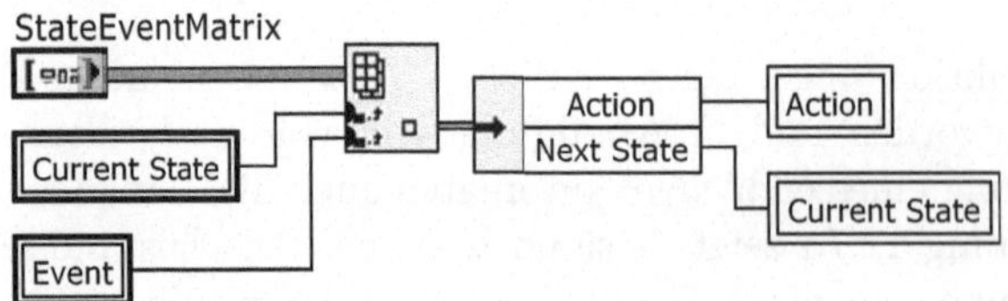

Abb. 12.9: Adressierung einer Zustands-Ereignis-Matrix in LabVIEW

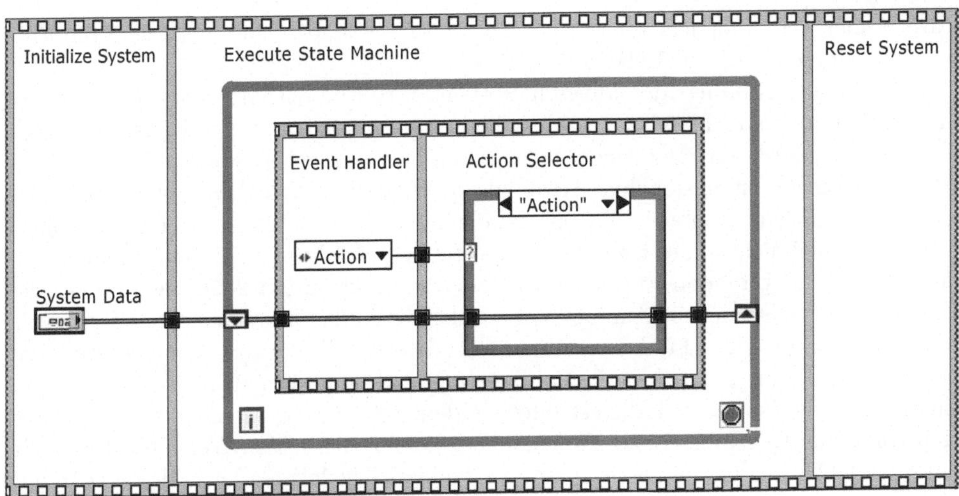

Abb. 12.10: Software-Struktur des Programms Swotch.vi

werden und im mittleren Rahmen wird der Zustandsautomat ausgeführt. Die Sequenz innerhalb der While-Schleife wird benötigt, um im ersten Rahmen die Ereignisverwaltung *(Event Handler)* vorzunehmen, damit dann im zweiten Rahmen in Abhängigkeit des eingetroffenen Ereignisses und des aktuellen Zustands die Aktion über den entsprechenden Fall der Case-Struktur ausgewählt wird *(Action Selector)*.

Im Folgenden soll das Programm Swotch.vi im Detail erläutert werden, beginnend mit dem ersten und letzten Rahmen der Sequenz-Struktur, um anschließend darzustellen, wie die Ereignisverwaltung und die Aktionsauswahl realisiert worden sind. Abschließend werden die einzelnen Fälle der Case-Struktur behandelt.

Wie bereits erwähnt, wird bei der praktischen Umsetzung im Allgemeinen eine gestapelte Sequenz-Struktur verwendet. Abbildung 12.11 zeigt den ersten Rahmen der äußeren Sequenz. Hier wird das *Cluster* der Systemvariablen *SwotchData* an die nachfolgenden Rahmen der Sequenz weitergeben. Bei einer gestapelten Sequenz wird dafür eine lokale Sequenz-Variable *(Sequence Local)* erforderlich, die am linken Rand des Rahmens platziert worden ist. Das *Cluster* in diesem Beispiel enthält nur die Variablen für Stunden, Minuten und Sekunden. Grundsätzlich ist es jedoch sinnvoll, alle Variablen eines Programms in einem oder mehreren *Clusters* abzulegen. Das *Cluster* ist als *Control* ausgelegt, es kann über einen *Property Node* (Eigenschaftsknoten) während der Programmausführung unsichtbar geschaltet werden. Im ersten Rahmen sind zudem die drei *Enums* für Ereignisse, Aktionen und Zustände platziert worden und bei Programmstart wird dem *Enum State* über eine lokale Variable der Zustand *Running* übergeben, um den aktuellen Zustand des Automaten anzuzeigen.

Der dritte Rahmen der äußeren Sequenz (Abb. 12.12) zeigt beispielhaft das Zurücksetzen des Programms. Die Anzeigeelemente für Stunden, Minuten und Sekunden werden auf Null gesetzt und die Anzeigeelemente werden vom möglicherweise aktivierten Modus Blinken auf eine kontinuierliche Darstellung zurückgesetzt. Mit der Funktion *Stop* wird die Programmausführung anschließend beendet. Alternativ wäre es hier auch möglich, die Funktion *Exit* zu verwenden, um zusätzlich die Entwicklungsumgebung LabVIEW zu beenden.

Der mittlere Rahmen der äußeren Sequenz-Struktur enthält den Zustandsautomaten. Abbildung 12.13 zeigt zunächst die Ereignisverwaltung. Die Ereignisse *Mode* und *Set*, die durch das Betätigen einer Schaltfläche ausgelöst werden können, werden zu einem eindimensionalen *Array* zusammengesetzt und dieses wird daraufhin untersucht, ob ein Element TRUE ist. Einfachheitshalber wird der Schalter *Stop* in diesem Beispiel nicht in der Ereignisverwaltung berücksichtigt. Falls kein Element mit dem Wert TRUE gefunden worden ist, liefert die Funktion am Ausgang eine -1. Das Ereignis *Tick* muss hier nicht modelliert werden, denn das Inkrementieren des Ergebnisses am Ausgang der Funktion führt dazu, dass für die weitere Verarbeitung eine Null zur Verfügung steht. Mit diesem Ergebnis und dem aktuellen Zustand wird die Zustands-Ereignis-Matrix indiziert und aus dem gefundenen Element mit der Funktion *Unbundle By Name* (Nach Namen aufschlüsseln) die beiden Werte für die durchzuführende Aktion und den Folgezustand extrahiert. Die lokalen Variablen dienen hier nur dazu, auf dem *Front Panel* das eingetretene Ereignis, die auszuführende Aktion und den Folgezustand zur Anzeige zu bringen. Für die Visualisierung der Arbeitsweise des Automaten ist eine Wartezeit von 1 s eingefügt worden.

Mit dem Ergebnis der Ereignisauswertung wird der zugehörige Fall der Case-Struktur aufgerufen und abgearbeitet (Abb. 12.14). Im Standardfall *CountTick* wird die Zeit im Unterprogramm Tick.vi um eine Sekunde erhöht. Dafür werden dem *Cluster* die erforderlichen Systemdaten entnommen, hier die Werte für Sekunden,

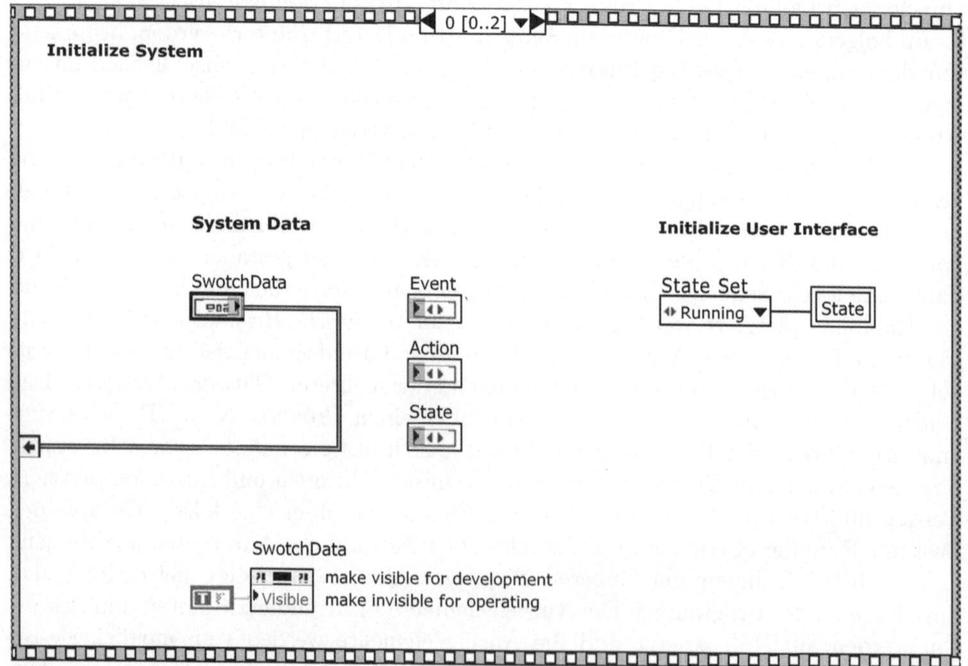

Abb. 12.11: Initialisierung des Programms Swotch.vi

Minuten und Stunden, im Unterprogramm verarbeitet und wieder in das *Cluster* der Systemdaten zurückgeschrieben. Die Erläuterung der Funktionsweise des Unterprogramms wird im Zusammenhang mit Abbildung 12.18 vorgenommen. Die Konstante *ms to wait* (Warten) mit einem Wert von 1000 ist für die Animation des Programmablaufs vorgesehen und ermöglicht die Einstellung der „Geschwindigkeit" der Uhr.

Die Anzeigeelemente für Stunden *(ShowHrs)*, Minuten *(ShowMin)* und Sekunden *(ShowSec)* werden außerhalb der Case-Struktur aktualisiert, damit sie von allen Fällen verändert werden können. Auf diese Weise wird die Verwendung von lokalen Variablen für die Aktualisierung der Bedienoberfläche vermieden (vgl. [39]). Alternativen für die programmtechnische Aktualisierung der Bedienoberfläche werden in Abschnitt 12.4 aufgezeigt.

Alle für den Programmablauf erforderlichen Fälle der Case-Struktur sind in Abbildung 12.15 aufgeführt. Neben dem Standardfall *CountTick* zur Inkrementierung der Zeitanzeige wird auch der hier dargestellte Fall benötigt, in dem ein Ereignis keine Aktion zur Folge hat. Dieser ist mit „-/-" bezeichnet worden. Wenn der Automat in einen der möglichen Zustände zur Einstellung von Stunden, Minuten oder Sekunden wechselt, soll das jeweilige Anzeigeelement blinken. Dafür sind die Fälle *HrsBlinking*, *MinBlinking* und *SecBlinking* vorgesehen. Um das jeweilige Anzeigeelement in den Modus Blinken zu versetzen, kann ein *Property Node* verwendet werden. Beispielhaft für alle drei Fälle ist dies für den Fall *SecBlinking* in Abbildung 12.16 dargestellt worden. Der *Property Node* für die das Anzeigeelement *ShowSec* wird mit dem Wert TRUE beschrieben. Um von einem Einstellungszustand in den Zustand der Zeitanzeige *Run-*

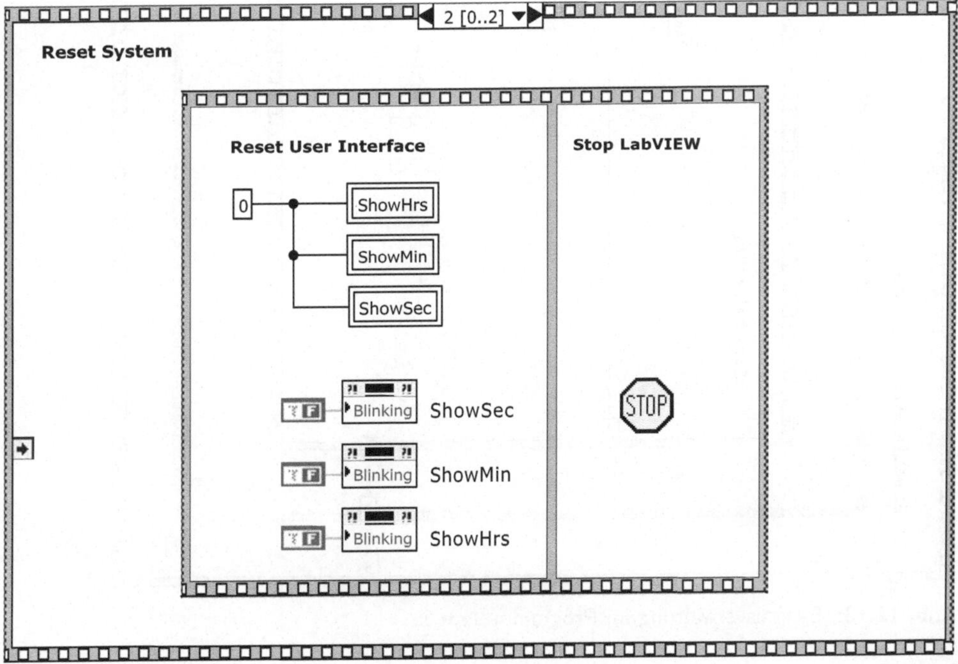

Abb. 12.12: Beenden des Programms Swotch.vi

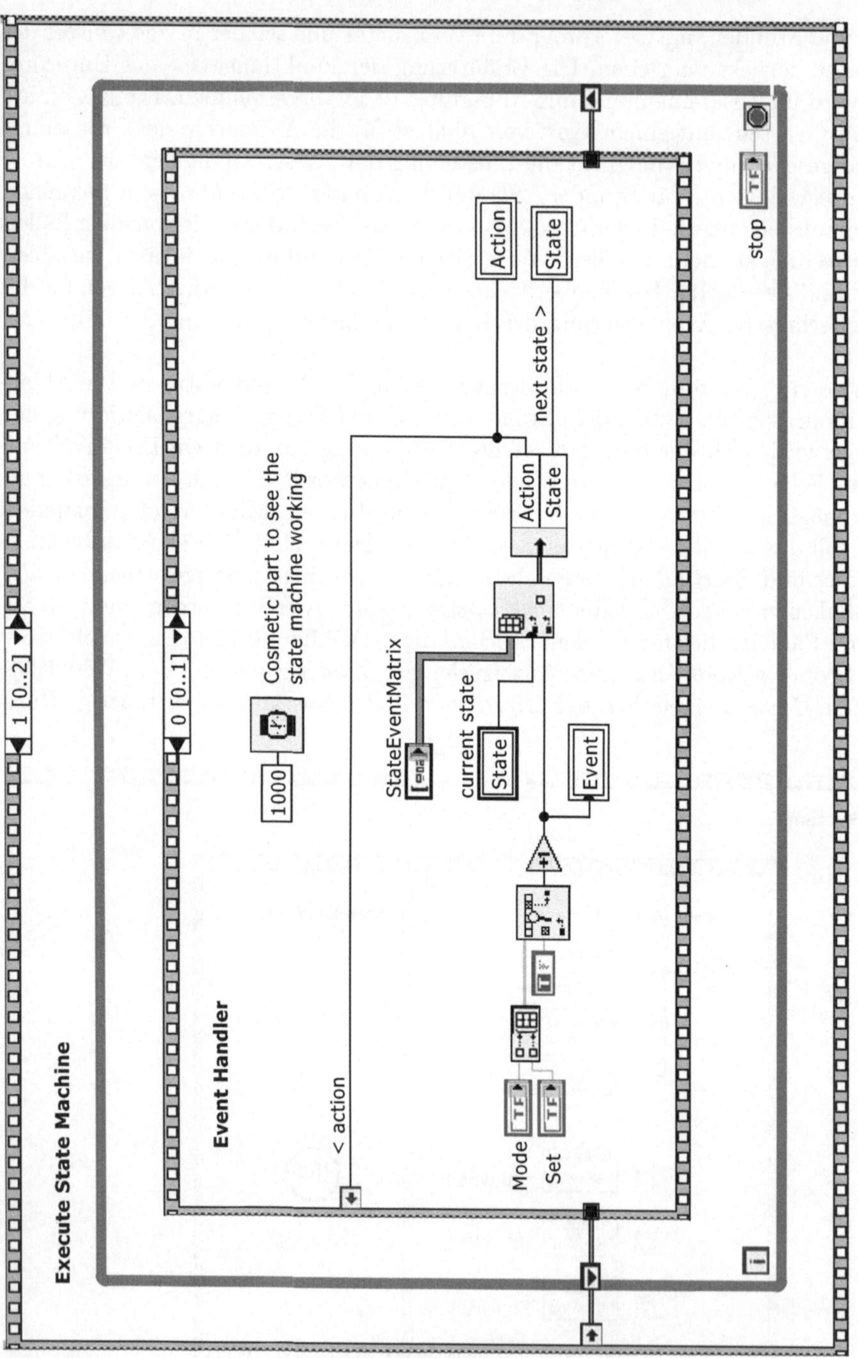

Abb. 12.13: Ereignisverwaltung im Programm Swotch.vi

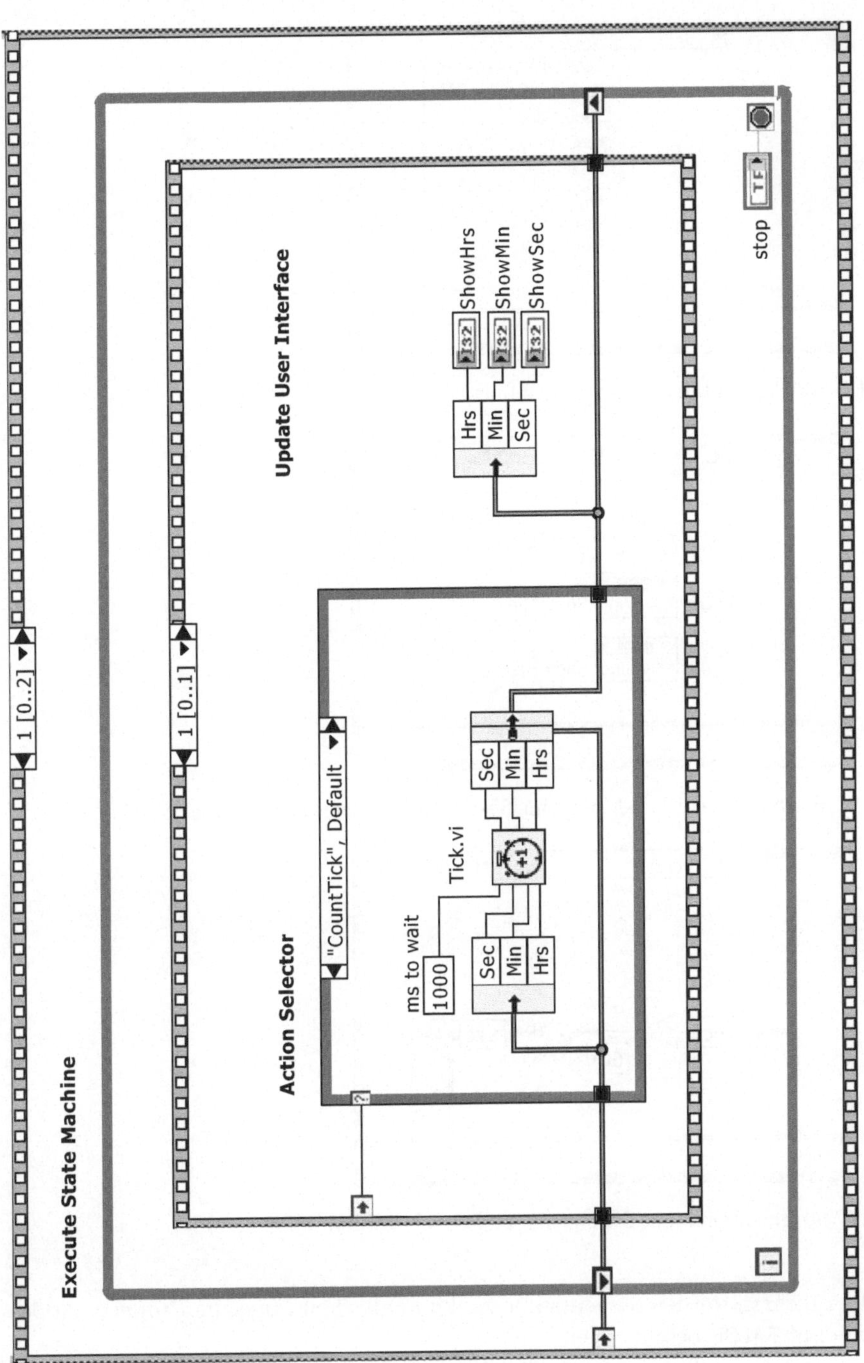

Abb. 12.14: Aktionsauswahl im Programm Swotch.vi

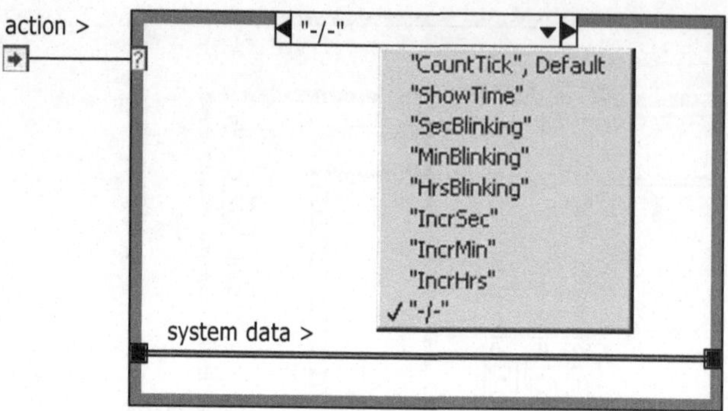

Abb. 12.15: Mögliche Aktionen des Programms Swotch.vi

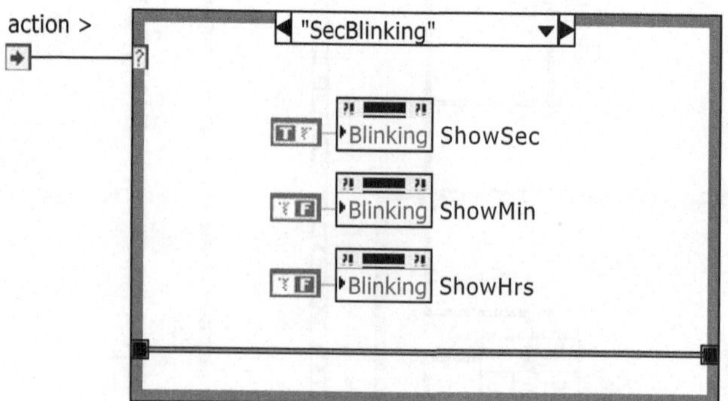

Abb. 12.16: Einstellen des Blink-Modus für Sekunden im Programm Swotch.vi

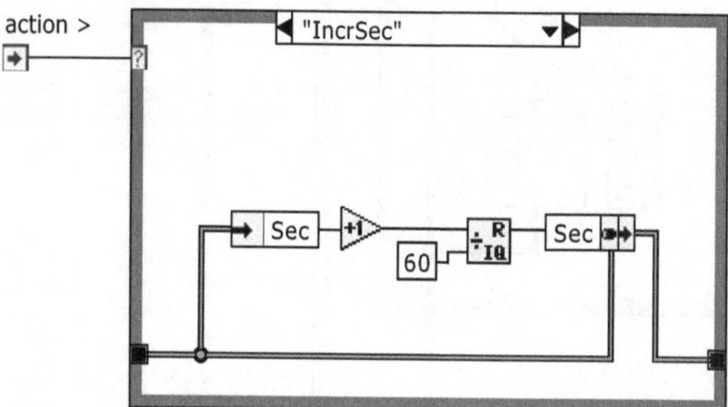

Abb. 12.17: Inkrementieren der Sekundenanzeige im Programm Swotch.vi

ning zurückzukehren werden dementsprechend im Fall *ShowTime* alle *Property Nodes* der Anzeige mit FALSE beschrieben.

Um in einem Einstellungsmodus für Stunden, Minuten oder Sekunden den entsprechenden Wert zu inkrementieren, dienen die Fälle *IncrSec*, *IncrMin* und *IncrHrs*. Beispielhaft für alle drei Fälle zeigt Abbildung 12.17 die Einstellung der Sekunden. Der Wert für die Sekunden wird dem *Cluster* der Systemvariablen entnommen, inkremen-

tiert und das Ergebnis mit der Funktion *Quotient & Remainder* (Quotient & Rest)
ausgewertet. Der Ausgang *Remainder* der Funktion entspricht dabei der Modulo-
Funktion textbasierter Programmiersprachen. Danach wird der neue Wert für die
Sekunden in das *Cluster* der Systemvariablen zurückgeschrieben.

Die Modulo-Funktionalität wird auch im Unterprogramm Tick.vi verwendet, um
die Zeitanzeige der laufenden Uhr zu aktualisieren (Abb. 12.18). Vom Hauptprogramm
werden die aktuellen Werte für die Sekunden *(SecIn)*, Minuten *(MinIn)* und Stunden
(HrsIn) übergeben. Wenn bei der Auswertung der Sekunden der Rest am Ausgang der
Funktion *Quotient & Remainder* Null wird, liefert der Vergleich mit Null TRUE und
nach der Umwandlung des booleschen Wertes in eine Ganzzahl wird dementsprechend
eine Eins zur Minutenanzeige addiert. In gleicher Weise wird der Wert der Minuten
ausgewertet und wenn sowohl Sekunden als auch Minuten einen Rest von Null aufweisen, wird in der Folge die Stundenanzeige inkrementiert. Anschließend werden die
aktuellen Werte für Sekunden *(SecOut)*, Minuten *(MinOut)* und Stunden *(HrsOut)*
wieder an das Hauptprogramm übergeben. Die Variable *ms to wait* mit dem Wert
1000 führt im Unterprogramm zum gewünschten Ablaufverhalten, bei der die Zeit in
der Anzeige der Uhr im Sekundentakt erhöht wird.

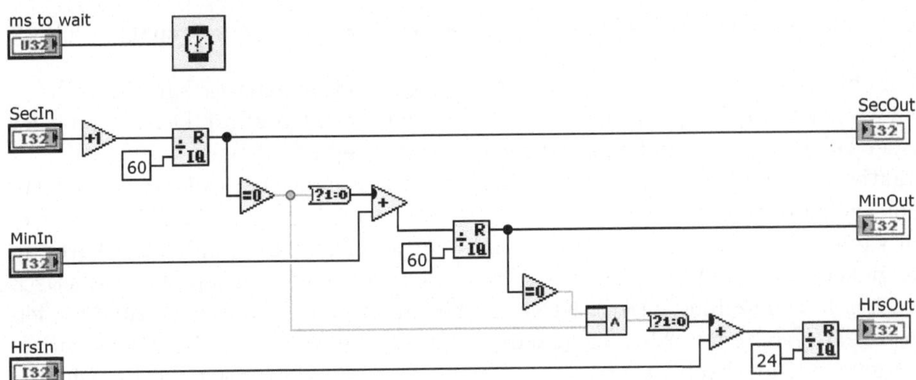

Abb. 12.18: *Block Diagram* des Unterprogramms Tick.vi zur Aktualisierung der Zeitanzeige

12.3 Beispiel: Fraktale

Die Berechnung und Darstellung eines Fraktals soll als zweites Beispiel für die Umsetzung eines endlichen Automaten in LabVIEW verwendet werden. Nach der Beschreibung der Aufgabenstellung wird zunächst eine von vielen Realisierungsmöglichkeiten
vorgestellt und anschließend gezeigt, wie die Software-Struktur weitgehend vereinfacht werden kann. Am Ende des Abschnitts wird dann kurz die Funktionsweise des
Programms erläutert.

Die erste, grundlegende Arbeit zu Fraktalen wurde bereits 1918 von Gaston Maurice Julia vorgelegt. 1975 führte Benoit Mandelbrot den Begriff „Fraktale" ein. Nach diesen beiden Mathematikern wurden die Julia-Mengen und die Mandelbrot-Menge benannt. Die Zunahme der Rechnerleistung hat der Mathematik von Fraktalen vielfältige Anwendungen im Bereich der anspruchsvollen Datenanalyse in vielen naturwissenschaftlichen Bereichen erschlossen. Darüber hinaus weisen Fraktale eine faszinierende Schönheit auf und sie sind recht einfach zu berechnen. Dies soll in diesem Beispielprogramm umgesetzt werden.

Aufgabenstellung

Um die Mandelbrot-Menge zu ermitteln, ist die Gleichung

$$z_{n+1} = z_n{}^2 + c \tag{12.1}$$

mit $n \in \mathbb{N}_0$ und $z_n, c \in \mathbb{C}$ ausreichend. Die Folge mit der Startbedingung $z_0 = 0$ dient als Test, ob der Punkt c zur Mandelbrot-Menge M gehört oder nicht. Die Mandelbrot-Menge ergibt sich gemäß

$$M = \{\, c \in \mathbb{C} \mid \text{Folge } (z_n) \text{ mit } z_{n+1} = z_n{}^2 + c \text{ und } z_0 = 0 \text{ ist beschränkt}\}. \tag{12.2}$$

Wenn die Folge für den jeweiligen Punkt c beschränkt ist gehört c zur Mandelbrot-Menge M. Wenn die Folge für den jeweiligen Punkt c nicht beschränkt ist, strebt der Wert der Folge gegen ∞ und c gehört nicht zur Mandelbrot-Menge.

Praktisch ist es nicht möglich, unendlich oft zu iterieren, aber es lässt sich zeigen, dass die Folge divergiert und z_n gegen ∞ strebt wenn $|z_n| > 2$ wird [40]. Die Iteration kann dann abgebrochen werden und dem jeweiligen Bildpunkt eine Farbe in Abhängigkeit von der Anzahl der Iterationen zugeordnet werden, um eine ästhetisch ansprechende Darstellung zu erzielen, d. h. die Punkte $c \in \mathbb{C}$, die nicht zur Mandelbrotmenge M gehören, werden farbig dargestellt. Da die Anzahl der Iterationsschritte n sehr groß werden kann bevor $|z_n| > 2$ wird, muss für die praktische Berechnung eine maximale Anzahl von Iterationsschritten N festgelegt werden, um die Rechenzeit zu begrenzen. Wenn die maximale Anzahl von Iterationen erreicht worden ist, wird angenommen, dass der jeweilige Punkt zur Mandelbrot-Menge gehört. Daher nimmt der Detailreichtum der Darstellung zu, wenn die maximale Anzahl von Iterationsschritten N erhöht wird. Ein geeigneter Wert ist z. B. $N = 100$. Für eine detaillierte Darstellung kann N anschließend erhöht werden.

Alle Elemente der Mandelbrot-Menge liegen im Bereich der komplexen Zahlenebene:

$$
\begin{aligned}
-2 \quad &< \ \mathrm{Re}(c) \ < \ 0.5 \quad \text{und} \\
-1.25 \ &< \ \mathrm{Im}(c) \ < \ 1.25
\end{aligned}
$$

und können nach der Berechnung in einem Bild, z. B. auf einem Monitor, dargestellt werden. In diesem Beispiel wird eine Bildgröße von 400 mal 400 Bildpunkten (*Pixel*) verwendet. Besonders ansprechende Ergebnisse werden erzielt, wenn nur ein Aus-

schnitt der komplexen Zahlenebene am Rand der Mandelbrotmenge M dargestellt
wird.

Für das einfache Programm `FractalGenerator.vi` zur Berechnung und Darstellung von Fraktalen könnte die Bedienoberfläche daher wie in Abbildung 12.19 gestaltet
werden. Dort ist es möglich, über verschiedene Schaltflächen die gewünschten Einstellungen vorzunehmen. Mit

- *Set Colors* kann die Farbgestaltung des Fraktals verändert werden,
- *Set Iterations* kann die die maximale Anzahl der Iterationen eingestellt werden,
- *Zoom In* kann ein Ausschnitt der komplexen Zahlenebene ausgewählt werden,
- *Zoom Out* kann wieder zur vorigen Vergrößerungsstufe zurückgekehrt werden,
- *Save Picture* können Bildparameter gespeichert werden,
- *Load Picture* können Bildparameter geladen werden und
- *Stop Program* wird das Programm beendet.

Die Betätigung einer Schaltfläche entspricht im Automatenmodell einem Ereignis,
welches eine entsprechende Aktion zur Folge hat. In Abhängigkeit vom jeweiligen
Ereignis werden im Bereich *Parameters* der Bedienoberfläche gegebenenfalls weitere
Bedienelemente eingeblendet. Das Ergebnis der Berechnung wird dann im unteren
Teil der Bedienoberfläche in einem *Intensity Graph* dargestellt.

Erläuterung der Software-Struktur

Da hier vornehmlich ein Beispiel für die Realisierung eines endlichen Automaten
betrachtet werden soll, ist die Funktionalität des Programms einfach gehalten worden, zum Beispiel wird eine in der Praxis immer erforderliche Ausnahmebehandlung
(Error Handling) nicht vorgenommen. Die Berechnung und Darstellung eines Fraktals
ist ein gutes Beispiel für eine dialogintensive Anwendung. Das Programm reagiert nur
auf Eingaben des Benutzers und führt im Anschluss daran die entsprechende Aktion
aus. Dieses Verhalten lässt sich vergleichsweise einfach mit einem Mealy-Automaten
modellieren. Im Zustandsdiagramm ist nur ein Zustand *Waiting* erforderlich. Dort
wird nach der Ausführung einer Aktion wieder auf eine neue Eingabe des Benutzers gewartet. Für viele Anwendungen ist diese einfache Struktur bereits ausreichend.
Natürlich ist es möglich, diese Struktur auch in Kombination mit anderen Modellen
zu verwenden.

Ein entsprechendes, allgemein gehaltenes Zustandsdiagramm für eine dialogintensive Anwendung zeigt Abbildung 12.20. Ein Ereignis hat eine Aktion zur Folge und
danach fällt der Automat wieder in den Zustand *Waiting*. Das Zustandsdiagramm
kann in Abhängigkeit von den vorhandenen Ereignissen in beliebiger Weise erweitert
werden. Die Darstellung des Automatenmodells in einer Zustands-Ereignis-Matrix
führt zu einer einzeiligen Zustands-Ereignis-Matrix, da nur ein Zustand vorhanden ist.
Die Modellierung dieses Anwendungsbeipiels durch einen Moore-Automaten würde zu
einem erheblich umfangreicheren Zustandsdiagramm führen, da es dann erforderlich
wäre, für jede Aktion einen eigenen Zustand einzuführen.

Im Beispiel für die Berechnung und Darstellung eines Fraktals ist es sinnvoll, jede
Schaltfläche als Ereignis zu betrachten und für jedes Ereignis einen Fall in einer Case-

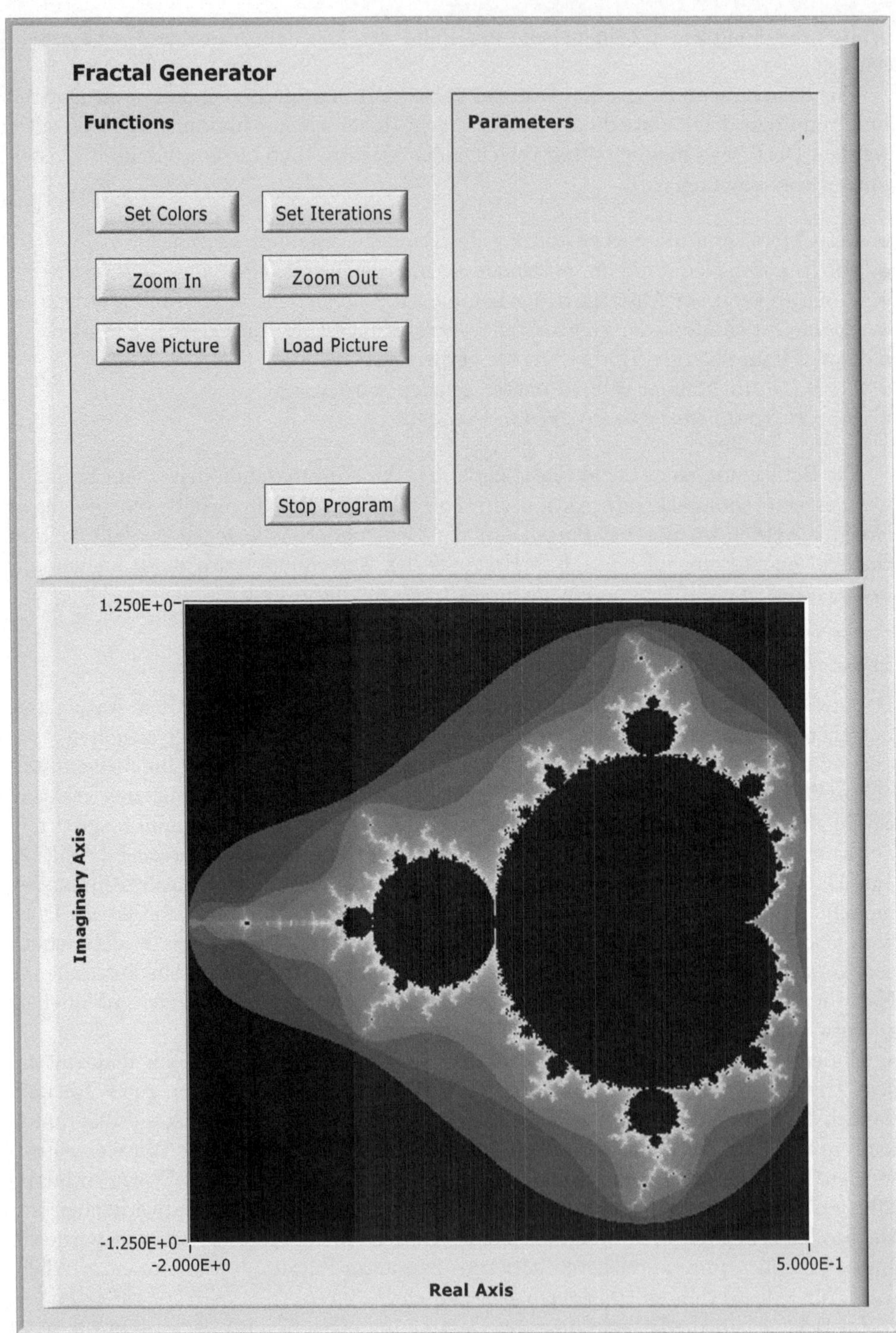

Abb. 12.19: Bedienoberfläche des Programms `FractalGenerator.vi`

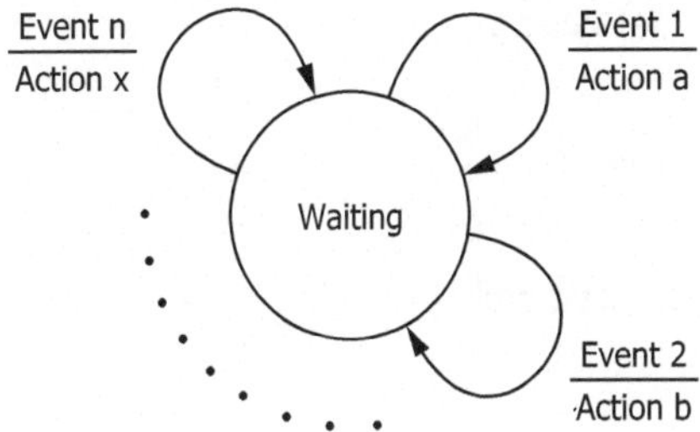

Abb. 12.20: Prinzipieller Aufbau eines Zustandsdiagramms mit einem Zustand für dialogintensive Anwendungen

Struktur vorzusehen (s. Abb. 12.21). Zudem enthält die Case-Struktur den Fall *Calculate Fractal* in dem das Fraktal berechnet wird. Dies ist immer dann der Fall, wenn die Anzahl der Iterationen verändert worden ist, ein neuer Ausschnitt der komplexen Zahlenebene eingeben worden ist oder wenn Bildparameter aus einer Datei geladen worden sind.

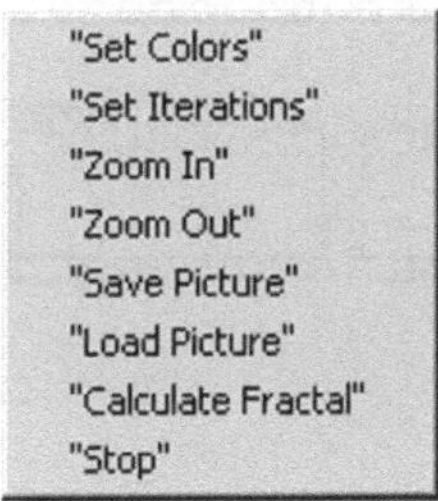

Abb. 12.21: Übersicht über die Aktionen des Programms `FractalGenerator.vi`

Die Umsetzung dieses Modells in LabVIEW ist unmittelbar möglich. Die prinzipielle Software-Struktur zeigt Abbildung 12.22. Die äußere Kontrollstruktur besteht aus einer Sequenz mit drei Rahmen. Im ersten Rahmen wird das Programm initialisiert *(System Initialization)* und im dritten Rahmen wird das System zurückgesetzt *(System Reset)*. Im mittleren Rahmen der Sequenz-Struktur ist der endliche Automat platziert, der aus einer While-Schleife besteht. In dieser befindet sich eine Sequenz-Struktur mit zwei Rahmen. Im ersten Rahmen wird überprüft, ob ein Ereignis eingetreten ist *(Event Handler)* und im zweiten Rahmen wird in Abhängigkeit des jeweiligen Ereignisses die entsprechende Aktion in einem Fall der mehrseitigen Fallunterscheidung ausgeführt *(Action Selector)*. Die prinzipielle Struktur innerhalb eines Falls der Fallunterscheidung besteht wiederum aus einer Sequenz mit drei Rahmen. Der erste Rahmen wird hier verwendet, um die Schalter der Bedienoberfläche auszugrauen und zu deaktivieren *(Setup)*. Im dritten Rahmen werden die Elemente der Bedienoberfläche dem Benutzer wieder zugänglich gemacht *(Reset)* und im zweiten Rahmen erfolgt die eigentlich Aktion *(Run)*.

Abbildung 12.23 zeigt beispielhaft das *Block Diagram* in LabVIEW für den Fall, dass das Programm die Möglichkeit bietet, die Farben des Fraktals zu verändern. Besonders auffallend ist, dass durch die Verschachtelung von sechs Kontrollstrukturen die Lesbarkeit des *Block Diagrams* erheblich beeinträchtigt wird. Nach einem ersten Entwurf des Programms, der sich insbesondere für die Erläuterung der prinzipiellen

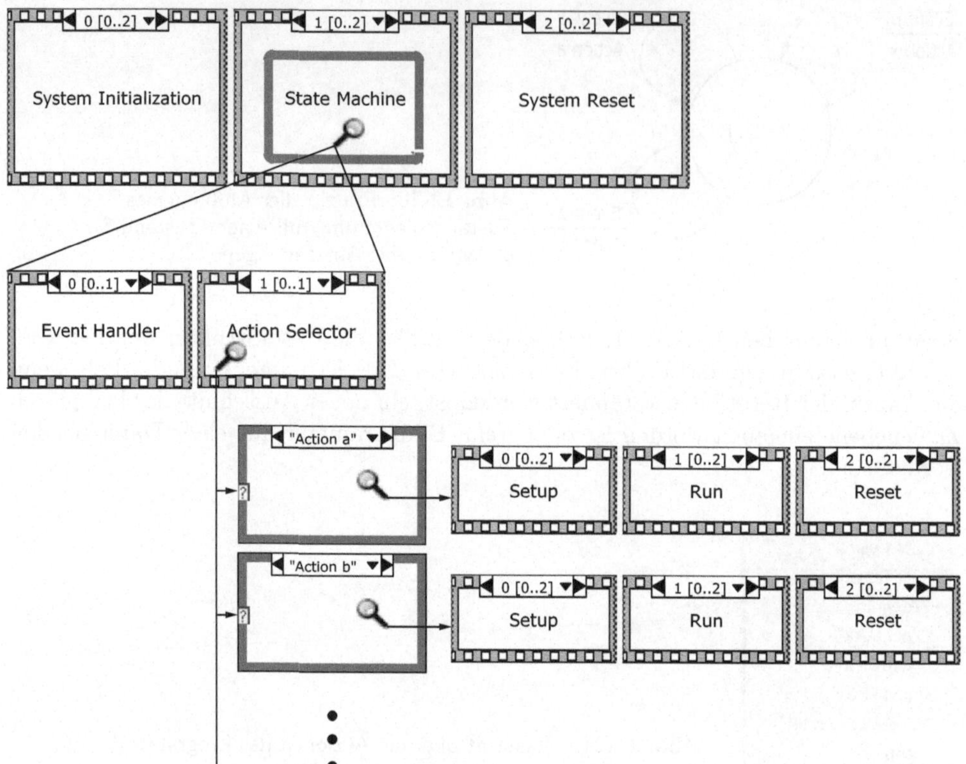

Abb. 12.22: Prinzipielle Software-Struktur des Programms `FractalGenerator.vi` vor einer Vereinfachung

Software-Struktur geeignet hat, soll daher im Folgenden in zwei Schritten aufgezeigt werden, wie die Software-Struktur vereinfacht werden kann, um die Lesbarkeit des *Block Diagrams* zu verbessern.

In der äußersten Sequenz wird der erste Rahmen für die Initialisierung des Programms verwendet und im dritten Rahmen wird vor dem Beenden des Programms das System in geeigneter Weise zurückgesetzt. Diese beiden Aktionen können auch in das Automatenmodell integriert werden, wenn zwei weitere Zustände, *(Open)* und *(Close)*, eingeführt werden (Abb. 12.24). Dann erfolgt nach dem Aufruf des Programms unmittelbar ein Übergang vom Anfangszustand *(Open)* zum Zustand *(Waiting)* und als Aktion wird das Programm initialisiert *(Initialize System)*. Dafür ist in der Case-Struktur der entsprechende Fall einzufügen. Beim Beenden des Programms wird durch Betätigen des Schalters *Stop* das Programm zurückgesetzt. Für diese Aufgabe kann der in der Case-Struktur vorhandene Fall *(Stop)* verwendet werden. In diesem Beispiel ist der Fall in *(Reset System)* umbenannt worden. Als Vorteil ergibt sich, dass die äußere Sequenz-Struktur aus Abbildung 12.22 vollständig entfällt.

Abbildung 12.25 zeigt die Software-Struktur in LabVIEW nach dieser Vereinfachung. Die äußere While-Schleife enthält nun eine Sequenz mit zwei Rahmen. Im ers-

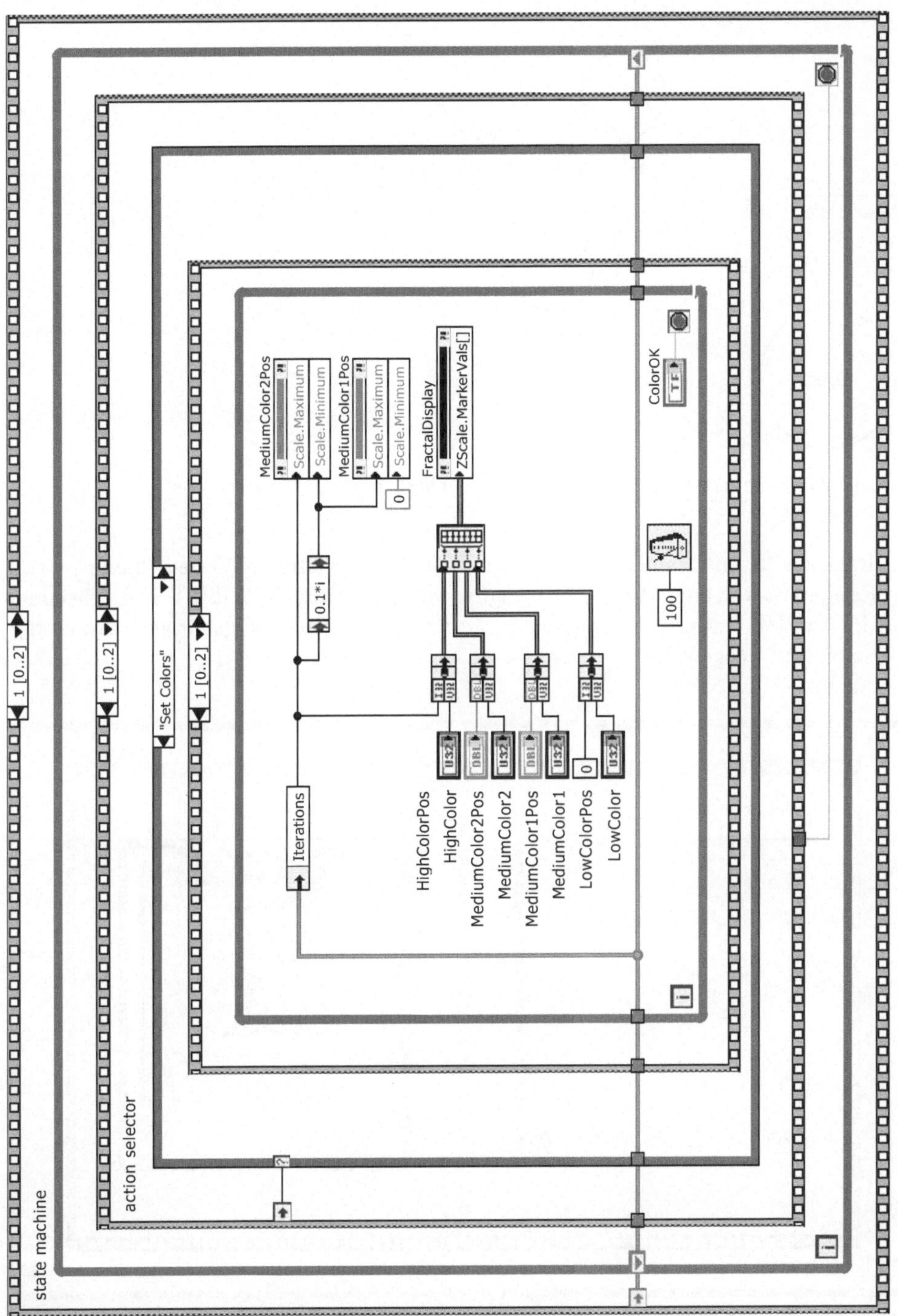

Abb. 12.23: *Block Diagram* des Programms `FractalGenerator.vi` mit dem Fall *Set Colors* vor einer Vereinfachung der Software-Struktur

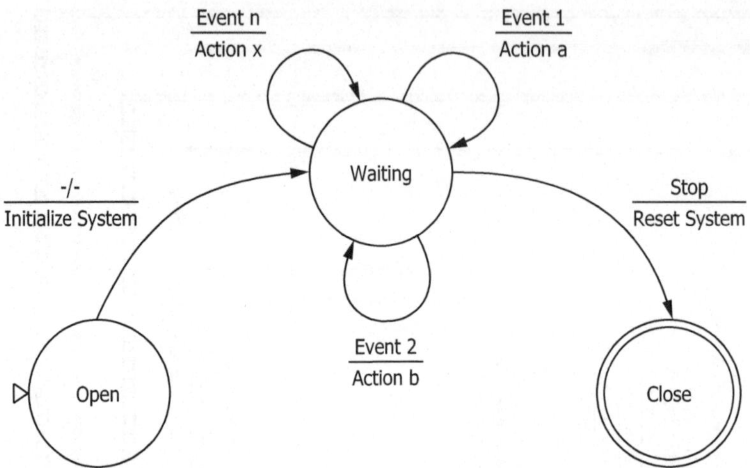

Abb. 12.24: Erweitertes Zustandsdiagramm mit *Open* und *Close* Zustand

ten Rahmen *(Event Handler)* erfolgt innerhalb einer weiteren While-Schleife zentral die Ereignisverwaltung. Wenn ein Ereignis auftritt, wird die While-Schleife beendet und im zweiten Rahmen der Sequenz *(Action Selector)* der zugehörige Fall aus der Case-Struktur ausgewählt.

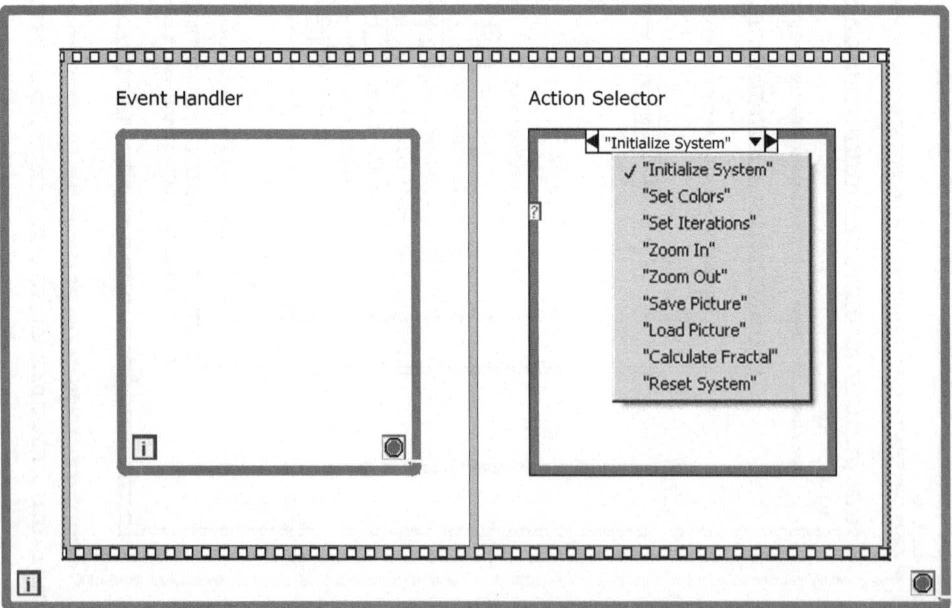

Abb. 12.25: Prinzipielle Software-Struktur des Programms `FractalGenerator.vi` nach der ersten Vereinfachung

Diese Programmstruktur enthält zwei ineinander geschachtelte While-Schleifen. In einem weiteren Schritt lässt sich diese Struktur nochmals vereinfachen, wenn die Ereignisverwaltung in einen neuen Fall *(Idle)* der Case-Struktur integriert wird und die äußere While-Schleife auch für die Ereignisverwaltung genutzt wird. Solange kein Ereignis eintritt, wird wiederholt der Leerlauffall *(Idle)* aufgerufen. Dadurch kann in der in Abbildung 12.25 dargestellten Software-Struktur die While-Schleife der Ereignisverwaltung entfallen und da diese nun in einem Fall der Case-Struktur untergebracht worden ist, kann auch die Sequenz-Struktur entfallen. Als Resultat ergibt sich die in Abbildung 12.26 gezeigte Programmstruktur, die nur noch eine Fallunterscheidung innerhalb einer While-Schleife benötigt, um das Automatenmodell umzusetzen. Die Case-Struktur enthält nun noch den neuen Fall *Idle*, in dem die Ereignisverwaltung vorgenommen wird und der wiederholt aufgerufen wird, solange kein Ereignis eingetreten ist.

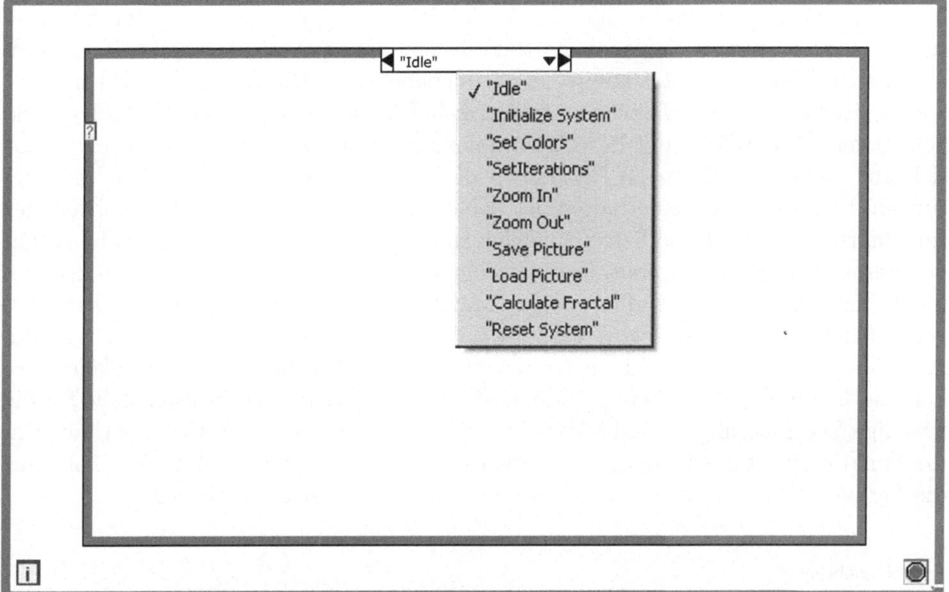

Abb. 12.26: Prinzipielle Software-Struktur des Programms `FractalGenerator.vi` nach der zweiten Vereinfachung

Programmvariablen

Nach der Vereinfachung der Software-Struktur soll nun die Realisierung des Programms `FractalGenerator.vi` behandelt werden. In einem ersten Schritt werden alle Variablen des Programms in einem *Cluster* zusammengefasst, welches als *Strict Type Def.* (Strikte Typ Definition) angelegt worden ist. Dieses Vorgehen bietet die bereits in Abschnitt 9.2.4 erläuterten Vorteile bei der Programmentwicklung:

- Dem *Cluster* können jederzeit Elemente hinzugefügt oder entnommen werden, ohne dass Änderungen im Programm erforderlich werden, da über die Typ Definition alle anderen Programme und Unterprogramme automatisch aktualisiert werden.

- Soweit die polymorphen Funktionen es in LabVIEW unterstützen, können auch nachträglich Datentypen verändert werden, ohne dass eine Bearbeitung des *Block Diagrams* erforderlich wird.

- Die Systemvariablen können als Busleitung durch die Programmstruktur geführt werden. So können unübersichtliche Blockdiagramme vermieden werden.

- In Kombination mit der konsequenten Verwendung der Funktion *Unbundle By Name* (Nach Namen aufschlüsseln) ist es möglich, die Variablen dem *Cluster* in der gewünschten Reihenfolge zu entnehmen. Da die Funktion zudem den Bezeichner der Variablen anzeigt, entstehen auf diese Weise Programme, die in hohem Maße selbstdokumentierend sind.

Das *Cluster* für die Systemvariablen ist in Abbildung 12.27 dargestellt. $Xmin$ und $Xmax$ geben den minimalen und maximalen Wert für den Realteil an, um den Ausschnitt der komplexen Zahlenebene festzulegen. Vergleichbar dazu gibt $Ymin$ den minimalen Imaginärteil der komplexen Zahlenebene an. Die Bildgröße wird in horizontale Richtung über $XPixel$ und in vertikale Richtung über $YPixel$ festgelegt. Die Schrittweite $StepWidth$ mit der die komplexe Zahlenebene durchlaufen wird, ergibt sich aus $(Xmax - Xmin)/XPixel$. Um die Proportionen des Bildes bei Veränderungen des Ausschnitts zu erhalten, ist daher eine Variable für den Maximalwert des Imaginärteils nicht erforderlich. Schließlich kann über $Iterations$ die maximale Anzahl der Iterationen beim Test eines Punktes eingestellt werden und das *Enum*, in dem die möglichen Aktionen des endlichen Automaten abgelegt sind, wird für die Ereignisverwaltung benötigt. Die letzte Variable im *Cluster*, $ZoomCount$ wird benötigt, um nach einem Zoom in das Bild wieder zur vorigen Vergrößerungsstufe zurückkehren zu können. Diese Variable ist ein zweidimensionales *Array*, welches in jeder Zeile für die jeweilige Vergrößerungsstufe die Variablen $Xmin$, $Ymin$ und $StepWidth$ enthält. Um die Funktionalität des Programms möglichst einfach zu halten, sind die Variablen für die Farbgestaltung in diesem Beispiel nicht im *Cluster* abgelegt worden.

FractalVariables

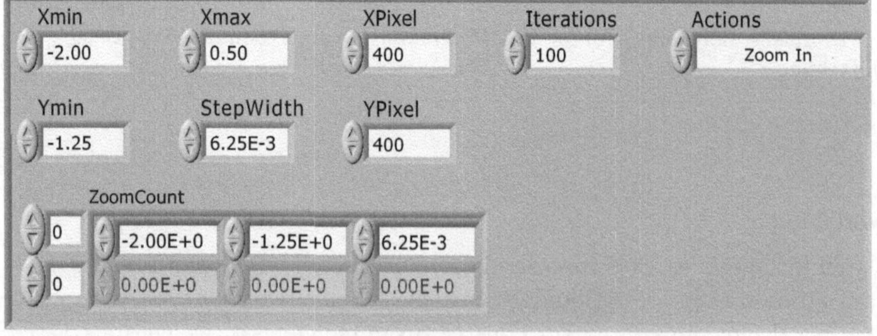

Abb. 12.27: Systemvariablen des Programms `FractalGenerator.vi`

Programmablauf

Das in Abbildung 12.28 dargestellte *Block Diagram* wird direkt nach dem Programmstart abgearbeitet. Das obere *Shift Register* wird mit der Aktion *Initialize System* initialisiert und dementsprechend wird in der Case-Struktur der Fall *Initialize System* ausgewählt und ausgeführt. Dieser dient im Wesentlichen dazu, die Daten des *Clusters FractalVariables* an das untere *Shift Register* weiterzuleiten, so dass die Systemvariablen im weiteren Programmablauf zur Verfügung stehen. Weiterhin wird hier innerhalb des ersten Rahmens der Sequenz der *Intensity Graph* über einen *Property Node* (Eigenschaftsknoten) initialisiert und ein weiterer *Property Node* wird hier verwendet, um die Cursor in geeigneter Weise zu initialisieren. Dafür wird im *Property Node* zunächst der erste Cursor ausgewählt, über eine *Color Box* wird ihm eine Farbe zugewiesen und da er zunächst nicht benötigt wird, wird er unsichtbar geschaltet. Zuletzt wird noch die Cursor-Position (x- und y-Position) festgelegt und dann wird der zweite Cursor in vergleichbarer Weise vorbelegt. Der zweite Rahmen der Sequenz ist nicht in der Abbildung dargestellt worden. In diesem werden lediglich alle Schalter, die zunächst nicht benötigt werden, z. B. für die Farbeinstellung, über *Property Nodes* unsichtbar geschaltet. Alle Schalter der Bedienoberfläche werden über lokale Variablen auf FALSE gesetzt. Die einzige Ausnahme ist der Schalter *CalculateFractal*, da nach dem Programmstart direkt das Fraktal berechnet werden soll.

Der prinzipielle Programmablauf ist so gestaltet, dass nach der Abarbeitung eines Falles das Bedingungsterminal der While-Schleife immer mit FALSE verdrahtet wird. Die einzige Ausnahme stellt der Fall *Stop* dar. Dort kann das Programm vor Beendigung in geeigneter Weise zurückgesetzt werden und dort wird das Bedingungsterminal mit TRUE verdrahtet. Nach der Abarbeitung eines Falles der Case-Struktur wird mit Hilfe eines *Enum* immer in den Leerlauffall *Idle* gewechselt, um dort die Ereignisverwaltung durchzuführen.

Die Ereignisverwaltung im Leerlauffall *Idle* zeigt Abbildung 12.29. Wie bereits in Abschnitt 12.1 erläutert, werden die Daten aller Schalter der Bedienoberfläche zu einem *Array* zusammengefasst und dieses *Array* wird nach TRUE durchsucht. Das Ergebnis der Suche wird der Funktion *Type Cast* (Typenformung) zugeführt, ebenso wie das *Enum* der möglichen Aktionen, welches dem *Cluster* der Systemvariablen entnommen worden ist. Das Resultat der Typenformung wird dem oberen *Shift Register* der While-Schleife übergeben, um in Abhängigkeit vom jeweiligen Ergebnis der Suche den entsprechenden Fall der Case-Struktur aufzurufen.

Um die Kompatibilität der Daten an den Eingängen der Funktion *Type Cast* sicherzustellen, wird das Ergebnis der Suche im *Array* in den Datentyp U16 umgewandelt. Wenn kein Schalter betätigt worden ist, und dementsprechend kein Element des eindimensionalen *Arrays* mit dem Wert TRUE gefunden worden ist, liefert die Funktion *Search 1D Array* am Ausgang eine -1. Deshalb wird das Ergebnis der Suche mit Hilfe der Funktion *Increment* um Eins erhöht. Dies hat zur Folge, dass bei einer erfolglosen Suche im *Array* der Standardfall der Case-Struktur, hier der Leerlauffall *Idle*, erneut aufgerufen wird und wieder nach einem Ereignis gesucht wird. Wenn im *Array* kein Ereignis detektiert worden ist, werden über *Property Nodes* alle Schalter der Bedienoberfläche aktiviert (0 am Eingang der Funktion *Select*) andernfalls werden alle Schalter der Bedienoberfläche deaktiviert und ausgegraut (2 am Eingang

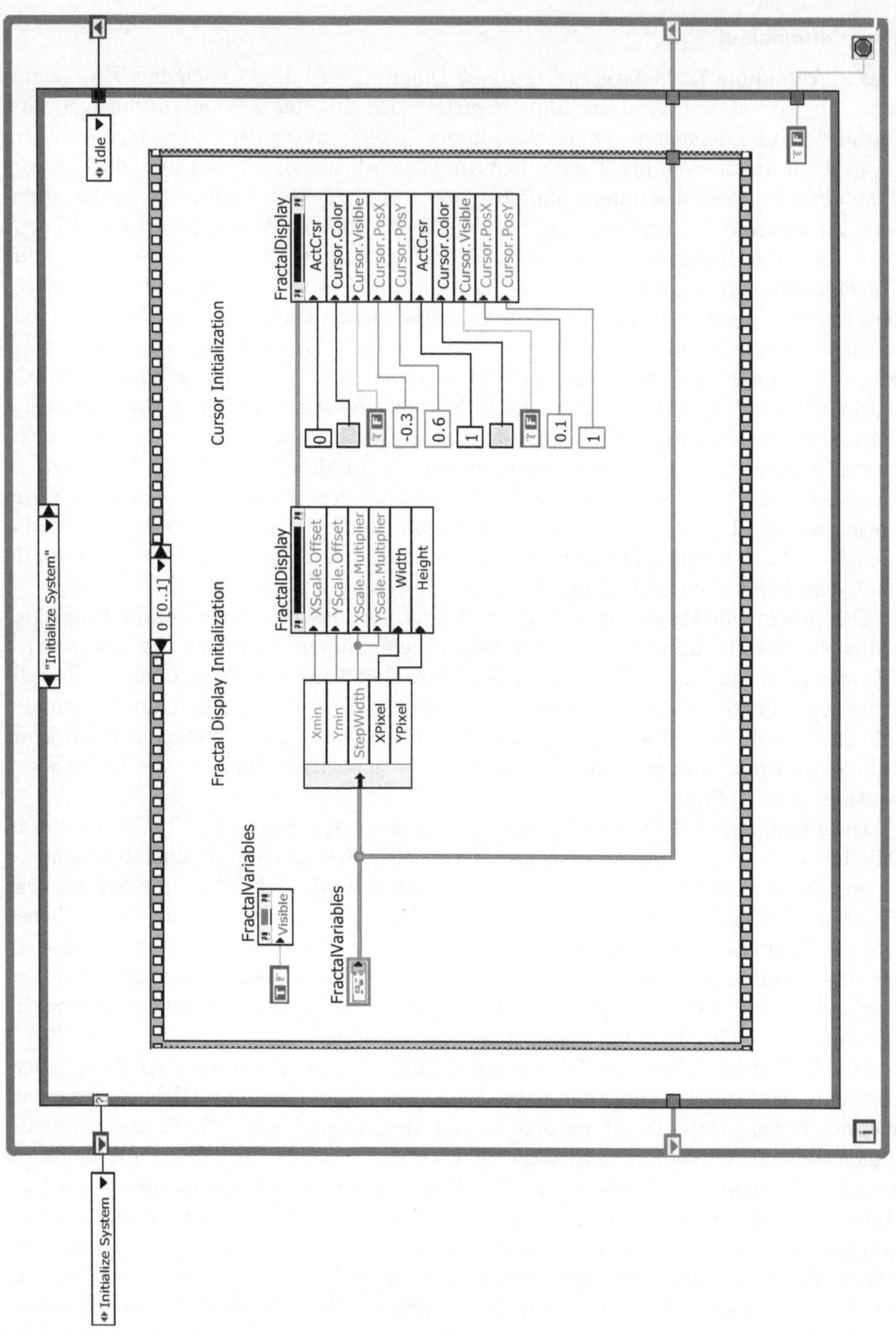

Abb. 12.28: Initialisierung des Programms `FractalGenerator.vi`

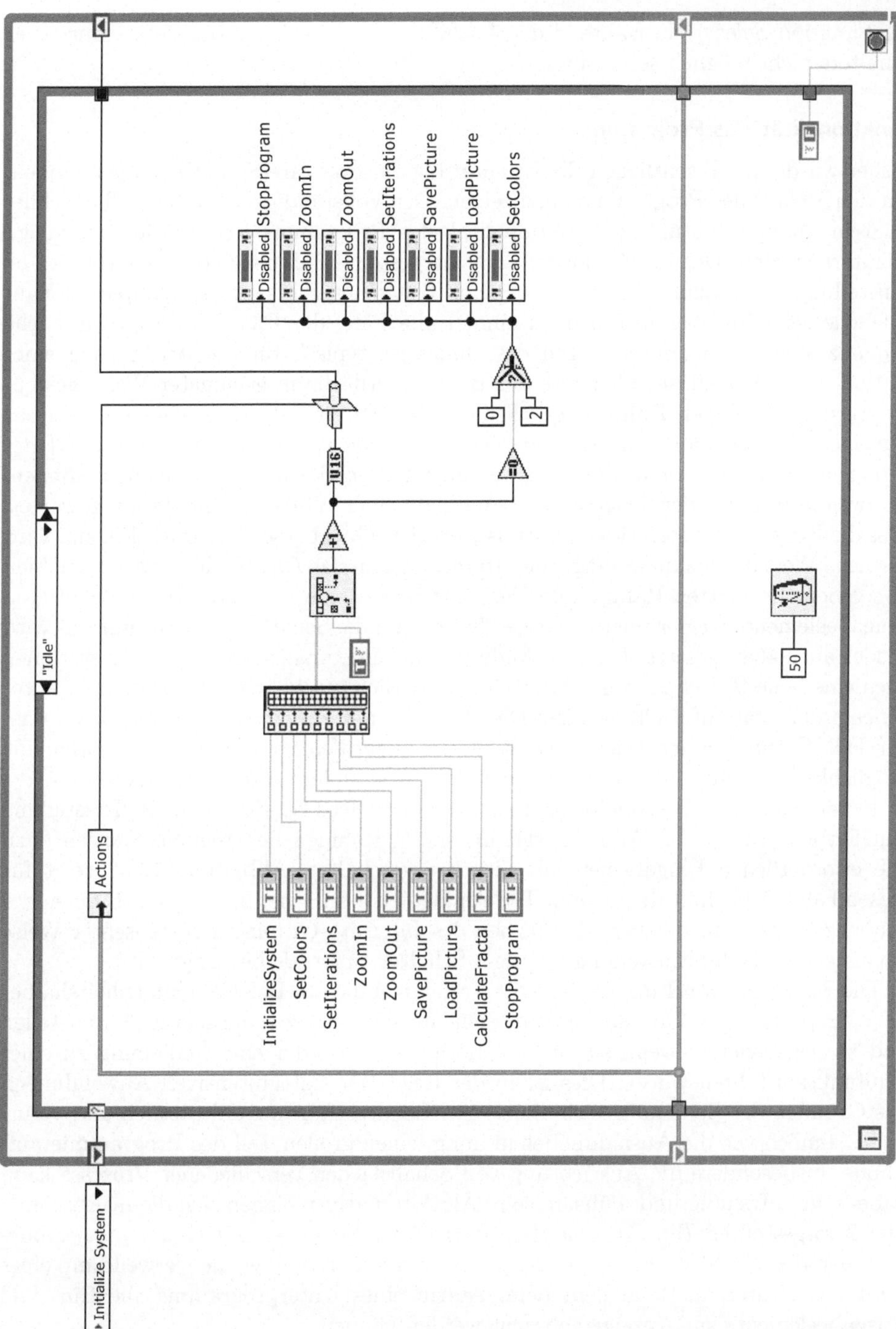

Abb. 12.29: Ereignisverwaltung im Programm `FractalGenerator.vi`

der Funktion *Select*), da während der Ausführung einer Aktion die Betätigung eines Schalters nicht möglich sein sollte.

Funktionalität des Programms

Bisher wurde im Wesentlichen die Erläuterung der Software-Struktur vorgenommen, um den Ablauf des Programms aufzuzeigen. Der Vollständigkeit halber soll abschließend in knapper Form die Funktionalität des Programms `FractalGenerator.vi` erläutert werden. Der in Abbildung 12.30 dargestellte Fall der Case-Struktur für die Einstellung der maximalen Iteration beim Test eines Punktes der komplexen Zahlenebene zeigt im oberen Teil noch einmal alle Fälle der Case-Struktur. Die flache Sequenz-Struktur im unteren Teil des Bildes ist typisch für die Ausführung einer Aktion, bei der auch die Elemente der Bedienoberfläche in geeigneter Weise gesteuert werden. Im linken Rahmen der Sequenz werden zwei Eingabeelemente sichtbar gemacht: ein *Control* für die Eingabe der maximalen Iterationszahl, *Number Of Iterations* und ein *Control*, um die Eingabe mittels *IterationsOK* bestätigen zu können. Im zweiten Rahmen der Sequenz wird innerhalb einer While-Schleife darauf gewartet, dass die Eingabe der Iterationen mittels *IterationsOK* abgeschlossen wird. Dann wird der neue Wert der maximal möglichen Iterationen an das *Cluster* der Systemvariablen übergeben. Im dritten Rahmen der Sequenz werden die nun nicht mehr benötigten Eingabeelemente wieder unsichtbar geschaltet und die Schaltfläche *SetIterations* wird wieder auf `FALSE` gesetzt. Da eine Änderung der maximalen Anzahl von Iterationen auch eine neue Berechnung des Fraktals erforderlich macht, wird zudem der Schalter *CalculateFractal* auf `TRUE` gesetzt. Dies führt in der Ereignisverwaltung dazu, dass der Fall *CalculateFractal* der Case-Struktur aufgerufen wird, ohne dass vorher die Möglichkeit besteht, auf der Bedienoberfläche eine andere Aktion auszulösen.

In vergleichbarer Weise wird im Fall *Set Colors* der Case-Struktur die Einstellung von Farben ermöglicht (Abb. 12.31). Im ersten Rahmen der Sequenz werden dazu alle erforderlichen Eingabeelemente sichtbar geschaltet. Abbildung 12.32 zeigt für diesen Fall beispielhaft den oberen Teil der Bedienoberfläche. Im zweiten Rahmen der Sequenz ist es dann möglich, die Farben des *Intensity Graphs* in gewünschter Weise einzustellen, bis die Einstellung mit dem Schalter *ColorOK* bestätigt wird.

Die Steuerung von Eingabeelementen erfolgt in diesem Beispiel einfachheitshalber über *Property Nodes*, um die Eingabeelemente sichtbar bzw. ausgegraut darzustellen und zu deaktivieren, wenn sie nicht benötigt werden oder eine Bedienung zu einer Fehlfunktion führen würde. Dies ist in der Regel bei dialogintensiven Anwendungen aus Gründen der Bedienungssicherheit bzw. Benutzerführung erforderlich und verursacht, ähnlich wie die Ausnahmebehandlung, einen großen Teil des Programmieraufwands. Insbesondere die Ausrichtung von Schaltflächen verschiedener Prozesse kann dabei sehr aufwendig und mühsam sein. Als Alternativen eignen sich die in Abschnitt 11.8.2 vorgestellten *Tab Controls* (Registerkarten), bei denen mittels *Property Nodes* zwischen den einzelnen Seiten umgeschaltet werden kann oder die Verwendung eines *SubPanel* (Unterpanel), in dem beim Aufruf eines Unterprogramms alle Ein- und Ausgabeelemente zur Anzeige gebracht werden können.

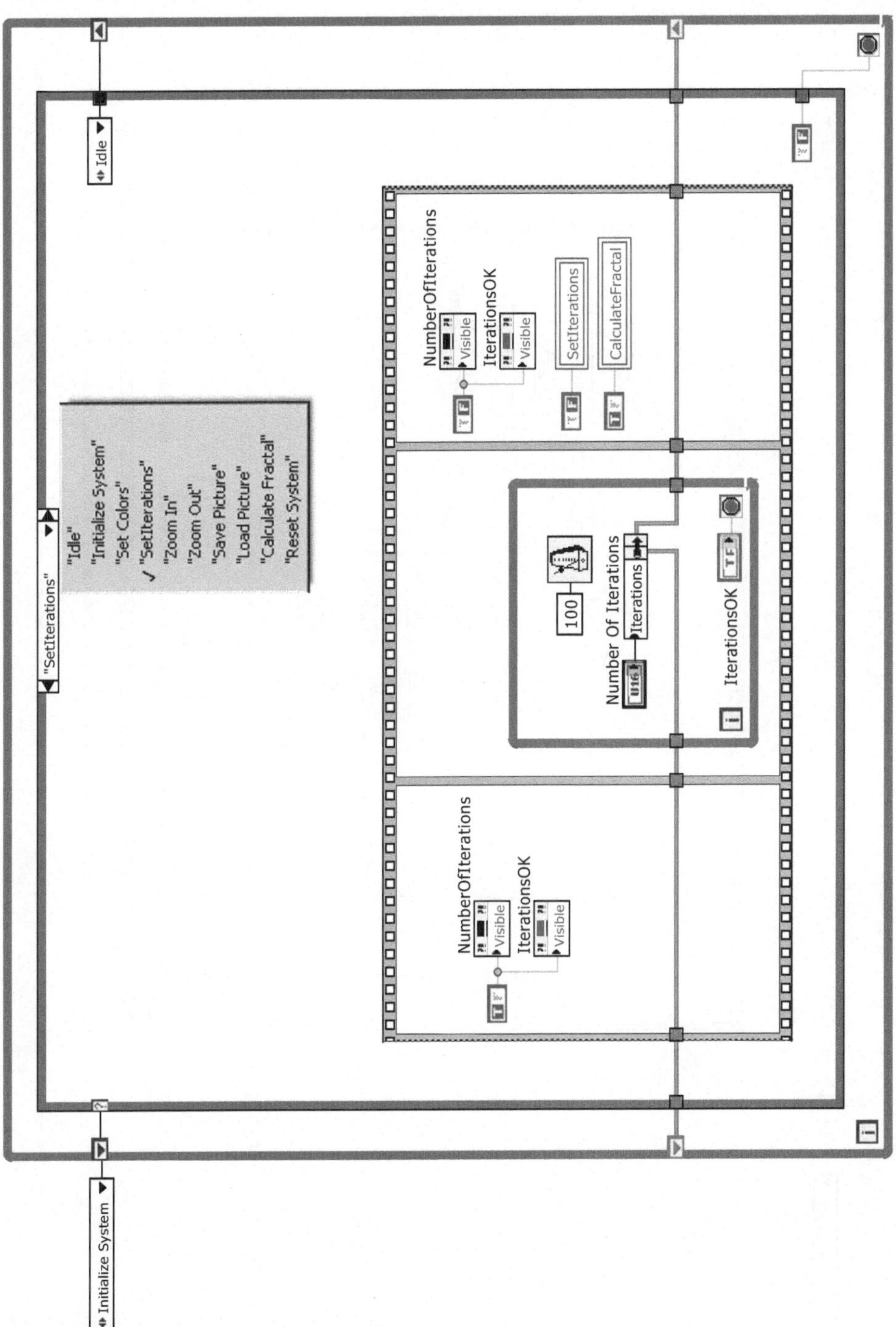

Abb. 12.30: *Block Diagram* des Programms `FractalGenerator.vi` zur Einstellung der maximalen Iterationszahl *(SetIterations)*

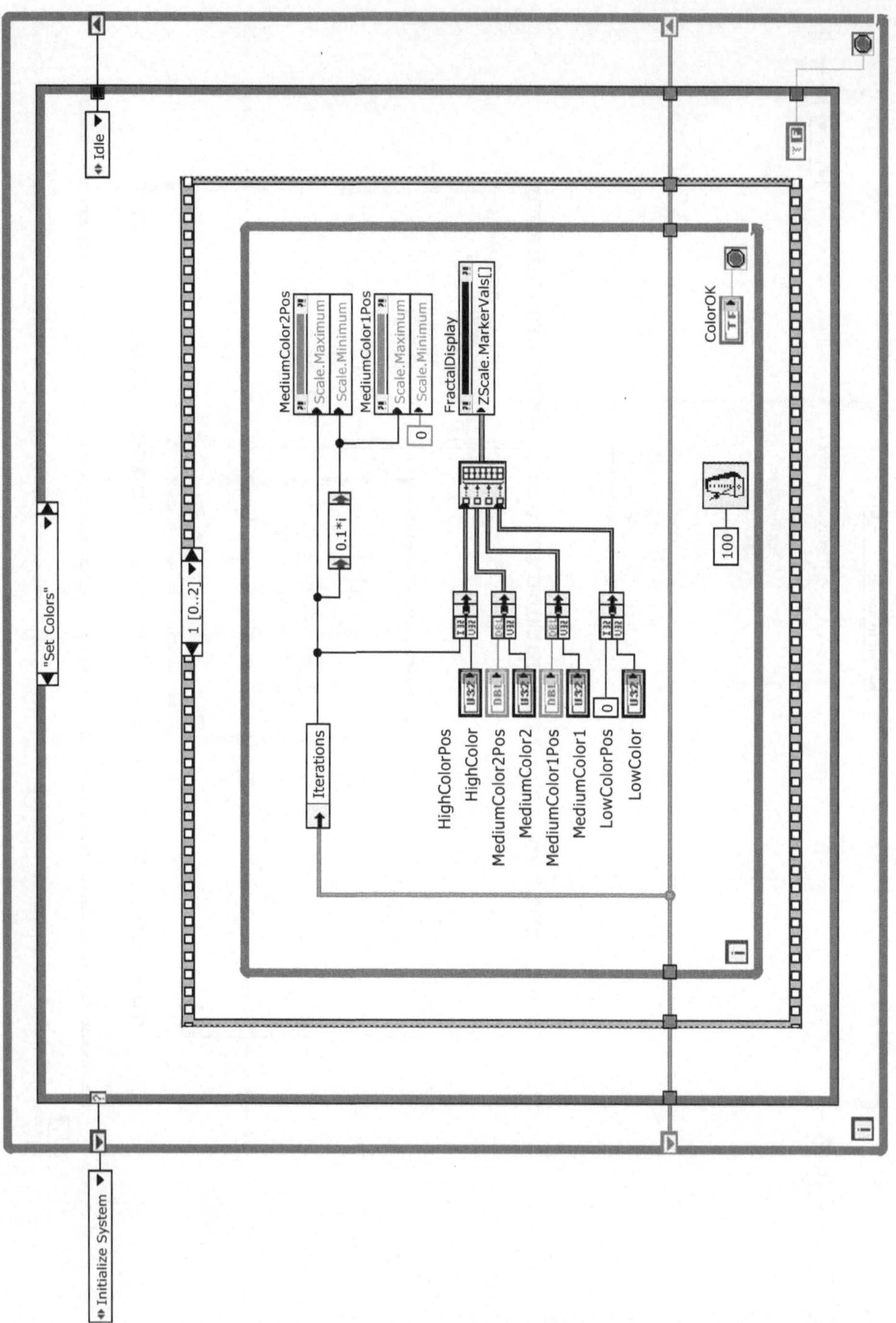

Abb. 12.31: *Block Diagram* des Programms `FractalGenerator.vi` zur Einstellung der Farbgestaltung *(SetColors)*

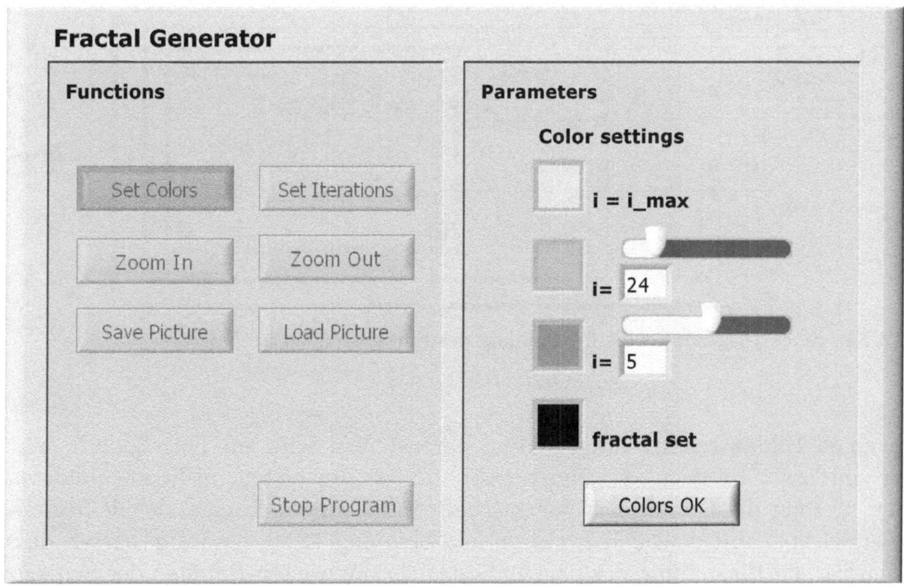

Abb. 12.32: Oberer Teil der Bedienoberfläche des Programms `FractalGenerator.vi` nach Aufruf der Farbeinstellung *(SetColors)*

Die farbliche Gestaltung des *Intensity Graphs* ist in diesem Beispiel für vier Zahlenwerte möglich. Dafür wird mit Hilfe der Funktion *Bundle* (Bündeln) viermal eine Kombination aus Farbwert und der Position des Farbwerts auf der z-Achse des *Intensity Graphs* erzeugt, zu einem eindimensionalen *Array* zusammengefasst und an den *Property Node ZScale, MarkerVals* (z-Achse.Markerwerte) übergeben.

Der Vergleich von Abbildung 12.31 mit Abbildung 12.23 zeigt, dass durch die Vereinfachung der Software-Struktur eine bessere Lesbarkeit des Programms erreicht worden ist. Dies ist im Wesentlichen darauf zurückzuführen, das programmtechnisch erforderliche Elemente wie die Initialisierung, das Zurücksetzen des Programms vor dem Beenden und die Ereignisverwaltung in die Case-Struktur verlagert worden sind.

Die Berechnung des Fraktals erfolgt im Fall *Calculate Fractal* der Case-Struktur. Hier wird nur das Unterprogramm `CalculateFractal.vi` zur Berechnung des Fraktals aufgerufen. Das *Block Diagram* des Unterprogramms zeigt Abbildung 12.33. Dem *Cluster* der Systemvariablen werden zunächst die erforderlichen Variablen entnommen. Dann erfolgt in der äußeren For-Schleife die Ermittlung der Zahlenwerte für den Realteil der komplexen Zahlenebene, indem der Iterationszähler der For-Schleife mit der Variablen *StepWidth* multipliziert wird und anschließend der Wert der Variablen *Xmin* addiert wird. In vergleichbarer Weise wird in der inneren For-Schleife der Wert des Imaginärteils ermittelt. Dort werden auch beide Ergebnisse zu einer komplexen Zahl zusammengesetzt und innerhalb der While-Schleife wird dann gemäß Gleichung 12.1 der Punkt der komplexen Zahlenebene daraufhin untersucht, ober er zur Mandelbrot-Menge gehört oder nicht. Das Ergebnis der Auswertung nach Gleichung 12.2 kann direkt an den *Intensity Graph* übergeben werden, da bei beiden Tunneln der For-Schleifen die automatische Indizierung aktiviert worden ist.

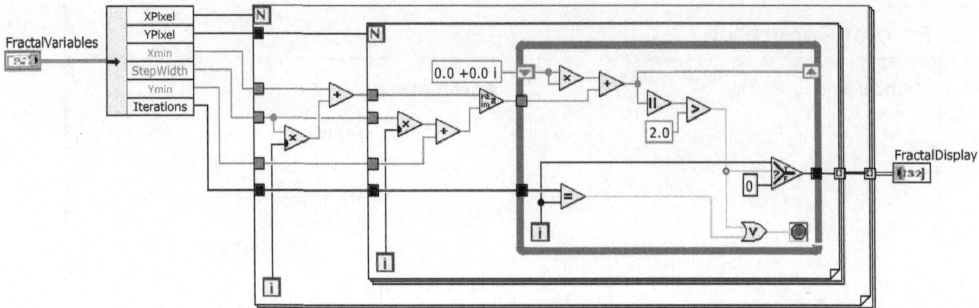

Abb. 12.33: *Block Diagram* für die Berechnung des Fraktals *(CalculateFractal)*

Um einen Bildausschnitt des Fraktals darzustellen, wird im Fall *ZoomIn* eine Sequenz mit zwei Rahmen verwendet (Abb. 12.34). Im ersten, nicht abgebildeten Rahmen, werden die Cursor sichtbar geschaltet und innerhalb einer While-Schleife wird, vergleichbar mit dem Fall *Iteration* in Abbildung 12.30, darauf gewartet, dass der Benutzer die Einstellung der Cursor bestätigt. Im zweiten Rahmen der Sequenz werden zunächst die aktuellen Werte *Xmin*, *Ymin* und *Stepwidth* als neue Zeile in das zweidimensionale *Array ZoomCount* eingefügt. Anschließend werden die aktuellen Cursor-Positionen ausgewertet, über einen *Property Node* wird der *Intensity Graph*

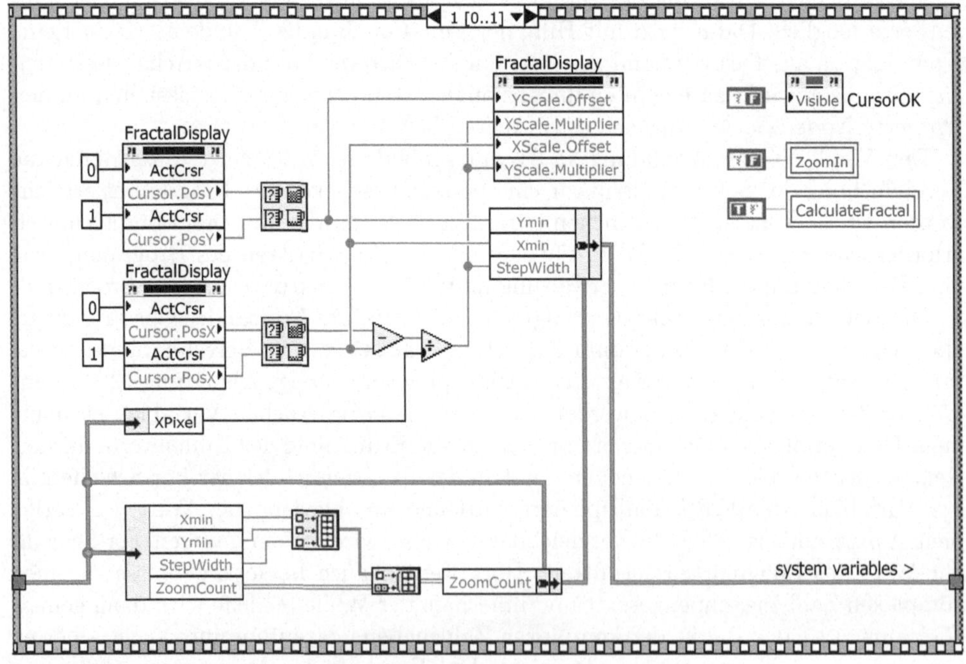

Abb. 12.34: Auswählen eines Bildausschnitts *(ZoomIn)*

mit den aktuellen Werten aktualisiert und die neuen Werte für $Xmin$, $Ymin$ und *Stepwidth* werden in das *Cluster* der Systemvariablen eingefügt. Schließlich werden die Schalter der Bedienoberfläche wieder zurückgesetzt und über eine lokale Variable wird der Schalter *CalculateFractal* auf TRUE gesetzt, damit das Fraktal anschließend mit den neuen Werten berechnet werden kann.

Damit es möglich wird, zu einer vorigen Vergrößerungsstufe zurückzukehren (Abb. 12.35), wird im Fall *ZoomOut* dem zweidimensionalen *Array ZoomCount* mit Hilfe der Funktion *Delete From Array* (Aus Array entfernen) die oberste Zeile entnommen. Aus dieser Zeile werden die Variablen $Xmin$, $Ymin$ und *Stepwidth* mittels *Index Array* (Array Indizieren) extrahiert, an einen *Property Node* des *Intensity Graphs* und an das *Cluster* der Systemvariablen übergeben. Gleichfalls wird das aktuelle *Array* an das *Cluster* der Systemvariablen weitergeleitet. Nur wenn die oberste Vergrößerungsstufe erreicht worden ist und das *Array ZoomCount* nach dem Löschen einer Zeile dementsprechend leer ist, wird die gelöschte Zeile wieder in das *Array* eingefügt und an die Systemvariable *ZoomCount* weitergegeben.

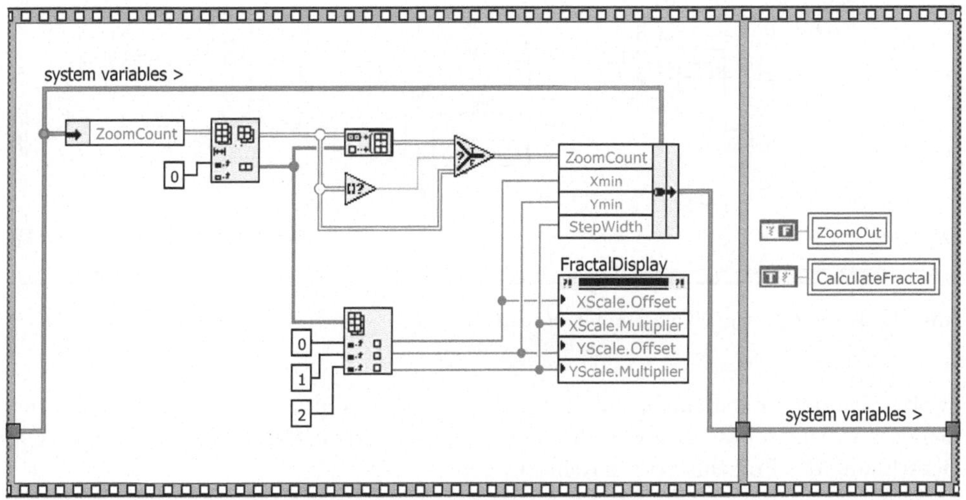

Abb. 12.35: Rückkehren zur vorigen Vergrößerungsstufe *(ZoomOut)*

Zum Abspeichern der Parameter des Fraktals werden aus dem *Cluster* der Systemvariablen die erforderlichen Daten entnommen, mit *Build Array* (Array erstellen) zu einem eindimensionalen Array zusammengesetzt und mit Hilfe der Funktion *Write To Spreadsheet File* (In Tabellenkalkulationsdatei schreiben) als ASCII-Datei gespeichert (Abb. 12.36). Hier wäre es beispielsweise auch möglich, zusätzlich die vorgenommenen Farbeinstellungen zu sichern. Im zweiten Rahmen der Sequenz wird der Schalter *SavePicture* wieder zurückgesetzt. In vergleichbarer Weise können gespeicherte Parameter wieder eingelesen werden (Abb. 12.37). Das eindimensionale *Array* wird indiziert und die Ergebnisse werden dem *Cluster* der Systemvariablen übergeben. Im

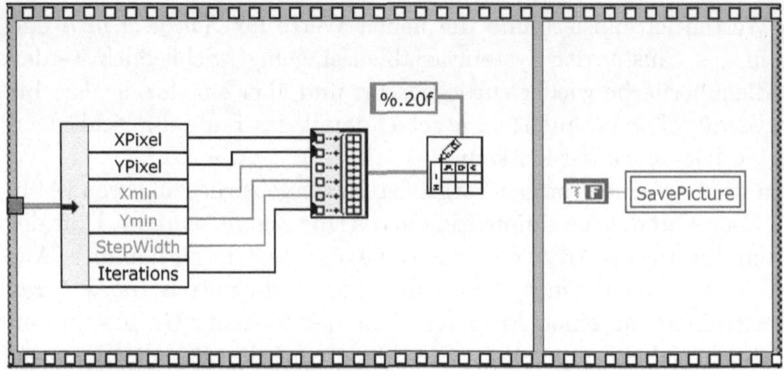

Abb. 12.36: Speichern von Bildparametern *(SavePicture)*

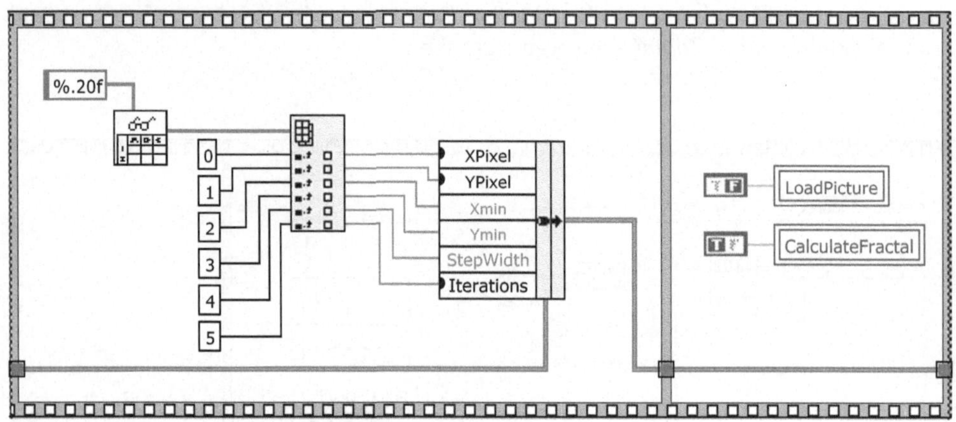

Abb. 12.37: Laden von Bildparametern *(LoadPicture)*

zweiten Rahmen der Sequenz wird der Schalter *LoadPicture* zurückgesetzt und der
Schalter *CalculateFractal* auf TRUE gesetzt, da die neuen Parameter auch eine neue
Berechnung des Fraktals erforderlich machen.

12.4 Beispiel: Getränkeautomat

Der in Abschnitt 4.1.4 eingeführte Getränkeautomat *(DrinksVendingMachine = DVM)*
soll als drittes Beispiel für die Umsetzung eines Automaten in LabVIEW verwendet werden. Auch in diesem Beispiel steht die Erläuterung der zugrunde liegenden
Software-Struktur im Vordergrund und das Programmbeispiel ist daher so einfach
wie möglich gehalten worden, u. a. wird auf auch hier die grundsätzlich erforderliche Fehlerbehandlung *(Error Handling)* verzichtet und die Modellierung des virtuellen Getränkeautomaten ist deshalb nicht bis ins letzte Detail vorgenommen worden.
Beispielsweise wird nicht berücksichtigt, dass im Münzspeicher des Automaten nicht
genügend Wechselgeld zur Verfügung stehen könnte.

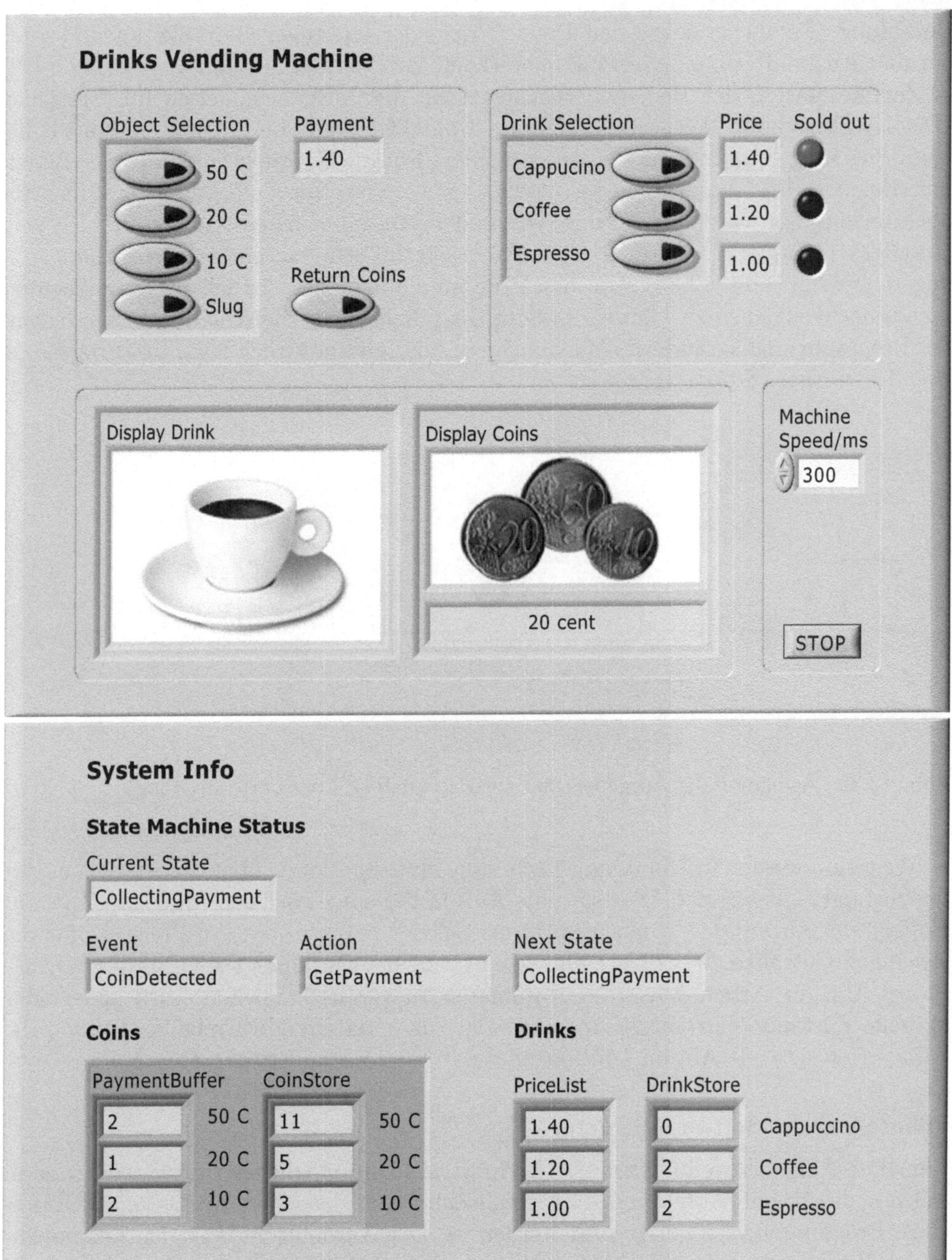

Abb. 12.38: Bedienoberfläche des Getränkeautomaten

Abbildung 12.38 zeigt die Bedienoberfläche des Getränkeautomaten. Der Benutzer kann Münzen in den Automaten einwerfen *(Object Selection)*, ein Getränk auswählen *(Drink Selection)* und kann die Rückgabe der eingeworfenen Münzen anfordern *(Return Coins)*. Der Automat zeigt dem Benutzer die Summe der bisher erfolgten

Bezahlung *(Payment)* sowie den Preis *(Price)* der einzelnen Getränke an und gibt
darüber Auskunft, ob ein Getränk ausverkauft ist *(Sold Out)*.

Zur Animation der Bedienoberfläche stehen die Ausgabeeinheiten für Getränke
(Display Drink) und Wechselgeld *(Display Coins)* zur Verfügung. Diese sind mit Hilfe
eines *Pict Ring* (Grafik-Ring) realisiert worden. Für die Getränke sind dort vier Bilder
hinterlegt worden (Ausgabefenster geschlossen, Cappuccino, Coffee, Espresso) und für
die Münzausgabe werden drei Bilder verwendet (Ausgabefenster geschlossen, Münzen,
Falschgeld). Zusätzlich wird dort der Wechselgeldbetrag in einem *String Indicator*
angezeigt (vgl. Abb. 12.39). Um den Programmablauf des virtuellen Getränkeautomaten nachvollziehen zu können, besteht die Möglichkeit, die Ablaufgeschwindigkeit
des Programms zu verändern *(MachineSpeed/ms)* und natürlich kann das Programm
beendet werden *(Stop)*

Abb. 12.39: Animation der Ausgabefächer mittels *Pict Ring Control* (Grafik-Ring)

Weiterhin werden in Abbildung 12.38 einige Informationen über den aktuellen Systemzustand eingeblendet. Dies sind die Anzahl der eingeworfenen Münzen *(Payment
Buffer)*, die Anzahl der Münzen im Münzspeicher *(CoinStore)*, die Preisliste für die
jeweiligen Getränke *(PriceList)* und die Anzahl der vorhandenen Getränke *(Drink-
Store)*. Um die Arbeitsweise des Automaten zu veranschaulichen, wird zudem der
aktuelle Zustand *(Current State)* angezeigt, das eintreffende Ereignis *(Event)*, die
daraus resultierende Aktion *(Action)* und der Folgezustand *(Next State)*.

Erläuterung der Software-Struktur

Für diese Aufgabenstellung zeigt Abbildung 12.40 ein mögliches Zustandsdiagramm,
welches direkt mit Abbildung 4.31 vergleichbar ist, das aber an das englischsprachige Programmbeispiel angepasst worden ist. Der Automat verlässt den Leerlaufzu-
stand *(Idle)* nur, wenn eine Münze eingeworfen wird *(Coin detected)* und wechselt
in den Zustand *(Collection Payment)*, um dort weitere Münzen anzunehmen *(Get
Payment)* oder Falschgeld unmittelbar auszugeben *(Dispense Change)*. Das Ereignis
(Return Coins) führt zur Rückgabe des eingeworfenen Geldes *(Dispense Change)* und
die Auswahl eines Produktes *(Produkt Selected)* zur Getränkeausgabe *(Vending Produkt)*, wenn die Überprüfung der Auswahl *(Confirm Selection)* erfolgreich war *(Selection Valid)*, erhält der Kunde ein Getränk und gegebenenfalls Wechselgeld zurück

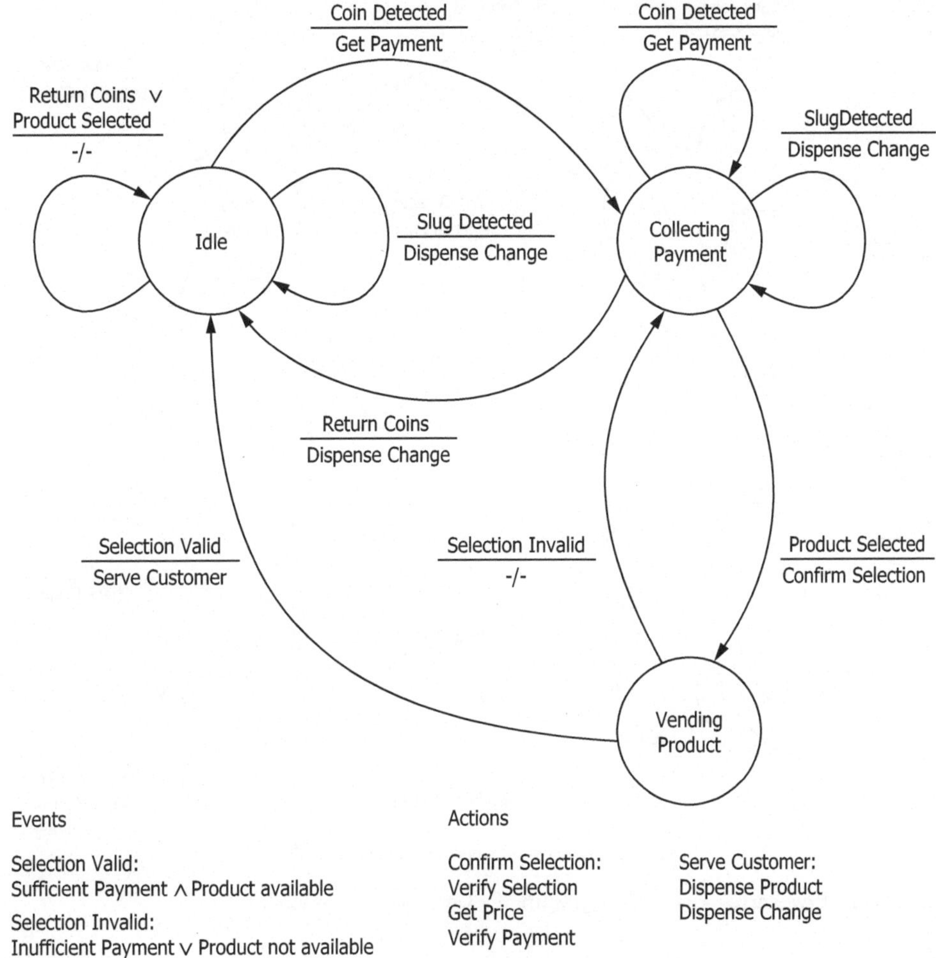

Abb. 12.40: Zustandsdiagramm des Getränkeautomaten

(Serve Customer). In Abschnitt 4.3.1 ist dieses Zustandsdiagramm bereits ausführlich erläutert worden.

Für die Umsetzung der Aufgabenstellung in LabVIEW ist eine geringfügige Erweiterung des Zustandsdiagramms erforderlich, da auch einige programmtechnisch bedingte Ergänzungen berücksichtigt werden müssen. Dieses erweiterte Zustandsdiagramm ist in Abbildung 12.41 dargestellt. Zunächst ist wieder ein Anfangszustand *(Open)* eingefügt worden, um das System beim Programmstart unabhängig von einem Ereignis initialisieren zu können *(Initialize System)*. Das Programm kann über den Schalter *Stop* beendet werden und wechselt dann in den Endzustand *Close*, nachdem das System zurückgesetzt worden ist *(Reset System)*. Das Beenden des Programms sollte aus jedem Zustand heraus möglich sein. Dies wird in Abbildung 12.41 durch drei Transitionen angedeutet, die aber aus Gründen der Übersichtlichkeit nicht bis zu den jeweiligen Zuständen führen.

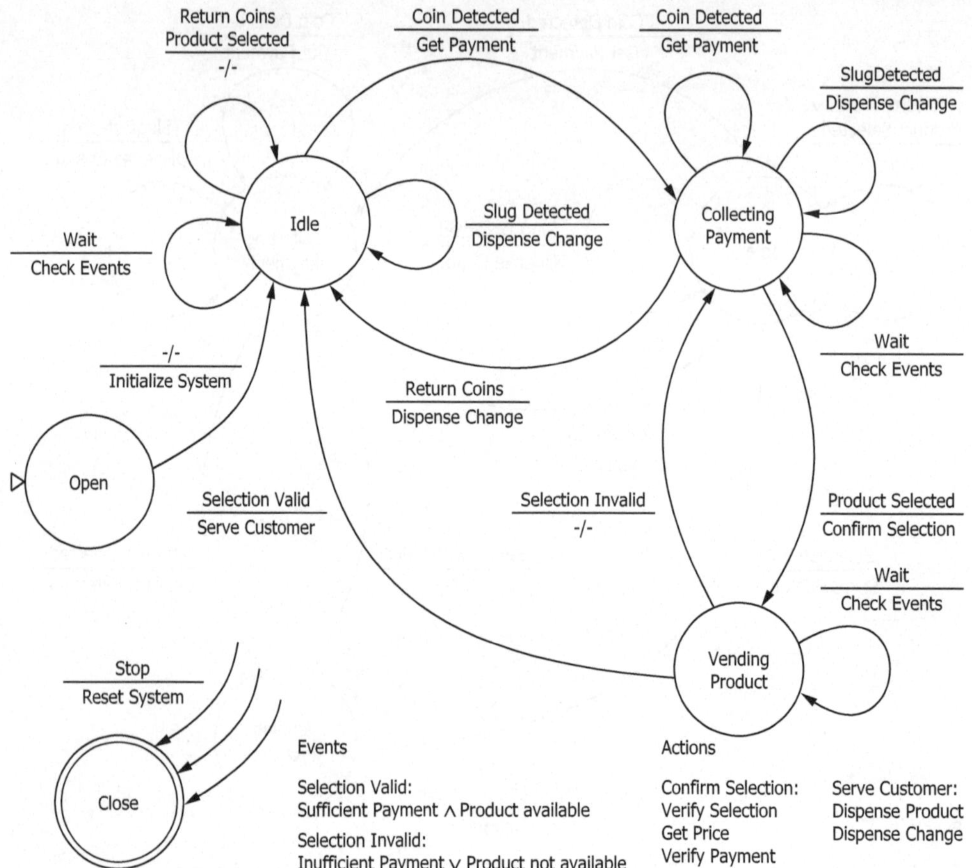

Abb. 12.41: Erweitertes Zustandsdiagramm des Getränkeautomaten

Beim Entwurf sollten die Zustände *Open*, *Close* und *Error* immer eingerichtet werden. Der Zustand *Open* ist in der Regel notwendig, um Variablen mit dem gewünschten Standardwert zu belegen, Geräte zu initialisieren, Dateien zu öffnen und ähnliches mehr. Der Zustand *Close* wird im Allgemeinen benötigt, um Ressourcen zurückzugeben, Geräte zurückzusetzen oder Dateien zu schließen. Der Zustand *Close* ist der einzige, über den das Programm beendet werden kann. Der Zustand *Error* ermöglicht die Ausnahmebehandlung *(Error Handling)*, sollte aber in keinem Fall das Programm beenden. Falls ein Fehler das Beenden des Programms erforderlich macht, sollte vorher der Übergang in den Zustand *Close* erfolgen.

Als dritte Ergänzung des Zustandsdiagramms ist schließlich noch das Ereignis *(Wait)* hinzugekommen, um in regelmäßigen Abständen zu überprüfen, ob ein neues Ereignis aufgetreten ist *(Check Events)*. Diese Ergänzung wird für alle Zustände des Automaten an einer Stelle im Programm implementiert.

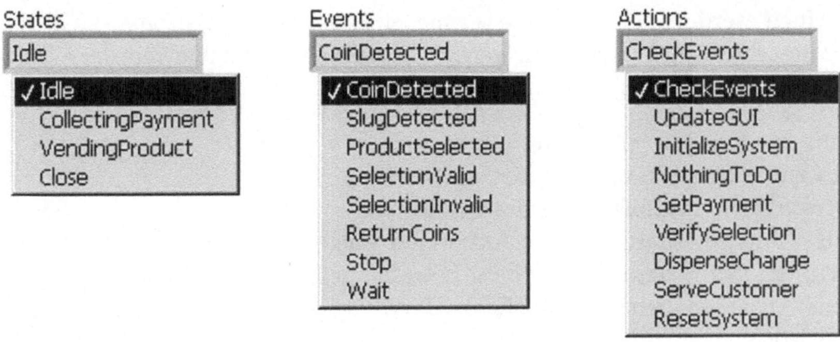

Abb. 12.42: Übersicht über die als *Enum* realisierten Elemente des Automaten: Zustände, Ereignisse, Aktionen

Bei der Umsetzung des Beispiels werden einige wenige Designregeln berücksichtigt, die teilweise auch schon in den vorangegangenen Beispielen angewendet wurden:

- Ereignisverwaltung an einer zentralen Stelle im Programm
- Aktualisierung der Bedienoberfläche an einer zentralen Stelle im Programm, um im Programm Algorithmus und Bedienoberfläche voneinander zu entkoppeln.
- Verwenden von SubVIs um das Programm zu strukturieren
- Nutzen der Funktion *Unbundle By Name* (Nach Namen aufschlüsseln) anstelle der Funktion *Unbundle* (Aufschlüsseln) um die Lesbarkeit des *Block Diagrams* zu verbessern und gegebenenfalls den Änderungsaufwand zu minimieren
- Datenhaltung aller Systemvariablen in einem (oder mehreren) *Cluster* welches als *Strict Type Def* angelegt ist, um Änderungen oder Erweiterungen des Programms ohne weitreichende Änderungen des *Block Diagrams* durchführen zu können
- Verzicht auf globale Variablen
- Vermeiden von lokalen Variablen (nur für das Beschreiben von *Controls* und den Datenaustausch zwischen parallel ablaufenden Prozessen)

Zudem wird das Modell eines endlichen Automaten verwendet. Dabei wird in diesem Beispiel ein Mealy-Automat unter Verwendung einer Zustands-Ereignis-Matrix eingesetzt.

Eine Übersicht über die im Programm `DrinksVendingMachine.vi` verwendeten *States* (Zustände), *Events* (Ereignisse) und *Actions* (Aktionen) zeigt Abbildung 12.42. Diese drei *Enums* sind als *Strict Type Def* angelegt worden und enthalten die jeweiligen Auswahlmöglichkeiten. Die Änderung eines *Strict Type Def* kann jederzeit vorgenommen werden und steht dann unmittelbar im gesamten Programm und allen Unterprogrammen zur Verfügung, in denen dieses Element verwendet worden ist. In diesem Programm ist es nicht erforderlich den Anfangszustand *(Open)* zu modellieren, da dieser nur einmal, beim Programmstart, durchlaufen wird und unmittelbar die Systeminitialisierung zur Folge hat *(InitializeSystem)*. Dies kann in LabVIEW realisiert werden, indem das *Enum Actions* mit der Standardeinstellung *InitializeSystem* beim Programmstart dafür sorgt, dass zunächst der Fall *InitializeSystem* der Case-Struktur aufgerufen wird (vgl. Abb. 12.46).

Im Allgemeinen werden bei der Realisierung eines endlichen Automaten in der Case-Struktur mehrere Fälle erforderlich werden, die nicht unmittelbar mit der eigentlichen Funktionalität zusammenhängen:

- *CheckEvents* zur Ereignisverwaltung
- *UpdateGUI* zur Aktualisierung der Bedienoberfläche
- *Initialize System* zur Initialisierung des Programms
- *NothingToDo* falls ein Ereignis keine Aktion zur Folge hat
- *ResetSystem* um das Programm vor dem Beenden geordnet zurückzusetzen
- *Error* für die Ausnahmebehandlung *(Error Handling)*, die in diesem Beispiel nicht verwendet wird

In diesem Beispiel sind die Fälle *CheckEvents*, *UpdateGUI* und *NothingToDo* programmtechnisch bedingt, werden aber, ebenso wie die Initialisierung, das Rücksetzen und die Ausnahmebehandlung, in dieser oder ähnlicher Form vermutlich in den meisten Programmen implementiert werden, die einen gewissen Umfang erreichen.

Die Ablaufspezifikation für den Getränkeautomaten wird ausschließlich mit Hilfe der in Abbildung 12.43 dargestellten Zustands-Ereignis-Matrix vorgenommen. Wie im Beispiel aus Abschnitt 12.2 wird die Matrix durch ein zweidimensionales *Array* von *Clusters* erzeugt, wobei das *Cluster* zwei Elemente, das *Enum* für die Aktionen und das *Enum* für die Zustände enthält. Die Zustands-Ereignis-Matrix für das Programm `DrinksVendingMachine.vi` korrespondiert mit dem Zustandsdiagramm nach Abbildung 12.41, bietet aber den Vorteil, dass bei der Festlegung der Ablaufspezifikation jedes Element der Matrix mit einer Kombination aus Aktion und Folgezustand belegt werden muss, so dass die Überprüfung, ob alle Kombinationen von Ereignis und Zustand korrekt modelliert worden sind, automatisch erzwungen wird.

Wie bereits erwähnt, wird auch für die Verwaltung der Systemvariablen ein als *Strict Type Def* ausgelegtes *Cluster* verwendet (Abb. 12.44). Die Elemente des *Clusters* und ihre Anordnung spiegeln weitgehend die Bedienoberfläche wider. Zusätzlich enthält das *Cluster* einige für den Programmablauf erforderliche Variablen, die nicht auf der Bedienoberfläche sichtbar werden. Ihre Funktion wird im weiteren Verlauf erläutert. Die Daten des *Clusters* können nun sehr übersichtlich durch die gesamte Programmstruktur geführt werden. Bei ausgewähltem *Wiring Tool* (Verbindungswerkzeug) und aktivierter Kontexthilfe wird im Hilfefenster der gesamte Inhalt des *Clusters* dargestellt, wenn der Cursor über die Verbindungsleitung geführt wird (Abb. 12.45). Da eine Sortierung der Variablen im *Cluster* über die Option *Reorder Controls In Cluster...* (Bedienelemente in Cluster neu ordnen...) im Kontextmenü des *Clusters* möglich ist (vgl. Abschn. 9.2.1), können die Systemvariablen sinnvoll gruppiert werden. In Abbildung 12.45 werden zunächst die externen und internen Ereignisse aufgeführt, anschließend die im System vorhandenen Speicher und Systemdaten sowie die Elemente der Bedienoberfläche. Als letztes Element enthält das *Cluster* noch das *Enum* der Zustände.

Die Programmstruktur des Hauptprogramms besteht wie in den vorigen Beispielen aus einer While-Schleife innerhalb derer eine Case-Struktur alle möglichen Fälle für den Programmablauf enthält. Der prinzipielle Programmablauf kann anhand von

DVM-StateEventMatrix

	CoinDetected	SlugDetected	ProductSelected	SelectionValid	SelectionInvalid	ReturnCoins	Stop	Wait
Idle	GetPayment CollectingPayment	DispenseChange Idle	NothingToDo Idle	NothingToDo Idle	NothingToDo Idle	NothingToDo Idle	ResetSystem Close	CheckEvents Idle
Collecting Payment	GetPayment CollectingPayment	DispenseChange CollectingPayment	ConfirmSelection VendingProduct	NothingToDo CollectingPayment	NothingToDo CollectingPayment	DispenseChange Idle	ResetSystem Close	CheckEvents CollectingPayment
Vending Product	NothingToDo VendingProduct	NothingToDo VendingProduct	NothingToDo VendingProduct	ServeCustomer Idle	NothingToDo CollectingPayment	NothingToDo VendingProduct	ResetSystem Close	CheckEvents VendingProduct

Events

Selection Valid:
Sufficient Payment ∧ Product available

Selection Invalid:
Inufficient Payment ∨ Product not available

Actions

Confirm Selection:
Verify Selection
Get Price
Verify Payment

Serve Customer:
Dispense Product
Dispense Change

Abb. 12.43: Zustands-Ereignis-Matrix des Getränkeautomaten

DVM-SystemVariables

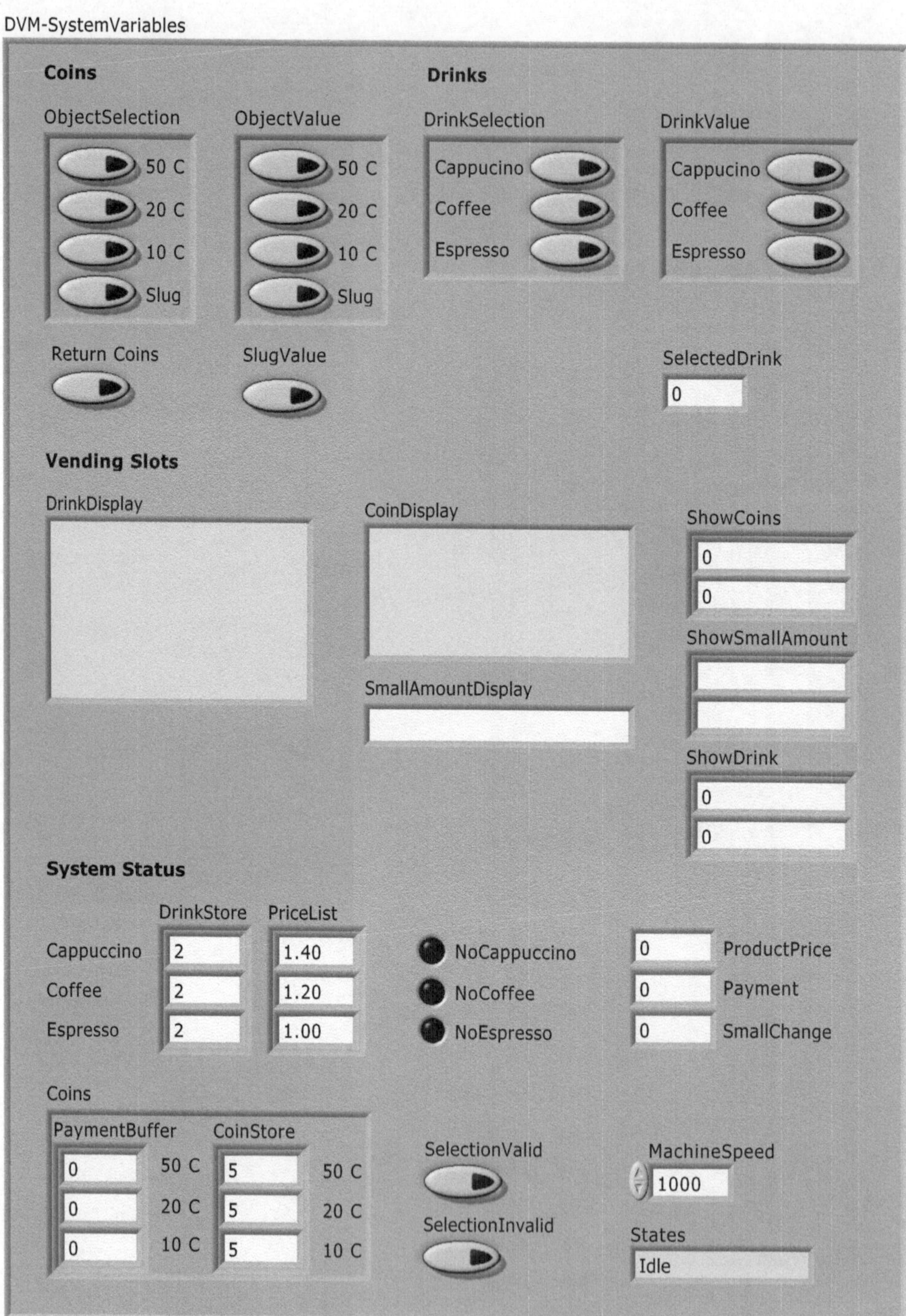

Abb. 12.44: Systemvariablen des Getränkeautomaten

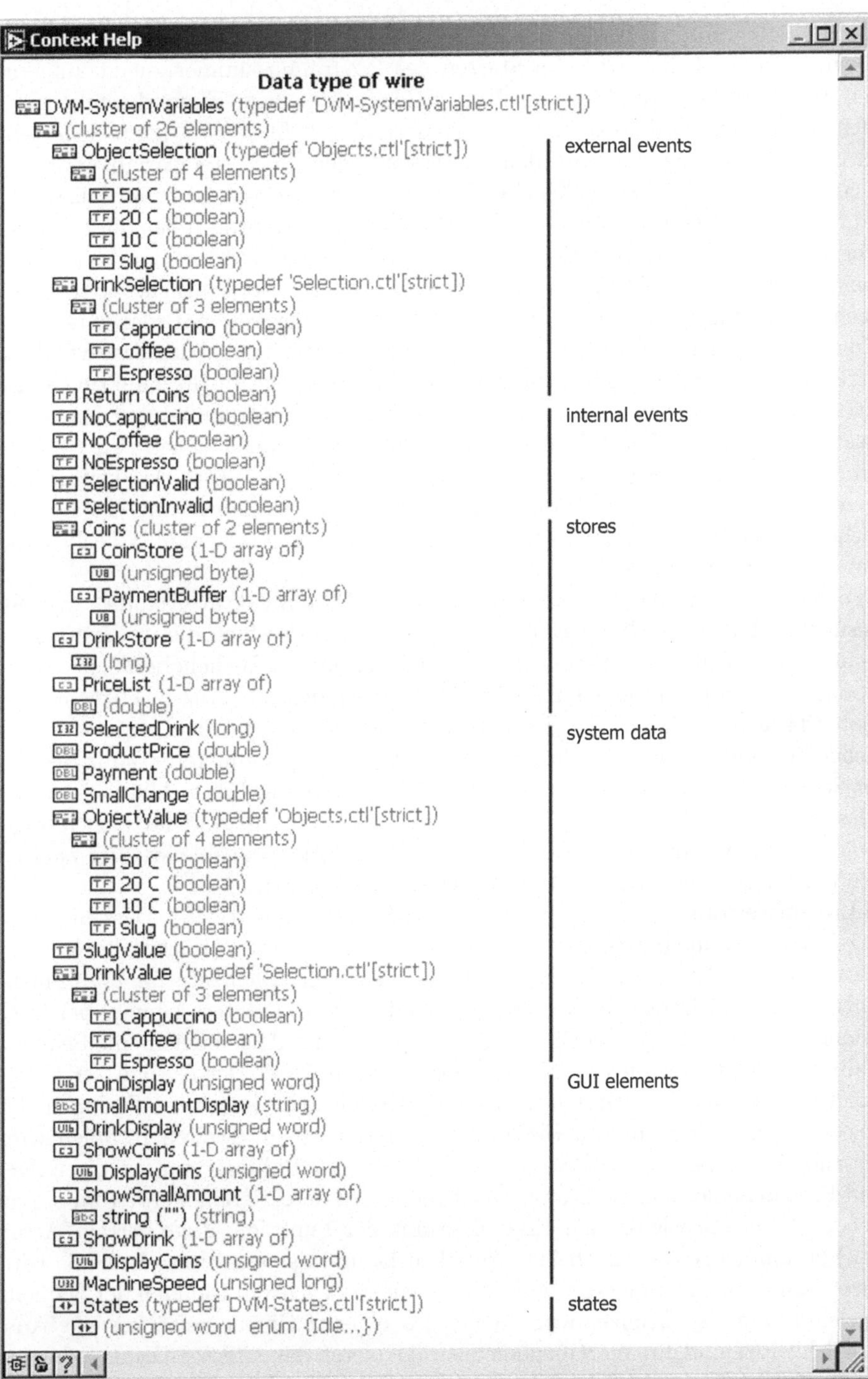

Abb. 12.45: Darstellung der Systemvariablen bei aktivierter Kontext-Hilfe

Abbildung 12.46 erläutert werden, in der der Fall für die Initialisierung des Systems gezeigt wird. Dieser Fall wird beim Starten des Programms immer zuerst aufgerufen, weil das obere *Shift Register* der While-Schleife mit einem *Enum* der möglichen Aktionen verbunden worden ist und der Standardfall auf *InitializeSystem* eingestellt worden ist. Innerhalb des Falls werden im Wesentlichen die Systemvariablen an das untere *Shift Register* der While-Schleife übergeben, um das System zu initialisieren.

Da die Zustands-Ereignis-Matrix und das *Cluster* der Systemvariablen nur während der Programmentwicklung benötigt werden, besteht hier weiterhin die Möglichkeit, diese beiden Elemente des Programms über einen *Property Node* unsichtbar zu schalten. Nach der Ausführung des Falls *InitializeSystem* wird der weitere Programmablauf über ein *Enum* der möglichen Aktionen am ausgangsseitigen Tunnel der Case-Struktur gesteuert. An dieser Stelle wird nicht die Ablaufspezifikation für die Funktionsweise des Getränkeautomaten sondern ausschließlich der interne Programmablauf festgelegt. Grundsätzlich sind bei allen Fällen des Programms die *Enums* auf den Fall *UpdateGUI* eingestellt, einzige Ausnahme ist der Fall *UpdateGUI* selbst. Das heißt, nach der Abarbeitung eines Falls wird immer der Fall für die Aktualisierung der Bedienoberfläche ausgeführt und nur von diesem wird wieder der Leerlauffall *CheckEvents* aufgerufen (vgl. Abb. 12.47).

Im Folgenden sollen die verbleibenden Fälle der Case-Struktur erläutert werden, mit Ausnahme der beiden Fälle *NothingToDo* und *ResetSystem*, die in diesem Beispiel keine Funktionalität enthalten. Die Aktualisierung der Bedienoberfläche ist im Fall *UpdateGUI* untergebracht (Abb. 12.47). Hier werden alle Anzeigeelemente der Bedienoberfläche aktualisiert. Die Sequenz mit einer For-Schleife dient dazu, die Ausgabefächer des Automaten für Getränke und Münzen zu animieren. Dafür werden der For-Schleife drei *Arrays* mit jeweils zwei Elementen zugeführt. Mit dem ersten Wert des *Arrays ShowDrink* wird beispielsweise das geeignete Bild für ein Getränk ausgewählt und mit dem zweiten Wert wird das Bild wieder ausgeblendet. Im zweiten Rahmen der Sequenz werden die *Arrays* wieder zurückgesetzt.

Die Ereignisverwaltung erfolgt im Fall *CheckEvents* (Abb. 12.48). Dass hier eine Sequenz mit drei Rahmen verwendet wurde, ist vor allem darauf zurückzuführen, dass der Platz auf einer Buchseite begrenzt ist und dass viele Elemente im Zusammenhang mit der Visualisierung des Programmablaufs stehen. Letztere können bei einer professionellen Anwendung natürlich entfallen, so dass im Allgemeinen eine Sequenz innerhalb der Ereignisverwaltung nicht erforderlich sein wird. Der Aufbau der Ereignisverwaltung ist mit den vorigen Beispielen vergleichbar. Im ersten Rahmen der Sequenz wird untersucht, ob ein Ereignis eingetreten ist, im zweiten Rahmen wird die Zustands-Ereignis-Matrix adressiert und im dritten Rahmen werden die aufgetretenen Ereignisse zurückgesetzt. Um ein Ereignis zu detektieren, werden im ersten Rahmen der Sequenz wieder alle Ereignisse mit der Funktion *Build Array* (Array erstellen) zusammengefasst, nach TRUE durchsucht und das ermittelte Ereignis wird zur Adressierung der Zustands-Ereignis-Matrix an den nächsten Rahmen der Sequenz weitergeleitet. Für den Münzeinwurf bietet das *Cluster Object Selection* vier Auswahlmöglichkeiten und für die Getränkeauswahl bietet das *Cluster Drink Selection* drei Auswahlmöglichkeiten an.

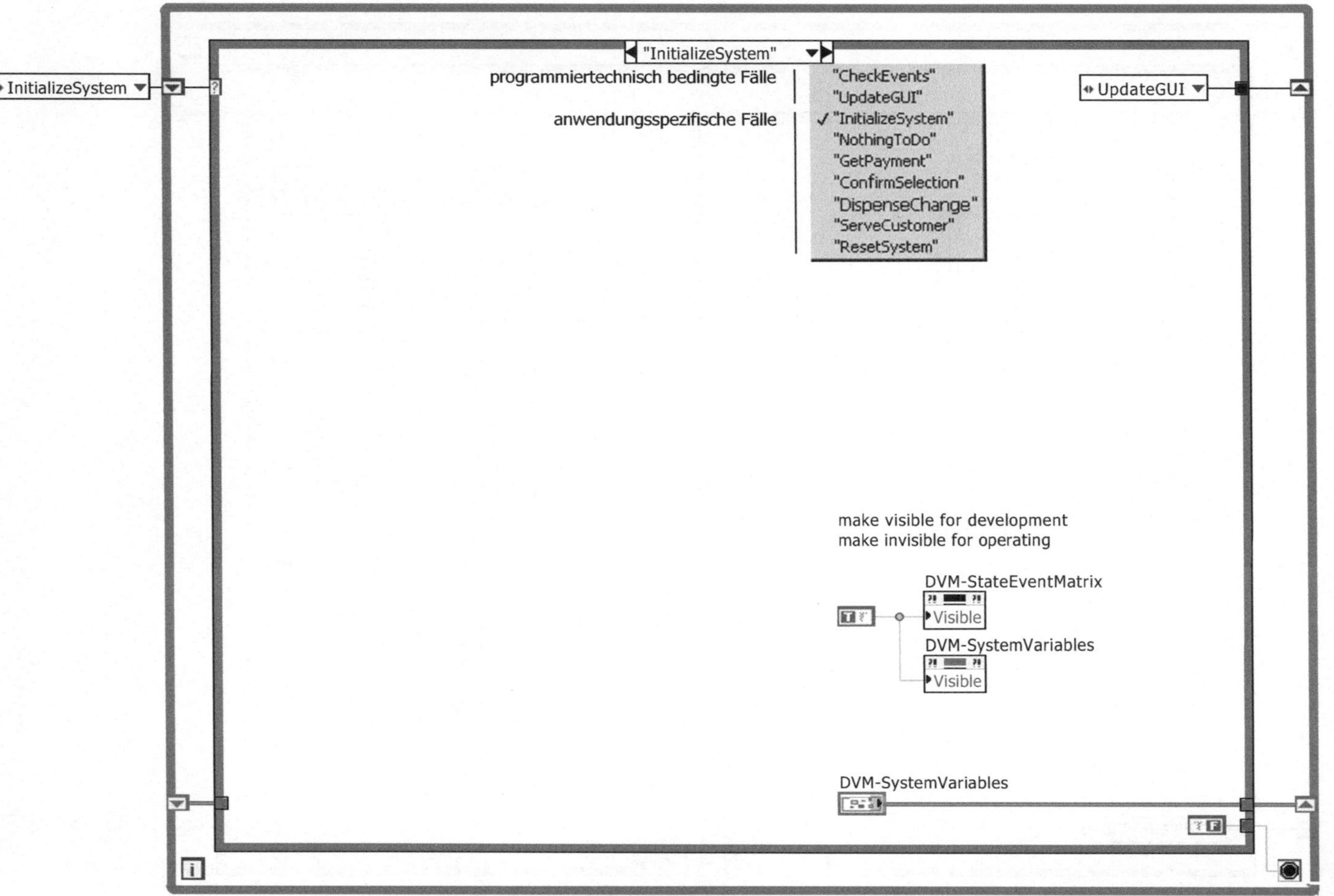

Abb. 12.46: Initialisierung des Programms `DrinksVendingMachine.vi` *(InitializeSystem)*

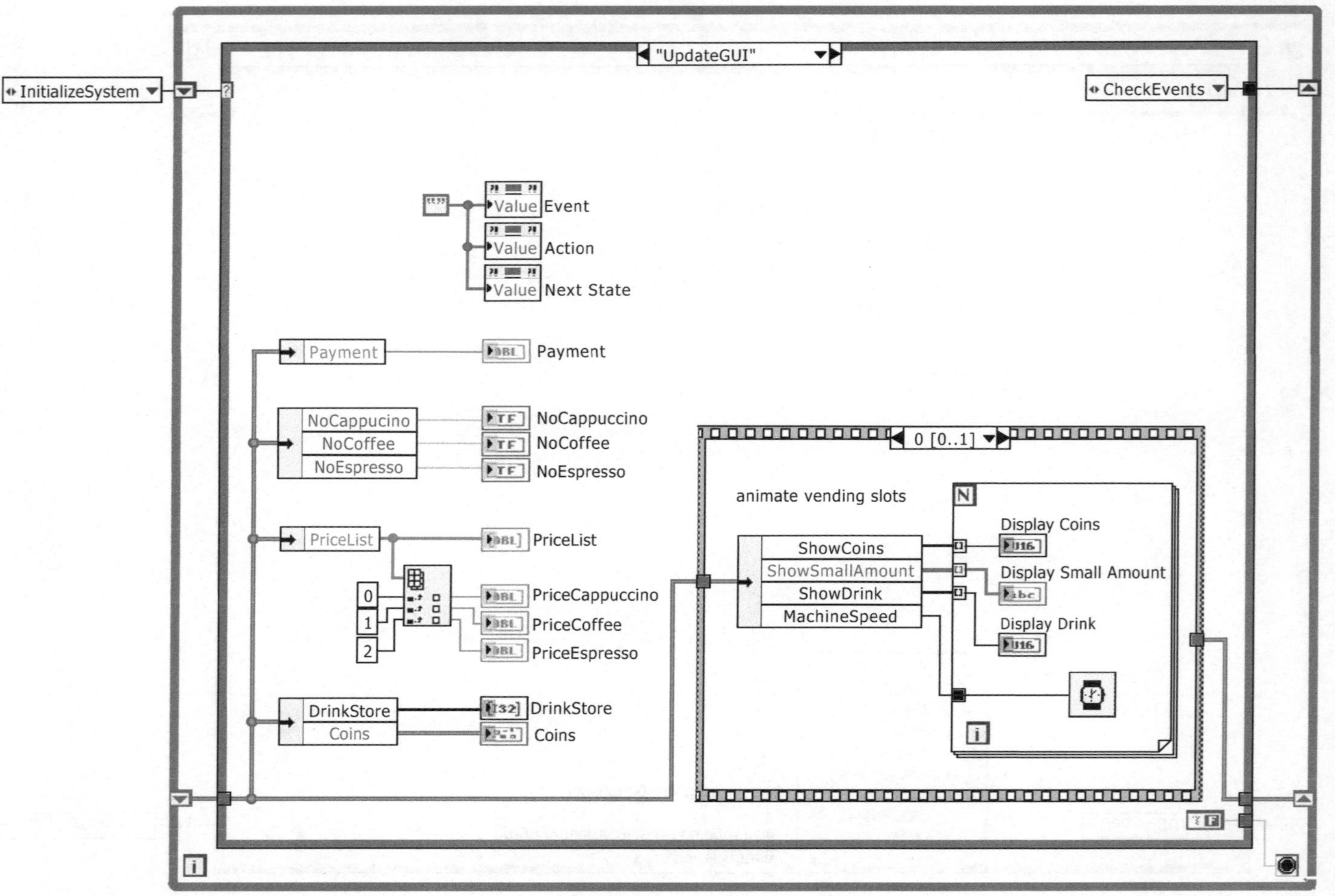

Abb. 12.47: Aktualisierung der Bedienoberfläche *(UpdateGUI)*

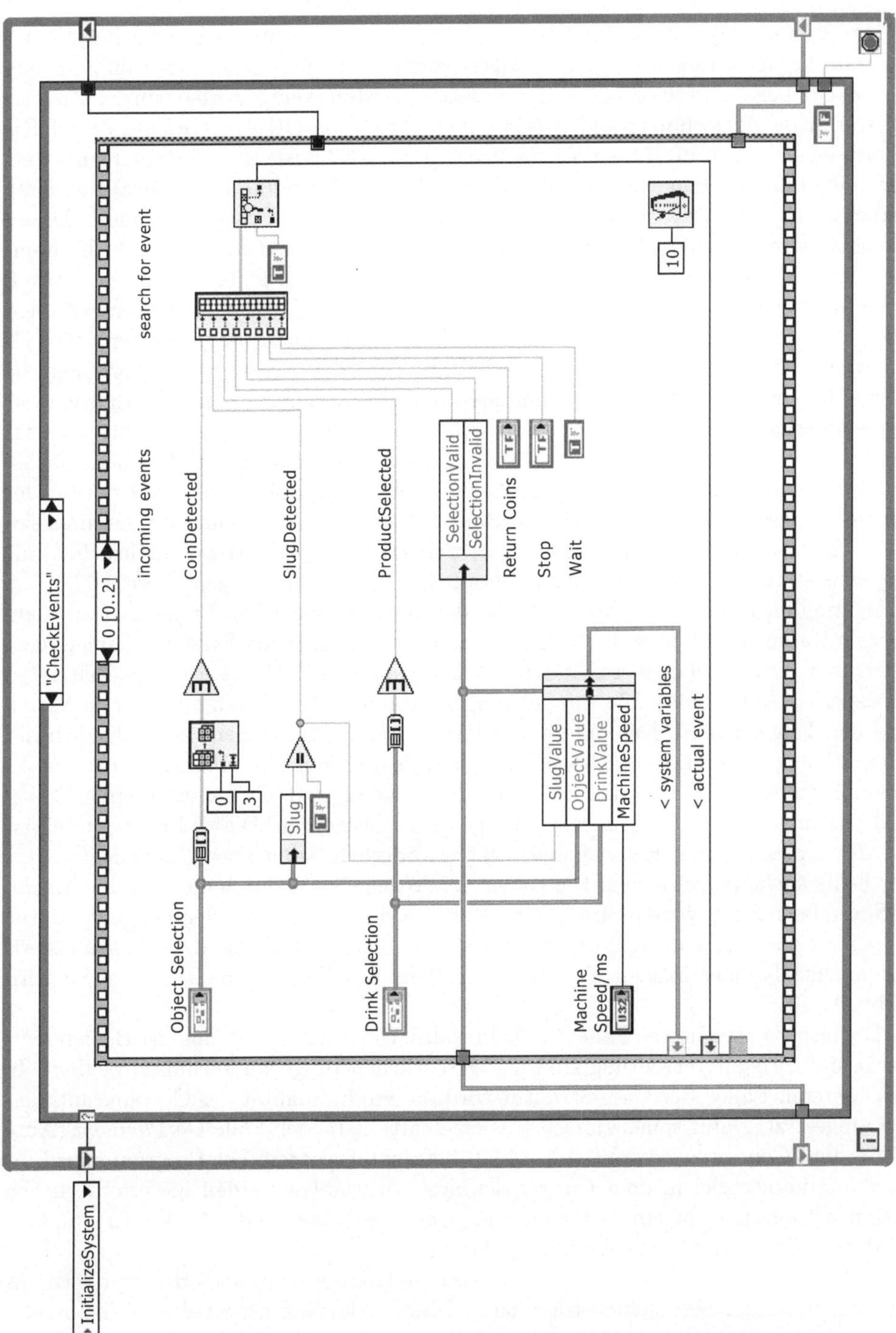

Abb. 12.48: Erster Teil der Ereignisverwaltung im Programm `DrinksVendingMachine.vi`

Die Auswertung der beiden *Cluster* muss nun zum einen das Ereignishafte einer Auswahl berücksichtigen und zum anderen auch feststellen welche Auswahl getroffen wurde. Um beispielsweise zu detektieren, dass eine Münze eingeworfen wurde, wird das *Cluster* in ein *Array* umgewandelt und mit der Funktion *OR Array Elements* (ODER Arrayelemente) geprüft, ob ein Element des *Arrays* TRUE ist. Beim Münzeinwurf werden mit Hilfe der Funktion *Array Subset* (Teilarray) nur die ersten drei Elemente berücksichtigt, da das vierte Element den Einwurf von Falschgeld simuliert. Dieses Element wird gesondert betrachtet, indem der Wert dem *Cluster* einzeln entnommen wird. Um zu ermitteln, welche Münze eingeworfen wurde, bzw. welches Getränk ausgewählt worden ist, werden die Daten zunächst dem *Cluster* der Systemvariablen übergeben *(SlugValue, ObjectValue, DrinkValue)* und später an geeigneter Stelle im Programm ausgewertet. Weiterhin werden hier dem *Cluster* der Systemvariablen die Werte der internen Ereignisse entnommen und die Ereignisse von Schaltflächen der Bedienoberfläche berücksichtigt. Wenn keines dieser Ereignisse eintritt, wird als letztes der Wert TRUE der Konstanten *Wait* ausgewertet, was dazu führt, dass beim nächsten Schleifendurchlauf wieder der Fall *CheckEvents* aufgerufen wird. Die Priorität der Ereignisse lässt sich einfach über die Reihenfolge ihrer Anordnung im eindimensionalen *Array* festlegen, da die Funktion *Search 1D Array* (1D-Array durchsuchen) als Ergebnis stets den Index des zuerst gefundenen Wertes am Ausgang bereitstellt.

Im zweiten Rahmen der Sequenz wird der Wert des aktuellen Ereignisses aus dem vorigen Rahmen und der aktuelle Zustand aus dem *Cluster* der Systemvariablen dazu verwendet, um im oberen Teil des *Block Diagrams* die Zustands-Ereignis-Matrix zu adressieren (Abb. 12.49). Die Auswertung der Matrix liefert die auszuführende Aktion und den Folgezustand. Der untere Teil des *Block Diagrams* dient ausschließlich der Animation der Bedienoberfläche, indem mit Hilfe der Funktion *Format Into String* (In String formatieren) der aktuelle Zustand, der Folgezustand, die auszuführende Aktion und das eingetretene Ereignis zur Anzeige gebracht werden. Dieser Programmteil ist bei der professionellen Entwicklung nicht erforderlich, kann aber gegebenenfalls bei der Fehlersuche hilfreich sein. Die Dauer der Anzeige kann durch die Variable *MachineSpeed* beeinflusst werden. Im dritten Rahmen der Sequenz werden lediglich interne Ereignisse zurückgesetzt und die Anzeige für den aktuellen Zustand wird aktualisiert, indem mittels einer lokalen Variablen der Wert des Folgezustands übergeben wird (Abb. 12.50).

Die bisher betrachteten Fälle für die Initialisierung, Aktualisierung der Bedienoberfläche und Ereignisverwaltung sind im Wesentlichen programmtechnisch bedingt. In den weiteren Fällen der Case-Struktur wird die Funktionalität des Getränkeautomaten umgesetzt. Dafür sollen zunächst beispielhaft die beiden Fälle *GetPayment* (Abb. 12.51) und *ConfirmSelection* (Abb. 12.52) betrachtet werden. Die Programmstruktur ist dabei immer gleich, dem *Cluster* der Systemvariablen werden die erforderlichen Daten entnommen, in einem Unterprogramm verarbeitet und mit den Ergebnissen wird das *Cluster* der Systemvariablen aktualisiert.

Insbesondere Abbildung 12.51 zeigt, dass die Komplexität eines Hauptprogramms auf ein Minimum reduziert werden kann. Dieses erfordert maximal zwei ineinander geschachtelte Kontrollstrukturen, eine While-Schleife und eine Case-Struktur, für die Realisierung des endlichen Automaten. In jedem Fall der Case-Struktur stehen alle Systemvariablen zur Verfügung und die benötigten Daten können über *Unbundle*

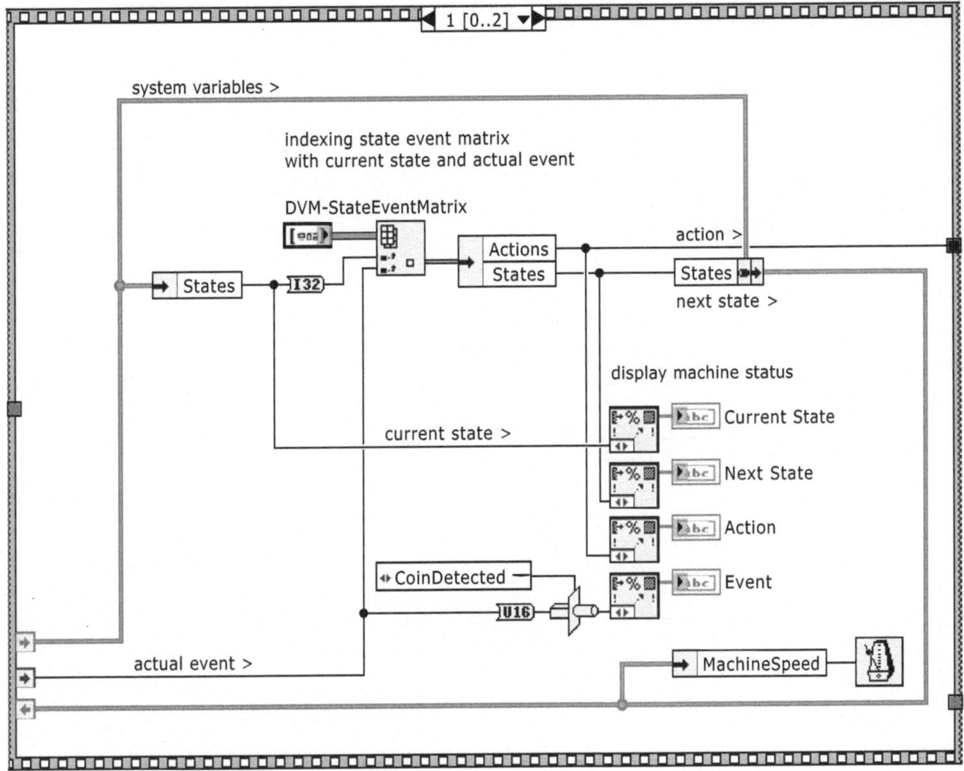

Abb. 12.49: Zweiter Teil der Ereignisverwaltung im Programm DrinksVendingMachine.vi

By Name dem *Cluster* entnommen und an ein Unterprogramm übergeben werden. Nach dem Ausführen des Unterprogramms werden die Daten des *Clusters* aktualisiert. Da die Aktualisierung der Bedienoberfläche in einem eigenen Fall erfolgt, ist eine vollständige Trennung von Algorithmus und Bedienoberfläche möglich und die Verwendung von lokalen Variablen wird so auf ein Minimum beschränkt [39].

Im Fall Geld annehmen *GetPayment* werden dem Unterprogramm GetPayment.vi drei Variablen übergeben (Abb. 12.51). Die Variable *ObjectValue* enthält die Information, welche Münze eingeworfen wurde, die Variable *PaymentBuffer* enthält die Information über die Anzahl der Münzen im Zwischenspeicher und die Variable *Payment* speichert den aktuellen Geldbetrag. Im Unterprogramm wird die eingeworfene Münze an den Zwischenspeicher übergeben und zur Variablen *Payment* wird der Münzwert addiert. Weiterhin wird die Variable *ObjectValue* wieder auf FALSE gesetzt. Mit diesen Ergebnissen wird das *Cluster* der Systemvariablen aktualisiert und nach dem Durchlaufen des Falls *UpdateGUI* wird im Fall *CheckEvent* auf das nächste Ereignis gewartet.

In vergleichbarer Weise wird im Fall *ConfirmSelection* die Bestätigung einer Auswahl vorgenommen (Abb. 12.52). Im Unterprogramm VerifySelection.vi wird durch einen Vergleich überprüft, ob das ausgewählte Getränk vorhanden ist und

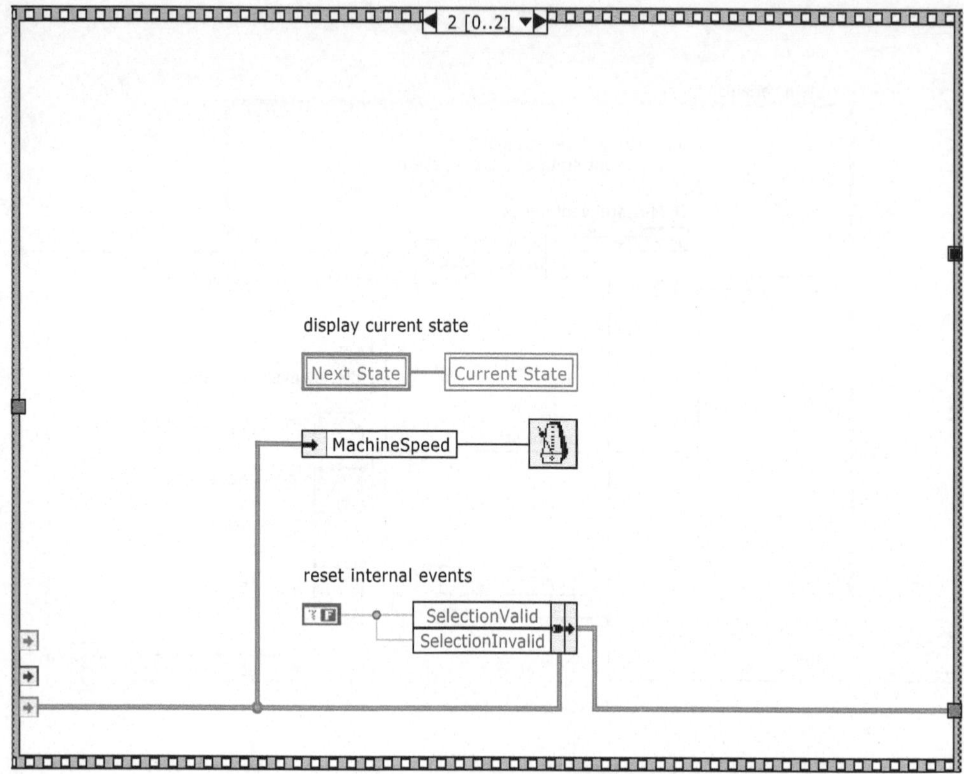

Abb. 12.50: Dritter Teil der Ereignisverwaltung im Programm DrinksVendingMachine.vi

das Ergebnis *SelectedDrink* ausgegeben, im Unterprogramm GetPrice.vi wird der Preis ermittelt und im Unterprogramm VerifyPayment.vi wird der Wechselgeldbetrag *(SmallChange)* ermittelt. Letzteres erfolgt durch die Subtraktion des Preises von der Bezahlung. Wenn das Ergebnis negativ wird, ist die Bezahlung nicht ausreichend. Wenn die Bezahlung nicht ausreichend ist oder wenn kein Getränk mehr vorhanden ist, wird das interne Ereignis „Auswahl ungültig" *(SelectionInvalid)* generiert. Wenn die Bezahlung ausreichend ist und das ausgewählte Getränk vorhanden ist, wird das interne Ereignis „Auswahl gültig" *(SelectionValid)* generiert. Grundsätzlich wäre es an dieser Stelle möglich, ein Unterprogramm ConfirmSelection.vi zu erstellen, welches das gesamte *Block Diagram* dieses Falls enthalten würde.

Die beiden verbleibenden Fälle für die Rückgabe von Münzen und das Ausliefern eines Getränks werden ohne die äußeren Kontrollstrukturen in Abbildung 12.53 und Abbildung 12.54 dargestellt. Das Unterprogramm DispenseChange.vi wird für drei Fälle benötigt, die Ausgabe von Wechselgeld, die Rückgabe von Falschgeld und der Ausgabe der bisherigen Bezahlung, wenn der Benutzer die Geldrückgabetaste *Return Coins* betätigt. Im Fall *DispenseChange* wird das Unterprogramm DispenseChange.vi für die letzten beiden Fälle aufgerufen.

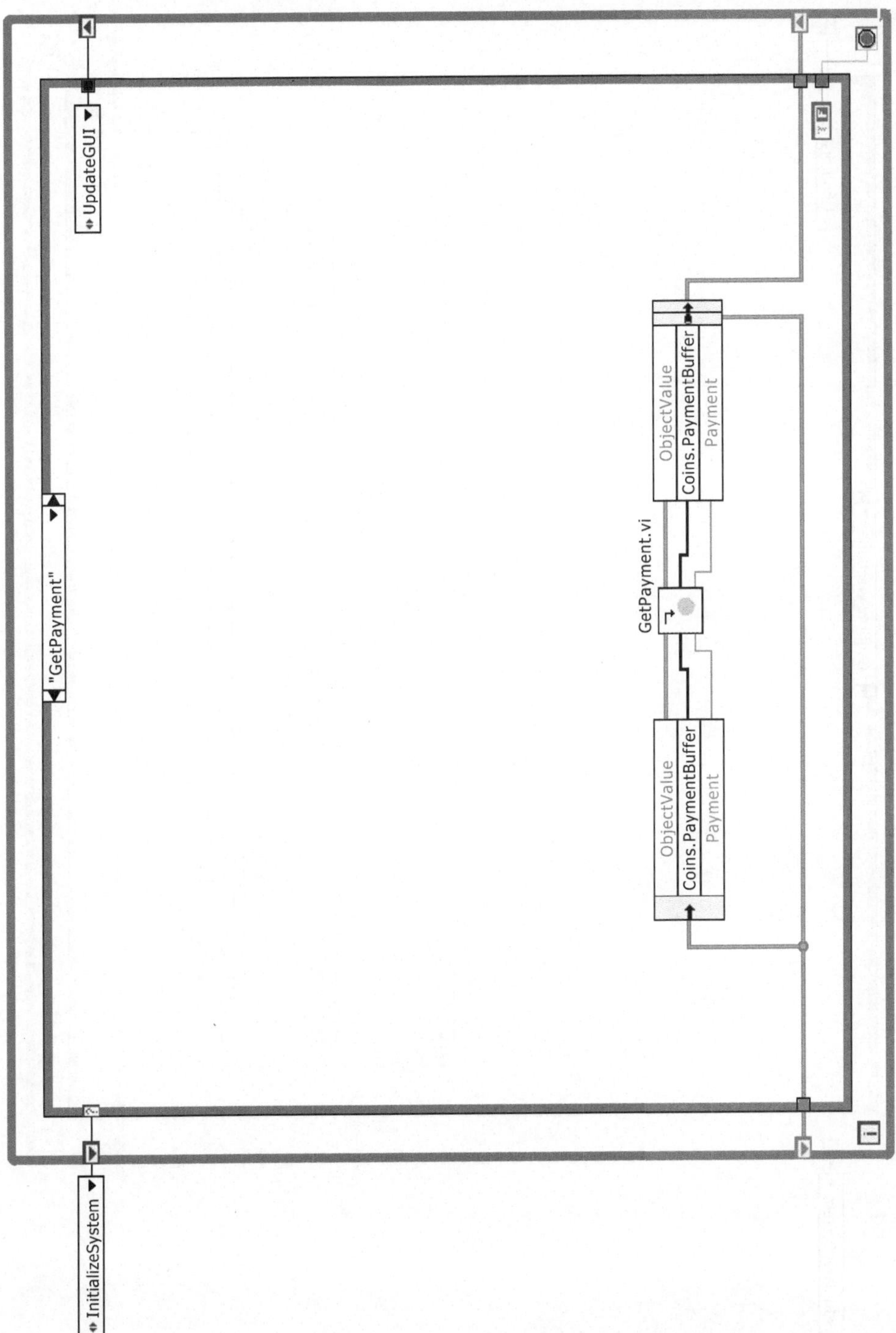

Abb. 12.51: *Block Diagram* mit dem Fall *GetPayment* für die Annahme der Bezahlung

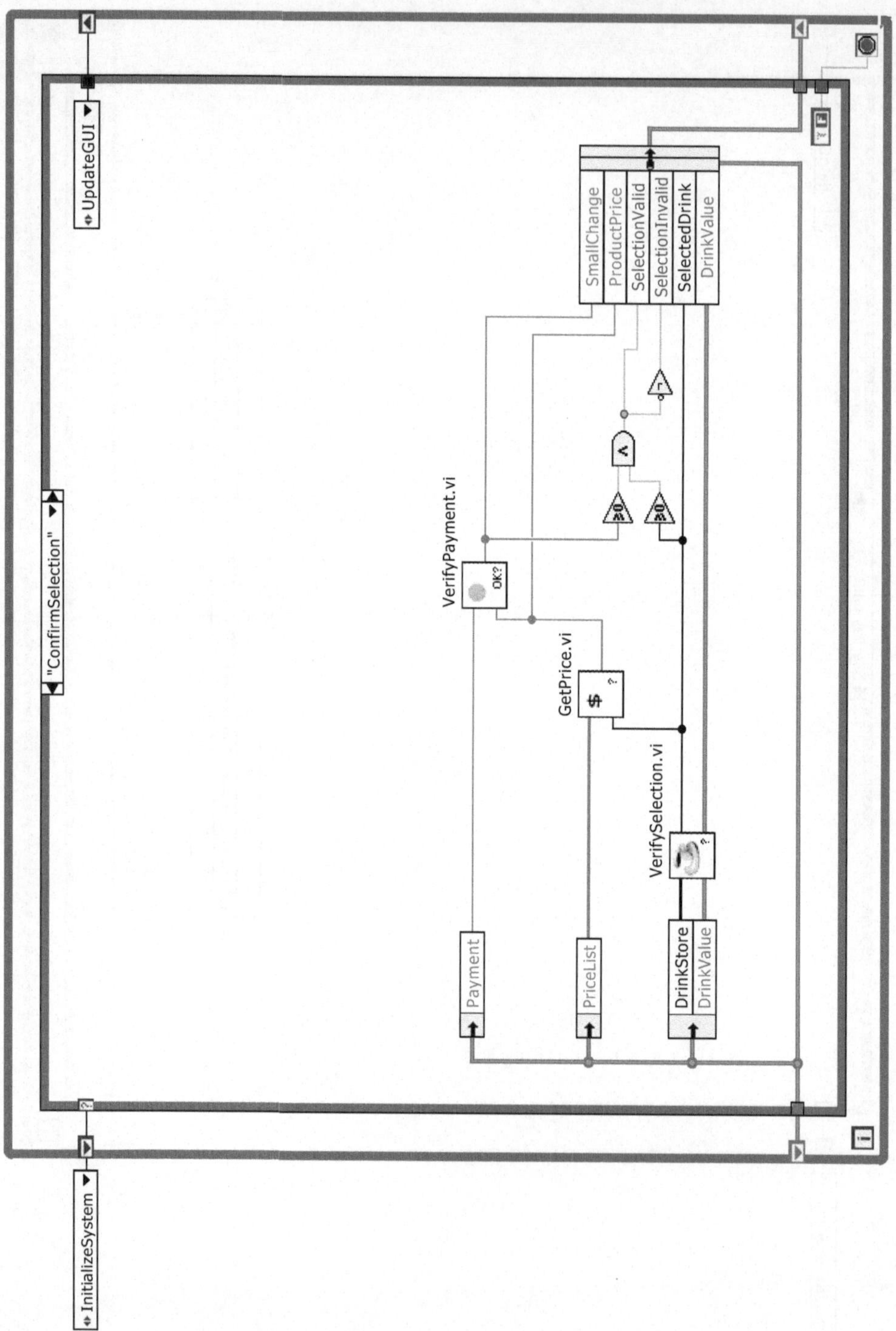

Abb. 12.52: *Block Diagram* mit dem Fall *ConfirmSelection* für die Bestätigung der Auswahl

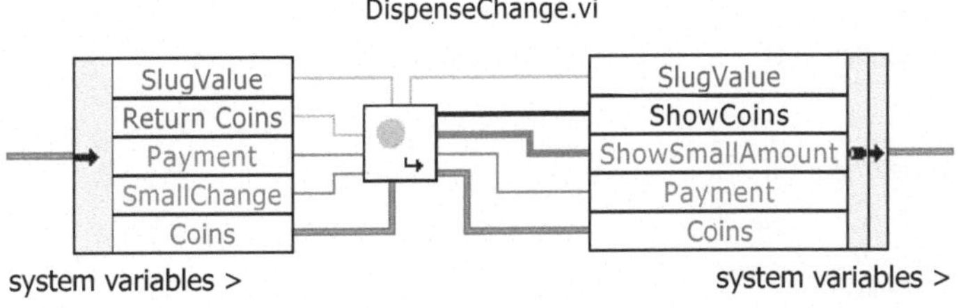

Abb. 12.53: *Block Diagram* für die Geldrückgabe

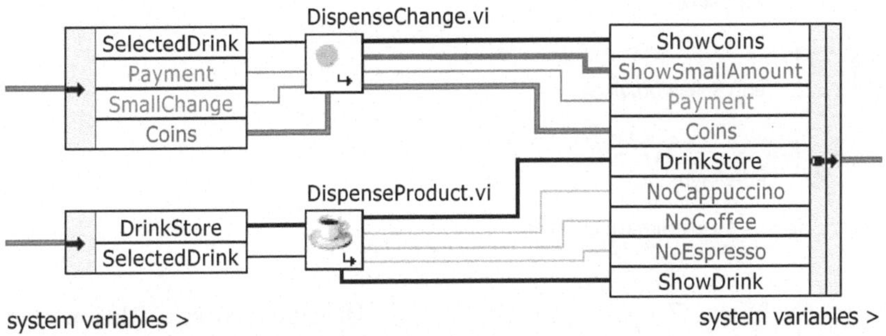

Abb. 12.54: *Block Diagram* für die Produkt- und Wechselgeldausgabe

Im Fall *ServeCustomer* wird das Unterprogramm DispenseChange.vi aufgerufen, um Wechselgeld auszugeben und das Unterprogramm DispenseProduct.vi wird benötigt, um ein Getränk auszugeben. In diesem Unterprogramm wird der Getränkespeicher für das jeweilige Getränk dekrementiert und ein Ereignis *NoCappuccino* etc. erzeugt, wenn der Wert des Getränkespeichers Null wird. Dies wird dem Benutzer angezeigt, um mitzuteilen, dass das jeweilige Getränk ausverkauft ist.

Da die Komplexität der Unterprogramme nicht sehr hoch ist und deren Verständnis zur Erläuterung der allgemeinen Software-Struktur des Getränkeautomaten nicht wesentlich beiträgt, soll an dieser Stelle die erfolgte Beschreibung der Funktionsweise ausreichen und es wird auf die Erläuterung der Blockdiagramme verzichtet, zumal der Leser nach der in den vorangegangenen Kapiteln vorgenommenen Einführung in die Entwicklungsumgebung LabVIEW sicher in der Lage sein sollte, die Funktionalität der jeweiligen Unterprogramme umzusetzen. Sinnvoll ist es aber, abschließend die Hierarchie des Programms DrinksVendingMachine.vi darzustellen (Abb. 12.55). Dies ist in der Menüleiste über die Auswahl *View ≫ View VI Hierarchy* (Anzeigen ≫ VI-Hierarchie) möglich. Im Wesentlichen weist das Programm nur eine Hierarchieebene mit sechs Unterprogrammen auf, lediglich bei der Geldrückgabe im Unterprogramm DispenseChange.vi wird ein weiteres Unterprogramm NumOfReturnCoins.vi verwendet, um mit Hilfe der Modulo-Funktion aus dem Betrag der Bezahlung die korrekte Anzahl der auszugebenden Münzen zu ermitteln.

Die Namen der Unterprogramme stimmen mit den Bezeichnungen der Prozesse des Datenflussdiagramms überein, welches in Abschnitt 4.1.4 für die Modellierung des Getränkeautomaten erstellt wurde (vgl. Abb. 4.9) und sie stimmen auch überein mit den Bezeichnungen für die Aktionen im zugehörigen Automatenmodell (vgl. Abb. 4.31

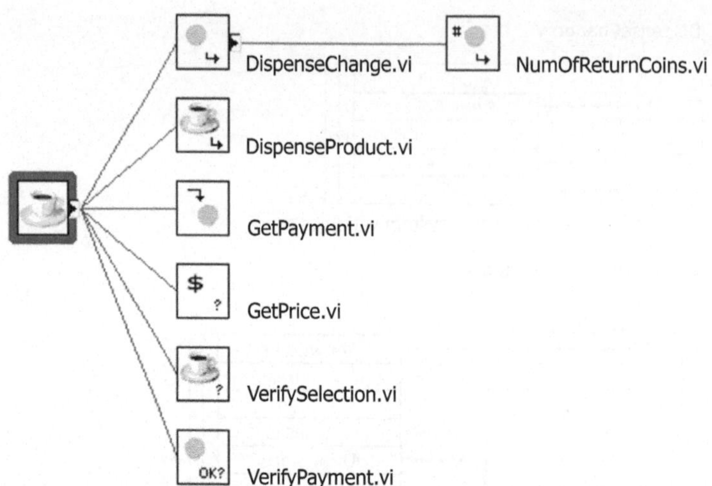

Abb. 12.55: Hierarchie des Getränkeautomaten

und Abb. 12.40). In diesem Zusammenhang sind die Begriffe Prozess, Aktion und Unterprogramm damit Synomyme. Da für die Modellbildung ein Mealy-Automat zugrunde gelegt wurde, sind darüber hinaus auch die Bezeichnungen der einzelnen Fälle der Case-Struktur mit den Namen der Unterprogramme identisch. Die einzige Ausnahme bildet der Fall *ConfirmSelection* in dem nacheinander drei Unterprogramme aufgerufen werden (`VerifySelection.vi`, `GetPrice.vi`, `VerifyPayment.vi`). Dieser, in Abbildung 12.52 dargestellte Fall, zeigt beispielhaft auf, dass das Modell eines endlichen Automaten zur Realisierung der Ablaufspezifikaton innerhalb des Kontrollknotens eines Kontrollflussdiagramms, unter anderem bestimmt, in welcher Reihenfolge die einzelnen Prozesse des Datenflussdiagramms aufgerufen werden (vgl. Abb. 12.52). Und schließlich zeigt der Vergleich des Kontrollflussdiagramms (s. Abb. 4.20) mit dem Modell des endlichen Automaten (s. Abb. 4.31), dass auch die Begriffe Kontrollfluss und Ereignis Synonyme sind.

▶ **Ausblick: Alternative Realisierungsmöglichkeiten**

Anhand von drei Beispielen wurde aufgezeigt, wie das Modell eines endlichen Automaten in LabVIEW realisiert werden kann und es wurde bereits darauf hingewiesen, dass auch eine Vielzahl von Alternativen für die Realisierung besteht. In einem kurzen Ausblick sollen einige der Möglichkeiten aufgezeigt werden:

- Für die Ereignisverwaltung eignet sich anstelle der Case-Struktur auch die leistungsfähige *Event Structure* (Ereignisstruktur) aus der *Functions Palette ≫ Structures*, die die Auswertung von dynamischen Ereignissen ermöglicht. Die Modellierung des Ereignisses *Wait* in diesem Beispiel könnte dann entfallen, da dann die Auswertung von Ereignissen vom Betriebssystem übernommen würde. Da bei der *Event Structure* aber kein Datenfluss zwischen Eingabeelementen und dem übrigen *Block Diagram* besteht, sollte die *Event Structure* nur dann verwendet werden, wenn sie tatsächlich benötigt wird.

- Die Aktualisierung der Bedienoberfläche ist in diesem Beispiel in einen Fall der Case-Struktur verlagert worden. Es ist aber auch möglich, die Bedienoberfläche außerhalb der Case-Struktur vorzunehmen, wie es am Beispiel der Digitaluhr in Abschnitt 12.2 aufgezeigt worden ist. Damit wird in beiden Beispielen vermieden, dass Elemente der Bedienoberfläche in einem Fall der Case-Struktur über lokale Variabelen aus einem anderen Fall der Case-Struktur aktualisiert werden müssen. Das Programm zu Fraktalen in Abschnitt 12.3 als Beispiel für eine dialogintensive Anwendung ist gekennzeichnet durch eine große Anzahl von *Property Nodes* zur Steuerung der Bedienoberfläche. Komplexere Aufgabenstellungen werden immer zu einer modularen Programmierung mit der konsequenten Verwendung von Unterprogrammen führen. In LabVIEW ist die Verwendung von *Property Nodes* in einem Unterprogramm zur Beeinflussung eines Elementes des Hauptprogramms nicht unmittelbar möglich. Für jeden *Property Node* wird dann eine Referenz erzeugt, wodurch im Allgemeinen die Lesbarkeit des *Block Diagrams* aufgrund der Vielzahl von Referenzen erheblich verschlechtert wird. Eine elegante Möglichkeit zur Vermeidung von Referenzen und zur vollständigen Entkopplung von Bedienoberfläche und Algorithmus zeigen Conway und Watts auf [38]. Algorithmus und Bedienoberfläche werden in zwei parallel laufenden While-Schleifen unabhängig voneinander ausgeführt und der Datenaustausch *(Message Passing)* erfolgt über *Queues* (Warteschlangen). Die dafür erforderlichen Funktionen stehen in LabVIEW in der *Functions Palette* ≫ *Queue Operations* (Queue-Operationen) zur Verfügung.
- Für die Verwaltung der Systemdaten kann anstelle eines *Clusters* auch eine Datei verwendet werden, in der alle Systemvariablen abgelegt werden [38]. Dadurch ergibt sich insbesondere bei der Realisierung von Testsequenzen im Zusammenhang mit der Automatisierung von Testabläufen der Vorteil, dass die Konfiguration und Parametrierung der Testfälle auch von Bedienern vorgenommen werden können, die keine LabVIEW-Kenntnisse aufweisen. Die Konfigurierung und Parametrierung kann dann in einer ASCII- oder HTML-Datei oder einer EXCEL-Tabelle erfolgen.
- Die Umsetzung eines Automatenmodells in LabVIEW kann auch mit dem *State Diagram Toolkit*, einer Erweiterung der Entwicklungsumgebung LabVIEW vorgenommen werden. Dort ist es möglich, das Zustandsdiagramm auf der Basis eines Moore-Automaten zu zeichnen. Das zugehörige *Block Diagram* wird dann automatisch erzeugt. Als nachteilig erscheint dabei aber, dass sich eine hohe Verschachtelungstiefe von Kontrollstrukturen ergibt und dass zur Zeit eine Prüfung des Modells auf Vollständigkeit anhand einer Zustands-Ereignis-Matrix nicht möglich ist. ◀

12.5 Zusammenfassung

In diesem Kapitel wurde zunächst gezeigt, wie das Modell eines endlichen Automaten in LabVIEW umgesetzt werden kann, wobei die Realisierung sowohl durch das Modell eines Moore-Automaten als auch durch das Modell eines Mealy-Automaten erfolgen kann. Bei Letzterem bietet es sich an, für die Ablaufsteuerung des Programms eine Zustands-Ereignis-Matrix zu verwenden, so dass die Ablaufspezifikation weitgehend vom *Block Diagram* entkoppelt wird.

Prinzipiell ist für die Realisierung eines endlichen Automaten eine mehrseitige Fallunterscheidung innerhalb einer While-Schleife ausreichend und dementsprechend ist dieser Ansatz für jede Programmiersprache geeignet, die die Elemente der strukturierten Programmierung zur Verfügung stellt. Neben dem eigentlichen Modell des Automaten wurde anhand der Beispiele gezeigt, wie zusätzliche, programmtechnisch erforderliche Komponenten, wie die Verwaltung von Ereignissen oder die Aktualisierung der Bedienoberfläche, in dieses Konzept integriert werden können. In den Beispielen wurden darüber hinaus einige wenige Designregeln berücksichtigt:

- Modulare Programmierung durch Verwenden von SubVIs
- Verwaltung der Ereignisse an einer Stelle im Programm
- Aktualisierung der Bedienoberfläche an einer Stelle im Programm
- Verwaltung aller Systemvariablen in einem (oder mehreren) *Clusters*
- Auslegung von *Clusters* als *Strict Type Def*
- Verwenden der Funktion *Unbundle By Name* anstelle von *Unbundle*
- Verzicht auf globale Variablen
- Vermeiden von lokalen Variablen

Zudem sollten bei der Erstellung des *Block Diagrams* selbstverständlich auch die notwendigen und eher handwerklich bedingten Aspekte beachtet werden, wie zum Beispiel die Auslegung der Datenflüsse von links nach rechts, die Vermeidung von *Coercion Dots* (Formatumwandlungspunkte) oder die Überlappungsfreiheit von Objekten (vgl. Abschn. 6.3.1). Dies erfordert ein hohes Maß an Selbstdisziplin (die auch dem Autor nicht immer leichtfällt). Als Resultat werden sich aber immer Programme bzw. Programmsysteme ergeben, die eine gute Lesbarkeit aufweisen und die somit weitgehend selbstdokumentierend sind. Dementsprechend sind die Voraussetzungen für eine hohe Software-Qualität, wie z. B. Änderbarkeit, Erweiterbarkeit und Wartbarkeit automatisch erfüllt.

Physiologisch bedingt ermöglicht die graphische Darstellung von Informationen eine erheblich bessere Rezeption im Vergleich zu einer textbasierten Darstellung. Dies wird nicht nur an Stadtplänen und Verkehrszeichen offensichtlich. In der Regelungstechnik werden seit jeher Signalflusspläne und in der Elektronik Schaltpläne für die Visualisierung von Informationen verwendet. Auch in der Software-Technik basieren nahezu alle Konzepte auf der graphischen Darstellung von Informationen, zum Beispiel mittels Datenflussdiagrammen oder Zustandsdiagrammen.

Die wesentliche und praktisch einzige Ausnahme bei der Software-Entwicklung ist die Erstellung des Quellcodes selbst, die nach wie vor überwiegend in textbasierter Form erfolgt. Deshalb ist anzunehmen, dass visuelle Programmiersprachen bei anwendungsorientierten Aufgabenstellungen in Zukunft erheblich an Bedeutung gewinnen werden (wobei die hardwarenahe Programmierung, z. B. mittels Assembler unverzichtbar bleibt). Eindrucksvoll belegt wird diese Annahme durch den Erfolg der Programmiersprache G mit der zugehörigen Entwicklungsumgebung LabVIEW, die sich in technischen und naturwissenschaftlichen Bereichen längst als Standard etabliert hat.

A Installation, Konfiguration und Gestaltungshinweise

A.1 Installation und Voreinstellungen

A.1.1 Installation

Auf der dem Buch beiliegenden DVD stehen die deutschsprachige und englischsprachige Studentenversion von LabVIEW 8.0 für Windows zur Verfügung. Die individuelle Seriennummer ist auf der DVD-Hülle zu finden. Die Seriennummer ist für beide Programmversionen gültig, es ist aber nicht möglich, beide Programmversionen gleichzeitig zu installieren.

Das Konzept des Buches ist auf die englischsprachige Version ausgerichtet. Im Buch werden aber auch alle deutschen Bezeichnungen mitgeführt, so dass für die Arbeit mit dem Buch auch die deutschsprachige Version verwendet werden kann.

Die Installation ist unkompliziert. Zunächst muss im Verzeichnis der gewünschten Programmversion die Datei `setup.exe` (oder `autorun.exe`) gestartet werden. Anschließend führt der Installationsassistent durch den Installationsvorgang. Gerätetreiber *(device driver references)* sollten nur dann installiert werden, wenn Hardware-Komponenten wie zum Beispiel Datenerfassungskarten verwendet werden.

Nach der Installation muss die Software aktiviert werden. Dafür startet nach der Installation automatisch der Lizenzaktivierungsassistent und die Aktivierung kann unmittelbar über eine Internetverbindung vorgenommen werden. Es ist aber auch möglich, den 20-stelligen Produktaktivierungscode per E-Mail, Telefon, FAX oder zu Webbrowser (`www.ni.com/activate`) zu beziehen und die Software nachträglich zu aktivieren. Dazu muss der NI-Lizenzmanager gestartet werden (Start ≫ Programme ≫ National Instruments ≫ NI License Manager (NI Lizenz-Manager)). Die Online-Hilfe stellt alle für die Aktivierung erforderlichen Informationen bereit. Weiterhin wird in Abschnitt A.1.2 der Text der „Aktivierungsanleitung für National-Instruments-Software" wiedergegeben. Im NI-Lizenzmanager kann die Aktivierung über die Schaltfläche *Activate* (Aktivieren) gestartet werden. Anschließend führt der Assistent durch den Aktivierungsprozess.

A.1.2 Aktivierungsanleitung für National-Instruments-Software

Damit Software von National Instruments vollständig genutzt werden kann, muss sie zunächst aktiviert werden. Die Aktivierung ist einfach und kann jederzeit vorgenommen werden. Gehen Sie dazu folgendermaßen vor:

1. Ermitteln Sie die Seriennummer der Software.

   Jedes Softwarepaket hat eine andere Seriennummer. Sie gilt als Nachweis dafür, dass die Software rechtmäßig erworben wurde. In der Regel befindet sich die Nummer auf dem „Eigentumsnachweis" im Lieferpaket. Wenn Sie die Software im Rahmen der NI Developer Suite oder einer Campus- oder Institutslizenz beziehen, verwenden Sie bitte die Seriennummer im ersten Lieferpaket. Im vorliegenden Buch finden Sie die Seriennummer auf der DVD-Hülle.

2. Installieren Sie die Software.

3. Starten Sie den Aktivierungsassistenten.

   Wenn die Software zum ersten Mal installiert wird, startet das Installationsprogramm möglicherweise automatisch den Lizenzaktivierungsassistenten. Ansonsten starten Sie das Produkt und wählen Sie die Option zur Aktivierung, wenn eine entsprechende Meldung erscheint.

   ODER

   Wenn Sie nicht zur Aktivierung des Produkts aufgefordert werden, gehen Sie folgendermaßen vor:

   a. Starten Sie den NI-Lizenzmanager durch Anklicken von **Start** ≫ **Programme** ≫ **National Instruments** ≫ **NI License Manager**.

   b. Klicken Sie in der Symbolleiste auf die Schaltfläche **Aktivieren**.

   Der Assistent führt Sie anschließend durch den Aktivierungsprozess.

   Hinweis: DIAdem-Zusatzkomponenten wie DIAdem CLIP, DIAdem INSIGHT oder das DIAdem Crash Analysis Toolkit müssen separat aktiviert werden, da sie nicht in der Lizenz anderer DIAdem-Software enthalten sind. Wählen Sie dazu: **Lizenz aktivieren**.

4. Bewahren Sie den Aktivierungscode auf.

   Die Software kann jederzeit wieder aktiviert werden, und es steht Ihnen frei, auf welchem Computer Sie die Software einsetzen möchten. Für den Fall, dass die Software auf demselben Computer neu installiert werden muss, auf dem Sie ursprünglich installiert war, gibt es im Aktivierungsassistenten eine Option zur Zusendung des Aktivierungscodes per E-Mail. Zur Neueingabe des Codes starten Sie den Aktivierungsassistenten und wählen die Option zur Angabe eines vorhandenen Aktivierungscodes aus.

Weitere Informationen entnehmen Sie bitte der Produktbeschreibung oder der Website: `ni.com/activate`.

Durch den Aktivierungsprozess von Software bei National Instruments können Sie Evaluierungsversionen einfacher in Vollversionen umwandeln und zusätzliche Softwarekomponenten problemlos aktivieren. Daneben wird auch die Lizenzverwaltung in großen Unternehmen bzw. Institutionen erleichtert. Für weitere Einzelheiten zur Lizensierung von Produkten von National Instruments besuchen Sie bitte die Website: `ni.com/activate`. Hier finden Sie häufig gestellte Fragen, Hinweise zu weiteren Informationsquellen und technische Unterstützung.

Wichtige Begriffe

Seriennummer	Ist eine 9-stellige alphanumerische Zeichenkombination zur eindeutigen Kennzeichnung eines einzelnen Softwarepaketes. Zu finden ist die Seriennummer auf dem *Eigentumsnachweis* in Ihrem Lieferpaket. Bei Hardware steht die Seriennummer entweder auf der Packung oder dem Gerät selbst. Im vorliegenden Buch finden Sie die Seriennummer auf der DVD-Hülle.
Computer- oder Geräte-ID	Ist eine 16-stellige Zeichenkombination, die während des Aktivierungsvorgangs zur eindeutigen Kennzeichnung Ihres Computers oder Ihrer NI-Hardware erzeugt wird.
Aktivierungscode	Ist eine 20-stellige Zeichenkombination, die dazu erforderlich ist, Software von National Instruments auf einem bestimmten Computer verwenden zu können. Der Aktivierungscode wird während des Aktivierungsvorgangs auf Grundlage der Seriennummer der Software und der Computer-ID erstellt.

Installation auf einem anderen Computer nach Aktivierung

Um ein Softwareprodukt auf einen anderen Rechner zu übertragen, muss es einfach installiert und erneut aktiviert werden. Es ist nicht untersagt, die Software auf einem anderen Rechner zu nutzen, sofern sie auf dem vorherigen Computer deinstalliert wird. Da ein Aktivierungscode nur auf dem Computer gültig ist, auf dem er erstellt wurde, wird für einen anderen Computer auch ein neuer Aktivierungscode benötigt. Folgen Sie den Schritten auf der vorhergehenden Seite, um einen neuen Aktivierungscode zu erhalten und die Software erneut zu aktivieren.

Volumenlizenzprogramm

Im Rahmen des NI-Volumenlizenzprogramms bietet die Firma National Instruments auch Volumenlizenzen an. Das NI-Volumenlizenzprogramm erleichtert Ihnen die Verwaltung der Softwarelizenzen. Weitere Informationen entnehmen Sie bitte der Website: `ni.com/vlp`.

Online-Aktivierung

Eine Aktivierung von Lizenzen ist jederzeit über die Website: `ni.com/activate` möglich. Aktivierungscodes können über jeden beliebigen Computer mit einer Internetverbindung bezogen werden. Es ist nicht erforderlich, dass der Computer, auf dem die NI-Software verwenden werden soll, über einen Internetzugang verfügt.

Verwendung eines Produkts auf einem Privatrechner

Die vorliegende Software kann auch auf einem Privatcomputer genutzt werden. Lesen Sie dazu bitte auch die Hilfe zum NI-Lizenzmanager, den Lizenzvertrag im Installationsprogramm Ihrer Software oder besuchen Sie: `ni.com/legal/license`.

Datenschutzbestimmungen

Ihre Daten werden von National Instruments nicht an Dritte weitergegeben. Für weitere Einzelheiten zu unseren Datenschutzbestimmungen besuchen Sie bitte die Website: `ni.com/activate/privacy`.

A.1.3 Voreinstellungen

Zunächst soll auf einige Einstellungen eingegangen werden, die von den Standardeinstellungen nach der Installation abweichen. Die geänderten Einstellungen prägen die Erscheinungsform von Elementen der Entwicklungsumgebung und wirken sich somit auf alle Beispielprogramme und Abbildungen des Buches aus. Eine Änderung der Voreinstellungen ist zwangsläufig subjektiv. Ihr liegen jedoch zwei Ziele zugrunde. Zum einen werden die Abbildungen im Text auch für Anwender der LabVIEW-Versionen 6.x und 7.x weitestgehend ohne Einschränkungen nutz- und lesbar (Wobei die Programmbeispiele aber alle mit der Version 8.0 erstellt worden sind) und zum anderen soll eine Reduktion der Funktionsvielfalt auf das Wesentliche erreicht werden, so dass eine zielgerichtete Einarbeitung in die Basiskonzepte der Entwicklungsumgebung LabVIEW ermöglicht wird.

Nach dem Start des Programms, zum Beispiel durch einen Doppelklick auf das Desktop-Icon, wird zunächst das Auswahlfenster *Getting Started* (Erste Schritte) angezeigt (s. Abb. 5.2). Dort kann in der Menüleiste *Tools* ≫ *Options...* (Werkzeuge ≫ Optionen...) ausgewählt werden. Hier können nahezu alle Einstellungen zur Konfiguration der Entwicklungsumgebung vorgenommen werden (s. Abschn. A.2). Die im Folgenden aufgeführten Punkte geben die Abweichungen von den Standardeinstellungen wieder.

- *Tools* ≫ *Options: Front Panel* ≫ *Use localized decimal point*
  (Werkzeuge ≫ Optionen: Frontpanel ≫ Lokalen Dezimalpunkt verwenden)
  → deaktiviert
- *Tools* ≫ *Options: Block Diagram* ≫ *Place front panel terminals as icons*
  (Werkzeuge ≫ Optionen: Blockdiagramm ≫ Frontpanel-Elemente als Symbole darstellen)
  → deaktiviert
- *Tools* ≫ *Options: Block Diagram* ≫ *Auto insert Feedback Node in cycles*
  (Werkzeuge ≫ Optionen: Blockdiagramm ≫ Feedback-Knoten autom. in Schleifen einfügen)
  → deaktiviert
- *Tools* ≫ *Options: Block Diagram* ≫ *Show red Xs on broken wires*
  (Werkzeuge ≫ Optionen: Blockdiagramm ≫ Rote Kreuze auf ungültigen Leitungen anzeigen)
  → deaktiviert
- *Tools* ≫ *Options: Block Diagram* ≫ *Use transparent name labels*
  (Werkzeuge ≫ Optionen: Blockdiagramm ≫ Transparente Beschriftungsfelder)
  → aktiviert
- *Tools* ≫ *Options: Alignment Grid* ≫ *Show front panel grid*
  (Werkzeuge ≫ Optionen: Ausrichtungsgitter ≫ Frontpanel-Gitter anzeigen)
  → deaktiviert

A.2 Konfiguration der Entwicklungsumgebung

Um die Entwicklungsumgebung abweichend von den Standardeinstellungen zu konfigurieren, besteht die Möglichkeit den Menüpunkt *Tools » Options* (Werkzeuge » Optionen) aufzurufen. Dann wird ein Fenster mit allen Konfigurationsmöglichkeiten zur Anzeige gebracht. Im linken Teil kann eine der zur Verfügung stehenden Kategorien ausgewählt werden (Abb. A.1). Die Auswahlmöglichkeiten innerhalb einer Kategorie werden dann im rechten Teil des Fensters angezeigt. Beispielhaft werden diese für die Kategorie *Front Panel* in Abbildung A.2 dargestellt.

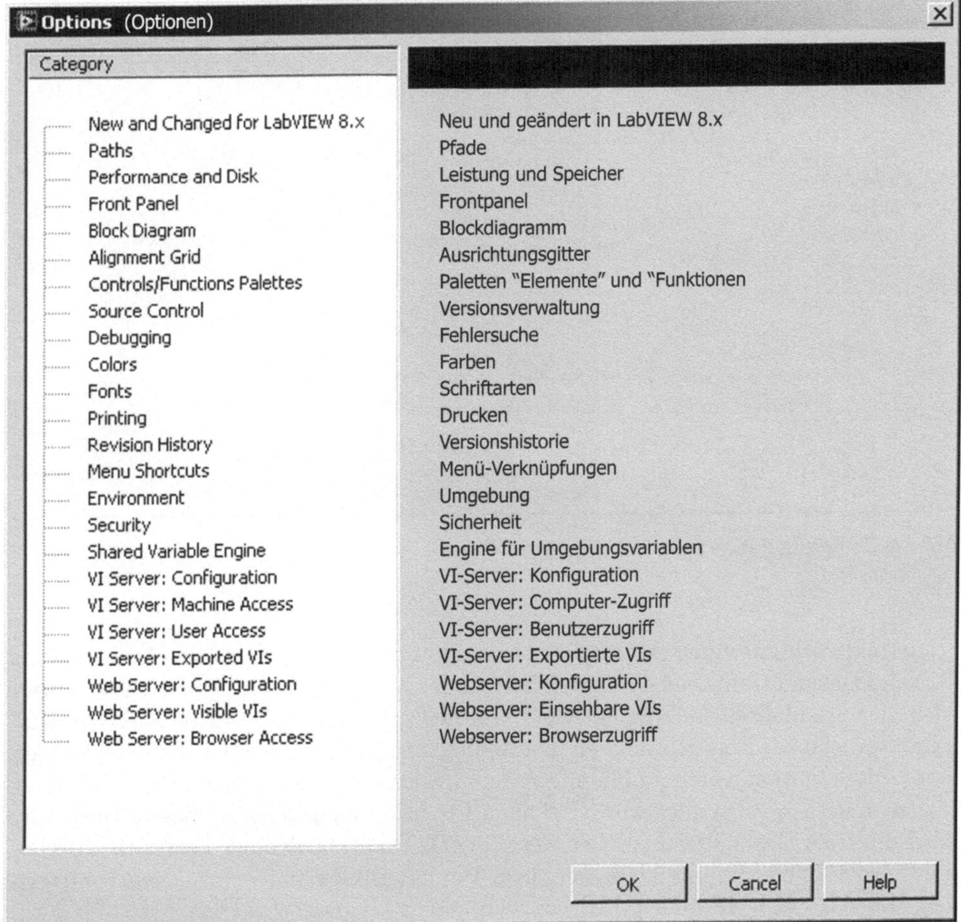

Abb. A.1: Übersicht über die Kategorien für die Konfiguration der Entwicklungsumgebung

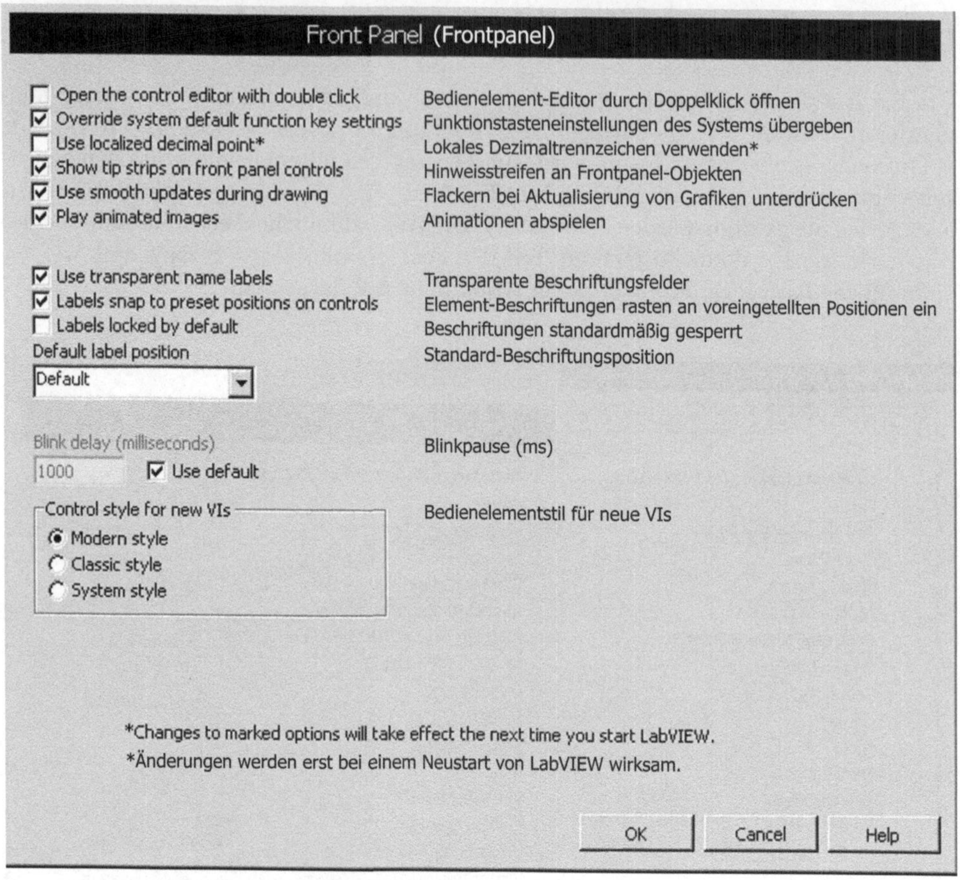

Front Panel (Frontpanel)

Open the control editor with double click — Bedienelement-Editor durch Doppelklick öffnen
Override system default function key settings — Funktionstasteneinstellungen des Systems übergeben
Use localized decimal point* — Lokales Dezimaltrennzeichen verwenden*
Show tip strips on front panel controls — Hinweisstreifen an Frontpanel-Objekten
Use smooth updates during drawing — Flackern bei Aktualisierung von Grafiken unterdrücken
Play animated images — Animationen abspielen

Use transparent name labels — Transparente Beschriftungsfelder
Labels snap to preset positions on controls — Element-Beschriftungen rasten an voreingetellten Positionen ein
Labels locked by default — Beschriftungen standardmäßig gesperrt
Default label position — Standard-Beschriftungsposition
Default

Blink delay (milliseconds) — Blinkpause (ms)
1000   Use default

Control style for new VIs — Bedienelementstil für neue VIs
Modern style
Classic style
System style

*Changes to marked options will take effect the next time you start LabVIEW.
*Änderungen werden erst bei einem Neustart von LabVIEW wirksam.

OK   Cancel   Help

Abb. A.2: Konfigurationsmöglichkeiten der Kategorie *Front Panel*

Besonders hingewiesen werden soll auf die Option *Use localized decimal point* (Lokales Dezimaltrennzeichen verwenden) in der Kategorie *Front Panel*. Diese Option ist in der Standardeinstellung aktiviert, das heißt, bei einem Betriebssystem in deutscher Sprache wird ein Komma als Dezimaltrennzeichen verwendet. Empfehlenswert ist es, diese Option wie in Abbildung A.2 zu deaktivieren, so dass ein Punkt als Dezimaltrennzeichen verwendet wird (Bei allen Programmbeispielen in diesem Buch wird ein Punkt als Dezimaltrennzeichen verwendet). Dadurch können Fehler in Übertragungsprotokollen, die in aller Regel einen Punkt als Dezimaltrennzeichen voraussetzen, wie z. B. TCP/IP oder GPIB von vornherein vermieden werden.

A.3 VI Properties (VI-Eigenschaften)

Neben den in Abschnitt A.1.3 vorgestellten Möglichkeiten zur Konfiguration der Entwicklungsumgebung LabVIEW ist es zudem möglich, die Eigenschaften eines VIs zu konfigurieren. Dazu kann im Kontextmenü der *Connector Pane* die Option *VI Properties...* (VI-Enstellungen...) ausgewählt werden (vgl. Abb. B.15), die auch im Menü *File* (Datei) zur Verfügung steht. Im oberen Teil des Fensters kann eine Kategorie ausgewählt werden (Abb. A.3) und im unteren Teil werden in Abhängigkeit von der Auswahl die Einstellungsmöglichkeiten eingeblendet.

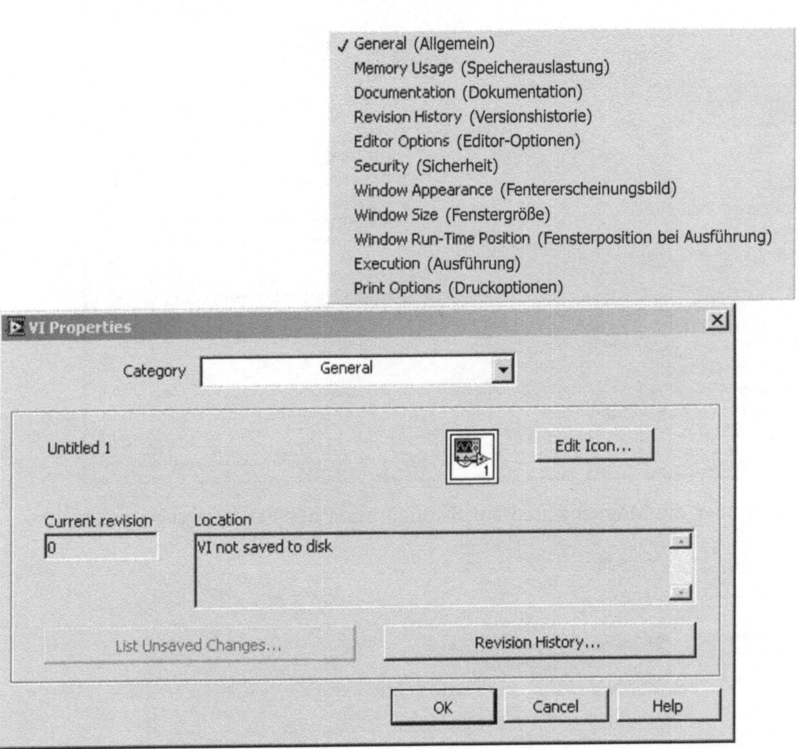

Abb. A.3: Übersicht über die Kategorien zur Konfiguration der VI-Eigenschaften

Unter anderem besteht in der Kategorie *Window Appearance* die Möglichkeit, die Option *Customize...* (Anpassen...) auszuwählen. Das entsprechende Fenster zeigt Abbildung A.4. Dort kann das Erscheinungsbild eines VIs zur Laufzeit konfiguriert werden. Beispielsweise kann hier festgelegt werden, ob das *Front Panel* eines SubVIs zur Laufzeit dargestellt werden soll oder nicht und hier kann die Schaltfläche *Abort Execution* (Ausführung abbrechen) ausgeblendet werden. Diese sollte einem Bediener grundsätzlich nicht zur Verfügung gestellt werden. Weitere Konfigurationsmöglichkeiten bietet die in Abbildung A.5 dargestellte Kategorie *Execution* (Ausführung), in der unter anderem die Option *Enable automatic error handling* deaktiviert werden kann, um die Programmausführung zu optimieren. Um mehrere Instanzen eines VIs gleichzeitig ausführen zu können, sollte hier gegebenenfalls die Option *Reentrant execution* aktiviert werden.

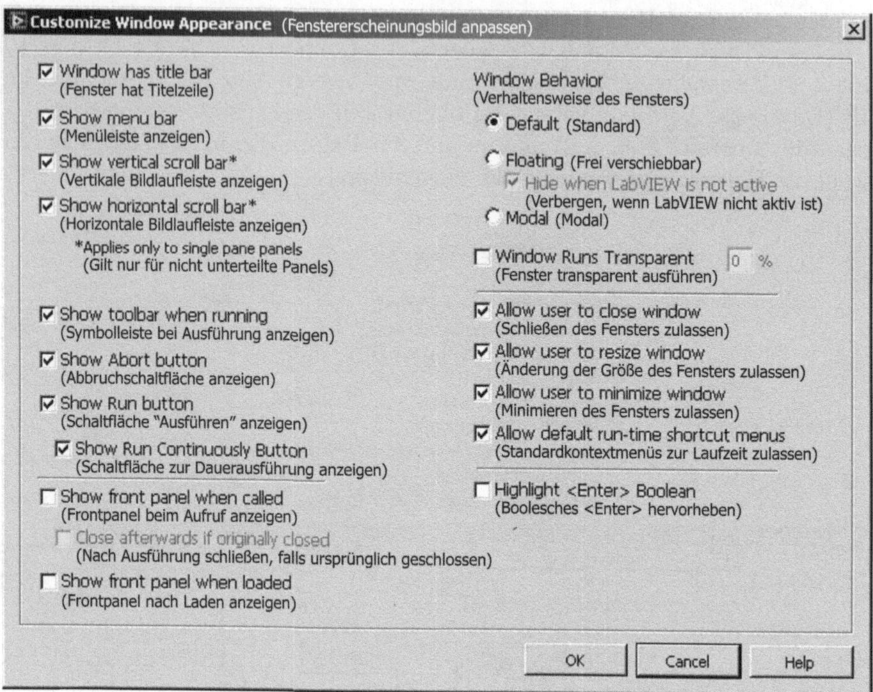

Abb. A.4: Übersicht über die Möglichkeiten zur Konfiguration des Fenstererscheinungsbildes

Abb. A.5: Übersicht über die die Konfigurationsmöglichkeiten der Kategorie *Execution*

A.4 Menüs und Paletten in LabVIEW 7.1 und LabVIEW 8.0

In der LabVIEW-Version von 8.0 sind die Menüs und Paletten neu organisiert worden. Um den Umstieg von der Version 7.1 (oder früher) zur erleichtern, werden in diesem Abschnitt die wichtigsten Änderungen aufgeführt, ohne neu hinzugekommene Merkmale zu berücksichtigen. Eine vollständige Übersicht über die Neuerungen in LabVIEW 8 steht in der Online-Hilfe zur Verfügung. Tabelle A.1 führt die Änderungen der Menüstruktur auf und Tabelle A.2 gibt eine Übersicht über die Neuorganisation der *Functions Palette* in Kategorien. Auch soll darauf hingewiesen werden, dass Mathematikfunktionen aus der Palette *Numeric* (Numerisch) nun in die Kategorie *Mathematics* verschoben worden sind (vgl. Abb. A.6).

Tab. A.1: Änderungen der Menüstruktur

Menü in LabVIEW 7.1	Änderung in LabVIEW 8.0
File (Datei)	
Save with Options... (Mit Optionen speichern...) (nur in der Professional Version)	$\longrightarrow$ Save for Previous Version (Für vorige Version speichern...)
Edit (Bearbeiten)	
Clear (Löschen)	$\longrightarrow$ umbenannt in: Delete (Löschen)
Find (Suchen)	$\longrightarrow$ umbenannt in: Find and Replace (Suchen und Ersetzen)
Scale Object with Panel (Objekt mit Panel skalieren)	$\longrightarrow$ ersetzt durch die Option: Scale Object with Pane (Elementgröße bezüglich Panel skalieren) im Kontextmenü eines Objektes
Operate (Ausführen)	
Make Current Values Default (Markierte Werte als Standard)	$\longrightarrow$ Menü: Edit (Bearbeiten)
Reinitialize All to Default (Standardwerte wiederherstellen)	$\longrightarrow$ Menü: Edit (Bearbeiten)
Enable Alignment Grid on Panel (Ausrichtung am Panelgitter aktivieren)	$\longrightarrow$ Menü: Edit (Bearbeiten)
Tools (Werkzeuge)	
Source Code Control (Versionsverwaltung)	$\longrightarrow$ umbenannt in: Source Control (Versionsverwaltung)
VI Revision History (VI-Versionshistorie)	$\longrightarrow$ Menü: Edit (Bearbeiten)
VI Library Manager... (LLB-Manager...)	$\longrightarrow$ umbenannt in: LLB Manager (LLB-Manager)
Edit VI Library... (VI-Bibliothek bearbeiten...)	$\longrightarrow$ umbenannt in: LLB Manager (LLB-Manager)

Tab. A.1: Änderungen der Menüstruktur (Fortsetzung)

Menü in LabVIEW 7.1	Änderung in LabVIEW 8.0
Browse (Durchsuchen)	entfällt
Show VI Hierarchy (VI-Hierarchie anzeigen)	⟶ Menü: View (Anzeigen)
This VI's Callers (Aufrufer dieses VIs)	⟶ Menü: View ≫ Browse Relationships (Anzeigen ≫ Beziehungen ermitteln)
This VI's SubVIs (SubVIs dieses VIs)	⟶ Menü: View ≫ Browse Relationships (Anzeigen ≫ Beziehungen ermitteln)
Unopened SubVIs (Ungeöffnete SubVIs)	⟶ Menü: View ≫ Browse Relationships (Anzeigen ≫ Beziehungen ermitteln)
Unopened Type Defs (Ungeöffnete Type-Defs)	⟶ Menü: View ≫ Browse Relationships (Anzeigen ≫ Beziehungen ermitteln)
Breakpoints... (Haltepunkte...)	⟶ Menü: Operate (Ausführen)
Window (Fenster)	
Show Functions Palette (Funktionenpalette anzeigen)	⟶ Menü: View (Anzeigen)
Show Controls Palette (Elementepalette anzeigen)	⟶ Menü: View (Anzeigen)
Show Tools Palette (Werkzeugpalette anzeigen)	⟶ Menü: View (Anzeigen)
Show Error List (Fehlerliste anzeigen)	⟶ Menü: View (Anzeigen)

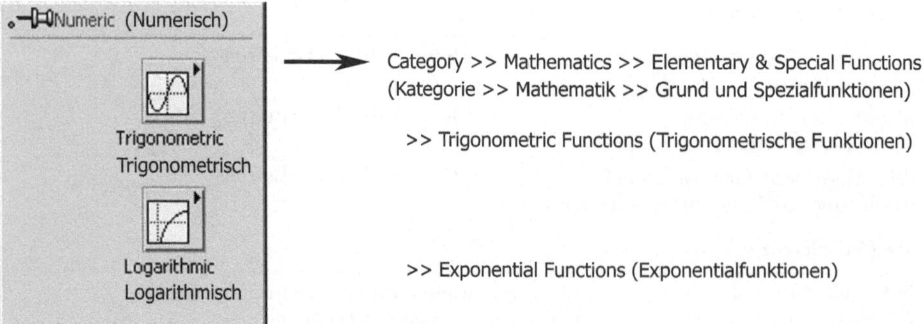

Abb. A.6: Änderungen in der Palette *Functions ≫ Numeric*

Tab. A.2: Änderungen in der *Functions Palette*

Palette in LabVIEW 7.1	Kategorie in LabVIEW 8.0
Structures (Strukturen) *Numeric* (Numerisch) *Boolean* (Boolesch) *String* *Array* *Cluster* *Comparison* (Vergleich) *File I/O* (Datei-I/O) *Graphics & Sound* (Audio & Grafik) *Waveform* (Signalverlauf) *Application Control* (Anwendungssteuerung) *Report Generation* (Erstellen von Reports)	$\longrightarrow$ *Programming* (Programmierung)
Time & Dialog (Zeit & Dialog)	$\longrightarrow$ *Programming* $\gg$ *Timing* und $\gg$ *Dialog & User Interface* (Dialog & Benutzeroberfläche)
Decorations (Gestaltungselemente)	$\longrightarrow$ (*Programming* $\gg$ *Structures*) (Programmierung $\gg$ Strukturen)
Communication (Kommunikation) *Advanced* (Fortgeschritten)	$\longrightarrow$ *Connectivity* (Konnektivität) und *Data Communication* (Datenkommunikation)
Analyze (Analyse)	$\longrightarrow$ *Mathematics* (Mathematik) und *Signal Processing* (Signalverarbeitung)
Instrument I/O (Instrumenten-I/O)	$\longrightarrow$ *Instrument I/O* (Instrumenten-I/O)
NI Measurements (NI-Messtechnik)	$\longrightarrow$ *Measurement I/O* (Mess-I/O)

A.5 Gestaltungshinweise

Für LabVIEW stehen viele Gestaltungshinweise – die leider viel zu selten beachtet werden – zur Verfügung, die darauf abzielen, die Lesbarkeit und damit auch die Wartbarkeit und Erweiterbarkeit von Programmen zu verbessern, beispielsweise die *LabVIEW Style Checklist* in der Online-Hilfe oder Kapitel sechs „*LabVIEW Style Guide*" der *LabVIEW Development Guidelines*, die von der National Instruments Homepage `www.ni.com` heruntergeladen werden kann [41]. Eine Vielzahl dieser Regeln kann mit Hilfe des *VI Analyzer Toolkit* von National Instruments automatisch überprüft werden. In Anlehnung an diese Hilfen zur Gestaltung von *Front Panel* und *Block Diagram* werden in diesem Abschnitt einige der wichtigsten Gestaltungshinweise in Form einer knappen Checkliste aufgeführt.

Block Diagram

- ☐ Programme sollten unter einem aussagekräftigen Namen abgespeichert werden. Sonderzeichen wie \, /, :, und ~ sollten nicht verwendet werden. Hauptprogramme sollten gegebenenfalls in einem übergeordneten Verzeichnis gespeichert werden oder bei der Verwendung einer LLB als solche gekennzeichnet werden.
- ☐ Ein *Block Diagram* sollte niemals größer als eine „Bildschirmseite" sein. Eine Strukturierung des Programms kann durch die Verwendung von SubVIs erreicht werden. Gegebenenfalls sollte bei größeren Programmen das *Scrollen* auf die horizontale bzw. vertikale Richtung beschränkt werden.
- ☐ Die dynamische Verwaltung von *Arrays* und *Strings* vereinfacht die Programmierung. Die Verwendung der Funktionen *Build Array* (Array erstellen) und *Concatenate String* (Strings verknüpfen) innerhalb von Wiederholschleifen kann bei großen Datenmengen aber die Prozessorleistung und Speicherauslastung nachteilig beeinflussen.
- ☐ *Coercion Dots* (Formatumwandlungspunkte) sollten vermieden werden, da sie die Leistungsfähigkeit eines Programms verringern können.
- ☐ While-Schleifen, in denen auf die Eingabe eines Benutzers oder ein Ereignis gewartet wird, sollten eine Wartezeit enthalten um die Prozessorleistung zu minimieren.
- ☐ Bei For-Schleifen sollte das Zählterminal nicht gleichzeitig in Kombination mit der automatischen Indizierung verwendet werden.
- ☐ String-Konstanten sollten nicht leer sein oder nur *white spaces* enthalten. Vorzuziehen ist die Verwendung der Konstanten *Empty String Constant* (Leerer String...) bzw. die Aktivierung des '\' *Codes Display* ('\'-Code-Anzeige).
- ☐ Globale Variablen sollten nicht verwendet werden.
- ☐ Lokale Variablen sollten nur für das Beschreiben von *Controls* und den Datenaustausch zwischen parallelen Prozessen verwendet werden.
- ☐ In Programmen sollten absolute Pfadangaben vermieden werden.
- ☐ *Typ Def.* (Typ-Definitionen) sollten für Bedienelemente, insbesondere für *Enums* und Datenstrukturen verwendet werden.
- ☐ Durch die Verwendung der Funktionen *Bundle by Name* (Nach Namen bündeln) und *Unbundle by Name* (Nach Namen aufschlüsseln) anstelle von *Bundle* (Bündeln)

und *Unbundle* (Aufschlüsseln) kann die Lesbarkeit des *Block Diagrams* verbessert werden.

☐ Die Speicherauslastung kann durch die Wahl des geeigneten Datentyps optimiert werden, z. B. SGL statt DBL oder U8 statt U32. Daher sollte vor der Programmierung eine Datenanalyse erfolgen.

☐ Richtungswechsel in einer Verbindungsleitung sollten auf ca. zwei bis drei begrenzt werden.

☐ Der Datenfluss entlang von Verbindungsleitungen sollte immer von links nach rechts erfolgen.

☐ Verbindungsleitungen sollten immer am rechten Rand einer Datenquelle und am linken Rand einer Datensenke angeschlossen werden.

☐ Verbindungsleitungen sollten niemals von Objekten verdeckt werden.

☐ Tunnel, Shift-Register und lokale Sequenzvariablen sollten sich nicht überlappen.

☐ Innerhalb des Rahmens von Strukturen, wie z. B. *Case, Sequence, For Loop...*, sollte das gesamte Diagramm sichtbar sein. Im Kontextmenü einer Struktur kann dies durch die Aktivierung der Option *Auto Grow* (Automatisch vergrößern) erreicht werden.

☐ Jedes Programm sollte ein *Error Handling* (Fehlerbehandlung) aufweisen und ungültige Ergebnisse verarbeiten können.

☐ Alle SubVIs sollten ein *Error In* und *Error Out Cluster* enthalten.

☐ Bei I/O-Funktionsknoten mit Ein- und Ausgängen für die Fehlerbehandlung sollten diese verwendet werden.

☐ Im *Block Diagram* sollte der Algorithmus mit Hilfe des Beschriftungswerkzeuges ausführlich kommentiert werden. Insbesondere sollten Konstanten mit einer aussagekräftigen Beschriftung versehen werden.

☐ Bezeichner von Variablen, Konstanten und Cluster-Elemente sollten nicht identisch und darüber hinaus aussagekräftig sein.

☐ *Automatic Error Handling* (Automatische Fehlerbehandlung) sollte in der endgültigen Version eines Programms deaktiviert werden, um die Leistungsfähigkeit des Programms zu verbessern (*VI Properties* ≫ *Execution* (VI-Eigenschaften ≫ Ausführung)).

☐ Hilfreich ist auch die Regel für die Software-Entwicklung von Conway und Watts [38]: *Clever Software = BAD, Simple Software = GOOD.*

Front Panel

☐ Jedes VI sollte eine Dokumentation enthalten, die gegebenenfalls über die Kontexthilfe aufgerufen werden kann.

☐ Bedienelemente sollten gegebenenfalls über einen *Tip Strip* (Hinweisstreifen) verfügen, der zusätzliche Informationen einblendet und nicht nur den Text des Bezeichners wiederholt.

☐ Eingabeelemente sollten mit sinnvollen Standardwerten versehen werden.

☐ Numerische Eingabeelemente sollten mit einem sinnvollen Eingabebereich versehen werden (*Datarange* (Wertebereich): Minimum, Maximum und Inkrementieren) im Kontextmenü eines Eingabeelementes.

☐ *Cluster* sollten innerhalb ihrer Umrandung alle enthaltenen Bedienelemente darstellen. Dies kann durch die Option *AutoSizing* ≫ *Size to Fit* (Autom. Skalierung ≫ Größe anpassen) im Kontextmenü eines *Cluster* gewährleistet werden.

☐ Die Anordnung der Bedienelemente auf dem *Front Panel* sollte nach Möglichkeit mit der Anordnung der korrespondierenden Terminals im *Block Diagram* übereinstimmen.

☐ Während der Programmausführung sollten nicht benötigte Eingabeelemente ausgegraut oder ausgeblendet werden.

☐ Die Bedienoberfläche sollte gegebenenfalls eine Schaltfläche zum Beenden des Programms enthalten. Die Schaltfläche *Abort Execution* (Ausführung abbrechen) der *Toolbar* (Symbolleiste) sollte einem Benutzer nie zur Verfügung gestellt werden, da sie nur während der Programmentwicklung benötigt wird und kein definiertes Beenden des Programms ermöglicht (*VI Properties* ≫ *Window Appearance* ≫ *Customize...* (VI-Eigenschaften ≫ Fenstererscheinungsbild ≫ Anpassen...)).

☐ Bedienelemente sollten zu logischen Gruppen zusammengefasst werden und sollten ausgerichtet und gleichmäßig verteilt werden.

☐ Die Verwendung mehrerer Schriftarten sollte vermieden werden. Empfehlenswert ist die Verwendung der Standardschriftart. Hervorhebungen können durch eine Größenänderung oder durch Fettdruck etc. vorgenommen werden. Zier- und Serifen-Schriften sollten bei einer Bildschirmausgabe nicht verwendet werden.

☐ Farben sollten nur sparsam verwendet werden. Der Einsatz von Signalfarben (rot, gelb, grün) ist für die Bedienerführung im Allgemeinen ausreichend.

☐ Beschriftungen sollten einen transparenten Hintergrund aufweisen (Standardeinstellung).

Connector Pane (Anschlussfeld)

☐ Eingabeelemente sollten im Anschlussfeld links und Ausgabeelemente rechts „verdrahtet" werden.

☐ Jedem Terminal des Anschlussfeldes sollte gegebenenfalls eine der Optionen *Required* (Erforderlich), *Recommended* (Empfohlen) oder Optional zugewiesen werden.

☐ Die *Connector Pane* sollte nicht mehr als 16 Terminals aufweisen. Bei vielen Variablen in einem Programm können diese zu einem *Cluster* zusammengefasst werden.

☐ Fehlerein- und Fehlerausgänge sollten in der *Connector Pane* unten links bzw. unten rechts angeordnet werden.

☐ Thematisch verwandte SubVIs sollten eine vergleichbare *Connector Pane* aufweisen.

☐ Die *Connector Pane* sollte mit einem aussagekräftigen Symbol mit einer Größe von 32×32 Bildpunkten und einem schwarzen Rahmen versehen werden.

B Bestandteile der Entwicklungsumgebung LabVIEW

In diesem Kapitel werden in einer kurzen Übersicht die einzelnen Bestandteile der Entwicklungsumgebung LabVIEW dargestellt.

B.1 Paletten

LabVIEW stellt drei Paletten zur Verfügung, in denen jeweils die Bedienelemente (*Controls*, s. Abb. B.1), die Funktionsknoten (*Functions*, s. Abb. B.2) und die Werkzeuge (*Tools*, s. Abb. B.3) zusammengefasst sind.

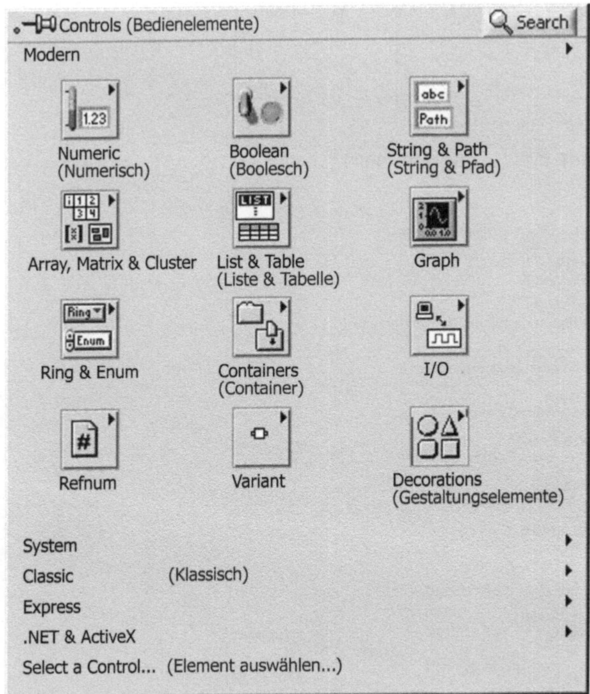

Abb. B.1: Übersicht über die *Controls Palette* (Bedienelemente)

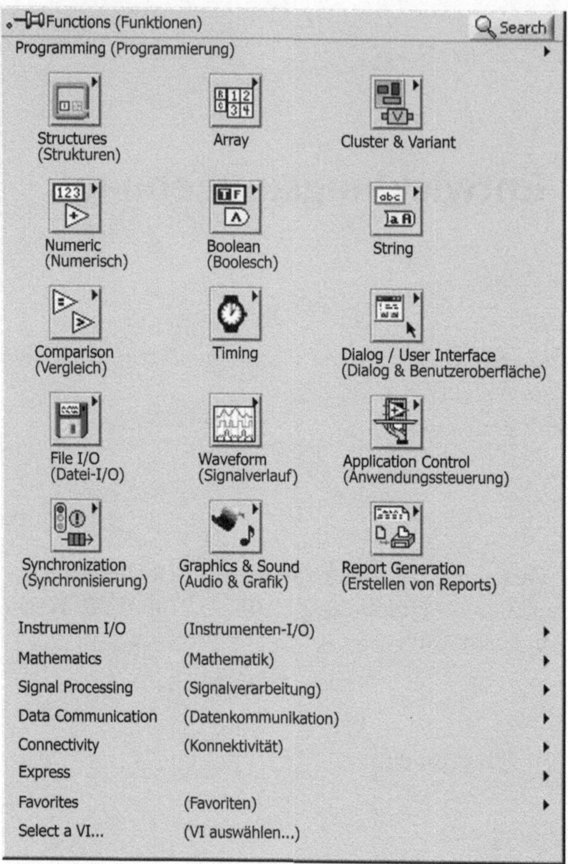

Abb. B.2: Übersicht über die *Functions Palette* (Funktionen)

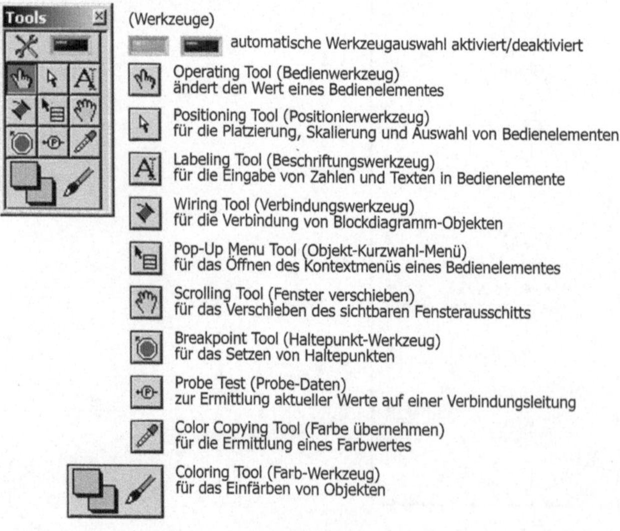

Abb. B.3: Übersicht über die *Tools Palette* (Werkzeuge)

B.2 Menüs

Abbildung B.4 zeigt eine Übersicht über die Pull-Down-Menüs der Menüleiste und in den Abbildungen B.5 bis B.12 werden die Optionen der einzelnen Menüs dargestellt.

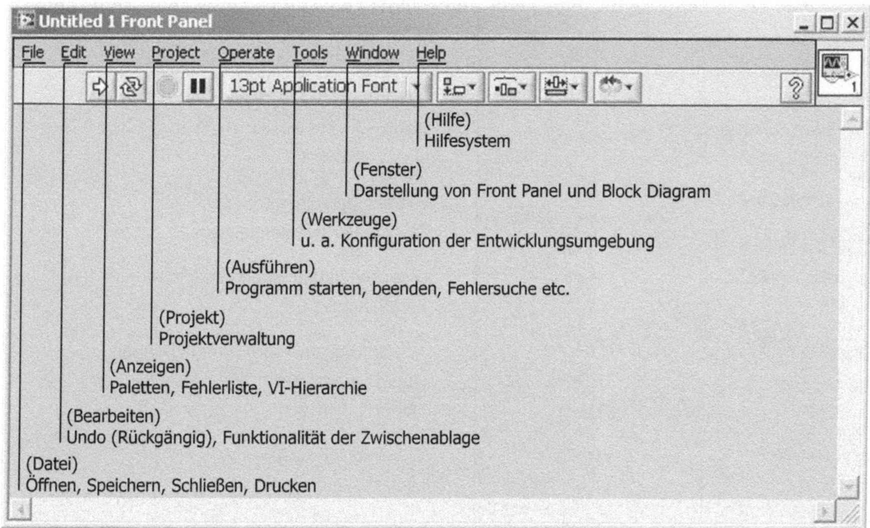

Abb. B.4: Übersicht über die Pull-Down-Menüs der Entwicklungsumgebung LabVIEW

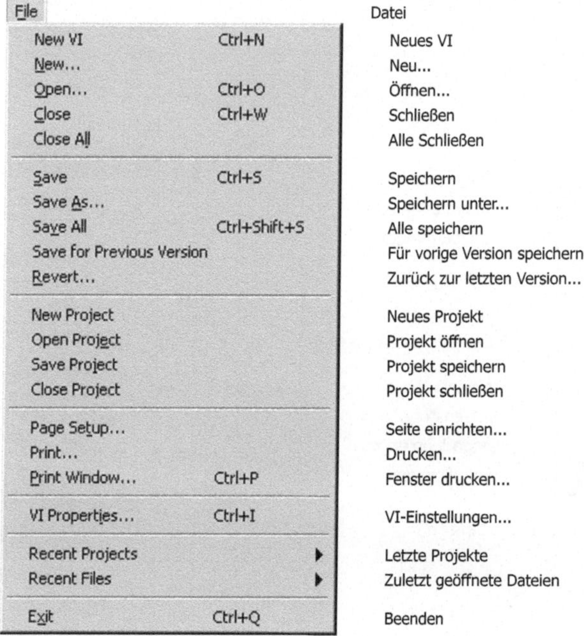

Abb. B.5: Übersicht über das Menü *File* (Datei)

Edit		Bearbeiten	
Undo	Ctrl+Z	Rückgängig	
Redo	Ctrl+Shift+Z	Wiederherstellen	
Cut	Ctrl+X	Ausschneiden	
Copy	Ctrl+C	Kopieren	
Paste	Ctrl+V	Einfügen	
Delete		Löschen	
Select All	Ctrl+A	Alles auswählen	
Make Selected Values Default		Markierte Werte als Standard	
Reinitialize Selected Values to Default		Standardwerte wiederherstellen	
Customize Control...		Bedienelement anpassen...	
Import Picture from File...		Bild aus Datei importieren...	
Set Tabbing Order...		Tabulatorreihenfolge festlegen...	
Remove Broken Wires	Ctrl+B	Ungültige Verbindungen entfernen	
Create SubVI		SubVI erstellen	
Enable Panel Grid Alignment	Ctrl+#	Ausrichtung am Panelgitter aktivieren	
Align Items	Ctrl+Shift+A	Objekte ausrichten	
Distribute Items	Ctrl+D	Objekte anordnen	
VI Revision History	Ctrl+Y	VI-Versionshistorie	
Run-Time Menu...		Laufzeitmenü...	
Find and Replace...	Ctrl+F	Suchen und Ersetzen...	
Show Search Results	Ctrl+Shift+F	Suchergebnisse anzeigen	

Abb. B.6: Übersicht über das Menü *Edit* (Bearbeiten)

View		Anzeigen	
Controls Palette		Elementepalette	
Functions Palette		Funktionenpalette	
Tools Palette		Werkzeugpalette	
Error List	Ctrl+L	Fehlerliste	
VI Hierarchy		VI-Hierarche	
Browse Relationships	▶	Beziehungen ermitteln	
Class Browser	Ctrl+Shift+B	Klassenbrowser	
Getting Started Window...		Startfenster...	
Navigation Window	Ctrl+Shift+N	Navigationsfenster	
Toolbars	▶	Symbolleisten	

Abb. B.7: Übersicht über das Menü *View* (Anzeigen)

Projekt
Neues Projekt
Projekt Öffnen
Projekt speichern
Projekt schließen
Zu Projekt hinzufügen
Build
Alle erstellen
Ausführen
Ansicht filtern
Angaben zur Datei
Eigenschaften...

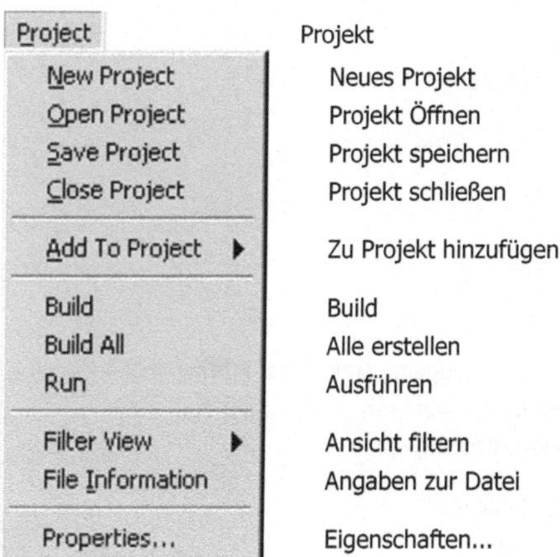

Abb. B.8: Übersicht über das Menü *Project* (Projekt)

Ausführen
Starten
Stoppen
Hineinspringen
Überspringen
Herausspringen
Haltepunkte...
Bei Aufruf anhalten
Nach Ausführung drucken
Nach Aussicht protokollieren
Datenprotokollierung
Ausführungsmodus [Bearbeitungsmodus]
Mit Netzwerkpanel verbinden...
Fehlersuche in Anwendung oder DLL...

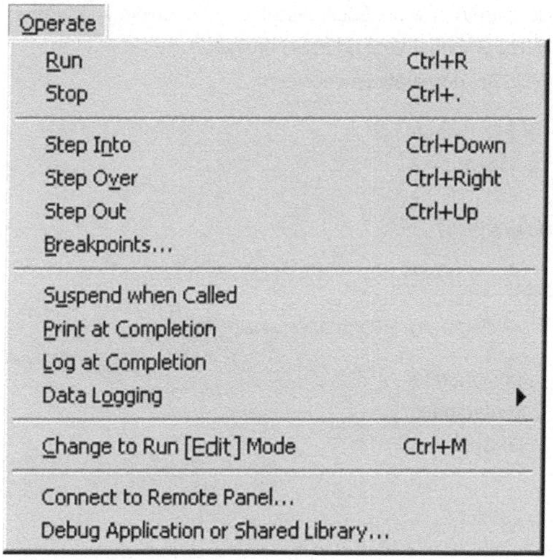

Abb. B.9: Übersicht über das Menü *Operate* (Ausführen)

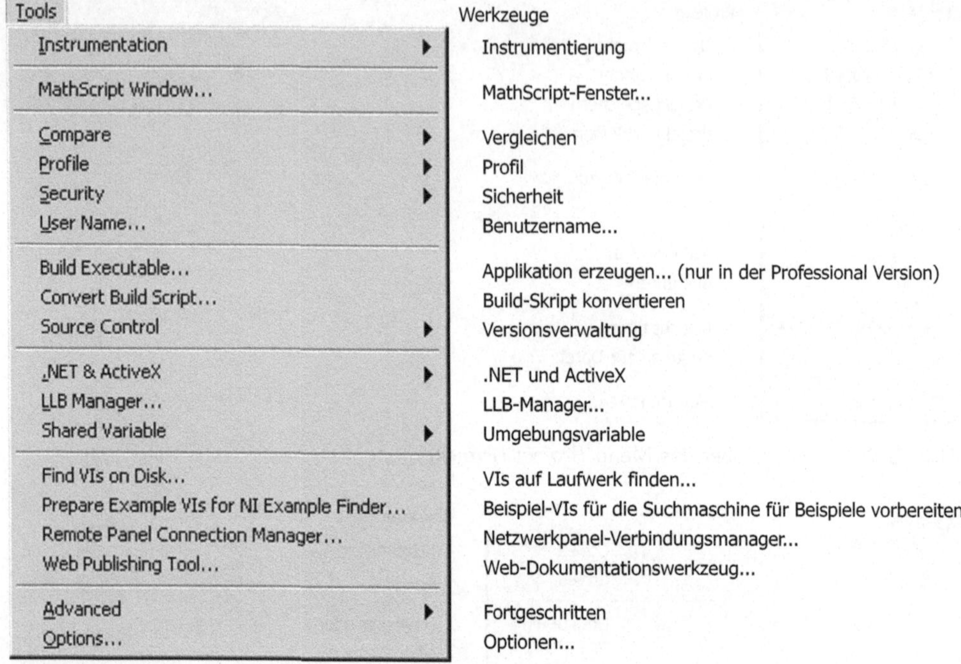

Abb. B.10: Übersicht über das Menü *Tools* (Werkzeuge)

Abb. B.11: Übersicht über das Menü *Window* (Fenster)

Abb. B.12: Übersicht über das Menü *Help* (Hilfe)

B.3   Toolbar (Symbolleiste)

Abbildung B.13 zeigt die Schaltflächen der Symbolleiste und in Abbildung B.14 sind
die Möglichkeiten zur Ausrichtung und Verteilung von Objekten dargestellt.

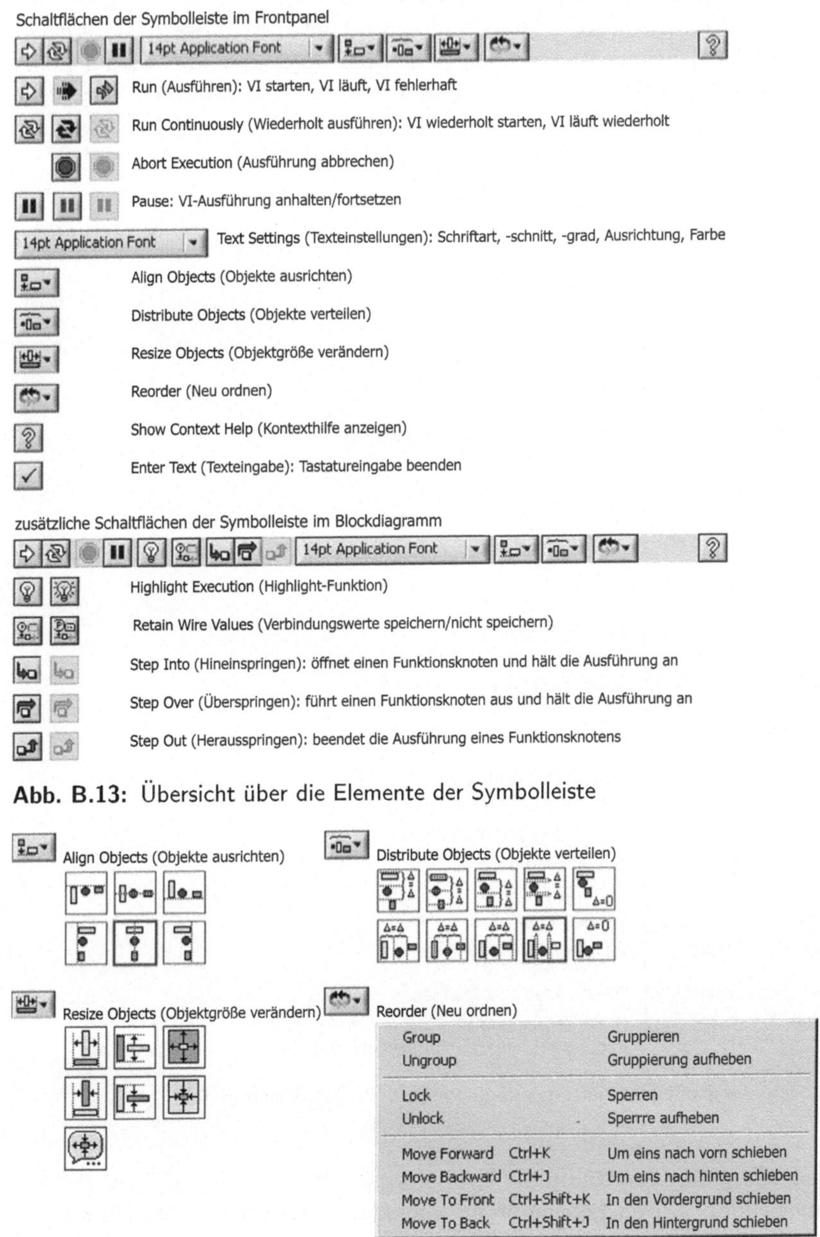

Abb. B.13: Übersicht über die Elemente der Symbolleiste

Abb. B.14: Übersicht über die Bearbeitungsmöglichkeiten von Objekten

B.4 Connector Pane (Anschlussfeld)

Abbildung B.15 zeigt das Kontextmenü der *Connector Pane* in der oberen rechten Ecke des *Front Panels*. Durch die Auswahl der Option *VI Properties...* wird das Fenster für die Einstellung der VI-Eigenschaften aufgerufen (vgl. Abschn. A.3). Die Auswahl von *Show Connector...* zeigt das Anschlussfeld (Abb. B.16). Über das Kontextmenü ist es nun möglich, die Anordnung und Anzahl der Anschlüsse zu verändern, die Verbindung zu Bedienelementen wieder zu löschen und über die Option *This Connection Is...* kann die Priorität eines Terminals bei der „Verdrahtung" festgelegt werden.

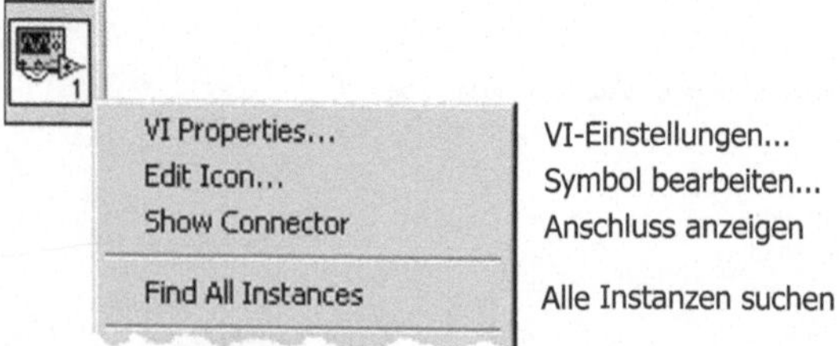

Abb. B.15: Kontextmenü der *Connector Pane* (Anschlussfeld)

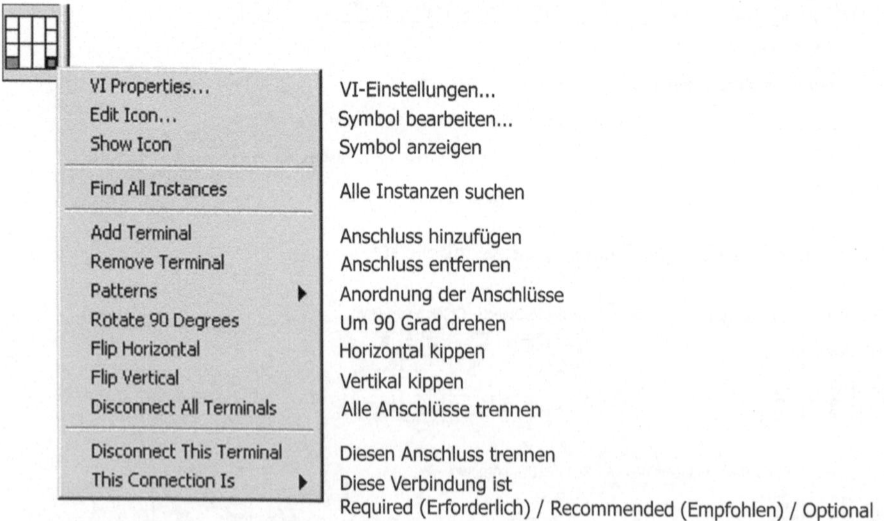

Abb. B.16: Kontextmenü mit Bearbeitungsmöglichkeiten für das Anschlussfeld

Edit Icon... öffnet den in Abbildung B.17 dargestellten Symbol-Editor, der die Werkzeuge eines rudimentären Zeichenprogramms zur Verfügung stellt. Dort sollte jedes VI mit einem individuellen Symbol versehen werden, welches die maximale Größe von 32 × 32 Bildpunkten und einen schwarzen Rahmen aufweisen sollte.

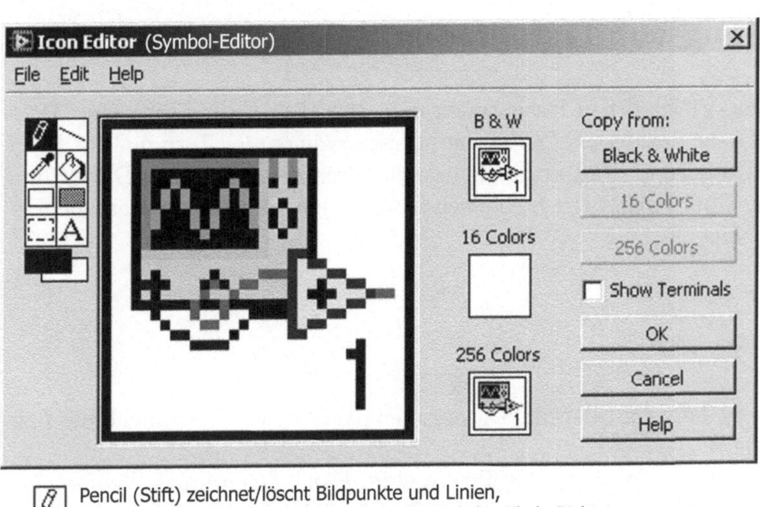

Pencil (Stift) zeichnet/löscht Bildpunkte und Linien,
bei gedrückter Umschalttaste nur in horizontale/vertikale Richtung

Line (Linie) zeichnet gerade Linien, bei gedrückter Umschalttaste horizontale,
vertikale oder diagonale Linien

Color Copy (Farbe übernehmen) übernimmt die ausgewählte Farbe als
Vordergrundfarbe

Fill (Füllwerkzeug) ersetzt die Farbe von zusammenhängenden Bildpunkten
gleicher Farbe mit der Vordergrundfarbe

Rectangle (Rechteck) zeichnet ein Rechteck in der Vordergrundfarbe,
ein Doppelklick auf das Werkzeug umrahmt das Symbol

Filled Rectangle (ausgefülltes Rechteck) zeichnet ein Rechteck (Rand in
Vordergrund-, Fläche in Hintergrundfarbe), ein Doppelklick auf das
Werkzeug füllt das Symbol aus

Select (Auswahl) wählt einen Bereich aus, ein Doppelklick auf das
Werkzeug wählt das gesamte Symbol aus

Text erstellt Text, ein Doppelklick auf das Werkzeug ermöglicht die
Schriftauswahl

Foreground/Background (Vodrdergrund/Hintergrund) zeigen die aktuellen
Farben, ein Klick auf ein Rechteck des Werkzeuges öffnet die Farbpalette

Abb. B.17: Oberfläche und Werkzeuge des *Icon Editor* (Symbol-Editor)

Das Symbol kann für unterschiedliche Anwendungen mit 256 und 16 Farben sowie
in schwarz/weiß erzeugt werden. Im Allgemeinen ist es ausreichend, ein Symbol mit
256 Farben zu erstellen und anschließend mit *Copy from:* (Kopieren von:) in die beiden
anderen Fälle zu übertragen. Ein Bild kann auch mit einem beliebigen Zeichenprogramm erstellt und dann in das Icon in der oberen rechten Ecke des *Front Panel*
gezogen werden (ohne den Symbol-Editor zu öffnen). Im Symbol-Editor kann über
Select (Auswahl) ein Bereich ausgewählt werden und in diesen das Bild eines anderen
Zeichenprogramms eingefügt werden. In beiden Fällen wird das Symbol dabei automatisch auf die richtige Größe skaliert. Schließlich ist auch der Import einer Bitmap
über die Zwischenablage möglich.

B.5 Darstellung von Datentypen

LabVIEW stellt eine Vielzahl von Datentypen und -strukturen zur Verfügung. Jedes Bedienelement auf dem *Front Panel* weist ein korrespondierendes Terminal im *Block Diagram* auf. Die Codierung der Terminals erfolgt durch die graphische Darstellung und die Zuordnung einer Farbe. Die farblichen Codierungen der wichtigsten, elementaren Datentypen sind:

- Gleitpunktzahlen   orange
- Ganzzahlen   blau
- Boolesche Variablen   grün
- Strings   rosa

Eine vollständige Übersicht über alle Datentypen der Entwicklungsumgebung Lab-VIEW zeigt Tabelle B.2.

In der Standardeinstellung wird jedes Terminal im *Block Diagram* als Symbol dargestellt (Abb. B.18.a). Im Kontextmenü eines Terminals kann aber die Option *View as Icon* (Als Symbol anzeigen) deaktiviert werden, wodurch sich im Allgemeinen ein übersichtlicheres *Block Diagram* ergibt (Abb. B.18.b).

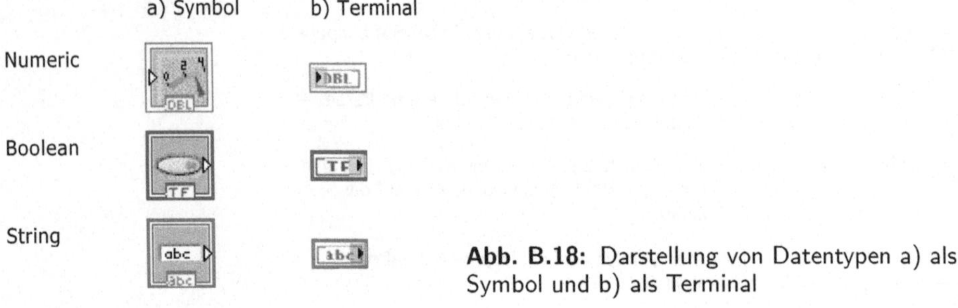

Abb. B.18: Darstellung von Datentypen a) als Symbol und b) als Terminal

Controls (Eingabeelemente, Datenquellen) sind dicker umrandet als *Indicators* und weisen an ihrem rechten Rand einen kleinen, schwarzen Pfeil auf, der die Datenflussrichtung andeutet.

Indicators (Ausgabeelemente, Datensenken) weisen an ihrem linken Rand einen kleinen, schwarzen Pfeil auf, der ebenfalls die Richtung des Datenflusses kennzeichnet.

Die Standardwerte für die elementaren Datentypen führt Tabelle B.1 auf. Diese unterscheiden sich nicht von denen anderer Programmiersprachen.

Tab. B.1: Standardwerte für Datentypen

Datentyp	Standardwert
numerische Daten	0
boolesche Daten	FALSE
Zeichenketten und Pfadangaben	leer
Zeitstempel	12:00:00.000 AM, 1.1.1904

Tab. B.2: Darstellung von Datentypen und -strukturen in LabVIEW

Symbol	Farbe	Kurzbeschreibung
[SGL]	[orange]	Gleitpunktzahl, einfache Genauigkeit (SGL)
[DBL]	[orange]	Gleitpunktzahl, doppelte Genauigkeit (DBL)
[EXT]	[orange]	Gleitpunktzahl, erweiterte Genauigkeit (EXT)
[CSG]	[orange]	komplexe Gleitpunktzahl, einfache Genauigkeit (CSG)
[CDB]	[orange]	komplexe Gleitpunktzahl, doppelte Genauigkeit (CDB)
[CXT]	[orange]	komplexe Gleitpunktzahl, erweiterte Genauigkeit (CXT)
[I8]	[blau]	8 Bit-Ganzzahl (I8), vorzeichenbehaftet
[I16]	[blau]	16 Bit-Ganzzahl (I16), vorzeichenbehaftet
[I32]	[blau]	32 Bit-Ganzzahl (I32), vorzeichenbehaftet
[I64]	[blau]	64 Bit-Ganzzahl (I64), vorzeichenbehaftet
[U8]	[blau]	8 Bit-Ganzzahl (U8), vorzeichenlos
[U16]	[blau]	16 Bit-Ganzzahl (U16), vorzeichenlos
[U32]	[blau]	32 Bit-Ganzzahl (U32), vorzeichenlos
[U64]	[blau]	64 Bit-Ganzzahl (U64), vorzeichenlos
[TF]	[grün]	*Boolean* (Boolesch)
[abc]	[rosa]	*String* (Zeichenkette)
[◀▶]	[blau]	*Enum* (Aufzählungstyp)
[⌐]	[blaugrün]	*Path* (Pfad)
[▷]	[blaugrün]	*Refnum* (*Reference number*, Referenznummer)
[▽]	[violett]	*Variant*
[I/O]	[violett]	*I/O name* (I/O-Name)
[△▣]	[blau]	*Picture* (Bild)
[Σ]	[braun]	*Time stamp* (Zeitstempel)
[ ]	[wie Datentyp]	eindimensionales *Array*
[ ]	[wie Datentyp]	mehrdimensionales *Array*
[⊞]	[braun]	*Cluster* mit numerischen Daten
[⊞]	[rosa]	*Cluster* mit verschiedenen Datentypen
[DBL]	[orange]	Matrix mit Gleitpunktzahlen doppelter Genauigkeit
[CDB]	[orange]	Matrix mit komplexen Gleitpunktzahlen doppelter Genauigkeit
[∿]	[braun]	*Waveform* (Signalverlauf)
[ⅢⅢ]	[grün]	*Digital waveform* (Digitaler Signalverlauf)
[0101]	[grün]	*Digital* (Digitaler Signalverlauf mit zusätzlichen Daten)
[↗]	[dunkelblau]	*Dynamic* (dynamischer Datentyp)

B.6 Tastaturbefehle

Neben der Maus stehen auch in LabVIEW eine Vielzahl von Tastenkombinationen zur Verfügung, deren Nutzung die Programmentwicklung erheblich beschleunigen kann. Diese werden weitgehend in Tabelle B.4 aufgeführt. Eine vollständige
Übersicht bietet die Online-Hilfe unter *Keyboard Shortcuts* (Tastenkombinationen).
Neben den Standardkombinationen ist es darüber hinaus möglich, Tastaturbefehle für
alle Menüeinträge benutzerdefiniert zu vergeben (*Tools* ≫ *Options* ≫ *Menu Shortcuts*
(Werkzeuge ≫ Optionen ≫ Menü-Verknüpfungen)).

Tabelle B.3 zeigt die hier verwendeten Tastensymbole; „Klick" bezeichnet das
Betätigen der linken und „Rechtsklick" das Betätigen der rechten Maustaste (Mac
OS: ⌘ + Klick).

Tab. B.3: Tastaturbezeichnungen

Strg	Steuerung *(Ctrl = Control)*, entspricht
	der ⌘-Taste in Mac OS bzw.
	der Alt-Taste in Linux
↑↓←→	Pfeiltasten *(Cursor)*
⇧	Umschalttaste *(Shift)*
↵	Eingabetaste *(Enter)*
⇄	Tabulatortaste *(Tab)*

Tab. B.4: Tastaturbefehle

Datei-Operationen		**Bearbeiten**	
Strg + N	öffnet ein neues VI	Strg + Z	widerruft die letzte Aktion
Strg + O	öffnet ein vorhandenes VI	Strg + ⇧ + Z	stellt die letzte Aktion wieder her
Strg + W	schließt das VI	Strg + X	schneidet ein Objekt ais
Strg + S	speichert das VI	Strg + C	kopiert ein Objekt
Strg + P	druckt das aktive Fenster	Strg + V	fügt ein Objekt ein
Strg + Q	beendet LabVIEW		

Programm-Ausführung	
Strg + R	startet das VI
Strg + .	bricht die Ausführung des VIs ab
Strg + ⇨	kompiliert das VI
Strg + ⇧ + ⇨	kompiliert alle geöffnete VIs
⇄	springt bei laufendem VI in der eingestellten Tabulatorreihenfolge vorwärts durch die Eingabeelemente
⇧ + ⇄	springt bei laufendem VI in der eingestellten Tabulatorreihenfolge rückwärts durch die Eingabeelemente

Objekte auswählen, verschieben, kopieren, skalieren...

⇧ + Klick	wählt mehrere Objekte aus oder fügt Objekte zur Auswahl hinzu
↑↓←→	verschiebt ausgewählte Objekte um ein Pixel
⇧ + ↑↓←→	verschiebt ausgewählte Objekte um mehrere Pixel
⇧ + Klick (Ziehen)	verschiebt ausgewählte Objekte entlang einer Vorzugsrichtung
Strg + Klick (Ziehen)	kopiert die ausgewählten Objekte
Strg + ⇧ + Klick (Ziehen)	kopiert und verschiebt die ausgewählten Objekte entlang einer Vorzugsrichtung
⇧ + Skalierung	skaliert ein Objekt bei gleichbleibenden Proportionen
Strg + Skalierung	skaliert ein Objekt bei fixiertem Mittelpunkt
Strg + Rechteck aufziehen	erzeugt eine freie Fläche auf dem *Front Panel* oder im *Block Diagram*
Strg + A	wählt alle Objekte auf dem *Front Panel* oder im *Block Diagram* aus
Strg + ⇧ + A	führt den zuletzt ausgewählten Befehl aus der Palette „Objekte ausrichten " erneut aus
Strg + D	führt den zuletzt ausgewählten Befehl aus der Palette „Objekte anordnen " erneut aus
Doppelklick auf freien Bereich	erstellt ein Textfeld (bei aktivierter Werkzeugauswahl)
Strg + Mausrad	scrollt durch die Unterdiagramme von Strukturen mit Auswahlbeschriftung (z. B. *Case*, gestapelte Sequenz...)

Fensterdarstellung und Suche nach Objekten

Strg + E	wechselt zwischen *Front Panel* und *Block Diagram*
Strg + #	aktiviert/deaktivkiert die Ausrichtung von Objekten am Ausrichtungsgitter (Mac OS: ⌘ + *)
Strg + /	maximiert die Darstellung des aktiven Fensters
Strg + T	stellt *Front Panel* und *Block Diagram* nebeneinander dar
Strg + ⇄	springt vorwärts durch die LabVIEW-Fenster
Strg + ⇧ + ⇄	springt rückwärts durch die LabVIEW-Fenster
Strg + ⇧ + N	öffnet das Fenster „Navigation"
Strg + I	öffnet das Fenster „Eigenschaften für VI"
Strg + L	öffnet das Fenster „Fehlerliste"
Strg + Y	öffnet das Fenster „Historie"
Strg + F	sucht Texte und Objekte
Strg + ⇧ + F	öffnet das Fenster „Suchergebnisse anzeigen"
Strg + G	führt zur nächsten Instanz
Strg + ⇧ + G	führt zur vorhergehenden Instanz

Werkzeuge

Leertaste	wechselt zwischen den beiden wichtigsten Werkzeugen (bei deaktivierter automatischer Werkzeugwahl)
⇄	wechselt zwischen den vier wichtigsten Werkzeugen (bei deaktivierter automatischer Werkzeugwahl)
⇧ + ⇄	aktiviert die automatische Werkzeugauswahl

Erstellen von Verbindungsleitungen

Strg + B	entfernt alle ungültigen Verbindungsleitungen
Esc oder Rechtsklick oder Klick auf ein Terminal	beendet das Erstellen einer Verbindungsleitung
Klick	auf eine Verbindungsleitung selektiert ein Segment
Doppelklick	auf eine Verbindungsleitung selektiert einen Zweig
Dreifachklick	auf eine Verbindungsleitung selektiert die gesamte Verbindung
Doppelklick	beim „Verdrahten" beendet den Vorgang
A	deaktiviert/aktiviert das *Autorouting*
Leertaste	schaltet bei der „Verdrahtung" zwischen horizontaler und vertikaler Vorzugsrichtung um
Leertaste	aktiviert/deaktiviert die automatische Erstellung von Verbindungsleitungen zwischen Objekten
Strg + Klick auf ein Terminal einer Funktion mit zwei Terminals	vertauscht die Verbindungsleitungen an den beiden Eingangs-Terminals

Textbearbeitung

Doppelklick	markiert ein Wort
Dreifachklick	markiert den ganzen Text
Strg + →	springt ein Wort nach rechts
Strg + ←	springt ein Wort nach links
Pos1	springt an den Zeilenanfang
Ende	springt an das Zeilenende
Strg + Pos1	springt an den Textanfang
Strg + Ende	springt an das Textende
⇧ + ↵	fügt bei Strukturen mit Auswahlbeschriftung (Case, For-Schleife...) ein neues Element hinzu
Esc	bricht die Textverarbeitung ab
Strg + ↵	beendet die Textbearbeitung
Strg + =	vergrößert die aktuelle Schriftart
Strg + -	verkleinert die aktuelle Schriftart
Strg + 0	öffnet das Fenster „Schriftart"

SubVIs

Doppelklick auf ein SubVI	öffnet das *Front Panel* des SubVIs
Strg + Doppelklick auf ein SubVI	öffnet das *Block Diagram* des SubVIs
VI-Symbol ziehen	fügt das VI als SubVI in ein anderes *Block Diagram* ein

Fehlersuche

Strg + ↓	springt in einen Funktionsknoten hinein
Strg + ←	überspringt einen Funktionsknoten
Strg + ↑	springt aus einem Funktionsknoten heraus

Hilfe

Strg + H	öffnet/schließt die Kontexthilfe
Strg + ⇧ + L	fixiert die Kontexthilfe
Strg + ?	öffnet die Kontexthilfe

Erratum to: Handbuch für die Programmierung mit LabVIEW

Bernward Mütterlein

© Spektrum Akademischer Verlag, 2009
B. Mütterlein,*Handbuch für die Programmierung mit LabVIEW,*
DOI 10.1007/978-3-8274-2338-2

DOI 10.1007/978-3-8274-2338-2_13

The typo in the book title has been corrected into Programmierung. Book title should read as Handbuch für die Programmierung mit LabVIEW.

The updated online version of the original book can be found at
DOI 10.1007/978-3-8274-2338-2.

B. Mütterlein,*Handbuch für die Programmierung mit LabVIEW,* DOI 10.1007/978-3-8274-2338-2_13,
© Spektrum Akademischer Verlag, 2018

Literatur

[1] J. Kodosky, J. MacCrisken und G. Rymar. Visual programming using structured data flow. In *Proceedings of the 1991 IEEE Workshop on Visual Languages*, Kobe, Japan, 1991. IEEE.

[2] R. Gupta, P. Le Guernic, S. K. Shukla und J.-P. Talpin, Hrsg. *Formal Methods and Models for System Design: A System Level Perspective*. Springer, New York, 2004.

[3] H. Ernst. *Grundkurs Informatik*. Vieweg, Braunschweig, 3. Aufl., 2003.

[4] C. Seife. *Zwilling der Unendlichkeit, Eine Biographie der Zahl Null*. Goldmann, München, 3. Aufl., 2002.

[5] Intel. *IA-32 Intel Architecture Software Developer´s Manual, Volume 1: Basic Architecture*, 2006. www.intel.com.

[6] D. E. Knuth. *The Art Of Computer Programming, Seminumerical Algorithms*, Band 2. Addision Wesley, Reading, Massachusetts, 3. Aufl., 1998.

[7] P. Rechenberg und G. Pomberger, Hrsg. *Informatik-Handbuch*. Hanser, München, 1. Aufl., 2002.

[8] P. Pepper. *Grundlagen der Informatik*. Oldenbourg, München, 1995.

[9] U. Tietze und Ch. Schenk. *Halbleiter-Schaltungstechnik*. Springer, Heidelberg, 11. Aufl., 1999.

[10] B. Holdsworth und C. Woods. *Digital Logic Design*. Newnes, Oxford, 4. Aufl., 2002.

[11] H. Tröster. *Modellbildung und Simulation eines Mikrocontrollers sowie die Emulation unter Verwendung eines FPGAs*. Diplomarbeit, Fachhochschule Südwestfalen, Iserlohn, 2005.

[12] I. Sommerville. *Software Engineering*. Addision Wesley, Harlow, England, 6. Aufl., 2001.

[13] K. Beck. *Extreme Programming, Das Manifest*. Addison-Wesley, München, 1. Aufl., 2000.

[14] H. Balzert. *Lehrbuch der Software-Technik*. Spektrum Akademischer Verlag, Heidelberg, 1996.

[15] T. DeMarco. *Structured Analysis and System Specification*. Yourdon Press Prentice Hall, Upper Saddle River, New Jersey, USA, 1. Aufl., 1978.

[16] D. J. Hatley und I. A. Pirbhai. *Strategies for Real-Time System Specification*. Dorset House Publishing, New York, 1. Aufl., 1988.

[17] E. Yourdon. *Modern Structured Analysis*. Prentice Hall, Englewood Cliffs, New Jersey, 1. Aufl., 1989.

[18] A. M. Turing. On computable numbers, with an application to the entscheidungsproblem. *Proceedings of the London Mathematical Society*, **42**, S. 230–265, 1936.

[19] E. F. Moore. Gedanken-Experiments on Sequential Machines. *Automata Studies*, **34**, S. 129–153, 1956.

[20] G. H. Mealy. A Method for Synthesizing Sequentials Circuits. *Bell System Tech. J.*, **34**, S. 1045–1079, 1955.

[21] H.-D. Wuttke und K. Henke. *Schaltsysteme – Eine automatenorientierte Einführung*. Pearson Studium, München, 1. Aufl., 2003.

[22] S. Wendt. Die Modelle von Moore und Mealy – Klärung einer begrifflichen Konfusion. Interner Bericht, Universität Kaiserslautern, 1988.

[23] O.-J. Dahl, E. W. Dijkstra und C. A. R. Hoare. *Structured Programming*. Academic Press, London, 1. Aufl., 1972.

[24] E. W. Dijkstra. Go to statement considered harmful. In *Communications of the ACM, Vol. 11, No. 3*, S. 147–148. Association for Computing Machinery, 1968.

[25] I. Nassi und B. Shneiderman. Flowchart techniques for structured programming. In *SIGPLAN Notices*, 1973.

[26] B. W. Kernighan und D. M. Ritchie. *The C Programming Langugage*. Prentice Hall, Englewood Cliffs, New Jersey, 1978.

[27] R. Jamal und A. Hagestedt. *LabVIEW für Studenten*. Pearson Studium, München, 4. Aufl., 2004.

[28] G. W. Johnson, Hrsg. *LabVIEW Power Programming*. MacGraw-Hill, New York, 1998.

[29] *Wikipedia, Stichwort: Endianess*, 2006. www.wikipedia.org.

[30] *Macintosh Human Interface Guidelines*, 1995. www.apple.com.

[31] G. McKaskle. Programming techniques – the good, the bad and the ugly. In *NI-Week*, Austin Texas, 2000. National Instruments.

[32] D. J. Ritter. *LabVIEW GUI Essential Techniques*. McGraw-Hill, New York, 2002.

[33] E. Pehl. *Digitale und analoge Nachrichtenübertragung*. Hüthig, Heidelberg, 2. Aufl., 2001.

[34] E. Schrüfer. *Signalverarbeitung*. Hanser, München, 2 Aufl., 1992.

[35] M. L. Chugani, A. R. Samant und M. Cerna. *LabVIEW Signal Processing*. Prentice Hall, Upper Saddle River, New Jersey, 1998.

[36] G. W. Johnson und R. Jennings. *LabVIEW Graphical Programming*. MacGraw-Hill, New York, 4. Aufl., 2006.

[37] R. Bitter, T. Mohiuddin und M. Nawrocki. *LabVIEW Advanced Programming Techniques*. CRC Press, New York, 1. Aufl., 2000.

[38] J. Conway und S. Watts. *A Software Engineering Approach to LabVIEW*. Prentice Hall, Upper Saddle River, New Jersey, 1. Aufl., 2003.

[39] D. Corney. Labview certification corner. *LabVIEW Technical Resource*, **12**(4), S. 18–23, 2005.

[40] C. Lang und N. Pucker. *Mathematische Methoden in der Physik*. Elsevier - Spektrum Akademischer Verlag, Heidelberg, 2. Aufl., 2005.

[41] *LabVIEW Development Guidelines, National Instruments*, 2006. www.ni.com.

Stichwortverzeichnis

Das Stichwortverzeichnis entspricht dem üblichen Standard. Seitenzahlen verweisen auf die Stellen, an denen ein Begriff eingeführt oder erläutert wird. *Kursiv* gesetzte Seitenzahlen verweisen auf eine Abbildung mit einem Programmbeispiel, in dem die entsprechende Funktion verwendet wird. **Serifenlose** Seitenzahlen kennzeichnen einen Eintrag im Anhang.

Aus produktionstechnischen Gründen konnten wir die Software-DVD leider nicht dem Buch beipacken.

Sie möchten die zum Buch passende LabVIEW-Studentenversion erhalten? Dann schneiden Sie diese Seite bitte heraus und schicken Sie sie an:

National Instruments Germany GmbH
Data Entry
Konrad-Celtis-Straße 79

81369 München

Bitte beachten Sie, dass wir **nur** dieses **Originalformular** akzeptieren. Fax- oder E-Mail-Bestellungen mit diesem Formular werden nicht bearbeitet.

Bitte schicken Sie mir folgende LabVIEW-Studentenversion zu:
☐ Deutsch (336008A-00 LVSE)
☐ Englisch (336006G-00 LVSE)

Vorname, Name: ______________________________
Straße, Hausnr.: ______________________________
PLZ, Ort: ______________________________
E-Mail: ______________________________
Tel.: ______________________________

☐ Ich bin Student an der Hochschule______________________
☐ Ich bin kein Student

Ich wünsche weitere Informationen zu:
☐ Modularen Messgeräten
☐ Datenerfassungsprodukten
☐ LabVIEW-Embedded-Plattform